難関大学受験対策

真・解法への道！
数学 I A II B

箕輪 浩嗣 著

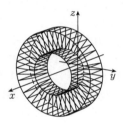

は　じ　め　に

　本書は拙書「難関大学に出る　数学Ⅰ・Ａ・Ⅱ・Ｂ　解法の極意」(2012 年旧中経出版，現 KADOKAWA，すでに絶版) をベースに，大幅に加筆修正したものです．質，量ともにかなりグレードアップしたつもりですが，コンセプトは以前と変わりません．それは**「難関大を目指す普通の受験生向けの参考書決定版」**ということです．「難関大を目指すのならこの本をやっておけば大丈夫」と言われることを目指しています．また，受験生だけでなく，難関大志望者を指導される学校の先生や塾・予備校の講師の方も対象にしています．

　主な特長を挙げておきます．

❶　受験数学で重要なテーマ，良問を厳選

　数学ⅠＡⅡＢの範囲から，大学入試でよく出題されるテーマを網羅しています．[例題] も数多くの入試問題，有名問題から厳選しており，質が高いです．

❷　試験本番で使える解法やテクニックを優先

　その問題でしか使えないようなマニアックな解法は極力避け，他の問題にも広く使える汎用性のある解法や，地味だけども点数が取りやすい堅実な解法を優先しました．また，検定教科書の内容，範囲，有名だけれども非効率な手法 (いわゆる「負の遺産」) に縛られることなく，入試で役立つ数学の道具や重要テクニックを多くカバーしました．短期間で効率よくさまざまな解法を身に付けるには，まさにうってつけの参考書です．

❸　かつてない丁寧な解説，綺麗で正確な図を掲載

　解説は非常に詳しいです．特に [例題] の □Point...□ では，着眼点や解法に至るプロセス，背景にある考え方などを極力フォローしました．1 つのテーマからなるべく多くのテーマに関連付けるため，「意味のある脱線」が多いです．受験生目線を重視しており，私自身の経験をよく紹介しています．「エッセイ風参考書」とでも呼べそうです．

　図もふんだんに活用しています．すべての図は私自身がパソコンで作成しており，美しさ，正確さにこだわっています．過去に作成していた図もすべて描き直しました．また，原稿自体は TEX という組版ソフトを使っており，デザインも含めてすべて私 1 人で執筆しました．私が考える参考書執筆の理想形です．

　私のような凡人が数学の力を伸ばすためには，コツコツ努力を積み重ねるしかありません．しかし，本書にはその努力がなるべく苦痛にならないような工夫が散りばめられています．本書を通じて，数学が理解できる楽しさや面白さ，そし

て難関大合格の喜びを味わってもらえれば幸いです．

【本書の利用法】

　本書は，問題編と解説編に分かれており，メインの解説編は，重要テーマの解説，例題，ポイントチェックの3つの部分から構成されています．

❶　重要テーマの解説で知識を身に付けよう

　入試で使える重要テーマの解説です．じっくり読んでその内容を理解しましょう．教科書に載っていないことも多く含まれますから，初めて触れる知識も多いはずです．「ふ〜ん」と流すのではなく，大いに感動しましょう．印象に残ったものはなかなか忘れないものです．よく「これは入試で使っていいのですか？」という質問を受けますが，正しければ入試で使っていけない知識などありません．

❷　例題とポイントチェックで実戦的な力を養成しよう

　重要テーマの解説で扱った知識が有効な例題です．まずは自分で実際に手を動かして解いてみましょう．その後，▶解答◀ と □Point... □ を確認してください．▶解答◀ は答案作成の模範になるようにかなり気を遣って作成しました．また，随所に番号（解答とリンクしているものは **5** などとし，そうでないのは 5 などとしました）を付け，解答に表れない重要な補足を □Point... □ で詳しく解説しています．「なぜこう解くのか」が納得できるまで熟読してください．

　一般に，参考書というものはすべて完璧に理解する必要はありません．まずは軽い気持ちで興味がある部分から読み始めましょう．「すべて読まないといけない」ではなく，「読んだ分だけ力がつく」とポジティブにとらえることです．

【謝辞】

　さまざまな経験をさせていただいた予備校関係者の方々や教え子たちに感謝します．現場での講師経験がなければとても書ける内容ではありませんでした．知的な刺激を与えてくださった同僚講師の方々にも感謝します．また，予備校講師の仕事を理解し支えてくれている家族に感謝します．

　今回の原稿を作成するにあたり，emath という $\TeX$ のマクロを一部使わせていただいております．作成者の大熊一弘氏に感謝します．また，東京出版の飯島康之氏と坪田三千雄氏には，大変鋭いご指摘や貴重なご意見を数多くいただきました．ありがとうございました．最後に，私の原稿はすべて安田亨先生のご指導あってのものです．この場を借りてお礼申し上げます．

目　次

| **第1章　論理** | | （問題編は 8） | **35** |

第1節	必要条件・十分条件の意味	36
第2節	同値変形の利用	43
第3節	必要から十分へ	55

| **第2章　整数** | | （問題編は 9） | **67** |

第1節	整数問題の解法	68
第2節	素因数の個数	75
第3節	平方数の性質	84
第4節	互いに素	89
第5節	不定方程式	98
第6節	合同式	104
第7節	実験する	110

| **第3章　論証** | | （問題編は 11） | **115** |

第1節	背理法	116
第2節	対称性を保つか崩すか	122
第3節	部屋割り論法と奇跡の合コン	126
第4節	論証問題攻略法	137

| **第4章　方程式** | | （問題編は 13） | **145** |

第1節	2次方程式の解の配置	146
第2節	解と係数の関係	157
第3節	変数の置き換えと解の個数	166
第4節	共通解	171
第5節	n 次方程式の有理数解	175

| **第5章　不等式** | | （問題編は 15） | **181** |

第1節	不等式の証明法	182
第2節	相加相乗平均の不等式	193
第3節	出木杉のび太論法	205
第4節	不等式と領域	217

| 第5節 | 評価する | 223 |

第6章 関数 （問題編は 17）**231**

第1節	相方の存在条件	232
第2節	単位円の利用	239
第3節	三角関数の公式	242
第4節	真・予選決勝法	250
第5節	2変数関数	254

第7章 座標 （問題編は 18）**257**

第1節	座標平面での角	258
第2節	軌跡	263
第3節	通過領域	276

第8章 ベクトル （問題編は 19）**289**

第1節	点が直線上または平面上にある条件	290
第2節	ベクトルの式を読む	300
第3節	単位ベクトル，法線ベクトルの利用	305
第4節	内積の図形的意味	316
第5節	正射影ベクトル	321

第9章 空間図形 （問題編は 21）**329**

第1節	平面で考える	330
第2節	等面四面体	336
第3節	平面の方程式	349
第4節	正射影の面積	362

第10章 図形総合 （問題編は 23）**373**

第1節	座標を設定する	374
第2節	図形問題の解法	382
第3節	図形と論証	396

第11章 数列 （問題編は 24）**405**

第1節	等差数列・等比数列	406
第2節	群数列必勝法	412
第3節	格子点の個数	416

5

| 第4節 | 数列の最大・最小 | 422 |
| 第5節 | 漸化式 | 427 |

第12章　数学的帰納法　　　　　　　　　　（問題編は26）**437**

第1節	数学的帰納法の仕組み	438
第2節	仮定が使いにくい数学的帰納法	445
第3節	背理法との融合	459

第13章　場合の数　　　　　　　　　　　　（問題編は27）**467**

第1節	確率攻略法	468
第2節	格子点の利用	474
第3節	重複組合せ	480

第14章　確率　　　　　　　　　　　　　　（問題編は28）**489**

第1節	全事象のとり方	490
第2節	事象をまとめる	501
第3節	座標平面での樹形図	506
第4節	ベン図の利用	511
第5節	確率漸化式	517
第6節	独立・従属	530
第7節	条件付き確率	537
第8節	変魔大王への道	544

第15章　微積分　　　　　　　　　　　　　（問題編は32）**551**

第1節	3次関数のグラフの性質	552
第2節	接線の本数	557
第3節	定積分で表された関数	563
第4節	絶対値を含む関数の定積分	569
第5節	有用な微積分の公式	574
第6節	面積の計算	580

出典・テーマ 一覧　　　　　　　　　　　　　　　　　　**588**

問題編

論理

整数

論証

方程式

不等式

関数

座標

ベクトル

空間図形

図形総合

数列

数学的帰納法

場合の数

確率

微積分

出典・テーマ

problems
NEO ROAD TO SOLUTION 問題編

第1章　論理

NEO ROAD TO SOLUTION **問題編**

例題 **1–1.** m, n は自然数で，$m < n$ をみたすものとする．$m^n + 1$，$n^m + 1$ がともに 10 の倍数となる m, n を 1 組与えよ．　　（京都大）

▷▷▷▷　解説は 40 ページ

例題 **1–2.** 4 次関数 $y = x^4 + ax^3 + bx^2 + cx + d$ のグラフが，y 軸に平行なある直線に関して対称になるための係数 a, b, c, d の間の関係式を求めよ．　　（名古屋大）

▷▷▷▷　解説は 46 ページ

例題 **1–3.** xy 平面の 2 つの曲線 $C_1 : y = x^2 + a$，$C_2 : x = y^2 + a$ がちょうど 2 つの共有点をもつための a の条件を求めよ．

（お茶の水女子大・改）

▷▷▷▷　解説は 49 ページ

例題 **1–4.** どのような実数 x に対しても，不等式

$$|x^3 + ax^2 + bx + c| \leq |x^3|$$

が成り立つように，実数 a, b, c を定めよ．　　（大阪大）

▷▷▷▷　解説は 57 ページ

例題 **1–5.** 数列 $\{a_n\}$ に対し，数列 $\{b_n\}$ を $b_n = 3a_{n+1} - 2a_n$ で定義する．数列 $\{b_n\}$ が初項 $b\,(\neq 0)$，公比 r の等比数列であるとき，次の問いに答えよ．

（1）　$b = r = 2$ で $a_1 = \dfrac{1}{2}$ のとき，数列 $\{a_n\}$ の一般項を求めよ．

（2）　数列 $\{a_n\}$ が等比数列であるための必要十分条件を，b, r, a_1 を用いて表せ．　　（旭川医科大）

▷▷▷▷　解説は 62 ページ

8　問題編（論理）

第2章　整数

NEO ROAD TO SOLUTION **問題編**

例題 2−1. 自然数 n に対して，n のすべての正の約数（1 と n を含む）の和を $S(n)$ とおく．例えば，$S(9) = 1 + 3 + 9 = 13$ である．このとき以下の各問いに答えよ．

（1）　n が異なる素数 p と q によって $n = p^2 q$ と表されるとき，$S(n) = 2n$ を満たす n をすべて求めよ．

（2）　a を自然数とする．$n = 2^a - 1$ が $S(n) = n + 1$ を満たすとき，a は素数であることを示せ．

（3）　a を 2 以上の自然数とする．$n = 2^{a-1}(2^a - 1)$ が $S(n) \leqq 2n$ を満たすとき，n の 1 の位は 6 か 8 であることを示せ．　　　（東京医科歯科大）

▷▷▷▷　解説は 70 ページ

例題 2−2. 自然数 a, b, c が

$$3a = b^3, \ 5a = c^2$$

を満たし，d^6 が a を割り切るような自然数 d は $d = 1$ に限るとする．

（1）　a は 3 と 5 で割り切れることを示せ．

（2）　a の素因数は 3 と 5 以外にないことを示せ．

（3）　a を求めよ．　　　　　　　　　　　　　　　　（東京工業大）

▷▷▷▷　解説は 78 ページ

例題 2−3. m を 2015 以下の正の整数とする．${}_{2015}\mathrm{C}_m$ が偶数となる最小の m を求めよ．　　　　　　　　　　　　　　　　　　　　　（東京大）

▷▷▷▷　解説は 81 ページ

例題 2−4. 以下の問いに答えよ．

（1）　$3^n = k^3 + 1$ をみたす正の整数の組 (k, n) をすべて求めよ．

（2）　$3^n = k^2 - 40$ をみたす正の整数の組 (k, n) をすべて求めよ．

（千葉大）

▷▷▷▷　解説は 85 ページ

例題 2−5. p が素数であれば，どんな自然数 n についても $n^p - n$ は p で割り切れる．このことを，n についての数学的帰納法で証明せよ．

（京都大）

▷▷▷▷　解説は 91 ページ

問題編（整数）　**9**

第2章 整数

NEO ROAD TO SOLUTION **問題編**

[例題] **2−6.** n を2以上の整数とする．自然数（1以上の整数）の n 乗になる数を n 乗数と呼ぶことにする．以下の問いに答えよ．
- （1） 連続する2個の自然数の積は n 乗数でないことを示せ．
- （2） 連続する n 個の自然数の積は n 乗数でないことを示せ． （東京大）

▷▷▷▷ 解説は 94 ページ

[例題] **2−7.** 以下の問いに答えよ．
- （1） 方程式 $65x + 31y = 1$ の整数解をすべて求めよ．
- （2） 2016 以上の整数 m は，正の整数 $x,\ y$ を用いて $m = 65x + 31y$ と表せることを示せ． （福井大・改）

▷▷▷▷ 解説は 100 ページ

[例題] **2−8.** 以下の問いに答えよ．
- （1） 2016 と $2^{2016} + 1$ は互いに素であることを証明せよ．
- （2） $2^{2016} + 1$ を 2016 で割った余りを求めよ．
- （3） $2^{2016}(2^{2016} + 1)(2^{2016} + 2)\cdots(2^{2016} + m)$ が 2016 の倍数となる最小の自然数 m を求めよ． （九州大）

▷▷▷▷ 解説は 106 ページ

[例題] **2−9.** $n!$ が n^2 の倍数となるような自然数 n を全て求めよ．
（東京工業大）

▷▷▷▷ 解説は 111 ページ

第3章　論証

NEO ROAD TO SOLUTION **問題編**

例題 3−1. n を自然数とする．$\sqrt{2}n$ の整数部分を a_n とし，小数部分を b_n とする．次の各問に答えよ．

（1）　$1.41 < \sqrt{2} < 1.42$ となることを示せ．

（2）　$a_n \geqq 100$ となる n の範囲を求めよ．

（3）　$n \leqq 35$ ならば $b_n > 0.01$ となることを示せ．　　（茨城大・改）

▷▷▷▷　解説は 117 ページ

例題 3−2. $a+b+c=0$ を満たす実数 a, b, c について考える．

（1）　$2(a^2+b^2+c^2) \leqq (|a|+|b|+|c|)^2$ を示せ．

（2）　$3(|a|+|b|+|c|)^2 \leqq 8(a^2+b^2+c^2)$ を示せ．　　（京都大・改）

▷▷▷▷　解説は 123 ページ

例題 3−3. $a\,(a \geqq 2)$ と b は自然数で，互いに素であるとする．

（1）　$b, 2b, \cdots, ab$ を a で割った余りはすべて異なることを示せ．

（2）　$ax+by=1$ を満たす整数の組 (x, y) が存在することを示せ．

（有名問題）

▷▷▷▷　解説は 128 ページ

例題 3−4. 次の問いに答えよ．

（1）　n を正の整数とする．$x_0, x_1, \cdots, x_n$ を閉区間 $0 \leqq x \leqq 1$ 上の相異なる点とする．このとき，$0 < x_k - x_j \leqq \dfrac{1}{n}$ をみたす j, k が存在することを示せ．

（2）　ω を正の無理数とする．任意の正の整数 n に対して，$0 < l\omega + m \leqq \dfrac{1}{n}$ をみたす整数 l, m が存在することを示せ．（千葉大）

▷▷▷▷　解説は 133 ページ

例題 3−5. 円周上に m 個の赤い点と n 個の青い点を任意の順序に並べる．これらの点により，円周は $m+n$ 個の弧に分けられる．このとき，これらの弧のうち両端の点の色が異なるものの数は偶数であることを証明せよ．ただし，$m \geqq 1$, $n \geqq 1$ であるとする．　　（東京大）

▷▷▷▷　解説は 138 ページ

問題編（論証）　**11**

第3章　論証　　　　　　　　　　NEO ROAD TO SOLUTION **問題編**

[例題] **3−6.** xy 平面上で x 座標と y 座標がともに整数である点を格子点と呼ぶ.

（1）　$y = \dfrac{1}{3}x^2 + \dfrac{1}{2}x$ のグラフ上に無限個の格子点が存在することを示せ.

（2）　$a,\ b$ は実数で $a \neq 0$ とする. $y = ax^2 + bx$ のグラフ上に, 点 $(0, 0)$ 以外に格子点が 2 つ存在すれば, 無限個存在することを示せ.

（名古屋大）

▷▷▷▷　解説は 141 ページ

⑫ 問題編（論証）

第4章　方程式

NEO ROAD TO SOLUTION　**問題編**

例題 4−1. a, b を正の実数とする.

$$\log_2(x+a) = \log_4(b-x^2) + \frac{1}{2}$$

を満たす実数 x が一つだけ存在するような点 (a, b) の範囲を座標平面上に図示せよ.　　　　　　　　　　　　　　　　　　　　（広島大・改）

▷▷▷▷　解説は 148 ページ

例題 4−2. a, b は $a \geqq b > 0$ を満たす整数とし, x と y の2次方程式

$$x^2 + ax + b = 0, \quad y^2 + by + a = 0$$

がそれぞれ整数解をもつとする.

（1）　$a = b$ とするとき, 条件を満たす整数 a をすべて求めよ.

（2）　$a > b$ とするとき, 条件を満たす整数の組 (a, b) をすべて求めよ.

（名古屋大）

▷▷▷▷　解説は 153 ページ

例題 4−3. （1）　$\cos 5\theta = f(\cos \theta)$ をみたす多項式 $f(x)$ を求めよ.

（2）　$\cos \dfrac{\pi}{10} \cos \dfrac{3\pi}{10} \cos \dfrac{7\pi}{10} \cos \dfrac{9\pi}{10} = \dfrac{5}{16}$ を示せ.　　　（京都大）

▷▷▷▷　解説は 160 ページ

例題 4−4. a を実数とする. $0 \leqq \theta \leqq \pi$ で定義された関数

$$f(\theta) = \sin \theta + \cos \theta - 2\sqrt{2} \sin \theta \cos \theta$$

に対して, $f(\theta) = a$ を満たす θ の個数を求めよ.　　　（金沢大・改）

▷▷▷▷　解説は 167 ページ

例題 4−5. 実数の定数 a, b に対し, 2次方程式 $x^2 - 2ax - b = 0$ と3次方程式 $x^3 - (2a^2 + b)x - 4ab = 0$ を考える. この2次方程式の解のうちの1つだけが, この3次方程式の解になるような点 (a, b) の存在領域を ab 平面上に図示せよ. また, その共通な解を a で表せ. ただし, 重解は1つと数えることにする.　　　　　　　　　　　　　　　　　　（大阪市立大・改）

▷▷▷▷　解説は 172 ページ

問題編（方程式）　**13**

第4章 方程式

NEO ROAD TO SOLUTION **問題編**

[例題] **4−6.** a, b を整数, u, v を有理数とする. $u + v\sqrt{3}$ が $x^2 + ax + b = 0$ の解であるならば, u と v は共に整数であることを示せ. ただし, $\sqrt{3}$ が無理数であることは使ってよい.

（京都大）

▷▷▷▷ 解説は 177 ページ

14 問題編（方程式）

第5章　不等式

NEO ROAD TO SOLUTION **問題編**

例題 5–1.（1）$0 \leqq x \leqq y$ とする. $\dfrac{x}{1+x}$ と $\dfrac{y}{1+y}$ の大小を比較せよ.

（2）a, b, c を実数とする. $\dfrac{|a-c|}{1+|a-c|}$ と $\dfrac{|a-b|}{1+|a-b|}+\dfrac{|b-c|}{1+|b-c|}$ の大小を比較せよ.

（一橋大）

▷▷▷▷　解説は 184 ページ

例題 5–2. n を 2 以上の自然数とする. $x_1, \cdots, x_n, y_1, \cdots, y_n$ は

$$x_1 > x_2 > \cdots > x_n,\ y_1 > y_2 > \cdots > y_n$$

を満たす実数とする. $z_1, \cdots, z_n$ は $y_1, \cdots, y_n$ を任意に並べ替えたものとするとき,

$$\sum_{i=1}^{n}(x_i - y_i)^2 \leqq \sum_{i=1}^{n}(x_i - z_i)^2$$

が成り立つことを示せ. また, 等号が成り立つのはどのようなときか答えよ.

（東北大）

▷▷▷▷　解説は 189 ページ

例題 5–3. P は x 軸上の点で x 座標が正であり, Q は y 軸上の点で y 座標が正である. 直線 PQ は原点 O を中心とする半径 1 の円に接している. また, a, b は正の定数とする. P, Q を動かすとき, $a\mathrm{OP}^2 + b\mathrm{OQ}^2$ の最小値を a, b で表せ.

（一橋大）

▷▷▷▷　解説は 197 ページ

例題 5–4. p, q を正の実数とする. 原点を O とする座標空間内の 3 点 $\mathrm{P}(p, 0, 0)$, $\mathrm{Q}(0, q, 0)$, $\mathrm{R}(0, 0, 1)$ は $\angle \mathrm{PRQ} = \dfrac{\pi}{6}$ を満たす. 四面体 OPQR の体積の最大値を求めよ.

（一橋大）

▷▷▷▷　解説は 201 ページ

問題編（不等式） 15

第5章 不等式

NEO ROAD TO SOLUTION **問題編**

例題 5−5. 実数の定数 a に対し，二つの関数 $f(x) = x^2 - 4ax + 1$ および $g(x) = |x| - a$ を考える．このとき，次の問いに答えよ．

（1） $a = 1$ のとき，$y = f(x)$ と $y = g(x)$ のグラフを描け．

（2） $f(x) > 0$ が $-4 < x < 4$ をみたすすべての x に対して成り立つような a の範囲を求めよ．

（3） $f(x) > 0$ または $g(x) > 0$ が，$-4 < x < 4$ をみたすすべての x に対して成り立つような a の範囲を求めよ． （高知大）

▷▷▷▷ 解説は 208 ページ

例題 5−6. xy 平面上，x 座標，y 座標がともに整数であるような点 (m, n) を格子点とよぶ．

各格子点を中心として半径 r の円がえがかれており，傾き $\dfrac{2}{5}$ の任意の直線はこれらの円のどれかと共有点をもつという．このような性質をもつ実数 r の最小値を求めよ． （東京大）

▷▷▷▷ 解説は 213 ページ

例題 5−7. 区間 $[a, b]$ が関数 $f(x)$ に関して不変であるとは，

$$a \leq x \leq b \text{ ならば，} a \leq f(x) \leq b$$

が成り立つこととする．$f(x) = 4x(1 - x)$ とするとき，次の問いに答えよ．

（1） 区間 $[0, 1]$ は関数 $f(x)$ に関して不変であることを示せ．

（2） $0 < a < b < 1$ とする．このとき，区間 $[a, b]$ は関数 $f(x)$ に関して不変ではないことを示せ． （九州大）

▷▷▷▷ 解説は 218 ページ

例題 5−8. $(2 \times 3 \times 5 \times 7 \times 11 \times 13)^{10}$ の 10 進法での桁数を求めよ．

（一橋大）

▷▷▷▷ 解説は 225 ページ

第6章　関数

NEO ROAD TO SOLUTION **問題編**

例題 6−1. 実数 x, y が $x^3 + y^3 = 3xy$ を満たすとき，$x + y$ のとり得る値の範囲を求めよ．

(岡山県立大)

▷▷▷▷　解説は 234 ページ

例題 6−2. θ に関する方程式 $\sin\theta - k\cos\theta = 2(1 - k)$ が $-\dfrac{\pi}{2} \leqq \theta \leqq \dfrac{\pi}{2}$ の範囲に解をもつような定数 k の値の範囲を定めよ．

(青山学院大)

▷▷▷▷　解説は 240 ページ

例題 6−3. 角 α, β, γ が $\alpha + \beta + \gamma = \pi$, $\alpha \geqq 0$, $\beta \geqq 0$, $\gamma \geqq 0$ を満たすとする．

（1）　$\cos\alpha + \cos\beta + \cos\gamma \geqq 1$ を示せ．また，等号が成り立つ条件を求めよ．

（2）　$\cos\alpha + \cos\beta + \cos\gamma \leqq \dfrac{3}{2}$ を示せ．また，等号が成り立つ条件を求めよ．

(京都大・改)

▷▷▷▷　解説は 246 ページ

例題 6−4. 関数 $f(x) = \left| x^3 - 3a^2 x \right|$ の $0 \leqq x \leqq 1$ における最大値 $M(a)$ を求めよ．ただし，$a \geqq 0$ とする．さらに，$M(a)$ を最小にする a の値を求めよ．

(福井大)

▷▷▷▷　解説は 252 ページ

例題 6−5. xy 平面内の領域 $-1 \leqq x \leqq 1$, $-1 \leqq y \leqq 1$ において

$$1 - ax - by - axy$$

の最小値が正となるような定数 a, b を座標とする点 (a, b) の範囲を図示せよ．

(東京大)

▷▷▷▷　解説は 255 ページ

問題編（関数）　17

問題編

論理

整数

論証

方程式

不等式

関数

座標

ベクトル

空間図形

図形総合

数列

数学的帰納法

場合の数

確率

微積分

出典・テーマ

第7章 座標

NEO ROAD TO SOLUTION **問題編**

例題 7−1. x を正の実数とする．座標平面上の 3 点 A$(0, 1)$，B$(0, 2)$，P(x, x) をとり，△APB を考える．x の値が変化するとき，∠APB の最大値を求めよ．　　　　　　　　　　　　　　　　　　（京都大）

▷▷▷▷　解説は 260 ページ

例題 7−2. xy 平面において，原点 O$(0, 0)$ とは異なる点 P に対し，Q を半直線 OP 上にあって，OP×OQ $= 1$ を満たす点とする．また，$a > 0$ に対し，中心 $(a, 0)$，半径 b の円を C とする．

（1）C が原点を通るとする．P が C 上の原点とは異なる点全体を動くとき，点 Q の軌跡を求めよ．

（2）C が原点を通らないとする．P が C 上の点全体を動くとき，点 Q の軌跡を求めよ．　　　　　　　　　　　　　　　　　　（愛知教育大）

▷▷▷▷　解説は 267 ページ

例題 7−3. 原点を O とする座標平面上の点 Q は円 $x^2 + y^2 = 1$ 上の $x \geqq 0$ かつ $y \geqq 0$ の部分を動く．点 Q と点 A$(2, 2)$ に対して

$$\overrightarrow{\text{OP}} = (\overrightarrow{\text{OA}} \cdot \overrightarrow{\text{OQ}})\overrightarrow{\text{OQ}}$$

を満たす点 P の軌跡を求め，図示せよ．　　　　　　　　　　（一橋大）

▷▷▷▷　解説は 271 ページ

例題 7−4. t が $0 \leqq t \leqq 1$ の範囲を動くとき，直線

$$y = 3(t^2 - 1)x - 2t^3$$

の通りうる範囲を図示せよ．　　　　　　　　　　　　　（東京大・改）

▷▷▷▷　解説は 281 ページ

例題 7−5. xy 平面上に 2 点 A$(2, 1)$，B$(-2, 1)$ がある．線分 OA を $\alpha : (1 - \alpha)$ の比に分ける点を P，線分 BO を $\alpha : (1 - \alpha)$ の比に分ける点を Q とする．更に，線分 QP を $\beta : (1 - \beta)$ の比に分ける点を R とする．

実数 α, β が $0 \leqq \alpha \leqq 1$, $0 \leqq \beta \leqq 1$ を動くとき，点 R の存在する範囲を図示せよ．ただし，O は原点である．　　　　　　（熊本県立大・改）

▷▷▷▷　解説は 284 ページ

第8章 ベクトル

NEO ROAD TO SOLUTION **問題編**

例題 8−1. △OAB の重心 G を通る直線が，辺 OA，OB とそれぞれ辺上の点 P，Q で交わっているとする．$\overrightarrow{OP} = h\overrightarrow{OA}$，$\overrightarrow{OQ} = k\overrightarrow{OB}$ とし，△OAB，△OPQ の面積をそれぞれ S，T とすれば，次の関係が成り立つことを示せ．

（ i ） $\dfrac{1}{h} + \dfrac{1}{k} = 3$　　（ ii ） $\dfrac{4}{9}S \leqq T \leqq \dfrac{1}{2}S$

（京都大）

▷▷▷▷ 解説は 293 ページ

例題 8−2. 四面体 ABCD があり，辺 AB，BC，CD，DA 上にそれぞれ P，Q，R，S をとる．ただし，P，Q，R，S はいずれも四面体の頂点とは一致しないとする．

$$\frac{AP}{PB} = p, \quad \frac{BQ}{QC} = q, \quad \frac{CR}{RD} = r, \quad \frac{DS}{SA} = s$$

とおく．P，Q，R，S が同一平面上にあるとき，$pqrs = 1$ となることを示せ．

（有名問題）

▷▷▷▷ 解説は 296 ページ

例題 8−3. △ABC の外心（外接円の中心）O が三角形の内部にあるとし，α，β，γ は

$$\alpha\overrightarrow{OA} + \beta\overrightarrow{OB} + \gamma\overrightarrow{OC} = \vec{0}$$

を満たす正数であるとする．また，直線 OA，OB，OC がそれぞれ辺 BC，CA，AB と交わる点を A′，B′，C′ とする．

（1）　$\overrightarrow{OA}$，α，β，γ を用いて $\overrightarrow{OA'}$ を表せ．

（2）　△A′B′C′ の外心が O に一致すれば $\alpha = \beta = \gamma$ であることを示せ．

（名古屋大）

▷▷▷▷ 解説は 302 ページ

例題 8−4. 座標平面上で，1 つの円が放物線 $y = x^2$ に右側から接し，かつ x 軸に上から接している．放物線との接点 A の x 座標を $a\,(> 0)$ とするとき，円の中心 C の座標を求めよ．

ただし，円と放物線がある点で接するとは，その点で両者が交わり，かつその点における両者の接線が一致することをいう．

（名古屋大）

▷▷▷▷ 解説は 306 ページ

問題編（ベクトル）　**19**

第8章 ベクトル

NEO ROAD TO SOLUTION **問題編**

[**例題**] **8−5.** xy 平面の放物線 $y = x^2$ 上の3点 P,Q,R が次の条件をみたしている.

$\triangle$PQR は一辺の長さ a の正三角形であり,点 P,Q を通る直線の傾きは $\sqrt{2}$ である.

このとき,a の値を求めよ. （東京大）

▷▷▷▷ 解説は 309 ページ

[**例題**] **8−6.** 円 $C : x^2 + y^2 = r^2$ の外部の点 $A(x_1, y_1)$ から円 C に引いた2本の接線と円 C との接点を Q,R とするとき,直線 QR の方程式を求めよ. （有名問題）

▷▷▷▷ 解説は 318 ページ

[**例題**] **8−7.** xyz 空間内に3点 $A(1, 0, 1)$,$B(3, 1, -1)$,$C(6, 4, -1)$ がある.点 C の直線 AB に関する対称点 D の座標を求めよ. （オリジナル）

▷▷▷▷ 解説は 323 ページ

[**例題**] **8−8.** O を原点とする xyz 空間内に,$A(-3, 0, 6)$,$B(6, 6, 9)$,$C(1, 2, 2)$ をとる.直線 OC 上を点 P が動くとき,$AP + PB$ を最小にする点 P の座標を求めよ. （オリジナル）

▷▷▷▷ 解説は 326 ページ

---

20 問題編（ベクトル）

第9章 空間図形

NEO ROAD TO SOLUTION **問題編**

例題 9−1. xyz 空間内の平面 $z = 0$ の上に $x^2 + y^2 = 25$ により定まる円 C があり，平面 $z = 4$ の上に $x = 1$ により定まる y 軸に平行な直線 l がある．
(1) 点 P(6, 8, 15) から C 上の点への距離の最小値を求めよ．
(2) C 上の点で，l 上の点への距離の最小値が 5 であるものをすべて求めよ．

（一橋大）

▷▷▷▷ 解説は 332 ページ

例題 9−2. すべての面が合同な四面体 ABCD がある．頂点 A，B，C はそれぞれ x，y，z 軸上の正の部分にあり，辺の長さは AB = $2l - 1$，BC = $2l$，CA = $2l + 1$（$l > 2$）である．
　四面体 ABCD の体積を $V(l)$ とするとき，次の極限値を求めよ．

$$\lim_{l \to 2} \frac{V(l)}{\sqrt{l-2}}$$

（東京大）

▷▷▷▷ 解説は 337 ページ

例題 9−3. △ABC が与えられている．各面すべてが △ABC と合同な四面体が存在するための必要十分条件は △ABC が鋭角三角形であることを証明せよ．　　　　　　　　　　（有名問題）

▷▷▷▷ 解説は 339 ページ

例題 9−4. 座標空間に 4 点 A(2, 1, 0)，B(1, 0, 1)，C(0, 1, 2)，D(1, 3, 7) がある．3 点 A，B，C を通る平面に関して点 D と対称な点を E とするとき，点 E の座標を求めよ．　　　　　（京都大）

▷▷▷▷ 解説は 356 ページ

例題 9−5. O を原点とする xyz 空間内に 5 点 A(-1, 0, 0)，B(0, 2, 0)，C(0, 0, 1)，D(0, 0, 2)，E(0, 0, 4) をとる．中心が D，半径が 2 の球面を S とし，3 点 A，B，C の定める平面を α とする．S が α と交わってできる図形を F とする．点 P は F 上を動く点とし，直線 EP と xy 平面との交点を Q(s, t, 0) とする．このとき，s，t が満たす方程式を求めよ．

（京都府立大・改）

▷▷▷▷ 解説は 358 ページ

問題編（空間図形） **21**

第9章 空間図形

NEO ROAD TO SOLUTION **問題編**

例題 9−6. 座標空間内の6つの平面 $x = 0$, $x = 1$, $y = 0$, $y = 1$, $z = 0$, $z = 1$ で囲まれた立方体を C とする. $\vec{l} = (-a_1, -a_2, -a_3)$ を $a_1 > 0$, $a_2 > 0$, $a_3 > 0$ を満たし, 大きさが1のベクトルとする. H を原点 O を通りベクトル $\vec{l}$ に垂直な平面とする.

　このとき, ベクトル $\vec{l}$ を進行方向にもつ光線により平面 H に生じる立方体 C の影の面積を, a_1, a_2, a_3 を用いて表せ. ここに, C の影とは C 内の点から平面 H へひいた垂線の足全体のなす図形である. （名古屋大）

▷▷▷▷　解説は 364 ページ

例題 9−7. 原点を O とする xyz 空間内に1辺の長さが1の正四面体 OPQR がある. 点 P, Q, R を通り z 軸に平行な3直線と xy 平面との交点をそれぞれ P′, Q′, R′ とするとき, 次の問いに答えよ.

（1）　$\triangle$PQR, $\triangle$P′Q′R′ の面積をそれぞれ S, S_1 とする. P, Q, R の3点を通る平面と xy 平面のなす角を θ とするとき, $S_1 = S|\cos\theta|$ を示せ.

（2）　O が $\triangle$P′Q′R′ の周上を含む内部にあるとき, z 軸と $\triangle$PQR の交点を A とする. このとき正四面体 OPQR の体積 V は $V = \dfrac{1}{3}\mathrm{OA}\cdot S_1$ となることを示し, S_1 の最小値を求めよ.

（3）　O が $\triangle$P′Q′R′ の外部にあり, 線分 OP′ と線分 Q′R′ が交点 B をもつとき, 点 B を通り z 軸に平行な直線と, 直線 OP および直線 QR との交点をそれぞれ C, D とする. このとき四角形 OQ′P′R′ の面積を S_2 とすると $V = \dfrac{1}{3}\mathrm{CD}\cdot S_2$ となることを示し, S_2 の最大値を求めよ.

（名古屋市立大）

▷▷▷▷　解説は 366 ページ

第10章　図形総合

NEO ROAD TO SOLUTION **問題編**

[例題] **10−1.** 空間上の4点 A, B, C, D が AB $= 1$, AC $= \sqrt{2}$, AD $= 2\sqrt{2}$, $\angle BAC = 45°$, $\angle CAD = 60°$, $\angle DAB = 90°$ をみたす．このとき，この4点を通る球の半径を求めよ．　（横浜市立大）

▷▷▷▷　解説は 377 ページ

[例題] **10−2.** 一辺の長さが1である正方形の紙を2本の対角線の交点を通る直線で折る．このとき，紙が重なる部分の面積の最小値を求めよ．

（信州大）

▷▷▷▷　解説は 384 ページ

[例題] **10−3.** 点 O を中心とする半径1の円周上に異なる3点 A，B，C がある．次を示せ．

（1）　△ABC が直角三角形ならば，$|\overrightarrow{OA} + \overrightarrow{OB} + \overrightarrow{OC}| = 1$ である．

（2）　逆に，$|\overrightarrow{OA} + \overrightarrow{OB} + \overrightarrow{OC}| = 1$ ならば，△ABC は直角三角形である．　（大阪市立大）

▷▷▷▷　解説は 387 ページ

[例題] **10−4.** 空間内に四面体 ABCD を考える．このとき，4つの頂点 A，B，C，D を同時に通る球面が存在することを示せ．　（京都大）

▷▷▷▷　解説は 397 ページ

[例題] **10−5.** n を自然数とする．平面上の $2n$ 個の点を2個ずつ組にして n 個の組を作り，組となった2点を両端とする n 本の線分を作る．このとき，どのような配置の $2n$ 個の点に対しても，n 本の線分が互いに交わらないような n 個の組を作ることができることを示しなさい．　（名古屋大）

▷▷▷▷　解説は 401 ページ

問題編（図形総合）　23

第11章 数列

NEO ROAD TO SOLUTION **問題編**

【例題】**11-1.** 数列 $\{a_n\}$ があって，すべての n について，初項 a_1 から第 n 項 a_n までの和が $\left(a_n + \dfrac{1}{4}\right)^2$ に等しいとする．

（1） a_n がすべて正とする．一般項 a_n を求めよ．

（2） 最初の100項のうち，1つは負で他はすべて正とする．a_{100} を求めよ．

（名古屋大）

▷▷▷▷ 解説は 407 ページ

【例題】**11-2.** 実数 x に対し，x を超えない最大の整数を $[x]$ で表す．数列 $\{a_n\}$ が

$$a_n = \left[\sqrt{n}\,\right] \quad (n = 1,\, 2,\, 3,\, \cdots)$$

で定められるとき，次の問いに答えなさい．

（1） a_1, a_2, a_3, a_4 を求めなさい．

（2） n を自然数とする．

$$S_n = \sum_{i=1}^{n} a_i = a_1 + a_2 + \cdots + a_n$$

とするとき，次の等式を証明しなさい．

$$S_n = \left(n + \frac{5}{6}\right)a_n - \frac{1}{2}a_n^2 - \frac{1}{3}a_n^3$$

（山口大）

▷▷▷▷ 解説は 413 ページ

【例題】**11-3.** 次の問に答えよ．

（1） $3x + 2y \leqq 2008$ を満たす 0 以上の整数の組 (x, y) の個数を求めよ．

（2） $\dfrac{x}{2} + \dfrac{y}{3} + \dfrac{z}{6} \leqq 10$ を満たす 0 以上の整数の組 (x, y, z) の個数を求めよ．

（名古屋大）

▷▷▷▷ 解説は 418 ページ

【例題】**11-4.** n を自然数とする．有限数列 $\{a_k\}\,(k = 0,\, 1,\, \cdots,\, n)$ を

$$a_k = k\,{}_n\mathrm{C}_k$$

で定める．a_k を最大にする k を求めよ．

（オリジナル）

▷▷▷▷ 解説は 423 ページ

24 問題編（数列）

第11章　数列

NEO ROAD TO SOLUTION **問題編**

[例　題] **11−5.** 整数からなる数列 $\{a_n\}$ を漸化式

$$\begin{cases} a_1 = 1,\ a_2 = 3 \\ a_{n+2} = 3a_{n+1} - 7a_n \end{cases} \quad (n = 1,\ 2,\ \cdots)$$

によって定める.

（1）　a_n が偶数となることと，n が 3 の倍数となることは同値であることを示せ.

（2）　a_n が 10 の倍数となるための条件を（1）と同様の形式で求めよ.

（東京大）

▷▷▷▷　解説は 430 ページ

第12章 数学的帰納法

NEO ROAD TO SOLUTION **問題編**

例題 12−1. 数列 $\{a_n\}$ を次のように定義する.

$$\begin{cases} a_1 = 1, \\ a_{n+1} = \dfrac{1}{2}a_n + \dfrac{1}{n+1} \quad (n = 1, 2, \cdots) \end{cases}$$

このとき，各自然数 n に対して不等式 $a_n \leqq \dfrac{4}{n}$ が成り立つことを証明せよ.

(京都大)

▷▷▷▷ 解説は 440 ページ

例題 12−2. n を自然数, $P(x)$ を n 次の多項式とする.
（1） $P(x+1) - P(x)$ は $n-1$ 次の多項式であることを証明せよ.
（2） $P(0)$, $P(1)$, $\cdots$, $P(n)$ が整数ならば, すべての整数 k に対し, $P(k)$ は整数であることを証明せよ.

(東京工業大・改)

▷▷▷▷ 解説は 447 ページ

例題 12−3. 次の条件によって定められる数列 $\{a_n\}$ がある.

$$a_1 = 1, \ a_2 = 1, \ a_{n+2} = a_{n+1} + a_n \quad (n = 1, 2, 3, \cdots)$$

以下の問いに答えよ.
（1） 2 以上の自然数 n に対して, $a_{n+2} > 2a_n$ が成り立つことを示せ.
（2） 2 以上の自然数 m は, 数列 $\{a_n\}$ の互いに異なる k 個 $(k \geqq 2)$ の項の和で表されることを, 数学的帰納法によって示せ.
（3） （2）における項の個数 k は, $k < 2\log_2 m + 2$ を満たすことを示せ.

(九州大)

▷▷▷▷ 解説は 453 ページ

例題 12−4. 正の整数 a と b が互いに素であるとき, 正の整数からなる数列 $\{x_n\}$ を $x_1 = x_2 = 1$, $x_{n+1} = ax_n + bx_{n-1}$ $(n \geqq 2)$ で定める. このときすべての正の整数 n に対して x_{n+1} と x_n が互いに素であることを示せ.

(名古屋大)

▷▷▷▷ 解説は 460 ページ

第13章 場合の数

NEO ROAD TO SOLUTION **問題編**

例題 13−1. n を自然数とするとき，以下の設問に答えよ.

（1） $n \geqq 3$ とする．1 から n までの自然数の中から連続しない相異なる 2 つの数を選ぶ選び方は何通りあるか求めよ.

（2） $n \geqq 5$ とする．1 から n までの自然数の中からどの 2 つも連続しない相異なる 3 つの数を選ぶ選び方は何通りあるか求めよ． （愛知大・改）

▷▷▷▷ 解説は 471 ページ

例題 13−2. N を 2 以上の整数とする．$1 \leqq a < b < c \leqq 2N$ を満たし，a, b, c を 3 辺の長さとする三角形が存在するような整数の組 (a, b, c) の個数を S_N とする.

（1） S_3 を求めよ.

（2） S_N を N で表せ． （一橋大）

▷▷▷▷ 解説は 475 ページ

例題 13−3. n を正の整数とし，n 個のボールを 3 つの箱に分けて入れる問題を考える．ただし，1 個のボールも入らない箱があってもよいものとする．以下に述べる 4 つの場合について，それぞれ相異なる入れ方の総数を求めたい.

（1） 1 から n まで異なる番号のついた n 個のボールを，A, B, C と区別された 3 つの箱に入れる場合，その入れ方は全部で何通りあるか.

（2） 互いに区別のつかない n 個のボールを，A, B, C と区別された 3 つの箱に入れる場合，その入れ方は全部で何通りあるか.

（3） 1 から n まで異なる番号のついた n 個のボールを，区別のつかない 3 つの箱に入れる場合，その入れ方は全部で何通りあるか.

（4） n が 6 の倍数 $6m$ であるとき，n 個の互いに区別のつかないボールを，区別のつかない 3 つの箱に入れる場合，その入れ方は全部で何通りあるか． （東京大）

▷▷▷▷ 解説は 484 ページ

問題編（場合の数） 27

第14章　確率

NEO ROAD TO SOLUTION **問題編**

例題 14−1. 先生と 3 人の生徒 A，B，C がおり，玉の入った箱がある．箱の中には最初，赤玉 3 個，白玉 7 個，全部で 10 個の玉が入っている．先生がサイコロをふって，1 の目が出たら A が，2 または 3 の目が出たら B が，その他の目が出たら C が箱の中から 1 つだけ玉を取り出す操作を行う．取り出した玉は箱の中に戻さず，取り出した生徒のものとする．この操作を続けて行うものとして，以下の問いに答えよ．ただし，サイコロの 1 から 6 の目の出る確率は等しいものとし，また，箱の中のそれぞれの玉の取り出される確率は等しいものとする．

（1）　2 回目の操作が終わったとき，A が 2 個の赤玉を手に入れている確率を求めよ．

（2）　2 回目の操作が終わったとき，B が少なくとも 1 個の赤玉を手に入れている確率を求めよ．

（3）　3 回目の操作で，C が赤玉を取り出す確率を求めよ．　　　　（東北大）

▷▷▷▷　解説は 493 ページ

例題 14−2. 数字の 2 を書いた玉が 1 個，数字の 1 を書いた玉が 3 個，数字の 0 を書いた玉が 4 個あり，これら合計 8 個の玉が袋に入っている．この状態の袋から 1 度に 1 個ずつ玉を取り出し，取り出した玉は袋に戻さないものとする．玉を 8 度取り出すとき，次の条件が満たされる確率を求めよ．

条件：すべての $n = 1, 2, \cdots, 8$ に対して，1 個目から n 個目までの玉に書かれた数字の合計は n 以下である．　　　　（名古屋大・改）

▷▷▷▷　解説は 497 ページ

28　問題編（確率）

第14章　確率

NEO ROAD TO SOLUTION **問題編**

例題 14-3. 点 P が次のルール（ⅰ），（ⅱ）に従って数直線上を移動するものとする.

（ⅰ）　1, 2, 3, 4, 5, 6 の目が同じ割合で出るサイコロを振り，出た目の数を k とする. P の座標 a について，$a > 0$ ならば座標 $a - k$ の点へ移動し，$a < 0$ ならば座標 $a + k$ の点へ移動する.

（ⅱ）　原点に移動したら終了し，そうでなければ（ⅰ）を繰り返す.

このとき，以下の問いに答えよ.

（1）　P の座標が $1, 2, \cdots, 6$ のいずれかであるとき，ちょうど m 回サイコロを振って原点で終了する確率を求めよ.

（2）　P の座標が 8 であるとき，ちょうど n 回サイコロを振って原点で終了する確率を求めよ.

(東北大・改)

▷▷▷▷　解説は 503 ページ

例題 14-4. 白黒 2 種類のカードがたくさんある. そのうち k 枚のカードを手もとにもっているとき，次の操作（A）を考える.

（A）　手持ちの k 枚の中から 1 枚を，等確率 $\dfrac{1}{k}$ で選び出し，それを違う色のカードにとりかえる.

（1）　最初に白 2 枚，黒 2 枚，合計 4 枚のカードをもっているとき，操作（A）を n 回繰り返した後に初めて，4 枚とも同じ色のカードになる確率を求めよ.

（2）　最初に白 3 枚，黒 3 枚，合計 6 枚のカードをもっているとき，操作（A）を n 回繰り返した後に初めて，6 枚とも同じ色のカードになる確率を求めよ.

(東京大)

▷▷▷▷　解説は 507 ページ

例題 14-5. 最初の試行で 3 枚の硬貨を同時に投げ，裏が出た硬貨を取り除く. 次の試行で残った硬貨を同時に投げ，裏が出た硬貨を取り除く. 以下この試行をすべての硬貨が取り除かれるまで繰り返す. このとき，試行が n 回目で終了する確率を求めよ.

(一橋大・改)

▷▷▷▷　解説は 513 ページ

問題編（確率）　29

第14章 確率

NEO ROAD TO SOLUTION **問題編**

例題 14−6. どの目も出る確率が $\frac{1}{6}$ のさいころを 1 つ用意し，次のように左から順に文字を書く．

さいころを投げ，出た目が 1，2，3 のときは文字列 AA を書き，4 のときは文字 B を，5 のときは文字 C を，6 のときは文字 D を書く．さらに繰り返しさいころを投げ，同じ規則に従って，AA，B，C，D をすでにある文字列の右側につなげて書いていく．

たとえば，さいころを 5 回投げ，その出た目が順に 2，5，6，3，4 であったとすると，得られる文字列は，

AACDAAB

となる．このとき，左から 4 番目の文字は D，5 番目の文字は A である．

（1） n を正の整数とする．n 回さいころを投げ，文字列を作るとき，文字列の左から n 番目の文字が A となる確率を求めよ．

（2） n を 2 以上の整数とする．n 回さいころを投げ，文字列を作るとき，文字列の左から $n-1$ 番目の文字が A で，かつ n 番目の文字が B となる確率を求めよ．

（東京大）

▷▷▷▷ 解説は 520 ページ

例題 14−7. 水戸黄門，助さん，格さん，弥七，お銀，八兵衛の 6 人が左から右へこの順番で 1 列に並んで座っている．6 人が席を入れ換える．どの並びかたも同様の確からしさで起こるものとする．このとき最初と同じ席に座る人がいない確率を求めよ．

（茨城大・改）

▷▷▷▷ 解説は 527 ページ

例題 14−8. さいころを n 回振り，出る目の数 n 個の積を X_n，出る目の数 n 個の和を Y_n とする．

（1） X_n が 3 の倍数である確率 p_n を求めよ．

（2） Y_n が 3 の倍数である確率 q_n を求めよ．

（3） X_n が 3 の倍数，かつ Y_n が 3 の倍数である確率 r_n を求めよ．

（オリジナル）

▷▷▷▷ 解説は 532 ページ

30 問題編（確率）

第14章 確率

NEO ROAD TO SOLUTION **問題編**

例題 14−9. 4つの箱があり，そのうちの2つに当たりくじが入っている．

（1） 太郎が先に1つの箱を選び，次に花子が残りから1つを選ぶ．このとき，花子が当たりの箱を選ぶ確率は 〔　　　〕である．

（2） 太郎が先に1つの箱を選んでまだ開けないうちに，どれに当たりくじが入っているかを知らない司会者が別の箱を1つ開けたところ外れであった．このとき，太郎の箱が当たりである確率は 〔　　　〕であり，残りの2つの箱から花子が当たりの箱を選ぶ確率は 〔　　　〕である．

（3） 太郎が先に1つの箱を選んでまだ開けないうちに，どれに当たりくじが入っているかを知っている司会者が外れの箱を1つ開けた．このとき，太郎の箱が当たりである確率は 〔　　　〕であり，残りの2つの箱から花子が当たりの箱を選ぶ確率は 〔　　　〕である． （東京工芸大）

▷▷▷▷ 解説は539ページ

例題 14−10. n を3以上の自然数とする．スイッチを入れると等確率で赤色または青色に輝く電球が横一列に n 個並んでいる．これらの n 個の電球のスイッチを同時に入れたあと，左から電球の色を見ていき，色の変化の回数を調べる．

（1） 赤青…青，赤赤青…青，…… のように左端が赤色で色の変化がちょうど1回起きる確率を求めよ．

（2） 色の変化が少なくとも2回起きる確率を求めよ．

（3） 色の変化がちょうど m 回（$0 \leqq m \leqq n-1$）起きる確率 p_m を求めよ．

（4） $\sum\limits_{m=0}^{n-1} m p_m$ を求めよ． （九州大・改）

▷▷▷▷ 解説は547ページ

問題編（確率） **31**

第15章　微積分

NEO ROAD TO SOLUTION **問題編**

例題 **15−1.** a, b, c を実数とする. $y = x^3 + 3ax^2 + 3bx$ と $y = c$ のグラフが相異なる 3 つの交点を持つという. このとき $a^2 > b$ が成立することを示し, さらにこれらの交点の x 座標のすべては開区間 $(-a - 2\sqrt{a^2 - b},\ -a + 2\sqrt{a^2 - b})$ に含まれていることを示せ.

（京都大）

▷▷▷▷　解説は 555 ページ

例題 **15−2.** (a, b) は xy 平面上の点とする. 点 (a, b) から曲線 $y = x^3 - x$ に接線がちょうど 2 本だけひけ, この 2 本の接線が直交するものとする. このときの (a, b) を求めよ.

（東北大）

▷▷▷▷　解説は 558 ページ

例題 **15−3.** 整式 $f(x)$ と実数 C が

$$\int_0^x f(y)\, dy + \int_0^1 (x + y)^2 f(y)\, dy = x^2 + C$$

をみたすとき, この $f(x)$ と C を求めよ.

（京都大）

▷▷▷▷　解説は 566 ページ

例題 **15−4.** 関数 $f(x)$ が

$$f(x) = x^2 - x \int_0^2 \left| f(t) \right|\, dt$$

を満たしているとする. このとき, $f(x)$ を求めよ.

（東北大）

▷▷▷▷　解説は 571 ページ

例題 **15−5.** 関数 $f(x) = x^4 - 2x^2 + x$ について, 次の問いに答えよ.

（1）　曲線 $y = f(x)$ と 2 点で接する直線の方程式を求めよ.

（2）　曲線 $y = f(x)$ と（1）で求めた直線で囲まれた領域の面積を求めよ.

（名古屋市立大）

▷▷▷▷　解説は 577 ページ

第15章　微積分

NEO ROAD TO SOLUTION **問題編**

例題 **15−6.** $0 \leqq k \leqq 1$ を満たす実数 k に対して，xy 平面上に次の連立不等式で表される 3 つの領域 D，E，F を考える．

D は連立不等式 $y \geqq x^2$，$y \leqq kx$ で表される領域

E は連立不等式 $y \leqq x^2$，$y \geqq kx$ で表される領域

F は連立不等式 $y \leqq -x^2 + 2x$，$y \geqq kx$ で表される領域

（1）　領域 $D \cup (E \cap F)$ の面積 $m(k)$ を求めよ．

（2）　（1）で求めた面積 $m(k)$ を最小にする k の値と，その最小値を求めよ．

（名古屋大）

▷▷▷▷　解説は 584 ページ

問題編（微積分）　33

solutions
解説編 NEO ROAD TO SOLUTION

第1章 論理

The logic

■ 真・解法への道! NEO ROAD TO SOLUTION ■

第1章 論理

第1節　　　必要条件・十分条件の意味

論理　　　　　　　　　　　　　　　　　　　　　　　　　　　　　The logic

　以前，ある予備校の高卒生向けのテキスト会議で，必要条件・十分条件の解説
をいつ頃入れるべきかという議論がなされました．
　「大半の生徒は理解できないのだから，最後でよい．最悪やらなくてもよい．」
　「いや，数学の基礎になる重要事項だから最初に入れるべきだ．」
といった具合に意見が二分されました．結局，声の大きい講師陣の意見が尊重さ
れることになり，あるテキストでは最後に回され，またあるテキストでは省略さ
れました．その後，授業の現場は大混乱．全国の校舎からクレームが殺到し，次
の年からはテキストの前半に回されました．あ，これはフィクションですよ😁

　私自身は，必要条件・十分条件の話は，学期の最初の授業ですべきだと思って
います．数学の答案を書く上で必須の知識だからです．「大半の生徒は理解でき
ない」というのは教える側の怠慢でしょう．きちんと説明すれば，そんなに難し
い話ではありません．しかし，予備校の生徒を見ていると，確かに必要条件・十
分条件という言葉に拒絶反応を示す人が多いです．今この本を読んでいるあなた
も「最初から必要・十分の話はちょっと…」とたじろいでいるかもしれません．
　でも大丈夫です．少し我慢して読み進めてください．必ず理解できます．「な
んだ，これだけのことか」と思えるはずです．

　そもそもなぜこんなにも必要条件・十分条件に対して印象が悪いのでしょう
か．私は教科書に原因があると考えています．
　ある教科書には「$p \Longrightarrow q$ が成り立つとき，p は q であるための十分条件，q
は p であるための必要条件という．」とだけ書いてあります．丸暗記して使うの
ならともかく，意味を納得して使うにはこれでは厳しいです．そもそも「〜であ
るため」の部分の「目標」となる条件が q になったり p になったりする表現がよ
くありません．数学の問題を解いていく中で，目標が変化することはまれだから
です．**目標を固定して説明する**べきです．

　では，必要条件・十分条件の説明に入ります．条件 p，q について考えます．
　数学では本来目標とする条件があります．例えば「方程式 $x^2 - 5x + 6 = 0$ を
解け．」という問題であれば「方程式 $x^2 - 5x + 6 = 0$ を満たす」が目標です．
「関数 $f(x) = x^3 + ax$ が極値をもつような a の範囲を求めよ．」という問題なら
「関数 $f(x) = x^3 + ax$ が極値をもつ」が目標です．ここでは q を目標とします．
　また，必要条件・十分条件は**集合の包含関係に着目する**と意味がとらえやすい

36　第1章　論理

です．p，q に対応する集合（正確には真理集合といいます）をそれぞれ P，Q とします．例えば，条件 $p : x < 0$，$q : x < 1$ に対して，真理集合はそれぞれ
$$P = \{x \mid x < 0\}, \quad Q = \{x \mid x < 1\}$$
です．

$p \Longrightarrow q$ が成り立つとき，p は q であるための**十分条件**といいます．$p \Longrightarrow q$ は，「p であれば必ず q だ」ということですから，真理集合では「P に入っていれば必ず Q に入っている」と解釈できます．つまり，「$P \subset Q$」ということです．この包含関係を踏まえて，目標を先にもってきます．

Q に入っているという目標は，P に入っていれば必ず達成されますから，「Q に入っているためには，P に入っていれば**もう十分**」となり，「p は q であるための**十分**条件」です．

P に入っていれば
必ず Q に入っている

$p \Longleftarrow q$ が成り立つとき，p は q であるための**必要条件**といいます．今度は，「Q に入っていれば必ず P に入っている」と解釈できます．そのため，Q に入っているためには，たとえ P に入っていたとしてもまだ十分とは言えません．P に入っていても Q に入っていないものがあるからです．一方，P に入っていないと話になりませんから，「Q に入っているためには，P に入っていることが**必ず要る**」となり，「p は q であるための**必要**条件」です．

P に入っていても
Q に入ってないものがある

$p \Longrightarrow q$ かつ $p \Longleftarrow q$ が成り立つとき，$p \Longleftrightarrow q$ と書いて，p は q であるための**必要十分条件**，p と q は**同値**であるといいます．p が成り立つことと q が成り立つことは全く同じ意味ということを表しています．

「必要」，「十分」という言葉は，日常で使っている日本語の意味と同じです．この言葉は非常に分かりやすいにもかかわらず，不当に嫌われている印象があり，不憫に思います．理解できたら，ぜひ好きになってあげてください☺

少し話はそれますが，例えば今，サッカーのワールドカップの予選リーグ（計3試合）が行われているとします．2試合終わった時点で，日本が残念ながら2敗しているとします．するとテレビの解説者はたいていこう言うでしょう．

「日本が予選突破するためには，第3戦の勝利が**絶対条件**です！」
私はこの言葉を聞くたびにイラっとして，心の中でこう叫んでいます．

第1章 論理

「絶対条件ではなく，**必要条件**だろ！」
影響力の大きいマスコミの方々には正しい言葉を使っていただきたいものです．

　必要条件・十分条件というと，センター試験でよく出題されていた必要条件・
十分条件の判定問題があります．受験生の中には判定問題が解ければよいと勘違
いしている人がいますが，私に言わせればあんなのはカス問です．どうでもいい
のです．…いや，どうでもよくはありません．言い過ぎました😅　ただ，判定
問題ができることは，あくまで「必要」なだけで，それで「十分」ではありませ
ん．必要条件・十分条件の知識が本当の意味で生きるのは論述の答案を書くとき
です．詳しくは 第3節 （☞ P.55）で解説します．

　必要・十分に関連して，答案作成での注意です．
「〜となるためには〜であればよい」という表現をよく見ますが，これは適切
ではありません．**十分性しか保証していない**と受け取れる表現だからです．
　身近な例で言うと，「東大に受かるためには新テストと2次試験で満点を取れ
ばよい」というのは，内容は正しいです．ただし「東大に受かるための必要十分
条件を求めよ」と言われたときに，「満点を取ること」と答えたらおかしいでしょ
う．満点を取らなくても東大には受かるからです．満点を取ることは東大に受か
るための十分条件ではありますが，必要十分条件ではありません．
　数学の例にしましょう．「$x^2 - 5x + 6 = 0$ となるためには $x = 2$ であればよ
い」という表現は，内容は間違っていません．

$$x^2 - 5x + 6 = 0 \Longleftarrow x = 2$$

が成り立つからです．ただし「$x = 2$ は $x^2 - 5x + 6 = 0$ であるための**十分条件**
である」ことを表しているだけです．もちろん

$$x^2 - 5x + 6 = 0 \overset{\times}{\underset{\bigcirc}{\rightleftharpoons}} x = 2$$

ですから，$x^2 - 5x + 6 = 0$ を解く問題で $x = 2$ とだけ答えるのは間違いです．
数学の問題では，「1つ見つけよ」といった言葉が書かれていない限りは，**必要十
分条件を求めるのが基本**ですから，$x = 2, 3$ と答えなければなりません．
　十分性しか保証しない表現は避けるべきです．「〜となるためには〜が条件で
ある」，「〜となる条件は〜である」などの表現が適切です．単に「条件」と書い
た場合は通常「必要十分条件」を表します．
　なお，似た表現で「〜を示せばよい」，「〜を求めればよい」という表現は問題
ありません．「〜を示せば（求めれば）問題を解いたことになる」ということで
すから，**題意の言い換えに相当し**，普通に使えます．また，「〜を1つ見つけよ」

38　第1章　論理

であれば、「～であればよい」という表現は使えます。

もう1点です。単なる式変形に同値記号を使う人がいます。
$$x^2 - 5x + 6 = 0 \iff (x-2)(x-3) = 0 \iff x = 2, 3$$
のようにです。同値記号には不思議な魅力があり、いかにも数学をやっているなという気分になります。使っている自分に惚れるくらいです😊 しかし、これは伝統的な書き方ではありませんし、**変形した結果より同値性がメイン**になります。まして、同値変形でもないのに同値記号を使ってしまうと致命的です。
$$x = \sqrt{x+2} \iff x^2 = x+2$$
のようにです。当然左向きの矢印は正しくないのですが、残念ながら、平気でこんなことを書く受験生がいます。結局、単に式を並べて

$x^2 - 5x + 6 = 0$

$(x-2)(x-3) = 0$　　∴　$x = 2, 3$

と書けばよいのです。同値記号を使うのは**「命題の言い換えをするとき」**や**「証明すべき式を変形するとき」**，**「同値性を強調したいとき」**にしましょう。

最後に、「必要条件・十分条件」の究極の覚え方を紹介しておきます。昔の教え子から聞いた覚え方を自分なりにアレンジしたものです。

右の図をご覧ください。ほぼお分かりですね。

上は「pは十分条件」の覚え方です。矢印を一本線で描き、**主語のpの側**に細工をします。縦棒を1本加えます。するとあら不思議。十分条件の「十」の字が浮かんできますね。よって、「十分条件」です😊

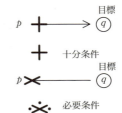

下は「pは必要条件」の覚え方です。やはり主語のpの側に細工をします。矢印の先を伸ばしてバッテンを作ります。それに、テン、テン、テンっと点を3つ付けると、あら不思議。必要条件の「必」の字が浮かんできますね。よって、「必要条件」です😊

〈論理のまとめ1〉

Check ▷▷▷▷　「必要」、「十分」は普段使っている言葉と同じ意味

第1章　論理

〈条件をみたす自然数の組の例〉

[例題] **1−1.** m, n は自然数で，$m < n$ をみたすものとする．$m^n + 1$，$n^m + 1$ がともに 10 の倍数となる m, n を 1 組与えよ．　　　　（京都大）

[考え方]　「すべて求めよ」ではなく，「1組与えよ」という問題ですから，必要十分条件は不要です．都合のいい組（十分条件）を見つけます．

▶解答◀　　m, n が奇数のとき，因数分解の公式を用いて　（▷▷▷▷ **❶**）

$$m^n + 1 = (m + 1)(m^{n-1} - m^{n-2} + \cdots - m + 1)$$

$$n^m + 1 = (n + 1)(n^{m-1} - n^{m-2} + \cdots - n + 1)$$

よって，$m^n + 1$，$n^m + 1$ がともに 10 の倍数となるためには，$m + 1$，$n + 1$ がともに 10 の倍数であればよく，（▷▷▷▷ **❷**）m と n の 1 の位の数が 9 であればよい．よって，m, n の 1 つは

$$m = 9, \quad n = 19$$

◀ 今回は十分条件を求めればよいのですから，「〜であればよい」は正しい表現です．

[参考]　m, n をすべて求める．

　$m^n + 1$，$n^m + 1$ が 10 の倍数のとき，m^n，n^m の 1 の位の数はともに 9 であるから，m, n はともに奇数である．m の 1 の位の数を k とすると，$k = 1, 3, 5, 7, 9$ であり

$$(m^n \text{ の } 1 \text{ の位の数}) = (k^n \text{ の } 1 \text{ の位の数})$$

であることに注意する．（▷▷▷▷ **❸**）

（ア）　$k = 1$ のとき

　$k^n = 1^n$ の 1 の位の数は 1 であり不適．

（イ）　$k = 3$ のとき

　$k^n = 3^n$ の 1 の位の数は 3，9，7，1 を繰り返すが，（▷▷▷▷ **❹**）n が奇数のときは 3，7 のいずれかで不適．

（ウ）　$k = 5$ のとき

　$k^n = 5^n$ の 1 の位の数は 5 であり不適．

（エ）　$k = 7$ のとき

　$k^n = 7^n$ の 1 の位の数は 7，9，3，1 を繰り返すが，n

◀ 敢えて必要十分条件を求めてみます．

◀ n が奇数であることに注意しましょう．

第1節　必要条件・十分条件の意味

が奇数のときは 7, 3 のいずれかで不適.

（オ）　$k = 9$ のとき

　$k^n = 9^n$ の 1 の位の数は 9, 1 を繰り返し, n が奇数のときは 9 で適する.

　以上より, m の 1 の位の数は 9 であり, 同様に n の 1 の位の数も 9 である. よって, 題意を満たす m, n をすべて求めると

　　m, n $(m < n)$ は 1 の位の数が 9 の自然数

である. （▷▶▶▶ **5**）

□　**Point**　　The logic　NEO ROAD TO SOLUTION　**1-1**　**Check!**　□

1 整数問題でよく使われる因数分解の公式を用いています.

> **公式**　n が自然数のとき
>
> $$x^n - 1 = (x-1)(x^{n-1} + x^{n-2} + \cdots + x + 1) \cdots\cdots ⓐ$$
>
> n が**正の奇数**のとき
>
> $$x^n + 1 = (x+1)(x^{n-1} - x^{n-2} + \cdots - x + 1) \cdots\cdots ⓑ$$

　$n = 3$ のときの

　　$x^3 - 1 = (x-1)(x^2 + x + 1)$

　　$x^3 + 1 = (x+1)(x^2 - x + 1)$

は有名です. これを一般の n に拡張したものです. ⓑ は n が奇数限定でもあるせいか, 知らない受験生が多いです. 使用頻度は ⓐ の方が高いですが, 2 つセットで覚えるとよいでしょう.

　$x^n - 1$ は $x = 1$ を代入すると 0 になりますから, 因数定理により $x - 1$ で割り切れます. また, n が奇数のとき, $x^n + 1$ に $x = -1$ を代入すると 0 になりますから, $x + 1$ で割り切れます. 実際に割り算をしてみると ⓐ, ⓑ ともに納得できるはずです. 証明するだけであれば, 右辺を展開して左辺になることを示せばよいです.

第1章　論理（例題1-1）　41

第1章 論理

2 もちろん，因数分解しただけでは

$$m^n + 1, \ n^m + 1 \ \text{が} \ 10 \ \text{の倍数} \Longleftrightarrow m + 1, \ n + 1 \ \text{が} \ 10 \ \text{の倍数} \ \cdots\cdots\cdots \text{ⓒ}$$

は言えません．

$$m^n + 1 = (m + 1)(m^{n-1} - m^{n-2} + \cdots - m + 1)$$

において，例えば

$$m + 1 = 2, \ m^{n-1} - m^{n-2} + \cdots - m + 1 = 5$$

のように，それぞれが 10 の倍数でなくても 2 つが協力して 10 を作る可能性は
残っているからです．実は **5** で述べるように，結果的には ⓒ は正しいのです
が，何の説明もなしに同値とするのはまずいでしょう．あくまで

$$m^n + 1, \ n^m + 1 \ \text{が} \ 10 \ \text{の倍数} \Longleftarrow m + 1, \ n + 1 \ \text{が} \ 10 \ \text{の倍数}$$

が言えるだけで，$m + 1$，$n + 1$ が 10 の倍数であることは，$m^n + 1$，$n^m + 1$
が 10 の倍数であるための**十分条件**にすぎません．しかしながら今回は 1 組求
めればよいですから，十分条件でいいのです．

3 m^n の 1 の位の数は，m の 1 の位の数のみを繰り返しかければ計算できま
す．実際にかけ算することを想像すれば明らかでしょう．合同式（☞ P.104）
を用いてもよいです．法を 10 とすると，$m \equiv k$ より

$$m^n \equiv k^n$$

です．よって，k^n の 1 の位の数を調べます．

4 $n = 1, 2, \cdots$ として，3^n の 1 の位を調べます．**前の 1 の位に 3 をかけて 1
の位をとればよい**ですから，表のようになります．この後は同じことを繰り返
すはずです．これは単なる予想
ではありません．3^n の 1 の位は
前の 1 の位で決まりますから，3

n	1	2	3	4	5	$\cdots$
3^n の 1 の位	3	9	7	1	3	$\cdots$

の次は 9 に決まっています．9 の次も 7 に決まっています．同様に次は 1 です
から，3，9，7，1 を繰り返すのです．

5 この結果から

$$m^n + 1, \ n^m + 1 \ \text{が} \ 10 \ \text{の倍数} \Longleftrightarrow m, \ n \ \text{の} \ 1 \ \text{の位の数が} \ 9$$

が言えますから，ⓒ が正しいことが分かります．

第2節　同値変形の利用

| 第2節 | 同値変形の利用 |

論理　　　　　　　　　　　　　　　　　　　　　　　　　　　The logic

　受験生の答案を採点していると，なんとなく式を立てて，なんとなく変形し，答えらしき形が得られた時点で終了，という解答によく出くわします．たまたま答えは合うかもしれませんが，通常の問題は必要十分条件を求めるのが目的ですから，同値性が破綻するような怪しい変形をした場合や，複数の式を適当に組み合わせた場合には，**得られた条件が元の条件と同値かどうかを検証する**ことが重要です．代表的な同値変形を覚えておくことで，その確認はしやすくなります．

　また，同値変形というのは元の条件と全く同じ情報をもった条件に言い換えることですから，元の条件にさかのぼって考える必要がなくなります．**考えにくい条件があれば，同値変形をして考えやすい条件に変えてしまえばよい**のです．

　そこで今回は，有名な同値変形を2つ紹介しておきます．

　1つ目は**「たして，ひいて」**です．例えば，$A=B$ かつ $C=D$ という連立方程式があるとき，辺ごとにたした式と引いた式を作ると

$$\begin{cases} A=B \\ C=D \end{cases} \Longleftrightarrow \begin{cases} A+C=B+D \\ A-C=B-D \end{cases}$$

が成り立ちます．

　右向きの矢印が成り立つのは問題ないでしょう．$A=B$ かつ $C=D$ が成り立つとき，辺ごとにたしても引いてもいいからです．

　では左向きの矢印はどうでしょうか．こちらもほとんど同じです．

$$A+C=B+D \text{ かつ } A-C=B-D$$

が成り立つとき，辺ごとにたして2で割れば $A=B$ が得られますし，辺ごとに引いて2で割れば $C=D$ が得られるからです．

　結局，辺ごとにたした式と引いた式を作れば同値変形になるわけです．もちろん，一方だけでは元に戻れませんから同値変形にはなりません．

　この「たして，ひいて」の同値変形は，**対称性がある式**を扱う際によく用いられます．元の式よりも「たして，ひいて」の変形で得られる式の方が扱いやすい場合に有効です．

　2つ目は**「代入した式を残す」**です．例えば，$y=f(x)$ かつ $z=g(y)$ という連立方程式があるとき

$$\begin{cases} y=f(x) \\ z=g(y) \end{cases} \Longleftrightarrow \begin{cases} \boldsymbol{y=f(x)} \\ z=g(f(x)) \end{cases}$$

第1章　論理　43

第1章 論理

が成り立ちます．これらが同値なのはほぼ自明です．どちらの矢印も上の式を下の式に代入することで確かめられます．

なお，この変形は「文字を減らす」のではありません．文字を減らすと同値性が崩れます．$y = f(x)$ を $z = g(y)$ に代入して y を消去すると

$$\begin{cases} y = f(x) \\ z = g(y) \end{cases} \underset{\times}{\overset{\bigcirc}{\rightleftarrows}} z = g(f(x))$$

となり，元に戻れません．$z = g(f(x))$ から y の式は作れませんから当然です．そこで，代入した式 $y = f(x)$ を残すのです．

実はこの「代入した式を残す」同値変形は，連立方程式を解くときに無意識に使っているはずです．簡単な例を挙げましょう．

     直線 $y = x + 1$ ……………………………………………………①

と

     円 $x^2 + y^2 = 5$ …………………………………………………②

の交点を求めたいとき，① を ② に代入し

$$x^2 + (x+1)^2 = 5$$
$$2x^2 + 2x - 4 = 0$$
$$2(x-1)(x+2) = 0 \qquad \therefore \quad x = 1, -2$$

これらの x の値を ① に代入して，$(x, y) = (1, 2), (-2, -1)$ が得られます．よって，交点は $(1, 2)$ と $(-2, -1)$ となります．「こんなの当たり前でしょ．」と言われるかもしれません．もちろん，通常は当たり前で構わないのですが，この背景に同値変形があります．

最後に ② ではなく ① に代入したところがポイントです．「代入した式を残す」変形をすると

$$\begin{cases} y = x + 1 \\ x^2 + y^2 = 5 \end{cases} \Longleftrightarrow \begin{cases} y = x + 1 \\ x^2 + (x+1)^2 = 5 \end{cases}$$

となりますから，$x^2 + (x+1)^2 = 5$ から得られた x の値を ① に代入するのです．一方，② に代入してしまうと，不適な y の値も現れます．当然

$$\begin{cases} y = x + 1 \\ x^2 + y^2 = 5 \end{cases} \underset{\times}{\overset{\bigcirc}{\rightleftarrows}} \begin{cases} x^2 + y^2 = 5 \\ x^2 + (x+1)^2 = 5 \end{cases}$$

となるからです．普通，わざわざ ② に代入することはないでしょうが…．

第2節　同値変形の利用

「代入した式を残す」同値変形の応用です．少し文字を変えて，$t = f(x)$ かつ $y = g(t)$ という連立方程式があるとき，**t が存在するための (x, y) の条件**を考えましょう．

$$\begin{cases} t = f(x) \\ y = g(t) \end{cases} \iff \begin{cases} t = f(x) \\ y = g(f(x)) \end{cases}$$

が成り立つのは先程と同じです．よって

$$\begin{cases} t = f(x) \\ y = g(t) \end{cases} \text{を満たす t が存在する}$$

$$\iff \begin{cases} t = f(x) \\ y = g(f(x)) \end{cases} \quad\cdots\cdots\cdots\cdots\cdots\cdots\cdots\cdots\cdots\cdots③$$
$$\text{を満たす t が存在する}$$

となりますが，これはもっとシンプルになります．

③において，t を含む式は $t = f(x)$ のみです．これは t について解かれていますから，**x が存在すれば t は存在する**ということです．よって，もう一方の式である $y = g(f(x))$ が成り立つことが条件です．式が成り立てば x が存在し，t も存在するからです．まとめると

$$\begin{cases} t = f(x) \\ y = g(t) \end{cases} \text{を満たす t が存在する}$$

$$\iff y = g(f(x)) \text{ が成り立つ}$$

となります．表面的には文字が減っていますが，その背景には「代入した式を残す」変形があります．t について解いて代入すれば，t が存在するための (x, y) の条件が得られるのです．この考え方は座標の章（☞ P.263）で扱う「軌跡」の解法につながります．

〈論理のまとめ2〉

Check ▷▷▷▷　有名な同値変形
（ i ）　「たして，ひいて」
（ ii ）　「代入した式を残す」

問題編

論理

整数

論証

方程式

不等式

関数

座標

ベクトル

空間図形

図形総合

数列

数学的帰納法

場合の数

確率

微積分

出典・テーマ

第1章　論理　45

第1章 論理

――――〈4次関数のグラフが線対称になる条件〉――――

例題 1−2. 4次関数 $y = x^4 + ax^3 + bx^2 + cx + d$ のグラフが，y 軸に平行なある直線に関して対称になるための係数 a, b, c, d の間の関係式を求めよ． (名古屋大)

考え方 y 軸に平行な直線を $x = p$ とおいて，グラフがこの直線に関して対称になる条件を考えます．$x = p$ が y 軸に重なるように平行移動すると考えやすいです．結果得られた式を目的に合った形になるように同値変形します．

▶解答◀ $f(x) = x^4 + ax^3 + bx^2 + cx + d$ とおく．$y = f(x)$ のグラフが直線 $x = p$ に関して対称になる条件は，$y = f(x)$ のグラフを x 軸方向に $-p$ 平行移動したとき y 軸対称になることで，$f(x + p)$ が偶関数になることである．(▷▷▷▷ **1**)

◀ y 軸に平行なある直線を $x = p$ と設定します．

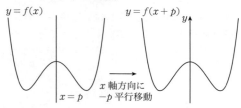

$$f(x + p)$$
$$= (x + p)^4 + a(x + p)^3 + b(x + p)^2$$
$$\qquad\qquad + c(x + p) + d$$
$$= x^4 + (4p + a)x^3 + (6p^2 + 3ap + b)x^2$$
$$\qquad + (4p^3 + 3ap^2 + 2bp + c)x$$
$$\qquad\qquad + p^4 + ap^3 + bp^2 + cp + d$$

◀ $(a + b)^4$
$= a^4 + 4a^3b + 6a^2b^2$
　$+ 4ab^3 + b^4$
を用いて展開します．

より，$f(x + p)$ が偶関数になる条件は

$$4p + a = 0 \cdots\cdots\cdots\cdots\cdots\cdots ①$$
$$4p^3 + 3ap^2 + 2bp + c = 0 \cdots\cdots ②$$

◀ x の奇数乗の項が消えますから，係数が 0 です．

これらを満たす実数 p が存在する条件を求めればよい．(▷▷▷▷ **2**)

第2節　同値変形の利用

① より

$$p = -\frac{a}{4} \quad\cdots\cdots\cdots\cdots\cdots\cdots\cdots\cdots\cdots③$$ ◀ p について解きます.

である. ③ を ② に代入し

$$4\left(-\frac{a}{4}\right)^3 + 3a\left(-\frac{a}{4}\right)^2 + 2b\left(-\frac{a}{4}\right) + c = 0$$

$$-\frac{a^3}{16} + \frac{3}{16}a^3 - \frac{1}{2}ab + c = 0$$

よって，求める条件は

$$a^3 - 4ab + 8c = 0 \quad (\triangleright\triangleright\triangleright\blacksquare)$$

□ **Point** The logic NEO ROAD TO SOLUTION **1-2** **Check!** □

---

1 y 軸対称の問題に帰着させます. 対称軸が $x = p$ であれば，x 軸方向に $-p$ 平行移動すると y 軸対称になります. グラフが y 軸対称になる関数は偶関数です. なお，関数 $g(x)$ が偶関数であるとは，任意の x に対して

$$g(-x) = g(x)$$

が成り立つことです. 例えば

$$x^2,\ 2x^4 - 5x^2 + 3,\ \cos x$$

などです. 特に多項式で表される関数は，$2x^4 - 5x^2 + 3$ のように x の偶数乗の項のみです. また，関数 $g(x)$ が奇関数であるとは，任意の x に対して

$$g(-x) = -g(x)$$

が成り立つことです. 例えば

$$x^3,\ 2x^5 - 5x^3 + 3x,\ \sin x,\ \tan x$$

などです. 多項式なら，$2x^5 - 5x^3 + 3x$ のように x の奇数乗の項のみです.

2 今回は対称軸 $x = p$ が 1 本でもあれば（今回は対称軸はあっても 1 本です）題意を満たします. よって，実数 p の存在条件を求めます.

3 これが求める必要十分条件です. この問題の大人の解答をいくつか見ましたが，この後「十分性の確認」をしてあるものがほとんどでした. 例えば，「逆に $a^3 - 4ab + 8c = 0$ のとき，③ のように p を与えると，① かつ ② を満たす.」のようにです. 果たして，このような「十分性の確認」は必要でしょうか. 同値性を確認してみましょう.

問題編

論理

整数

論証

方程式

不等式

関数

座標

ベクトル

空間図形

図形総合

数列

数学的帰納法

場合の数

確率

微積分

出典・テーマ

第1章　論理（例題1－2）

第 1 章　論理

　① かつ ② を満たす実数 p の存在条件を求めるために，① かつ ② を同値変形します．① と ③ は明らかに同値ですから

　　　　① かつ ② $\Longleftrightarrow$ ③ かつ ②

です．次に ③ を ② に代入して，$a^3 - 4ab + 8c = 0$ を得ていますから，「代入した式を残す」同値変形で

　　　　③ かつ ② $\Longleftrightarrow a^3 - 4ab + 8c = 0$ かつ ③

です．これは ① かつ ② を満たす実数 p の存在条件は

　　　　$a^3 - 4ab + 8c = 0$

であり，このとき p は ③ で与えられるということを表しています．一方通行の議論はしていませんから，十分性の確認は不要です．「答案の中で p が ③ で与えられることを強調すべきだ」という意見もありますが，p について解いた式 ③ を書いた時点でそれは自明です．**解いた式を書けばよいのです**．

　反論を覚悟して言いますが，私は，このような同値性が明らかな問題では，十分性の確認をするべきではないと考えています．**同値性を把握していないことを自ら告白するようなもの**だからです．受験生から「いつ十分性の確認をすべきなのかが分からない」という質問を受けることがあります．これはその受験生の理解が足りないのではありません．「不必要な十分性の確認」をした大人の解答が世間にあふれているせいです．厄介なことに，それは検定教科書の中にも存在します．最も典型的なのが，「図形と方程式」の軌跡の解答（☞ P.264）です．同値変形をしているのにもかかわらず，無意味に十分性の確認をしているものがあります．私は 15 年以上に渡って大学入試の解答集の原稿執筆に携わっていますが，軌跡の解答でこのような確認をしたことはありません．中にはこの記述を生徒に強制する先生もおられるようです．とんでもない話です．教科書に書いてあることを盲信しないことです．

4 　「係数 a, b, c, d の間の関係式を求めよ」ですが，答えの $a^3 - 4ab + 8c = 0$ には d が含まれていません．「d は任意と書くべきだ」と言う人がいますが，書く必要はありません．数学では**何も条件がなければ任意と読む**からです．

　例えば，xy 平面で y 軸を表す直線の方程式は $x = 0$ ですが，この中には y が含まれていません．y には条件がなく，y は任意ということです．わざわざ「$x = 0$ かつ y は任意」などと書く人はいないでしょう．これと同じことです．

5 　3 次関数のグラフはすべて点対称です（☞ P.552）．今回の問題と同様に平行移動を用いれば示せます．対称の中心が原点になるように平行移動します．

第2節　同値変形の利用

―〈2曲線がちょうど2つの共有点をもつ条件〉―

例題 1-3. xy 平面の2つの曲線 $C_1: y = x^2 + a$, $C_2: x = y^2 + a$ がちょうど2つの共有点をもつための a の条件を求めよ．

（お茶の水女子大・改）

考え方　多くの人が図1のようなグラフで考えようとしますが，凹凸が同種のものをグラフで考えるのは危険です．この図は1つの例に過ぎず，もっと複雑に交わる可能性があります．あやしげな図に頼ってはいけません．そこで，まずは式で考えます．対称性に着目し，「たして，ひいて」を利用します．

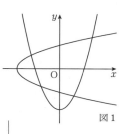

図1

▶解答◀　C_1, C_2 の式を連立する．
$$y = x^2 + a \quad \cdots\cdots ①$$
$$x = y^2 + a \quad \cdots\cdots ②$$

① - ② より
$$y - x = x^2 - y^2$$
$$(x - y)(x + y + 1) = 0 \quad \cdots\cdots ③$$

（▷▷▷ **1**）

$$y = x \text{ または } x + y + 1 = 0$$

① + ② より
$$x + y = x^2 + y^2 + 2a$$
$$\left(x - \frac{1}{2}\right)^2 + \left(y - \frac{1}{2}\right)^2 = \frac{1}{2} - 2a \quad \cdots\cdots ④$$

（▷▷▷ **2**）

ここで
$$① \text{ かつ } ② \iff ① - ② \text{ かつ } ① + ②$$
$$\iff ③ \text{ かつ } ④$$

より，③と④の表す図形がちょうど2つの共有点をもつための条件を求める．

◀ 今回は関係ないですが，先に引く方が効率がよい問題が多いです．

◀ ③と④は2直線と円（または点，なし）ですから，2放物線と違って，グラフで考えられます．

第1章 論理

④ が円を表すことが必要で

$$\frac{1}{2} - 2a > 0 \quad \therefore \quad a < \frac{1}{4} \quad \cdots\cdots\cdots\cdots ⑤$$

◀ ④は2点以上を含む図形でなければなりません．「点」や「なし」では不適で，「円」に限ります．

このとき，円 ④ を D とし

$$l : y = x, \ m : x + y + 1 = 0$$

◀ 直線に名前を付けます．

とおく．D の中心が l 上にあるから，円 ④ と l は2点で交わる．

◀ つまり共有点は2つ以上です．

一方，D と直線 m が接するときは，接点は直線 l 上にあって，共有点は2個のままで適するから，円 ④ と直線 m が共有点をもたないか接することが条件になる．（▷▷▷ **3**）

◀ 接点は元からある共有点と一致します．

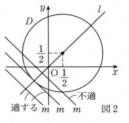
図2

これは，円 ④ の中心と直線 m の距離が円 ④ の半径以上になることで

$$\frac{\left|\frac{1}{2} + \frac{1}{2} + 1\right|}{\sqrt{1^2 + 1^2}} \geqq \sqrt{\frac{1}{2} - 2a}$$

◀ 点と直線の距離の公式を用いています．

$$\sqrt{2} \geqq \sqrt{\frac{1}{2} - 2a}$$

$$2 \geqq \frac{1}{2} - 2a \quad \therefore \quad -\frac{3}{4} \leqq a$$

これと ⑤ より，求める条件は

$$-\frac{3}{4} \leqq a < \frac{1}{4}$$

◀ 最後に必要条件 ⑤ と連立します．

♦別解♦ 1. ① を ② に代入し

$$x = (x^2 + a)^2 + a \quad \cdots\cdots\cdots\cdots ⑥$$

◀ y を消去します．

$$x^4 + 2ax^2 - x + a^2 + a = 0$$

左辺を $x^2 - x + a$ で割って変形すると

$$(x^2 - x + a)(x^2 + x + a + 1) = 0 \quad \cdots\cdots ⑦$$

（▷▷▷ **4**）

$$x^2 - x + a = 0 \quad \cdots\cdots\cdots\cdots ⑧$$

第2節　同値変形の利用

$$\text{または } x^2 + x + a + 1 = 0 \cdots\cdots\cdots\text{⑨}$$

ここで

$$\text{① かつ ②} \iff \text{⑥ かつ ①} \iff \text{⑦ かつ ①}$$

である．実数 x 1つに対し，①を満たす実数 y がただ1つ存在するから，⑦を満たす実数 x がちょうど2個になる条件を求める．（▷▷▷▷ **5**）

まず，⑧と⑨が共通解をもつときを調べる．（▷▷▷ **6**）共通解を p とおくと

$$p^2 - p + a = 0 \cdots\cdots\cdots\cdots\cdots\cdots\text{⑩}$$

$$p^2 + p + a + 1 = 0 \cdots\cdots\cdots\cdots\text{⑪}$$

⑪ − ⑩ より

$$2p + 1 = 0 \qquad \therefore \quad p = -\frac{1}{2}$$

⑩に代入すると

$$\frac{1}{4} + \frac{1}{2} + a = 0 \qquad \therefore \quad a = -\frac{3}{4}$$

よって，$a = -\dfrac{3}{4}$ のとき共通解 $-\dfrac{1}{2}$ をもつ．

次に，⑧が実数解をもつ条件を調べる．判別式 ≥ 0 より

$$1 - 4a \geq 0 \qquad \therefore \quad a \leq \frac{1}{4}$$

さらに，⑨が実数解をもつ条件を調べると

$$1 - 4(a + 1) \geq 0 \qquad \therefore \quad a \leq -\frac{3}{4}$$

これらをまとめる．（▷▷▷▷ **7**）

$a < -\dfrac{3}{4}$ のとき，⑧，⑨はともに異なる2つの実数解をもつから，⑦を満たす実数 x は4個となり不適．

$a = -\dfrac{3}{4}$ のとき，⑧は異なる2つの実数解をもち，⑨は重解をもつ．また，この2式は1個の共通解をもつから，⑦を満たす実数 x は2個となり適する．

$-\dfrac{3}{4} < a < \dfrac{1}{4}$ のとき，⑧は異なる2つの実数解をもち，⑨は異なる2つの虚数解をもつから，⑦を満たす

◀ 代入した式①を残せば同値です．

◀ 方程式の章（☞ P.171）でも扱いますが，共通解は他の解と区別します．

◀ 連立方程式とみなして解くだけです．

◀ 共通の実数解ですから影響があります．

◀ $2 + 2 = 4$ 個です．

◀ $2 + 1 - 1 = 2$ 個です．

◀ $2 + 0 = 2$ 個です．

問題編

論理

整数

論証

方程式

不等式

関数

座標

ベクトル

空間図形

図形総合

数列

数学的帰納法

場合の数

確率

微積分

出典・テーマ

第1章　論理（例題1−3）51

第1章 論理

実数 x は 2 個となり適する.

　$a \geqq \dfrac{1}{4}$ のとき，⑧ は重解か異なる 2 つの虚数解をもち，⑨ は異なる 2 つの虚数解をもつから，⑦ を満たす実数 x は 1 個または 0 個となり不適.

◀ $1+0=1$ 個または $0+0=0$ 個です.

　以上より，求める条件は
$$-\dfrac{3}{4} \leqq a < \dfrac{1}{4}$$

♦別解♦ 2. ♦別解♦ 1. で ⑧，⑨ を導いた後，文字定数を分離する．⑧，⑨ より

◀ 今回は文字定数が a のみで 1 種類ですから，文字定数を分離できます.

$$a = -x^2 + x, \ a = -x^2 - x - 1$$

となるから
$$f(x) = -x^2 + x, \ g(x) = -x^2 - x - 1$$

とおき
$$F : y = f(x), \ G : y = g(x), \ n : y = a$$

とおくと，2 曲線 F, G を合わせたものと直線 n が，ちょうど 2 つの共有点をもつことが条件である．(▷▷▷▷ **8**)

$$f(x) = -\left(x - \dfrac{1}{2}\right)^2 + \dfrac{1}{4}$$
$$g(x) = -\left(x + \dfrac{1}{2}\right)^2 - \dfrac{3}{4}$$

より，2 曲線 F, G は図 3 のようになる．ただし，F が G の頂点 $\left(-\dfrac{1}{2}, -\dfrac{3}{4}\right)$ を通ることに注意する．求める条件は

◀ 2 曲線の位置関係に注意します.

$$-\dfrac{3}{4} \leqq a < \dfrac{1}{4}$$

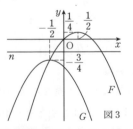

図3

Point　The logic　NEO ROAD TO SOLUTION　1-3　Check!

1 ③ は $y = x$ または $x + y + 1 = 0$ となりますから，表す図形は「2 直線」です．「2 直線の交点の $\left(-\dfrac{1}{2}, -\dfrac{1}{2}\right)$ を表しているのではないの？」という質問

を受けることがありますが、これは違います。「かつ」ではなく「または」だからです。**2直線の共通部分ではなく、少なくとも一方の直線上**の点の集合です。

2 ④の表す図形は円とは限りません。右辺の符号で変化します。

　　(ア)　正のとき、点 $\left(\dfrac{1}{2}, \dfrac{1}{2}\right)$ を中心とし半径 $\sqrt{\dfrac{1}{2}-2a}$ の**円**

　　(イ)　0 のとき、**点** $\left(\dfrac{1}{2}, \dfrac{1}{2}\right)$

　　(ウ)　負のとき、**なし**（空集合）

です。

3 ③は点 $\left(-\dfrac{1}{2}, -\dfrac{1}{2}\right)$ で直交する2直線を表します。これが④の表す円 D とちょうど2つの共有点をもつ条件を求めます。なお、a が変化するとき、直線は変化せず、円が半径を変化させますが、図4のような円を動かす図は描きにくいです。**相対的に直線が動くと考える**のがいいでしょう。

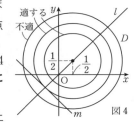

図4

　　D の中心 $\left(\dfrac{1}{2}, \dfrac{1}{2}\right)$ は2直線の1つ $l : y = x$ 上にあり、a の値によらず D と l は必ず2点で交わります。よって、もう1つの直線 $m : x + y + 1 = 0$ を加えても D との共有点が増えないことが条件です。単純に D と m が共有点をもたないことが条件になりそうですが、これ以外にも許される場合があります。それは接する場合です。D の中心が l 上にあり、2直線 l, m が直交することから、接する場合は接点が l 上にあります。その接点は D と l の共有点の1つですから、共有点の数は増えず2つのままです。

4 突然 $x^2 - x + a$ で割り、しかも割り切れることに驚く人がいるかもしれませんが、実は因数分解できる根拠があるのです。$f(t) = t^2 + a$ とすると

$$x^4 + 2ax^2 - x + a^2 + a = f(f(x)) - x$$

$$x^2 - x + a = f(x) - x$$

ですが、一般に、多項式 $f(x)$ に対し、$f(f(x)) - x$ は $f(x) - x$ で割り切れるのです。安田亨先生に教えていただいた方法で示します。今回の問題では

$$f(f(x)) = f(x)^2 + a$$

$$f(x) = x^2 + a$$

を辺ごとに引くと

$$f(f(x)) - f(x) = f(x)^2 - x^2$$

第1章　論理

$$f(f(x)) - f(x) = \{f(x) - x\}\{f(x) + x\}$$

となりますから，両辺に $f(x) - x$ を加えて

$$f(f(x)) - x = \{f(x) - x\}\{f(x) + x + 1\}$$

を得ます．よって，$f(f(x)) - x$ は $f(x) - x$ で割り切れます．

5 ⑦ かつ ① を満たす実数の組 (x, y) がちょうど 2 個になる条件を求めます．まず，① に着目します．x から y を求める式で，実数 x 1 つに対し，実数 y がただ 1 つ対応することを表しています．よって，**実数の組 (x, y) の個数は実数 x の個数と一致します**から，実数 x の個数の問題に帰着できます．⑦ を満たす実数 x がちょうど 2 個存在する条件を求めます．

6 ⑦ を満たす実数 x の個数は，2 つの 2 次方程式の実数解の個数の和**ではありません**．例えば，一方の解が 1 と 2 で，もう一方の解が 1 と 3 であれば，全部で 4 個ではなく 3 個になります．**共通解があると個数が減る**のです．そこで，まず共通解を調べます．

7 下のように，表を書いてまとめると分かりやすいです．

a	$\cdots$	$-\dfrac{3}{4}$	$\cdots$	$\dfrac{1}{4}$	$\cdots$
⑧ を満たす実数 x の個数	2	2	2	1	0
⑨ を満たす実数 x の個数	2	1	0	0	0
共通解の個数	0	1	0	0	0
⑦ を満たす実数 x の個数	4	2	2	1	0

2 式の実数解と共通解の個数から ⑦ を満たす実数 x の個数が分かります．

8 **6** と同様に，F と n，G と n の共有点の個数の和が 2 個となるのではありません．F，G，n が 1 点を共有するとき，その x 座標は

$$a = -x^2 + x, \ a = -x^2 - x - 1$$

の 2 つの式を同時に満たしますが，実数 x の個数としては 1 個です．2 個と数えてはいけません．よって，F と G を別々に描いて n との共有点の個数を調べると間違える可能性があります．同じ平面上に F と G を描き，その合わせた図形と n との共有点の個数を調べます．

9 2019 年早大・商でこの問題と同じ内容の問題が出題されました．類題は，過去に東大，京大，阪大，一橋大など多くの大学で出題されています．

第3節　必要から十分へ

第3節　必要から十分へ

論理　　　　　　　　　　　　　　　　　　　　　　　　　　　　　The logic

　数学の問題では,「1つ見つけよ」や「例を挙げよ」などの表現でもない限り,必要十分条件を求めるのが基本です. そのため

　　　（目標）$\Longleftrightarrow$（条件）$\Longleftrightarrow \cdots \Longleftrightarrow$（求める条件）← **必要十分条件**

のように, 同値な言い換えを続けて答えまでたどり着くのが理想です. なお, 便宜上同値記号を書いて同値性を強調していますが, 実際にこのように答案を書くという意味ではありませんので, 誤解しないでください.

　例えば,「$x^2 + ax + 1 = 0$ が実数解をもつような実数 a の条件を求めよ.」という問題であれば, 判別式 $D \geqq 0$ となることが（必要十分）条件で

　　　$a^2 - 4 \geqq 0$　　$\therefore$　$a \leqq -2,\ 2 \leqq a$

と答えが直接求まります.

　一方, 入試問題の中にはそれが難しい問題があります.

　　　（目標）$\underset{\sim}{\Longrightarrow}$（条件）$\Longleftrightarrow \cdots \Longleftrightarrow$（とりあえず得られた条件）← **必要条件**

のように, 必要十分条件は求めにくくても必要条件なら求まる問題です. 一方通行の矢印 $\Longrightarrow$ が途中のどこに入っていても状況は同じです. **1カ所でも一方通行の矢印があれば, 得られる条件は必要条件**だからです. 例を挙げましょう.

問題 1. 任意の整数 x に対して $f(x) = x^2 + ax + b$ が整数となるような実数 a, b の条件を求めよ.

　直接必要十分条件が求めにくい問題です. 一方, 具体的に $x = 0, 1$ などと代入していくことで, 必要条件なら求まります.

　　　任意の整数 x に対して $f(x) = x^2 + ax + b$ が整数　（目標）

　　　$\Longrightarrow x = 0, 1$ に対して $f(x) = x^2 + ax + b$ が整数 ← **必要条件**

という一方通行の矢印が成り立ちますから, 必要条件です.

　必要条件はそのままでは「求める条件」にはなりません.「必要十分条件」になっているかどうかを確認しなければなりません. つまり, 逆向きの矢印

　　　（目標）$\Longleftarrow$（とりあえず得られた条件）

第1章　論理　55

第1章 論理

が成り立つかどうかの確認をします．これは十分条件であるかどうかの確認ですから，**十分性の確認**といいます．この確認ができて初めて，得られた条件が「求める条件」であると言えるのです．

当然のことながら，いつも「必要条件」が「必要十分条件」になるとは限りません．必要条件は「少なくとも満たさなければ話にならない条件」で，一般には必要十分条件より甘い条件です．ですから，得られた必要条件が十分性も満たすかどうかは確認してみないと分からないのです．上の問題で確認してみましょう．

任意の整数 x に対し $f(x) = x^2 + ax + b$ が整数になるとき

$$f(0) = b, \ f(1) = 1 + a + b$$

は整数ですから，a, b はともに整数となります．もちろん，これは必要条件です．ここで，次の2つの選択肢があります．

（ⅰ） この条件がまだ甘いと判断し**もっと厳しい必要条件を探しにいく**

（ⅱ） この条件が必要十分条件だと判断し**十分性の確認をする**

平たく言えば，「まだ絞り込める」と思うか，「もうこれが限界だ」と思うか，ということです．

仮に，もっと厳しい条件を探すために

$$f(2) = 4 + 2a + b$$

が整数になる条件を考えるとしましょう．しかし，a, b がともに整数であれば $f(2)$ は整数ですから，新しい条件は得られません．$x = 2$ 以外の値を代入しても同じことです．もう十分絞り込めていると判断できますから，十分性の確認に移ります．

a, b がともに整数のとき，任意の整数 x に対して $f(x) = x^2 + ax + b$ が整数となるのは明らかですから，「a, b がともに整数」は十分条件でもあり，すなわち求める必要十分条件です．

〈論理のまとめ3〉

Check ▷▷▷▷ 必要から十分へ

✎ 直接必要十分条件が求めにくいときには，まず必要条件を求め，十分性の確認をする

✎ 得られた必要条件が十分絞り込めているかどうかを見極め，さらに絞り込むか，十分性の確認に移るか，を判断する

56 第1章 論理

第3節　必要から十分へ

〈不等式が常に成り立つ条件〉

【例題】**1−4.** どのような実数 x に対しても，不等式

$$|x^3 + ax^2 + bx + c| \leqq |x^3|$$

が成り立つように，実数 a, b, c を定めよ． （大阪大）

【考え方】　左辺の絶対値の中身が抽象的過ぎますから，最初から直接必要十分条件を求めるのは困難です．そこで，x に具体的な値を代入して必要条件を求めます．とりあえず最も簡単な $x = 0$ を代入してみましょう．

▶**解答**◀　まず必要条件を求める．

$$|x^3 + ax^2 + bx + c| \leqq |x^3| \quad \cdots\cdots\cdots\cdots\cdots ①$$

が $x = 0$ で成り立つ条件は

$$|c| \leqq 0 \qquad \therefore \quad c = 0$$

よって，① は

$$|x^3 + ax^2 + bx| \leqq |x^3|$$

となる．これが $x \neq 0$ で常に成り立つ条件を求めればよい．（▷▷▷▷ **1**）

$x \neq 0$ のとき，両辺を $|x|$（> 0）で割ると

◀ 絶対値の中身を x で割ることになります．

$$|x^2 + ax + b| \leqq |x^2| \quad \cdots\cdots\cdots\cdots\cdots ②$$

$$|x^2 + ax + b| \leqq x^2$$

◀ $x^2 \geqq 0$ ですから絶対値が外せます．

$$-x^2 \leqq x^2 + ax + b \leqq x^2$$

$$2x^2 + ax + b \geqq 0 \quad \cdots\cdots\cdots\cdots\cdots ③$$

◀「② ⟺ ③ かつ ④」です．

$$かつ \quad ax + b \leqq 0 \quad \cdots\cdots\cdots\cdots\cdots ④$$

（▷▷▷▷ **2**）

④ が $x \neq 0$ で常に成り立つ条件は，$a = 0$, $b \leqq 0$ である．（▷▷▷▷ **3**）このとき，③ は $2x^2 + b \geqq 0$ となり，これが $x \neq 0$ で常に成り立つ条件は，$b \geqq 0$ である．（▷▷▷▷ **4**）ゆえに，③ かつ ④ が $x \neq 0$ で常に成り立つ条件は，$a = 0$, $b = 0$ である．

　以上より，**$a = 0, b = 0, c = 0$** である．　（▷▷▷▷ **5**）

第1章　論理（例題1−4）　57

第1章　論理

♦別解♦　②を導いた後から始める.

②が $x \neq 0$ で常に成り立つとき, $x \to 0$ とする極限を考えて　(▷▷▷▷ **6**)

$$\lim_{x \to 0} |x^2 + ax + b| \leq \lim_{x \to 0} |x^2|$$

$$|b| \leq 0 \qquad \therefore \quad b = 0$$

◀ これは必要条件です.

よって, ②は

$$|x^2 + ax| \leq |x^2|$$

となり, 両辺を $|x| (> 0)$ で割ると

$$|x + a| \leq |x|$$

◀ やはり絶対値の中身を x で割ります.

となる. これが $x \neq 0$ で常に成り立つとき, $x \to 0$ とする極限を考えて

$$\lim_{x \to 0} |x + a| \leq \lim_{x \to 0} |x|$$

$$|a| \leq 0 \qquad \therefore \quad a = 0$$

◀ これも必要条件です.

逆に, $a = 0, b = 0, c = 0$ のとき, ①は常に成り立つ. (▷▷▷▷ **7**)

◀ 「逆に」と書くと十分性の確認であることが分かりやすいです.

以上より

$$a = 0, \ b = 0, \ c = 0$$

□　Point　The logic　NEO ROAD TO SOLUTION **1-4**　Check!　□

1　以前, 生徒から「$c = 0$ は必要条件なのに, なぜ最後に十分性の確認をしないのですか？」という質問を受けました. これは大変いい質問です. 必要条件を導いたら十分性の確認をしなければならないことは, 正しい答案を書く上で大事なことです. しかし, 今回は $c = 0$ の十分性の確認は不要です. **自然に確認されている**からです. 詳しく説明します.

$|x^3 + ax^2 + bx + c| \leq |x^3|$ が常に成り立つためには, $x = 0$ で成り立つことが**必要**で, $c = 0$ です. これは $x = 0$ で成立するための必要十分条件であり, 他の x で成立するかは不明ですから, 確かに必要条件です. 言い換えると, 「0以外の c は不適である」, すなわち「c は存在するなら0しかない」ということです. 十分性の確認をするために, $c = 0$ を $|x^3 + ax^2 + bx + c| \leq |x^3|$ に代入し, $|x^3 + ax^2 + bx| \leq |x^3|$ が常に成り立つかどうかを調べます.

第3節　必要から十分へ

　$x = 0$ では成立しますから，$x \neq 0$ で常に成り立つかを確認すればよいです．しかし，この式には a, b が残っており，このままでは $x \neq 0$ で常には成立しません．そこで方針を転換し，$x \neq 0$ で常に成立するような a, b を求めます．その結果得られた a, b に対しては $|x^3 + ax^2 + bx| \leq |x^3|$ が常に成り立ちますから，$c = 0$ の十分性は保証され，改めて最後に確認をする必要はないのです．**$c = 0$ を代入するときから $c = 0$ の十分性の確認が始まり，a, b が求まった時点で十分性の確認が終了する**のです．

　簡単な類題を紹介しておきましょう．

問題 2. 等式 $\displaystyle\lim_{x \to 2} \dfrac{\sqrt{3x + a} - b}{x - 2} = \dfrac{3}{5}$ が成り立つような定数 a, b の値を求めよ．

（青山学院大）

▶解答◀ $\displaystyle\lim_{x \to 2}(x - 2) = 0$ より，$\displaystyle\lim_{x \to 2} \dfrac{\sqrt{3x + a} - b}{x - 2}$ が有限の値 $\dfrac{3}{5}$ に収束するためには

$$\lim_{x \to 2}(\sqrt{3x + a} - b) = 0$$

が必要である．よって

$$\sqrt{6 + a} - b = 0 \qquad \therefore \quad b = \sqrt{6 + a} \ \cdots\cdots\cdots\cdots\cdots\cdots Ⓐ$$

このとき

$$
\begin{aligned}
\lim_{x \to 2} \frac{\sqrt{3x + a} - b}{x - 2} &= \lim_{x \to 2} \frac{\sqrt{3x + a} - \sqrt{6 + a}}{x - 2} \\
&= \lim_{x \to 2} \frac{(3x + a) - (6 + a)}{(x - 2)(\sqrt{3x + a} + \sqrt{6 + a})} \\
&= \lim_{x \to 2} \frac{3(x - 2)}{(x - 2)(\sqrt{3x + a} + \sqrt{6 + a})} \\
&= \lim_{x \to 2} \frac{3}{\sqrt{3x + a} + \sqrt{6 + a}} = \frac{3}{2\sqrt{6 + a}}
\end{aligned}
$$

これが $\dfrac{3}{5}$ となる条件は，$\dfrac{3}{2\sqrt{6 + a}} = \dfrac{3}{5}$ であるから

$$\sqrt{6 + a} = \frac{5}{2}$$

$$6 + a = \frac{25}{4} \qquad \therefore \quad \boldsymbol{a = \dfrac{1}{4}}$$

第1章　論理（例題1−4）　59

また，Ⓐ より，$b = \dfrac{5}{2}$ である．

　途中で必要条件 Ⓐ が現れますが，自然に十分性の確認が行われますから，最後に改めて十分性の確認をする必要はありません．昔の教科書や参考書には十分性の確認をしてあるものがあり，このような解答を書くと，鬼の首を取ったかのように「十分性の確認が必要だ」と指摘する人がいますが，むしろ**指摘する方が間違い**です．いわゆる「負の遺産」を引き継いでいるだけで，必要十分をよく理解していないと言うほかありません．

　なお，私の手元にある教科書は十分性の確認をしていませんでした．改訂されている部分もあるのですね☺　次は「軌跡」での不要な確認（☞ P.264）を直していただきたいものです．

❷ $2x^2 + ax + b \geqq 0$ かつ $ax + b \leqq 0$ が $x \neq 0$ で常に成り立つ条件を考える際には，まず，簡単な $ax + b \leqq 0$ から考えます．その結果，$a = 0$，$b \leqq 0$ が得られますから，この条件下で $2x^2 + ax + b \geqq 0$ が成り立つ条件を考えます．$a = 0$ を代入し，$2x^2 + b \geqq 0$ とします．これが $x \neq 0$ で常に成り立つような b の条件を求めます．

❸ $ax + b \leqq 0$ が $x \neq 0$ で常に成り立つ条件は，グラフをイメージして考えます．$y = ax + b$ のグラフが $x \neq 0$ で常に x 軸より下側にある条件を考えます．$a \neq 0$ のときは必ず x 軸の上にはみ出す部分があって不適です．よって，$a = 0$ となるしかなく，このとき，$ax + b \leqq 0$ は $b \leqq 0$ となりますから，条件は $a = 0$ かつ $b \leqq 0$ です．

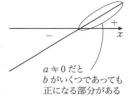

$a \neq 0$ だと b がいくつであっても正になる部分がある

❹ $2x^2 + b \geqq 0$ が $x \neq 0$ で常に成り立つ条件もグラフを用いて考えます．$y = 2x^2 + b$ のグラフの頂点は $(0, b)$ で，この点は除きますから，y のとりうる値の範囲は $y > b$ です．$y > b$ には等号がつきませんが，**y はいくらでも b に近づくことができます**．つまり，$b < 0$ のときは $y < 0$ となることがあり，「常に $y \geqq 0$」とはならず不適です．「y は b より大

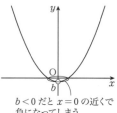

$b < 0$ だと $x = 0$ の近くで負になってしまう

きくて，b にはなれないのだから，b 自体はほんのちょっとくらい負になってもいいんじゃないの？　例えば -0.00001 とか．」という疑問が浮かぶかもしれませんが，上で述べたとおり，y はいくらでも b に近づけますから，「ほんのちょっと」でも許されません．一方，$b \geqq 0$ のときは，$y > b \geqq 0$ より「常に

$y \geqq 0$」で適します．よって，$x \neq 0$ で常に $y \geqq 0$ となる条件は $b \geqq 0$ です．
　ちなみに，不等式の章（☞ P.205）で紹介する「出木杉のび太論法」を使うと，$2x^2 + b$ の $x \neq 0$ での下限が 0 以上になる条件を考えて，$b \geqq 0$ です．

5 結論だけ見ると，「そりゃそうでしょ．」と言いたくなるようなつまらない問題かもしれませんが，「これしかない」ことをきちんと示すのが数学です．

6 ♦別解♦ のように極限をとるのも有効です．$x \neq 0$ より x に 0 を代入できませんが，近づけることはできます．**代入できなければ極限をとる**のは意外に使えるテクニックです．なお，下の定理が成り立ちます．

[定理]　（不等式の極限）
　（ i ）　$x \neq a$ で常に $f(x) < g(x)$ のとき　$\lim_{x \to a} f(x) \leqq \lim_{x \to a} g(x)$
　（ ii ）　$x \neq a$ で常に $f(x) \leqq g(x)$ のとき　$\lim_{x \to a} f(x) \leqq \lim_{x \to a} g(x)$

　今回は前提の不等式に等号がついていますから，（ ii ）を用いています．（ i ）は間違えやすいので注意が必要です．**前提の不等式に等号がついていなくても，極限には等号がつきます**．例えば
$$f(x) = 0, \ g(x) = x^2, \ a = 0$$
とすると，$x \neq a$ で常に $f(x) < g(x)$ が成り立ち，前提の不等式には等号がつきませんが

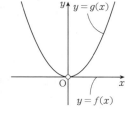

$$\lim_{x \to a} f(x) = 0, \ \lim_{x \to a} g(x) = 0$$
より，$\lim_{x \to a} f(x) = \lim_{x \to a} g(x)$ となりますから，極限には等号がつくのです．

7 $x \to 0$ で不等式が成立する条件のみを考えて a，b を求めていますから，最後に**十分性の確認が必要**です．上で述べたように $c = 0$ については確認は不要ですから，②が $x \neq 0$ で常に成り立つことを確認しても構いません．

第1章　論理

〈等比数列になる条件〉

例題 1-5. 数列 $\{a_n\}$ に対し，数列 $\{b_n\}$ を $b_n = 3a_{n+1} - 2a_n$ で定義する．数列 $\{b_n\}$ が初項 $b\ (\neq 0)$，公比 r の等比数列であるとき，次の問いに答えよ．

（1）　$b = r = 2$ で $a_1 = \dfrac{1}{2}$ のとき，数列 $\{a_n\}$ の一般項を求めよ．

（2）　数列 $\{a_n\}$ が等比数列であるための必要十分条件を，b，r，a_1 を用いて表せ．

(旭川医科大)

考え方　混乱しそうな問題文ですが，$b_n = 3a_{n+1} - 2a_n$ を数列 $\{a_n\}$ の漸化式とみなすと分かりやすいです．（1）は b_n が与えられていますから，漸化式を解くだけの問題です．（2）は漸化式に b と r が残ります．漸化式を解いて一般項を求めてから等比数列になる条件を考えるのは難しいです．直接必要十分条件を求めにくいのですから，まず必要条件を求めます．

▶解答◀　（1）　$b_n = br^{n-1}$ である．これを
$b_n = 3a_{n+1} - 2a_n$ に代入し

$$br^{n-1} = 3a_{n+1} - 2a_n$$

$$a_{n+1} = \frac{2}{3}a_n + \frac{1}{3}br^{n-1} \quad\cdots\cdots\cdots①$$

◀ ①は（1）特有の条件を用いずに導いていますから，（2）でも使えます．

$b = r = 2$ より

$$a_{n+1} = \frac{2}{3}a_n + \frac{1}{3} \cdot 2^n$$

両辺を 2^{n+1} で割ると　（▷▷▷▷ ❶）

$$\frac{a_{n+1}}{2^{n+1}} = \frac{1}{3} \cdot \frac{a_n}{2^n} + \frac{1}{6}$$

$c_n = \dfrac{a_n}{2^n}$ とおくと，$c_1 = \dfrac{a_1}{2^1} = \dfrac{1}{4}$ であり

$$c_{n+1} = \frac{1}{3}c_n + \frac{1}{6}$$

$$c_{n+1} - \frac{1}{4} = \frac{1}{3}\left(c_n - \frac{1}{4}\right)$$

◀ $\alpha = \dfrac{1}{3}\alpha + \dfrac{1}{6}$ とすると，$\alpha = \dfrac{1}{4}$ です．漸化式から辺ごとに引きます．

数列 $\left\{c_n - \dfrac{1}{4}\right\}$ は公比 $\dfrac{1}{3}$ の等比数列で

$$c_n - \frac{1}{4} = \left(c_1 - \frac{1}{4}\right)\left(\frac{1}{3}\right)^{n-1} = 0$$

◀ $c_1 - \dfrac{1}{4}$ を残しましょう．

第3節　必要から十分へ

$$c_n = \frac{1}{4}$$

$a_n = 2^n c_n$ より

$$\boldsymbol{a_n = 2^{n-2}}$$

◀ $c_n = \frac{a_n}{2^n}$ を逆に解いています.

（2）①で $n = 1, 2$ として

$$a_2 = \frac{2}{3}a_1 + \frac{1}{3}b = \frac{1}{3}(2a_1 + b)$$

◀ 必要条件を求めるために a_2, a_3 を計算します.

$$a_3 = \frac{2}{3}a_2 + \frac{1}{3}br$$

$$= \frac{2}{3} \cdot \frac{1}{3}(2a_1 + b) + \frac{1}{3}br$$

$$= \frac{1}{9}(4a_1 + 2b + 3br)$$

数列 $\{a_n\}$ が等比数列であるとき，a_1, a_2, a_3 はこの順に等比数列をなすから，$a_2{}^2 = a_1 a_3$ が成り立ち　（▷▷▷▶ ❷）

$$\left\{\frac{1}{3}(2a_1 + b)\right\}^2 = a_1 \cdot \frac{1}{9}(4a_1 + 2b + 3br)$$

$$(2a_1 + b)^2 = a_1(4a_1 + 2b + 3br)$$

$$4a_1{}^2 + 4a_1 b + b^2 = 4a_1{}^2 + 2a_1 b + 3a_1 br$$

$$2a_1 b + b^2 - 3a_1 br = 0$$

$$b(2a_1 + b - 3a_1 r) = 0$$

$b \neq 0$ より

$$2a_1 + b - 3a_1 r = 0$$

$$b = a_1(3r - 2) \cdots\cdots\cdots\cdots\cdots\cdots②$$

（▷▷▷▶ ❸）

逆に②が成り立つとき　（▷▷▷▶ ❹）

$$a_2 = \frac{1}{3}(2a_1 + b) = \frac{1}{3}\{2a_1 + a_1(3r - 2)\}$$

$$= \frac{1}{3} \cdot 3a_1 r = a_1 r$$

◀ a_2 の計算は a_n の推定に使うだけですから，厳密には答案に書く必要はありません.

より

$$a_n = a_1 r^{n-1} \cdots\cdots\cdots\cdots\cdots\cdots③$$

と予想できる．（▷▷▷▶ ❺）これを数学的帰納法で示す.
$n = 1$ のとき③が成り立つ.

◀ 漸化式を使った一般項の証明ですから，数学的帰納法が有効です.

第1章　論理（例題1−5）　63

第1章　論理

$n = k$ のとき ③ が成り立つと仮定すると

$$a_k = a_1 r^{k-1} \cdots\cdots\cdots\cdots\cdots\cdots\cdots\cdots④$$

である．① で $n = k$ として

$$a_{k+1} = \frac{2}{3}a_k + \frac{1}{3}br^{k-1}$$

④ と ② を代入し

$$a_{k+1} = \frac{2}{3} \cdot a_1 r^{k-1} + \frac{1}{3} \cdot a_1(3r-2) \cdot r^{k-1}$$

$$= \frac{1}{3}a_1 r^{k-1}\{2 + (3r-2)\}$$

$$= \frac{1}{3}a_1 r^{k-1} \cdot 3r = a_1 r^k$$

よって，$n = k+1$ のときも ③ が成り立つ．

ゆえに，$a_n = a_1 r^{n-1}$ で，数列 $\{a_n\}$ は等比数列である．　◀ 十分性の確認はここで終了です．

以上より，求める条件は ② であり

$$b = a_1(3r-2)$$

□　**Point**　The logic NEO ROAD TO SOLUTION　**1-5**　**Check!**　□

1　$a_{n+1} = pa_n + qr^n$ $(p \neq 1)$ の形の漸化式は，両辺を r^{n+1} で割って解きます．p^{n+1} で割る方法もありますが，階差数列から一般項を求める公式を使うことになり，それに含まれる和の計算がやや面倒です．

2　漸化式 ① は複数の文字を含んでいますから，解こうとすると場合分けが生じます．きちんと一般項を求め，等比数列になるための必要十分条件を直接導くのは難しいです．実際，ある問題集の解答では，そのような方針をとって間違えていました．今回は**漸化式を「解く」のではなく「使う」**（☞ P.429）問題です．また，「必要から十分へ」の解法が有効な問題でもあります．

　　まず，最初の3項が等比数列になる条件を調べます．a, b, c がこの順に等比数列をなすとき，$b^2 = ac$ が成り立ちます．⑦ で詳しく述べますが，「細かい問題」に目をつぶれば，$a : b = b : c$ から納得できます．なお，この式のことを「等比中項」と呼ぶ人がいますが，等比中項とは字のとおり等比数列の真ん中の項で，ここでは b のことです．

3　② は数列 $\{a_n\}$ が等比数列になるための必要条件です．

　　数列 $\{a_n\}$ が等比数列 $\Longrightarrow$ a_1, a_2, a_3 がこの順に等比数列

第3節　必要から十分へ

が成り立つからです．この後，より厳しい必要条件を探しにいくか，十分性の確認に移るか，の選択になります．より厳しい必要条件を探しにいくのであれば，次の項の a_4 まで考慮に入れますが，a_4 の形が複雑で大変そうです．② が答え（必要十分条件）だろうと判断し，十分性の確認に移るのが無難です．

　また，得られた必要条件は，文字を減らすのに使えるよう，1 つの文字について解いておきます．今回は b について解いておくのが簡単です．

4　十分性の確認の始まりです．具体的には

　　　　② が成り立つ $\Longrightarrow$ 数列 $\{a_n\}$ が等比数列

を示します．② を漸化式に代入して一般項を求めることも考えられますが，やはり複数の文字があるため，**「解く」のではなく「使う」**（☞ P.429）ことを考えましょう．② が成り立つとき，a_1，a_2，a_3 はこの順に等比数列をなしています．まずその公比を求めます．漸化式を使って a_2 を計算します．

5　$a_2 = a_1 r$ より，公比は r と予想できます．「a_3 は調べなくていいの？」という質問がありそうですが，調べる必要はありません．**4** で述べたように，a_1，a_2，a_3 がこの順に等比数列をなすことは分かっていますから，$a_2 = a_1 r$ であれば，$a_3 = a_2 r$ となっているはずです．数列 $\{a_n\}$ は公比 r の等比数列と予想できますから，$a_n = a_1 r^{n-1}$ であることを証明します．

6　（2）で $a_n = a_1 R^{n-1}$ を $br^{n-1} = 3a_{n+1} - 2a_n$ に代入し

$$br^{n-1} = 3a_1 R^n - 2a_1 R^{n-1} \qquad \therefore \quad br^{n-1} = a_1(3R-2)R^{n-1} \ \cdots\cdots ⓐ$$

両辺を見比べ

$$b = a_1(3R-2) \ かつ \ r = R \ \cdots\cdots\cdots\cdots\cdots\cdots\cdots\cdots\cdots\cdots\cdots\cdots ⓑ$$

$$b = a_1(3r-2)$$

と解いた生徒がいました．結果だけは合っていますが，残念ながら答案としてはいくつか問題があります．

　まず，ⓐ で両辺を見比べ，ⓑ としているところが危険です．何かもやもや感が残りませんか？　小心者の私はこのような安易な比較は怖くてできません．今回は $b \neq 0$ があるため結果的に正しいですが，一般に $ar^{n-1} = bR^{n-1}$ のとき，$a = b$ かつ $r = R$ とは限りません．$a = b = 0$ であれば $r \neq R$ でもよいからです．きちんと答案を書きたければ，具体的な n の値を代入して，任意の自然数 n に対して ⓐ が成り立つための**必要条件**を導きます．$n = 1, 2$ として

$$b = a_1(3R-2), \quad br = a_1(3R-2)R$$

の 2 式が得られます．後者の両辺を $b = a_1(3R-2)$ $(\neq 0)$ で割ると $r = R$

第 1 章　論理（例題 1−5）　65

第1章　論理

となり，Ⓑ が言えます．逆に Ⓑ が成り立つとき，任意の自然数 n に対して Ⓐ が成り立ちますから，Ⓑ は任意の自然数 n に対して Ⓐ が成り立つための**必要十分条件**で，R を消去すれば $b = a_1(3r - 2)$ が得られます．ただし，まだ完全ではありません．

　任意の自然数 n に対して Ⓐ が成り立つことと，数列 $\{a_n\}$ が等比数列であることの同値性についてです．結果的には同値ですが，補足が必要でしょう．数列 $\{a_n\}$ が等比数列のとき $a_n = a_1 R^{n-1}$ とおけて，それを $br^{n-1} = 3a_{n+1} - 2a_n$ に代入すると Ⓐ が得られます．一方，a_1 と $br^{n-1} = 3a_{n+1} - 2a_n$ によって与えられる**数列 $\{a_n\}$ がただ 1 つに定まる**ことに注意します．a_{n+1} について解いた漸化式 $a_{n+1} = \dfrac{2}{3}a_n + \dfrac{1}{3}br^{n-1}$ を繰り返し用いることにより，$a_2, a_3, \cdots$ が順番に決まるからです．一般に，解がただ 1 つであることが分かれば，その解は見つければよいです．今回は，Ⓐ を導いた変形を逆にたどることで，任意の自然数 n に対して Ⓐ が成り立つとき，$a_n = a_1 R^{n-1}$ が $br^{n-1} = 3a_{n+1} - 2a_n$ を満たすことが分かりますから，それがただ 1 つの a_n であり，数列 $\{a_n\}$ は等比数列です．よって，同値性が確認できます．

　もしこの方針で解きたければ

Ⅰ　数列 $\{a_n\}$ が等比数列のとき，$a_n = a_1 R^{n-1}$ とおいて Ⓐ を導く

Ⅱ　Ⓐ に $n = 1, 2$ を代入して Ⓑ を示し，R を消去して $b = a_1(3r - 2)$ を導く（ここまではすべて一方通行の議論でよく，この時点では必要条件）

Ⅲ　「逆に $b = a_1(3r - 2)$ のとき」として，▶**解答**◀ のように数学的帰納法で十分性の確認をする

とすることで，上で確認した同値性に触れずに済みます．▶**解答**◀ とは必要条件の導き方が異なるだけです．

$\boxed{7}$　細かい話ですから，さらっと読み流してください．$\boxed{2}$での「細かい問題」とは「比 $0:0$ の問題」です．通常 $0:0$ **は認めません**．$0:0$ 以外に対し

$$a : b = c : d \Longleftrightarrow ad = bc$$

ですが，もし $0:0$ でもこれを認めると，$0:0$ は任意の比と等しくなり

$$1 : 2 = 0 : 0 = 2 : 1 \qquad \therefore \quad 1 : 2 = 2 : 1 \quad （矛盾）$$

となってしまうのです．よって，等比中項が満たす式 $b^2 = ac$ は，$0:0$ を含まない範囲で a，b，c がこの順に等比数列をなすための必要十分条件ですが，$0:0$ を含むとそうとは限りません．実際，$a = 0$，$b = 0$，$c = 1$ はこの式を満たしますが，a，b，c はこの順に等比数列をなしません．なお，$a \neq 0$ であれば必要十分条件です．b が 0 かどうかで分けると納得できます．

NEO ROAD TO SOLUTION

真・解法への道！

第 2 章
整数
The integer

第2章　整数

第1節　　整数問題の解法

整数　　　　　　　　　　　　　　　　　　　　　　　　　　　　　　The integer

　一般に，整数問題は解法の糸口が見つけにくく，苦手な受験生が多い分野です．苦手意識を克服するためにまずできることは，よく使う解法のパターンを押さえることでしょう．

　整数問題の解法で有名なものは，次の3つです．

　1つ目は**「範囲を絞る」**です．実数とは異なり，整数はとびとびの値しかとれませんから，もし範囲を絞ることができれば，その候補は有限個となります．あとは，それぞれの値が題意を満たすかどうか調べるだけです．**大雑把に絞って，その後厳密に評価する**イメージです．

　例えば，整数 x に対し，何かうまい方法を使って $0 < x < 4$ と範囲が絞れたとしましょう．x の候補は $x = 1, 2, 3$ に限られます．もちろん，この時点では「可能性があるのは $x = 1, 2, 3$ のみ」と言っているだけですから，これらが答えという保証はありません．そこで，本当に $x = 1, 2, 3$ が正しいのかを個別に調べ，正しいもののみを答えとします．

　2つ目は**「余りで分ける」**です．与えられた整数をある正の整数で割った余りで分類します．証明問題でよく用いられる手法です．

　最も簡単な例は，「偶奇で場合分け」です．どんな整数も 2 で割った余りは 0 か 1，すなわち偶数か奇数ですから，偶数の場合と奇数の場合を調べれば，すべての整数に対して調べたことになります．また，受験数学でよく登場するのは，3 で割った余りに着目する問題です．どんな整数も 3 で割った余りは 0，1，2 のいずれかです．そこで，整数 n を含む 3 で割った余りに関連する問題は，n のままではなく，$n = 3k, 3k+1, 3k+2$（k は整数）と 3 つの場合に分けると考えやすいです．**より具体的な表現を用いることで式変形や証明が進む**からです．いくつで割った余りに着目するかは問題によります．

　3つ目は**「因数分解する」**です．整数問題ではない普通の方程式

$$x^2 - 4x + 3 = 0$$

であっても

$$(x-1)(x-3) = 0 \qquad \therefore \quad x = 1, 3$$

のように因数分解して解きますから，整数問題ならではの解法と言えない印象がありますが，整数問題で使う因数分解は，これとは少し異なります．

68　第2章　整数

第1節　整数問題の解法

例えば，自然数 x，$y\,(x \leqq y)$ に対して

$$xy - 2x - 2y = 0$$

という式があるとします．これは

$$(x - 2)(y - 2) = 4$$

と変形できます．**右辺が 0 である必要はありません**．私はこのような変形を **「強引に因数分解する」** と呼んでいます．積の形を作ることが目的ですから，余りが出てもよいのです．あとは，$-1 \leqq x - 2 \leqq y - 2$ に注意して積が 4 になる 2 つの整数の組を考え

$$(x - 2, y - 2) = (1, 4), (2, 2) \qquad \therefore \quad (x, y) = (3, 6), (4, 4)$$

と解が求まります．

なお，よくある誤解ですが，右辺は必ずしも「数字」である必要はありません．p が**素数**であれば

$$(x - 2)(y - 2) = p^2$$

のように，「文字定数」でもよいです．p^2 の分け方がすべて把握できて

$$(x - 2, y - 2) = (1, p^2), (p, p)$$

$$(x, y) = (3, p^2 + 2), (p + 2, p + 2)$$

と解けるからです．一方，p が素数でなければ解けません．よく間違える人がいますが，p が素数でなければ，$p^2 = 1 \cdot p^2 = p \cdot p$ 以外にも p^2 を分ける方法があります．p 自体がさらに細かく分けられるからです．この方法ではすべての解を求めることができません．右辺については，数字かどうかではなく，**素因数分解できるかどうか**が重要なのです．

整数問題では，まずどの解法が使えそうかを考えましょう．ちなみに，私は 3 つの解法の頭文字を取って，**「は・あ・い」** と覚えています 😊

―――――――〈整数のまとめ1〉

Check ▷▷▷▷　整数問題の解法

（ⅰ）　範囲を絞る（大雑把に絞った後，厳密に評価する）

（ⅱ）　余りで分ける（議論しやすいより具体的な形にする）

（ⅲ）　因数分解する（右辺は素因数分解できる形にする）

第2章　整数

〈正の約数の和，完全数〉

例題 2−1. 自然数 n に対して，n のすべての正の約数（1 と n を含む）の和を $S(n)$ とおく．例えば，$S(9) = 1 + 3 + 9 = 13$ である．このとき以下の各問いに答えよ．

（1）　n が異なる素数 p と q によって $n = p^2 q$ と表されるとき，$S(n) = 2n$ を満たす n をすべて求めよ．

（2）　a を自然数とする．$n = 2^a - 1$ が $S(n) = n + 1$ を満たすとき，a は素数であることを示せ．

（3）　a を 2 以上の自然数とする．$n = 2^{a-1}(2^a - 1)$ が $S(n) \leq 2n$ を満たすとき，n の 1 の位は 6 か 8 であることを示せ．　　　　（東京医科歯科大）

考え方　（1）は，「因数分解する」，「範囲を絞る」のどちらでも解けます．なお，$S(n) = 2n$ を満たす n を**完全数**といいます．（2）の素数であることの証明は，背理法が有効です．（3）は，まずは n が素因数分解できる「$2^a - 1$ が素数のとき」に着目するとよいでしょう．

▶解答◀　（1）　$S(n) = 2n$ とすると

$$(1 + p + p^2)(1 + q) = 2p^2 q \quad \cdots\cdots\cdots\cdots①$$

（▷▷▷▷ ❶）

$1 + p + p^2$ と p は互いに素であるから，（▷▷▷▷ ❷）右辺の p^2 は $1 + q$ が（約数として）もつ．また，$1 + q$ と q は互いに素であるから，右辺の q は $1 + p + p^2$ がもつ．さらに，$1 + p + p^2 = 1 + p(p + 1)$ は奇数であるから，右辺の 2 は $1 + q$ がもつ．よって

$$1 + p + p^2 = q \quad \cdots\cdots\cdots\cdots\cdots②$$

$$1 + q = 2p^2 \quad \cdots\cdots\cdots\cdots\cdots③$$

②を③に代入し

$$2 + p + p^2 = 2p^2$$

$$p^2 - p - 2 = 0 \quad \therefore \quad (p + 1)(p - 2) = 0$$

p は素数であるから $p = 2$ で，②より，$q = 7$ である．この q は素数で適する．

ゆえに，$n = 2^2 \cdot 7 = \mathbf{28}$ である．

◀ 右辺の $2p^2q$ は素因数分解した形です．どう分配するかを考えます．

◀ $p(p+1)$ は連続する2つの整数の積ですから，偶数です．

◀ q を消去します．

◀ ②から得られる q が素数かどうかは自明ではありません．

70　第2章　整数（例題2−1）

◆別解◆ ① を次数の低い q について整理すると

$$(p^2 - p - 1)q = p^2 + p + 1$$

p は素数であるから，$p \geqq 2$ で

$$p^2 - p - 1 = p(p-1) - 1$$
$$\geqq 2(2-1) - 1 = 1 > 0$$

より

$$q = \frac{p^2 + p + 1}{p^2 - p - 1} \quad\cdots\cdots\cdots\cdots\cdots\cdots④$$

◀ q の係数が 0 でないことの確認です．平方完成する手もありますが，$p \geqq 2$，$p - 1 \geqq 1$ を使う方がシンプルです．

（▷▷▷ **3**）

$$q = 1 + \frac{2p+2}{p^2 - p - 1}$$

q は整数であるから，$\dfrac{2p+2}{p^2 - p - 1}$ も整数で，また，

$\dfrac{2p+2}{p^2 - p - 1} > 0$ より

◀ 「見た目は分数だが実は整数」という形です．

$$\frac{2p+2}{p^2 - p - 1} \geqq 1$$
$$2p + 2 \geqq p^2 - p - 1$$
$$p^2 - 3p - 3 \leqq 0$$
$$\frac{3 - \sqrt{21}}{2} \leqq p \leqq \frac{3 + \sqrt{21}}{2} \quad (= 3.\cdots)$$

◀ 正の整数は 1 以上です．次数の低い分子が次数の高い分母以上ということで，範囲が絞れます．

◀ $4 < \sqrt{21} < 5$ より
$\dfrac{7}{2} < \dfrac{3 + \sqrt{21}}{2} < 4$
です．

p は素数であるから，$p = 2, 3$ である．

$p = 2$ のとき，④ より $q = 7$ で，これは素数で適する．

$p = 3$ のとき，④ より $q = \dfrac{13}{5}$ で，これは不適．

以上より，$(p, q) = (2, 7)$ で，$n = \mathbf{28}$ である．

（2） $a = 1$ のとき，$n = 1$ で，$S(1) = 1 \neq 1 + 1$ より，不適．よって，$a \geqq 2$ であり，$n \geqq 3$ であるから，n は 1 と n を正の約数にもつ．（▷▷▷ **4**）

◀ 1 は素数でも合成数でもありませんから，別に考えます．

n が素数でないと仮定すると，n は 1 と n 以外の正の約数をもつから，$S(n) > n + 1$ となり矛盾．よって，n は素数である．

◀ 背理法その 1 です．

a が素数でないと仮定すると，$a \geqq 2$ より，a は合成

◀ 背理法その 2 です．

第2章　整数

数であり

$$a = kl \quad (k, l は 2 以上の自然数)$$

と書ける．（▷▷▷▷ **5**）

$$n = 2^a - 1 = 2^{kl} - 1 = (2^k)^l - 1$$

$t = 2^k$ とおくと，$t \geq 2^2 = 4$ で

$$n = t^l - 1$$
$$= (t-1)(t^{l-1} + t^{l-2} + \cdots + t + 1)$$

◀ 置き換えるとスッキリします．数学が得意な人は置き換えがうまいです．

◀ 因数分解の公式
（☞ P.41）を用います．

$t - 1 \geq 3$，$t^{l-1} + t^{l-2} + \cdots + t + 1 \geq t + 1 \geq 5$ より，
（▷▷▷▷ **6**）n は素数でなく矛盾．

　以上より，a は素数である．

（3）　$a \geq 2$ より $2^a - 1 \geq 3$ であるから，$2^a - 1$ が素数のとき

$$S(n) = (1 + 2 + \cdots + 2^{a-1})\{1 + (2^a - 1)\}$$
$$= \frac{2^a - 1}{2 - 1} \cdot 2^a = 2^a(2^a - 1) = 2n$$

であることに注意する．

◀ $2^a - 1$ をかたまりとみなします．$2^a - 1$ が素数なら，$n = 2^{a-1}(2^a - 1)$ は素因数分解した形です．

◀ このとき n は完全数です．ちなみに（1）の答えは $a = 3$ の場合になっています．

　$2^a - 1$ が素数でないと仮定すると，$2^a - 1$ は奇数であるから，ある奇数の素因数 $p\,(3 \leq p < 2^a - 1)$ をもつ．このとき

$$S(n) \geq (1 + 2 + \cdots + 2^{a-1})\{1 + p + (2^a - 1)\}$$

（▷▷▷▷ **7**）

$$> (1 + 2 + \cdots + 2^{a-1})\{1 + (2^a - 1)\}$$
$$= 2n$$

◀ $2^a - 1$ が素数の場合の $S(n)$ と同じ形です．

となり矛盾．

　よって，$2^a - 1$ は素数であり，（2）と同様にして，a は素数である．

　$a = 2$ のとき，$n = 2^1(2^2 - 1) = 2 \cdot 3 = 6$ であり，n の1の位は6である．

　$a \geq 3$ のとき，a は奇数である．2^{a-1} と $2^a - 1$ の1の位を調べる．$2^k\,(k = 1, 2, \cdots)$ の1の位が 2，4，8，6 を繰り返すことに注意する．（▷▷▷▷ **8**）

72　第2章　整数（例題2－1）

第1節　整数問題の解法

（ア）　$a = 4m - 1 \, (m = 1, 2, \cdots)$ のとき

　　2^{a-1} の1の位は4であり，$2^a - 1$ の1の位は7である
から，n の1の位は8である.

◀ $a-1$, a を4で割った余りはそれぞれ2, 3ですから，2^{a-1}, 2^a の1の位は2, 4, 8, 6の太字部分である4と8です.

（イ）　$a = 4m + 1 \, (m = 1, 2, \cdots)$ のとき

　　2^{a-1} の1の位は6であり，$2^a - 1$ の1の位は1である
から，n の1の位は6である.

　　以上より，題意は示された.

◀ $a-1$, a を4で割った余りはそれぞれ0, 1ですから，2^{a-1}, 2^a の1の位は2, 4, 8, 6の太字部分である6と2です.

□　**Point**　The integer　NEO ROAD TO SOLUTION　**2-1**　**Check!**　□

1　$n = p^2 q$ の正の約数は

$$p^k q^l \quad (k = 0, 1, 2, \ l = 0, 1)$$

の形で書けますから，その和は $l = 0$ と $l = 1$ の項に分けて考えて

$$(1 + p + p^2) + (q + pq + p^2 q) = (1 + p + p^2) + (1 + p + p^2)q$$
$$= (1 + p + p^2)(1 + q)$$

となります．実戦的には，各素因数のべき乗の和の積をとります．展開項にすべての正の約数が現れることが確認できます．

2　$1 + p + p^2 = p(p + 1) + 1$ は素数 p で割ると1余り，p の倍数ではありませんから，$1 + p + p^2$ と p は共通の素因数をもたず，互いに素です．なお，互いに素については，**第4節**（☞ P.89）で詳しく扱います．

3　右辺は分子の次数が分母の次数以上で，頭でっかちな分数，いわゆる"仮分数"です．整数問題では，小学校の算数と同様に**"帯分数"に直す**のが鉄則です．$\dfrac{13}{5} = 2 + \dfrac{3}{5}$ のように，分子を分母で割って変形します．

4　$S(n) = n + 1$ の意味は，n の正の約数の和が自明な正の約数1と n の和ということです．n はそれら以外に正の約数をもてないのですから，素数です．自明な正の約数をあらかじめ書いておくとよいでしょう．

5　合成数とは，1と素数以外の自然数で，2つの2以上の整数の積で表される自然数です．ここでの k, l は素数とは限りません．また，$k = l$ も含みます．

6　$l \geq 2$ に注意して最後の2項のみを取り出し

$$t^{l-1} + t^{l-2} + \cdots + t + 1 \geq t + 1$$

とします．なお，$l = 2$ のときに等号が成り立ちますから，**等号がつきます**.

第2章　整数

7　$S(n) > 2n$ が言えれば矛盾しますから，$S(n)$ が $2^a - 1$ が素数のときの値 $(1 + 2 + \cdots + 2^{a-1})\{1 + (2^a - 1)\}$ より大きいことを示せばよく，n がこの展開項に含まれない余計な正の約数をもつことを示します．手っ取り早いのは $2^a - 1$ がもつ素因数を具体的に1つとることです．ただし，不等式になることに注意しましょう．$2^a - 1$ は p 以外の素因数をもつ，または p を複数もつ可能性もあり，その際には，n は $(1 + 2 + \cdots + 2^{a-1})\{1 + p + (2^a - 1)\}$ の展開項に含まれない正の約数をもちますから，$S(n)$ はこれよりも大きくなります．$2^a - 1$ の素因数分解が分からない限り，$S(n)$ の具体的な形は分かりません．

　なお，（2）の a と同様に，$2^a - 1 = kl$（k, l は2以上の自然数）とおいて

$$S(n) \geqq (1 + 2 + \cdots + 2^{a-1})(1 + k)(1 + l)$$

とした解答を見たことがありますが，詰めが甘いです．$k = l$ のときが考慮されていないからです．$k = l$ のときは

$$S(n) \geqq (1 + 2 + \cdots + 2^{a-1})(1 + k + k^2)$$

とします．代わりに $k \neq l$ を示してもよいです．$k = l$ とすると，$2^a - 1 = k^2$ です．$a \geqq 2$ より，$2^a - 1$ を4で割った余りは3です．一方，第3節 (☞ P.84) で扱う「平方数の性質」を用いれば，k^2 を4で割った余りは0か1です．よって，$2^a - 1 = k^2$ の両辺を4で割った余りが異なり，矛盾します．

8　□Point...□ 1-1. の **4**（☞ P.42）と同様に，2^k の1の位を調べます．4つごとに同じ数字が現れますから，**周期は4**です．右の下の表のように，k を4で割った余りによって 2^k の1の位が決まります．よって，a を4で割った余りで場合分けします．

k	1	2	3	4	5	$\cdots$
2^k の1の位	2	4	8	6	2	$\cdots$

k を4で割った余り	1	2	3	0
2^k の1の位	2	4	8	6

9　$2^a - 1$（a は自然数）の形の自然数をメルセンヌ数といい，特に素数であるものをメルセンヌ素数といいます．「$2^a - 1$ が素数 $\Longrightarrow a$ が素数」であり，逆は正しくありません．反例は $a = 11$ で，$2^{11} - 1 = 2047 = 23 \cdot 89$ です．これを踏まえて（3）での議論の流れの確認です．$n = 2^{a-1}(2^a - 1)$ のとき

$$S(n) \leqq 2n \Longrightarrow 2^a - 1 \text{ が素数　（これは厳密には同値です）}$$

$$\Longrightarrow a \text{ が素数} \Longrightarrow n \text{ の1の位は6か8}$$

と一方通行ですが，矢印の向きが正しいため全く問題ありません．

74　第2章　整数（例題2-1）

第2節　素因数の個数

第2節　素因数の個数

整数　　　　　　　　　　　　　　　　　　　　　　　　　The integer

> **問題 3.** $\sqrt{2}$ が無理数であることを示せ.

　教科書に掲載されている使い古された例題で,「何をいまさら….」と言う人が
ほとんどだと思います. おそらく, 次のようにする人が多いでしょう.

【よく知られた証明】

　$\sqrt{2}$ が有理数であると仮定し, $\sqrt{2} = \dfrac{p}{q}$ (p と q は互いに素な自然数) とおく.
両辺を 2 乗し

$$2 = \frac{p^2}{q^2} \qquad \therefore \quad p^2 = 2q^2$$

p^2 は 2 の倍数であり, 2 は素数であるから, p も 2 の倍数である.
　$p = 2n$ (n は自然数) とおくと

$$4n^2 = 2q^2 \qquad \therefore \quad q^2 = 2n^2$$

q^2 は 2 の倍数であり, q も 2 の倍数である. これは, p と q が互いに素であるこ
とに矛盾する. よって, $\sqrt{2}$ は無理数である.

　この証明自体に間違いはありませんが, まわりくどい印象がないでしょうか.
どうも紀元前からある証明のようです. もうそろそろ卒業しませんか😊
　実はずっとスマートな証明法があります. **素因数の個数**に着目します.

【スマートな証明】

　$\sqrt{2}$ が有理数であると仮定し, $\sqrt{2} = \dfrac{p}{q}$ (p と q は自然数) とおく (p と q が互
いに素である必要はない). 両辺を 2 乗し

$$2 = \frac{p^2}{q^2} \qquad \therefore \quad p^2 = 2q^2$$

両辺を素因数分解したときの素因数 2 の個数を比べると, 左辺は偶数, 右辺は奇
数となって矛盾する. よって, $\sqrt{2}$ は無理数である.

　最後の部分を補足しておきます. p^2 と $2q^2$ をそれぞれ素因数分解し, 素因数の
個数を考えます. p^2 は p がもつ素因数を 2 倍ずつもちます. 例えば, $p = 24$ の
とき, $p = 2^3 \cdot 3$ より, p は 2 を 3 個, 3 を 1 個もちます. このとき, $p^2 = 2^6 \cdot 3^2$

第2章　整数　　**75**

第2章　整数

より，p^2 は2を6個，3を2個もち，これはそれぞれ p の2倍です．一般には
$$p = 2^a 3^b 5^c \cdots \quad (a, b, c, \cdots は0以上の整数)$$
と表されるとき
$$p^2 = 2^{2a} 3^{2b} 5^{2c} \cdots$$

となります．**p^2 は各素因数を偶数個ずつもつ**のです．なお，0も偶数ですから，含まれない素因数も偶数個です．また，q^2 についても同様です．

では，p^2 と $2q^2$ がもつ素因数2の個数を調べましょう．p^2 はどんな素因数でも偶数個ずつもちますから，2も偶数個もちます．一方，$2q^2 = 2^1 \cdot q^2$ で，q^2 は2を偶数個もちますから，$2q^2$ は2を（1＋偶数）個，すなわち奇数個もちます．よって，$p^2 = 2q^2$ の両辺に含まれる素因数2の個数が異なり，矛盾します．

　この**素因数の個数に着目する**という解法は，入試問題でも使えるテクニックです．厳密には「素因数分解の一意性」（素因数分解は1通りに決まる）を使っています．数学的には自明ではありませんが，受験数学では自明としてよいです．

　最後に，**素因数の個数を数える**問題です．現行の課程では教科書レベルです．

問題 4. n を自然数とする．$219!$ は 2^n で割り切れるが，2^{n+1} では割り切れないとすると，$n = \boxed{}$ である．
（早稲田大）

　$219! = 219 \cdot 218 \cdots 2 \cdot 1$ を素因数分解したときの素因数2の個数を数える問題です．1から219までの自然数に含まれる素因数2の個数の和を求めます．2を1個**だけ**もつ個数，2個**だけ**もつ個数，$\cdots$，と調べていき
$$1 \cdot (2を1個だけもつ個数) + 2 \cdot (2を2個だけもつ個数) + \cdots$$
と計算する方法も考えられますが，もっと簡単な方法があります．素因数をまとめて回収するのではなく，**1個ずつ回収していく**イメージです．

　1から219までの自然数に対し，まず，素因数2を1個**以上**もつもの，すなわち2の倍数を調べます．この中には4の倍数や8の倍数など，素因数2を複数もつものも含まれます．その個数は $\left[\dfrac{219}{2}\right]$ です．それらから2を1個ずつ回収します．次に，さらに素因数2を1個以上もつものを調べます．例えば，6は最初に2を1個回収されて3になっていますから，もう2をもっていません．12は最初に2を1個回収されて6になっていますが，まだ2をもっています．つまり，最初の段階で素因数2を2個**以上**もつもの，すなわち 2^2 の倍数を調べ，そ

76　第2章　整数

第2節　素因数の個数

の個数は $\left[\dfrac{219}{2^2}\right]$ です．それらから 2 を 1 個ずつ回収します．これを繰り返し，すべての 2 を回収するまで続けます．$2^7 = 128 < 219,\ 2^8 = 256 > 219$ より，1 から 219 の中で素因数 2 を最も多くもつものは 2^7 の倍数ですから，まとめると

素因数 2 を 1 個以上もつもの，すなわち 2 の倍数は $\left[\dfrac{219}{2}\right]$ 個

素因数 2 を 2 個以上もつもの，すなわち 2^2 の倍数は $\left[\dfrac{219}{2^2}\right]$ 個

$\cdots$

素因数 2 を 7 個以上もつもの，すなわち 2^7 の倍数は $\left[\dfrac{219}{2^7}\right]$ 個

素因数 2 を 8 個以上もつもの，すなわち 2^8 の倍数はない

となります．n はこれらの和ですから

$$n = \left[\dfrac{219}{2}\right] + \left[\dfrac{219}{2^2}\right] + \left[\dfrac{219}{2^3}\right] + \left[\dfrac{219}{2^4}\right] + \cdots + \left[\dfrac{219}{2^7}\right]$$
$$= 109 + 54 + 27 + 13 + 6 + 3 + 1 = 213$$

となります．

　なお，1 から N までの自然数のうち，自然数 k の倍数の個数は $\left[\dfrac{N}{k}\right]$ です．角括弧 $[\ ]$ はガウス記号（☞ P.119）です．また，実数 x，自然数 k に対し

$$\left[\dfrac{x}{k}\right] = \left[\dfrac{1}{k}[x]\right]$$

が成り立ちます．x の小数部分は無視できるのです．$[x]$ を k で割った余りで分けて，$[x] = kq + r\ (r = 0, 1, \cdots, k-1)$ とおけば証明できます．今回は

$$\left[\dfrac{219}{2^2}\right] = \left[\dfrac{1}{2}\left[\dfrac{219}{2}\right]\right],\quad \left[\dfrac{219}{2^3}\right] = \left[\dfrac{1}{2}\left[\dfrac{219}{2^2}\right]\right],\ \cdots$$

ですから，前の数を 2 で割ってその商をとるということを繰り返せばよいです．馬鹿正直に 219 を 2^2 や 2^3 などで割る必要はありません．

―――――――――――――〈整数のまとめ 2〉―――

Check ▷▷▷▷ 素因数の個数

▨　素因数の個数に着目して条件を導く

▨　1 個ずつ回収するイメージで素因数の個数を求める

第 2 章　整数

―――――――――――――――――〈2つの等式を満たす整数〉――

例 題 **2−2.** 自然数 a, b, c が

$$3a = b^3, \ 5a = c^2$$

を満たし，d^6 が a を割り切るような自然数 d は $d = 1$ に限るとする．
（1）　a は 3 と 5 で割り切れることを示せ．
（2）　a の素因数は 3 と 5 以外にないことを示せ．
（3）　a を求めよ．

（東京工業大）

考え方　素因数の個数に着目して解きます．（1），（2）に関しては，背理法が有効です．また，「d^6 が a を割り切るような自然数 d は $d = 1$ に限る」というのは，一見ややこしそうですが，「a は同じ素因数を 6 個以上もたない」ということです．素因数の個数を意識することで題意の把握がしやすくなります．

▶解答◀　（1）　以下，文字はすべて 0 以上の整数とする．

　a が 3 で割り切れないと仮定する．このとき，a は素因数 3 をもたないから，$3a = b^3$ の両辺の素因数 3 の個数を比べると

$$1 = 3N$$

となって矛盾する．よって，a は 3 で割り切れる．
　次に，a が 5 で割り切れないと仮定する．上と同様にして，$5a = c^2$ の両辺の素因数 5 の個数を比べると

$$1 = 2M$$

となって矛盾する．よって，a は 5 で割り切れる．
　以上より，a は 3 と 5 で割り切れる．

◆別解◆　$3a = b^3$ より b^3 は 3 の倍数で，3 は素数であるから，b は 3 の倍数である．$b = 3k$ とおくと

$$3a = (3k)^3 \quad \therefore \quad a = 9k^3$$

よって，a は 3 で割り切れる．
　また，$5a = c^2$ より c^2 は 5 の倍数で，5 は素数である

◀ 最初に宣言しておくと楽です．

◀ 3 と 5 は分けて考えます．

◀ a が 3 で割り切れることを示すために，素因数 3 の個数に着目します．係数に 3 を含む式 $3a = b^3$ を用います．$5a = c^2$ を用いても示せません．

◀ "紀元前"（☞ P.75）風の解答です．

第2節　素因数の個数

から，c は 5 の倍数である．$c = 5l$ とおくと

$$5a = (5l)^2 \quad \therefore \quad a = 5l^2$$

よって，a は 5 で割り切れる．

以上より，a は 3 と 5 で割り切れる．

（**2**）　a が 3 と 5 以外の素因数 p をもつと仮定し，その個数を n（n は自然数）とする．（▷▶▶▶ ❶）

$3a = b^3$ の両辺の素因数 p の個数を比べると

$$n = 3K$$

である．また，$5a = c^2$ の両辺の素因数 p の個数を比べると

$$n = 2L$$

である．よって，n は 6 の倍数で，$n \geqq 6$ となるから，a は素因数 p を 6 個以上もち，p^6 は a を割り切る．これは，d^6 が a を割り切るような自然数 d が $d = 1$ に限ることに矛盾する．

◀ n は 2 の倍数かつ 3 の倍数，すなわち 6 の倍数で，また，n は自然数ですから，$n = 6, 12, \cdots$ です．

ゆえに，a の素因数は 3 と 5 以外にない．

（**3**）　d^6 が a を割り切るような自然数 d が $d = 1$ に限ることと，（1），（2）より

$$a = 3^k \cdot 5^l$$

（$1 \leqq k \leqq 5, 1 \leqq l \leqq 5, k$ と l は自然数）とおける．

（▷▶▶▶ ❷）$3a = b^3$ の両辺の素因数 3 と 5 の個数を比べると

$$k + 1 = 3A, \ l = 3B$$

$5a = c^2$ の両辺の素因数 3 と 5 の個数を比べると

$$k = 2C, \ l + 1 = 2D$$

$1 \leqq k \leqq 5, 1 \leqq l \leqq 5$ より，これらの条件を満たす自然数の組 (k, l) は

$$(k, l) = (2, 3) \quad (\text{▷▶▶▶ } ❸)$$

よって

$$a = 3^2 \cdot 5^3 = \mathbf{1125}$$

問題編

論理

整数

論証

方程式

不等式

関数

座標

ベクトル

空間図形

図形総合

数列

数学的帰納法

場合の数

確率

微積分

出典・テーマ

第2章　整数（例題2-2）

第2章　整数

□　Point　　The integer / NEO ROAD TO SOLUTION　2-2　Check!　□

1　a が 3 と 5 以外の素因数をもたないことは直接示しにくく，背理法を用います が，**単に a が 3 と 5 以外の素因数 p をもつと仮定するだけでは矛盾が導け ません**．a が同じ素因数を 6 個以上ももたないことに着目すると，**個数**がポイン トになりそうです．そこで，p の個数まで設定します．

2　（1），（2）から，a が 3 と 5 のみを素因数としてもつことが分かります．そ のため，3 と 5 の個数を調べればおしまいです．3 と 5 は必ず 1 個以上もち， かつ 6 個以上はもてませんから，ともに 1 個から 5 個までで

$$a = 3^k \cdot 5^l \quad (1 \leq k \leq 5,\, 1 \leq l \leq 5,\, k\text{ と }l\text{ は自然数})$$

とおけます．

3　はじめから k, l の範囲が絞られていますから，順番に調べていくだけです． $k = 1, 2, 3, 4, 5$ で，k は 2 の倍数ですから，$k = 2, 4$ です．さらに，$k + 1$ は 3 の倍数ですから，$k = 2$ となります．同様に，$l = 1, 2, 3, 4, 5$ で，l は 3 の倍数ですから，$l = 3$ です．このとき，$l + 1$ は 2 の倍数で適します．

4　誘導が絶妙ですが，従わなくても解けます．まず，（1）の ♦**別解**♦ と同様 に，$3a = b^3$, $5a = c^2$ より，$b = 3k$, $c = 5l$ と書けて

$$a = 9k^3 = 5l^2$$

です．9 と 5 は互いに素ですから，k^3 は 5 の倍数で，5 は素数ですから，k は 5 の倍数です．$k = 5m$ とおくと

$$9(5m)^3 = 5l^2 \qquad \therefore \quad 15^2 m^3 = l^2$$

15^2 と l^2 は平方数ですから，残りの m^3 も平方数で，m も平方数です．$m = n^2$ とおくと

$$15^2(n^2)^3 = l^2 \qquad \therefore \quad l = 15n^3,\ k = 5n^2$$

よって

$$a = 9k^3 = 9(5n^2)^3 = 1125n^6$$

であり，d^6 が a を割り切るような自然数 d が $d = 1$ に限ることから，$n = 1$ です．ゆえに，$a = 1125$ です．

第2節　素因数の個数

〈二項係数の偶奇〉

例題 2−3. m を 2015 以下の正の整数とする．$_{2015}C_m$ が偶数となる最小の m を求めよ．
（東京大）

考え方　最小の m を求めたいのですから，$m = 1, 2, \cdots$ として $_{2015}C_m$ を調べると，なかなか偶数が現れないことが分かります．そこで，m が 1 変化したときにかける項（分数）の分母・分子に含まれる素因数 2 の個数に着目します．

▶解答◀　$_{2015}C_1 = 2015$ は奇数である．

$m \geqq 2$ のとき

$$_{2015}C_m = \frac{2015 \cdot 2014 \cdots (2017 - m)(2016 - m)}{m(m-1)(m-2)\cdots 1}$$

$$= \frac{2015 \cdot 2014 \cdots (2017 - m)}{(m-1)(m-2)\cdots 1} \cdot \frac{2016 - m}{m}$$

$$= {}_{2015}C_{m-1} \cdot \frac{2016 - m}{m} \qquad (\triangleright\triangleright\triangleright\triangleright \blacksquare)$$

◀ この途中式は $m = 1$ では使えず，$m \geqq 2$ としています．

である．$_{2015}C_{m-1}$ が奇数のとき，$\dfrac{2016 - m}{m}$ によって $_{2015}C_m$ の偶奇が決まる．$(\triangleright\triangleright\triangleright\triangleright \textbf{2})$

m と $2016 - m$ がもつ素因数 2 の個数をそれぞれ x，y とすると　$(\triangleright\triangleright\triangleright\triangleright \textbf{3})$

$m = 2$ のとき　$x = y = 1$

$m = 3$ のとき　$x = y = 0$

$\cdots$

◀ このように実験してみるとよいでしょう．

で，しばらくは $x = y$ である．初めて $x < y$ となる m が求める最小の m である．

◀ 分子と分母で素因数 2 の個数のバランスが崩れる瞬間です．

ここで

$$2016 = 2^5 \cdot 63$$

であることに注意する．$(\triangleright\triangleright\triangleright\triangleright \textbf{4})$

$x \leqq 4$ のとき，$(\triangleright\triangleright\triangleright\triangleright \textbf{5})$ $m = 2^x N$（N は奇数）と書けて

$$2016 - m = 2^5 \cdot 63 - 2^x N = 2^x(2^{5-x} \cdot 63 - N)$$

$5 - x \geqq 1$ より 2^{5-x} は偶数であるから，$2^{5-x} \cdot 63$ も偶数

第2章　整数（例題 2−3）　81

第2章　整数

で，$2^{5-x} \cdot 63 - N$ は奇数である．よって，$2016 - m$ が
もつ素因数 2 の個数は x で，$y = x$ である．

$x = 5$ のとき，最小の m は $m = 2^5 = 32$ である．

（▷▷▷▷ **6**）このとき

$$2016 - m = 1984 = 2^6 \cdot 31$$

より，$y = 6$ であり，$x < y$ が成り立つ．

以上より，求める最小の m は **$m = 32$**

◀ $2016 - m$ は $2^x \cdot$（奇数）
の形で書けますから，
$y = x$ です．

Point
The integer
NEO ROAD TO SOLUTION　2-3　Check!

1　m を 1 動かしたときの変化を調べるために，$_{2015}\mathrm{C}_m$ を $_{2015}\mathrm{C}_{m-1}$ で表すこと
を考えます．$_{2015}\mathrm{C}_m$ から意図的に $_{2015}\mathrm{C}_{m-1}$ の形を作ります．なお，$_{2015}\mathrm{C}_0 = 1$
ですから，結果の式は $m = 1$ でも成立します．また

$$_{2015}\mathrm{C}_m = \frac{2015!}{m!(2015-m)!} = \frac{2015!}{(m-1)!(2016-m)!} \cdot \frac{2016-m}{m}$$

$$= {}_{2015}\mathrm{C}_{m-1} \cdot \frac{2016-m}{m}$$

としてもよいです．二項係数の変形では

$$_n\mathrm{C}_k = \frac{n(n-1)\cdots(n-k+1)}{k!} \quad \text{（順列との対応式）}$$

$$_n\mathrm{C}_k = \frac{n!}{k!(n-k)!} \quad \text{（階乗表現）}$$

をうまく使い分けるとよいでしょう．

2　よくある誤解ですが，$\dfrac{2016-m}{m}$ **は整数とは限らない**ことに注意しましょ
う．もちろん $_{2015}\mathrm{C}_m$ は整数ですから，$_{2015}\mathrm{C}_{m-1}$ と $\dfrac{2016-m}{m}$ をかけた結果は
整数ですが，$\dfrac{2016-m}{m}$ 単独で整数になる保証はありません．例えば $m = 5$
のときは $\dfrac{2011}{5}$ です．このとき $_{2015}\mathrm{C}_5 = {}_{2015}\mathrm{C}_4 \cdot \dfrac{2011}{5}$ ですが，$_{2015}\mathrm{C}_4$ の分子
と 5 が約分できて 5 が消えるのです．ちなみに，以前この問題を受験生に解い
てもらったところ，$\dfrac{2016-m}{m}$ が整数であると勘違いして，「$\dfrac{2016-m}{m}$ が**偶
数**になる最小の m を求める．」とした人がかなりいました．素因数 2 の個数が
問題で $\dfrac{2016-m}{m}$ が整数である必要はありませんから，これは間違いです．

第 2 節　素因数の個数

3　今回着目すべきは，分子と分母に含まれる素因数 2 の個数です．他の素因数には興味ありません．$_{2015}C_{m-1}$ が奇数のとき，約分で分子に 2 が残れば $_{2015}C_m$ は偶数になり，残らなければ $_{2015}C_m$ は奇数になります．上で述べたとおり，他の素因数が分母に残っても，$_{2015}C_{m-1}$ とかけたときに約分で消えます．そこで，素因数 2 の個数を文字でおきます．

4　2016 は m と $2016 - m$ の和です．和がもつ素因数 2 の個数が 5 ということです．これは 2 数がもつ素因数 2 の個数に制限を与えているようなものですから，一方の素因数 2 の個数が分かれば，もう一方の個数も調べられそうです．

5　具体的に想像してみるといいでしょう．例えば $m = 8 = 2^3$ のとき $x = 3$ であり，$2016 - m = 2008 = 2^3 \cdot 251$ より $y = 3$ ですから，$y = x$ です．一方，敢えて $2016 - m = 2008$ を用いず

$$2016 - m = 2^5 \cdot 63 - 2^3 = 2^3(2^2 \cdot 63 - 1)$$

とすると，$2016 - m$ は $2^3 \cdot ($奇数$)$ の形になり，$y = 3 = x$ が確認できます．素因数 2 をくくり出すことがポイントで，これなら一般化しやすいです．$x = 3$ のときだけでなく，$x \leqq 4$ であれば同様に議論できます．

6　$x = 5$ のとき $x < y$ となることを想定して，最初から最小の m を考えると効率がいいです．もちろん，最小の m を考える前に，$x \leqq 4$ のときと同様に

$$2016 - m = 2^5(63 - N) \quad (N \text{ は奇数})$$

として，$63 - N$ が偶数であることから，$y > 5 = x$ を示してもよいです．

□7　この問題は $_{2015}C_m$ から分かるとおり 2015 年の問題ですが，この年で最も印象的な整数問題でした．シンプルで美しい問題ですから，どちらかと言うと，京大の問題のような錯覚を覚えました．以前から構想があって 2015 年を待って出題したのか，2015 年の作問時にこのアイデアが浮かんだのか…．いずれにしても大変素晴らしい問題だと思います．次は 32 年後でしょうか 😊

□8　ここ数年，予備校の授業で強調しているのは，**「なるべく頭の中で考える訓練をしよう」** ということです．通学の電車の中，お風呂に浸かっている間，布団に入って眠りにつくまでの間，など，すきま時間をうまく使うのです．実際，私はこの問題を最初にスマホで見て，手を動かさず頭の中だけで考えました．何か勘違いをして $m = 31$ という結論が出てしまったのは内緒ですが…😣

問題編

論理

整数

論証

方程式

不等式

関数

座標

ベクトル

空間図形

図形総合

数列

数学的帰納法

場合の数

確率

微積分

出典・テーマ

第2章　整数

第3節　平方数の性質

整数　　　　　　　　　　　　　　　　　　　　　　　　　　　　　　The integer

（整数)^2 の形で書ける整数を平方数といいます．平方数には有名な性質があります．大学入試でよく見られるのは次の2つです．

> **定理**　（平方数の性質）
>
> 　n を整数とするとき
> 　（ i ）　n^2 を3で割った余りは0か1である　**（2はない！）**
> 　（ ii ）　n^2 を4で割った余りは0か1である　**（2と3はない！）**

第1節　（☞ P.68）で紹介した「余りで分ける」方法で示します．

（ i ）は，n を3で割った余りで場合分けします．以下，文字はすべて整数とします．$n = 3k$ のとき

$$n^2 = (3k)^2 = 3 \cdot 3k^2 = 3N$$

$n = 3k \pm 1$ のとき

$$n^2 = (3k \pm 1)^2 = 3(3k^2 \pm 2k) + 1 = 3M + 1 \quad （複号同順）$$

よって，n^2 を3で割った余りは0か1となります．

（ ii ）は，本来は n を4で割った余りで場合分けして示しますが，$4 = 2^2$ ですから，2で割った余りで場合分けする方が簡単です．$n = 2k$ のとき

$$n^2 = (2k)^2 = 4k^2 = 4N$$

$n = 2k + 1$ のとき

$$n^2 = (2k + 1)^2 = 4(k^2 + k) + 1 = 4M + 1$$

よって，n^2 を4で割った余りは0か1となります．なお，これは法を2とする合同式（☞ P.104）では示せません．もちろん，法を4とすれば示せます．

　平方数の性質は証明問題で使うことが多く，また，示すのが簡単ですから，答案では示してから使うとよいでしょう．ただし，結果を覚えておくことも重要です．**この性質が解法を見つけるきっかけになりうる**からです．

───────────────── 〈整数のまとめ3〉 ─────

> Check ▷▷▷▷　平方数を3，4で割った余りは0か1である

第3節　平方数の性質

───〈整数に関する方程式〉───

例題 2−4. 以下の問いに答えよ．
（ 1 ）　$3^n = k^3 + 1$ をみたす正の整数の組 (k, n) をすべて求めよ．
（ 2 ）　$3^n = k^2 - 40$ をみたす正の整数の組 (k, n) をすべて求めよ．

（千葉大）

考え方　（ 1 ）は「因数分解する」典型的な問題です．一方，（ 2 ）はこのままでは因数分解できません．右辺に平方数 k^2 の形がありますから，平方数の性質がヒントになります．3 や 4 で割った余りに着目します．

▶解答◀　（ 1 ）　$3^n = k^3 + 1$ より

$$3^n = (k + 1)(k^2 - k + 1)$$

ここで，$k + 1 \geqq 2$ と

$$k^2 - k + 1 = k(k - 1) + 1 \geqq 1 \cdot 0 + 1 = 1$$

より

$$k + 1 = 3^p \quad \cdots\cdots\cdots\cdots\cdots\cdots\cdots① $$

$$k^2 - k + 1 = 3^q \quad \cdots\cdots\cdots\cdots\cdots② $$

と書ける．ただし，p, q は整数で

$$p \geqq 1, \ q \geqq 0, \ p + q = n \quad \cdots\cdots\cdots\cdots③$$

である．（▷▷▷▷ ❶）① より

$$k = 3^p - 1 \quad \cdots\cdots\cdots\cdots\cdots\cdots\cdots④$$

② に代入し

$$(3^p - 1)^2 - (3^p - 1) + 1 = 3^q$$

$$3^{2p} - 3 \cdot 3^p + 3 = 3^q \quad (▷▷▷▷ ❷)$$

$$3(3^{2p-1} - 3^p + 1) = 3^q \quad (▷▷▷▷ ❸)$$

$$3\{3^p(3^{p-1} - 1) + 1\} = 3^q \quad \cdots\cdots\cdots⑤$$

$p \geqq 1$ より，$3^p(3^{p-1} - 1)$ は 3 の倍数であるから，$3^p(3^{p-1} - 1) + 1$ は 3 の倍数でない．よって，⑤ の両辺の素因数 3 の個数を比べると

$$1 = q \quad \therefore \quad q = 1$$

◀ 左辺は文字 n を含みますが，素因数分解した形ですから，整数の組 $(k+1, k^2-k+1)$ が調べられます．とる値の範囲を先に調べておくのが基本です．

◀ ①，② から文字を減らします．k を消去するために，k について解いて代入します．

◀ 第2節（☞ P.75）で扱ったテーマです．

第2章　整数（例題2−4）　85

第2章 整数

このとき，⑤より

$$3^p(3^{p-1} - 1) + 1 = 1$$

$$3^p(3^{p-1} - 1) = 0$$

$3^p > 0$ より $3^{p-1} = 1$ で，$p = 1$ となる．ゆえに，③，④ より

$$(k, n) = (2, 2)$$

（2） n が偶数であることを示す．（▷▷▷ ❹）
n が奇数であると仮定すると

$$3^n = \{4 + (-1)\}^n$$

$$= 4^n + {}_nC_1 4^{n-1}(-1) + \cdots$$

$$+ {}_nC_{n-1}4(-1)^{n-1} + (-1)^n$$

$$= 4N + (-1)^n \quad (N \text{ は整数})$$

n は奇数であるから

$$3^n = 4N - 1 \quad (\text{▷▷▷ ❺})$$

であり，3^n を4で割った余りは3である．
　一方，l を自然数として，$k = 2l$ のとき

$$k^2 - 40 = 4l^2 - 40 = 4(l^2 - 10)$$

$$= 4M \quad (M \text{ は整数})$$

$k = 2l - 1$ のとき

$$k^2 - 40 = (2l-1)^2 - 40$$

$$= 4(l^2 - l - 10) + 1$$

$$= 4L + 1 \quad (L \text{ は整数})$$

より，$k^2 - 40$ を4で割った余りは0か1である．よって，$3^n = k^2 - 40$ の両辺を4で割った余りが異なり，矛盾する．
　ゆえに，n は偶数で，$n = 2m$（m は自然数）とおける．
$3^n = k^2 - 40$ に代入し

$$3^{2m} = k^2 - 40$$

$$k^2 - 3^{2m} = 40$$

◀ 二項定理を使って余りを調べるのは定番です．3から4の形を作るために $3 = 4 + (-1)$ とします．

◀ $k^2 - 40$ を4で割った余りを調べるために，k を2で割った余りで場合分けし，$k = 2l$，$k = 2l-1$ とおきます．

◀ 移項して因数分解できる形にします．

86　第2章　整数（例題2－4）

第3節　平方数の性質

$$(k + 3^m)(k - 3^m) = 2^3 \cdot 5$$

$$k + 3^m \geqq 1 + 3^1 = 4, \quad k + 3^m > k - 3^m \text{ であり}$$

$$(k + 3^m) + (k - 3^m) = 2k \cdots\cdots\cdots\cdots\cdots ⑥$$

◀ とる値の範囲や大小を先
に調べておきます.

（▷▷▷▷ ❻ ）

より, $k + 3^m$ と $k - 3^m$ の偶奇は一致するから

$$(k + 3^m, k - 3^m) = (10, 4), (20, 2)$$

$(k + 3^m, k - 3^m) = (10, 4)$ のとき, ⑥ を用いて

$$2k = 14 \qquad \therefore \quad k = 7, \ m = 1$$

$(k + 3^m, k - 3^m) = (20, 2)$ のとき, ⑥ を用いて

$$2k = 22 \qquad \therefore \quad k = 11, \ m = 2$$

$n = 2m$ より

$$\boldsymbol{(k, n) = (7, 2), (11, 4)}$$

☐ Point
The integer
NEO ROAD TO SOLUTION　2-4　Check! ☐

❶　$k + 1$ と $k^2 - k + 1$ で n 個の素因数 3 を分け合うイメージです. 具体的に
何個ずつになるかは分かりませんから, **個数を文字でおきます**.

　p 個と q 個に分けるとすると, $k + 1 \geqq 2 > 3^0$ より, $p = 0$ となることはな
く, $p \geqq 1$ です. 一方, $k^2 - k + 1 \geqq 1 = 3^0$ ですから, $q = 0$ も含めて $q \geqq 0$
となります.

❷　ここから両辺を 3 で割っても議論できます.

$$3^{2p-1} - 3^p + 1 = 3^{q-1} \qquad \therefore \quad 3(3^{2p-2} - 3^{p-1}) + 1 = 3^{q-1}$$

$p \geqq 1$ より, $3^{2p-2} - 3^{p-1}$ は整数ですから, 左辺は 3 で割ると 1 余る整数で
す. よって, 右辺も 3 で割ると 1 余る整数で, $q = 1$ となるしかありません.

❸　両辺ともに素因数 3 をいくつかもっている形です. $3^{2p-1} - 3^p + 1$ が 3 をい
くつもっているか調べるために, 3^p でくくります. 3^p でくくる代わりに, **❷**
のように 3 でくくっても構いません.

❹　n が偶数であることを示します.「n が偶数であることを示せ」という誘導が
あれば問題ないのですが, 今回は自分で気付かなければなりません. ここが一
番のポイントです. 背景にどういう発想があるかを詳しく解説しておきます.

　平方数 k^2 に着目します. $k^2 = 3^n + 40$ と変形すると分かりやすいです. 平

第2章　整数（例題2-4）　87

第2章　整数

方数の性質を思い出しましょう．両辺を 3 や 4 で割った余りを調べます．

まず，3 で割った余りを調べます．k^2 を 3 で割った余りは 0 か 1 です．また，$3^n + 40 = 3(3^{n-1} + 13) + 1$ を 3 で割った余りは 1 です．よって，3 で割った余りに着目するだけでは，n に関する条件は得られません．k については 3 の倍数でないことが分かりますが，かと言って，$k = 3m \pm 1$（m は整数）とおいて代入すると，式が複雑になり，解きにくくなってしまいます．

次に，4 で割った余りを調べます．k^2 を 4 で割った余りは 0 か 1 です．

$$3^n + 40 = \{4 + (-1)\}^n + 40$$
$$= 4N + (-1)^n + 40 \quad (N \text{ は整数})$$
$$= 4M + (-1)^n \quad (M \text{ は整数})$$

を 4 で割った余りは，n が偶数のとき 1，奇数のとき 3 です．よって，**4 で割った余りに着目すると n が偶数と分かります**．なお，第6節（☞ P.104）で解説する「合同式」を用いると簡単です．法を 4 とすると，$3 \equiv -1$ ですから

$$3^n + 40 \equiv (-1)^n + 40 \equiv (-1)^n$$

となります．

n が偶数であることが言えれば，$n = 2m$ とおくことで $A^2 - B^2$ の形が作れ，因数分解できますから，まず n が偶数であることを示すのです．

もちろん，最初から因数分解を想定してもよいです．つまり，$3^n = k^2 - 40$ の右辺は因数分解できませんから，$k^2 - 3^n$ が因数分解できると予想し，n が偶数であることを示すのです．実際，このように考えて解いた生徒（当時高 1）がいました．おそるべしです 😊

5 ここでも合同式が使えます．法を 4 とすると，$3 \equiv -1$ ですから

$$3^n \equiv (-1)^n \equiv -1$$

となります．

6 さりげないテクニックです．**2 つの整数の和か差が偶数であれば，それらの偶奇は一致します**．一般には，2 つの整数の差**（和はダメ）**が自然数 $n\,(\geqq 2)$ の倍数であれば，それらを n で割った余りは一致します．これを使うと無駄な場合が省けます．もし気付かなければ

$$(k + 3^m,\ k - 3^m) = (\mathbf{8, 5}),\ (10, 4),\ (20, 2),\ (\mathbf{40, 1})$$

のように太字の 2 つの場合が追加されます．ただし，それらに対応する自然数の組 (k, m) は存在しませんから，最終的な結果は同じです．

第4節　互いに素

整数　　　　　　　　　　　　　　　　　　　　　　　　　　　　　　The integer

　受験生の中には，「互いに素」という言葉に対して，何か難しそうという印象
を持っている人がいます．残念なことです．

　互いに素は決して難しくはありません．むしろシンプルでありがたい性質で
す．互いに素でない方がよっぽど大変です．うまく解釈することで，互いに素に
親しみを感じてもらうのが今回の目標です．

　まず，定義を確認しておきましょう．2つの整数 p と q が互いに素であると
は，p と q の最大公約数が1ということです．p, q は「整数」ですから，0や負
の整数でも構いません．特に，0はすべての整数の倍数ですから，0と互いに素
な整数は ± 1 のみです．よく，有理数を

$$\frac{p}{q} \quad (p \text{ と } q \text{ は互いに素な整数}, \ q > 0)$$

とおきますが，このとき，0は $p = 0$, $q = 1$ に対応する $\dfrac{0}{1}$ で表されます．

　さて，上で確認した互いに素の定義ですが，シンプルな割には実用的でない気
がします．これを次のように考えてみましょう．

　どんな整数も符号を除けばいくつかの素数の積として表すことができます．こ
れを素因数分解といいます．素因数は整数を形成するこれ以上分けることのでき
ない「部品」のようなものです．化学の世界で言う原子を連想するといいかもし
れません．この部品を用いて互いに素の意味をとらえます．

　定義では最大公約数が1となっていますが，言い換えると，**共通の素因数をも
たない**ということです．つまり，共通の部品をもたないと解釈できます．人間関
係で言えば，**共通点がなく仲が悪い**ということです．

　この解釈を用いると，次のよく使われる定理はほぼ自明です．

> **定理**　a と b は互いに素な整数，x, y は整数とする．このとき，$ax = by$
> ならば，x は b の倍数，y は a の倍数である．

　$ax = by$ より，ax は b の倍数ですから，ax は b の部品をすべてもっていま
す．つまり，a と x が協力して b の部品をすべてもっているということです．一
方，a と b は互いに素ですから，a は b の部品を1つももっていません．実際に

第2章　整数

は a は協力していないのです．お祭りの神輿（みこし）を一生懸命担いでいるふりをして実際には担いでいない人と同じです．結局，x が b の部品をすべてもっていることになり，x は b の倍数です．同様に，y は a の倍数となります．

　いかがでしょうか．この定理はすぐに導けますから，わざわざ丸暗記する必要はありません．むしろ自分で導けるようにしておくことで，「あれ？　x が b の倍数なのか，b が x の倍数なのか，どっちだっけ？」などという迷いとは無縁になります．私自身も授業で解説する際には，その場で上のように導いています．

　互いに素であることを**用いる**問題は，上で述べた解釈をしておけば難しくはありません．シンプルな関係を与えてくれているのですから，歓迎すべきです．
　一般に難しいのは，互いに素であることを**示す**問題です．特に，2004 年名古屋大・理，2009 年京都大・理（乙）に代表されるような難問がいくつか出題されています．問題によって難易度の差が激しいテーマですが，ここでは基本的な方針を確認しておきます．
　繰り返しになりますが，互いに素であることは共通の素因数をもたないことです．一般に，「〜でない」ことを直接示すのは難しいですから，背理法の出番です．共通の素因数をもつと仮定し，矛盾を導きます．素因数を比べられるなどの簡単な問題を除けば，**互いに素の証明は背理法一択**です．
　例を挙げておきます．

　[定 理]　連続する 2 つの整数は互いに素である．

　これを示すのは非常に簡単です．連続する 2 つの整数を k，$k+1$ とし，それが共通の素因数 p をもつと仮定すると，2 数の差である 1 も p の倍数となり，矛盾します．よって，k と $k+1$ は互いに素です．
　なお，この定理は証明せずに使うことが多いです．覚えておきましょう．

〈整数のまとめ 4〉

Check ▷▷▷▷ 互いに素

- ✎ 共通の素因数をもたないことである
- ✎ 証明は背理法が有効である

第4節　互いに素

〈フェルマーの小定理〉

例題 2−5. p が素数であれば，どんな自然数 n についても $n^p - n$ は p で割り切れる．このことを，n についての数学的帰納法で証明せよ．

（京都大）

考え方　大学入試で定番の「フェルマーの小定理」と呼ばれる定理の証明です．数学的帰納法で $n = k + 1$ のときの証明をする際に，k^p を作ることを考えて二項定理を用います．そこで現れる二項係数 $_p\mathrm{C}_l$ に着目します．

▶解答◀　すべての自然数 n に対し $n^p - n$ が p で割り切れることを数学的帰納法で示す．

　$1^p - 1 = 0$ は p で割り切れるから，$n = 1$ のとき成り立つ．

◀ 0 は任意の自然数の倍数です．

　$n = k$ のときの成立を仮定すると

$$k^p - k = pN \quad (N \text{ は整数})$$

と書ける．このとき，二項定理を用いると

$$(k+1)^p - (k+1)$$
$$= (k^p + {}_p\mathrm{C}_1 k^{p-1} + \cdots + {}_p\mathrm{C}_{p-1} k + 1)$$
$$\qquad\qquad\qquad\qquad - (k+1)$$
$$= ({}_p\mathrm{C}_1 k^{p-1} + \cdots + {}_p\mathrm{C}_{p-1} k) + (k^p - k)$$
$$= ({}_p\mathrm{C}_1 k^{p-1} + \cdots + {}_p\mathrm{C}_{p-1} k) + pN \cdots\cdots\cdots ①$$

◀ Σ を使うと
$(k+1)^p$
$= \sum\limits_{l=0}^{p} {}_p\mathrm{C}_l \cdot k^{p-l} \cdot 1^l$
となりますが，普通に書き下した方が分かりやすいでしょう．

となるから，二項係数

$$_p\mathrm{C}_l \quad (l = 1, 2, \cdots, p-1)$$

が p の倍数であることを示せば十分である．（▷▷▷▷ ■）

　まず，$_p\mathrm{C}_l$ は p 個のものから l 個取り出す組合せの数であるから整数である．また

$$_p\mathrm{C}_l = \frac{p(p-1)(p-2)\cdots(p-l+1)}{l(l-1)(l-2)\cdots 1}$$

$$_p\mathrm{C}_l = p \cdot \frac{(p-1)(p-2)\cdots(p-l+1)}{l(l-1)(l-2)\cdots 1}$$

◀ 約分を考えますから，階乗表現より順列との対応式がよいです（☞ P.82）．p を前に出し，残りの分数が整数であることを示します．

において，左辺は整数であるから右辺も整数で，分母の $l(l-1)(l-2)\cdots 1$ が約分で消える．ここで，p は素数で

第2章　整数

あるから，p 未満の任意の自然数と p は共通の素因数をもたず，互いに素である．これと $l < p$ より，1, 2, $\cdots$, l はすべて p と互いに素であり，$l(l-1)(l-2)\cdots 1$ と p は互いに素である．（▷▷▷ ②）

◀ p は素因数 p のみをもち p 未満の自然数は素因数 p をもちませんから，p と p 未満の自然数は互いに素です．

よって，$l(l-1)(l-2)\cdots 1$ は p とは約分できず

$$(p-1)(p-2)\cdots(p-l+1)$$

と約分できて消えるから，${}_p\mathrm{C}_l$ は $p\cdot(整数)$ の形となり，${}_p\mathrm{C}_l$ は p の倍数である．

ゆえに

$$ {}_p\mathrm{C}_1 k^{p-1} + \cdots + {}_p\mathrm{C}_{p-1} k $$

も p の倍数であるから，① より，$(k+1)^p - (k+1)$ は p で割り切れ，$n = k+1$ のときも成り立つ．

以上より，数学的帰納法によって，すべての自然数 n に対し $n^p - n$ は p で割り切れる．

□　　**Point**　　The integer NEO ROAD TO SOLUTION　**2-5**　**Check!**　□

❶　ここが一番のポイントです．もし易しい問題であれば，ヒントとして「${}_p\mathrm{C}_l$ $(l = 1, 2, \cdots, p-1)$ は p の倍数であることを示せ」という設問があります．今回難しいのは，自分でこのことに気が付く必要があるということです．

　　${}_p\mathrm{C}_1 k^{p-1} + \cdots + {}_p\mathrm{C}_{p-1} k$ が p の倍数であることを示したいのですが，和の形が p の倍数であることを示すのは困難です．また，k がいくつでもこの和が p の倍数になるはずですから，和を作ったときに初めて p の倍数になるような "ミラクル" が起こるとは考えにくく，**はじめから各項が p の倍数ではないか**と予想します．

　　各項には k^m の形がありますが，k によっては p の倍数でなく，常にこの k^m によって各項が p の倍数になるとは考えられません．そこで，各項の係数 ${}_p\mathrm{C}_l$ $(l = 1, 2, \cdots, p-1)$ が p の倍数であることを示します．

　　念のため確認ですが

　　　　${}_p\mathrm{C}_l$ $(l = 1, 2, \cdots, p-1)$ が p の倍数である

　　　　$\Longrightarrow$ ${}_p\mathrm{C}_1 k^{p-1} + \cdots + {}_p\mathrm{C}_{p-1} k$ が p の倍数である

は成り立ちますが，この逆は成り立ちません．これは気にする必要はありませ

ん．同値性はどうでもいいのです．今回は

$$k^p - k \ が \ p \ で割り切れる$$

$$\Longrightarrow (k+1)^p - (k+1) \ が \ p \ で割り切れる$$

を示すことが目標です．そもそもが同値性の証明ではなく，"一方通行"の命題の証明です．**議論の流れと同じ向きの矢印さえ成り立てば問題ありません**から，同値な言い換えは要求されていないのです．そこで，同値な言い換えが難しいときには，十分条件（これさえ満たせば目標も自動的に成り立つ条件）を考えて，それを示します．これは背理法を用いて矛盾を導く場合も同じです．

2 $1, 2, \cdots, l$ はすべて p と互いに素であり，p と同じ素因数をもちません．よって，それらの積 $l(l-1)(l-2)\cdots 1$ も当然 p と同じ素因数をもちませんから，$l(l-1)(l-2)\cdots 1$ と p は互いに素です．p と共通の部品をもたないものをいくら寄せ集めても p と共通の部品をもつことはないというイメージです．

3 分母を払っても議論できます．

$$_p\mathrm{C}_l = \frac{p(p-1)(p-2)\cdots(p-l+1)}{l(l-1)(l-2)\cdots 1}$$

より

$$l(l-1)(l-2)\cdots 1 \, _p\mathrm{C}_l = pN \quad (N \ は整数)$$

と書けて，$l(l-1)(l-2)\cdots 1$ と p は互いに素ですから，$_p\mathrm{C}_l$ は p の倍数です．もしくは，□Point...□ **11−4.** の 5 （☞ P.426）で紹介する公式

$$k_n\mathrm{C}_k = n_{n-1}\mathrm{C}_{k-1} \quad (k \geq 1)$$

を用いると

$$l_p\mathrm{C}_l = p_{p-1}\mathrm{C}_{l-1} \quad (l = 1, 2, \cdots, p-1)$$

が成り立ちます．l と p は互いに素ですから，$_p\mathrm{C}_l$ は p の倍数です．

4 フェルマーの小定理の証明は数学的帰納法と余りを考えるものがありますが，前者の方が分かりやすいです．入試問題としてたびたび出題され，数学的帰納法はこの 1977 年の京都大・文などに，余りを考えるものは 2005 年の慶応大・総合政策などにあります．余りを考えるものについては，予備知識が必要です．□Point...□ **3−3.** の 10 （☞ P.132）を参照してください．

第 2 章　整数

―――――――――――――――――――――――〈n 乗数〉
　[例 題] 2−6.　n を 2 以上の整数とする．自然数（1 以上の整数）の n 乗にな
　る数を n 乗数と呼ぶことにする．以下の問いに答えよ．
　（ 1 ）　連続する 2 個の自然数の積は n 乗数でないことを示せ．
　（ 2 ）　連続する n 個の自然数の積は n 乗数でないことを示せ．　　（東京大）

[考][え][方]　（ 1 ），（ 2 ）ともに，連続する整数を文字でおいて，背理法で示しま
す．どちらも連続する 2 つの整数が互いに素であること（☞ P.90）が使えます．
なお，（ 2 ）は（ 1 ）の一般化ではないことに注意しましょう．

▶解答◀　（ 1 ）　ある連続する 2 個の整数 k, $k + 1$
の積が n 乗数であると仮定すると
$$k(k+1) = m^n \quad (m \text{ は自然数})$$
と書ける．$m\,(\geqq 2)$ が素因数 p をもつとすると，右辺は　◀ 連続する2つの整数は互
p を n 個単位でもち，k と $k+1$ は互いに素であるから，　　いに素です．
一方だけが p を n 個単位でもつ．m がもつ他の素因数
についても同様であるから，k と $k+1$ はともに素因数
を n 個単位でもち，n 乗数である．（▷▷▷▷ [1]）すなわち
$$k = a^n, \ k + 1 = b^n$$
（a, b は自然数, $a < b$）と書ける．辺ごとに引いて
$$1 = b^n - a^n$$
$$(b-a)(b^{n-1} + ab^{n-2} + \cdots + a^{n-1}) = 1 \ \cdots\cdots\textcircled{1}$$　◀ 因数分解の公式
ここで，$1 \leqq a < b$ より　　　　　　　　　　　　　　　　　（☞ P.41）を用います．
$$b - a \geqq 1$$
$$b^{n-1} + ab^{n-2} + \cdots + a^{n-1}$$
$$\geqq \underbrace{1 + 1 + \cdots + 1}_{n} = n \geqq 2$$　◀ a, b をすべて1で小さく
　　　　　　　　　　　　　　　　　　　　　　　　　　　　見積もります．代わりに
であるから，①と矛盾する．　　　　　　　　　　　　　　　$b^{n-1} + a^{n-1}$ だけ残して
　以上より，連続する 2 個の自然数の積は n 乗数でない．　もよいでしょう．
（ 2 ）　$n = 2$ のときは（ 1 ）で $n = 2$ とすれば成り立つ　◀ $n \geqq 3$ がなぜ必要かは後
から，$n \geqq 3$ で考える．　　　　　　　　　　　　　　　　　で分かります．

94　第 2 章　整数（例題 2−6）

第4節　互いに素

ある連続する n 個の整数

$$k,\ k+1,\ \cdots,\ k+n-1$$

の積が n 乗数であると仮定すると

$$k(k+1)\cdots(k+n-1) = m^n \quad\cdots\cdots\cdots\cdots②$$

（m は自然数）と書ける．（▷▷▷▷ ❷）

$$k(k+1)\cdots(k+n-1) > k \cdot k \cdots k = k^n$$

と

$$k(k+1)\cdots(k+n-1)$$
$$< (k+n-1)(k+n-1)\cdots(k+n-1)$$
$$= (k+n-1)^n$$

より

$$k^n < m^n < (k+n-1)^n$$
$$k < m < k+n-1$$

よって，m は $k+1,\ k+2,\ \cdots,\ k+n-2$ のいずれかであり，$m+1$ は $k+2,\ k+3,\ \cdots,\ k+n-1$ のいずれかであるから，$m+1$ は ② の左辺に含まれ，② の左辺は $m+1$ の倍数である．

　ここで，m と $m+1$ は互いに素で，$m+1 \geqq 2$ より，$m+1$ は m にはない素因数をもつ．（▷▷▷▷ ❸）それを p とすると，② の左辺は p の倍数であり，右辺は p の倍数でないから，矛盾する．

　以上より，連続する n 個の自然数の積は n 乗数でない．

◀ $k+0$ から始まり，n 個目は $k+(n-1)$ です．

◀ $k+1 \leqq k+n-2$, すなわち $n \geqq 3$ が必要です．

□　　Point　　$\substack{\text{The integer} \\ \text{NEO ROAD TO SOLUTION}}$　2-6　　Check!　　□

❶　（1）ではここが 1 番のポイントです．$m\ (\geqq 2)$ の素因数分解を考えます．

$$m = p_1{}^{d_1} p_2{}^{d_2} \cdots \quad (p_1,\ p_2,\ \cdots \text{ は異なる素数}, \ d_1,\ d_2,\ \cdots \text{ は自然数})$$

とすると

$$m^n = p_1{}^{d_1 n} p_2{}^{d_2 n} \cdots$$

より，m^n は各素因数を n の倍数個ずつもちます．

$$k(k+1) = m^n = p_1{}^{d_1 n} p_2{}^{d_2 n} \cdots$$

第 2 章　整数（例題 2−6）

第2章　整数

より，k と $k+1$ が協力して各素因数を n の倍数個ずつもつのですが，k と $k+1$ は互いに素ですから，共通の素因数をもちません．よって，各素因数はどちらか一方のみが n の倍数個ずつもち（素因数を何ももたない場合も含む），n 乗数です．互いに素であれば，積をとって初めて n 乗数となることはなく，個別に n 乗数となるということです．

例えば，$n=3$，$m=2^2 \cdot 3^3 \cdot 7$ のとき，$m^n = 2^6 \cdot 3^9 \cdot 7^3$ より

$$k(k+1) = 2^6 \cdot 3^9 \cdot 7^3$$

です．k と $k+1$ は素因数 2 と 3 と 7 を分け合う形になりますが，互いに素ですから同じ素因数はもてません．

$$k = 2^4 \cdot 3^6, \ k+1 = 2^2 \cdot 3^3 \cdot 7^3$$

のようにはならないのです．よって

$$k = 3^9, \ k+1 = 2^6 \cdot 7^3$$

のように 2^6，3^9，7^3 の**かたまりを分ける**形になり，どのように分けようとも，k と $k+1$ はともに n 乗数となります．

2　一見（2）は（1）の一般化のように見えますが，そうではありません．（1）を $n=2$ に限定すれば，（2）は（1）の一般化になりますが，別物と割り切って解いた方が良いでしょう．

②には（2）ならではの特徴が含まれています．それは**両辺ともに n 個の自然数の積である**ということです．（1）と違い，個数に関してはバランスが取れています．何か気付きませんか？　例えば

$$2 \cdot 3 \cdot 4 \cdot 5 \cdot 6 = m^5$$

がもし成り立っているのなら，m について分かることはないでしょうか．両辺ともに 5 個の自然数の積ですから，少なくとも $m \leqq 2$ ということはありません．$m \geqq 6$ ということもありません．可能性があるのは $m = 3, 4, 5$ のみです．m の範囲が絞られるのです．これを一般の場合で示します．

3　「②の左辺は $m+1$ の倍数で，右辺は $m+1$ の倍数でないから矛盾する．」とさらっと言えそうですが，右辺の m^n が $m+1$ の倍数でないことはきちんと示すべきでしょう．m が $m+1$ の倍数でないからと言って，m^n が $m+1$ の倍数でないと断定するのは早計です．m が複数集まって $m+1$ を作る可能性があるからです．その可能性を潰すのが「互いに素」です．m と $m+1$ が共通の素因数をもたず，また $m+1 \geqq 2$，すなわち $m+1 \neq 1$ ですから，m がいくら集まっても $m+1$ は作れません．よって，右辺の m^n は $m+1$ の倍数

96　第2章　整数（例題2－6）

第4節　互いに素

ではありません． ▶解答◀ では，これを示す代わりに，$m+1$ のみがもつ素因数 p に着目し，矛盾を導きました．

4 類題です．私は過去にこの問題を解いていたおかげで，m の範囲を絞る発想に行き着きました．やはり**類題を解いた経験の有無は非常に大きい**です．

> 問題 **5.** m を正の整数とする．$m^3 + 3m^2 + 2m + 6$ はある整数の 3 乗である．m を求めよ． （一橋大）

多くの人が因数分解を考えます．

$$m^3 + 3m^2 + 2m + 6 = (m+3)(m^2+2)$$

ですから

$$(m+3)(m^2+2) = k^3 \quad (k \text{ は自然数})$$

とおいてしまうのですが，k が素数とは限りませんから

$$(m+3,\ m^2+2) = (1,\ k^3),\ (k,\ k^2),\ (k^2,\ k),\ (k^3,\ 1)$$

とするのは間違いです．他にも組が存在する可能性があります．敢えて因数分解できる形にしたのは，大学側の仕掛けたトラップではないでしょうか．

▶解答◀　$f(m) = m^3 + 3m^2 + 2m + 6$ とおく．$m^3 + 3m^2$ に着目し

$$(m+1)^3 = m^3 + 3m^2 + 3m + 1$$

と似ていることに注意する．そこで，$f(m)$ がある整数の 3 乗であるとき

$$f(m) = (m+1)^3 \quad \cdots\cdots\cdots\cdots\cdots Ⓐ$$

であると予想し，これを示す．実際

$$f(m) - m^3 = 3m^2 + 2m + 6 > 0$$

$$(m+2)^3 - f(m) = 3m^2 + 10m + 2 > 0$$

より

$$m^3 < f(m) < (m+2)^3$$

であるから，$f(m)$ がある整数の 3 乗であるとき，Ⓐ となるしかない．よって，Ⓐ より

$$m^3 + 3m^2 + 2m + 6 = m^3 + 3m^2 + 3m + 1 \qquad \therefore \quad \boldsymbol{m = 5}$$

第2章　整数

第5節　不定方程式

整数　　　　　　　　　　　　　　　　　　　　　　　　　　The integer

$ax + by = 1$ の形の方程式を不定方程式といいます. 例題 3−3. (☞ P.128) で扱いますが, a と b が互いに素であれば, 整数解 (x, y) が存在します.

> 問題 6. 方程式 $3x + 5y = 1$ を満たす整数の組 (x, y) をすべて求めよ.

　係数の絶対値が小さい場合には**特殊解を見つける**方法が有効です. 特殊解というのは, 方程式を満たす1つの解 (すべてでなくてよい) のことで, 今回は, 例えば $(x, y) = (2, -1)$ です. そこで, 与えられた方程式と

$$3 \cdot 2 + 5(-1) = 1$$

を辺ごとに引いて

$$3(x - 2) + 5(y + 1) = 0 \qquad \therefore \quad 3(x - 2) = 5(-y - 1)$$

3と5は互いに素ですから, $x - 2$ は5の倍数で, $x - 2 = 5k$ (k は整数) と書けます. このとき, $15k = 5(-y - 1)$ より $-y - 1 = 3k$ ですから

$$(x, y) = (5k + 2, -3k - 1)$$

となります.

　問題は係数が大きくて, 特殊解が見つけにくい場合です.

> 問題 7. 方程式 $14x + 25y = 1$ を満たす整数の組 (x, y) をすべて求めよ.

　教科書には, 互除法 (☞ P.465) を用いて特殊解を見つける解法が載っていますが, 私は途中で何をしているのか分からなくなります😊　少なくとも万人受けする解法だとは思えませんから, 私は予備校の授業でも使っていません.
　もっと分かりやすい解法があります. 特殊解を見つける代わりに**係数の絶対値が小さい文字について解く**方法です. 以下, 文字はすべて整数とします.
　$14x + 25y = 1$ を, 係数の絶対値の小さい x について解きます.

$$x = \frac{1 - 25y}{14}$$

y の係数の絶対値 $\dfrac{25}{14}$ は分子が分母よりも大きいですから, 分子が分母より小さい分数にすることを考えます. 小学校の算数を思い出しましょう. 分子を分母で

98　第2章　整数

割って，仮分数を帯分数に直すイメージです．

$$\frac{25}{14} = 1 + \frac{11}{14} = 2 - \frac{3}{14}$$

の2通りの直し方がありますから，x も

$$x = -y + \frac{1 - 11y}{14} = -2y + \frac{1 + 3y}{14}$$

の2通りの変形ができます．分子の y の**係数の絶対値が小さい方**を採用します．

$$x = -2y + \frac{1 + 3y}{14} \quad\cdots\cdots\cdots\cdots\cdots\cdots\cdots\cdots\cdots\cdots\cdots\text{①}$$

とします．x，y は整数ですから，$\dfrac{1 + 3y}{14}$ も整数で，$\dfrac{1 + 3y}{14} = k$ とおくと

$$1 + 3y = 14k$$

です．これは y と k の不定方程式であり，最初の式よりも係数の絶対値が小さくなっています．上と同様に，今度は y について解き，帯分数に直します．

$$y = \frac{14k - 1}{3} = 5k + \frac{-k - 1}{3} \quad\cdots\cdots\cdots\cdots\cdots\cdots\cdots\cdots\text{②}$$

$\dfrac{-k - 1}{3} = l$ とおくと，$k = -3l - 1$ で，② より

$$y = 5k + l = 5(-3l - 1) + l = -14l - 5$$

となります．また，① より

$$x = -2y + k = -2(-14l - 5) + (-3l - 1) = 25l + 9$$

となり，$(x, y) = (25l + 9, -14l - 5)$ です．

　最後に検算しましょう．単純に解を不定方程式に代入して確認してもよいですが，$l = 0$ を代入した $(x, y) = (9, -5)$ が特殊解であること，x，y の l の係数 25，-14 が不定方程式の x，y の係数 14，25 を入れ換え，一方の符号を変えたものであること，の2点を確認すればよいです．**ミスは必ず発見できます．**

　なお，係数の絶対値が小さい方を採用するのは，手数が減るからです．この解法は同じことを繰り返すだけですから，「互除法」を使う解法よりも単純です．

〈整数のまとめ5〉

Check ▷▷▷▷ 不定方程式

（ⅰ）　特殊解を見つける

（ⅱ）　係数の絶対値が小さい文字について解く

第2章　整数

〈不定方程式〉

例題 2-7. 以下の問いに答えよ.

(1)　方程式 $65x + 31y = 1$ の整数解をすべて求めよ.

(2)　2016 以上の整数 m は, 正の整数 x, y を用いて $m = 65x + 31y$ と表せることを示せ.　　　　　　　　　　　　　　　　（福井大・改）

考え方　（ 1 ）は係数が大きい不定方程式です. 係数の絶対値が小さい y について解きます.（ 2 ）は $m = 65x + 31y$ となる正の整数 x, y の存在を示します. x, y の不定方程式とみなして解き, $x > 0$, $y > 0$ となる条件を調べます.

▶解答◀　（ 1 ）　以下, 文字はすべて整数とする.

$65x + 31y = 1$ より

$$y = \frac{1 - 65x}{31} = -2x + \frac{1 - 3x}{31} \quad\cdots\cdots\cdots\text{①}$$

◀ y について解いて, 帯分数にします.
$y = -3x + \dfrac{1 + 28x}{31}$
とはしません.

$\dfrac{1 - 3x}{31} = k$ とおくと

$$1 - 3x = 31k$$

$$x = \frac{1 - 31k}{3} = -10k + \frac{1 - k}{3} \quad\cdots\cdots\cdots\text{②}$$

◀ x について解きます.
$x = -11k + \dfrac{1 + 2k}{3}$
は不採用です.

$\dfrac{1 - k}{3} = l$ とおくと, $k = -3l + 1$ で, ② より

$$x = -10k + l$$
$$= -10(-3l + 1) + l$$
$$= 31l - 10$$

◀ いきなり $k = -3l + 1$ を代入してもよいですが, この式を残すことで変形が安定します.

① より

$$y = -2x + k$$
$$= -2(31l - 10) + (-3l + 1)$$
$$= -65l + 21$$

以上より

$$(\boldsymbol{x}, \boldsymbol{y}) = (31l - 10, \ -65l + 21) \quad (\boldsymbol{l} \text{ は整数})$$

（ 2 ）　不定方程式 $65x + 31y = m$ を解くと,（ 1 ）と同様にして

$$(x, y) = (31l - 10m, \ -65l + 21m)$$

100　第2章　整数（例題2-7）

第5節　不定方程式

となる．（▷▷▷▷ **1**）$x > 0$，$y > 0$ となる整数 l が存在することを示す．

$x > 0$，$y > 0$ とすると

$$31l - 10m > 0, \quad -65l + 21m > 0$$

$$\frac{10}{31}m < l < \frac{21}{65}m \quad \cdots\cdots\cdots\cdots\cdots ③$$

◀ これを満たす整数 l の存在を示します．

ここで，$m \geqq 2016$ より

$$\frac{21}{65}m - \frac{10}{31}m = \frac{m}{2015} > 1 \quad (▷▷▷▷ \textbf{2})$$

より，区間 ③ の幅は 1 より大きいから，③ を満たす整数 l が少なくとも 1 つ存在する．

以上より，$m = 65x + 31y$ となる正の整数 x，y が存在する．

Point

The integer

NEO ROAD TO SOLUTION　2−7　Check!

1 （1）の右辺の 1 が m に変わっただけですから，（1）の式変形を追うと，定数項を m 倍すればよいことが分かります．

　　特殊解を見つける方法でも解けます．$65x + 31y = 1$ の特殊解は（1）の答えで $l = 0$ として，$(x, y) = (-10, 21)$ です．よって，$65x + 31y = m$ の特殊解はこれを m 倍したもので，$(x, y) = (-10m, 21m)$ です．

$$65x + 31y = m$$

$$65(-10m) + 31 \cdot 21m = m$$

を辺ごとに引いて

$$65(x + 10m) + 31(y - 21m) = 0$$

$$65(x + 10m) = 31(-y + 21m)$$

65 と 31 は互いに素ですから，$x + 10m = 31l$（l は整数）とおけて，このとき，$-y + 21m = 65l$ より，$(x, y) = (31l - 10m, -65l + 21m)$ となります．

2　ある区間 $a < x < b$ に整数 x が存在することを示すためには，その区間の幅 $b - a$ が 1 より大きいことを示します．念のためですが

$$b - a > 1 \Longleftrightarrow \text{ある区間 } a < x < b \text{ に整数 } x \text{ が存在する}$$

ではありません．

$$b - a > 1 \overset{\bigcirc}{\underset{\times}{\rightleftarrows}} \text{ある区間 } a < x < b \text{ に整数 } x \text{ が存在する}$$

第2章　整数（例題2−7）　101

第 2 章　整数

です．図 1 のように，区間の幅がどれだけ小さくても，その区間に整数 x が存在する可能性はあります．私はよく**「奇跡は起こる！」**と大げさに表現しています😊　数学ではこのように**極端な例を考えて検証する**のが重要です．

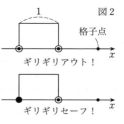

図 1
格子点
どんなに幅が狭くても
格子点が含まれることはある

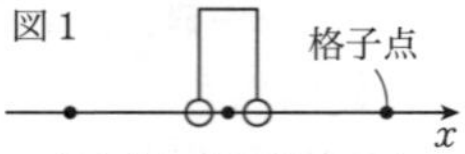

ただし，$b - a \leqq 1$ のときは，整数 x が存在する可能性はあっても，必ず存在するという保証はありませんから，今回の証明では使えません．$b - a > 1$ のときのみ整数 x の存在が保証されますから，$b - a > 1$ を示せばおしまいです．□Point...□ 2－5．の❶（☞ P.92）と同様に，今回も同値性の証明が目標ではなく，**議論の流れと同じ向きの矢印が成り立てばよい**のです．

なお，区間の端が含まれるかどうかで示すべきことが微妙に変わります．もし $a \leqq x < b$ であれば，$b - a \geqq 1$ を示せばよいです．等号がつくことに注意しましょう．$a \leqq x \leqq b$ でも同様です．等号がつく，すなわち $b - a = 1$ が適するかどうかは，数直線上で，区間の幅を 1 に固定した状態で区間を左右に動かし，常に格子点が含まれるかどうかで判断します．常に含まれるのなら等号がつき，そうでなければ等号はつきません．

図 2
1
格子点
ギリギリアウト！
ギリギリセーフ！

③ （2）は不定方程式の整数解の存在証明ですから，**例題** 3－3．（☞ P.128）のように「奇跡の合コン」を使った別解があります．一応紹介しておきますが，今回は ▶解答◀ の方が簡単でしょう．

$m = 65x + 31y$ を $m - 65x = 31y$ ととらえ，$m - 65x$ が 31 の正の整数倍になるような正の整数 x が存在することを示します．$m - 65x > 0$ となる正の整数 x に着目し，$x = 1, 2, \cdots, 31$ に限定して考えます．

$$a_k = m - 65k \quad (k = 1, 2, \cdots, 31)$$

とおくと，$m \geqq 2016$ より

$$a_k \geqq 2016 - 65 \cdot 31 = 1 > 0$$

です．

また，$a_1, a_2, \cdots, a_{31}$ を 31 で割った余りはすべて異なります．実際，余りが等しいものが存在すると仮定し，それを $a_i, a_j\ (1 \leqq i < j \leqq 31)$ とすると

$$a_i = 31q_1 + r,\ a_j = 31q_2 + r$$

と書けて，辺ごとに引くと

$$a_i - a_j = 31(q_1 - q_2) \quad \therefore \quad 65(j - i) = 31(q_1 - q_2)$$

第5節　不定方程式

65 と 31 は互いに素ですから，$j-i$ は 31 の倍数です．一方，$1 \leq i < j \leq 31$ より $1 \leq j-i \leq 30$ で，$j-i$ は 31 の倍数でありません．これは矛盾です．

　$a_1, a_2, \cdots, a_{31}$ は 31 個あり，31 で割った余りは $0, 1, \cdots, 30$ の 31 種類，しかもすべて異なりますから，まさに「奇跡の合コン」です．余りと a_k が 1 対 1 に対応し，31 で割り切れる a_k が存在します．$a_k > 0$ に注意すると

$$a_k = 31q \quad (q \text{ は正の整数})$$

と書けますから

$$m - 65k = 31q \quad \therefore \quad m = 65k + 31q$$

ゆえに，$(x, y) = (k, q)$ とすればよいです．

④　m が 2015 以下の自然数の場合は，結論が変わります．③ を満たす整数 l が存在するかどうかは m によるからです．例えば，$m = 2015$ のときは存在せず，$m = 2014$ のときは $(x, y) = (10, 44)$ と存在します．

⑤　(2) を一般化すると，次の定理になります．

> **定理**　a, b を互いに素な自然数とするとき，ab より大きい整数 m は，正の整数 x, y を用いて $m = ax + by$ と表せる．

　(2) と同様に示せます．**例題** 3-3. (☞ P.128) のように，$ax + by = 1$ の整数解（0 以下でもよい）は存在しますから，$ax + by = m$ の整数解も存在し，それを $(x, y) = (x_0, y_0)$ とします．**1** と同様にして，$ax + by = m$ の解は $(x, y) = (bl + x_0, -al + y_0)$ となり，$x > 0, y > 0$ とすると

$$bl + x_0 > 0, \quad -al + y_0 > 0 \quad \therefore \quad -\frac{x_0}{b} < l < \frac{y_0}{a}$$

となります．この区間の幅は

$$\frac{y_0}{a} - \left(-\frac{x_0}{b}\right) = \frac{by_0 + ax_0}{ab} = \frac{m}{ab} > 1$$

ですから，整数 l が存在します．

第2章　整数

第6節　合同式

整数　　　　　　　　　　　　　　　　　　　　　　　　　　　The integer

　合同式は自然数で割った余りを扱う上で有用な表記法です．かつて私は，教育的配慮から予備校の授業で合同式は扱いませんでしたが，現行の教科書に掲載されていることもあり，きちんと説明して扱うようにしました．

　なお，合同式を使わないと解けない問題はないですから，無理して使うことはありません．意味を理解せず，ただ便利な記号だからと安易に使うのは危険です．一方，きちんと理解して使えば，大変便利な記号です．基本から確認します．

　一般に，整数 a，b を2以上の整数 p で割った余りが等しいとき

$$a \equiv b \pmod{p}$$

と表し，**a，b が法 p について合同である**といいます．また，このように合同関係を表す記号 $\equiv$ で結ばれた式を**合同式**といいます．次のような性質があります．

　$\boxed{\text{公式}}$　a, b, c, d, p は整数で，$p \geqq 2$ とする．以下，合同式は法を p として考える．$a \equiv b$, $c \equiv d$ のとき

（ i ）　$a \pm c \equiv b \pm d$　（複号同順）

（ ii ）　$ac \equiv bd$

（iii）　$a^n \equiv b^n$　（n は自然数）

　が成り立つ．

　たし算（引き算），かけ算，自然数乗は通常の等式と同様に変形できるのです．

　証明です．以下，合同式は法を p として考えます．p の倍数は無視しても p で割った余りは変わりませんから

$$a + pN \equiv a \quad (N \text{ は整数})$$

のように，変形しながら p の倍数を消していきます．

　$a \equiv b$, $c \equiv d$ のとき，$a = b + lp$, $c = d + mp$（l, m は整数）とおけて

$$a \pm c = (b + lp) \pm (d + mp)$$

$$= (b \pm d) + (l \pm m)p \equiv b \pm d \quad （複号同順）$$

$$ac = (b + lp)(d + mp)$$

$$= bd + (bm + dl + lmp)p \equiv bd$$

104　第2章　整数

第6節　合同式

$$a^n = (b + lp)^n$$
$$= b^n + {}_nC_1 b^{n-1}(lp)^1 + \cdots + {}_nC_{n-1}b^1(lp)^{n-1} + (lp)^n$$
$$= b^n + pN \quad (N \text{ は整数})$$
$$\equiv b^n$$

となります.

　証明から分かるとおり，（ⅰ）～（ⅲ）は**通常の等式で書くことの一部を省略する表記法**に過ぎません.

　もう1つ公式があります. これはおまけと思ってください.

公式　整数 k と p が互いに素のとき

　（ⅳ）　$ka \equiv kb$ ならば $a \equiv b$

　が成り立つ.

　$ka \equiv kb$ のとき，$ka - kb \equiv 0$ より，$k(a - b) \equiv 0$ で，$k(a - b)$ は p の倍数です. k と p は互いに素ですから，$a - b$ が p の倍数となり，$a \equiv b$ です.

　（ⅱ）より，「$a \equiv b$ ならば $ka \equiv kb$」は正しいですが，その逆は k と p が互いに素でないと成り立ちません. 例えば，法を4として

$$2x \equiv 2 \Longrightarrow x \equiv 1$$

は成立しません. 反例は $x = 3$ です. また，分数形で書いた

$$\frac{5^3 + 1}{2} \equiv \frac{1^3 + 1}{2} \equiv 1$$

も同様です. $5^3 + 1 \equiv 1^3 + 1$ の両辺を2で割っていますから間違いです. 割り算をしていることに気付かずに安易に使っている人が多いです.

　実際は（ⅳ）を使うことはほぼなく，使いたい場面でも合同式を通常の等式に直し，互いに素の性質を使う方が無難です. **合同式では割り算しない**ことです.

　　　　　　　　　　　　　　　　　　　　〈整数のまとめ6〉

Check ▷▷▷▷　合同式は安易に使わず，意味を理解してから使う

第2章　整数

〈互いに素の証明，剰余〉

[例題] **2−8.** 以下の問いに答えよ．
（1）　2016 と $2^{2016}+1$ は互いに素であることを証明せよ．
（2）　$2^{2016}+1$ を 2016 で割った余りを求めよ．
（3）　$2^{2016}(2^{2016}+1)(2^{2016}+2)\cdots(2^{2016}+m)$ が 2016 の倍数となる最小
の自然数 m を求めよ．
（九州大）

[考え方]　今回は敢えて合同式を使ってみます．（1）は 2016 がもつ素因数 2，
3，7 に着目しましょう．（2）は 2^n を 2016 で割った余りが周期をもつことを利
用します．（3）は 2016 がもつすべての素因数をもつ瞬間の m を調べます．

▶**解答**◀　（1）　$N=2^{2016}+1$ とおく．
2016 を素因数分解すると
$$2016 = 2^5 \cdot 3^2 \cdot 7$$
であるから，N が 2 でも 3 でも 7 でも割り切れないこと
を示せばよい．
2^{2016} は偶数であるから，N は奇数であり，2 で割り切
れない．
$2 \equiv -1 \pmod 3$ より
$$N \equiv (-1)^{2016}+1 \equiv 1+1 \equiv 2$$
$$\not\equiv 0 \pmod 3$$

◀ **1 か −1 と合同な数**だと
都合がいいです．べき乗
が扱いやすいからです．

であるから，N は 3 で割り切れない．
$2^3 = 8 \equiv 1 \pmod 7$ より
$$N = (2^3)^{672}+1 \equiv 1^{672}+1 \equiv 1+1 \equiv 2$$
$$\not\equiv 0 \pmod 7$$

◀ 2 のべき乗で 1 と合同な
8 を作ります．

であるから，N は 7 で割り切れない．
以上より，N は 2 でも 3 でも 7 でも割り切れないか
ら，2016 と N は互いに素である．
（2）　$a_n = 2^n+1$ とおく．（▷▷▷**❶**）法を 2016 とした
合同式を考える．
$$2^{11} = 2048 \equiv 32 \equiv 2^5$$

◀ 2016 に近い 2048 を作り
ます．

106　第2章　整数（例題2−8）

第6節　合同式

であるから，$n \geqq 5$ のとき，両辺に 2^{n-5} をかけて

$$2^{n+6} \equiv 2^n$$

よって

$$a_{n+6} = 2^{n+6} + 1 \equiv 2^n + 1 \equiv a_n$$

が成り立つ．（▷▶▶▶ **2**）$2016 = 6 \cdot 335 + 6$ に注意して，これを繰り返し用いると

$$a_{2016} \equiv a_{2010} \equiv \cdots \equiv a_6 \equiv 2^6 + 1 \equiv 65$$

ゆえに，求める余りは **65** である．

◀ 2^{n-5} が整数でないとかけられませんから，$n \geqq 5$ です．

◀ $n \geqq 5$ に注意して，敢えて 6 余ると考えます．

◀ 2016 から 6 を 335 回引いた 6 までは番号が減らせます．

♦別解♦　$2016 = 2^5 \cdot 3^2 \cdot 7 = 32 \cdot 9 \cdot 7$ より，N を 32, 9, 7 で割った余りを求める．（▷▶▶▶ **3**）

$$N = 2^5 \cdot 2^{2011} + 1 = 32 \cdot 2^{2011} + 1$$
$$\equiv 1 \pmod{32} \cdots\cdots\cdots①$$

$$N = (2^3)^{672} + 1 = 8^{672} + 1 \equiv (-1)^{672} + 1$$
$$\equiv 1 + 1 \equiv 2 \pmod 9$$

また，（1）より

$$N \equiv 2 \pmod 7$$

N を 9, 7 で割った余りがともに 2 であるから，$N - 2$ は 9, 7 の倍数で，63 の倍数である．（▷▶▶▶ **4**）これと ① より

$$N = 63k + 2 = 32l + 1 \quad (k, l \text{ は整数})$$

と書ける．l について解くと

$$l = \frac{63k + 1}{32} = 2k - \frac{k - 1}{32}$$

$\dfrac{k-1}{32} = n\,(n \text{ は整数})$ とおくと，$k = 32n + 1$ で

$$N = 63(32n + 1) + 2 = 2016n + 65$$

よって，求める余りは **65** である．

（**3**）　$2016 = 2^5 \cdot 3^2 \cdot 7$ より，素因数 2, 3, 7 に着目する．2^{2016} は 2^5 の倍数である．

◀ （1）と同様です．

◀ k, l の不定方程式とみなします．

◀ まず最初の項 2^{2016} について調べます．

第2章　整数

$$2^{2016} \equiv (-1)^{2016} \equiv 1 \pmod 3$$

より，$2^{2016}+2$，$2^{2016}+5$ はともに 3 の倍数である．
（▷▷▷▷ 5）

$$2^{2016} = (2^3)^{672} \equiv 1^{672} \equiv 1 \pmod 7$$

より，2^{2016}，$2^{2016}+1$，$\cdots$，$2^{2016}+5$ は 7 の倍数でなく，$2^{2016}+6$ は 7 の倍数である．

　よって

$$2^{2016}(2^{2016}+1)(2^{2016}+2)\cdots(2^{2016}+5)$$

は 2016 の倍数でなく

$$2^{2016}(2^{2016}+1)(2^{2016}+2)\cdots(2^{2016}+6)$$

は 2016 の倍数であるから，求める最小の m は

$$\boldsymbol{m = 6}$$

◀ 単に「$m=6$ のとき適する」だけでは $m=6$ が最小の m とは言えません．「$m \leqq 5$ のとき不適」も示します．

Point　　The integer　　NEO ROAD TO SOLUTION　2-8　Check!

1　（2）は実験するのも手です．$a_n = 2^n + 1$ より $\{a_n\}$ の項を並べると

$$\{a_n\} : 3,\ 5,\ 9,\ 17,\ 33,\ 65,\ 129,\ 257,\ 513,\ 1025,\ 2049,\ 4097,\ \cdots$$

ですから，a_n を 2016 で割った余りは

$$3,\ 5,\ 9,\ 17,\ \mathbf{33},\ 65,\ 129,\ 257,\ 513,\ 1025,\ \mathbf{33},\ 65,\ \cdots$$

となります．2 回目の 33 が現れたことがポイントです．

$$a_{n+1} = 2^{n+1} + 1 = 2 \cdot 2^n + 1 = 2(a_n - 1) + 1 = 2a_n - 1$$

より

$$a_{n+1} \equiv 2a_n - 1 \pmod{2016}$$

ですから，a_{n+1} を 2016 で割った余りは a_n を 2016 で割った余りで決まり，33 の次は 65，65 の次は 129 です．よって，a_5 以降の a_n を 2016 で割った余りは

$$33,\ 65,\ 129,\ 257,\ 513,\ 1025$$

を繰り返し，周期は 6 です．$2016 = 4 + 6 \cdot 335 + 2$ より，a_{2016} を 2016 で割った余りは，周期の 2 番目の数 65 です．

　このように，**余りの問題は周期がポイントになる**ことがあります．　▶解答◀
では上の内容をコンパクトにまとめているだけです．

第6節　合同式

2　$n \geqq 5$ のとき，$a_{n+6} \equiv a_n$ （mod 2016）は次のようにも示せます.

$$2^{n+6} - 2^n = (2^6 - 1) \cdot 2^n = 63 \cdot 2^n$$

は $63 \cdot 2^5 = 2016$ の倍数です．よって

$$2^{n+6} \equiv 2^n \pmod{2016}$$

であり

$$a_{n+6} = 2^{n+6} + 1 \equiv 2^n + 1 \equiv a_n \pmod{2016}$$

となります.

3　一般に，a，b が互いに素な 2 以上の自然数のとき，整数 N を a，b で割った余りが分かれば，N を ab で割った余りも求まります.

実際，N を a，b で割った余りをそれぞれ r，s とすると

$$N = ak + r = bl + s \quad （k, l は整数）\cdots\cdots\cdots\cdots\cdots\cdots ⓐ$$

と書けます．$ak + r = bl + s$ は

$$ak - bl = s - r$$

となり，k，l の不定方程式です．a と b は互いに素ですから，**例題** 3-3. （☞ P.128）と同様に，特殊解 $(k, l) = (k_0, l_0)$ が存在し，解は

$$(k, l) = (bn + k_0, an + l_0) \quad （n は整数）$$

の形で書けます．よって，ⓐ に代入し

$$N = a(bn + k_0) + r = abn + ak_0 + r$$

となり，N を ab で割った余りは $ak_0 + r$ を ab で割った余りになります.

今回は 3 種類の素因数がありますから，3 数 32，9，7 の積ととらえ，N をこれら 3 数で割った余りを調べます.

4　N を 9，7 で割った余りが等しいのは幸運です．ともに余り 2 ですから，2 を引けば割り切れ，$N - 2$ は 9 の倍数かつ 7 の倍数，すなわち 63 の倍数です．もし余りが等しくなく，例えば N を 9 で割った余りが 3 であるとすると

$$N = 9k + 3 = 7l + 2 = 32n + 1 \quad （k, l, n は整数）$$

とおいて考えることになります.

5　もし $2^{2016} + 2$ が 9 の倍数なら $2^{2016} + 5$ が 3 の倍数であることは不要ですが，（2）の **◆別解◆** より，$2^{2016} + 2$ を 9 で割った余りは 3 ですから，$2^{2016} + 5$ も必要です．ただ，$2^{2016} + 5$ までに 7 の倍数が現れませんから，必ず $2^{2016} + 5$ は含まれます．よって，たとえ $2^{2016} + 2$ が 9 の倍数であっても，それを確認するよりは，代わりに $2^{2016} + 5$ が 3 の倍数であることを言う方が簡単でしょう.

第 2 章　整数（例題 2-8）　**109**

第2章　整数

第7節　実験する

整数　　　　　　　　　　　　　　　　　　　　　　　　　The integer

次のような問題を見て，何もせずあきらめる受験生がいます．

問題 8. nを自然数とする．n, $n+2$, $n+4$がすべて素数であるのは$n=3$
の場合だけであることを示せ．　　　　　　　　　　　　　（早稲田大）

いきなり証明を書くのは無理にしても，できることはあります．それは**具体的
な数値を代入して実験する**ことです．実験することで道が開けることは少なくあ
りません．面倒くさがらず，まず手を動かしてみましょう．

$n=1$のとき，**1**, 3, 5で不適．

$n=2$のとき，2, **4**, **6**で不適．

これでnが偶数のときは素数でない偶数が含まれて不適になる ……………①
ことが分かります．そこで，この後はnが奇数のときのみを調べます．

$n=3$のとき，3, 5, 7で適する．

$n=5$のとき，5, 7, **9**で不適．

$n=7$のとき，7, **9**, 11で不適．

$n=9$のとき，**9**, 11, 13で不適．

$n=11$のとき，11, 13, **15**で不適．

このあたりで気付けるでしょうか．nが5以上の奇数の場合は，9, 15のよう
に素数でない3の倍数が含まれて不適になる ……………………………………②
と予想できます．

結局，$n=1, 3$のときを除けば，①，②を示せばよいのです．①はほぼ自明
ですし，②はnを3で割った余りで場合分けすれば示せます．

なお，nの偶奇によらず3の倍数が含まれることに着目する方法もあります．

$$n(n+2)(n+4) = n(n+1)(n+2) + 3n(n+2) = 3N \quad （N は整数）$$

であり，3は素数ですから，n, $n+2$, $n+4$のどれか1つは3の倍数です．3の
倍数かつ素数は3しかありませんから$n=3$または$n+2=3$または$n+4=3$
となり，この中で適するのは$n=3$のみです．

　　　　　　　　　　　　　　　　　　　　　〈整数のまとめ7〉

Check ▷▷▷▷ 具体的な数値を代入して実験する

第7節　実験する

〈階乗とその約数〉

[例題] 2−9. $n!$ が n^2 の倍数となるような自然数 n を全て求めよ.

（東京工業大）

[考][え][方]　n に具体的な数値を代入して実験してみましょう. ある程度多くの数を代入しないと, 正しい結果が予想できません.

▶解答◀　$n! = n \cdot (n-1)!$ より, $(n-1)!$ が n の倍数となるような自然数 n を求めればよい. (▷▷▷▷ **1**)

$n = 1$ のとき, $0! = 1$ は 1 の倍数であり適する.

$n = 2$ のとき, $1! = 1$ は 2 の倍数でなく不適.

$n = 3$ のとき, $2! = 2$ は 3 の倍数でなく不適.

$n = 4$ のとき, $3! = 3 \cdot 2$ は 4 の倍数でなく不適.

$n = 5$ のとき, $4! = 4 \cdot 3 \cdot 2$ は 5 の倍数でなく不適.

$n = 6$ のとき, $5! = 5 \cdot 4 \cdot 3 \cdot 2$ は 6 の倍数であり適する.

$n = 7$ のとき, $6! = 6 \cdot 5 \cdot 4 \cdot 3 \cdot 2$ は 7 の倍数でなく不適.

$n = 8$ のとき, $7! = 7 \cdot 6 \cdot 5 \cdot 4 \cdot 3 \cdot 2$ は 8 の倍数であり適する.

$n = 9$ のとき, $8! = 8 \cdot 7 \cdot 6 \cdot 5 \cdot 4 \cdot 3 \cdot 2$ は 9 の倍数であり適する.

よって, n は「4 と素数」を除くすべての自然数と予想できる. (▷▷▷▷ **2**) これを証明する. (▷▷▷▷ **3**)

（ア）$n = 1$ のとき

$(n-1)! = 0! = 1$ は n の倍数である.

（イ）$n = 4$ のとき

$(n-1)! = 3! = 6$ は n の倍数でない.

（ウ）n が素数のとき

$n-1$ 以下の自然数はすべて n と互いに素であるから, $(n-1)!$ と n も互いに素であり, $(n-1)!$ は n の倍数でない.

◀ 念のため $0! = 1$ です. 0 ではありません.

◀ かけ算は計算しなくても判定できればよいです.

◀ [例題] 2−5. (☞ P.92) と同様です.

第2章　整数（例題2−9）　111

第2章　整数

（エ）　n が平方数でない合成数のとき

$n \geqq 6$ で，$n = pq\ (2 \leqq p < q,\ p$ と q は自然数$)$ と書ける．（▷▷▷▷ **4**）

◀ $p \neq q$ とできることがポイントです．また $p,\ q$ は素数とは限りません．

$$q = \frac{n}{p} \leqq \frac{n}{2} \quad (▷▷▷▷ \ \mathbf{5})$$

であり，一方

$$n - 1 - \frac{n}{2} = \frac{n-2}{2} > 0$$

◀ $\frac{n}{2}$ と $n-1$ の大小を調べるために差をとります．

より

$$\frac{n}{2} < n - 1$$

である．よって

$$p < q < n - 1$$

であるから，$1,\ 2,\ \cdots,\ n-1$ の中に異なる 2 つの自然数 $p,\ q$ が含まれ，$(n-1)!$ は $pq = n$ の倍数である．

（オ）　n が 1，4 以外の平方数のとき

$n \geqq 9$ で，$n = p^2\ (p$ は 3 以上の自然数$)$ と書ける．

◀ $p \geqq 3$ に注意です．

$$p = \frac{n}{p} \leqq \frac{n}{3},\ 2p \leqq \frac{2n}{3} \quad (▷▷▷▷ \ \mathbf{6})$$

◀ 早速 $p \geqq 3$ を用います．

であり，一方

$$n - 1 - \frac{2n}{3} = \frac{n-3}{3} > 0$$

◀ $\frac{2n}{3}$ と $n-1$ の大小を調べます．

より

$$\frac{2n}{3} < n - 1$$

である．よって

$$p < 2p < n - 1$$

であるから，$1,\ 2,\ \cdots,\ n-1$ の中に異なる 2 つの自然数 $p,\ 2p$ が含まれ，$(n-1)!$ は $p \cdot 2p = 2n$ の倍数である．ゆえに，$(n-1)!$ は n の倍数である．

　以上より

n は「4 と素数」を除くすべての自然数

112　第2章　整数（例題2－9）

第7節　実験する

		The integer		
□	Point	NEO ROAD TO SOLUTION	2−9	Check!	□

1 まず問題をシンプルにします．$n!$ には n が 1 つ含まれますから，残りの $(n-1)!$ の中に n が 1 つ含まれることが条件です．なお，n は素数とは限りませんから，2 つ以上の自然数の積で n が作られることも想定します．

2 今回の問題は実験が非常に重要です．すぐにやめるのではなく，ある程度解答の予想ができるまで実験を続けましょう．実際，この問題を高校生の授業で解いてもらったことがありますが，正しく予想できるかどうかでかなり差がつきました．素数が不適になることはすぐに分かりますが，**4 も不適であることを見落とす**人が多いようです．一方，4 が不適であることに気付いても，安易に一般化して平方数が不適としてしまう人もいました．

　私が最初に解いた時の実験の様子を詳しく実況しておきます．

　$n=1$ のときは明らかに適します．

　$n=2, 3$ のときを調べると，素数が不適であることに気付きます．この時点で，「n は素数以外のすべての自然数」が答えではないかと予想できます．

　ところが，$n=4$ のときを調べると，4 も不適であることに気付き，上の予想が間違っていることが分かります．素数だけでなく 4 もダメなんだと．

　$n=5, 6, 7, 8$ のときを調べると，$n=5, 7$ のときは不適，$n=6, 8$ のときは適しますから，やはり素数は不適，4 以外の合成数（☞ P.73）は適すると考えられます．しかし，合成数 4 が不適なのが気になります．4 は 2^2 で平方数ですから，平方数が不適ではないかと予想します．

　$n=9$ のときを調べると，平方数 9 は適することが分かります．また予想が間違っていることに気付きます．平方数だから不適とは限らないのです．他の平方数 16，25 などを調べると，4 以外の平方数は適すると予想できます．

　以上をまとめると，n は「4 と素数」を除くすべての自然数と予想できます．4 だけ例外なのが引っかかりますが，実験の結果ですから仕方ありません．

　結局，この問題は**少なくとも 9 までは実験しないと正しい予想ができません**．

3 証明するには場合分けが必要です．実験の結果を踏まえて分けましょう．まず，1 は素数でも合成数でもない自然数で特別ですから，$n=1$ のときを考えます．また，この問題で 4 は例外ですから，$n=4$ のときを考えます．さらに，素数は不適になりますから，n が素数のときを考えます．

　問題は n が 4 以外の合成数のときです．実験の結果を分析すると，すべてを

問題編

論理

整数

論証

方程式

不等式

関数

座標

ベクトル

空間図形

図形総合

数列

数学的帰納法

場合の数

確率

微積分

出典・テーマ

第 2 章　整数（例題 2−9）　113

第 2 章　整数

まとめて扱うのは難しいことが分かります．例えば，$n = 8$ のときは

$$(n-1)! = 7! = 7 \cdot 6 \cdot 5 \cdot \mathbf{4} \cdot 3 \cdot \mathbf{2}$$

です．8 は $4 \cdot 2$ と異なる自然数の積に分解され，その 4 と 2 がともに 7 以下の自然数の中に含まれますから，7! は 8 の倍数となります．$n = 9$ のときは

$$(n-1)! = 8! = 8 \cdot 7 \cdot \mathbf{6} \cdot 5 \cdot 4 \cdot \mathbf{3} \cdot 2$$

です．9 は $3 \cdot 3$ と同じ自然数の積に分解されますが，8 以下の自然数の中には 3 そのものは 1 個しかありません．しかし，**3 そのものはなくても 3 の倍数である 6 が含まれます**から，8! は 9 の倍数となります．平方数かどうかで状況が異なりますから，2 つの場合に分けます．ここまで理解できれば，証明することはかなり楽です．**実験結果をうまく分析する**ことです．

4　**3** で確認したことを一般の n で示します．n が平方数でない合成数ですから，$n = 8$ のときと同様に考えます．n を異なる自然数 p, q $(p < q)$ の積とみなします．$p \geqq 2$ であることに注意しましょう．また，p, q のとり方は 1 通りに決まるとは限りません．例えば，12 は $2 \cdot 6$ と $3 \cdot 4$ のように 2 通りに表せますが，そのうちの 1 つに対して考えれば十分です．

5　$n - 1$ 以下の自然数の中に p と q がともに含まれることを示します．やはり $n = 8$ のときがヒントになり，これは決して難しくありません．$p < q \leqq n - 1$ を示すだけです．q の範囲を調べると $q \leqq \dfrac{n}{2}$ となりますが，これは $n = pq$ と $p \geqq 2$ より明らかです．そこで，$\dfrac{n}{2} \leqq n - 1$ を示します．

6　$n = 9$ のときがヒントです．$n - 1$ 以下の自然数の中に p は 1 個しかありませんが，p の代わりに $2p$ が含まれることを示します．$p < 2p \leqq n - 1$ を示せばよいです．$p \geqq 3$ を用いて $2p \leqq \dfrac{2n}{3}$ を導き，$\dfrac{2n}{3} \leqq n - 1$ を示します．

⌐7⌐　(素数)^2 以外の平方数，例えば 16 は $2 \cdot 8$ と分けられますから，（エ）と同じ論法が使えます．一方，(素数)^2 の平方数，例えば 25 は $5 \cdot 5$ としか表せませんから，（オ）の方法しかありません．▶**解答**◀ では 6 以上の合成数を平方数かどうかで分けましたが，その代わりに，**(素数)^2 かどうか**で分けてもよいです．

⌐8⌐　これは 2011 年東工大・AO 入試の問題ですが，東工大は 2014 年にもほぼ同じ内容を 2 つの小問に分けて出題しています．自信作ということですね．

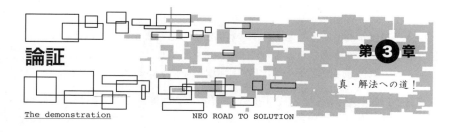

第3章 論証

真・解法への道！

第3章　論証

第1節　　　　　　　　　　背理法

論証　　　　　　　　　　　　　　　　　　　　　　The demonstration

　受験数学でよく使う証明法は，「背理法」と「数学的帰納法」（☞ P.438）で
す．これらは常に頭に入れておくべきで，使うのに気付かなかったというのは許
されません．特に背理法は**「困ったときには背理法」**と言う標語を作りたくなる
ぐらい，頻繁に使います．結論の否定を仮定し矛盾を導く証明法です．

　背理法は直接証明しにくい問題で有効です．典型的なのは**「～でない」ことを
示す問題**です．「～である」ことを仮定すれば議論しやすくなるからです．最も
有名な例は，整数の章（☞ P.75）で紹介した $\sqrt{2}$ が無理数であることの証明で
す．無理数は「有理数**でない**実数」だからです．$\sqrt{2}$ に限らず，$\log_2 3$，$\tan 1°$，
e（数IIIで扱う自然対数の底），π などの無理数性の証明が大学入試で出題されて
います．難易度の差はありますが，すべて背理法で示します．また，「少なくと
も1つは～である」のように**否定が簡単になる命題を示す問題**でも背理法が有効
です．確率の問題で余事象を考えるのと同じです．

　一方，対偶が真であることを示す「対偶法」もありますが，私は使いません．
使うことに必然性が感じられないですし，すべて背理法で代用できるからです．
もちろん，気付けば使えばいいですが，無理して使うことはありません．

　私は10年以上に渡って入試問題の解答集の原稿執筆をしていますが，時々奇
問，珍問に遭遇することがあります．以前，執筆を担当した浜松医科大学の問題
で「次の命題の対偶をつくり，対偶が真であることを背理法を用いて証明せよ．
命題：（略）ならば，（略）である．」という問題がありました．「対偶をとって背
理法で示せ」と言うのです．立ち止まって考えてみると，この設問の奇妙さに気
が付くはずです．

　仮に命題を「p ならば q」としましょう．対偶は「$\bar{q}$ ならば $\bar{p}$」です．これを
背理法で示すのですから，前提の $\bar{q}$ と結論の否定 $\bar{\bar{p}}$ を仮定します．$\bar{\bar{p}}$ は p の
ことですから，結局，p かつ $\bar{q}$ を仮定して矛盾を導きます．これは元の命題を
背理法で示すことと同じです．背理法を使うのであれば，対偶をとる意味はあり
ません．どうも対偶法に振り回されているのは受験生だけではないようです．

─────────── 〈論証のまとめ1〉 ───────────

Check ▷▷▷▷　困ったときには背理法

116　第3章　論証

第1節　背理法

――――〈整数部分・小数部分〉――――

例題 **3−1.** n を自然数とする．$\sqrt{2}n$ の整数部分を a_n とし，小数部分を b_n とする．次の各問に答えよ．
（１）　$1.41 < \sqrt{2} < 1.42$ となることを示せ．
（２）　$a_n \geqq 100$ となる n の範囲を求めよ．
（３）　$n \leqq 35$ ならば $b_n > 0.01$ となることを示せ．　　　（茨城大・改）

考え方 （３）で背理法を使います．正しく否定をとることです．「$n \leqq 35$ ならば $b_n \leqq 0.01$」ではありません．もしこれが正しいなら，$n = 1$ が反例になってすぐに終わりです．証明すべき命題の意味をよく考えましょう．

▶解答◀ （１）　$1.41^2 = 1.9881$，$1.42^2 = 2.0164$ より，$1.41^2 < 2 < 1.42^2$ であるから　　◀ 2乗して比較します．

$$1.41 < \sqrt{2} < 1.42 \cdots\cdots\cdots\cdots\cdots\cdots\text{①}$$

が成り立つ．

（２）　$a_n \geqq 100$ とすると，$\left[\sqrt{2}n\right] \geqq 100$ である．
（▷▷▷▶ **❶**）これは $\sqrt{2}n \geqq 100$ と同値であり　（▷▷▷▶ **❷**）

$$n \geqq \frac{100}{\sqrt{2}} = 50\sqrt{2}$$

ここで，① の各辺に 50 をかけると

$$70.5 < 50\sqrt{2} < 71 \quad (\text{▷▷▷▶ }\textbf{❸})$$

であるから，$50\sqrt{2} = 70.\cdots$ であり，求める n の範囲は

$$n \geqq 71$$

（３）　$n \leqq 35$ かつ $b_n \leqq 0.01$ となる n が存在すると仮定し，それを k とおく．（▷▷▷▶ **❹**）
　　$k \leqq 35$ と $\sqrt{2} < 1.42$ より　　◀ $k \leqq 35$ により a_k に付く制限を調べます．

$$\sqrt{2}k < 1.42 \cdot 35 = 49.7$$

$a_k = \left[\sqrt{2}k\right]$ より

$$a_k \leqq 49 \cdots\cdots\cdots\cdots\cdots\cdots\cdots\text{②}$$

◀ $\sqrt{2}k < 49.7$
$\Rightarrow \left[\sqrt{2}k\right] \leqq 49$
です．

である．

第3章　論証（例題3−1）　**117**

問題編

論理

整数

論証

方程式

不等式

関数

座標

ベクトル

空間図形

図形総合

数列

数学的帰納法

場合の数

確率

微積分

出典・テーマ

第3章　論証

一方，$0 \leq b_k \leq 0.01$ で，$b_k = \sqrt{2}\,k - a_k$ より

$$0 \leq \sqrt{2}\,k - a_k \leq 0.01 \quad \cdots\cdots\cdots\cdots\cdots\cdots ③$$

$$a_k \leq \sqrt{2}\,k \leq a_k + 0.01 \quad (\triangleright\triangleright\triangleright\triangleright \; \boxed{5})$$

ここで，$a_k = \sqrt{2}\,k$ と仮定すると　$(\triangleright\triangleright\triangleright\triangleright \; \boxed{6})$

$$\frac{a_k}{k} = \sqrt{2}$$

a_k，k は自然数で，左辺は有理数であるから，$\sqrt{2}$ が無理数であることに矛盾する．よって，$a_k \neq \sqrt{2}\,k$ であり

$$a_k < \sqrt{2}\,k \leq a_k + 0.01$$

各辺を 2 乗して

$$a_k{}^2 < 2k^2 \leq (a_k + 0.01)^2$$

$$a_k{}^2 < 2k^2 \leq a_k{}^2 + 0.02a_k + 0.0001$$

◀ $\sqrt{2}$ のルートを外すために，各辺を 2 乗します．

ここで，② より

$$a_k{}^2 + 0.02a_k + 0.0001$$

$$\leq a_k{}^2 + 0.02 \cdot 49 + 0.0001$$

$$= a_k{}^2 + 0.9801 < a_k{}^2 + 1$$

◀ $a_k{}^2$ は最左辺にもありますから残し，$0.02a_k$ に対してのみ②を用います．

◀ $a_k{}^2 + 0.9801$ でもよいですが，大雑把に $a_k{}^2 + 1$ で見積もれば十分です．

であるから

$$a_k{}^2 < 2k^2 < a_k{}^2 + 1$$

これは，連続する 2 つの整数 $a_k{}^2$，$a_k{}^2 + 1$ の間に整数 $2k^2$ が存在することを表すから矛盾である．

　以上より，$n \leq 35$ ならば $b_n > 0.01$ となる．

◆別解◆　③ の中辺の分子を有理化すると　$(\triangleright\triangleright\triangleright\triangleright \; \boxed{7})$

$$0 \leq \frac{2k^2 - a_k{}^2}{\sqrt{2}\,k + a_k} \leq 0.01$$

$$0 \leq 2k^2 - a_k{}^2 \leq 0.01(\sqrt{2}\,k + a_k)$$

$a_k \neq \sqrt{2}\,k$ より $2k^2 - a_k{}^2 \neq 0$ であり，また，$\sqrt{2} < 1.42$，$k \leq 35$ と ② を用いて

◀ $a_k \neq \sqrt{2}\,k$ は **▶解答◀** と同様に示せます．

$$0 < 2k^2 - a_k{}^2 < 0.01(1.42 \cdot 35 + 49) = 0.987$$

第 1 節　背理法

$$0 < 2k^2 - a_k{}^2 < 1$$

これは $2k^2 - a_k{}^2$ が整数であることに矛盾する.

□ **Point**　The demonstration　NEO ROAD TO SOLUTION　**3−1**　**Check!**　□

❶ 整数部分, 小数部分の定義の確認です.

> [参考]　（整数部分, 小数部分）
> 　実数 x に対し, $n \leqq x < n+1$ を満たす整数 n を x の**整数部分**といい,
> $[x]$ と表す. また, $x - [x]$ を x の**小数部分**という.

　この四角い括弧をガウス記号といいます. 整数部分は「x を超えない最大の整数」とも定義されますが, 分かりにくいです. **「はさんで左側」**と覚えましょう. 小数部分は x から整数部分を除いた残りカスで, 0 以上 1 未満です.

　$x \geqq 0$ ときは「整数部分」の名前のとおり, 小数点の前の部分ですが, $x < 0$ のときは注意が必要です. 例えば, $[-3.14] = -3$ と間違える人がいますが, $-4 \leqq -3.14 < -3$ ですから, $[-3.14] = -4$ です. **負の数では小数点の前の部分ではありません**. 定義を正しく覚えましょう. また, 定義より

$$[x] \leqq x < [x] + 1$$

が成り立ち, これを変形すれば

$$x - 1 < [x] \leqq x$$

も成り立ちます. 後者は, $[x]$ をガウス記号を外した形で見積もりたいときに有効です. 数Ⅲの極限の問題で, はさみうちの原理を使う際などです.

❷ $[x] \geqq 100$ と $x \geqq 100$ は同値です. しかし, いつも単純にガウス記号が外れるとは限りません. 実際, $[x] \leqq 100$ と $x \leqq 100$ は同値ではなく, $[x] \geqq 100.5$ と $x \geqq 100.5$ も同値ではありません. 結果を覚えるのではなく, その場で意味を考えましょう. コツは**反例がないか考える**ことです.

　$[x] \geqq 100$ は x の整数部分が 100 以上ということです. $x \geqq 100$ であればその整数部分も 100 以上となるのは明らかでしょう. 100 や 100.5 などを考えれば納得です. 次に他に満たすものがないかを考えます. 「本当に $x \geqq 100$ だけ?」と**突っ込みを入れるもう 1 人の自分を持つ**ことです. 100 に近い反例になりそうな数を考えます. 99 や 99.5 などですが, これらは整数部分が 100 以上になりません. どうやら反例はなさそうで, $[x] \geqq 100$ と $x \geqq 100$ は同値です. $[x] \leqq 100$ については, $x \leqq 100$ であればその整数部分も 100 以下となり

第 3 章　論証 (例題 3−1)　**119**

第3章　論証

ますが，これ以外に，例えば，100.5も整数部分は100以下です．反例があり
ますから，$[x] \leqq 100$ と $x \leqq 100$ は同値ではありません．きちんと調べると，
$[x] \leqq 100 \iff x < 101$ です．同様に，$[x] \geqq 100.5 \iff x \geqq 101$ です．

3 目標は

$$n \geqq 50\sqrt{2} \text{ を満たす } n \text{ の範囲を求める} \quad \cdots\cdots\cdots\cdots\cdots\cdots ⓐ$$

ことです．そこで，$50\sqrt{2}$ の値を見積もります．通常，近似値 $\sqrt{2} = 1.41\cdots$ を
用いて，$50\sqrt{2} = 70.\cdots$ とみて，$n \geqq 71$ としますが，今回は（1）があります
から，不等式 ① を用います．$70.5 < 50\sqrt{2} < 71$ より，$50\sqrt{2}$ は70と71の間
の数，すなわち $50\sqrt{2} = 70.\cdots$ と分かります．

　なお，① の左側の不等式のみを用いて不等式をつなぎ

$$n \geqq 50\sqrt{2} > 70.5 \quad \cdots\cdots\cdots\cdots\cdots\cdots\cdots\cdots\cdots\cdots\cdots\cdots ⓑ$$

より，$n \geqq 71$ とする受験生がいます．結果は同じですが，論理的に問題があ
ります．詳しくは不等式の章（☞ P.223）で解説しますが，不等式は2通りの
意味で使うことがあります．「大小関係」と「とりうる値の範囲」です．今回
は n のとりうる値の範囲を求めたいのですが，ⓑ の不等式はそれを求めるも
のではありません．勘違いしないでください．大小関係を表す不等式としては
正しいのです．目標 ⓐ に対する答え（n のとりうる値の範囲）になっていな
いのが問題なのです．

$$n \geqq 50\sqrt{2} \Longrightarrow n > 70.5$$

は一方通行です（n は自然数ですから結果的には同値です）から，$n > 70.5$ は
$n \geqq 50\sqrt{2}$ であるための**必要条件**です．① の代わりに，もっと評価の甘い不等
式 $\sqrt{2} > 1$ を用いると

$$n \geqq 50\sqrt{2} \Longrightarrow n > 50$$

より，$n \geqq 51$ となってしまいます．上の誤答はこれと同じレベルなのです．
　一般に，$B > C$ という条件のもとで

$$A > B \Longrightarrow A > C$$

は一方通行であり，逆は示せません．▶**解答**◀ との違いをしっかり理解しま
しょう．不等式をつないで必要条件を出すのではなく，$n \geqq 50\sqrt{2}$ の右辺の数
値をはさんで評価することです．

　数値の評価を重視している大学の筆頭は京大です．京大の入試問題では

$$\log_{10} 2 = 0.3010$$

のような近似値は与えられません．代わりに

$$0.3010 < \log_{10} 2 < 0.3011$$

のような，数値を評価する不等式が与えられます．なお，2019 年には常用対数表を使う問題が出題され，私は「ついに京大が近似値を認めるようになったか」と思ったものですが，どうやら誤解だったようです．常用対数表の下の方に，さりげなく「小数第 5 位を四捨五入し，小数第 4 位まで掲載している．」との注釈が付けられており，例えば，表を読み取って

$$\log_{10} 2 = 0.3010$$

であれば，このまま使うのではなく

$$0.30095 \leqq \log_{10} 2 < 0.30105$$

として用いることを想定していたようです．「そんなアホな」と思った人は私と気が合うでしょうね 😊

❹ 直接は示しにくいですから，背理法で示します．「$n \leqq 35$ ならば $b_n > 0.01$」が成り立たないと仮定します．一般に，「p ならば q」が成り立たないということは，「p ならば『q でない』」**ではありません**．「p ならば q」は「p であれば**常に q だ**」という意味ですから，これが成り立たないということは，「p なのに q でない**ことがある**」ということです．反例があるという意味ですから，「p であれば常に q でない」では言い過ぎです．今回は，「$n \leqq 35$ なのに $b_n \leqq 0.01$ となることがある」と仮定します．反例の n を文字でおくと分かりやすいです．

❺ $b_k \leqq 0.01$ の意味を考えます．まず小数部分は 0 以上で，$0 \leqq b_k \leqq 0.01$ です．**▶解答◀** では小数部分の定義を用いましたが，数直線上で考えてもよいです．図のように $\sqrt{2}\,k$ がその整数部分 a_k と $a_k + 0.01$ の間にいるのです．

❻ $a_n \leqq \sqrt{2}\,n \leqq a_n + 0.01$ の左側の等号を外します．外すこと自体は簡単ですが，**外すことに気付くか**が問題です．先読みするか，経験がないと無理でしょう．普通は等号をつけたまま変形し

$$a_n{}^2 \leqq 2n^2 < a_n{}^2 + 1$$

となります．ここまできて初めて等号が外れたら矛盾が導けることに気付き，さかのぼって等号を外します．試験では気付いた時点で付け足せばよいです．

❼ この**分子を有理化する**というのは数III でよく使う手法です．**▶解答◀** と比べると手数が少なくて済みます．ちなみにこの解法は東京出版の編集者の方から教えていただきました．私では到底思いつかない解法です 😊

第3章　論証

第2節　対称性を保つか崩すか

論証　　　　　　　　　　　　　　　　　　　　　　　　The demonstration

　対称性がある式を扱う問題では，「対称性を保つ」か「対称性を崩す」かの選択があります．対称性を保ったまま解ければ問題ないですが，対称性を崩す方が解きやすかったり，中には対称性を崩さないと解けない問題もあります．**いつも対称性を保って解けるものではない**ということです．対称性の美しさを保ったまま結論まで突き進むか，それとも確かな意図を持って対称性を崩してしまうか，の判断が重要です．

　対称性を崩す方法としてよく用いられるのは，**「1つの文字について整理する」**と**「大小設定をする」**です．簡単な例題です．

問題 9. $a + b \geq a^2 - ab + b^2$ をみたす正の整数の組 (a, b) をすべて求めよ．

（早稲田大・改）

　対称性がある不等式です．対称性を保っても解けますが，対称性を崩す方が簡単です．a, b を対等に扱うのではなく，一方の範囲を絞ります．a の範囲を絞るには，**相方 b の存在条件に着目**します．なお「相方の存在条件」については，関数の章（☞ P.232）で詳しく解説します．b について整理すると

$$b^2 - (a + 1)b + a^2 - a \leq 0 \quad \cdots\cdots\cdots\cdots\cdots\cdots\cdots ①$$

となります．この時点で対称性が崩れています．これを満たす実数 b が存在する条件は，$b^2 - (a + 1)b + a^2 - a = 0$ の判別式 D が0以上となることで

$$(a + 1)^2 - 4(a^2 - a) \geq 0$$

$$3a^2 - 6a - 1 \leq 0 \qquad \therefore \quad \frac{3 - 2\sqrt{3}}{3} \leq a \leq \frac{3 + 2\sqrt{3}}{3}$$

a は正の整数ですから，$a = 1, 2$ です．それぞれの a に対し，① を満たす b を求めると，$(a, b) = (1, 1), (1, 2), (2, 1), (2, 2)$ となります．

　もちろん，この解法は対称性がない式でも使えます．対称性に頼らない汎用性の高い解法です．

〈論証のまとめ2〉

Check ▷▷▷▷　対称性を保つか崩すかを適切に判断する

第2節　対称性を保つか崩すか

―――〈不等式の証明〉

例題 3−2. $a+b+c=0$ を満たす実数 a, b, c について考える.
（1）　$2(a^2+b^2+c^2) \leqq (|a|+|b|+|c|)^2$ を示せ.
（2）　$3(|a|+|b|+|c|)^2 \leqq 8(a^2+b^2+c^2)$ を示せ.　　（京都大・改）

考え方　$a+b+c=0$ をどう用いるかがポイントです. この問題では対称性を保つ変形は **「辺ごとに2乗する」**, 対称性を崩す変形は **「大小設定をする」** です. どちらを使うのが適当か考えます.

▶解答◀　（1）　対称性を保ったまま解く.

$a+b+c=0$ を辺ごとに2乗して

$$a^2+b^2+c^2+2(ab+bc+ca)=0$$

$$a^2+b^2+c^2=-2(ab+bc+ca) \cdots\cdots\cdots ①$$

よって

$$(|a|+|b|+|c|)^2-2(a^2+b^2+c^2)$$
$$=a^2+b^2+c^2+2(|ab|+|bc|+|ca|)$$
$$\qquad\qquad -2(a^2+b^2+c^2)$$
$$=2(|ab|+|bc|+|ca|)-(a^2+b^2+c^2)$$
$$=2(|ab|+|bc|+|ca|)+2(ab+bc+ca)$$
$$=2(|ab|+|bc|+|ca|+ab+bc+ca)$$

途中で ① を用いた. 一般に, 実数 x に対し

$$|x|+x \geqq 0$$

が成り立つから, （▷▷▷▷**1**）これは0以上であり, 与えられた不等式が成り立つ.

（2）　対称性を崩して解く.

$a+b+c=0$ と証明すべき式はどちらも a, b, c に関する対称式であるから, $a \geqq b \geqq c$ としても一般性を失わない. （▷▷▷▷**2**）これと $a+b+c=0$ より, $a \geqq 0$, $c \leqq 0$ である. （▷▷▷▷**3**）

b の符号で場合分けし, b を消去する. （▷▷▷▷**4**）

◀ 対称性を保つのなら辺ごとに2乗します.（1）では①がうまく利用できます.

◀ a は実数ですから $|a|^2=a^2$ です. $|b|^2$, $|c|^2$ についても同様です.

第3章　論証

（ア）　$b = -(a+c) \geqq 0$ のとき

$$8(a^2 + b^2 + c^2) - 3(|a| + |b| + |c|)^2$$
$$= 8\{a^2 + (a+c)^2 + c^2\} - 3\{a - (a+c) - c\}^2$$
$$= 8(2a^2 + 2ac + 2c^2) - 12c^2$$
$$= 16a^2 + 16ac + 4c^2 = 4(2a+c)^2 \geqq 0$$

◀ $b \geqq 0$ ですから
$|b| = b = -(a+c)$
です.

（イ）　$b = -(a+c) \leqq 0$ のとき

$$8(a^2 + b^2 + c^2) - 3(|a| + |b| + |c|)^2$$
$$= 8\{a^2 + (a+c)^2 + c^2\} - 3\{a + (a+c) - c\}^2$$
$$= 8(2a^2 + 2ac + 2c^2) - 12a^2$$
$$= 4a^2 + 16ac + 16c^2 = 4(a+2c)^2 \geqq 0$$

◀ $b \leqq 0$ ですから
$|b| = -b = a+c$
です.

以上より，与えられた不等式が成り立つ.

□　**Point**　　The demonstration　NEO ROAD TO SOLUTION　**3−2**　　**Check!**　□

---

❶　一般に，実数 x に対し，$|x| \geqq x$, $|x| \geqq -x$ が成り立ちますから

$$|x| - x \geqq 0, \ |x| + x \geqq 0$$

です.

❷　仮に，（2）を対称性を保つ方法でやってみようとします．（1）で得られた ① を用いるということです．両辺の差をとると

$$8(a^2 + b^2 + c^2) - 3(|a| + |b| + |c|)^2$$
$$= 8(a^2 + b^2 + c^2) - 3\{a^2 + b^2 + c^2 + 2(|ab| + |bc| + |ca|)\}$$
$$= 5(a^2 + b^2 + c^2) - 6(|ab| + |bc| + |ca|)$$

となります．これが 0 以上になるはずですが，この後 ① を用いてもうまく示せません．そこで，対称性を崩して解きます．**扱う式がすべて a, b, c に関する対称式ですから，大小設定をしても一般性を失いません**．なお，「一般性を失わない」という表現は，数学でよく使われます．平たく言えば，**他の場合も同様に議論できる**，もしくは**他の場合もこの場合に帰着できる**という意味です．同様に議論できるのであれば，わざわざすべての場合を考えなくても，1つの場合だけ考えればそれで十分です．今回は，$a \geqq b \geqq c$ 以外に

（ア）　$a \geqq c \geqq b$　　（イ）　$b \geqq a \geqq c$　　（ウ）　$b \geqq c \geqq a$

第2節 対称性を保つか崩すか

（エ） $c \geqq a \geqq b$ （オ） $c \geqq b \geqq a$

の5つの場合がありますが，どれも $a \geqq b \geqq c$ の場合と同様に議論できるのは明らかでしょう．他の問題でもそうですが，**もし一般性を失うかどうかが分かりにくければ，実際に他の場合も考えてみる**ことです．

3 絶対値を含む式を扱いますから，中身の符号が分かると都合がいいです．大小設定のおかげで，a と c の符号が分かります．詳しく書けば

$$0 = a+b+c \leqq a+a+a = 3a \qquad \therefore \quad a \geqq 0$$

$$0 = a+b+c \geqq c+c+c = 3c \qquad \therefore \quad c \leqq 0$$

となりますが，意味を考えれば自明でしょう．a, b, c は和が0ですから，最大の a は0以上に決まっています．もし負であればそれ以下の b, c も負になり，和も負になって矛盾するからです．同様に，最小の c は0以下です．

4 b の符号は不明です．$|b|$ の絶対値を外すために b の符号で場合分けします．また，どれか1つ文字を減らします．これは b でなくても構いません．a または c を消去してもうまくいきます．

5 （1）は（2）のように対称性を崩して解くこともできます．実際，$a \geqq b \geqq c$ とすると $a \geqq 0$, $c \leqq 0$ で，$b = -(a+c) \geqq 0$ のとき

$$(|a| + |b| + |c|)^2 - 2(a^2 + b^2 + c^2)$$

$$= \{a - (a+c) - c\}^2 - 2\{a^2 + (a+c)^2 + c^2\}$$

$$= 4c^2 - 2(2a^2 + 2ac + 2c^2)$$

$$= -4a^2 - 4ac = -4a(a+c) = 4ab \geqq 0$$

$b = -(a+c) \leqq 0$ のとき

$$(|a| + |b| + |c|)^2 - 2(a^2 + b^2 + c^2)$$

$$= \{a + (a+c) - c\}^2 - 2\{a^2 + (a+c)^2 + c^2\}$$

$$= 4a^2 - 2(2a^2 + 2ac + 2c^2)$$

$$= -4c^2 - 4ac = -4c(a+c) = 4bc \geqq 0$$

となります．

第3章 論証（例題3−2） 125

第3節 部屋割り論法と奇跡の合コン

「部屋割り論法」をテーマにした入試問題があります．部屋割り論法というのは，「n 個の部屋に $n+1$ 人を入れるとき，必ず 2 人以上入る部屋がある**（部屋に着目）**」，もしくは「n 個の部屋に $n+1$ 人を入れるとき，同じ部屋に入る人が少なくとも 2 人いる**（人に着目）**」というものです．教科書にも掲載されています．

部屋割り論法自体は当たり前です．おそらく，小学生でも理解できるでしょう．部屋の数よりも人が 1 人多いわけですから，どれかの部屋は 2 人以上になるに決まっています．私はこんな当たり前のものに「部屋割り論法」という立派な名前があることを知ったとき，「なんでこんなものに名前があるんだ？」と疑問に思ったものです．しかし，名前があることによるメリットはあります．一番はやはり印象に残るということでしょう．名前がないと，部屋割り論法の問題の解説を聞いても「当たり前じゃん．」で終わってしまい，記憶に残らない可能性があります．名前があることで，部屋割り論法の問題として認識し，同じタイプの問題に対応しやすくなるのです．

これに似た話がもう 1 つあります．セットで覚えるといいでしょう．準備として，現在の教科書には掲載されていない「写像」の定義です．

2 つの集合 A, B に対し，A の各元（げん）に対し B の元がただ 1 つ定まるような対応関係 f を A から B への**写像**といい

$$f : A \to B$$

と表します．この「ただ 1 つ定まる」が重要です．身近な例がありますね．それは「関数」です．関数は A, B が数の集合のときの写像です．写像は関数を一般化したものです．大学の数学では頻繁に登場しますし，また特に難しいことではないですから，なぜこれが高校の教科書から削除されたのか理解に苦しみます．

さて，一般の写像ではすべての B の元に A の元が対応するとは限りません．図1のように，単純に B の元の方が A の元より多い場合もありますし，また，図2のように，A の複数の元が B の特定の元に集中する可能性もあるからです．

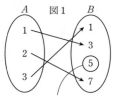

B の元の方が多いと
A の元が対応しない元がある

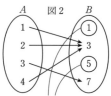

特定の元に集中すると
A の元が対応しない元がある

一方，図3のように，「A と B の元の個数が同じ（有限）であり，かつ A の異なる元に対し B の異なる元が対応するとき，B のどの元にも A の元がただ1つ対応する」ことが言えます．私はこれを**「奇跡の合コン」**と呼んでいます😊

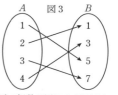

元の個数が同じでバラけるとどの元にもAの元が対応する

数学の参考書で合コンについて詳しく説明するのもどうかと思いますが，念のためです😅

A を男性 n 人の集合，B を女性 n 人の集合とし，これら合計 $2n$ 人が参加する合コンを考えます．しつこいですが，ただの合コンではなく「奇跡の合コン」です．男性女性の人数は同じです．また，どの男性にもそれぞれ「ただ1人」のお気に入りの女性ができ，しかも男性全員の好みはバラバラです．通常は1人可愛い子がいるとその子に人気が集中しますから，これがまさしく「奇跡」です😊このとき，どの女性にも気に入ってくれる男性がただ1人存在します．

「部屋割り論法」は正式な用語ですが，「奇跡の合コン」は私が勝手に名付けたもので，正式なものではありません．当然ですね．私を含め，一部の予備校講師は勝手に名前を付けるのが好きな生物なのです．ふざけているのではありません．真面目な話をすると，授業で印象付けるのに有効だからです．「奇跡の合コン」なんて，1回聞いたら忘れないのではないでしょうか．

他にも私は「ワイパーの原理」とか「出木杉のび太論法」などくだらない名前を付けて喜んでいます．なお，「ワイパーの原理」は座標の章（☞ P.276）で，「出木杉のび太論法」は不等式の章（☞ P.205）で紹介します．お楽しみに．

最後に実戦的な話をしておきます．部屋割り論法が使える問題では，扱っている2つの集合の要素の個数がずれています．しかもそのずれは1であることが多いです．一方，奇跡の合コンが使える問題では，2つの集合の要素の個数が同じです．よって，**個数のずれがあるときには部屋割り論法を，個数が同じときには奇跡の合コンを疑う**といいでしょう．

〈論証のまとめ3〉

Check ▷▷▷▷ 部屋割り論法と奇跡の合コン
- 個数のずれ（1つが多い）があるときは「部屋割り論法」
- 個数が同じかつバラバラに対応するときは「奇跡の合コン」

第3章 論証

〈不定方程式の整数解の存在証明〉

例題 3−3. $a\,(a \geqq 2)$ と b は自然数で，互いに素であるとする．
（1） $b, 2b, \cdots, ab$ を a で割った余りはすべて異なることを示せ．
（2） $ax + by = 1$ を満たす整数の組 (x, y) が存在することを示せ．

(有名問題)

考え方 （1）は直接示しにくいですから，背理法で示します．正しく否定を
とりましょう．（2）は不定方程式（☞ P.98）の整数解の存在証明です．まず
（1）が使える形に変形します．

▶解答◀ （1） $b, 2b, \cdots, ab$ の中に，a で割った余
りが等しいものが存在すると仮定する．（▷▷▷▷ **❶**） それ
を mb と $nb\,(1 \leqq m < n \leqq a)$ とすると

$$mb = aq_1 + r, \quad nb = aq_2 + r$$

◀ m, n は大小も設定する
とよいでしょう．

（q_1, q_2, r は整数）と書ける．辺ごとに引いて r を消去
すると　（▷▷▷▷ **❷**）

$$(n-m)b = a(q_2 - q_1)$$

a と b は互いに素であるから，$n-m$ は a の倍数である．
一方，$1 \leqq m < n \leqq a$ より

$$1 \leqq n - m \leqq a - 1$$

◀「$q_2 - q_1$ は b の倍数」も
言えますが，不要です．

◀ $1 \leqq m < n \leqq a$ を用い
て $n-m$ の範囲を調べま
す．m と n が最も離れる
ときに着目します．

であるから，$n-m$ は a の倍数でない．これは矛盾．
よって，$b, 2b, \cdots, ab$ を a で割った余りはすべて異
なる．
（2） $ax + by = 1$ を変形すると

$$yb = a(-x) + 1 \quad \cdots\cdots\cdots\cdots\cdots\cdots\cdots ①$$

これは，yb を a で割った余りが 1 であることを表して
いる．そのような y が存在することを示す．
（1）を使うために，$y = 1, 2, \cdots, a$ で考える．
（▷▷▷▷ **❸**） $b, 2b, \cdots, ab$ の中に a で割った余りが 1 とな
るものが存在することを示す．$b, 2b, \cdots, ab$ を a で割っ
た余りは $0, 1, \cdots, a-1$ のいずれかで，しかも（1）より，
すべて異なる．この余りは a 通りあり，数 $b, 2b, \cdots, ab$
は a 個あるから，余りと数が 1 対 1 に対応し，どの余り

◀（1）を利用するために，
b の整数倍を a で割った
式に変形します．式をう
まく解釈します．

128 第3章 論証（例題3−3）

第3節　部屋割り論法と奇跡の合コン

にも数が1つ対応する．（▷▷▷**4**）余り1にも数が1つ
対応するから，$b, 2b, \cdots, ab$ の中に a で割った余りが1
となるものがただ1つ存在し，それを $kb\,(1 \leq k \leq a)$
とおくと

$$kb = aq + 1 \quad (q \text{ は整数})$$

と書ける．このとき，$(x, y) = (-q, k)$ は ① の解で，
題意は示された．

◀ $kb = aq + 1$ は ① で
　$x = -q, \ y = k$
　とした式とみなせます．

□ Point　The demonstration NEO ROAD TO SOLUTION　3-3　Check! □

1　「余りがすべて異なる」の否定は「余りがすべて等しい」ではなく「余りが
等しいものが存在する」です．反例の存在を仮定します．

2　辺ごとに引いて文字を減らします．ちなみに，2つの整数に対し

　　　a で割った余りが等しい $\Longleftrightarrow$ 差が a の倍数である

ですから，**余りが等しいものを扱う際には差をとる**のが定石です．

3　y は整数ですが，（1）で示したことが使えるのは $y = 1, 2, \cdots, a$ のときの
みです．そこで，**この y に絞って考えます**．整数の組 (x, y) が存在すること
を証明したいのですから，すべての y を考える必要はありません．1組でも見
つければよいのです．

4　「奇跡の合コン」です．今回は男性 a 人，女性 a 人が参加する合コンです．
男性が $b, 2b, \cdots, ab$ の数に，女性が $0, 1, \cdots, a-1$ の余りに対応し，「奇跡」
が起こります．

5　今回は a で割った余りを利用するために $a \geq 2$ としましたが，$a = 1$ でも
（2）の結論は同じです．$a = 1$ のとき $x + by = 1$ で，$y = k\,(k$ は整数) とす
ると，$x = 1 - bk$ です．よって，整数解は存在します．

　もっと言えば，a と b は互いに素であれば，0 や負の整数でも構いません．
$a = 0$ のときは a と互いに素な整数 b は $b = \pm 1$ で，$\pm y = 1$ より整数解が存
在します．また $a < 0, \ b > 0$ のとき，$a' = -a$ とおくと，a' は自然数で

$$a'(-x) + by = 1$$

です．a' と b は互いに素な自然数ですから，整数解 $(-x, y)$ は存在します．
$a < 0, \ b \leq 0$ のときも同様です．結局，a と b は互いに素な**整数**でよいです．

第3章　論証（例題3-3）　129

第3章　論証

6　整数の章 (☞ P.98) でも解説しましたが，a と b が互いに素な整数のときの不定方程式 $ax + by = 1$ のすべての解 (x, y)（一般解）は，1 つの解 (x_0, y_0)（特殊解）を用いると簡単に求められます．

$ax + by = 1$ と $ax_0 + by_0 = 1$ を辺ごとに引いて

$$a(x - x_0) + b(y - y_0) = 0 \qquad \therefore \quad a(x - x_0) = b(-y + y_0)$$

a と b は互いに素ですから，$x - x_0 = bk$（k は整数）と書けて，このとき，$-y + y_0 = ak$ ですから，$(x, y) = (x_0 + bk, y_0 - ak)$ です．この形から，xy 平面において，直線 $ax + by = 1$ 上の格子点 (☞ P.416) は無数に存在し，かつ等間隔に並んでいることが分かります．

7　a と b が互いに素な整数のときは，$ax + by = n$（n は整数）を満たす整数の組 (x, y) が存在します．右辺が一般の整数 n になっていることに注意してください．この証明は簡単です．$ax + by = 1$ の特殊解を (x_0, y_0) とすると

$$ax_0 + by_0 = 1 \qquad \therefore \quad a(nx_0) + b(ny_0) = n$$

よって，$(x, y) = (nx_0, ny_0)$ は $ax + by = n$ を満たします．

8　a と b が互いに素でないときは，$ax + by = 1$ を満たす整数の組 (x, y) は存在しません．存在すると仮定すると，左辺は a と b の共通の素因数の倍数ですが，右辺はそうではなく，矛盾します．

9　今回の証明と同じ考え方が使える類題があります．

問題 **10.** 座標平面において，x 座標，y 座標がともに整数である点を格子点と呼ぶ．四つの格子点 $O(0, 0)$，$A(a, b)$，$B(a, b+1)$，$C(0, 1)$ を考える．ただし，a, b は正の整数で，その最大公約数は 1 である．

（1）　平行四辺形 $OABC$ の内部（辺，頂点は含めない）に格子点はいくつあるか．

（2）　（1）の格子点全体を P_1，P_2，$\cdots$，P_t とするとき，$\triangle OP_iA$
（$i = 1, 2, \cdots, t$）の面積のうちの最小値を求めよ．ただし，$a > 1$ とする．

（京都大）

▶**解答**◀ （1） 直線 OA の式は $y = \dfrac{b}{a}x$，直線 CB の式は $y = \dfrac{b}{a}x + 1$ である．

$a = 1$ のとき，平行四辺形 OABC の内部に格子点は存在せず，その個数は 0 である．

$a \geqq 2$ のとき，直線 $x = k$ $(k = 1, 2, \cdots, a-1)$ 上にある格子点の y 座標を y_k とすると

$$\dfrac{b}{a}k < y_k < \dfrac{b}{a}k + 1 \quad \cdots\cdots\text{Ⓐ}$$

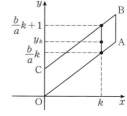

a と b は互いに素で，$a \geqq 2$ より，$\dfrac{b}{a}$ は整数でない既約分数である．これと $1 \leqq k \leqq a-1$ より，$\dfrac{b}{a}k$ が整数になることはなく（約分で a が消えない），$\dfrac{b}{a}k$ と $\dfrac{b}{a}k + 1$ の差は 1 であるから，この間にある整数 y_k はただ 1 つである．つまり，直線 $x = k$ 上にある格子点の個数は 1 で，$k = 1, 2, \cdots, a-1$ より，求める格子点の個数は $\boldsymbol{a-1}$ である．これは $a = 1$ のときも成り立つ．

（2） （1）の格子点を $P_k(k, y_k)$ $(k = 1, 2, \cdots, a-1)$ とおき，$\triangle OP_k A$ の面積を S_k とおくと，三角形の面積公式より

$$S_k = \dfrac{1}{2}|ay_k - bk|$$

$ay_k - bk$ について調べる．Ⓐを変形すると

$$bk < ay_k < bk + a \quad \therefore \quad 0 < ay_k - bk < a$$

$r_k = ay_k - bk$ とおくと，r_k は $0 < r_k < a$ を満たす整数で，$1, 2, \cdots, a-1$ のいずれかである．$S_k = \dfrac{1}{2}|r_k|$ より，$r_k = 1$ となる k が存在すれば S_k の最小値は $\dfrac{1}{2}$ である．そこで，$r_k = 1$ となる k が存在することを示す．

$r_l = r_m$ $(1 \leqq l < m \leqq a-1)$ となる整数 l, m が存在すると仮定すると

$$ay_l - bl = ay_m - bm \quad \therefore \quad b(m-l) = a(y_m - y_l)$$

a と b は互いに素であるから，$m - l$ は a の倍数であるが，$1 \leqq l < m \leqq a-1$ より，$1 \leqq m - l \leqq a - 2$ であるから，$m - l$ は a の倍数でない．これは矛盾である．よって，$r_1, r_2, \cdots, r_{a-1}$ はすべて異なる．

$r_1, r_2, \cdots, r_{a-1}$ は全部で $a-1$ 個，とりうる値は $1, 2, \cdots, a-1$ の $a-1$ 通りあるから，$r_1, r_2, \cdots, r_{a-1}$ はこれらの値を 1 回ずつとる．ゆえに，$r_k = 1$ となる k がただ 1 つ存在する．

以上より，S_k の最小値は $\dfrac{\boldsymbol{1}}{\boldsymbol{2}}$ である．

第3章　論証

[10]　**[例題]** 2−5. (☞ P.91) で証明した「フェルマーの小定理」を再掲します。

> **[定理]**　（フェルマーの小定理）
>
> p が素数であれば，どんな自然数 n についても $n^p - n$ は p で割り切れる。

　この定理は，今回の（1）の結論を用いても証明できます。　□Point... □ 2−5.
の [4] (☞ P.93) で触れた「余りを考える」方法です。ヒントがなければ自分
で気付く必要はありません。読んで納得できればよいです。
　（1）の前提であった「互いに素」を使うために，n が p の倍数であるかどう
かで場合分けします。
　n が p の倍数のとき，$n^p - n$ は p の倍数です。
　n が p の倍数でないとき，p は素数ですから，n と p は互いに素です。
$k = 1, 2, \cdots, p-1$ に対し，kn を p で割ったときの商を q_k，余りを r_k とし
ます。$k = p$ の場合を除いていますから，余りが 0 となることはありません。
（1）より，k が $k = 1, 2, \cdots, p-1$ を動くと，r_k も $1, 2, \cdots, p-1$ を 1 度ず
つとります。また

$$1 \cdot n = pq_1 + r_1$$
$$2 \cdot n = pq_2 + r_2$$
$$\cdots$$
$$(p-1) \cdot n = pq_{p-1} + r_{p-1}$$

であり，辺ごとにかけると

$$(p-1)!n^{p-1} = (pq_1 + r_1)(pq_2 + r_2)\cdots(pq_{p-1} + r_{p-1})$$
$$= pN + r_1 r_2 \cdots r_{p-1} \quad （N \text{ は整数}）$$

と書けます。

$$r_1 r_2 \cdots r_{p-1} = (p-1)!$$

を代入し

$$(p-1)!n^{p-1} = pN + (p-1)! \qquad \therefore \quad (p-1)!(n^{p-1} - 1) = pN$$

p は素数ですから，p と $(p-1)!$ は互いに素です。よって，$n^{p-1} - 1$ は p で
割り切れますから，$n^p - n = n(n^{p-1} - 1)$ も p で割り切れます。
　なお，合同式 (☞ P.104) を用いてもよいです。

132　第3章　論証（例題3−3）

第3節　部屋割り論法と奇跡の合コン

〈不等式を満たす整数の存在証明〉

例題 3–4. 次の問いに答えよ.

（1）　n を正の整数とする. $x_0, x_1, \cdots, x_n$ を閉区間 $0 \leqq x \leqq 1$ 上の相異なる点とする. このとき, $0 < x_k - x_j \leqq \dfrac{1}{n}$ をみたす j, k が存在することを示せ.

（2）　ω を正の無理数とする. 任意の正の整数 n に対して,

$0 < l\omega + m \leqq \dfrac{1}{n}$ をみたす整数 l, m が存在することを示せ. （千葉大）

考え方　閉区間というのは, 両端に等号がついた区間のことです.（1）では $x_0, x_1, \cdots, x_n$ が $n+1$ 個ありますから, 区間 $0 \leqq x \leqq 1$ を n 分割し, 部屋割り論法を利用します.（2）は難問です.（1）をどう使うかを考えます.

▶解答◀　（1）　閉区間 $0 \leqq x \leqq 1$ を

$$0 \leqq x < \frac{1}{n}, \ \frac{1}{n} \leqq x < \frac{2}{n}, \ \cdots,$$
$$\frac{n-2}{n} \leqq x < \frac{n-1}{n}, \ \frac{n-1}{n} \leqq x \leqq 1$$

の n 個の小区間に分ける.（▷▷▷▷ **1**）

$x_0, x_1, \cdots, x_n$ は $0 \leqq x \leqq 1$ にあるから小区間のいずれかに入るが, これらは $n+1$ 個あるから, 少なくとも 2 つは同じ小区間に入る. それを $x_j, x_k \ (x_j < x_k)$ とすると, どの小区間の幅も $\dfrac{1}{n}$ であることから

$$0 < x_k - x_j \leqq \frac{1}{n}$$

を満たす.

◀ 部屋割り論法です.

◀ x_j, x_k が目いっぱい離れても, その 2 点間の距離は小区間の幅を超えられません.

♦別解♦　$0 \leqq x_0 < x_1 < \cdots < x_n \leqq 1$ としても一般性を失わない. このとき

$$x_1 - x_0 > 0, \ x_2 - x_1 > 0, \ \cdots, \ x_n - x_{n-1} > 0$$

である.（▷▷▷▷ **2**）ここで

$$x_1 - x_0 > \frac{1}{n}, \ x_2 - x_1 > \frac{1}{n}, \ \cdots,$$
$$x_n - x_{n-1} > \frac{1}{n}$$

◀ $x_0, x_1, \cdots, x_n$ は対等ですから, 大小設定をしても構いません.

第3章　論証（例題3−4）　133

第3章 論証

が成り立つと仮定すると，（▷▶▶▶ **3**）これら n 個の式を辺ごとに加え

$$x_n - x_0 > 1$$

を得る．（▷▶▶▶ **4**）一方，$0 \leq x_0 < x_n \leq 1$ より

$$x_n - x_0 \leq 1$$

であるから，矛盾である．

◀ 差 $x_n - x_0$ が最大になるのは $x_0 = 0$，$x_n = 1$ のときです．

　よって，n 個の正の数 $x_1 - x_0$，$x_2 - x_1$，$\cdots$，$x_n - x_{n-1}$ の少なくとも 1 つは $\dfrac{1}{n}$ 以下であり，$0 < x_k - x_j \leq \dfrac{1}{n}$ を満たす j，k が存在する．

◀ ここでの j，k は連続する自然数です．

（2）　$p = 0, 1, \cdots, n$ に対し

$$x_p = p\omega - [p\omega] \quad \cdots\cdots\cdots\cdots\cdots\cdots\cdots①$$

とおくと，（▷▶▶▶ **5**）x_p は $p\omega$ の小数部分であるから，$0 \leq x_p < 1$ である．$x_0, x_1, \cdots, x_n$ がすべて異なることを示す．$x_j = x_k \, (0 \leq j < k \leq n)$ となる j，k が存在すると仮定すると

$$j\omega - [j\omega] = k\omega - [k\omega]$$

$$\omega = \frac{[j\omega] - [k\omega]}{j - k}$$

◀ （1）の前提を満たす証明です．例題 3−3. の **1** （☞ P.129）と同様に，反例の存在を仮定します．

右辺は有理数であり，ω が無理数であることに矛盾する．

◀ $[j\omega]$，$[k\omega]$，j，k はすべて整数ですから，右辺は有理数です．

　よって，$x_0, x_1, \cdots, x_n$ はすべて異なり，これらはすべて $0 \leq x < 1$ にあるから，（1）より

$$0 < x_k - x_j \leq \frac{1}{n}$$

を満たす j，k が存在する．① を代入すると

$$0 < k\omega - [k\omega] - (j\omega - [j\omega]) \leq \frac{1}{n}$$

$$0 < (k - j)\omega - ([k\omega] - [j\omega]) \leq \frac{1}{n}$$

を得る．

$$l = k - j, \ m = -([k\omega] - [j\omega])$$

とすれば，l，m は整数で

$$0 < l\omega + m \leq \frac{1}{n}$$

◀ l，m の存在証明ですから，具体例を挙げればよいです．

134 第3章 論証（例題 3−4）

を満たす．ゆえに，題意は示された．

Point 3-4 Check!

1 区間を n 分割し，n 個の部屋を作ります．混乱を避けるために，▶解答◀では複数の小区間で重複する部分がないよう排反に分けましたが，実は重複があっても部屋割り論法自体は使えますから

$$0 \leq x \leq \frac{1}{n}, \quad \frac{1}{n} \leq x \leq \frac{2}{n}, \quad \cdots, \quad \frac{n-1}{n} \leq x \leq 1$$

のように分けても証明になります．

2 $0 < x_k - x_j \leq \frac{1}{n}$ を満たす j, k の存在を示したいのですから，なるべく小さい差 $x_k - x_j$ に着目します．例えば，$x_3 - x_1$ に着目するのは意味がありません．$x_1 < x_2 < x_3$ ですから

$$x_3 - x_1 > x_2 - x_1$$

が成り立ち，$x_3 - x_1$ の代わりに $x_2 - x_1$ を考えた方がいいからです．つまり，隣接する 2 項の差のみ考えればよいということです．

3 隣接する 2 項の差の中に $\frac{1}{n}$ 以下のものがあるはずですから，それを背理法で示します．すべて $\frac{1}{n}$ より大きいと仮定し，矛盾を導きます．

4 左辺の和が $x_n - x_0$ となるのは，図のようにとらえれば明らかでしょう．

なお，一般に，不等式は辺ごとにたすのは構いませんが，**辺ごとに引くのは許されません**．例えば，$3 < 4$ と $1 < 3$ を辺ごとに引くと

$$3 - 1 < 4 - 3 \quad \therefore \quad 2 < 1$$

となり正しくありません．受験生を見ていると，意外にもこのような安易な間違いをする人が多いです．注意しましょう．

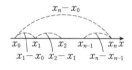

5 「$0 < l\omega + m \leq \frac{1}{n}$ をみたす整数 l, m が存在する」というのは，ある整数 l, m に対し $l\omega + m$ が区間 $0 < x \leq \frac{1}{n}$ に入るということです．$n = 1$ のときは $l = 0, m = 1$ とすればよいですから，$n \geq 2$ で考えます．このとき

$$0 < x \leq \frac{1}{n} < 1$$

第3章　論証

ですから，少なくとも $l\omega + m$ を区間 $0 < x < 1$ に入れないといけません．

　少し準備です．まず，$l \neq 0$ です．$l = 0$ とすると $l\omega + m = m$ で，これは $0 < x < 1$ に入れず不適だからです．また，$l\omega$ は無理数です．$l\omega$ が有理数であると仮定すると

$$l\omega = \frac{p}{q} \quad (p \text{ と } q \text{ は互いに素な整数}, q > 0)$$

と書けて

$$\omega = \frac{p}{lq}$$

より，ω が有理数となって矛盾するからです．

　さて，$l\omega + m$ に整数 m が含まれていることに着目します．これは**整数分であればいくらでも調整できる**ということです．例えば，$l\omega = 1.6\cdots$ であれば，$m = -1$ とすれば，$l\omega + m$ は区間 $0 < x < 1$ に入ります．$l\omega = -1.6\cdots$ であれば，$m = 2$ とします．$l\omega$ からその整数部分を引けば $0 < x < 1$ に入りますから，$m = -[l\omega]$ とするのです．もっと言えば，区間 $0 < x < 1$ の幅は 1 ですから，$m = -[l\omega]$ のときのみ $l\omega + m$ は $0 < x < 1$ に入ります．よって，$0 < l\omega + m \leq \frac{1}{n}$ となる可能性のある m も $m = -[l\omega]$ のみですから

$$0 < l\omega - [l\omega] \leq \frac{1}{n} \quad \cdots\cdots\cdots\cdots\cdots\cdots\cdots\cdots\cdots\cdots\cdots\cdots\cdots\text{Ⓐ}$$

を満たす整数 l が存在することを示すことになります．なお，$l\omega - [l\omega]$ は $l\omega$ の小数部分ですから，**小数部分が背景にある**のです．実数 x の小数部分を $\{x\}$ と表すと，Ⓐ は

$$0 < \{l\omega\} \leq \frac{1}{n}$$

となります．問題は，これを満たす整数 l の存在を直接示しにくいことです．（1）を利用することを考えます．

　（1）では $0 \leq x \leq 1$ 上の相異なる $n + 1$ 個の点 $x_0, x_1, \cdots, x_n$ を扱いました．そこで，$n + 1$ 個の点

$$\{0\omega\}, \{1\omega\}, \cdots, \{n\omega\}$$

すなわち

$$0\omega - [0\omega], 1\omega - [1\omega], \cdots, n\omega - [n\omega]$$

を考えると，これらは $0 \leq x \leq 1$ に入り，もしすべて異なることが言えれば，（1）が使えます．よって，① のように $x_p \ (p = 0, 1, \cdots, n)$ を定義します．この設定が一番のポイントです．

136 第3章　論証（例題3−4）

第4節　論証問題攻略法

論証　　　　　　　　　　　　　　　　　　　　　　　　　　The demonstration

　答案作成は受験生にとって大きな課題です．数学という科目は，問題を「解く」ことだけが目的ではありません．考えたプロセスを「表現する」ことも要求されます．「マーク形式や穴埋めの試験はどうなの？」と言われそうですが，私はそれらの試験では数学の力は正しく測れないと思っています．途中経過が間違っていても結果さえ合っていればよいのですから，強い違和感を覚えます．

　話がそれてしまいました．では，論証問題についてです．残念ながら，論証問題が苦手な受験生は少なくありません．何をしていいのか，どこから手を付けていいのかが分からないという話をよく聞きます．

　まず，最初にやるべきことは，**実験する**ことです．私のように凡人を自覚している人は手を動かしましょう．

　また，**考えやすいように題意をうまく解釈する**ことや，**説明しやすいように設定をする**ことも重要です．もちろん，自分の都合のいいように勝手な解釈をするのはいけません．題意を変えずに解釈や設定をします．

　答案を書く際には，**どう考えどう理解したかを自分の言葉で表現する**ことです．問題を考える際には，たとえ頭の中でも必ず言葉を用いているはずです．それをそのまま答案に書いてみるのです．言い換えると，市販の参考書の解答のような"模範的な"答案を書く必要はありません．時間が限られた試験本番では無理な話です．ただし，**客観的に見て説明不足になっていないかどうか**は意識しましょう．補助的に図や表などを使うのも有効です．

　最後に，きれいとまではいかなくても**丁寧な字で書く**ことも重要です．自分が採点する立場に立ってみれば分かることです．採点官も人間です．

〈論証のまとめ４〉

Check ▷▷▷▷ 論証問題攻略法

- ✎　実験する
- ✎　うまく解釈する，設定する
- ✎　頭の中で考えたことを自分の言葉で表現する
- ✎　客観的に見て説明不足にならないようにする
- ✎　丁寧な字で書く

第3章　論証　　137

第3章 論証

――――――〈円周上に並んだ点に関する論証〉――――――

例題 3-5. 円周上に m 個の赤い点と n 個の青い点を任意の順序に並べる．これらの点により，円周は $m+n$ 個の弧に分けられる．このとき，これらの弧のうち両端の点の色が異なるものの数は偶数であることを証明せよ．ただし，$m \geq 1$，$n \geq 1$ であるとする． （東京大）

考え方 実際に調べてみるとほとんど自明ですが，答案でどう表現するかが難しい問題です．いろいろな説明ができます．まずは実際に図を描いてみることですが，図の描き方も人それぞれです．m，n に適当な数を入れたときの図を描く人もいれば，$m=1$，$n=1$ のときの図を描く人もいます．また，両端の点の色が異なる弧の数をうまくとらえると説明しやすいです．

▶解答◀ 両端の点の色が異なる弧のことを「異端弧」と呼ぶことにする．

異端弧の数は，図1のように，ある1つの点から出発して円周をぐるっと1周してくる間に色が変化する回数と等しい．（▷▷▷ ❶）

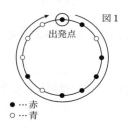

◀「両端の点の色が異なる弧」はさすがに長過ぎます．適当に名前を付けておきます．

赤い点から出発するとしてよく，このとき，1周してまた赤い点に戻ってくるから，色が変化する回数は偶数である．よって，異端弧の数は偶数である．

◀ 赤い点は必ずあります．
◀ 色は赤と青の2種類しかないですから，色の変化する回数は偶数です．

♦別解♦ 1. 図2のように，m 個の赤い点は n 個の青い点により，n 個以下のグループに分けられる．なお，赤い点が1個でもグループとみなす．また，青い点が連続すると赤い点のグループの数は減るから，n 個ではなく，n 個以下である．（▷▷▷ ❷）

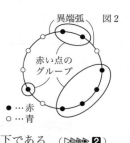

このとき，赤い点のグループの両端にのみ，異端弧が現れるから，この数は

　　　　（赤い点のグループの数）×2

であり，偶数である．

◀ 同じ色の点が並ぶところに異端弧はありません．あるのは赤い点のグループの両端だけです．

♦別解♦ 2. 異端弧の数を x，両端の色が赤である弧の数を y とおく．赤い点は，異端弧に1個，両端の色が赤である弧に2個ずつ含まれ，それぞれの点が2回ずつ数えられることに注意すると

$$x + 2y = 2m \quad \therefore \quad x = 2(m - y)$$

よって，異端弧の数は偶数である．

◀ 両端の色が青である弧の数を文字でおき，青い点に着目しても同じです．

◀ どの点も隣接する2つの弧に含まれますから，2回ずつ数えられます．

♦別解♦ 3. 赤い点が1個，青い点が1個のとき，異端弧の数は2であり偶数である．(▷▷▷ **3**)

　一方，ある状態から点を1個追加するときに異端弧の数がいくつ増えるかを調べる．
(▷▷▷ **4**)

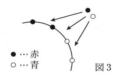

● …赤
○ …青
　　　図3

（ア）　赤い点と赤い点の間に赤い点を入れても変化しない

◀「赤, 赤」→「赤, 赤, 赤」より，増えません．

（イ）　赤い点と赤い点の間に青い点を入れると2個増える

◀「赤, 赤」→「赤, 青, 赤」より，2個増えます．

（ウ）　赤い点と青い点の間に赤い点を入れても変化しない

◀「赤, 青」→「赤, 赤, 青」より，増えません．

（エ）　赤い点と青い点の間に青い点を入れても変化しない

◀「赤, 青」→「赤, 青, 青」より，増えません．

（オ）　青い点と青い点の間に赤い点を入れると2個増える

◀「青, 青」→「青, 赤, 青」より，2個増えます．

（カ）　青い点と青い点の間に青い点を入れても変化しない

◀「青, 青」→「青, 青, 青」より，増えません．

よって，どのように点を追加しても，異端弧の数の偶奇は変化しない．

◀ いずれの場合も「変化なし」か「2個増える」のどちらかですから，偶奇は変化しません．

　最初は偶数個から始まるから，その後，いくつ点を追

第3章 論証

加してもずっと偶数個のままであり，題意は示された．

Point — The demonstration — NEO ROAD TO SOLUTION **3-5** — **Check!**
---

1 まず，m, n に適当な数を入れたときの図を描きます．図4は，$m=7, n=5$ のときの図です．異端弧の数を数えます．普通は，数え落としがないようにぐるっと1周しながら数えるでしょう．時計回りに順番に番号を付けていくと，6個あることが分かります．これは見方を変えると色の変化の回数であり，実際に数えてみれば気付けることです．

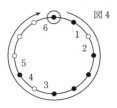

図4

2 ◆別解◆ 1. のように，赤い点または青い点のグループに着目する方法も有効です．◆別解◆ 1. では赤い点のグループを考え，その個数にまで言及しましたが，これは重要ではありません．個数がいくつでも，異端弧の数はその2倍で偶数になるからです．ただし，赤い点のグループを n 個と書くと間違いで，正しくは「n 個以下」です．◆別解◆ 1. の図2のように，青い点が連続すると赤い点のグループの数は減ります．なお，◆別解◆ 1. は ▶解答◀ における色の変化「青から赤」と「赤から青」を1セットにしているのと同じです．

3 ◆別解◆ 3. は，順番に点を追加していって図を完成させるイメージです．まず，赤い点が1個，青い点が1個の最初の状態を調べると，異端弧の数は2で偶数です．

4 点を1点追加するとき，異端弧の数がどう変化するかを調べます．いろいろな場合が考えられます．赤と赤の間に入れるのか，赤と青の間に入れるのか，青と青の間に入れるのか，また，赤を入れるのか，青を入れるのか，で全部で6通りあります．「最初は赤と青の間しかないんじゃないの？」と言われそうです．確かに，赤い点が1個，青い点が1個の最初の状態では赤と青の間しかありません．しかし，1点でも追加した後は，赤と赤の間や青と青の間がありえます．結局は必要になりますから，最初にすべての場合を調べておきます．

5 私は ▶解答◀ が最も自然だと思いますが，◆別解◆ 2. や ◆別解◆ 3. が自然だと言う人もいます．こういう論証系の問題はどの解法がベストかという話はあまり意味がありません．むしろ，いろいろな説明ができるから面白いのです．**自分が自然だと思う解法を自分の言葉で表現する**ことです．

第4節　論証問題攻略法

=== 〈グラフ上に格子点が無限にあることの証明〉 ===

例題 3-6. xy 平面上で x 座標と y 座標がともに整数である点を格子点と呼ぶ.

(1) $y = \dfrac{1}{3}x^2 + \dfrac{1}{2}x$ のグラフ上に無限個の格子点が存在することを示せ.

(2) a, b は実数で $a \neq 0$ とする. $y = ax^2 + bx$ のグラフ上に, 点 $(0, 0)$ 以外に格子点が2つ存在すれば, 無限個存在することを示せ.

(名古屋大)

考え方 (1)では, $y = \dfrac{1}{3}x^2 + \dfrac{1}{2}x$ において, y が整数になるような整数 x を考えます. (2)は**問題文に書かれていることを式にします**. $(0, 0)$ 以外の2つの格子点の座標を文字でおいて立式し, 係数 a, b の特徴をとらえます.

▶解答◀ (1) $C : y = \dfrac{1}{3}x^2 + \dfrac{1}{2}x$ とおく.

$x = 6k$ (k は整数)とすると　(▷▷▷▶ **1**)

$$y = \frac{1}{3}(6k)^2 + \frac{1}{2} \cdot 6k = 12k^2 + 3k$$

これは整数であるから, 点 $(6k, 12k^2 + 3k)$ は C 上の格子点である. 整数 k は無限に存在するから, この格子点 $(6k, 12k^2 + 3k)$ も無限に存在し, C 上に無限個の格子点が存在する.

(2) $D : y = ax^2 + bx$ とおく. D 上に, 点 $(0, 0)$ 以外に格子点が2つ存在するとき, その格子点を

$$(p, q), \ (r, s)$$

◀ 問題文に「〜ならば」とあるときは,「〜のとき」と書き始めると分かりやすいです.

$(p, q, r, s$ は整数, $p \neq 0, r \neq 0, p \neq r)$ とおくと

(▷▷▷▶ **2**)

$$ap^2 + bp = q \quad\cdots\cdots\cdots\cdots①$$

$$ar^2 + br = s \quad\cdots\cdots\cdots\cdots②$$

(▷▷▷▶ **3**)

①×r − ②×p より

◀ b を消去します.

$$apr(p - r) = qr - ps$$

問題編

論理

整数

論証

方程式

不等式

関数

座標

ベクトル

空間図形

図形総合

数列

数学的帰納法

場合の数

確率

微積分

出典・テーマ

第3章　論証（例題3-6）　141

第3章　論証

$pr(p-r) \neq 0$ であるから

$$a = \frac{qr - ps}{pr(p-r)}$$

②$\times p^2 -$①$\times r^2$ より

◀ a を消去します.

$$bpr(p-r) = p^2 s - qr^2$$

$$b = \frac{p^2 s - qr^2}{pr(p-r)}$$

これらを $y = ax^2 + bx$ に代入すると

$$y = \frac{qr - ps}{pr(p-r)} x^2 + \frac{p^2 s - qr^2}{pr(p-r)} x$$

◀ 見た目はおぞましいですが, 係数が有理数ですから, (1)と同じ形です.

(1)と同様に, x が $pr(p-r)$ ($\neq 0$) の倍数のとき, y は整数である. (▷▷▷▷ **4**) このような x は無限に存在するから, D 上に格子点は無限個存在する.

| □ | Point | The demonstration NEO ROAD TO SOLUTION **3-6** | Check! | □ |

1 y が整数になるような整数 x を考えます. ここでは, 厳密に y が整数になるための必要十分条件を求める必要は**ありません**.

$$\boxed{} \Longleftrightarrow y \text{ が整数}$$

となるものを求める必要はなく

$$\boxed{} \Longrightarrow y \text{ が整数}$$

となるものでよいということです. 格子点が無限個あることを示したいのですから, すべての格子点を考慮に入れる必要はなく, **一部の格子点だけでも無限個あればそれで証明は終わり**です. つまり, y が整数になるような整数 x の例 (y が整数になるための**十分条件**) を挙げ, そのような x が無数にあることを言えばよいのです. **題意をうまく解釈する**ことです.

　係数の $\frac{1}{3}$ と $\frac{1}{2}$ に着目し, 2 つの項がともに整数になるようにします. 具体的には約分で 3 と 2 が消えればよいですから, x が 6 の倍数であればよいことが分かります. もちろん, これは y が整数になるための必要十分条件かどうかは不明です (⑤で解説しますが, 実は必要十分条件です). 2 つの項がそれぞれ整数でなくても和が整数になる可能性があるからです. 一方, 2 つの項がそれぞれ整数であれば y が整数になることは明らかですから, これは y が整数

142　第3章　論証（例題3-6）

第4節　論証問題攻略法

になるための十分条件です.

$$x \text{ が } 6 \text{ の倍数} \implies y \text{ が整数}$$

は成り立ちますが,逆は自明ではないということです.

2 3点 $(0, 0)$, (p, q), (r, s) は D 上の**異なる**格子点ですから,その x 座標 0, p, r はすべて異なります.一方,y 座標 0, q, s についてはすべて異なるとは限りません.3つがすべて等しくなることはありませんが,2つは等しくなる可能性があります.つまり,$q = 0$,$s = 0$,$q = s$ はいずれも可能性がありますから,q, s に制限を付けてはいけません.

3 ①,②は「文字が多い」と気後れする必要はありません.これらの式をどう使うかです.(1)は**有理数係数**であったことがポイントです.有理数係数であれば,分母の最小公倍数を x に代入することで y が整数になるからです.(2)は実数係数ですが,もし有理数係数にできれば(1)と同様に示せます.つまり,**a, b が有理数であることを示せばよい**のですから,a, b の連立方程式とみなして解き,放物線の方程式に代入します.

4 (1)と同じように,$x = pr(p - r)l$(l は整数)とおいてもよいですが,(1)で詳しく書いていますから,そこまでする必要はないでしょう.

5 (1)で

$$x \text{ が } 6 \text{ の倍数} \impliedby y \text{ が整数} \quad \cdots\cdots Ⓐ$$

も成り立ちます.x を6で割った余りで分ければ確認できます.

$x = 6k$(k は整数)のとき,▶解答◀ のように,y は整数です.

$x = 6k \pm 1$ のとき

$$y = \frac{1}{3}(6k \pm 1)^2 + \frac{1}{2}(6k \pm 1) = 12k^2 \pm 4k + 3k + \frac{1}{3} \pm \frac{1}{2}$$

$x = 6k \pm 2$ のとき

$$y = \frac{1}{3}(6k \pm 2)^2 + \frac{1}{2}(6k \pm 2) = 12k^2 \pm 8k + 3k + \frac{4}{3} \pm 1$$

$x = 6k + 3$ のとき

$$y = \frac{1}{3}(6k + 3)^2 + \frac{1}{2}(6k + 3) = 12k^2 + 15k + \frac{9}{2}$$

すべての場合について,複号同順です.よって,y が整数になるのは x が6の倍数のときに限りますから,Ⓐ が成り立ちます.

第4章 方程式

The equation

NEO ROAD TO SOLUTION

真・解法への道！

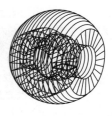

第4章 方程式

第1節　2次方程式の解の配置

方程式　　　　　　　　　　　　　　　　　　　　　The equation

「2次方程式の解が『ある範囲』に存在するための必要十分条件を求める問題」を2次方程式の解の配置といいます．文字どおり，2次方程式の「解」を目的の範囲に「配置」する問題です．例えば，次のような問題です．

> **問題 11.** 2次方程式
> $$x^2 - ax + a^2 - 3 = 0 \quad \cdots\cdots\cdots\cdots\cdots\cdots\cdots ①$$
> の2解がともに正となるような実数 a の範囲を求めよ．

ここでいう「2解」とは「異なる2解」とは限りません．慣例として重解も「2解」に含めます．もし1が重解なら，2解とは1と1のことです．

今回のように，2解の符号のみが指定されている場合は「解と係数の関係」(☞ P.157) を使う方法もありますが，応用問題では使えません．広く使える解法は**「グラフを考える」**ものです．

$f(x) = x^2 - ax + a^2 - 3$ とおくと，①の実数解は $y = f(x)$ のグラフと x 軸の共有点の x 座標です．そこで，こうあって欲しいという**妄想のグラフを描きます**．x 軸と $x > 0$ でのみ交わるグラフです．重解もありですから，異なる2点で交わるだけでなく，接する場合も OK です．これを頭に入れながら，異なる2点で交わる場合のグラフのみを描くと，図1のように

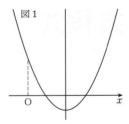
図1

なります．なお，2次方程式の解の配置では，x 軸との位置関係のみが問題になりますから，y 軸は不要です．

この図を踏まえて立式します．2次関数のグラフと x 軸との位置関係は**「判別式」，「軸」，「端点での値」**で決まります．この3つの条件を調べましょう．①の判別式を D とします．

まず，判別式です．図のグラフは x 軸と異なる2点で交わっていますが，上で述べたとおり接する場合も OK ですから，$D \geqq 0$ です．

次に軸ですが，$x > 0$ の部分にありますから，軸 > 0 です．

最後に端点での値です．今回，解を配置する範囲は $x > 0$ ですから，その端点

第1節　2次方程式の解の配置

は $x=0$ で，端点での値とは $f(0)$ のことです．図より，$f(0)>0$ です．
　以上より，a が満たすべき条件は

$$D\geqq 0 \text{ かつ 軸} > 0 \text{ かつ } f(0) > 0$$

です．実際に計算してみると

$$a^2 - 4(a^2-3) \geqq 0 \text{ かつ } \frac{a}{2} > 0 \text{ かつ } a^2 - 3 > 0$$

$$-2 \leqq a \leqq 2 \text{ かつ } a > 0 \text{ かつ } (a < -\sqrt{3},\ \sqrt{3} < a)$$

より，$\sqrt{3} < a \leqq 2$ です．

　今回はこれで問題ないですが，応用問題では**等号がつく可能性を疑う**ことです．他の分野も含めて等号がつくかどうかのミスは大人でもやらかします．確認するコツは単純で，**試しに等号が成り立つ場合を考え**，それが題意を満たすかどうかチェックするのです．念のため，今回の問題でも確認してみます．

　$D \geqq 0$ と等号がつくのは上で確認しましたから，残りの2つの条件についてです．
　軸 $\geqq 0$ と等号がつくかどうかです．試しに軸 $= 0$ として，その場合のグラフを想像してみましょう．これはいくら妄想が得意な人でも厳しいのではないでしょうか😌　$x < 0$ で交わってはいけませんから，図2のように $x = 0$ で接するグラフぐらいしか考えられませんが，これも $x > 0$ でのみ共有点をもつグラフではなく不適です．等号はつかず，軸 > 0 です．
　次に $f(0) \geqq 0$ となるかどうかです．$f(0) = 0$ とした場合のグラフは図3のようになりますが，$x = 0$ で交わっていますから，やはり不適です．

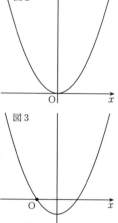

図2

図3

2次方程式の解の配置は，単独でも出題されますが，他の分野との融合問題として出題されることが多いです．融合問題になると途端に解けなくなる受験生がいます．場面場面でどういう問題かを判断しましょう．

――〈方程式のまとめ1〉――

Check ▷▷▷▷　2次方程式の解の配置

　🗒　妄想のグラフを描く
　🗒　「判別式」，「軸」，「端点での値」の条件を調べる

第4章　方程式

第4章　方程式

〈対数方程式の解の存在条件〉

[例題] 4−1. $a,\ b$ を正の実数とする.
$$\log_2(x+a) = \log_4(b-x^2) + \frac{1}{2}$$
を満たす実数 x が一つだけ存在するような点 $(a,\ b)$ の範囲を座標平面上に図示せよ.

(広島大・改)

[考え方] 対数方程式・不等式では，まず真数条件（場合によっては底の条件も）を確認します．今回は真数条件に文字 $a,\ b$ が含まれますが，同値な言い換えをすると楽になります．結局，2次方程式の解の配置に帰着します．

▶解答◀　真数条件より
$$x+a>0,\ b-x^2>0$$
底の変換公式を用いて
$$\log_2(x+a) = \frac{\log_2(b-x^2)}{\log_2 4} + \frac{1}{2}$$ ◀ 底を2にそろえます.

$$2\log_2(x+a) = \log_2(b-x^2) + 1$$ ◀ $\log_2 4 = 2$ です.

$$\log_2(x+a)^2 = \log_2 2(b-x^2)$$ ◀ $1 = \log_2 2$ です.

真数を比べ
$$(x+a)^2 = 2(b-x^2) \quad \cdots\cdots\cdots\cdots①$$
① かつ $x+a>0$ が成り立てば $b-x^2>0$ が成り立つことに注意する．（▷▷▷▷ **1**）つまり

$$① かつ x+a>0 かつ b-x^2>0$$
$$\Longleftrightarrow ① かつ x+a>0$$

が成り立つから，① かつ $x+a>0$ を満たす実数 x がただ1つ存在する条件を求めればよい.

① より
$$3x^2 + 2ax + a^2 - 2b = 0$$
これを満たす異なる実数 x が $x > -a$ にただ1つ存在することが条件である．判別式を D とすると

◀ 「実数 x が1つだけ」とは「**異なる**実数 x が1つだけ」と読むのが自然です．重解も1と数えます.

$$\frac{D}{4} = a^2 - 3(a^2 - 2b) = 2(3b - a^2)$$

148　第4章　方程式（例題4−1）

第1節　2次方程式の解の配置

である．また
$$f(x) = 3x^2 + 2ax + a^2 - 2b$$
とおくと
$$軸：x = -\frac{a}{3}$$
$$f(-a) = 2a^2 - 2b = 2(a^2 - b)$$
である．$y = f(x)$ のグラフは，x 軸との共有点（2 解）のパターンによって，図 1 〜 3 のいずれかになる．
（▷▷▷ **2**）

◀ 放物線
$y = ax^2 + bx + c$
の軸の方程式は
$x = -\dfrac{b}{2a}$
です．平方完成する必要はありません．

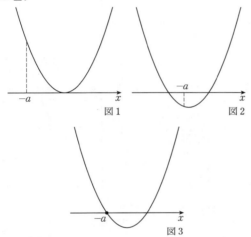

図 1　　図 2

図 3

◀ 最初にグラフをまとめて描くと，考え落としがないか確認しやすいです．

（ア）　$x > -a$ に重解をもつとき
　図 1 の場合であり
$$D = 0 \text{ かつ 軸} > -a$$
が条件である．（▷▷▷ **3**）
$$2(3b - a^2) = 0 \text{ かつ } -\frac{a}{3} > -a$$
$$b = \frac{a^2}{3} \text{ かつ } a > 0$$

（イ）　$x > -a$，$x < -a$ に 1 つずつ解をもつとき
　図 2 の場合であり
$$f(-a) < 0$$

第4章　方程式

が条件である．(▷▶▶▶ **4**)
$$2(a^2-b) < 0 \quad \therefore \quad b > a^2$$

（ウ）$x > -a$, $x = -a$ に1つずつ解をもつとき
図3の場合であり
$$f(-a) = 0 \text{ かつ 軸} > -a$$
が条件である．(▷▶▶▶ **5**)
$$2(a^2-b) = 0 \text{ かつ} -\frac{a}{3} > -a$$
$$b = a^2 \text{ かつ } a > 0$$

以上より，$a > 0$，$b > 0$ にも注意して，点 (a, b) の存在範囲は
$$a > 0 \text{ かつ } b > 0$$
$$\text{かつ} \left(b = \frac{a^2}{3} \text{ または } b \geqq a^2 \right)$$

であり，これを ab 平面に図示すると，図4の網目部分または曲線 C_1 となる．ただし
$$C_1 : b = \frac{a^2}{3}$$
$$C_2 : b = a^2$$
である．境界は b 軸上の点を除き，他は含む．

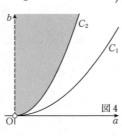

図4

◀ 図から分かりますが，$b > 0$ は省略可です．

◀ 3つの結論を「または」でつなぎます．$b > a^2$ と $b = a^2$ はまとめて $b \geqq a^2$ です．

◀ 「境界は白丸と点線を除き，実線を含む．」でもよいです．

第1節　2次方程式の解の配置

	The equation		
□ **Point**	NEO ROAD TO SOLUTION	**4-1**	**Check!** □

❶　$x + a > 0$ と $b - x^2 > 0$ を同時に扱うのは面倒です．$b > 0$ より

$$x > -a \text{ かつ } -\sqrt{b} < x < \sqrt{b}$$

ですから，$-a$ と $-\sqrt{b}$ の大小で場合分けをすることになります．そこで，**同値な言い換えをして条件を減らします**．

$$(x + a)^2 = 2(b - x^2) \cdots\cdots\cdots\cdots\cdots\cdots\cdots\cdots\cdots\cdots\cdots\cdots ①$$

$$\text{かつ } x + a > 0 \text{ かつ } b - x^2 > 0$$

が x の条件ですが，① かつ $x + a > 0$ が成り立てば $b - x^2 > 0$ が成り立ちますから，$b - x^2 > 0$ は敢えて考える必要はありません．

$$① \text{ かつ } x + a > 0 \text{ かつ } b - x^2 > 0 \underset{\bigcirc}{\overset{\bigcirc}{\rightleftarrows}} ① \text{ かつ } x + a > 0$$

の両方の矢印が成り立つからです．これでかなり省力化できます．

❷　**2解のパターンで場合分け**をします．$y = f(x)$ のグラフと x 軸との共有点のパターンで分けるのです．1点で接するときもあれば，2点で交わるときもあります．それぞれの場合に対し，x 軸との共有点と区間の端点の位置関係に注意してグラフをいろいろ想像し，適するグラフをすべて描きます．**▶解答◀**の図3の場合を落とす人がいます．**端点で x 軸と交わる場合は特別**です．問題によっては他の場合とまとめられることもあります．

　　2次関数の最大・最小で「場合分け」を習います．人によっては，ここで場合分けに対する苦手意識が生まれるのですが，根本的な勘違いが原因かもしれません．参考書によっては，場合分けをした**後に**グラフを描いて最大・最小をとらえていますが，それは見栄えを重視したものです．実際には順序が逆です．たいていの人はグラフを考える前に場合分けなどできませんから，難しく感じてしまいます．まず**先に**グラフを描き，それを見て場合分けをするのです．

❸　「判別式」，「軸」，「端点での値」の条件を調べます．$D = 0$，軸 $> -a$ 以外に $f(-a) > 0$ も言えますが，$y = f(x)$ のグラフは下に凸ですから，$D = 0$ かつ 軸 $> -a$ であれば $f(-a) > 0$ は成り立ち，わざわざ書く必要はありません．書いても間違いではないですが，必ず成り立つような無意味な条件になります．どの問題でも「判別式」，「軸」，「端点での値」のすべてを考え，結果的に**意味のある条件のみ残せばよい**のです．

第4章　方程式（例題4-1）　**151**

問題編

論理

整数

論証

方程式

不等式

関数

座標

ベクトル

空間図形

図形総合

数列

数学的帰納法

場合の数

確率

微積分

出典・テーマ

第4章　方程式

4　$D > 0$ も言えますが，**3** と同様に，$f(-a) < 0$ であれば成り立ちます．また，軸については何も条件はありません．端点 $-a$ との大小はどちらでもよいからです．結果，$f(-a) < 0$ のみが残ります．

5　やはり $D > 0$ も言えますが，$f(-a) = 0$ かつ 軸 $> -a$ であれば成り立ちますから不要です．

　なお，（ウ）のように1つの解が決まっている場合は，**解と係数の関係を使ってもう1つの解を求めてしまう**のも有効です．

　$-a$ 以外の解を α とすると

$$f(-a) = 0 \text{ かつ } \alpha > -a$$

が条件です．$f(-a) = 0$ より

$$2(a^2 - b) = 0 \quad \therefore \quad b = a^2$$

一方，解と係数の関係より

$$-a + \alpha = -\frac{2}{3}a \quad \therefore \quad \alpha = \frac{a}{3}$$

$\alpha > -a$ より

$$\frac{a}{3} > -a \quad \therefore \quad a > 0$$

よって，$b = a^2$ かつ $a > 0$ です．

6　一般に，グラフを用いる解法では，「2解のパターンで場合分け」以外に，「軸で場合分け」もあります．特に今回は $a > 0$ ですから，軸 $> -a$ が成り立ち，軸の位置での場合分けはいりません．結局，▶解答◀ の図1のように重解をもつか，図2と図3をまとめた場合のいずれかで

$$D = 0 \text{ または } f(-a) \leqq 0$$

が条件です．よって

$$b = \frac{a^2}{3} \text{ または } b \geqq a^2$$

となります．他にも「端点での値で場合分け」があります．$f(-a)$ の値が正か負か0かで分け，図1～3の場合を調べますから，▶解答◀ とほぼ同じです．

　個人的には，「軸で場合分け」，「端点での値で場合分け」はあまり使いません．多くの問題を解いてきた経験から言えるのですが，問題によっては満たすべき条件が複雑になるからです．少なくとも受験生にとっては「2解のパターンで場合分け」が最も再現しやすい解法だと感じています．

152　第4章　方程式（例題4−1）

第1節　2次方程式の解の配置

〈2つの2次方程式が整数解をもつ条件〉

例題 4−2. a, b は $a \geqq b > 0$ を満たす整数とし，x と y の2次方程式

$$x^2 + ax + b = 0, \ y^2 + by + a = 0$$

がそれぞれ整数解をもつとする．

（1）　$a = b$ とするとき，条件を満たす整数 a をすべて求めよ．

（2）　$a > b$ とするとき，条件を満たす整数の組 (a, b) をすべて求めよ．

（名古屋大）

考え方　厳密には2次方程式の解の配置ではありませんが，2次方程式の応用問題として掲載します．（2）が難問です．解の配置同様，グラフを考えることが突破口になります．「軸」，「端点での値」に着目し，整数解の見当をつけます．

▶解答◀　（1）　$x^2 + ax + a = 0$ が整数解をもつ条件を求めればよい．整数解を n とすると

$$n^2 + an + a = 0 \quad \therefore \quad (n+1)a = -n^2$$

$n \neq -1$ であり

$$a = -\frac{n^2}{n+1} \quad \cdots\cdots\cdots\cdots\cdots ①$$

$$a = -\left(n - 1 + \frac{1}{n+1}\right) \quad (\triangleright\triangleright\triangleright \blacksquare)$$

a は整数であるから，$\dfrac{1}{n+1}$ も整数で

$$n + 1 = \pm 1 \quad \therefore \quad n = 0, -2$$

① より

$$(n, a) = (0, 0), (-2, 4)$$

$a > 0$ より，$\boldsymbol{a = 4}$ である．

♦別解♦　$x^2 + ax + a = 0$ の2解を α, β とおく．解と係数の関係より

$$\alpha + \beta = -a \quad \cdots\cdots\cdots\cdots\cdots ②$$

$$\alpha\beta = a \quad \cdots\cdots\cdots\cdots\cdots\cdots ③$$

a は整数であるから，② より，α, β のうち一方が整数であれば，もう一方も整数である．（$\triangleright\triangleright\triangleright \blacksquare$）よって，$\alpha$,

◀ y の方も $y^2 + ay + a = 0$ になりますから，文字が違うだけで同じ形です．

◀ $n = -1$ とすると，$0 = -1$ で不適です．

◀ $n + 1$ は正とは限りません．負もとれます．

問題編

論理

整数

論証

方程式

不等式

関数

座標

ベクトル

空間図形

図形総合

数列

数学的帰納法

場合の数

確率

微積分

出典・テーマ

第4章　方程式（例題4−2）　153

第4章　方程式

β はともに整数であり，$\alpha \leq \beta$ としてよい．（▷▷▷▷ **3**）

②＋③ より

$$\alpha + \beta + \alpha\beta = 0 \qquad \therefore \quad (\alpha + 1)(\beta + 1) = 1$$

◀ a を消去します．

◀ 強引に因数分解します．

$\alpha + 1 \leq \beta + 1$ より

$$(\alpha + 1,\ \beta + 1) = (-1,\ -1),\ (1,\ 1)$$

$$(\alpha,\ \beta) = (-2,\ -2),\ (0,\ 0)$$

③ より，$a = 4, 0$ で，$a > 0$ より，$\boldsymbol{a = 4}$ である．

（**2**）$f(x) = x^2 + ax + b$ とおく．$f(x) = 0$ が整数解をもつとき

$$(2\ \text{解の和}) = -a = (\text{整数})$$

より，もう1つの解も整数であるから，$f(x) = 0$ の2解はともに整数である．$a > b > 0$ と $a,\ b$ が整数であることから，$a - b \geq 1$ であり

◀（1）の ♦**別解**♦ と同様です．

◀ 単に $a - b > 0$ では使えません．より厳しい式にしておきます．

$$f(0) = b > 0$$

$$f(-1) = 1 - a + b = 1 - (a - b) \leq 0$$

よって，$f(x) = 0$ は $-1 \leq x < 0$ に整数解をもつから，$x = -1$ を解にもつ．（▷▷▷▷ **4**）$f(-1) = 0$ より

$$1 - a + b = 0 \qquad \therefore \quad a = b + 1 \quad \cdots\cdots\cdots\text{④}$$

（▷▷▷▷ **5**）

$y^2 + by + a = 0$ より，$y^2 + by + b + 1 = 0$ で，この整数解を n とすると

$$n^2 + bn + b + 1 = 0$$

$$b = -\frac{n^2 + 1}{n + 1} \quad \cdots\cdots\cdots\cdots\cdots\cdots\cdots\cdots\cdots\cdots\cdots\text{⑤}$$

$$b = -\left(n - 1 + \frac{2}{n + 1}\right)$$

◀（1）と同様です．

b は整数であるから，$\dfrac{2}{n + 1}$ も整数で

$$n + 1 = \pm 1,\ \pm 2 \qquad \therefore \quad n = -3,\ -2,\ 0,\ 1$$

⑤ より

$$(n,\ b) = (-3,\ 5),\ (-2,\ 5),\ (0,\ -1),\ (1,\ -1)$$

154 第4章　方程式（例題4−2）

第1節　2次方程式の解の配置

$b > 0$ より，$\boldsymbol{b = 5}$ である．④より，$\boldsymbol{a = 6}$ である．

♦別解♦　$y^2 + by + b + 1 = 0$ の2解を α，β とおく．
解と係数の関係より

◀（1）の **♦別解♦** と同様
です．

$$\alpha + \beta = -b \quad\cdots\cdots\cdots\cdots\cdots\cdots⑥$$

$$\alpha\beta = b + 1 \quad\cdots\cdots\cdots\cdots\cdots\cdots⑦$$

b は整数であるから，⑥より，α，β のうち一方が整数
であれば，もう一方も整数である．ゆえに，α，β はとも
に整数であり，$\alpha \leqq \beta$ としてよい．

⑥＋⑦より

$$\alpha + \beta + \alpha\beta = 1 \qquad \therefore \quad (\alpha + 1)(\beta + 1) = 2$$

$\alpha + 1 \leqq \beta + 1$ より

$$(\alpha + 1, \beta + 1) = (-2, -1), (1, 2)$$

$$(\alpha, \beta) = (-3, -2), (0, 1)$$

⑥より，$b = 5, -1$ であり，$b > 0$ より，$\boldsymbol{b = 5}$ である．
④より，$\boldsymbol{a = 6}$ である．

□ Point The equation NEO ROAD TO SOLUTION 4-2 Check! □

1 $n^2 + an + a = 0$ を**次数が低い a について解きます**．$a = -\dfrac{n^2}{n+1}$ の右辺は
分母より分子の方が次数が高い "仮分数" です．このままでは議論しにくいた
め，"帯分数" に直します．$\dfrac{13}{5} = 2 + \dfrac{3}{5}$ と同様に分子を分母で割って変形し

$$a = -\left(n - 1 + \frac{1}{n+1}\right)$$

とします．a と $n-1$ は整数ですから，$\dfrac{1}{n+1}$ が整数になる条件を考えます．

2 **最初から** α，β をともに整数とおいてはいけません．単に「整数解をもつ」
だけですから，「2解とも整数」とは限りません．あくまで α，β のうち**少なく
とも一方が整数**ということです．今回は②より $\alpha + \beta$ が整数ですから，一方
が整数であればともに整数となります．**結果的に**ともに整数となるのです．

3 α，β は整数で実数ですから，大小設定ができます．言い換えると，**実数の
保証がない限りは大小設定はできません**．念のためですが，虚数には大小関係

第4章　方程式（例題4−2）　155

第4章　方程式

がありません．$i < 2i$ などは一見正しそうですが，間違いです．

4 　$f(0) > 0$，$f(-1) \leqq 0$ 自体は納得できますが，なぜそれを調べようと思っ
たかが重要です．その背景の確認です．

　2次方程式の解を扱いますから，「解の配置」と同
様に**グラフを考えます**．今回は妄想というよりは，
現時点で分かっている情報を集めるイメージです．
「軸」，「端点での値」に着目しましょう．
$f(x) = x^2 + ax + b$ とおくと

$$\text{軸}：x = -\frac{a}{2} < 0,\ f(0) = b > 0$$

より，2解とも負の整数です．そこで，その**範囲を絞る**ことを考えます．整数
問題の解法（☞ P.68）です．$f(0) > 0$ が分かっていますから，$f(p) \leqq 0$ と
なる負の数 p が見つかれば，負の整数解の1つは $p \leqq x < 0$ の範囲にありま
す．地味な方法ですが，-1，-2 と順番に代入して見つけます．今回は

$$f(-1) = 1 - a + b \leqq 0$$

ですから，いきなり見つかります．$-1 \leqq x < 0$ に整数解があることが分か
り，それは -1 です．

　なお，$x^2 + ax + b = 0$ の代わりに $y^2 + by + a = 0$ を考えてしまうとうま
くいきません．$g(y) = y^2 + by + a$ とおいて，y に負の数 p を代入すると

$$g(p) = p^2 + bp + a$$

となりますが，$a > b$ ですから，どんな p に対してもこれが0以下になる保証
はありません．a が十分大きい値であれば正になるからです．試行錯誤をして
初めて $x^2 + ax + b = 0$ を先に考えるべきだと分かるのです．問題文の順序ど
おり（x，y の順）考えればうまくいくのは，大学側の配慮でしょうか．

5 　a と b の関係式さえ得られれば文字が減らせます．$x^2 + ax + b = 0$ より

$$x^2 + (b+1)x + b = 0$$

$$(x + 1)(x + b) = 0 \qquad \therefore \quad x = -1,\ -b$$

この2解はともに整数ですから，題意を満たします．言い換えると，この方程
式からはもう条件が得られないということですから，$y^2 + by + a = 0$ が整数
解をもつ条件から b を求めます．（1）と同様に求められます．

6 　これは2011年の名大・理系の問題です．私は予備校で2003年から名大の解
答速報を作成していますが，この問題にはかなり苦労しました．この年に医学
部に合格した生徒にも話を聞きましたが，この問題は解けなかったようです．

第2節　解と係数の関係

第2節　解と係数の関係

方程式　　　　　　　　　　　　　　　　　　　　　　　　　　　The equation

n 次方程式には，解と係数の関係があります．入試でよく出題されるのは，2次，3次の場合です．2次方程式の場合を詳しく見ておきます．

> **定理**　（2次方程式の解と係数の関係）
>
> 　2次方程式 $ax^2 + bx + c = 0 \, (a \neq 0)$ の2解を α, β とおくと
>
> $$\alpha + \beta = -\frac{b}{a}, \ \alpha\beta = \frac{c}{a}$$

　証明です．**因数分解する**ことがポイントです．$ax^2 + bx + c = 0$ の2解が α, β ですから，因数定理により

$$ax^2 + bx + c = a(x - \alpha)(x - \beta)$$

と因数分解できます．両辺を $a \, (\neq 0)$ で割り，右辺を展開すると

$$x^2 + \frac{b}{a}x + \frac{c}{a} = x^2 - (\alpha + \beta)x + \alpha\beta$$

となりますから，係数を比較して，$\alpha + \beta = -\dfrac{b}{a}$, $\alpha\beta = \dfrac{c}{a}$ が得られます．

　この方法は2次方程式だけでなく，n 次方程式でも有効です．次に紹介する3次方程式の解と係数の関係までは覚えておくべきですが，4次以降に関しては私も含めて覚えている人はあまりいないでしょう．それで問題ありません．時々4次方程式や5次方程式の解と係数の関係を利用する問題も出題されますが，**必要に応じて因数分解を用いて作ればよい**です．

　なお，2次方程式の解と係数の関係は「解の公式」を用いても証明できますが，3次以上の方程式で困ります．汎用性の高い証明を覚えた方がいいでしょう．

> **定理**　（2次方程式の解と係数の関係の逆）
>
> 　$\alpha + \beta = p$, $\alpha\beta = q$ を満たす α, β は，t の2次方程式
>
> $$t^2 - pt + q = 0$$
>
> の2解である．

　この定理の意味は，和と積が与えられている2数を2解とする2次方程式が作

第4章　方程式　157

第4章 方程式

れるということです.

　証明はやはり因数分解を利用します. α, β は, t の2次方程式

$$(t - \alpha)(t - \beta) = 0$$

の2解です. 左辺を展開し

$$t^2 - (\alpha + \beta)t + \alpha\beta = 0$$

$\alpha + \beta = p$, $\alpha\beta = q$ を代入し

$$t^2 - pt + q = 0$$

です.

　次に3次の場合です.

　定理　（3次方程式の解と係数の関係）

　　3次方程式 $ax^3 + bx^2 + cx + d = 0 \,(a \neq 0)$ の3解を α, β, γ とおくと

$$\alpha + \beta + \gamma = -\frac{b}{a}, \ \alpha\beta + \beta\gamma + \gamma\alpha = \frac{c}{a}, \ \alpha\beta\gamma = -\frac{d}{a}$$

　定理　（3次方程式の解と係数の関係の逆）

　　$\alpha + \beta + \gamma = p$, $\alpha\beta + \beta\gamma + \gamma\alpha = q$, $\alpha\beta\gamma = r$ を満たす α, β, γ は, t の3次方程式

$$t^3 - pt^2 + qt - r = 0$$

　　の3解である.

　どちらも符号が交互に変わることに注意しましょう. 証明は2次方程式の場合と同様に因数分解を利用するだけですから省略します.

　さて, 解と係数の関係については何をいまさらという感じでしょう. 頻繁に使う定理ですから, 受験生であれば覚えているはずです. しかし, 大事なポイントを押さえているでしょうか. それは, **すべての解を用いなければ解と係数の関係は使えない**ということです. 何を言っているのか分からない人のために, 単純な例を挙げましょう.

158　第4章　方程式

第2節 解と係数の関係

> **問題** 12. 2次関数 $f(x) = ax^2 + bx + c \, (a \neq 0)$ に対し
>
> $$f(\alpha) = 0, \ f(\beta) = 0 \Longrightarrow \alpha + \beta = -\frac{b}{a}, \ \alpha\beta = \frac{c}{a}$$
>
> は成り立つか.

「成り立つに決まってるじゃないか.」と言う人はもう一度よく考えてみてください. そもそも例題にするくらいですから怪しいに決まっています 😓

確かに, $f(\alpha) = 0$, $f(\beta) = 0$ より, α, β は x の2次方程式

$$ax^2 + bx + c = 0$$

の解ですから, 解と係数の関係を用いれば成り立ちそうです. しかし, 答えは「成り立たない」です. 反例は

$$f(x) = x^2 - 4x + 3, \ \alpha = \beta = 1$$

です. $f(x) = 0$ が異なる2解をもち, かつ $\alpha = \beta$ のとき成り立ちません.

$f(\alpha) = 0$, $f(\beta) = 0$ から言えることは, α, β が $f(x) = 0$ の解であるということだけです. 単に解であるというだけで, **すべての解を表しているとは限りません**. 見かけ上, 「2解」に見えますが, 上の反例のように, 同じ解を2通りに表しているだけの可能性があります. 一般に, **2次方程式の「2解」という表現は「すべての解」という意味で用いられます**. 重解でない解を2通りに表して「2解」とし, 解と係数の関係を用いても正しい結果は得られません. 証明ではすべての解を用いていますから当然です.

一方, 重解をもつ場合には, その重解を2解分とみなします. 例えば, 2次方程式 $f(x) = 0$ が重解 α をもつとき, $f(x) = 0$ の2解は α と α です. このように解釈すれば, 解と係数の関係が成り立ちます.

以上のことは, 3次方程式でも同様です. 解と係数の関係を用いる際には, 見かけ上の解の個数に惑わされることなく, すべての解を用いているかどうかに注意することです.

───── 〈方程式のまとめ2〉 ─────

Check ▷▷▷▷ 解と係数の関係

- ✎ 因数分解を用いて作る
- ✎ すべての解を用いないと使えない

第4章　方程式

〈チェビシェフの多項式〉

例題 **4−3.** （1）　$\cos 5\theta = f(\cos\theta)$ をみたす多項式 $f(x)$ を求めよ.

（2）　$\cos\dfrac{\pi}{10}\cos\dfrac{3\pi}{10}\cos\dfrac{7\pi}{10}\cos\dfrac{9\pi}{10} = \dfrac{5}{16}$ を示せ.　　　　（京都大）

考え方　（1）は $\cos$ の5倍角の公式を作る問題です. $\cos 5\theta$ を $\cos\theta$ で表します. 加法定理, 倍角の公式, 3倍角の公式を利用します.（2）は（1）で作った公式を利用します. $\dfrac{\pi}{10}$, $\dfrac{3\pi}{10}$, $\dfrac{7\pi}{10}$, $\dfrac{9\pi}{10}$ と $\cos 5\theta$ の関係を考えます.

▶解答◀　（1）　加法定理より

$$\cos 5\theta = \cos(3\theta + 2\theta)$$
$$= \cos 3\theta \cos 2\theta - \sin 3\theta \sin 2\theta$$

◀ $5\theta = 3\theta + 2\theta$ として加法定理を用います.
$5\theta = 4\theta + \theta$ としてもできます.

倍角の公式, 3倍角の公式を用いて　（▷▷▷▷ **1**）

$$\cos 3\theta \cos 2\theta$$
$$= (4\cos^3\theta - 3\cos\theta)(2\cos^2\theta - 1)$$
$$= 8\cos^5\theta - 10\cos^3\theta + 3\cos\theta$$

◀ 倍角の公式（☞ P.242）
$\cos 2\theta = 2\cos^2\theta - 1$ を用いて $\cos\theta$ のみの式にします.

$$\sin 3\theta \sin 2\theta$$
$$= (3\sin\theta - 4\sin^3\theta)\cdot 2\sin\theta\cos\theta$$
$$= 2\cos\theta\sin^2\theta(3 - 4\sin^2\theta)$$
$$= 2\cos\theta(1 - \cos^2\theta)\{3 - 4(1 - \cos^2\theta)\}$$
$$= 2\cos\theta(-\cos^2\theta + 1)(4\cos^2\theta - 1)$$
$$= -8\cos^5\theta + 10\cos^3\theta - 2\cos\theta$$

◀ $\sin^2\theta = 1 - \cos^2\theta$ を用います.

これらを辺ごとに引いて

$$\cos 5\theta = 16\cos^5\theta - 20\cos^3\theta + 5\cos\theta$$

$\cos 5\theta = f(\cos\theta)$ とすると

$$f(\cos\theta) = 16\cos^5\theta - 20\cos^3\theta + 5\cos\theta$$

これを満たす多項式 $f(x)$ は

$$\boldsymbol{f(x) = 16x^5 - 20x^3 + 5x}\quad（▷▷▷▷ \textbf{2}）$$

160 第4章　方程式（例題4−3）

（ 2 ） $\alpha = \dfrac{\pi}{10}$, $\beta = \dfrac{3\pi}{10}$, $\gamma = \dfrac{7\pi}{10}$, $\delta = \dfrac{9\pi}{10}$ とおく.

$f(\cos\theta) = \cos 5\theta$ で $\theta = \alpha$ とすると

$$f(\cos\alpha) = \cos 5\alpha = \cos\frac{\pi}{2} = 0$$

◀ これらの角度は何度も書くことになりますので，置き換えが有効です.

同様に

$$f(\cos\beta) = 0,\ f(\cos\gamma) = 0,\ f(\cos\delta) = 0$$

であるから，（▷▶▶▶ **3**）$\cos\alpha$, $\cos\beta$, $\cos\gamma$, $\cos\delta$ はすべて $f(x) = 0$ の解である. また

◀ 「代入しても成り立つ」だけですから，「単に解である」ことが分かっただけです.

$$f(x) = x(16x^4 - 20x^2 + 5)$$

であり，$\cos\alpha$, $\cos\beta$, $\cos\gamma$, $\cos\delta$ はどれも 0 でないから，これらは

$$16x^4 - 20x^2 + 5 = 0 \ \cdots\cdots\cdots\cdots\cdots ①$$

の解である.（▷▶▶▶ **4**）さらに

$$0 < \alpha < \beta < \gamma < \delta < \pi$$

より

◀ $\cos x$ は $0 \leqq x \leqq \pi$ で単調減少ですから，この範囲に収まっていることも確認しておきます.

$$\cos\alpha > \cos\beta > \cos\gamma > \cos\delta$$

であるから，$\cos\alpha$, $\cos\beta$, $\cos\gamma$, $\cos\delta$ は ① の異なる 4 解である.（▷▶▶▶ **5**）よって，① の左辺は

$$16x^4 - 20x^2 + 5$$
$$= 16(x - \cos\alpha)(x - \cos\beta)(x - \cos\gamma)$$
$$\times (x - \cos\delta)$$

◀ 最高次の係数 16 を忘れないようにしましょう.

と因数分解できて，定数項を比べると

$$5 = 16\cos\alpha\cos\beta\cos\gamma\cos\delta \quad (▷▶▶▶ \ \mathbf{6})$$

◀ 両辺を 16 で割ってから比べてもよいです.

ゆえに

$$\cos\frac{\pi}{10}\cos\frac{3\pi}{10}\cos\frac{7\pi}{10}\cos\frac{9\pi}{10} = \frac{5}{16}$$

が成り立つ.

問題編

論理

整数

論証

方程式

不等式

関数

座標

ベクトル

空間図形

図形総合

数列

数学的帰納法

場合の数

確率

微積分

出典・テーマ

第4章　方程式

□　　**Point**　　The equation NEO ROAD TO SOLUTION　**4-3**　　**Check!**　□

1　3倍角の公式は意外に使います．覚えておきましょう．

> 公式　（3倍角の公式）
> $$\sin 3\theta = 3\sin\theta - 4\sin^3\theta, \quad \cos 3\theta = 4\cos^3\theta - 3\cos\theta$$

　　$\sin$ の方は，「**3 sin θ − 4 sin$^3\theta$**」の太字部分に着目し，**「サンシにひかれたヨシミちゃん」** と覚えます．20年程前に当時の教え子と共同で作成した覚え方です．他にもいろいろな覚え方があるようですが，その中でも一番の出来だと確信しています ☺　ただし，時が流れて1つ問題が生じました．当時は落語家の桂三枝さんを想定して「サンシ」としたのですが，2012年に改名され，桂文枝さんになってしまいました．さすがに想定外でした ☺　ヨシミちゃんの方は天童よしみさんを想定しています．関西系で統一するこだわりです．

　　$\cos$ の方は，$\sin$ の式の2項の順序を入れ換え，$\sin \to \cos$ とするだけです．

2　$f(x)$ は多項式ですから
$$f(\cos\theta) = 16\cos^5\theta - 20\cos^3\theta + 5\cos\theta$$
は，$f(x) = 16x^5 - 20x^3 + 5x$ に $x = \cos\theta$ を代入した式とみなせます．よって，$f(x) = 16x^5 - 20x^3 + 5x$ です．

　　なお，「$f(x)$ をすべて求めよ」の意味で厳格に解釈すると，$\boxed{7}$ で紹介する定理を使って証明することになりますが，現実的ではありません．（2）のヒントですから，さらっと流します．

3　（1）をどう使うか考えます．目的の式に含まれる角度 $\alpha = \dfrac{\pi}{10}$, $\beta = \dfrac{3\pi}{10}$, $\gamma = \dfrac{7\pi}{10}$, $\delta = \dfrac{9\pi}{10}$ の特徴をとらえます．（1）で扱った $\cos 5\theta$ に着目すれば，θ がこれらの値のとき $\cos 5\theta = 0$ となることに気が付きます．よって
$$f(\cos\alpha) = 0, \quad f(\cos\beta) = 0, \quad f(\cos\gamma) = 0, \quad f(\cos\delta) = 0$$
が得られます．

4　$f(x) = x(16x^4 - 20x^2 + 5)$ ですから，$f(x) = 0$ は $x = 0$ を解にもちますが，$\cos\alpha$, $\cos\beta$, $\cos\gamma$, $\cos\delta$ はどれも0ではありませんから，これらは $16x^4 - 20x^2 + 5 = 0$ の解です．しかし，**「単に解である」** というだけです．

162　第4章　方程式（例題4−3）

第 2 節　解と係数の関係

5　$\cos\alpha$, $\cos\beta$, $\cos\gamma$, $\cos\delta$ はすべて異なりますから，①の異なる 4 解と分かります．①は 4 次方程式で解は 4 つありますから，**すべての解が得られた**ことになります．

6　すべての解が得られましたから，4 次方程式の解と係数の関係を知っていればそれが使えますが，普通は知りません．そこで，2 次や 3 次の場合の証明と同じように，**因数分解して解と係数の関係を導きます**．今回必要なのは，4 解の積の式だけですから，それに相当する定数項のみを比べればよいです．

7　一般に，自然数 n に対し
$$\cos n\theta = f_n(\cos\theta), \quad \sin n\theta = g_n(\cos\theta)\sin\theta$$
を満たす整数係数の多項式 $f_n(x)$, $g_n(x)$ が存在します．例えば
$$\cos 1\theta = \cos\theta, \ \cos 2\theta = 2\cos^2\theta - 1, \ \cos 3\theta = 4\cos^3\theta - 3\cos\theta$$
より
$$f_1(x) = x, \ f_2(x) = 2x^2 - 1, \ f_3(x) = 4x^3 - 3x$$
であり
$$\sin 1\theta = 1\cdot\sin\theta, \ \sin 2\theta = 2\sin\theta\cos\theta = 2\cos\theta\cdot\sin\theta$$
$$\sin 3\theta = 3\sin\theta - 4\sin^3\theta = (3 - 4\sin^2\theta)\sin\theta$$
$$= (4\cos^2\theta - 1)\sin\theta$$
より
$$g_1(x) = 1, \ g_2(x) = 2x, \ g_3(x) = 4x^2 - 1$$
です．一般の自然数 n に対しては，数学的帰納法を用いて簡単に示せます．なお，$f_n(x)$, $g_n(x)$ を**チェビシェフの多項式**といいます．大学入試でよく出題されるテーマです．

　チェビシェフの多項式は漸化式
$$f_{n+2}(x) = 2xf_{n+1}(x) - f_n(x) \quad\cdots\cdots\cdots\text{Ⓐ}$$
$$g_{n+2}(x) = 2xg_{n+1}(x) - g_n(x) \quad\cdots\cdots\cdots\text{Ⓑ}$$
を満たすことが知られています．

　Ⓐ の証明は，まず $-1 \leqq x \leqq 1$ の範囲で考えます．$x = \cos\theta$ とおいて，三角関数の和積の公式（☞ P.244）を用います．
$$f_{n+2}(x) + f_n(x) = f_{n+2}(\cos\theta) + f_n(\cos\theta)$$
$$= \cos(n+2)\theta + \cos n\theta$$

問題編

論理

整数

論証

方程式

不等式

関数

座標

ベクトル

空間図形

図形総合

数列

数学的帰納法

場合の数

確率

微積分

出典・テーマ

第4章　方程式

$$= 2\cos \frac{(n+2)\theta + n\theta}{2} \cos \frac{(n+2)\theta - n\theta}{2}$$

$$= 2\cos(n+1)\theta \cos\theta$$

$$= 2\cos\theta \cdot \cos(n+1)\theta$$

$$= 2\cos\theta \cdot f_{n+1}(\cos\theta) = 2x f_{n+1}(x)$$

よって，$f_{n+2}(x) = 2x f_{n+1}(x) - f_n(x)$ となり，$-1 \leqq x \leqq 1$ のとき Ⓐ が成り立ちます．

一方，$f_n(x)$ は多項式ですから，$-1 \leqq x \leqq 1$ 以外の x に対しても Ⓐ が成り立ちます．次の定理があるからです．

【定理】　x の（見かけの）n 次の多項式 $f(x)$ と異なる $n+1$ 個の数 $\alpha_1,\ \alpha_2,\ \cdots,\ \alpha_{n+1}$ に対し

$$f(\alpha_1) = f(\alpha_2) = \cdots = f(\alpha_{n+1}) = 0$$

が成り立つならば，$f(x)$ は恒等的に 0 である．

（見かけの）n 次式というのは，最高次の x^n の係数が 0 の場合も含む，実質 n 次以下の多項式です．この定理は（見かけの）**次数より多くの異なる値を代入して 0 になる多項式は恒等的に 0** ということです．証明は，解と係数の関係と同様に因数分解を利用します．

$$f(x) = (x - \alpha_1)(x - \alpha_2)\cdots(x - \alpha_{n+1})Q(x) \quad (Q(x) \text{ は } x \text{ の整式})$$

と書けます．$Q(x) \neq 0$ と仮定すると，左辺は（見かけの）n 次，右辺は $n+1$ 次以上となって矛盾します．よって，$Q(x) = 0$ で，$f(x)$ は恒等的に 0 です．

今回，Ⓐ は

$$f_{n+2}(x) - 2x f_{n+1}(x) + f_n(x) = 0$$

と書けて，この左辺を $F(x)$ とおくと，$F(x)$ は x の多項式です．$-1 \leqq x \leqq 1$ を満たす任意の実数 x に対して $F(x) = 0$ となりますから，$F(x) = 0$ となる x は無数にあり，当然 $F(x)$ の（見かけの）次数より多いです．ゆえに，$F(x)$ は恒等的に 0 で，$-1 \leqq x \leqq 1$ 以外の x に対しても Ⓐ が成り立ちます．

Ⓑ についてもほぼ同様ですが，少し工夫が必要です．まず，$-1 < x < 1$ として，$x = \cos\theta\ (0 < \theta < \pi)$ とおき

$$g_{n+2}(x)\sin\theta + g_n(x)\sin\theta = 2x g_{n+1}(x)\sin\theta$$

を示します．その後，両辺を $\sin\theta\ (\neq 0)$ で割り

$$g_{n+2}(x) = 2x g_{n+1}(x) - g_n(x)$$

とします．あとは上と同様にして，$-1 < x < 1$ 以外の x に対しても成り立つことを示せばよいです．

チェビシェフの多項式は，最初に漸化式を与える出題のされ方もあります．

問題 **13.** 多項式の列 $f_n(x)$，$n = 0, 1, 2, \cdots$ が

$$f_0(x) = 1, \ f_1(x) = x$$
$$f_n(x) = 2x f_{n-1}(x) - f_{n-2}(x) \quad (n = 2, 3, 4, \cdots)$$

をみたすとする．$f_n(\cos\theta) = \cos n\theta$ $(n = 0, 1, 2, \cdots)$ であることを示せ．

（名古屋大・改）

「おととい帰納法」（☞ P.438）で示します．

与式で $x = \cos\theta$ とすると

$$f_0(\cos\theta) = 1, \ f_1(\cos\theta) = \cos\theta$$
$$f_n(\cos\theta) = 2\cos\theta \cdot f_{n-1}(\cos\theta) - f_{n-2}(\cos\theta) \ \cdots\cdots\cdots\cdots\cdots ©$$

よって，$n = 0, 1$ のとき成り立ちます．

$n = k - 1, k$ のときの成立を仮定すると

$$f_{k-1}(\cos\theta) = \cos(k-1)\theta, \ f_k(\cos\theta) = \cos k\theta$$

このとき，© で $n = k + 1$ として

$$\begin{aligned} f_{k+1}(\cos\theta) &= 2\cos\theta \cdot f_k(\cos\theta) - f_{k-1}(\cos\theta) \\ &= 2\cos\theta \cdot \cos k\theta - \cos(k-1)\theta \\ &= 2\cos k\theta\cos\theta - \cos(k-1)\theta \end{aligned}$$

ここで，三角関数の和積の公式（☞ P.244）を用いると

$$2\cos k\theta\cos\theta = \cos(k+1)\theta + \cos(k-1)\theta$$

となりますから，$f_{k+1}(\cos\theta) = \cos(k+1)\theta$ であり，$n = k + 1$ のときも成り立ちます．

第4章 方程式

第3節 変数の置き換えと解の個数

方程式   The equation

　方程式の解の個数を調べる問題があります．直接個数が求まる場合はいいのですが，変数の置き換えを利用する際には注意が必要です．簡単な例です．

問題 14. $x^4 + 2x^2 - 3 = 0$ を満たす異なる実数 x の個数を求めよ．

　もちろん，この程度の問題であれば置き換えを利用するまでもありません．
$(x^2 - 1)(x^2 + 3) = 0$ より，$x = \pm 1$ で，求める個数は 2 です．しかし，敢えて置き換えを利用して考えてみます．

　$t = x^2$ とおくと，$t \geqq 0$ です．

$$x^4 + 2x^2 - 3 = 0 \quad \cdots\cdots\cdots\cdots\cdots\cdots\cdots\cdots\cdots\cdots\cdots\cdots①$$

より

$$t^2 + 2t - 3 = 0 \quad \cdots\cdots\cdots\cdots\cdots\cdots\cdots\cdots\cdots\cdots\cdots\cdots②$$

$$(t - 1)(t + 3) = 0 \qquad \therefore \quad t = 1, -3$$

$t \geqq 0$ より，$t = 1$ です．つまり，t の個数は 1 です．ただし，x の個数が 1 とは言えません．t 1 個に対し x が 1 個対応するとは限らないからです．t が真面目で相手が 1 個しかいなければいいのですが，ひょっとしたら t は浮気性で二股をかけているかもしれません😊　**t の個数と x の個数は等しいとは限らない**のです．実際，$t = x^2$ より，$t = 1$ である t 1 個に対し，x は $x = \pm 1$ と 2 個存在しますから，求める x の個数は 2 です．

　流れの確認をしておきます．

　Ⅰ　x の方程式①に対し，$t = x^2$ として，t の方程式②と書き換える

　Ⅱ　②を満たす t を求める

　Ⅲ　Ⅱで求めた t に対し，$t = x^2$ を満たす x の個数を調べる

特に Ⅲ が重要です．途中は t の問題として考えますが，あくまで x に関する問題ですから，最後は t から x に話を戻さなければなりません．そのため，t 1 個に対し x がいくつ対応するのかという，**t と x の対応関係に着目する**のです．

──── 〈方程式のまとめ3〉 ────

Check ▷▷▷▷ 変数の対応関係に注意する（1対1か，二股か）

166　第4章 方程式

第3節　変数の置き換えと解の個数

〈方程式の解の個数〉

例題 4-4. a を実数とする．$0 \leq \theta \leq \pi$ で定義された関数
$$f(\theta) = \sin\theta + \cos\theta - 2\sqrt{2}\sin\theta\cos\theta$$
に対して，$f(\theta) = a$ を満たす θ の個数を求めよ． （金沢大・改）

考え方　$f(\theta)$ のままでは複雑で考えにくいですから，変数の置き換えを利用します．$t = \sin\theta + \cos\theta$ とおけば，$\sin\theta\cos\theta$ も t で表せます．ただし，一般に，$(t \text{の個数}) \neq (\theta \text{の個数})$ ですから，t と θ の対応関係に注意します．

▶解答◀　$t = \sin\theta + \cos\theta$ とおくと　（▷▷▷ **1**）

$$t = \sqrt{2}\sin\left(\theta + \frac{\pi}{4}\right)$$
$$\cdots\cdots\cdots\text{①}$$

$0 \leq \theta \leq \pi$ より

$$\frac{\pi}{4} \leq \theta + \frac{\pi}{4} \leq \frac{5}{4}\pi$$

であるから

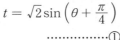

図1

$$-\frac{1}{\sqrt{2}} \leq \sin\left(\theta + \frac{\pi}{4}\right) \leq 1 \quad (▷▷▷ \text{②})$$

$$-1 \leq t \leq \sqrt{2}$$

$t^2 = (\sin\theta + \cos\theta)^2$ より

$$t^2 = 1 + 2\sin\theta\cos\theta$$

$$\sin\theta\cos\theta = \frac{t^2 - 1}{2}$$

よって

$$f(\theta) = t - 2\sqrt{2}\cdot\frac{t^2-1}{2} = -\sqrt{2}t^2 + t + \sqrt{2}$$

であり

$$g(t) = -\sqrt{2}t^2 + t + \sqrt{2}$$

とおくと

$$f(\theta) = a \iff g(t) = a$$

である．（▷▷▷ **3**）

◀ $\sin\theta + \cos\theta$
$= \sqrt{2}\sin\left(\theta + \frac{\pi}{4}\right)$
はよく使いますから覚えておくと便利です．

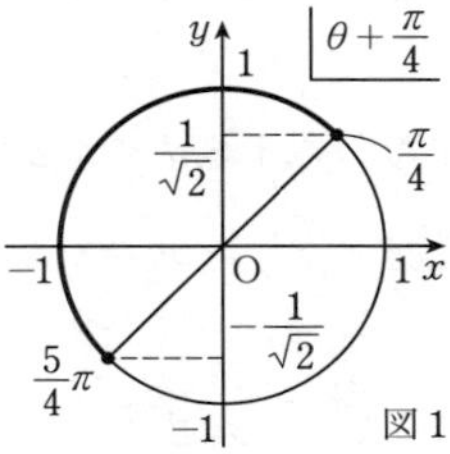

◀ $\sin\theta\cos\theta$ を t で表します．和 $t = \sin\theta + \cos\theta$ から積 $\sin\theta\cos\theta$ の形を作ることを考え，両辺を2乗します．

◀ $f(t)$ ではありません．$f(t)$ は $f(\theta)$ で $\theta = t$ としたものです．変数が変わりますから，関数も文字を変えます．

第4章 方程式

一方，① より
$$\frac{t}{\sqrt{2}} = \sin\left(\theta + \frac{\pi}{4}\right)$$
であるから，図2の単位円の太線部分と直線 $y = \dfrac{t}{\sqrt{2}}$ の共有点の個数に着目して t と θ の対応関係を調べると（▷▷▷▷ **4**）

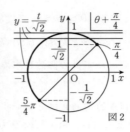

図2

◀ 単位円の右上に考えている角を書いておくと分かりやすいです．

（ア） $-\dfrac{1}{\sqrt{2}} \leqq \dfrac{t}{\sqrt{2}} < \dfrac{1}{\sqrt{2}}, \dfrac{t}{\sqrt{2}} = 1$，すなわち

$-1 \leqq t < 1, t = \sqrt{2}$ である t 1個に対し θ は1個対応する

（イ） $\dfrac{1}{\sqrt{2}} \leqq \dfrac{t}{\sqrt{2}} < 1$，すなわち $1 \leqq t < \sqrt{2}$ である t 1個に対し θ は2個対応する

となる．また
$$g(t) = -\sqrt{2}\left(t - \frac{1}{2\sqrt{2}}\right)^2 + \frac{9\sqrt{2}}{8}$$
より，$y = g(t)$ のグラフは図3のようになる．ただし，太線部分と大きい黒丸部分は，対応する θ が2個存在し，それ以外の部分は，対応する θ が1個存在する．（▷▷▷▷ **5**）

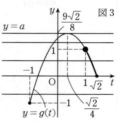

図3

◀ 細かいことですが，今回は $\sqrt{2}$ がらみの数が多く現れますから，$\sqrt{2}$ を1単位としてグラフを描くと描きやすいです．

$y = g(t)$ と $y = a$ のグラフの共有点の t 座標と，上で調べた t と θ の対応関係より，$f(\theta) = a$ を満たす θ の個数は （▷▷▷▷ **6**）

$$\begin{cases} a < -1, \dfrac{9\sqrt{2}}{8} < a \text{ のとき} & 0 \\ -1 \leqq a < 0, a = \dfrac{9\sqrt{2}}{8} \text{ のとき} & 1 \\ a = 0, 1 < a < \dfrac{9\sqrt{2}}{8} \text{ のとき} & 2 \\ 0 < a \leqq 1 \text{ のとき} & 3 \end{cases}$$

（▷▷▷▷ **7**）

第3節　変数の置き換えと解の個数

Point
The equation
NEO ROAD TO SOLUTION **4−4** **Check!**

問題編

論理

整数

論証

方程式

不等式

関数

座標

ベクトル

空間図形

図形総合

数列

数学的帰納法

場合の数

確率

微積分

出典・テーマ

---

1 $\sin\theta\cos\theta$ を含む関数は，他の項によって解法が変わります．

> 参考　（$\sin\theta\cos\theta$ を含む関数）
>
> 他の項に着目し
>
> （ⅰ）　$\sin\theta \pm \cos\theta$ を含むとき
>
> 　　$t = \sin\theta \pm \cos\theta$ とおき，t のみの式にする（複号同順）
>
> （ⅱ）　$\sin^2\theta$，$\cos^2\theta$ を含むとき
>
> 　　倍角の公式（☞ P.242）を用いて，2θ のみの式にする

$f(\theta)$ は $\sin\theta\cos\theta$ 以外に $\sin\theta + \cos\theta$ を含みますから，$t = \sin\theta + \cos\theta$ とおけば t のみの式で表されます．

2 単位円を利用して，$\sin\left(\theta + \dfrac{\pi}{4}\right)$ のとりうる値の範囲を調べます．関数の章（☞ P.239）で扱いますが，単位円において $\sin$ は y 座標に対応します．よって，$\sin\left(\theta + \dfrac{\pi}{4}\right)$ は **▶解答◀** の図1において単位円の太線部分の y 座標です．

3 $f(\theta)$ は考えにくいですから，代わりに $g(t)$ を使って考えます．

$$f(\theta) = a \Longleftrightarrow g(t) = a$$

は正しいですが，（t の個数）＝（θ の個数）とは限りません．$g(t) = a$ を満たす t について考える前に，t と θ の対応関係を調べます．

4 t と θ の対応関係を調べるには，単位円を利用します．余計な係数があると混乱しますから，$\sin\left(\theta + \dfrac{\pi}{4}\right)$ について解き

$$\frac{t}{\sqrt{2}} = \sin\left(\theta + \frac{\pi}{4}\right)$$

とします．$\sin\left(\theta + \dfrac{\pi}{4}\right)$ は **▶解答◀** の図2において単位円の太線部分の **y** 座標ですから，t を決めたときの θ の個数は，直線 **$y = \dfrac{t}{\sqrt{2}}$** と単位円の太線部分の共有点の個数です．$\dfrac{t}{\sqrt{2}}$ の値を変化させて，対応する θ の個数を調べます．特に，$\dfrac{t}{\sqrt{2}} = 1$ のときは見落としがちです．注意しましょう．

第4章　方程式（例題4−4）　**169**

5 $g(t) = a$ は $y = g(t)$ と $y = a$ のグラフの共有点の t 座標を求める式ですから，$y = g(t)$ のグラフを描きます．ただし，$g(t) = a$ を満たす t の個数を求めるのが目標ではなく，あくまで $f(\theta) = a$ を満たす θ の個数を求めたいのですから，**t と θ の対応関係をグラフに反映させておく**とよいです．θ が 2 個対応する部分と 1 個対応する部分に差をつけておくのです．▶解答◀ の図 3 では，2 個対応する部分を太線と大きい黒丸で表現しました．

6 $y = g(t)$ と $y = a$ のグラフの共有点を調べることで，$g(t) = a$ を満たす t が分かり，t と θ の対応関係から，その t に対する θ がいくつ存在するか分かります．t が複数ある場合には，対応する θ の個数の総数になります．**5** で述べたように対応関係をグラフに反映させておけば，グラフだけで調べられますから簡単です．

例として，$0 < a \leqq 1$ のときの図を図 4 に示します．$y = g(t)$ と $y = a$ のグラフの共有点のうち，左側の共有点には θ が 1 個対応し，右側の共有点には θ が 2 個対応しますから，θ の個数は合わせて 3 となります．

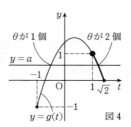

図 4

7 $g(t) = a$ を満たす t の個数と $f(\theta) = a$ を満たす θ の個数を表にまとめると下のようになります．

a	$\cdots$	-1	$\cdots$	0	$\cdots$	1	$\cdots$	$\dfrac{9\sqrt{2}}{8}$	$\cdots$
t の個数	0	1	1	2	2	2	2	1	0
θ の個数	0	1	1	2	3	3	2	1	0

表を結論の代わりに答案に書くのもありでしょう．a の小さい順に 1 つずつ調べることになりますから，見落としが防げます．

第4節　共通解

第4節　共通解

方程式　　　　　　　　　　　　　　　　　　　　　　　　　　　The equation

　次のような2つの方程式の共通解を扱う問題があります．なお，共通解は単に共通の解ですから，特に断りがなければ，**実数とは限りません**．虚数もありです．

問題 15. a, b を実数の定数とする．2つの2次方程式

$$x^2 + ax + b = 0, \quad x^2 + bx + a = 0$$

が共通の解をもつための必要十分条件を求めよ．

　このまま辺ごとに引いて，$(a-b)x + b - a = 0$ としてもよいですが，混乱を避けるために**共通解は他の解と区別し，文字でおきます**．よく α が使われますが，a と混同しやすいため，ここでは p とおきます．

$$p^2 + ap + b = 0 \quad \cdots\cdots\cdots\cdots\cdots\cdots① $$

$$p^2 + bp + a = 0 \quad \cdots\cdots\cdots\cdots\cdots\cdots② $$

これらを満たす p の存在条件を求めます．辺ごとに引いて

$$(a-b)p + b - a = 0 \quad \therefore \quad (a-b)(p-1) = 0 \quad \cdots\cdots\cdots③ $$

$a \neq b$ のとき，③ より，$p = 1$ で，① より

$$1 + a + b = 0 \quad \therefore \quad b = -a - 1$$

なお，「① かつ ② $\Longleftrightarrow$ ③ かつ ①」を用いています．

　$a = b$ のとき，①，② はともに $p^2 + ap + a = 0$ となり，p は存在しますから適します．

　以上より，求める条件は，$b = -a - 1$ または $b = a$ となります．

　共通解の問題は特殊な問題ではありません．シンプルに，①，② を p, a, b の**連立方程式とみなす**ことです．**「次数を下げる」**ことや**「文字を減らす」**ことを考えます．なお，「辺ごとに引く」のは，次数を下げる1つの例に過ぎません．

〈方程式のまとめ4〉

Check ▷▷▷▷　共通解

　✎　他の解と区別するために共通解を文字でおく

　✎　連立方程式とみなし，「次数を下げる」，または「文字を減らす」

第4章　方程式　**171**

第4章　方程式

〈2次方程式と3次方程式の共通解〉

[例題] **4−5.** 実数の定数 a, b に対し，2次方程式 $x^2 - 2ax - b = 0$ と3次方程式 $x^3 - (2a^2 + b)x - 4ab = 0$ を考える．この2次方程式の解のうちの1つだけが，この3次方程式の解になるような点 (a, b) の存在領域を ab 平面上に図示せよ．また，その共通な解を a で表せ．ただし，重解は1つと数えることにする．

(大阪市立大・改)

[考][え][方]　共通解を文字でおいて連立方程式とみなします．2次方程式と3次方程式ですから，辺ごとに引いても意味がありません．整式の割り算を用いて次数を下げます．

▶**解答**◀　共通解を p とおくと

◀ ここでも a と混同しないように α を避けました．

$$p^2 - 2ap - b = 0 \quad \cdots\cdots\cdots①$$

$$p^3 - (2a^2 + b)p - 4ab = 0 \quad \cdots\cdots②$$

これらを満たす p がただ1つ存在する条件を求める．
　整式の割り算を使って②を変形すると　(▷▷▷▷ **1**)

$$(p^2 - 2ap - b)(p + 2a) + 2a^2 p - 2ab = 0$$

①を代入し

$$2a^2 p - 2ab = 0$$

$$2a(ap - b) = 0 \quad \cdots\cdots\cdots\cdots\cdots③$$

(▷▷▷▷ **2**)

(ア)　$a \neq 0$ のとき
　③より

$$p = \frac{b}{a} \quad \cdots\cdots\cdots\cdots\cdots\cdots\cdots④$$

◀ 解けた時点で p は（存在しても）ただ1つであることが分かります．

となり，p はただ1つである．①に代入し

$$\left(\frac{b}{a}\right)^2 - 2a \cdot \frac{b}{a} - b = 0$$

$$b^2 - 3a^2 b = 0$$

$$b(b - 3a^2) = 0 \quad \cdots\cdots\cdots\cdots\cdots⑤$$

$b \neq 0$ のとき，⑤より $b = 3a^2$ で，④より $p = 3a$ で

◀ 排反に場合分けします．

172　第4章　方程式（例題4−5）

ある.
　$b=0$ のとき，⑤ は成り立ち，④ より $p=0$ である.
（イ）$a=0$ のとき
　③ は成り立ち，① より
$$p^2 - b = 0 \quad \therefore \quad p = \pm\sqrt{b}$$
p がただ 1 つとなる条件は $b=0$ である．（▷▷▷ **3**）
　以上より，点 (a, b) の存在領域は
$$b = 0 \text{ または } b = 3a^2$$
（▷▷▷ **4**）
であり，図の太線部分になる．
　また，共通解は

$b=0$ のとき　0

$b=3a^2$ のとき　$3a$

（▷▷▷ **5**）

◀ この時点では p は虚数の可能性もあります．

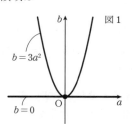
図1

◀ 答えに座標軸を含む場合は太線にします．

Point The equation NEO ROAD TO SOLUTION 4-5 **Check!**

1 $p^3 - (2a^2 + b)p - 4ab$ を $p^2 - 2ap - b$ で実際に割って商と余りを求め，② の左辺を変形します．整式の割り算は，右のように係数のみを書くとスッキリします．

```
              1    2a
1  -2a  -b ) 1   0   -2a²-b   -4ab
             1  -2a       -b
             ─────────────────────
                 2a   -2a²      -4ab
                 2a   -4a²      -2ab
                 ─────────────────────
                       2a²       -2ab
```

2 ③ は a, b, p を含みますが，共通解 p がただ 1 つ存在する条件を考えますから，p の方程式とみて解きます．なお
$$a = 0 \text{ または } ap = b$$
とするよりは
$$a \neq 0 \text{ または } a = 0$$
のように**排反に場合分けする**方がよいです．今回は結果的に矛盾しませんが，共通解の個数を扱う問題では，同時に起こる場合があるとそれが特別な場合になり，共通解の個数が変わる恐れがあります．実際，私はこのような共通解の個数の問題で，排反でない場合分けをして間違えたことがあります 😊

第4章　方程式

　もちろん，いつも排反に場合分けするべきと言うのではありません．例えば，2次関数の最大・最小で，軸の位置で場合分けをすることがありますが，そのような単純な問題では，わざわざ排反に分けません．

3 $p = \pm\sqrt{b}$ より，$b \neq 0$ のとき，p が2個存在（虚数も含む）し，不適です．$b = 0$ のときは $p = 0$ のみで，適します．$a = 0$ のとき，元の2つの方程式が

$$x^2 - b = 0, \ x(x^2 - b) = 0$$

であることからも納得できるでしょう．

4 場合分けの結果を踏まえて，a, b が満たすべき条件をまとめます．

　　　$a \neq 0$ のとき　$(b \neq 0$ かつ $b = 3a^2)$ または $b = 0$

　　　$a = 0$ のとき　$b = 0$

です．先にグラフを考えると分かりやすいです．
　$a \neq 0$ のときは，図2の太線部分です．ただし，白丸を除きます．一方，$a = 0$ のときは，その白丸（原点）ですから，点 (a, b) の存在領域は ▶解答◀ の図1になります．

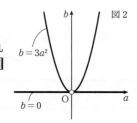

　これを式で簡潔に表すと

　　　$b = 0$ または $b = 3a^2$

です．このような結論は排反に分ける必要はありません．

5 共通解を簡潔にまとめます．元々は

　　　$a \neq 0$ かつ $b \neq 0$ かつ $b = 3a^2$ のとき　$p = 3a$ ……………Ⓐ

　　　$a \neq 0$ かつ $b = 0$ のとき　$p = 0$

　　　$a = 0$ かつ $b = 0$ のとき　$p = 0$

です．各場合の p を ▶解答◀ の図1に書き込むと，図3のようになります．$a = 0$ のとき，$p = 3a$ は $p = 0$ となって矛盾しませんから，Ⓐ の「$a \neq 0$ かつ $b \neq 0$」はなくてもよく

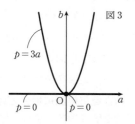

　　　$b = 0$ のとき　$p = 0$

　　　$b = 3a^2$ のとき　$p = 3a$

とまとめられます．

第5節　　n次方程式の有理数解

方程式

The equation

　整数係数のn次方程式の有理数解を扱う問題があります．その際には，互いに素な整数p，$q\,(q \neq 0)$を用いて，**有理数解を$\dfrac{p}{q}$とおく**のが基本です．さらに言えば，**$q > 0$とするとよい**です．無駄な場合が省けます．

　例えば，$-\dfrac{3}{2}$という数は，$\dfrac{-3}{2}$と$\dfrac{3}{-2}$の2通りの表し方がありますが，両方を扱う必要はなく，一方の表し方だけで十分です．符号は分子のpで表すとすれば，分母のqは正で固定できます．

　有理数解をおいた後は，方程式に代入し，**(1つの分数) ＝ (整数)の形を作ります**．「見た目は分数だが，実は整数」ということから条件を導くためです．簡単な例題です．

> **問題 16.** 整数係数の2次方程式$x^2 + ax + b = 0$が有理数解をもつとき，それは整数であることを示せ．

　有理数解を$\dfrac{p}{q}$（pとqは互いに素な整数, $q > 0$）とおいて，方程式に代入します．

$$\left(\frac{p}{q}\right)^2 + a \cdot \frac{p}{q} + b = 0$$

1つだけ分数を残すために，両辺にqをかけて移項します．

$$\frac{p^2}{q} = -ap - bq$$

右辺は整数ですから，$\dfrac{p^2}{q}$も整数です．一方，pとqは互いに素ですから，この分数は約分できません．「よって矛盾？　問題がおかしい？」と思った方，ちょっと待ってください．約分できないからといって整数でないとは限りません．見た目が分数なだけで，最初から整数の可能性があります．$q = 1$ということです．$q > 0$が利いていることに注意しましょう．$q > 0$がなければ$q = \pm 1$です．

　結局，有理数解$\dfrac{p}{q}$はpとなり整数です．

　なお，分母を払っても議論はできます．

$$p^2 = q(-ap - bq)$$

第4章　方程式

第4章　方程式

となりますから，p^2 は q の倍数です．一方，p と q は互いに素ですから，$q \geqq 2$ とすると不適で，$q = 1$ となるしかありません．

　これら2つの解法を比べると，1つだけ分数を残しておく方が，見た目から条件を導くイメージで分かりやすいと思います．

　余談ですが，「有理数」という用語は誤訳です．一応確認です．2つの整数 p，$q\,(q \neq 0)$ を用いて，$\dfrac{p}{q}$ の形で表される実数を**有理数**といい，有理数でない実数を**無理数**といいます．有理数は英語で「rational number」ですが，「rational」を辞書で引くと，「理性のある，合理的な」などの意味が載っています．そこで，昔の人は「理性のある数」，「合理的な数」として「有理数」と訳したようです．

　しかし，ちょっと考えてみてください．$\sqrt{2}$ や π などには理性がないのでしょうか．1や $\dfrac{1}{2}$ などの単純な数の方がアホに見えませんか？ $\sqrt{2}$ や π などは小数点以下が無限に続きますから，むしろ深遠で賢そうに感じます．そもそも理性がないなんて $\sqrt{2}$ や π に対して失礼でしょう 😊　こんなくだらない突っ込みが入るのは訳が間違っているからです．「**ratio**nal」の太字部分に着目してください．「比」を表す「ratio」です．つまり，「rational number」を直訳すれば**「比で書ける数」**となります．有理数の代わりに「整比数」とでも訳していれば名訳だと称えられたと思います．一方，無理数の正しい訳はどんな言葉が適当でしょうか．これはいろいろ考えましたが，なかなかいいものが浮かびませんでした．比で書けない数ですから「非比数（ひひすう）」ではどうかとも考えましたが，授業で言ったら生徒に不評でした 😊　笑っているみたいですしね．

　文科省も次回の教育課程からベクトルを数Cにするような愚策を撤回し，「新課程から有理数は整比数にします！」といった気の利いたことをしてくれないですかね 😊　まあこんな妄想をしてもいまさら用語は変わりませんので，「有理数」と見たら「比で書ける数」と翻訳して考えることです．

〈方程式のまとめ5〉

Check ▷▷▷▷ n 次方程式の有理数解

🦪　有理数解を $\dfrac{p}{q}\,(q > 0)$ とおいて方程式に代入する

🦪　（1つの分数）＝（整数）の形を作る

第5節　n 次方程式の有理数解

〈整数係数の２次方程式と有理数・無理数〉

[例題] **4−6.** a, b を整数，u, v を有理数とする．$u+v\sqrt{3}$ が $x^2+ax+b=0$ の解であるならば，u と v は共に整数であることを示せ．ただし，$\sqrt{3}$ が無理数であることは使ってよい．

(京都大)

考え方　まず，$x=u+v\sqrt{3}$ を $x^2+ax+b=0$ に代入し，$\sqrt{3}$ を含む項と含まない項に分けます．a, b が整数，u, v が有理数，$\sqrt{3}$ が無理数であることを用いて，条件式を導きます．一般に，有理数が整数であることを示すには，有理数を $\dfrac{p}{q}$ とおいて $q=1$ を示します．

▶解答◀　$u+v\sqrt{3}$ が $x^2+ax+b=0$ の解のとき

$$(u+v\sqrt{3})^2 + a(u+v\sqrt{3}) + b = 0$$

$$u^2 + 3v^2 + au + b + v(2u+a)\sqrt{3} = 0$$

◀ $\sqrt{3}$ について整理します．

$v(2u+a) \neq 0$ とすると　（▷▷▷▷ **1**）

$$\sqrt{3} = -\frac{u^2 + 3v^2 + au + b}{v(2u+a)}$$

a, b は整数，u, v は有理数であるから，右辺は有理数であり，$\sqrt{3}$ が無理数であることに矛盾する．よって

$$v(2u+a) = 0 \cdots\cdots\cdots\cdots\cdots\cdots① $$

$$u^2 + 3v^2 + au + b = 0 \cdots\cdots\cdots\cdots② $$

（ア）　$v=0$ のとき　（▷▷▷▷ **2**）

①は成り立つ．②より，$u^2+au+b=0$ である．ここで，u は有理数であるから

$$u = \frac{p}{q} \quad (p \ \text{と} \ q \ \text{は互いに素な整数}, q > 0)$$

とおくと

$$\left(\frac{p}{q}\right)^2 + a \cdot \frac{p}{q} + b = 0$$

$$\frac{p^2}{q} = -ap - bq$$

◀ $u^2+au+b=0$ から u が整数であることが言えるはずです．そこで，$u=\dfrac{p}{q}$ とおいて $q=1$ を示します．

◀ （１つの分数）＝（整数）の形を作ります．

右辺は整数であるから $\dfrac{p^2}{q}$ も整数であり，p と q は互い

第4章　方程式（例題4−6）　177

第4章　方程式

に素であるから，$q = 1$ である．よって，$u = p$, $v = 0$
であり，u, v はともに整数である．

（イ）$v \neq 0$ のとき

　①より

$$2u + a = 0 \qquad \therefore \quad u = -\frac{a}{2} \cdots\cdots\cdots\cdots ③$$

（▷▷▷▶ **3**）

②に代入し

$$\frac{a^2}{4} + 3v^2 - \frac{a^2}{2} + b = 0$$

$$12v^2 = a^2 - 4b$$

◀ v が整数であることを示
したいのですから，v の
みを左辺に残します．

ここで，v は有理数であるから

$$v = \frac{p}{q} \quad （p と q は互いに素な整数, q > 0）$$

◀ $v = \dfrac{p}{q}$ とおいて $q = 1$
を示します．

とおくと

$$12 \cdot \frac{p^2}{q^2} = a^2 - 4b \cdots\cdots\cdots\cdots\cdots ④$$

右辺は整数であるから $12 \cdot \dfrac{p^2}{q^2}$ も整数で，p と q は互い
に素であるから，q^2 は 12 の約数である．（▷▷▷▶ **4**）よっ
て，$q = 1, 2$ である．

◀ $q = 1, 2, \cdots$ と動かして
q^2 が 12 の約数になるも
のを調べると，$q = 1, 2$
です．

（ⅰ）$q = 1$ のとき

　$v = p$ より，v は整数である．（▷▷▷▶ **5**）また，④より

$$12p^2 = a^2 - 4b \qquad \therefore \quad a^2 = 4(3p^2 + b)$$

よって，a^2 は偶数で，a も偶数である．（▷▷▷▶ **6**）ゆえ
に，③より，u は整数である．

（ⅱ）$q = 2$ のとき

　p と $q = 2$ は互いに素であるから，p は奇数である．
（▷▷▷▶ **7**）$p = 2k + 1$（k は整数）とおくと，④より

$$3(2k+1)^2 = a^2 - 4b$$

$$a^2 = 4(3k^2 + 3k + b) + 3 \quad （▷▷▷▶ \textbf{8}）$$

よって，a^2 は奇数で，a も奇数であるから，$a = 2l + 1$

◀ 整数 a に対し
a^2 が奇数 $\Longleftrightarrow$ a が奇数
が成り立ちます．

178　第4章　方程式（例題4-6）

第 5 節　n 次方程式の有理数解

（l は整数）とおくと

$$(2l + 1)^2 = 4(3k^2 + 3k + b) + 3$$

$$4(l^2 + l) + 1 = 4(3k^2 + 3k + b) + 3$$

両辺を 4 で割った余りを比べると，$1 = 3$ となって矛盾．
以上より，u, v はともに整数である．

◀ この結果，$q = 2$ となる
ことはありません．

Point　The equation　NEO ROAD TO SOLUTION　4-6　Check!

1 有理数，無理数に関しては有名な性質があります．

> **定理**　有理数 x, y，無理数 M に対し
> $$x + yM = 0 \Longleftrightarrow x = y = 0$$
> が成り立つ．

　　左向きの矢印は自明ですから，右向きの矢印に着目しましょう．単に覚える
のではなく，結論が得られるプロセスを納得しておくことが重要です．無理数
M の係数 y に着目し，$y \neq 0$ と仮定して矛盾を導きます．
　　実際，$y \neq 0$ と仮定すると，M について解くことができて，$M = -\dfrac{x}{y}$ と
なります．x, y は有理数ですから右辺は有理数で，M が無理数であることに
矛盾します．今回の問題でも同じ流れで①，②を導きます．

2 $v(2u + a) = 0$ を使って場合分けします．□Point... □ 4–5. の **2** （☞ P.173）
で述べたとおり，共通解の個数の問題では排反に場合分けしますが，それと同
様に，**証明問題では同時に起こる場合があると議論しにくくなることがありま
す**から，排反に場合分けする方が無難です．つまり

$$v = 0 \text{ または } 2u + a = 0$$

と場合分けする代わりに

$$v = 0 \text{ または } v \neq 0$$

とします．なお，今回は排反に場合分けしなくても結果的には変わりません．

3 $2u + a = 0$ と②がありますから，文字を減らします．u と a のどちらかが
消せますが，その後の議論がしやすいように**条件が厳しい方を残す**ことです．
u は有理数で，a は整数ですから，厳しい a を残すように u を消去します．u
について解いて代入します．

第 4 章　方程式（例題 4 − 6）　**179**

第 4 章　方程式

4 $12 \cdot \dfrac{p^2}{q^2}$ が整数で，p と q が互いに素だからといって，$q^2 = 1$ とは限りません．係数 12 があるからです．p と q は互いに素ですから，$12 \cdot \dfrac{p^2}{q^2}$ において，p^2 と q^2 は約分できませんが，12 と q^2 は約分できる可能性があります．よって，$12 \cdot \dfrac{p^2}{q^2}$ が整数になるとき，12 との約分で q^2 が消えます．つまり，q^2 は 12 の約数です．

5 v が整数であることが言えましたから，次に u が整数であることを示します．使えるのは③と④です．③の $u = -\dfrac{a}{2}$ に着目すると，u が整数になる条件は a が偶数であることです．④を用いて a が偶数であることを示します．

6 整数 a に対し「a^2 が偶数 $\iff a$ が偶数」が成り立ちます．一般に，素数 p に対し「a^2 が p の倍数 $\iff a$ が p の倍数」です．素数の性質ですから，通常は証明する必要はありません．$\implies$ のみ説明しておきます．a^2 が p の倍数のとき，p は素数ですから a が 2 個くっついて初めて p の倍数になるということはありません．最初から a が p をもっているしかなく，a は p の倍数です．

7 $q = 2$ のとき $v = \dfrac{p}{2}$ で，p と 2 は互いに素ですから，v は整数ではありません．これは証明すべき結論に反しますから，**この場合は起こらないはず**です．つまり，矛盾を導くことが目標になります．見通し良く解答を進めましょう．まず，p が奇数であることを用いて，④を変形します．

8 整数の章（☞ P.84）で扱った「平方数の性質」を思い出せば，このような整数 a が存在しないのは明らかです．一般に，整数 n に対し，n^2 を 4 で割った余りは 0 か 1 で，2 と 3 はありません．今回は，整数 a に対し，a^2 を 4 で割った余りが 3 となっていますから，これはありえないことです．答案では「平方数の性質」を使う代わりに，a が奇数であることに着目し，$a = 2l + 1$ とおいて矛盾を導けばよいでしょう．

第5章 不等式

The inequality
真・解法への道！　NEO ROAD TO SOLUTION

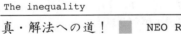

第5章　不等式

第1節　不等式の証明法

不等式　　　　　　　　　　　　　　　　　　　　　　　　　　The inequality

　入試問題で意外に難しいのが不等式の証明です．大雑把に分類すると，次の6つのパターンがあります．

　まず，1つ目は**「変形する」**です．両辺の差をとり，式変形をすることでその符号を調べます．基本的でよく用いられる方法です．

　例えば，$A \geqq B$ を示すには，$A - B \geqq 0$ を示せばよいですから，$A - B$ を変形（平方完成，因数分解など）してそれが0以上であることを示します．

　2つ目は**「有名不等式を利用する」**です．よく使う不等式を挙げておきます．

（ⅰ）　相加相乗平均の不等式　（第2節 （☞ P.193））

（ⅱ）　コーシー・シュワルツの不等式（ Point... 5−3. の 5 （☞ P.200））

（ⅲ）　三角不等式 $|\alpha| + |\beta| \geqq |\alpha + \beta|$（ Point... 5−1. の 3 （☞ P.187））

（ⅳ）　$x^2 + y^2 + z^2 - xy - yz - zx \geqq 0$（第2節 （☞ P.194））

これらの有名不等式を用いて不等式を証明します．特に，（ⅲ），（ⅳ）は意外に盲点です．覚えておくとよいでしょう．

　3つ目は**「微分を利用する」**です．例えば，常に $f(x) \geqq 0$ が成り立つことを示したいとします．そのためには，$f(x)$ の最小値が0以上であることを示せばよいですから，$f(x)$ の増減を調べるために微分を利用します．

　以下は主に数Ⅲで使われるものです．

　4つ目は**「面積を利用する」**です．面積の大小関係から不等式を証明します．座標平面において，定積分で表される面積と三角形や長方形，台形など簡単に計算できる面積を比較することが多いです．

　5つ目は**「凹凸を利用する」**です．数Ⅲで習う曲線の凹凸を利用するものです．例えば，下に凸の曲線では，弦は上側，接線は下側にくることを利用します．

　6つ目は**「平均値の定理を利用する」**です．数Ⅲで習う平均値の定理を用いて不等式を証明します．これが有効な不等式はいかにもという形をしていることが多く，平均値の定理の応用の中では易しい方です．

第1節 不等式の証明法

　これらの証明法の画期的な覚え方を紹介しましょう．最後の「平均値の定理を利用する」は除いて頭文字をとっていくと，**「ヘ，ユウ，ビ，メ，オウ」**となります．これでは意味が分かりません．何回も声に出して読んでみましょう．「ヘ，ユウ，ビ，メ，オウ」，「ヘ，ユウ，ビメオウ」，…，「ヘイ！ ユー！ ビミョー」，そう，**「ヘイ！ ユー！ 微妙」**です．ハイ，苦しいですね😅 しかも何のことかさっぱり分かりません．そこで，この言葉に意味を持たせてみます．

　唐突ですが，街でナンパしている男の子がいるとしましょう．この男の子はいわゆる「フツメン」です．そこにすごく可愛い女の子が通りかかったとします．「すごく可愛い」というのがポイントです．我々はそれを第三者として観察しています．客観的に見て，男の子には悪いですが，2人はバランスが取れていないように見えます．そう，ここに不等式が見出されるのです．というわけで**「不等式の証明法」**です．そして，男の子が無謀にも女の子に声をかけます．**「ヘイ！ ユー！」** 😊 声をかけられた女の子がぼそっと一言．**「微妙…」** 😐 どうでしょうか？ このゴロ合わせ自体が「微妙」な気がしないでもありませんが，個人的には気に入っています．しかも，この順番は大体よく使われる順になっています．これを押さえて不等式の証明に強くなりましょう．

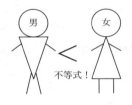

　最後に補足です．不等式の証明においては，問題文に等号成立条件を問う内容がなければ，わざわざ**等号成立条件を確認する必要はありません**．あくまで不等式が成り立つことを証明するのが目的ですから，等号がついていてもその成立を保証する必要はありませんし，実際成立しない場合もあります．例えば，$2 \geqq 1$ は正しいですが，等号は成立しません．その値をとることを保証する必要があるのは，最大値や最小値を求める問題です．混同しないようにしましょう．

〈不等式のまとめ1〉

Check ▷▷▷▷ 不等式の証明法（ヘイ！ ユー！ 微妙）

（ⅰ）　変形する
（ⅱ）　有名不等式を利用する
（ⅲ）　微分を利用する
（ⅳ）　面積を利用する
（ⅴ）　凹凸を利用する

第5章 不等式

第5章　不等式

〈大小比較〉

例題 5−1.（1） $0 \leqq x \leqq y$ とする．$\dfrac{x}{1+x}$ と $\dfrac{y}{1+y}$ の大小を比較せよ．

（2） $a,\ b,\ c$ を実数とする．$\dfrac{|a-c|}{1+|a-c|}$ と $\dfrac{|a-b|}{1+|a-b|}+\dfrac{|b-c|}{1+|b-c|}$ の大小を比較せよ．

（一橋大）

考え方　（2）は（1）を使うのであれば，まず第2式をまとめます．普通の通分をすることは大変ですから，不等式を使って分母をそろえましょう．その後（1）を使いますが，前提条件 $0 \leqq x \leqq y$ 成立の確認が必要です．絶対値を含む不等式である三角不等式が使えます．

なお，（2）は（1）を使わずに差の符号を調べても解けます．

▶解答◀　（1） $0 \leqq x \leqq y$ より

$$\frac{y}{1+y}-\frac{x}{1+x}=\frac{y-x}{(1+x)(1+y)} \geqq 0$$

よって

$$\frac{y}{1+y} \geqq \frac{x}{1+x}$$

等号成立は $x=y$ のときである．

（2） $|a-b| \geqq 0,\ |b-c| \geqq 0$ より

$$\frac{|a-b|}{1+|a-b|} \geqq \frac{|a-b|}{1+|a-b|+|b-c|}$$

$$\frac{|b-c|}{1+|b-c|} \geqq \frac{|b-c|}{1+|a-b|+|b-c|}$$

辺ごとに加え

$$\frac{|a-b|}{1+|a-b|}+\frac{|b-c|}{1+|b-c|}$$

$$\geqq \frac{|a-b|+|b-c|}{1+|a-b|+|b-c|} \quad\cdots\cdots\cdots\cdots\cdots①$$

（▷▷▷▷ **1**）

◀ ここでは等しい場合は特別と判断し，等号成立条件を確認しておきます．（2）も同様です．

◀ 分母を大きくすることで小さく見積もれます．

◀ 不等式は辺ごとに加えてもよいですが，引くのはダメです．

等号成立は $a=b$ または $b=c$ のときである．

（▷▷▷▷ **2**）

第1節　不等式の証明法

一方，実数 α，β に対して

$$|\alpha| + |\beta| \geq |\alpha + \beta|$$

が成り立つ．等号成立は α と β が同符号のときである．
ただし，0 はすべての実数と同符号とする．（▷▷▷ **3**）

◀ 同符号の意味を拡張して
おくと便利です．

$\alpha = a - b$，$\beta = b - c$ として用いると

$$|a-b| + |b-c| \geq |(a-b) + (b-c)| \quad \cdots ②$$

$$|a-b| + |b-c| \geq |a-c| \geq 0$$

よって

$$x = |a-c|, \quad y = |a-b| + |b-c|$$

とすると，$y \geq x \geq 0$ であるから，（1）を用いて

◀ （1）の前提を満たしま
すから，（1）で調べた大
小関係が使えます．

$$\frac{|a-b| + |b-c|}{1 + |a-b| + |b-c|} \geq \frac{|a-c|}{1 + |a-c|} \quad \cdots\cdots\cdots ③$$

等号成立は $|a-c| = |a-b| + |b-c|$，すなわち ②

◀ $x = y$ のときです．

の等号が成り立つときで，$a-b$ と $b-c$ が同符号のと

◀ α と β が同符号のとき
です．

きである．

①，③ より

$$\frac{|a-b|}{1 + |a-b|} + \frac{|b-c|}{1 + |b-c|} \geq \frac{|a-c|}{1 + |a-c|}$$

◀ $A \geq B$ かつ $B \geq C$ なら
ば $A \geq C$ です．

等号成立は ① と ③ の等号が成り立つときで，$a = b$ ま
たは $b = c$ のときである．（▷▷▷ **4**）

♦別解♦　$p = |a-b|$，$q = |b-c|$，$r = |a-c|$ と

◀ 計算量を減らすために置
き換えを利用します．

おくと，$p \geq 0$，$q \geq 0$，$r \geq 0$ で

$$\frac{|a-b|}{1 + |a-b|} + \frac{|b-c|}{1 + |b-c|} - \frac{|a-c|}{1 + |a-c|}$$

$$= \frac{p}{1+p} + \frac{q}{1+q} - \frac{r}{1+r}$$

$$= \frac{A}{(1+p)(1+q)(1+r)}$$

ただし

$$A = p(1+q)(1+r) + q(1+p)(1+r)$$
$$- r(1+p)(1+q)$$

◀ 分子を抜き出して計算し
ます．

第5章　不等式（例題5−1）　185

第5章　不等式

$$
\begin{aligned}
&= p(1+q+r+qr) + q(1+p+r+pr) \\
&\qquad\qquad\qquad\qquad - r(1+p+q+pq) \\
&= pqr + 2pq + p + q - r \quad (\triangleright\triangleright\triangleright\ \boxed{5}) \\
&= pq(r+2) + (p+q-r)
\end{aligned}
$$

ここで，三角不等式を用いると

$$
\begin{aligned}
p+q &= |a-b| + |b-c| \\
&\geqq |(a-b)+(b-c)| = |a-c| = r
\end{aligned}
$$

◀ ▶解答◀ の②と同じ不等式です.

であるから，これと $pq(r+2) \geqq 0$ より，$A \geqq 0$ である．よって

$$
\frac{|a-b|}{1+|a-b|} + \frac{|b-c|}{1+|b-c|} \geqq \frac{|a-c|}{1+|a-c|}
$$

等号成立は $A=0$ のときで

$$
pq(r+2)=0 \ \text{かつ} \ p+q=r
$$

のときである．ゆえに

（$p=0$ または $q=0$）かつ $a-b$ と $b-c$ が同符号

（$a=b$ または $b=c$）かつ $a-b$ と $b-c$ が同符号

であり，$a=b$ または $b=c$ のときである．

◀ $\boxed{4}$ と同様にまとめます.

Point　The inequality　NEO ROAD TO SOLUTION　5-1　Check!

$\boxed{1}$　今回は大小比較ですから，普通に通分しなくてもよいです．**不等式を用いて分母をそろえます**．2項を同じ分母の分数を用いて小さく見積もり，辺ごとに加えます．これはなかなか気が付きません．私は以前，別の問題でこの解法を見て感動し，そのまま覚えました．数学は根が単純な方が得意になりやすいです．**未知の解法に出会った時になるべく大げさに感動する**ことです．

　なお，第2式を小さく見積もりますから，（第2式）$\geqq$（第1式）を想定しています．あらかじめ a, b, c に具体的な値を代入して大小の見当をつけておいてもよいでしょう．特別な場合を避けるために異なる値を代入します．例えば，$a=0$, $b=1$, $c=2$ とすると

$$
\frac{|a-c|}{1+|a-c|} = \frac{2}{3}, \quad \frac{|a-b|}{1+|a-b|} + \frac{|b-c|}{1+|b-c|} = \frac{1}{2} + \frac{1}{2} = 1
$$

より，（第2式）$\geqq$（第1式）と予想できます.

第1節　不等式の証明法

❷ ① の等号成立条件が $a = b$ **または** $b = c$ であることに注意です．$a = b$ **かつ** $b = c$ ではありません．その理由です．まず

$$\frac{|a-b|}{1+|a-b|} \geqq \frac{|a-b|}{1+|a-b|+|b-c|} \quad \cdots\cdots\cdots\cdots\cdots\cdots ⓐ$$

の等号成立条件は $b = c$ だけではありません．正しくは $b = c$ **または** $a = b$ です．ⓐ の導出過程を詳しく確認します．

$1 + |a-b| \leqq 1 + |a-b| + |b-c|$ で，両辺は正ですから，逆数をとり

$$\frac{1}{1+|a-b|} \geqq \frac{1}{1+|a-b|+|b-c|} \quad \cdots\cdots\cdots\cdots\cdots\cdots ⓑ$$

です．この等号成立条件は $b = c$ のみです．この後両辺に $|a-b|$（$\geqq 0$）をかけて ⓐ を得ますが，かけた $|a-b|$ が 0 となりうることに注意します．ⓑ に等号がついていますから，両辺に 0 以上のものをかけて得られる不等式 ⓐ は正しいですが，等号成立条件が変わります．**かけたものが 0 であれば等号が成立する**からです．よって，ⓐ の等号成立条件は $b = c$ または $a = b$ です．

$$\frac{|b-c|}{1+|b-c|} \geqq \frac{|b-c|}{1+|a-b|+|b-c|}$$

についても同様で，等号成立条件は $a = b$ または $b = c$ です．ゆえに，2 式を辺ごとに加えた ① の等号成立条件も $a = b$ または $b = c$ です．

❸ 三角不等式です．$|\alpha| + |\beta| \geqq |\alpha + \beta|$ の両辺は 0 以上ですから，2 乗して証明します．実数 γ に対し $|\gamma|^2 = \gamma^2$ であることを用いて変形します．

$$(|\alpha| + |\beta|)^2 - |\alpha + \beta|^2 = \alpha^2 + 2|\alpha\beta| + \beta^2 - (\alpha^2 + 2\alpha\beta + \beta^2)$$

$$= 2(|\alpha\beta| - \alpha\beta) \geqq 0$$

等号成立は $\alpha\beta \geqq 0$，すなわち α と β が同符号のときです．

実は三角不等式は α，β が複素数の範囲で成り立ちます．数 III の範囲です．

$$\alpha = r(\cos\theta + i\sin\theta), \ \beta = R(\cos\phi + i\sin\phi)$$

（$r \geqq 0$, $R \geqq 0$, $0 \leqq \theta < 2\pi$, $0 \leqq \phi < 2\pi$）とおくと

$$(|\alpha| + |\beta|)^2 = (r + R)^2 = r^2 + 2rR + R^2$$

$$|\alpha + \beta|^2 = (\alpha + \beta)\overline{(\alpha + \beta)} = (\alpha + \beta)(\bar{\alpha} + \bar{\beta})$$

$$= |\alpha|^2 + |\beta|^2 + \alpha\bar{\beta} + \bar{\alpha}\beta = r^2 + R^2 + 2rR\cos(\theta - \phi)$$

より

$$(|\alpha| + |\beta|)^2 - |\alpha + \beta|^2 = 2rR\{1 - \cos(\theta - \phi)\} \geqq 0$$

第 5 章　不等式（例題 5−1）　**187**

第 5 章　不等式

等号成立は $r=0$ または $R=0$ または $\theta=\phi$, すなわち $\alpha=0$ または $\beta=0$ または $\beta=k\alpha$ (k は正の実数) と書けるときです.

4 ① の等号成立条件である $a=b$ または $b=c$ が成り立つとき, $a-b$ と $b-c$ のうち少なくとも一方は 0 ですから, $a-b$ と $b-c$ は同符号で, ③ の等号成立条件を満たします.

5 $pqr+2pq+p+q-r$ は 3 変数を含みますが, 関数の章 (☞ P.254) で扱う「2 変数 (または多変数) 関数」のようにとらえる必要はありません. **1** のように大小の予想ができていれば, 0 以上であることを示すだけですから, 唯一符号が異なる項 $-r$ をどう処理するかだけです. 全部の項を見てしまうとややこしく感じますが, 0 以上の項は無視してもよいことに注意して, $p+q-r$ のみに着目できれば結論はすぐそこです.
$$p+q-r=|a-b|+|b-c|-|a-c|$$
と
$$(a-b)+(b-c)=a-c$$
から, 三角不等式を利用して 0 以上であることを示します.

6 一橋大は文系の大学ですが, 2020 年現在, 後期試験で数Ⅲの問題を 1 題, 選択問題に入れています.「文系でも数Ⅲまで学習しておいた方がよい」というのが持論の私は, 勝手にシンパシーを感じています.

この問題では大げさですが,（1）は数Ⅲ風に考えることもできます. $\dfrac{x}{1+x}$ と $\dfrac{y}{1+y}$ は同じ形ですから, いわゆる "黒幕" の関数 $f(t)=\dfrac{t}{1+t}$ を考えて, $t\geqq 0$ における増減を調べるのです.
$$f(t)=1-\dfrac{1}{1+t}$$
と変形します. 数Ⅲの微分を利用して
$$f'(t)=\dfrac{1}{(1+t)^2}>0$$
より $f(t)$ は単調増加, としてもよいですが, もっと単純に, $t\geqq 0$ で $\dfrac{1}{1+t}$ は単調減少ですから, $f(t)$ は単調増加です. 参考までに, $y=f(t)$ のグラフは図のような双曲線です.

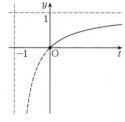

これと $0\leqq x\leqq y$ より
$$f(x)\leqq f(y) \qquad \therefore\quad \dfrac{x}{1+x}\leqq \dfrac{y}{1+y}$$
となります.

第1節　不等式の証明法

〈並べ替えの和に関する不等式の証明〉

例題 **5−2.** n を 2 以上の自然数とする．$x_1, \cdots, x_n,\ y_1, \cdots, y_n$ は

$$x_1 > x_2 > \cdots > x_n,\quad y_1 > y_2 > \cdots > y_n$$

を満たす実数とする．$z_1, \cdots, z_n$ は $y_1, \cdots, y_n$ を任意に並べ替えたものとするとき，

$$\sum_{i=1}^{n}(x_i - y_i)^2 \leqq \sum_{i=1}^{n}(x_i - z_i)^2$$

が成り立つことを示せ．また，等号が成り立つのはどのようなときか答えよ．

（東北大）

考え方　まず，両辺の差をとって変形します．その結果

$$\sum_{i=1}^{n} x_i z_i \leqq \sum_{i=1}^{n} x_i y_i$$

を示す問題に帰着します．この意味を考えましょう．n 個の要素をもつ 2 つの集合 $X = \{x_1, x_2, \cdots, x_n\}$，$Y = \{y_1, y_2, \cdots, y_n\}$ から要素を 1 つずつ選んで組を作り，計 n 組作ります．組ごとに積をとりその和を S とします．左辺は任意に組を作った場合の S で，右辺は大きい順に 1 つずつ選んで組を作った場合の S です．これが常に成り立つのですから，大きい順に 1 つずつ選んで組を作っていけば S が最大になるということです．大きいもの同士の積を順番にとっていけば，なんとなく和は大きくなりそうです．特に正の数であれば直感的に納得できますが，どう示すかが問題です．受験数学でよく使う証明法を思い出しましょう．

▶解答◀　両辺の差をとる．

$$\sum_{i=1}^{n}(x_i - z_i)^2 - \sum_{i=1}^{n}(x_i - y_i)^2$$

$$= \sum_{i=1}^{n}(x_i{}^2 - 2x_i z_i + z_i{}^2) - \sum_{i=1}^{n}(x_i{}^2 - 2x_i y_i + y_i{}^2)$$

$$= 2\left(\sum_{i=1}^{n} x_i y_i - \sum_{i=1}^{n} x_i z_i \right)$$

なお，最後の変形では，$z_1, \cdots, z_n$ が $y_1, \cdots, y_n$ を並べ替えたもので

$$\sum_{i=1}^{n} z_i{}^2 = \sum_{i=1}^{n} y_i{}^2 \quad (\triangleright\triangleright\triangleright\triangleright \blacksquare)$$

が成り立つことを用いた．よって，$z_1, \cdots, z_n$ を変化さ

◀ $\displaystyle\sum_{i=1}^{n} x_i y_i - \sum_{i=1}^{n} x_i z_i$ は
$\displaystyle\sum_{i=1}^{n} x_i(y_i - z_i)$ とまとめられますが，かえって示しにくくなります．

第5章　不等式

せたとき，常に

$$\sum_{i=1}^{n} x_i z_i \leqq \sum_{i=1}^{n} x_i y_i \quad\cdots\cdots\cdots\cdots\cdots\cdots\cdots①$$

が成り立つことを示せばよい．（▷▷▷▷ **2**）

$$S = \sum_{i=1}^{n} x_i z_i$$

◀ 和を文字でおいておくと答案が書きやすいです．

とおく．$z_1, \cdots, z_n$ の作り方は $n!$ 通りで有限であるから，S の作り方も有限で，S の最大値が存在する．（▷▷▷▷ **3**）そこで，S が最大になるのは

$$z_1 = y_1,\ z_2 = y_2,\ \cdots,\ z_n = y_n \quad\cdots\cdots\cdots\cdots②$$

のときであることを示す．背理法で示す．

　② でないときに S が最大になると仮定する．S が最大になるとき，$z_1 > z_2 > \cdots > z_n$ ではなく，$z_1, \cdots, z_n$ がすべて異なることに注意すると，$z_k < z_l$ となる k, l $(1 \leqq k < l \leqq n)$ が存在する．（▷▷▷▷ **4**）このとき

◀ 矛盾を導くために，S が最大になるときに絞って考えます．

$$x_k z_l + x_l z_k - (x_k z_k + x_l z_l)$$
$$= (x_k - x_l)(z_l - z_k) > 0$$

であるから，z_k と z_l を入れ換えて，その2つ以外の z_i $(i = 1, 2, \cdots, n)$ をそのままにした方が S が大きくなる．（▷▷▷▷ **5**）これは S が最大であることに矛盾する．

　ゆえに，S が最大になるのは ② のときであるから

$$S \leqq \sum_{i=1}^{n} x_i y_i$$

であり，① が成り立つ．また，等号が成り立つのは

$$z_1 = y_1,\ z_2 = y_2,\ \cdots,\ z_n = y_n \text{ のとき}$$

である．

第1節　不等式の証明法

	Point	The inequality	Check!
□		NEO ROAD TO SOLUTION　**5-2**	□

1 $z_1, \cdots, z_n$ は $y_1, \cdots, y_n$ を並べ替えたものです．どの z_k がどの y_l に対応するかという個別の対応関係は並べ替え方によりますが，n 個すべての和や積，2乗の和などはどんな並べ替えをしても変わりません．よって，2乗の和は元の2乗の和と一致しますから

$$z_1{}^2 + z_2{}^2 + \cdots + z_n{}^2 = y_1{}^2 + y_2{}^2 + \cdots + y_n{}^2$$

であり，$\sum\limits_{i=1}^{n} z_i{}^2 = \sum\limits_{i=1}^{n} y_i{}^2$ です．

2 ① の両辺は似ていますが，右辺は定数で，変化するのは左辺のみです．① が成り立つことを示す問題は有名で，過去に東大をはじめとする多くの大学が出題しています．証明は数学的帰納法を使うものが有名ですが，私にとってはどうも分かりにくく，しっくりきません．それ以外にも方法があるようですが，最もシンプルで分かりやすいのは**背理法**だと思います．$z_1, \cdots, z_n$ を変化させたときの $\sum\limits_{i=1}^{n} x_i z_i$ の最大値が $\sum\limits_{i=1}^{n} x_i y_i$ であることを背理法で示すのです．

3 S の最大値が $\sum\limits_{i=1}^{n} x_i y_i$ であることを示すのですが，その前に，**S の最大値が存在することを確認しておく**必要があります．受験数学では珍しいですが，数学的には必要です．最大値がある前提で話を進めるとおかしなことが起こる場合があるからです．有名なパラドックスを挙げておきます．

> 定 理　自然数の最大値は1である．

　背理法で示します．自然数の最大値 M が1でないと仮定すると，$M \geq 2$ より $M < M^2$ が成り立ち，M より大きい自然数 M^2 が存在してしまいます．これは矛盾です．よって，$M = 1$ であり，自然数の最大値は1になります．

　当然これは誤りで，自然数に最大値がある前提でスタートしたところに原因があります．そこで，今回も念のために確認しておくのです．確認するのは簡単で，S の作り方が有限であることを言うだけです．有限個の値の中に最大のものがあるのは自明だからです．

第5章　不等式（例題5-2）

第5章　不等式

4 ② のとき

$$z_1 > z_2 > \cdots > z_n \quad\text{\dotfill}\text{Ⓐ}$$

ですから，② でないとき，Ⓐ ではありません．もちろん，単純に

$$z_1 < z_2 < \cdots < z_n$$

とすべての不等号の向きが逆向きになるとは限りません．Ⓐ は「**常に番号の大小と数値の大小が逆になる**」ということですから，その否定は，「番号の大小と数値の大小が逆にならない（一致する）**ことがある**」となります．つまり，その2つの番号を k, l $(1 \leqq k < l \leqq n)$ として，「$z_k < z_l$ となる k, l が存在する」と表せます．反例の存在を仮定するのです．

　なお，$z_1, \cdots, z_n$ がすべて異なることを用いており，等号は成立しません．

5 S が最大になるときの S を S_1 とすると

$$S_1 = x_1 z_1 + \cdots + \boldsymbol{x_k z_k} + \cdots + \boldsymbol{x_l z_l} + \cdots + x_n z_n$$

です．もし S_1 より大きい S が存在すれば矛盾しますから，それを作ります．結論を考えれば，大きいもの同士の積を作った方が S が大きくなりそうです．$x_k > x_l$, $z_k < z_l$ ですから，S_1 の太字の部分の和

$$x_k z_k + x_l z_l$$

は大小が交差しています．大きいもの同士の積

$$x_k z_l + x_l z_k$$

にした方が大きくなりそうですから，S_1 において，z_k と z_l を入れ換え，それ以外の z_i $(i = 1, 2, \cdots, n)$ をそのままにしたものを S_2 とすると

$$S_2 = x_1 z_1 + \cdots + \boldsymbol{x_k z_l} + \cdots + \boldsymbol{x_l z_k} + \cdots + x_n z_n$$

です．S_1 との差をとると

$$S_2 - S_1 = x_k z_l + x_l z_k - (x_k z_k + x_l z_l)$$

となりますから，これが正になることを示します．答案ではこの部分のみを書けばよいでしょう．

6　▶**解答**◀ と同様にして，S が最小になるのは

$$z_1 < z_2 < \cdots < z_n$$

すなわち

$$z_1 = y_n, \ z_2 = y_{n-1}, \ \cdots, \ z_n = y_1 \ \text{のとき}$$

であることも示せます．

第2節　相加相乗平均の不等式

第2節　相加相乗平均の不等式

不等式　　　　　　　　　　　　　　　　　　　　　　　The inequality

2変数，3変数に対する相加相乗平均の不等式は次のとおりです．

定理　　（相加相乗平均の不等式）

（ i ）　$a \geqq 0, \ b \geqq 0$ のとき

$$\frac{a+b}{2} \geqq \sqrt{ab}$$

が成り立つ．等号成立は $a = b$ のときである．

（ ii ）　$a \geqq 0, \ b \geqq 0, \ c \geqq 0$ のとき

$$\frac{a+b+c}{3} \geqq \sqrt[3]{abc}$$

が成り立つ．等号成立は $a = b = c$ のときである．

（ i ）の証明は簡単です．両辺の差をとり

$$\frac{a+b}{2} - \sqrt{ab} = \frac{1}{2}(a+b-2\sqrt{ab}) = \frac{1}{2}(\sqrt{a}-\sqrt{b})^2 \geqq 0$$

です．等号成立は $\sqrt{a} = \sqrt{b}$，すなわち $a = b$ のときです．

次に（ ii ）の証明です．置き換えを利用します．$x = \sqrt[3]{a}, \ y = \sqrt[3]{b}, \ z = \sqrt[3]{c}$ とおくと，$x \geqq 0, \ y \geqq 0, \ z \geqq 0$ で，また，$a = x^3, \ b = y^3, \ c = z^3$ より

$$\frac{a+b+c}{3} - \sqrt[3]{abc}$$

$$= \frac{x^3+y^3+z^3}{3} - xyz = \frac{1}{3}(x^3+y^3+z^3-3xyz)$$

$$= \frac{1}{3}(x+y+z)(x^2+y^2+z^2-xy-yz-zx)$$

$$= \frac{1}{6}(x+y+z)\{(x-y)^2+(y-z)^2+(z-x)^2\} \geqq 0$$

等号成立は $x+y+z = 0$ または $x = y = z$，すなわち $x = y = z$ のときで，$a = b = c$ のときです．

なお，最後の変形では

$$x^2+y^2+z^2-xy-yz-zx$$

$$= \frac{1}{2}\{(x-y)^2+(y-z)^2+(z-x)^2\} \geqq 0$$

第5章　不等式　193

第5章　不等式

を用いており，これは 第1節 （☞ P.182）で紹介した有名不等式

$$x^2 + y^2 + z^2 - xy - yz - zx \geq 0$$

そのものです．

　相加相乗平均の不等式を使いこなすために，式の特徴を把握しておきましょう．2変数の場合で確認します．分母の2を払って

$$a + b \geq 2\sqrt{ab}$$

の形でよく用いられます．左辺には和 $a+b$ の形，右辺には積 ab の形がありますから，相加相乗平均の不等式は**和と積の関係式**です．簡単な例題です．

　問題 **17.** $x > 0$ のとき，$x + \dfrac{4}{x}$ の最小値を求めよ．

　$x + \dfrac{4}{x}$ は和の形です．一方，積の形を作ると，$x \cdot \dfrac{4}{x} = 4$ で，定数です．この和と積をつなげば，$x + \dfrac{4}{x}$ が定数で評価でき，最小値を求めるのに意味のある不等式が得られそうです．そこで，相加相乗平均の不等式を用いて

$$x + \frac{4}{x} \geq 2\sqrt{x \cdot \frac{4}{x}} = 4$$

とします．ただし，これだけで最小値が4とは言えません．**4以上となる**ことは分かりましたが，**4となれるかどうかは不明**だからです．例えば，$x + \dfrac{4}{x} \geq 0$ は正しいのに最小値が0と言えないのと同じです．よって，等号成立条件を調べます．$x = \dfrac{4}{x}$，すなわち $x = 2$ ですから，確かに等号が成立することが分かり，求める最小値は4と言えます．

　次のような問題もあります．

　問題 **18.** $x > 0$ のとき，$2x + \dfrac{1}{x^2}$ の最小値を求めよ．

　$2x \cdot \dfrac{1}{x^2} = \dfrac{2}{x}$ は定数でないですから，2変数の相加相乗平均の不等式を使って

第2節　相加相乗平均の不等式

もうまくいきません．受験生の中には

$$2x + \frac{1}{x^2} \geq 2\sqrt{2x \cdot \frac{1}{x^2}} = 2\sqrt{\frac{2}{x}} \quad \cdots\cdots\cdots\cdots\cdots\cdots ①$$

として，等号成立条件 $2x = \dfrac{1}{x^2}$ から $x = \dfrac{1}{\sqrt[3]{2}}$ を求め，それを右辺の $2\sqrt{\dfrac{2}{x}}$ に代入する人がいます．得られる $2\sqrt[3]{4}$ を最小値とするのですが，答えと合いません．そのような人たちは，① の右辺**だけ**に等号成立条件 $x = \dfrac{1}{\sqrt[3]{2}}$ を代入した

$$2x + \frac{1}{x^2} \geq 2\sqrt[3]{4}$$

が正しいと思っているのでしょう．私にとっては，むしろなぜ正しいと思うのかが不思議でなりません．あまり意味を考えず，なんとなく式変形をして，なんとなく代入計算をしているのではないでしょうか．厳しい言い方ですが，そのような態度では数学は得意になりません．今回の誤答の問題点を指摘しておきます．

　まず，① 自体は正しいです．この大小関係は問題ありません．つまり，どんな正の数 x を代入しても成り立ちます．しかし，左辺はそのままで右辺だけにある値を代入しても，それが正しいとは限りません．例えば，任意の実数 x に対して

$$x \geq x \quad \cdots\cdots\cdots\cdots\cdots\cdots\cdots\cdots\cdots\cdots\cdots\cdots\cdots\cdots\cdots\cdots ②$$

は正しいですが，右辺だけに $x = 1$ を代入した

$$x \geq 1$$

は常には正しくありません．当然です．なお，② が正しいことに疑問を感じる人がいますが，$\geq$ は**「$>$ または $=$」**ですから，どちらか一方が合っていれば問題ありません．例えば，$1 \geq 1$ や $2 \geq 1$ は正しいのです．

　そもそも「等号成立条件を右辺に代入して強引に定数にする」という発想が解せません．何か根拠があるのでしょうか．等号成立条件の x の値は特別な値だから許されるのでしょうか．これも反例があります．任意の実数 x に対して

$$(x^2 + 1) - 2x = (x - 1)^2 \geq 0$$

ですから

$$x^2 + 1 \geq 2x \quad \cdots\cdots\cdots\cdots\cdots\cdots\cdots\cdots\cdots\cdots\cdots\cdots\cdots ③$$

が成り立ち，等号成立条件は $x = 1$ です．ではこれを ③ の右辺だけに代入した

$$x^2 + 1 \geq 2$$

は正しいでしょうか．もちろん $x = 0$ では成立しませんから正しくありません．上の誤答はこのような代入計算をしているのです．

第5章　不等式　195

第 5 章　不等式

　繰り返しになりますが，① 自体は正しいのです．しかしながら，正しくてもそれが解答で使えるとは限りません．不等式が難しいのはここです．

　話を戻して模範解答です．やや技巧的ですが，$2x = x + x$ とみなし，3 変数の相加相乗平均の不等式を用いて

$$2x + \frac{1}{x^2} = x + x + \frac{1}{x^2} \geq 3\sqrt[3]{x \cdot x \cdot \frac{1}{x^2}} = 3$$

とします．分母に x^2 がありますから，分子にも x の項を 2 つ作り，約分で定数になるようにするのです．等号成立は $x = x = \frac{1}{x^2}$，すなわち $x = 1$ のときで，求める最小値は 3 です．なお，$2x = \frac{x}{2} + \frac{3}{2}x$ とみなして相加相乗平均の不等式を使っても意味がありません．$\frac{x}{2} = \frac{3}{2}x$ とはならないからです．まあ，わざわざそんな形に分ける人はいないと思いますが…．

　最後に，相加相乗平均の不等式に関するありがちな**誤解**を挙げておきます．

　1 つ目は「和と積のうち一方が定数になる場合しか使えない」というものです．確かに上の 2 つの例で見たとおり，一方が定数になる場合によく使われますが，その限りではありません．例題 5−4．(☞ P.201) のように，ともに定数でない場合にも有効なことがあります．あくまで和と積を結びたいときに用いるというのが正しいです．

　2 つ目は「相加相乗平均の不等式を使ったら必ず等号成立条件の確認が必要である」というものです．これはとんでもない誤解です．第 1 節 (☞ P.182) と重複しますが，不等式の証明で使った際には，等号成立条件の確認は不要です．一方で，最大値や最小値を求める問題で使った際には，その確認は必要です．そもそも相加相乗平均の不等式かどうかにかかわらず，不等式を使って最大値や最小値を求めようとする際には，等号成立の確認が必要です．重要なのは，**不等式をどういう目的で使ったか**です．

〈不等式のまとめ 2〉

Check ▷▷▷▷　相加相乗平均の不等式

✎　和と積の関係式

✎　等号成立条件の確認は臨機応変に

第2節　相加相乗平均の不等式

―〈式の値の最小〉―

例題 5-3. P は x 軸上の点で x 座標が正であり，Q は y 軸上の点で y 座標が正である．直線 PQ は原点 O を中心とする半径 1 の円に接している．また，a, b は正の定数とする．P，Q を動かすとき，$a\mathrm{OP}^2 + b\mathrm{OQ}^2$ の最小値を a, b で表せ． （一橋大）

考え方　P と Q は直線 PQ が円に接するように連動して動きます．その動きを表す変数を設定します．一般に，図形の問題では長さか角度を設定しますが，今回は接点が O のまわりを回転していくことに着目し，角度を設定します．また，相加相乗平均の不等式が使えるようにうまく変形することも重要です．

▶解答◀　円 $x^2 + y^2 = 1$ と直線 PQ の接点を R とおく．また，$\theta = \angle \mathrm{POR}$ とおくと，R は第1象限にあるから，$0 < \theta < \dfrac{\pi}{2}$ である．
(▷▷▷▷ **1**)

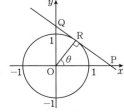

△OPR，△OQR で三角比を考えると

$$\mathrm{OP} = \frac{\mathrm{OR}}{\cos\theta} = \frac{1}{\cos\theta}$$

$$\mathrm{OQ} = \frac{\mathrm{OR}}{\cos\left(\frac{\pi}{2} - \theta\right)} = \frac{1}{\sin\theta}$$

◀ 2つの直角三角形に着目し，OP, OQ を θ で表します．

であるから

$$a\mathrm{OP}^2 + b\mathrm{OQ}^2 = \frac{a}{\cos^2\theta} + \frac{b}{\sin^2\theta} \quad (\triangleright\triangleright\triangleright\triangleright \mathbf{2})$$

ここで，$1 = \cos^2\theta + \sin^2\theta$ に注意して

$$a\mathrm{OP}^2 + b\mathrm{OQ}^2$$

$$= (\cos^2\theta + \sin^2\theta)\left(\frac{a}{\cos^2\theta} + \frac{b}{\sin^2\theta}\right)$$

(▷▷▷▷ **3**)

◀ $\cos^2\theta + \sin^2\theta = 1$ の逆向きに使うのがポイントです．

$$= a + b + \frac{a\sin^2\theta}{\cos^2\theta} + \frac{b\cos^2\theta}{\sin^2\theta} \quad (\triangleright\triangleright\triangleright\triangleright \mathbf{4})$$

第5章　不等式

相加相乗平均の不等式を用いて

$$\frac{a\sin^2\theta}{\cos^2\theta} + \frac{b\cos^2\theta}{\sin^2\theta}$$

$$\geq 2\sqrt{\frac{a\sin^2\theta}{\cos^2\theta} \cdot \frac{b\cos^2\theta}{\sin^2\theta}} = 2\sqrt{ab}$$

◀ 積が定数になることに着目しています.

よって

$$a\mathrm{OP}^2 + b\mathrm{OQ}^2 \geq a + b + 2\sqrt{ab} = (\sqrt{a} + \sqrt{b})^2$$

等号成立は $\dfrac{a\sin^2\theta}{\cos^2\theta} = \dfrac{b\cos^2\theta}{\sin^2\theta}$, すなわち

◀ 最小値を求めるために不等式を使います. 等号成立の確認が必要です.

$\tan\theta = \sqrt[4]{\dfrac{b}{a}}$ のときである.

　ゆえに, $a\mathrm{OP}^2 + b\mathrm{OQ}^2$ の最小値は

$$(\sqrt{\boldsymbol{a}} + \sqrt{\boldsymbol{b}})^2$$

◆別解◆　コーシー・シュワルツの不等式を用いて
(▷▷▷▷ **5**)

$$(\cos^2\theta + \sin^2\theta)\left\{ \left(\frac{\sqrt{a}}{\cos\theta}\right)^2 + \left(\frac{\sqrt{b}}{\sin\theta}\right)^2 \right\}$$

◀ **◆別解◆** でも $\cos^2\theta + \sin^2\theta = 1$ を意識しています.

$$\geq \left(\cos\theta \cdot \frac{\sqrt{a}}{\cos\theta} + \sin\theta \cdot \frac{\sqrt{b}}{\sin\theta} \right)^2$$

$$1 \cdot \left(\frac{a}{\cos^2\theta} + \frac{b}{\sin^2\theta} \right) \geq (\sqrt{a} + \sqrt{b})^2$$

$$a\mathrm{OP}^2 + b\mathrm{OQ}^2 \geq (\sqrt{a} + \sqrt{b})^2$$

等号成立は $\begin{pmatrix} \cos\theta \\ \sin\theta \end{pmatrix} /\!/ \begin{pmatrix} \dfrac{\sqrt{a}}{\cos\theta} \\ \dfrac{\sqrt{b}}{\sin\theta} \end{pmatrix}$ のときで, このとき

$$\cos\theta \cdot \frac{\sqrt{b}}{\sin\theta} = \sin\theta \cdot \frac{\sqrt{a}}{\cos\theta}$$

◀ $\begin{pmatrix} a \\ b \end{pmatrix} /\!/ \begin{pmatrix} c \\ d \end{pmatrix}$ となる条件は, $ad = bc$ です.

$$\tan\theta = \sqrt[4]{\frac{b}{a}}$$

よって, $a\mathrm{OP}^2 + b\mathrm{OQ}^2$ の最小値は $(\sqrt{\boldsymbol{a}} + \sqrt{\boldsymbol{b}})^2$ である.

198　第5章　不等式（例題5－3）

第2節　相加相乗平均の不等式

| □ | Point | The inequality NEO ROAD TO SOLUTION | 5-3 | Check! | □ |

1　長さを設定するのであれば，$\mathrm{OP}=p$，$\mathrm{OQ}=q$，$\mathrm{P}(p, 0)$，$\mathrm{Q}(0, q)$ とし，O と直線 PQ の距離が 1 となる条件から p，q の関係式を導くという流れになりますが，「回転」が背景にある問題ですから，角度を設定するのが自然です．

2　この式で相加相乗平均の不等式を使うことも考えられますが，失敗します．

$$\frac{a}{\cos^2\theta} + \frac{b}{\sin^2\theta} \geq 2\sqrt{\frac{a}{\cos^2\theta} \cdot \frac{b}{\sin^2\theta}}$$

$$= \frac{2\sqrt{ab}}{\sin\theta\cos\theta} = \frac{4\sqrt{ab}}{\sin 2\theta} \geq 4\sqrt{ab}$$

としても，最小値が求まりません．誤解しないでください．**不等式自体は正しい**です．和と積どちらも定数ではないですが，相加相乗平均の不等式を使うことは問題ありません．問題は**等号が成立しない**ことです．等号成立条件は

$$\frac{a}{\cos^2\theta} = \frac{b}{\sin^2\theta} \text{ かつ } \sin 2\theta = 1$$

すなわち $\tan\theta = \sqrt{\dfrac{b}{a}}$ かつ $\theta = \dfrac{\pi}{4}$ となりますが，これは $a \neq b$ のときは成り立ちません．$a = b$ のときは成り立ちますが，特別な a，b に対してのみ成り立っても意味がありませんから，この不等式は最小値を求めるためには使えないのです．そこで，他の解法を探します．

　気付きやすいのは次の2つです．1つは，変形してから相加相乗平均の不等式を使うもの，もう1つは，コーシー・シュワルツの不等式を使うものです．

3　大雑把なイメージをつかみましょう．$\dfrac{a}{\cos^2\theta} + \dfrac{b}{\sin^2\theta}$ は $\dfrac{(\text{定数})}{(\text{"2 次式"})}$ の形ですから，$\cos^2\theta + \sin^2\theta$（"2 次式"）をかけると "次数が 0" になって変形が進むのです．テクニカルですが，有名な手法です．

4　非常に細かい話です．一般に，$\dfrac{\sin\theta}{\cos\theta} = \tan\theta$ は正しいですが

$$\frac{\cos\theta}{\sin\theta} = \frac{1}{\tan\theta}$$

は正しいとは限りません．ほとんどの場合正しいのですが，例外があります．例えば，$\theta = \dfrac{\pi}{2}$ とすると，左辺は 0 ですが右辺は計算できません．一般には，$\theta = \dfrac{\pi}{2} + n\pi$（$n$ は整数）のとき成立しないのです．今回は $0 < \theta < \dfrac{\pi}{2}$ ですから問題ありませんが，注意喚起のため，敢えてこの式を使いませんでした．

第5章　不等式（例題5-3）

第5章　不等式

なお，$\cot\theta = \dfrac{\cos\theta}{\sin\theta}$ と表し，cot は「コタンジェント」と読みます．

5 受験数学において，相加相乗平均の不等式の次に有名な不等式が「コーシー・シュワルツの不等式」です．使用頻度はそこまで高くはないです．

　[定理]　（コーシー・シュワルツの不等式）

　（ⅰ）　実数 a, b, x, y に対し

$$(a^2 + b^2)(x^2 + y^2) \geqq (ax + by)^2$$

　　　が成り立つ．等号成立は $\begin{pmatrix} a \\ b \end{pmatrix} /\!/ \begin{pmatrix} x \\ y \end{pmatrix}$ のときである．

　（ⅱ）　実数 a, b, c, x, y, z に対し

$$(a^2 + b^2 + c^2)(x^2 + y^2 + z^2) \geqq (ax + by + cz)^2$$

　　　が成り立つ．等号成立は $\begin{pmatrix} a \\ b \\ c \end{pmatrix} /\!/ \begin{pmatrix} x \\ y \\ z \end{pmatrix}$ のときである．

　ベクトルで示します．$\vec{p}$, $\vec{q}$ のなす角を θ として，$\vec{p}\cdot\vec{q} = |\vec{p}||\vec{q}|\cos\theta$ より

$$(\vec{p}\cdot\vec{q})^2 = |\vec{p}|^2|\vec{q}|^2\cos^2\theta \leqq |\vec{p}|^2|\vec{q}|^2$$

となります．等号成立は $\cos^2\theta = 1$ または $\vec{p} = \vec{0}$ または $\vec{q} = \vec{0}$，すなわち $\vec{p} /\!/ \vec{q}$ のときです．ただし，$\vec{0}$ は任意のベクトルと平行かつ垂直とします．

　$\vec{p} = \begin{pmatrix} a \\ b \end{pmatrix}$, $\vec{q} = \begin{pmatrix} x \\ y \end{pmatrix}$ とすれば（ⅰ）が得られ，$\vec{p} = \begin{pmatrix} a \\ b \\ c \end{pmatrix}$, $\vec{q} = \begin{pmatrix} x \\ y \\ z \end{pmatrix}$ とすれば（ⅱ）が得られます．今回は，$\dfrac{a}{\cos^2\theta} + \dfrac{b}{\sin^2\theta}$ と $\cos^2\theta + \sin^2\theta = 1$ に着目し，（ⅰ）の右辺が定数になるように

$$(\cos^2\theta + \sin^2\theta)\left\{\left(\frac{\sqrt{a}}{\cos\theta}\right)^2 + \left(\frac{\sqrt{b}}{\sin\theta}\right)^2\right\}$$

の形を作ります．気付けば速いですが，少々慣れが必要でしょう．

第2節　相加相乗平均の不等式

〈四面体の体積の最大〉

例題 5-4. p, q を正の実数とする．原点を O とする座標空間内の 3 点 P(p, 0, 0), Q(0, q, 0), R(0, 0, 1) は $\angle PRQ = \dfrac{\pi}{6}$ を満たす．四面体 OPQR の体積の最大値を求めよ． （一橋大）

考え方　まず，$\angle PRQ = \dfrac{\pi}{6}$ を用いて p, q の関係式を導きます．ベクトルの内積を利用するといいでしょう．四面体の体積は $\dfrac{1}{6}pq$ ですから，積 pq の最大値につながる不等式を導きます．p, q の関係式を和と積の関係式とみなすと，相加相乗平均の不等式が使えます．

▶解答◀　四面体 OPQR の体積を V として

$$V = \dfrac{1}{3} \cdot \triangle OPQ \cdot OR$$
$$= \dfrac{1}{3} \cdot \dfrac{1}{2}pq \cdot 1$$
$$= \dfrac{1}{6}pq$$

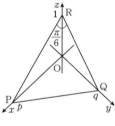

一方，$\vec{RP} = \begin{pmatrix} p \\ 0 \\ -1 \end{pmatrix}$, $\vec{RQ} = \begin{pmatrix} 0 \\ q \\ -1 \end{pmatrix}$ と

◀ ベクトルの成分は縦に書くと見やすいです．

$$\vec{RP} \cdot \vec{RQ} = |\vec{RP}||\vec{RQ}| \cos \angle PRQ \quad (\triangleright\triangleright\triangleright\!\blacksquare)$$

を用いて

$$1 = \sqrt{p^2+1}\sqrt{q^2+1} \cdot \dfrac{\sqrt{3}}{2}$$

$$(p^2+1)(q^2+1) = \dfrac{4}{3}$$

$$p^2q^2 + p^2 + q^2 = \dfrac{1}{3} \quad \cdots\cdots\cdots\cdots① $$

ここで，相加相乗平均の不等式を用いると　　($\triangleright\triangleright\triangleright\!\blacksquare$)

$$p^2 + q^2 \geqq 2\sqrt{p^2q^2} = 2pq$$

これを用いて ① を変形すると

$$\dfrac{1}{3} = p^2q^2 + p^2 + q^2 \geqq p^2q^2 + 2pq$$

◀ ①の両辺を逆にすると変形しやすいです．

第5章　不等式

$$3(pq)^2 + 6(pq) - 1 \leqq 0$$

$pq > 0$ に注意して，pq について解くと

$$0 < pq \leqq \frac{-3 + 2\sqrt{3}}{3}$$

等号成立は

$$p^2 = q^2 \ \text{かつ} \ pq = \frac{-3 + 2\sqrt{3}}{3} \quad (\triangleright\triangleright\triangleright\triangleright \ \blacksquare)$$

すなわち $p = q = \sqrt{\dfrac{-3 + 2\sqrt{3}}{3}}$ のときである．

　よって，$V = \dfrac{1}{6} pq$ の最大値は $\dfrac{-3 + 2\sqrt{3}}{18}$ である．

◀ pq の2次不等式とみなします．

♦別解♦ $t = p^2 + 1$，$u = q^2 + 1$ とおくと，$t > 1$，$u > 1$ であり，$(p^2 + 1)(q^2 + 1) = \dfrac{4}{3}$ より

$$tu = \frac{4}{3}$$

$p = \sqrt{t - 1}$，$q = \sqrt{u - 1}$ であるから

$$V = \frac{1}{6} \sqrt{(t - 1)(u - 1)}$$

$$= \frac{1}{6} \sqrt{tu - (t + u) + 1}$$

$$= \frac{1}{6} \sqrt{\frac{7}{3} - (t + u)}$$

◀ $(p^2 + 1)(q^2 + 1) = \dfrac{4}{3}$ がシンプルになるような置き換えをします．

◀ この式を用いて文字を減らすこともできますが，このまま対称性を保った方が等号成立条件が調べやすいです．

ここで，相加相乗平均の不等式を用いると

$$t + u \geqq 2\sqrt{tu} = 2\sqrt{\frac{4}{3}} = \frac{4\sqrt{3}}{3}$$

◀ t と u の積が定数ですから，相加相乗平均の不等式の出番です．

であるから

$$V \leqq \frac{1}{6} \sqrt{\frac{7}{3} - \frac{4\sqrt{3}}{3}} = \frac{1}{6} \sqrt{\frac{7 - 2\sqrt{12}}{3}}$$

$$= \frac{1}{6} \cdot \frac{2 - \sqrt{3}}{\sqrt{3}} = \frac{2\sqrt{3} - 3}{18}$$

◀ 二重根号を外すために，$2\sqrt{12}$ の形を作ります．

等号成立は $t = u = \sqrt{\dfrac{4}{3}} = \dfrac{2}{\sqrt{3}}$ のときである．これは $t > 1$，$u > 1$ を満たす．$(\triangleright\triangleright\triangleright\triangleright \ \blacksquare)$

202　第5章　不等式（例題5−4）

第2節　相加相乗平均の不等式

よって，V の最大値は $\dfrac{2\sqrt{3}-3}{18}$ である．

□ Point　The inequality　NEO ROAD TO SOLUTION　5-4　Check! □

1 空間座標の角は，ベクトルの内積を利用して扱うのが定石です．

$$\cos\angle\mathrm{PRQ} = \frac{\overrightarrow{\mathrm{RP}}\cdot\overrightarrow{\mathrm{RQ}}}{|\overrightarrow{\mathrm{RP}}||\overrightarrow{\mathrm{RQ}}|}$$

ですから，$\angle\mathrm{PRQ} = \dfrac{\pi}{6}$ となる条件は

$$\cos\frac{\pi}{6} = \frac{\overrightarrow{\mathrm{RP}}\cdot\overrightarrow{\mathrm{RQ}}}{|\overrightarrow{\mathrm{RP}}||\overrightarrow{\mathrm{RQ}}|}$$

です．▶**解答**◀ では計算のしやすさを優先し，分母を払った形で書きました．
なお，△PQR の3辺の長さが簡単に求まることから，余弦定理を用いて

$$\cos\angle\mathrm{PRQ} = \frac{\mathrm{PR}^2 + \mathrm{QR}^2 - \mathrm{PQ}^2}{2\cdot\mathrm{PR}\cdot\mathrm{QR}}$$

$$\frac{\sqrt{3}}{2} = \frac{(p^2+1)+(q^2+1)-(p^2+q^2)}{2\sqrt{p^2+1}\sqrt{q^2+1}}$$

より

$$(p^2+1)(q^2+1) = \frac{4}{3}$$

とすることもできますが，ベクトルの方が汎用性は高いです．

2 ここで相加相乗平均の不等式を使うことが最大のポイントです．整理しておきます．$V = \dfrac{1}{6}pq$ の最大値を求めるのが目的で，一方

$$p^2q^2 + p^2 + q^2 = \frac{1}{3} \quad\cdots\cdots\cdots\text{Ⓐ}$$

という式がありますから，これを用いて pq の最大値を求めます．$pq \leqq$（定数）の形の不等式を導き，等号成立条件を確認します．左辺には，和 p^2+q^2 と積 p^2q^2 が混在していますから，積のみに統一したいです．そこで，相加相乗平均の不等式の出番です．和を積で評価し，積のみを含む不等式にします．強調したいのは，**和と積のどちらも定数ではない**という点です．定数かどうかではなく，和と積の関係式が必要かどうかが重要なのです．

3 pq の不等式

$$pq \leqq \frac{-3+2\sqrt{3}}{3} \quad\cdots\cdots\cdots\text{Ⓑ}$$

第5章　不等式（例題5-4）　203

第 5 章　不等式

の等号成立条件が少し分かりにくいかもしれません．そもそもこの不等式は相
加相乗平均の不等式を用いた

$$p^2 + q^2 \geqq 2\sqrt{p^2 q^2} \quad \cdots\cdots\cdots\cdots\cdots\cdots\cdots\cdots\cdots\cdots\cdots\cdots ⓒ$$

に由来し，等号成立条件は $p^2 = q^2$ です．しかし，ⓑ を導く過程で Ⓐ を使っ
ていますから，ⓑ の等号成立条件は

$$p^2 = q^2 \text{ かつ } Ⓐ$$

です．これを解けば $p = q = \sqrt{\dfrac{-3 + 2\sqrt{3}}{3}}$ が得られますが，もっといい方
法があります．

$p^2 = q^2$ のとき，ⓒ の等号が成立し，$p^2 + q^2 = 2pq$ ですから

$$Ⓐ \Longleftrightarrow p^2 q^2 + 2pq = \frac{1}{3}$$
$$\Longleftrightarrow 3(pq)^2 + 6(pq) - 1 = 0$$
$$\Longleftrightarrow pq = \frac{-3 + 2\sqrt{3}}{3}$$

よって

$$p^2 = q^2 \text{ かつ } pq = \frac{-3 + 2\sqrt{3}}{3}$$

を解けばよいのです．上の Ⓐ の同値変形に見覚えがないでしょうか．そうで
す．相加相乗平均の不等式を用いた式以降の不等式を等式に変えたものです．
$p^2 = q^2$ のとき不等号がすべて等号に変わりますから当然です．結局，**相加相
乗平均の不等式の等号成立条件と，結論の不等式を等式に変えたものを連立す
ればよいのです**．

4 　**♦別解♦** では，相加相乗平均の不等式の等号成立条件 $t = u$ と，元からある
条件 $tu = \dfrac{4}{3}$ を連立して t, u を求めます．$t > 1$，$u > 1$ の確認もしておきま
しょう．一方で，p, q の値はわざわざ求める必要はありません．t, u が存在
すれば p, q も存在するからです．大事なことは等号が成立するときの p, q
を求めることではなく，**等号成立を保証する**ことですから，p, q の存在さえ
確認できれば問題ありません．

⑤　この問題は 2018 年一橋大・前期の問題ですが，2001 年一橋大・前期にもほ
ぼ同じ問題があります．繰り返し出題されるほどよい問題ということです．

第3節　出木杉のび太論法

第3節　出木杉のび太論法

不等式　　　　　　　　　　　　　　　　　　　　　The inequality

　私は子どもの頃から「ドラえもん」（藤子・F・不二雄先生原作）が大好きで，いまだにコミックスやDVDなどを所持しています．劇場版第1作「のび太の恐竜」が公開されたのが5歳のときですから，ちょうど世代なんですね．「ドラえもん」は数学の授業に使えるネタが豊富にあり，よく使わせていただいています．

　その1つが「出木杉のび太論法」です．私はこれまで，自分の参考書で「出木杉のび太論法」について詳しく解説したいと願っていました．そのときが訪れたようです😊　なお，「出木杉のび太論法」は私が勝手に名付けたものです．

　この節では簡単のために最大値と最小値が存在する関数 $f(x)$ を扱います．

定理　　（出木杉のび太論法1）
　　任意の x に対して $f(x) \geqq a$ となる条件は，$f(x)$ の**最小値**が a 以上となることである．

　今回は「ドラえもん」の登場人物である「のび太君」と「出木杉君」を使って説明します．言うまでもなく，のび太君は，気は優しいですが勉強が苦手で，運動音痴な男の子です．一方，出木杉君は，頭脳明晰でスポーツマン，性格もよく，おまけにイケメンと，実際に存在したら許せないような完璧超人です😔のび太君を知らない人はいないと思いますが，過去に出木杉君を知らない高校生に出会い衝撃を受けました．これがジェネレーションギャップかと😔　知らない人のために強調しますが，出木杉君は天才の代名詞です．ちなみに，出木杉君の「木」の字は「来」ではないことに注意しましょう．非常によくある誤字です．藤子先生は敢えて違う漢字を当てる方なのです．「出来杉」では台無しです．「確率」を「確立」と書いたり，「複号同順」を「複合同順」と書くような間違いと同じくらいよく見ます．気を付けてください．

　さて，この2人がいるクラスで100点満点のテストを行ったとします．先程の $f(x)$ を出席番号 x の生徒のテストの点数と思いましょう．クラス全員の点数が50点以上になる条件を考えます．a が50ということです．誰の点数に注目が集まるでしょうか．言うまでもなく，出木杉君の点数を見ても無意味です．50点以上に決まっているからです．注目されるのは，50点以上かどうか**最も怪しい**生徒の点数です．そうです．のび太君です．のび太君には失礼ですが，のび太君

第5章　不等式　205

第5章　不等式

が 50 点以上であれば，他の生徒も 50 点以上でしょう 😌　すべてはのび太君次
第です．数学的には，クラスの**最低点**が 50 点以上であることが条件となります．

[定理]　（出木杉のび太論法 2）
　　ある x に対して $f(x) \geqq a$ となる条件は，$f(x)$ の**最大値**が a 以上となる
　　ことである．

　これも同じようにとらえられます．今度はクラスの中で，ある生徒の点数が
90 点以上になる条件を考えます．a が 90 ということです．先程とは違い，のび
太君は注目されません．やはりのび太君には失礼ですが，のび太君が 90 点以上
とは考えにくいからです．注目されるのは，90 点以上が**最も期待できる**生徒の
点数です．そうです．出木杉君です．出木杉君がもしダメなら，他の生徒もダメ
でしょう．クラスの命運は出木杉君にかかっているのです．数学的には，クラス
の**最高点**が 90 点以上であることが条件となります．

　いずれにしても，**極端なものに着目する**ことです．基本的な例題です．

[問題] **19.** 2 つの関数 $f(x) = x^2 + 6x + 1$, $g(x) = -x^2 + 6x + a$ を考える．
　（1）　$-2 \leqq x \leqq 2$ の範囲に，$f(x) < g(x)$ を満たす x が少なくとも 1
　　　つ存在するための必要十分条件を求めよ．
　（2）　$-2 \leqq s \leqq 2$, $-2 \leqq t \leqq 2$ を満たすすべての s, t に対して
　　　$f(s) < g(t)$ が成り立つための必要十分条件を求めよ．　　　（上智大・改）

　（1）は同じ x の値に対する大小の問題ですから，**両辺の差の関数**を考えます．
実際，$h(x) = g(x) - f(x)$ とおくと
$$h(x) = -2x^2 + a - 1$$
です．$-2 \leqq x \leqq 2$ において $h(x) > 0$ となる x が少なくとも 1 つ存在する条件
を求めます．最も期待できるものに着目します．$-2 \leqq x \leqq 2$ における $h(x)$ の
最大値を M とすると，$M > 0$ が条件で，$M = h(0) = a - 1$ に注意して
$$a - 1 > 0 \quad \therefore \quad a > 1$$
となります．
　一方，（2）は異なる x の値を扱いますからそのまま考えます．2 つのクラス
F，G でテストを行い，F クラスの出席番号 s の生徒の点数を $f(s)$，G クラス

206 第5章　不等式

の出席番号 t の生徒の点数を $g(t)$ とします. 2 クラスのどのような生徒の組に対しても, G クラスの生徒の点数が F クラスの生徒の点数を上回ることを想像しましょう. 極端な場合を考えると, F クラスの出木杉君ですら, G クラスののび太君に勝てないということですから, $-2 \leqq x \leqq 2$ における $f(x)$ の最大値を N, $g(x)$ の最小値を n とすると, $N < n$ が条件です.

$$f(x) = (x+3)^2 - 8, \ g(x) = -(x-3)^2 + a + 9$$

より, $N = f(2)$, $n = g(-2)$ ですから

$$f(2) < g(-2)$$

$$17 < a - 16 \quad \therefore \quad a > 33$$

となります.

（２）は普段の予備校の授業では「〇〇論法」と別の名前を付けていますが, やや過激な話になりますので, ここでは書けません 😩

なお, （２）でも両辺の差をとり, 2 変数関数の最小値が正となる条件を考えてもよいです. 実際, 次のように解いた生徒がいました.

$$g(t) - f(s) = -(t-3)^2 - (s+3)^2 + a + 17$$

は $s = 2$ かつ $t = -2$ で最小値 $a - 33$ をとりますから

$$a - 33 > 0 \quad \therefore \quad a > 33$$

となります.

今回は最大値と最小値が存在する前提でしたが, 存在しなくても, 代わりに上限や下限があれば同様に議論できます. 上限や下限の定義は大学で習います. 字のとおり, 上限は上の限界, 下限は下の限界ととらえておけばよいです. 例えば, $f(x) = x^2 \ (x \neq 0)$ は最小値は存在しませんが, 下限は存在し, それは 0 です.

「出木杉のび太論法」は易しい問題では意識をする必要はないでしょう. 応用問題で「あれ？」と思ったときにこのような例えを思い出すとよいです.

〈不等式のまとめ３〉

Check ▷▷▷▷ 出木杉のび太論法

🖊 極端なものに着目する

🖊 最も怪しいものか, 最も期待できるものか

第5章　不等式

―――――〈不等式が常に成り立つ条件〉―――――

例題 5-5. 実数の定数 a に対し，二つの関数 $f(x) = x^2 - 4ax + 1$ および $g(x) = |x| - a$ を考える．このとき，次の問いに答えよ．
(1) $a = 1$ のとき，$y = f(x)$ と $y = g(x)$ のグラフを描け．
(2) $f(x) > 0$ が $-4 < x < 4$ をみたすすべての x に対して成り立つような a の範囲を求めよ．
(3) $f(x) > 0$ または $g(x) > 0$ が，$-4 < x < 4$ をみたすすべての x に対して成り立つような a の範囲を求めよ．　　　　　　　　　　　（高知大）

考え方 （2）は出木杉のび太論法が使える典型的な問題です．ただし，x の範囲 $-4 < x < 4$ が開区間（端点に等号がついていない区間）ですから，最小値が存在するとは限らないことに注意しましょう．（3）は扱いやすい $g(x) > 0$ を先に考えるとよいです．$g(x) > 0$ が成立しない x に対し，常に $f(x) > 0$ が成り立つ条件を考えます．やはり，出木杉のび太論法が使えます．

▶**解答**◀ （1） $a = 1$ のとき
$$f(x) = x^2 - 4x + 1$$
$$= (x - 2)^2 - 3$$
$$g(x) = |x| - 1$$

であるから，$C : y = f(x)$，$l : y = g(x)$ として，グラフは図1のようになる．

◀ 具体例を通じてグラフの概形を把握させる設問でしょう．

(2) $f(x)$ の $-4 < x < 4$ における最小値 m が存在するかで場合分けする．
$$f(x) = (x - 2a)^2 - 4a^2 + 1$$
であり
$$f(-4) = 16a + 17, \ f(4) = -16a + 17$$
$$f(2a) = -4a^2 + 1$$
であることに注意する．

◀ 常に $f(x) > 0$ となる条件を求めたいのですから出木杉のび太論法が使えます．

◀ 最小値や下限の候補を計算しておきます．

(ア) $2a \leqq -4$，すなわち $a \leqq -2$ のとき　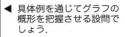
m は存在せず，下限は $f(-4)$ であるから，$f(-4) \geqq 0$

が条件で　(▷▷▷▷❷)

$$16a+17 \geqq 0 \qquad \therefore \quad a \geqq -\frac{17}{16}$$

これは $a \leqq -2$ に反するから不適.

◀ 場合分けの条件を満たすか確認します.

(イ)　$-4<2a<4$, すなわち $-2<a<2$ のとき

$m=f(2a)$ より, $f(2a)>0$ が条件で　(▷▷▷▷❸)

$$-4a^2+1>0$$

$$a^2<\frac{1}{4} \qquad \therefore \quad -\frac{1}{2}<a<\frac{1}{2}$$

これは $-2<a<2$ を満たす.

(ウ)　$4 \leqq 2a$, すなわち $2 \leqq a$ のとき

m は存在せず, 下限は $f(4)$ であるから, $f(4) \geqq 0$ が条件で

◀ (ア)と同様です.

$$-16a+17 \geqq 0 \qquad \therefore \quad a \leqq \frac{17}{16}$$

これは $2 \leqq a$ に反するから不適.

以上より, 求める a の範囲は

$$\boldsymbol{-\frac{1}{2}<a<\frac{1}{2}}$$

(**3**)　(ア)　$a<0$ のとき

図２の場合である.

$-4<x<4$ で

$$g(x)=|x|-a>0$$

であるから適する.

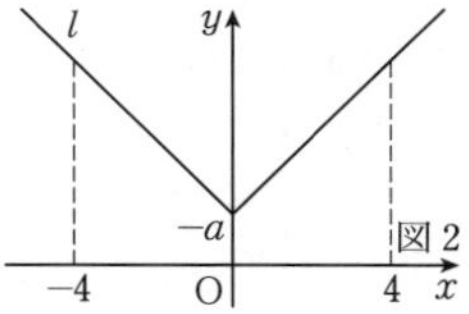

図２

◀ $g(x)$ の最小値 $-a$ が正かどうかで分けます.

◀ 常に $g(x)>0$ ですから, 最も簡単な場合です.

次に $a \geqq 0$ のときを考える. $g(x) \leqq 0$ となる x の範囲と $-4<x<4$ の共通部分で場合分けする. (▷▷▷▷❹)

$g(x) \leqq 0$ とすると

◀ $g(x) \leqq 0$ を解いてグラフを想像します.

$$|x|-a \leqq 0$$

$$|x| \leqq a \qquad \therefore \quad -a \leqq x \leqq a \quad \cdots\cdots\cdots①$$

であるから, 共通部分は図３, ４の太線部分である. ただし, 黒丸を含み白丸は除く.

問題編　論理　整数　論証　方程式　不等式　関数　座標　ベクトル　空間図形　図形総合　数列　数学的帰納法　場合の数　確率　微積分　出典・テーマ

第5章　不等式

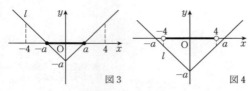

図3　　　　　　　図4

（イ）　$0 \leq a < 4$ のとき　（▷▷▷ **5**）

図3の場合である．①かつ $-4 < x < 4$ とすると，$-a \leq x \leq a$ であるから，この範囲で常に $f(x) > 0$ となる条件を求めればよい．

◀ 出木杉のび太論法が使えるタイプです．

軸：$x = 2a \geq a$ より，$-a \leq x \leq a$ における $f(x)$ の最小値は $f(a)$ であるから，$f(a) > 0$ が条件で

◀ $-a \leq x \leq a$ が閉区間（端点に等号がついている区間）ですから最小値が存在し，（最小値）> 0 が条件です．

$$-3a^2 + 1 > 0$$

$$a^2 < \frac{1}{3} \quad \therefore \quad -\frac{1}{\sqrt{3}} < a < \frac{1}{\sqrt{3}}$$

$0 \leq a < 4$ より

$$0 \leq a < \frac{1}{\sqrt{3}}$$

（ウ）　$4 \leq a$ のとき

図4の場合である．①かつ $-4 < x < 4$ とすると，$-4 < x < 4$ であるから，この範囲で常に $f(x) > 0$ となる条件を求めればよい．（2）より

◀ （2）と同じ条件ですから，結果が使えます．

$$-\frac{1}{2} < a < \frac{1}{2}$$

であるが，これは $4 \leq a$ に反するから不適．

以上より，求める a の範囲は

$$a < \frac{1}{\sqrt{3}}$$

第3節 出木杉のび太論法

☐ Point　The inequality　5-5　Check! ☐
　　　　　NEO ROAD TO SOLUTION

1 2次関数の最小に関する問題ですから，軸と定義域の位置関係に着目します．今回は $y = f(x)$ は下に凸で，定義域が $-4 < x < 4$ と開区間です．軸が定義域にないときは単調増加または単調減少で，定義域の両端での値はとれませんから，最小値が存在しません．その代わり下限が存在します．最小値が存在するかしないかで状況が変わりますから，**排反に場合分けする**必要があります．

　（ア）　軸 ≤ -4
　（イ）　$-4 <$ 軸 < 4
　（ウ）　$4 \leq$ 軸

のように分けます．等号がつく位置に注意しましょう．（ア）と（ウ）では最小値が存在せず，（イ）では存在します．

2 $f(-4) \geq 0$ と**等号がつくことに注意**です．最小値が存在せず，代わりに下限で考えているからです．ピンと来なければ，**等号が成り立つ場合を想像し，題意を満たすかどうかを確認する**とよいでしょう．

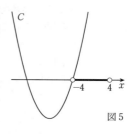

図5

　軸 ≤ -4 のときは $-4 < x < 4$ で $f(x)$ は単調増加ですから，仮に $f(-4) = 0$ であっても，図5のように，$-4 < x < 4$ で常に $f(x) > 0$ となって適します．

　一方，$f(-4) < 0$ は不適です．$f(-4)$ がどんな負の値であっても，-4 に十分近い $x \, (> -4)$ に対して $f(x) < 0$ となるからです．☐Point...☐ **1-4**. の **4**（☞ P.60）と同様です．

　こういう等号がつくかどうかは受験生が苦手とするところです．いろいろなパターンがありますから，結果を丸暗記することも困難です．問題ごとに等号をつけるべきかどうかを地道に調べるしかありません．

3 （ア）と違い，$f(a) > 0$ と等号がつきません．最も怪しい値である最小値 m が存在しますから，$m > 0$ が条件です．

4 勘違いをする人は少ないかもしれませんが，念のため題意の確認です．(3) は，$-4 < x < 4$ において「常に $f(x) > 0$」または「常に $g(x) > 0$」となる条件を求めるのでは**ありません**．もしそうであれば，「常に $f(x) > 0$」となる条件は (2) で $-\dfrac{1}{2} < a < \dfrac{1}{2}$ と求めていますし，「常に $g(x) > 0$」となる条

第5章　不等式（例題5-5）　211

件は $a < 0$ とすぐに求まりますから，答えは $a < \dfrac{1}{2}$ です．

そうではなく，$-4 < x < 4$ において常に「$f(x) > 0$ または $g(x) > 0$」となる条件を求めます．x の値によって，$f(x)$ と $g(x)$ のどちらが正になるか変わってもよいということです．

$f(x)$ より $g(x)$ の方がシンプルですから，$g(x)$ から考えます．$g(x) > 0$ であれば「$f(x) > 0$ または $g(x) > 0$」を満たしますから，$\boldsymbol{g(x) \leqq 0}$ である x の範囲（ただし，$-4 < x < 4$ のもとで）で常に $f(x) > 0$ となる条件を求めます．$g(x) \leqq 0$ かつ $-4 < x < 4$ を満たす x の範囲は a の値によって変わりますから，場合分けをします．

5 （2）と同様に，**排反に分ける**ことが重要です．単に最大値・最小値を求めるような問題とは違い，（ア），（イ），（ウ）の複数の場合に共通する a の値はありません．$g(x) \leqq 0$ かつ $-4 < x < 4$ となる x の値の範囲が

（ア）　なし
（イ）　$-a \leqq x \leqq a$
（ウ）　$-4 < x < 4$

となるからです．**場合分けの境界になる $\boldsymbol{a}$ の値が 2 つのどちらの場合に入るのかを正しく判断する**ことです．今回はどちらでもよいということはありません．特に（イ）は $0 \leqq a < 4$ と，0 には等号がつき，4 には等号がつかないことに注意しましょう．$a = 0$ と $a = 4$ のときの $y = g(x)$ のグラフを想像し，それぞれどの場合に含めるべきかを判定します．

$a = 0$ のときのグラフは図 6 です．$g(0) = 0$ より $-4 < x < 4$ で常には $g(x) > 0$ でないですから，（ア）には含められません．一方，▶解答◀ の図 3 の特別な場合と解釈できますから，（イ）に含めます．

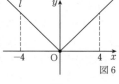
図 6

$a = 4$ のときのグラフは図 7 です．▶解答◀ の図 3 で $a = 4$ とした場合とは異なりますから，（イ）には含められません．その一方で，▶解答◀ の図 4 で $a = 4$ とした場合に相当しますから，（ウ）に含めます．

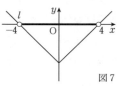
図 7

第3節　出木杉のび太論法

〈円と直線の位置関係〉

[例題] 5−6. xy 平面上，x 座標，y 座標がともに整数であるような点 (m, n) を格子点とよぶ.

　各格子点を中心として半径 r の円がえがかれており，傾き $\dfrac{2}{5}$ の任意の直線はこれらの円のどれかと共有点をもつという. このような性質をもつ実数 r の最小値を求めよ.

（東京大）

[考え方]　直線と円が共有点をもつ条件を式で表します.「**どんな**直線に対しても，**どれかの**円がその条件を満たす」ような r の最小値を求めることになりますが，1回読んだだけでは何を言っているのか理解しにくいです. 出木杉のび太論法を使って順番に処理していきます.

▶**解答**◀　傾き $\dfrac{2}{5}$ の直線の方程式は

$$y = \frac{2}{5}x + b \qquad \therefore \quad 2x - 5y + 5b = 0$$

◀ y 切片を b とおきます.

とおける. これが格子点 (m, n) を中心とし半径 r の円と共有点をもつ条件は，円の中心と直線の距離が円の半径以下になることで

◀ 円の中心を (m, n) とおきます.

$$\frac{|2m - 5n + 5b|}{\sqrt{2^2 + (-5)^2}} \leq r$$

◀ 点と直線の距離の公式を用いています.

$$|5b - (5n - 2m)| \leq \sqrt{29}\,r \quad \cdots\cdots\cdots\cdots ①$$

どんな実数 b に対しても，① が成り立つような整数の組 (m, n) がそれぞれ存在する条件を求める.（▷▷▷▷ **1**）これは，b を固定し (m, n) を動かしたときの ① の左辺

$$|5b - (5n - 2m)|$$

の最小値を $f(b)$ とすると，任意の実数 b に対し

$$f(b) \leq \sqrt{29}\,r$$

となることである.（▷▷▷▷ **2**）

　ここで，$f(b)$ について調べる.

$$N = 5n - 2m$$

◀ $5n - 2m$ をかたまりで1つの整数とみなします.

とおくと，5 と 2 は互いに素であるから，N は任意の整

第5章　不等式（例題 5−6）　**213**

第5章　不等式

数を表せる．（▷▷▷▷ **3**）実際，$n = 0$ のとき

$$N = -2m$$

はすべての偶数を表し，$n = 1$ のとき

$$N = 5 - 2m$$

はすべての奇数を表す．

$$|5b - (5n - 2m)| = |5b - N|$$

は数直線において $5b$ と N の
距離であるから，$f(b)$ は $5b$
とそれに最も近い整数との距
離で，$5b$ の小数部分を $\langle 5b \rangle$
として

$$f(b) = \min\{\langle 5b \rangle,\, 1 - \langle 5b \rangle\}$$

である．（▷▷▷▷ **4**）ただし，$\min\{x, y\}$ は $x,\ y$ のうち小
さい方を表す．よって，任意の実数 b に対し

$$\min\{\langle 5b \rangle,\, 1 - \langle 5b \rangle\} \leq \sqrt{29}\,r$$

◀ 厳密には等しい場合も含
めて「大きくない方」と
表します．「最小のもの」
でもよいです．

となる条件を求める．b を動
かしたときの左辺の最大値は
$\dfrac{1}{2}$ であるから （▷▷▷▷ **5**）

$$\frac{1}{2} \leq \sqrt{29}\,r \qquad \therefore \quad r \geq \frac{1}{2\sqrt{29}}$$

以上より，r の最小値は

$$\frac{1}{2\sqrt{29}} \quad （\text{▷▷▷▷ }\textbf{6}）$$

第3節　出木杉のび太論法

| □ Point | The inequality | 5-6 | Check! | □ |

NEO ROAD TO SOLUTION

1　傾きが一定の直線は y 切片 b で決まり，半径が一定の円は中心 (m, n) で決まることに注意します．「任意の直線はどれかの円と共有点をもつ」とは，「どんな実数 b に対しても，① が成り立つような整数の組 (m, n) が**個別に存在する**」ということです．b の値によって対応する (m, n) が変わってもよいです．

2　「**どんな**実数 b に対しても，① が成り立つような整数の組 (m, n) がそれぞれ**存在する**」条件を求めたいのですが，これが 1 回でスッと頭に入ってくる人は相当頭がいいのでしょう．私は何度も読み返さなければ理解できません．b と (m, n) を一気に考えようとすると混乱します 😵　1 つずつ順番に考えていきます．**「何を定数とみなして何を変数とみなすか」** に注意しましょう．

　「b に対してそれぞれ (m, n) が存在する」とありますから，まず b を与えたときの (m, n) の存在条件を考えます．最終的には r が満たすべき条件を求めたいのですから，**r は与えられた定数とみなします**．よって，① は右辺が定数で，左辺が変化します．出木杉のび太論法の出番です．**ある値以下の存在条件**ですから，最も期待できるもの，すなわち ① の左辺の**最小値**に着目します．

3　□ Point... □ 3-3. の 7 （☞ P.130）で扱った，下記の定理が背景にあります．

> 〔定理〕　a と b が互いに素な整数のとき，$ax + by = n$（n は整数）を満たす整数の組 (x, y) が存在する．

　言い換えると，「a と b が互いに素な整数であれば，$ax + by$ はどんな整数も表せる」ということです．今回はこの知識がないと，▶解答◀ のような考えに至らない気がします．受験数学ではときに知識の差で結果が分かれます．

　さて，この定理は一般の a, b についての証明は大変でしたが，今回は具体的な $5n - 2m = N$ の形であり，示すのは簡単です．係数の絶対値が大きい方の文字を決めます．$n = 0, 1$ とすると N は 2 で割った余りがそれぞれ 0, 1 の整数になり，m を動かすことで任意の整数を表せることが分かります．

　$5n - 2m = N$ を m, n の不定方程式とみなし，特殊解 $(m, n) = (2N, N)$ を見つけてもよいです．N がいくつであっても整数解 (m, n) が存在します．

第5章　不等式（例題5-6）

第5章　不等式

4　$f(b)$ は b を固定し整数 N を動かしたときの $|5b - N|$ の最小値です．数直線をイメージします．$|5b - N|$ は $5b$ と N の距離で，その最小を考えます．

　　$5b$ は定点，N は等間隔に並ぶ格子点ですから，$5b$ に最も近い格子点に着目します．遠い格子点は興味ありません．$5b$ はある2つの格子点にはさまれています（ある格子点に一致する場合も含みます）から，最も近いのはその2つのうち近い方です．$5b$ が2つの整数 M，$M+1$ にはさまれているとすると

$$M \leqq 5b < M + 1 \ \cdots\cdots\cdots\cdots\cdots\cdots\cdots\cdots\cdots\cdots\cdots\cdots ⒜$$

であり，$f(b)$ は $5b$ と M，$M+1$ の距離のうち小さい方（大きくない方）ですから

$$f(b) = \min\{5b - M,\ M + 1 - 5b\}$$

小さい方が $f(b)$　図3

となります．⒜ と整数部分の定義より $M = [5b]$ ですから，**▶解答◀** の図1のようになり，小数部分の定義 $\langle 5b \rangle = 5b - [5b]$ も用いると

$$f(b) = \min\{\langle 5b \rangle,\ 1 - \langle 5b \rangle\}$$

です．

5　固定していた b を動かし，任意の実数 b に対し

$$\min\{\langle 5b \rangle,\ 1 - \langle 5b \rangle\} \leqq \sqrt{29}\,r$$

となる条件を求めます．再び出木杉のび太論法の出番です．**常にある値以下である条件**ですから，最も怪しいもの，すなわち $\min\{\langle 5b \rangle,\ 1 - \langle 5b \rangle\}$ の**最大値**に着目します．$\langle 5b \rangle$ と $1 - \langle 5b \rangle$ の和は1で一定ですから，2つの値が等しいときに小さい方は最大で，最大値は $\dfrac{1}{2}$ です．

6　念のため確認です．$r \geqq \dfrac{1}{2\sqrt{29}}$ を用いて r の最小値は $\dfrac{1}{2\sqrt{29}}$ としました．一般に，**第2節** （☞ P.196）でも確認しましたが，不等式を使って最大値や最小値を求めようとする際には，等号成立の確認が必要です．今回は確認していないように見えますがこれで構いません．解答の流れから，$r \geqq \dfrac{1}{2\sqrt{29}}$ は r が満たすべき必要十分条件であり，**単なる大小関係の不等式ではなく，とりうる値の範囲を表す不等式**だからです（☞ P.223）．当然，$r = \dfrac{1}{2\sqrt{29}}$ となれることも保証されており，確認は不要です．このように，不等式を扱う際には単なる大小関係なのかとりうる値の範囲なのかを意識することが重要です．

第4節　不等式と領域

不等式　　　　　　　　　　　　　　　　　　　　The inequality

1変数の不等式は，図形的には，数直線上の**区間**を表します．例えば，$x<1, 3<x$ は，図1のようになります．これを踏まえて，次の問題を見てみましょう．

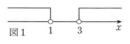
図1

> **問題 20.** $a<b, c<d$ とする．$a \leqq x \leqq b$ かつ $c<x<d$ を満たす実数 x が存在するための a, b, c, d が満たすべき条件を求めよ．

「$a<x<b$ かつ $c<x<d$ を満たす実数 x の存在条件は，$a<d$ かつ $c<b$ である．」という結果のみを紹介してある参考書がありますが，結果を丸暗記しているようでは，この問題のように一部等号がついた場合に対応できません．なぜそうなるかを納得しておくことです．

ポイントは，**実数 x が存在する条件より存在しない条件の方が考えやすい**ということです．$a \leqq x \leqq b$ かつ $c<x<d$ を満たす実数 x が存在しない条件を考えます．数直線上で図2のようになることで

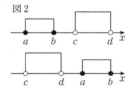
図2

　　$b \leqq c$ **または** $d \leqq a$

です．ともに等号がつくことに注意しましょう．$b=c, d=a$ のいずれの場合もギリギリ共通部分が存在しないからです．求める条件は，この否定をとり

　　$a<d$ **かつ** $c<b$

です．

2変数の不等式はどうでしょうか．図形的には，座標平面上の**領域**です．重要なのは，**ただの不等式の問題に見えても領域を図示することがある**ということです．複数の不等式を扱う際に，辺ごとにたすなどの式変形では必要条件になりますが，領域なら必要十分の議論ができます．

――――――〈不等式のまとめ4〉――――――

Check ▷▷▷▷ 不等式と領域

- 1変数の不等式は数直線上の区間を表す
- 2変数の不等式は座標平面上の領域を表す

第5章　不等式

〈不変〉

例題 5−7. 区間 $[a, b]$ が関数 $f(x)$ に関して不変であるとは,

$$a \leqq x \leqq b \text{ ならば, } a \leqq f(x) \leqq b$$

が成り立つこととする. $f(x) = 4x(1-x)$ とするとき, 次の問いに答えよ.

（1） 区間 $[0, 1]$ は関数 $f(x)$ に関して不変であることを示せ.

（2） $0 < a < b < 1$ とする. このとき, 区間 $[a, b]$ は関数 $f(x)$ に関して不変ではないことを示せ.

(九州大)

考え方　まず,「不変」の定義を正しく理解することです. $y = f(x)$ とすると,「$a \leqq x \leqq b$ ならば, $a \leqq y \leqq b$」ですから, $a \leqq x \leqq b$ における $y = f(x)$ のグラフが, 正方形 $a \leqq x \leqq b$, $a \leqq y \leqq b$ の中に収まるイメージです.（2）において領域を利用します.

▶解答◀　（1） $f(x) = -4\left(x - \dfrac{1}{2}\right)^2 + 1$ である

から, $0 \leqq x \leqq 1$ における $y = f(x)$ のグラフは図1のようになる. よって

$$0 \leqq x \leqq 1 \text{ ならば,}$$

$$0 \leqq f(x) \leqq 1$$

が成り立つから, 区間 $[0, 1]$ は関数 $f(x)$ に関して不変である.（▷▷▷▷ ■1）

◀ グラフを描くと分かりやすいです.

（2） $0 < a < b < 1$ のとき, 区間 $[a, b]$ が関数 $f(x)$ に関して不変であると仮定すると

$$a \leqq x \leqq b \text{ ならば, } a \leqq f(x) \leqq b \quad \cdots\cdots\cdots① $$

が成り立つ. 両端の値を代入し　（▷▷▷▷ ■2）

$$a \leqq f(a) \leqq b \quad\cdots\cdots\cdots\cdots\cdots\cdots\cdots\cdots② $$

$$a \leqq f(b) \leqq b \quad\cdots\cdots\cdots\cdots\cdots\cdots\cdots\cdots③ $$

（▷▷▷▷ ■3）

◀ 不変でないことを直接示すのは難しいですから, 背理法で示します. 不変であると仮定して矛盾を導きます.

第4節　不等式と領域

$a \leqq f(a)$ より

$\quad a \leqq 4a(1-a)$

$\quad a(4a-3) \leqq 0 \quad \therefore \quad 0 \leqq a \leqq \dfrac{3}{4}$

$0 < a < 1$ より

$\quad 0 < a \leqq \dfrac{3}{4}$ ……………………………④　　◀ 前提条件 $0 < a < 1$ に注意します．

また，$f(b) \leqq b$ より

$\quad 4b(1-b) \leqq b$

$\quad b(4b-3) \geqq 0 \quad \therefore \quad b \leqq 0, \dfrac{3}{4} \leqq b$

$0 < b < 1$ より

$\quad \dfrac{3}{4} \leqq b < 1$ ……………………………⑤

さらに，$f(a) \leqq b$, $a \leqq f(b)$ より

$\quad b \geqq 4a(1-a)$ ……………………………⑥

$\quad a \leqq 4b(1-b)$ ……………………………⑦

よって，$0 < a < b < 1$ かつ ④ かつ ⑤ かつ ⑥ かつ ⑦ を ab 平面上に図示すると，図2 の網目部分になる．ただし

$\quad C : b = f(a)$

$\quad D : a = f(b)$

であり，境界は b 軸上の点のみ除く．（▷▶▶▶ ❹）

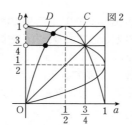

図2

◀ $0 < a < 1$, $0 < b < 1$ は④，⑤で考えていますから，$0 < a < b < 1$ の代わりに $a < b$ だけでもよいです．図示を考えると $0 < a < b < 1$ を残す方が分かりやすいです．

　この領域は $0 < a < \dfrac{1}{2}$ かつ $\dfrac{1}{2} < b < 1$ にあるから，（▷▶▶▶ ❺）$a < \dfrac{1}{2} < b$ が成り立つ．ゆえに，① より

$\quad a \leqq f\left(\dfrac{1}{2}\right) \leqq b \quad$（▷▶▶▶ ❻）

$\quad a \leqq 1 \leqq b$

これは $b < 1$ と矛盾する．

　以上より，区間 $[a, b]$ は関数 $f(x)$ に関して不変ではない．

第5章　不等式（例題5−7）　219

第5章 不等式

Point 5-7 Check!
The inequality — NEO ROAD TO SOLUTION

1 題意の把握のための問題なのでしょうか．かなり特殊で，本当に不変の意味を理解しているか判別できない気がします．

$$0 \leqq x \leqq 1 \text{ ならば，} 0 \leqq f(x) \leqq 1$$

が成り立つのは自明ですが，$f(x) = 0, 1$ となることがあり，結論の不等式で等号が成り立つからです．

確認です．「不変」というのは，$a \leqq x \leqq b$ での $y = f(x)$ のグラフが，正方形 $a \leqq x \leqq b$, $a \leqq y \leqq b$ の中に収まることです．下の3つの図を見てください．

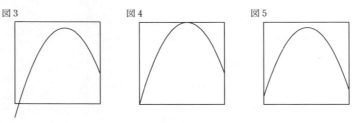

図3 　　　図4 　　　図5

図3は，グラフがはみ出しており，「不変ではない」です．図4は，グラフが正方形の中にぴったり収まっており，「不変である」と言えます．ここまでは問題ないでしょう．では，図5はどうでしょうか．これもグラフは正方形の中に収まっていますから，「不変である」です．ここでつまずく人がいます．

もう一度確認です．区間 $[a, b]$ が関数 $f(x)$ に関して不変であるとは

$$a \leqq x \leqq b \text{ ならば，} a \leqq f(x) \leqq b$$

が成り立つことです．「$a \leqq f(x) \leqq b$ が成り立つ」部分に注意してください．これは単なる大小関係を表す不等式です．**等号が成り立つ必要はありません**．

$$a < f(x) < b \Longrightarrow a \leqq f(x) \leqq b$$

が成り立ちますから，等号が成り立つことがなくても不変であると言えるのです．不等号 $\leqq$ は「$<$ または $=$」ですから，当然 $1 \leqq 2$ は正しいです．以前，予備校のあるクラスの授業で生徒に質問してみたのですが，図5で「不変でない」と答えた人が過半数を超えました．生徒ならまだいいのですが，図5を「不変でない」として平然と授業をした講師がいたようです．**題意を正しく把握する**のは問題を解く上での基本です．反面教師にしましょう．

第 4 節 不等式と領域

2 ① が成り立つための必要十分条件を考えるならば，$a \leqq x \leqq b$ での $f(x)$ の最大値，最小値を求め

（最大値）$\leqq b$ かつ（最小値）$\geqq a$

となる条件を調べますが，軸の位置で場合分けが必要です．今回は矛盾を導けばよいのですから，**必要十分条件にこだわることはありません**．とにかく ① を使って矛盾を導きます．$a \leqq x \leqq b$ である任意の x に対して $a \leqq f(x) \leqq b$ が成り立ちますから，何か具体的な x を代入した式を用います．何を代入するかですが，通常は**区間の両端の値や中央の値**です．今回は中央の値 $\dfrac{a+b}{2}$ が複雑ですから，両端の値のみを代入します．その結果得られる条件は ① が成り立つための必要条件ですが，それを用いて矛盾が言えればよいのです．

3 ② は $a \leqq f(a)$ かつ $f(a) \leqq b$ です．$a \leqq f(a)$ は 1 変数の不等式ですから，普通に解きます．$f(a) \leqq b$ は 2 変数の不等式ですから，ab 平面上での領域を表します．③ についても同様です．

4 $0 < a < b < 1$ かつ ④ かつ ⑤ かつ ⑥ かつ ⑦ を ab 平面上に図示しますが，これができない受験生が多いです．領域の図示は非常に重要な基本スキルです．頭の中でイメージできなければ，実際に手を動かしてみることです．1 つずつ領域を図示していき共通部分をとります．具体的に確認してみましょう．

$$0 < a < b < 1 \text{ かつ } 0 < a \leqq \frac{3}{4} \text{ かつ } \frac{3}{4} \leqq b < 1$$
$$\text{かつ } b \geqq 4a(1-a) \text{ かつ } a \leqq 4b(1-b)$$

を図示します．$0 < a < b < 1$ より，正方形の内部 $0 < a < 1$，$0 < b < 1$ に限定して考えます．$0 < a \leqq \dfrac{3}{4}$ かつ $\dfrac{3}{4} \leqq b < 1$ かつ $a < b$ を ab 平面上に図示すると，図 6 になります．同様に，$b \geqq 4a(1-a)$，$a \leqq 4b(1-b)$ を図示すると，それぞれ図 7，図 8 になります．これらの共通部分をとります．

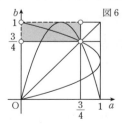
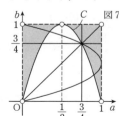
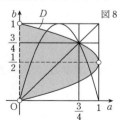

5 矛盾を導くには，対応する a, b が存在しなければよいのですが，領域が図示できた（できてしまった）ことから，まだ a, b は存在します．これは，今回考えた必要条件だけでは矛盾が導けなかったということですが，あきらめる必要はありません．(a, b) の存在領域が絞られたととらえ，うまく利用します．

得られた領域は図 9 の濃い網目部分で複雑ですが，矛盾が目標ですから，そのまま使う必要はありません．極端な値である**最大値に着目**しましょう．$f(x)$ は $x = \frac{1}{2}$ で最大値 1 をとり，$0 < a < b < 1$ ですから，区間 $[a, b]$ に $\frac{1}{2}$ が入っていれば矛盾が導けそうです．そこで，得られた領域を**大雑把にとらえます**．領域を広げ，図 9 の薄い網目部分である正方形の内部

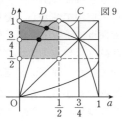
図 9

$$0 < a < \frac{1}{2}, \ \frac{1}{2} < b < 1$$

にあるととらえればよいでしょう．ここでも矛盾を導くためには必要十分条件にこだわる必要はないという考え方を使っています．一方通行でよいのです．

6 5 で着目した最大値を使うために，最初の ① に戻ります．$a < \frac{1}{2} < b$ が言えていますから，① で $x = \frac{1}{2}$ とした場合を考えると，$a \leqq f\left(\frac{1}{2}\right) \leqq b$ となり，矛盾が導けます．念のため，等号がつくことに注意してください．

$$a < \frac{1}{2} < b \Longrightarrow a \leqq f\left(\frac{1}{2}\right) \leqq b$$

です．前提の不等式に等号がついていなくても結論の式には等号がつきます．**前提と結論の等号同士が対応しているわけではない**からです．なお，前提の不等式に等号をつけても間違いではありません．

7 まとめです．$0 < a < b < 1$ と ① から矛盾を導くのですが

$$0 < a < b < 1 \text{ かつ } \text{①} \Longrightarrow 0 < a < b < 1 \text{ かつ } \text{②} \text{ かつ } \text{③}$$
$$\Longrightarrow 0 < a < \frac{1}{2} \text{ かつ } \frac{1}{2} < b < 1$$

となり，再び ① を用いて

$$0 < a < \frac{1}{2} \text{ かつ } \frac{1}{2} < b < 1 \text{ かつ } \text{①} \Longrightarrow a \leqq f\left(\frac{1}{2}\right) \leqq b$$

として，矛盾を導いています．すべて一方通行の矢印ですが，議論の流れと同じ向きで問題ありません．

第5節　評価する

第5節　評価する

不等式　　　　　　　　　　　　　　　　　　　　　　　The inequality

　不等式は2通りの意味で使うことがあります．**とりうる値の範囲**を表す場合と，単に**大小関係**を表す場合です．

　例えば，$-1 \leqq x \leqq 2$ のときの $y = x^2$ について考えましょう．

　y のとりうる値の範囲は $0 \leqq y \leqq 4$ です．これは単なる大小関係というだけでなく，y の変域を厳密に表したものですから，1通りに決まります．

　一方，かなり乱暴ですが，$-1 < y < 100$ と書いても，単なる大小関係としては正しいです．$-17 \leqq y \leqq 41$，$-\dfrac{1}{2} < y \leqq \sqrt{21}$ などとしても正しいですから，大小関係を表す不等式は1通りには決まりません．

　この2つのタイプの不等式はどちらも正しいですが，意味が違います．意識して使い分けましょう．

　さて今回扱うのは，1通りには決まらない「大小関係」を表す不等式です．特に，**ある値を不等式で評価する**問題です．とりうる値を求めるのではなく，見積もるのが目的です．典型的なのは，常用対数の値を用いた「桁数」，「最高位の数」を求める問題です．

問題 21. 自然数 $N = 7^{777}$ について，以下の問に答えよ．必要ならば，次の値（小数第5位を四捨五入したもの）を用いてよい．

$$\log_{10} 2 = 0.3010 \qquad \log_{10} 3 = 0.4771 \qquad \log_{10} 7 = 0.8451$$

（1）　N は何桁の数か．

（2）　N の先頭の数字は何か．　　　　　　　　　　（図書館情報大・改）

　桁数や先頭の数字を調べることは，**大雑把に見積もる**ことに対応します．それには近似値が与えられている常用対数が有効です．

$$\log_{10} N = \log_{10} 7^{777} = 777 \log_{10} 7 = 777 \cdot 0.8451 = 656.6427$$

より

$$N = 10^{656.6427}$$

と，**底が10の指数**に直せます．常用対数をとるというのはこれが目的です．

（1）では

$$10^{656} < N < 10^{657} \quad \cdots\cdots\cdots\cdots\cdots\cdots\cdots\cdots\cdots\cdots\cdots\cdots①$$

第5章　不等式　　223

第5章　不等式

と評価します．10^{656} は 1 に 10 を 656 回かけた数ですから，1 の後ろに 0 が 656 個並ぶ数で，「ギリギリ 657 桁の数」です．よって，N は「ギリギリ 657 桁の数」と「ギリギリ 658 桁の数」にはさまれますから，657 桁です．

　なお，「桁数は（常用対数の整数部分）＋1」と書いてある参考書をよく見ますが，そういう覚え方は感心しません．「丸暗記数学」の典型です．**論理的に結果が導けるものに関しては，丸暗記するべきではありません**．

　（2）では，まず先頭の数字を文字でおいて評価します．N の先頭の数字を a とおくと，N は「a の後ろに 0 が 656 個並ぶ数」$a \cdot 10^{656}$ と「$a+1$ の後ろに 0 が 656 個並ぶ数」$(a+1) \cdot 10^{656}$ ではさまれますから

$$a \cdot 10^{656} \leqq N < (a+1) \cdot 10^{656} \quad \cdots\cdots\cdots\cdots\cdots\cdots\cdots\cdots\cdots\cdots\cdots\cdots\cdots② $$

が成り立ちます．これを変形します．

$$a \cdot 10^{656} \leqq 10^{656.6427} < (a+1) \cdot 10^{656} \qquad \therefore \quad a \leqq 10^{0.6427} < a+1$$

各辺の常用対数をとると

$$\log_{10} a \leqq 0.6427 < \log_{10}(a+1)$$

ですから，これを満たす自然数 a を見つけます．

$$\log_{10} 4 = 2\log_{10} 2 = 2 \cdot 0.3010 = 0.6020$$

$$\log_{10} 5 = 1 - \log_{10} 2 = 1 - 0.3010 = 0.6990$$

より，$a = 4$ ですから，N の先頭の数字は 4 です．

　着目すべきは①と②の評価した不等式です．（1）では桁数を求めればよいですから，①のような大雑把な評価で十分です．一方，（2）では先頭の数字を求めますから，①では大雑把過ぎます．先頭の数字を考慮した②を使わなければなりません．このように，評価するタイプの問題では，問題に応じてどこまで厳しく評価すべきかが変わります．大小関係が**正しいかだけでなく意味があるか**が重要なのです．これが不等式の問題の難しいところです．

――――――――――――――――――　〈不等式のまとめ5〉　――――

Check ▷▷▷▷　評価する

　🖎　とりうる値の範囲と異なり，1 通りとは限らない

　🖎　正しいだけでなく意味のある不等式を導く

第5節 評価する

―――――〈桁数〉―――――

例題 5-8. $(2 \times 3 \times 5 \times 7 \times 11 \times 13)^{10}$ の 10 進法での桁数を求めよ.

(一橋大)

考え方 桁数の問題ですが, 常用対数の近似値が与えられていません. このような場合は, 常用対数の近似値を使うことなく, 自力で不等式を導きます. 連続する 10 のべき乗ではさみます. ある程度大雑把に見積もって見当をつけます.

▶解答◀ $N = (2 \times 3 \times 5 \times 7 \times 11 \times 13)^{10}$ とおくと

$$N = 10^{10} \cdot 3^{10} \cdot 1001^{10}$$

$$= 3.003^{10} \cdot 10^{40} \quad (\triangleright\triangleright\triangleright\triangleright \blacksquare)$$

◀ $7 \cdot 11 \cdot 13 = 1001$ です.

ここで

$$10^{0.4} < 3.003 < 10^{0.5} \quad \cdots\cdots\cdots\cdots\cdots\cdots① $$

を示す.

$$3.003^5 > 3^5 = 243 > 100 = 10^2$$

より

$$3.003 > 10^{\frac{2}{5}} = 10^{0.4}$$

◀ ①の左側の不等式の両辺を5乗すると
$10^{0.4} < 3.003$
$\iff 10^2 < 3.003^5$
です. 右辺を小さく見積もって示します.

また

$$3.003^2 < 3.1^2 = 9.61 < 10$$

より

$$3.003 < 10^{\frac{1}{2}} = 10^{0.5}$$

◀ ①の右側の不等式の両辺を2乗すると
$3.003 < 10^{0.5}$
$\iff 3.003^2 < 10$
です. 左辺を大きく見積もって示します.

よって, ① が成り立つから, ① の各辺を 10 乗し

$$10^4 < 3.003^{10} < 10^5$$

各辺に 10^{40} をかけて

$$10^4 \cdot 10^{40} < 3.003^{10} \cdot 10^{40} < 10^5 \cdot 10^{40}$$

$$10^{44} < N < 10^{45}$$

ゆえに, N の桁数は **45** である.

第5章 不等式 (例題5-8) 225

第5章　不等式

♦別解♦　（▷▷▶▶ **2**）1 に近い 1.001 の形を作る.

$$N = 10^{10} \cdot 3^{10} \cdot 1001^{10}$$

$$= 59049 \cdot 1.001^{10} \cdot 10^{40} \quad （▷▷▶▶ \text{3}）$$

$a = 0.001$ とおくと

◀ 置き換えると変形がしや
すいです.

$$1.001^{10} = (1+a)^{10}$$

$$= {}_{10}\text{C}_0 + {}_{10}\text{C}_1 a + {}_{10}\text{C}_2 a^2 + \cdots + {}_{10}\text{C}_{10} a^{10}$$

$$< {}_{10}\text{C}_0 + {}_{10}\text{C}_1 a + {}_{10}\text{C}_2 a^2 + \cdots + {}_{10}\text{C}_{10} a^2$$

$$（▷▷▶▶ \text{4}）$$

$$= 1 + 10a + ({}_{10}\text{C}_2 + \cdots + {}_{10}\text{C}_{10}) a^2$$

$$= 1 + 10a + (2^{10} - {}_{10}\text{C}_0 - {}_{10}\text{C}_1) a^2$$

$$（▷▷▶▶ \text{5}）$$

$$= 1 + 10a + 1013a^2$$

$$= 1.011013 < 1.012 \quad （▷▷▶▶ \text{6}）$$

一方, $1.001^{10} > 1$ であるから

◀ 小さく見積もる方はこれ
くらい大胆で結構です.

$$1 < 1.001^{10} < 1.012$$

が成り立つ. 各辺に $59049 \cdot 10^{40}$ をかけて

$$59049 \cdot 10^{40} < N < 59049 \cdot 1.012 \cdot 10^{40}$$

$$59049 \cdot 10^{40} < N < 59757.588 \cdot 10^{40} \quad （▷▷▶▶ \text{7}）$$

よって, N の桁数は **45** である.

☐　Point　The inequality　NEO ROAD TO SOLUTION　**5-8**　Check!　☐

1　N の括弧の中身は 2 から始まる連続する 6 個の素数の積です. それはいい
のですが, 実際に計算すると, なんと 30030 になります. ほぼ 30000 という,
こんなきれいな数になることに驚きませんか? 私はこの問題で初めて知りま
したので, 美しさに感動しました.

問題は $N = 30030^{10}$ を**どのような形にして扱うか**です.

$$N = 3003^{10} \cdot 10^{10}$$

第 5 節　評価する

とする人がいますが，3003^{10} は大きすぎて評価しにくいです．もちろん

$$10^3 < 3003 < 10^4 \quad\cdots\cdots\cdots\cdots\cdots\cdots\cdots\cdots\cdots\cdots\cdots\cdots\text{Ⓐ}$$

ですが，これを用いると

$$10^{30} < 3003^{10} < 10^{40} \qquad \therefore \quad 10^{40} < N < 10^{50}$$

となり，N の桁数は分かりません．Ⓐ の評価が大雑把過ぎることが原因です．
　そこで，もっと 10 をくくり出し

$$N = 3.003^{10} \cdot 10^{40}$$

とします．**整数部分が 1 桁の数は評価しやすい**です．なぜなら，**常用対数の近似値が知られている**からです．今回の解答では使えませんが，方針を立てるためのヒントとして用いるのです．常用対数の値

$$\log_{10} 2 = 0.3010\cdots, \quad \log_{10} 3 = 0.4771\cdots$$

などは覚えているのではないでしょうか．なお，7 の常用対数に関しては

$$\log_{10} 7 = 0.8451$$

という近似値をよく使いますが，実際は

$$\log_{10} 7 = 0.845098\cdots$$

であり，小数第 5 位の数を四捨五入したものです．私は最近までこの事実を知らず，てっきり小数第 4 位は 1 だと思っていました…😌
　話を戻します．整数部分が 1 桁の数の常用対数の値は大まかな値が計算できます．実際，$\log_{10} 3 = 0.4771$ を用いると

$$3.003 \fallingdotseq 3 = 10^{0.4771} \quad\cdots\cdots\cdots\cdots\cdots\cdots\cdots\cdots\cdots\cdots\cdots\text{Ⓑ}$$

と見積もれますから

$$10^{0.4} < 3.003 < 10^{0.5}$$

と予想できます．また，これが正しければ

$$10^4 < 3.003^{10} < 10^5 \qquad \therefore \quad 10^{44} < N < 10^{45}$$

となり，N は 45 桁です．よって，▶**解答**◀ では不等式 ① を示しています．
　なお，Ⓑ から分かりますが，**常用対数をとるとは底が 10 の指数に直すこと**に対応します．桁数の問題で常用対数を考える理由です．

❷　実際，この問題を受験生に解いてもらうと，▶**解答**◀ のように大胆に評価する人はなかなかいません．その代わり，（ある意味大胆な）近似をして

$$N = 30030^{10} \fallingdotseq 30000^{10} = 3^{10} \cdot 10^{40} = 59049 \cdot 10^{40}$$

第 5 章　不等式（例題 5－8）

第 5 章　不等式

より 45 桁と答える人が多いです．穴埋め形式の試験であれば問題ないでしょう．直感的に 30030^{10} と 30000^{10} の桁数は変わらないでしょうし，このような直感が働くことは大事なことです．しかしながら，論述の試験ではそれが正しいことを示さなければなりません．近似をする代わりに，厳密に正しい**不等式を使って評価する**ことです．

$$30000^{10} < 30030^{10}$$

は正しいのですから，30030^{10} を上から押さえてやればよいです．◆**別解**◆ ではそれを目指しています．

③　▶**解答**◀ と違う形で評価します．後で分かりますが，**1 に近い形は大きく見積もりやすい**です．そこで 1.001 を作り

$$N = 59049 \cdot 1.001^{10} \cdot 10^{40}$$

として，1.001^{10} を大きく見積もります．

④　$a = 0.001$ として，二項定理を用いて $1.001^{10} = (1 + a)^{10}$ を展開します．

$$(1 + a)^{10} = {}_{10}C_0 + {}_{10}C_1 a + {}_{10}C_2 a^2 + {}_{10}C_3 a^3 + \cdots + {}_{10}C_{10} a^{10} \quad \cdots\cdots ⓒ$$

ここで a が 1 よりかなり小さいことに着目します．

$$a > a^2 > a^3 > \cdots > a^{10}$$

ですから，計算しやすいように同じもので押さえます．いくつか方法はありますが，効率がいいのは $a^3,\ a^4,\ \cdots,\ a^{10}$ をすべて a^2 に直して大きく見積もることです．これでうまくいくことは計算してみないと分かりません．

$$
\begin{aligned}
&{}_{10}C_0 + {}_{10}C_1 a + {}_{10}C_2 a^2 + {}_{10}C_3 a^3 + \cdots + {}_{10}C_{10} a^{10} \\
&< {}_{10}C_0 + {}_{10}C_1 a + {}_{10}C_2 a^2 + {}_{10}C_3 a^2 + \cdots + {}_{10}C_{10} a^2 \\
&= 1 + 10a + ({}_{10}C_2 + \cdots + {}_{10}C_{10}) a^2
\end{aligned}
$$

として，第 3 項の計算をします．

⑤　有名な公式を用いています．

公式　（二項係数の和の公式）

$$_nC_0 + {}_nC_1 + {}_nC_2 + \cdots + {}_nC_n = 2^n$$

二項定理

$$(a + b)^n = {}_nC_0 a^n + {}_nC_1 a^{n-1} b + {}_nC_2 a^{n-2} b^2 + \cdots + {}_nC_n b^n$$

228　第 5 章　不等式（例題 5−8）

第5節　評価する

で $a = b = 1$ として両辺を入れ換えると得られます．$n = 10$ とすると

$$_{10}C_0 + {}_{10}C_1 + {}_{10}C_2 + \cdots + {}_{10}C_{10} = 2^{10}$$

です．これは © で形式的に $a = 1$ とした式とみてもよいでしょう．よって

$$_{10}C_2 + \cdots + {}_{10}C_{10} = 2^{10} - {}_{10}C_0 - {}_{10}C_1$$

が得られます．

6 1 にかなり近い 1.012 で押さえられましたから成功です．これを用いて N を評価すると

$$59049 \cdot 10^{40} < N < 59757.588 \cdot 10^{40}$$

となり，桁数が分かるからです．ここまで計算して初めて意味がある不等式と言えます．

　どのように見積もってもうまくいくわけではありませんから，失敗例も挙げておきましょう．$a^2, a^3, \cdots, a^{10}$ をすべて a に直して大きく見積もると

$$(1 + a)^{10} = {}_{10}C_0 + {}_{10}C_1 a + {}_{10}C_2 a^2 + {}_{10}C_3 a^3 + \cdots + {}_{10}C_{10} a^{10}$$
$$< {}_{10}C_0 + {}_{10}C_1 a + {}_{10}C_2 a + {}_{10}C_3 a + \cdots + {}_{10}C_{10} a$$
$$= 1 + ({}_{10}C_1 + \cdots + {}_{10}C_{10})a$$
$$= 1 + (2^{10} - {}_{10}C_0)a$$
$$= 1 + 1023a = 2.023$$

となり，1 に近い数とは言い難い 2.023 になってしまいました．これでは

$$59049 \cdot 10^{40} < N < 119456.13 \cdot 10^{40}$$

となり，桁数は求まりません．見積もりが甘すぎたということです．

7 この不等式は ▶解答◀ で導いた不等式 $10^{44} < N < 10^{45}$ よりもかなり厳しいですから，桁数だけでなく，上 2 桁の数字まで求まります．N の上 2 桁の数字は 59 です．もし「最高位の数字を求めよ」，もしくは「上 2 桁の数字を求めよ」であれば，▶解答◀ の方法では大雑把過ぎて求まりません．あくまで桁数を求めるのに特化した方法だからです．問題によって要求される不等式が変わってくるわけです．

第5章　不等式（例題 5－8）　229

第 5 章 不等式

8 類題があります. どちらも 2014 年の問題, しかもどちらも 10 乗数（自然数の 10 乗）であるという共通点があるのは偶然でしょうか.

$\boxed{\text{問題}}$ **22.** 2014^{10} の上 3 桁の数字を求めよ. （岐阜大・改）

桁数ではなく上 3 桁の数字ですから, より厳しい評価が求められます. それに応じて計算も増えますから, 見た目以上に難しい問題です.

$\blacktriangleright$**解答**$\blacktriangleleft$　$N = 2014^{10}$ とおくと

$$N = 2^{10} \cdot 1.007^{10} \cdot 10^{30} = 1024 \cdot 1.007^{10} \cdot 10^{30}$$

である. $a = 0.007$ とおくと

$$1.007^{10} = (1+a)^{10}$$
$$= {}_{10}\mathrm{C}_0 + {}_{10}\mathrm{C}_1 a + {}_{10}\mathrm{C}_2 a^2 + {}_{10}\mathrm{C}_3 a^3 + \cdots + {}_{10}\mathrm{C}_{10} a^{10}$$
$$< {}_{10}\mathrm{C}_0 + {}_{10}\mathrm{C}_1 a + {}_{10}\mathrm{C}_2 a^2 + {}_{10}\mathrm{C}_3 a^3 + \cdots + {}_{10}\mathrm{C}_{10} a^3$$
$$= 1 + 10a + 45a^2 + ({}_{10}\mathrm{C}_3 + \cdots + {}_{10}\mathrm{C}_{10}) a^3$$
$$= 1 + 10a + 45a^2 + (2^{10} - {}_{10}\mathrm{C}_0 - {}_{10}\mathrm{C}_1 - {}_{10}\mathrm{C}_2) a^3$$
$$= 1 + 10a + 45a^2 + 968a^3$$
$$= 1 + 0.07 + 0.002205 + 0.000332024 < 1.073$$

一方

$$1.007^{10} = (1+a)^{10} > {}_{10}\mathrm{C}_0 + {}_{10}\mathrm{C}_1 a = 1.07$$

であるから

$$1.07 < 1.007^{10} < 1.073$$

が成り立つ. 各辺に $1024 \cdot 10^{30}$ をかけて

$$1024 \cdot 1.07 \cdot 10^{30} < N < 1024 \cdot 1.073 \cdot 10^{30}$$
$$1095.68 \cdot 10^{30} < N < 1098.752 \cdot 10^{30}$$

よって, N の上 3 桁の数字は **109** である.

$\boxed{\text{注}}\boxed{\text{意}}$ 上 3 桁ですから, 1% の誤差すら許されません. 小さく見積もる際に $1.007^{10} > 1$ とするのは, $1 + {}_{10}\mathrm{C}_1 a$ を 1 で評価するようなもので, 誤差が 1% を超えて失敗します. そこで a の 1 次の項まで残します. また, 大きく見積もる際, a^3 で押さえる代わりに a^2 で押さえても失敗します. 大雑把に $1 + {}_{10}\mathrm{C}_3 a^3$ を $1 + {}_{10}\mathrm{C}_3 a^2$ で見積もるようなもので, 誤差は 1% を超えます.

230 第 5 章 不等式（例題 5－8）

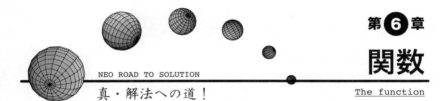

第 6 章
関数
The function

NEO ROAD TO SOLUTION
真・解法への道！

第6章　関数

第1節　　相方の存在条件

関数　　　　　　　　　　　　　　　　　　　　　　　　　　　　　The function

　かつて東大文系で次のような問題が出題されました．当時は「東大でもこんな基本的な問題が出題されるようになったのか．」と驚いたものです．しかしながら，必須の手法が確認できるという点で，非常にいい問題です．

問題 23. 座標平面上の点 (x, y) が次の方程式を満たす．

$$2x^2 + 4xy + 3y^2 + 4x + 5y - 4 = 0 \quad\cdots\cdots\cdots\cdots①$$

このとき，x のとりうる最大の値を求めよ．　　　　　　　（東京大）

　念のため確認しておきますが，点 (x, y) と書いてあることから x, y は実数です．この表現は東大の伝統です．東大はどうも素直じゃないんですね 😖

　さて，次のように解く受験生が多いです．

▶解答◀　y について整理して

$$3y^2 + (4x + 5)y + 2x^2 + 4x - 4 = 0$$

y は実数であるから，判別式 $D \geqq 0$ より

$$(4x + 5)^2 - 12(2x^2 + 4x - 4) \geqq 0$$

$$8x^2 + 8x - 73 \leqq 0 \quad\therefore\quad \frac{-2 - 5\sqrt{6}}{4} \leqq x \leqq \frac{-2 + 5\sqrt{6}}{4}$$

よって，x の最大値は $\dfrac{-2 + 5\sqrt{6}}{4}$ である．

　答えは合っていますが，評価が分かれる答案です．まるで高校生だった頃の自分の答案のようです 😖　入試では**「簡単な問題ほど丁寧に書く」**のが基本ですから，「もっと丁寧に書くべきだ」と言う人がいますし，その一方，「このままでも数学的には正しいから問題ない」と言う人もいます．

　どこまで答案に書くべきかはさておき，「なぜ y の実数条件から x のとりうる値の範囲が出るのか」は納得しておくべきでしょう．高校生の頃の私は，「実数だから（判別式）$\geqq 0$」と丸暗記していたように思います．自ら説明（説教も？）してやりたい気分です．

232　第6章　関数

ポイントは**「相方の存在条件」**です．今回は x のとりうる値の範囲を調べれば
よいです．そこで**x の相方 y の存在条件に着目**します．具体的に考えてみます．

例えば $x = 0$ はとれるのでしょうか．① に $x = 0$ を代入してみると

$$3y^2 + 5y - 4 = 0 \quad \therefore \quad y = \frac{-5 \pm \sqrt{73}}{6}$$

となり，対応する実数 y が存在します．y がどんな値かは問いません．実数であ
れば何でもよいです．つまり，$x = 0$ となれると解釈できます．

では $x = 3$ はとれるのでしょうか．① に $x = 3$ を代入してみると

$$3y^2 + 17y + 26 = 0 \quad \therefore \quad y = \frac{-17 \pm \sqrt{23}i}{6}$$

となり，対応する実数 y が存在しません．つまり，$x = 3$ となることはないと解
釈できます．

**結局，x がある値をとれるかどうかは，その値に対応する実数 y が存在するか
どうかで決まる**のです．この問題での x のとりうる値の範囲というのは，「実数
y が存在するような x の範囲」というわけです．よって，① を y について整理し
て，実数 y の存在条件，すなわち（判別式）$\geqq 0$ を考えれば，x の範囲が出ます．

もし，上の ▶**解答**◀ をより丁寧に書き直すなら，3 行目を次のように変えれ
ばよいでしょう．

「x のとりうる値の範囲は対応する実数 y の存在条件から得られる．よって，y
の 2 次方程式とみて，判別式 $D \geqq 0$ より」

「相方の存在条件」は日常生活でも同じではないでしょうか．あまりに自分勝
手な行動をしていると，まわりから人がいなくなります😵　当然，人は友達を
なくさないよう，その行動はある程度制約されるものです．友達の存在条件を考
えれば，自然と行動に制約が生まれるのです．

最後に，「相方の存在条件」はいろいろな分野で使える非常に汎用性の高い考
え方です．私の考えたキーワードの中でも最も使用頻度が高く，予備校の授業で
も重宝しています．**「困ったときには背理法，もとい相方の存在条件」**です．

――――――――――――〈関数のまとめ 1〉――――

Check ▷▷▷▷ 困ったときには「相方の存在条件」

第6章　関数

―〈式の値のとりうる範囲〉
例題 6-1. 実数 x, y が $x^3+y^3=3xy$ を満たすとき，$x+y$ のとり得る値の範囲を求めよ． （岡山県立大）

考え方　与えられた式は x, y の対称式です．論証の章（☞ P.122）でも扱った「対称性を保つか崩すか」を考えます．対称性を保つのであれば，$x+y$ と xy のみで書けることに着目し，**置き換えを利用**します．$p=x+y$, $q=xy$ とおいて，p, q のみの式にします．p, q の隠れた条件に注意しましょう．対称性を崩すのであれば，$p=x+y$ とおいて，x, y の**一方の文字を消去**します．いずれにしても「相方の存在条件」を考えることになります．

▶解答◀　対称性を保ったまま解く．
$p=x+y$, $q=xy$ とおくと，（▷▷▷▶**1**）x, y は
$$t^2-pt+q=0$$
の 2 解で，x, y は実数であるから，判別式 $D \geqq 0$ より
$$p^2-4q \geqq 0 \quad \cdots\cdots\cdots ①$$
一方，$x^3+y^3=3xy$ より
$$(x+y)^3-3xy(x+y)=3xy$$
$$p^3-3qp=3q \quad \therefore \quad 3(p+1)q=p^3$$

$p \neq -1$ であり，$q=\dfrac{p^3}{3(p+1)}$ である．① に代入し

$$p^2-\dfrac{4p^3}{3(p+1)} \geqq 0$$

$$\dfrac{p^2\{3(p+1)-4p\}}{3(p+1)} \geqq 0$$

$$\dfrac{p^2(-p+3)}{3(p+1)} \geqq 0$$

$$\dfrac{p^2(p-3)}{p+1} \leqq 0$$

$-1 < p \leqq 3$　（▷▷▷▶**2**）

よって，求める範囲は
$$-1 < x+y \leqq 3$$

◀ q を p で表そうとしています．

◀ $p=-1$ とすると $0=-1$ となり不適ですから，$p \neq -1$ です．

◀ 分数不等式は通分して解くのが定石です．

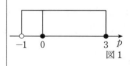
図 1

第1節　相方の存在条件

◆別解◆　対称性を崩して解く.

$x + y = p$ とおくと, $y = p - x$ である. (▷▷▷ **3**)

これを $x^3 + y^3 = 3xy$ に代入し

$$x^3 + (p - x)^3 = 3x(p - x)$$

$$3(p + 1)x^2 - 3p(p + 1)x + p^3 = 0 \quad \cdots\cdots\cdots ②$$

これを満たす実数 x が存在するような p の範囲を求めればよい.

（ア）　$p = -1$ のとき

　②より, $-1 = 0$ となり不適.

（イ）　$p \neq -1$ のとき

　②は x の2次方程式で, 判別式 $D \geqq 0$ より

$$9p^2(p + 1)^2 - 12p^3(p + 1) \geqq 0$$

$$3p^2(p + 1)\{3(p + 1) - 4p\} \geqq 0$$

$$3p^2(p + 1)(-p + 3) \geqq 0$$

$$p^2(p + 1)(p - 3) \leqq 0 \quad \therefore \quad -1 < p \leqq 3$$

以上より, $-1 < p \leqq 3$ であるから, 求める範囲は

$$\boldsymbol{-1 < x + y \leqq 3}$$

◀ p の相方 x の存在条件に着目します.

◀ ②が2次方程式とは限りません. x^2 の係数が0かどうかで分けます.

◀ **▶解答◀** と同様に, $p \neq -1$ に注意して数直線を利用します.

| □ | Point | The function
NEO ROAD TO SOLUTION | 6-1 | Check! | □ |

1　$p = x + y$, $q = xy$ の置き換えに対しては, 私は高校生の頃から「やばい置き換え」と認識し, 恐怖を感じています. **置き換えをした瞬間に制限が付く**典型的な置き換えだからです. このようなことは珍しくありません.

　例えば, 実数 x に対し, $t = x^2$ とおくと $t \geqq 0$ です. 置き換えた瞬間に t に制限が付くのです. これは1変数の置き換えですから違和感はないでしょうが, これも「相方の存在条件」で説明できます. t のとりうる値の範囲は相方 x の存在条件で決まります. $t < 0$ とすると, $x^2 = t$ を満たす実数 x は存在せず, $t \geqq 0$ とすると存在します. よって, t のとりうる値の範囲は $t \geqq 0$ です.

　これを2変数の置き換えに応用します. $p = x + y$, $q = xy$ と置き換えた瞬間に p, q には制限が付きます. p, q の相方である実数 x, y の存在条件に着目します. 1変数の置き換えほど単純ではなく, 「2次方程式の解と係数の関係の逆」（☞ P.157）を使います. x, y を2解にもつ2次方程式を立てて,

第6章　関数（例題6-1）　235

第6章 関数

それが実数解をもつ条件を調べます．最初はなかなか思いつかないテクニカルな方法ですが，受験数学では必須の手法です．有名な類題です．

問題 24. 点 (x, y) が，領域 $x^2 + y^2 \leqq 1$ を動くとき，点 $(x + y, xy)$ の動く範囲を図示せよ．

$X = x + y$，$Y = xy$ とおくと，x，y は $t^2 - Xt + Y = 0$ の 2 解です．x，y は実数ですから，判別式 $D \geqq 0$ より

$$X^2 - 4Y \geqq 0 \qquad \therefore \quad Y \leqq \frac{X^2}{4}$$

一方，$x^2 + y^2 \leqq 1$ より，$(x + y)^2 - 2xy \leqq 1$ で

$$X^2 - 2Y \leqq 1 \qquad \therefore \quad Y \geqq \frac{X^2 - 1}{2}$$

よって，$C_1 : Y = \dfrac{X^2}{4}$，$C_2 : Y = \dfrac{X^2 - 1}{2}$ とすると，求める範囲は図 2 の網目部分です．ただし，境界を含みます．

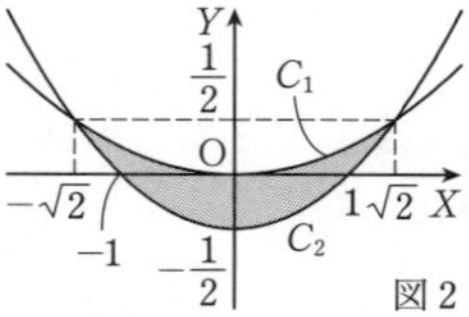

図2

出てくる領域の形から，**「エンマ様の唇」**と呼ばれています 😁 　$x + y$，xy の置き換えの恐怖を象徴的に表していますね．

実は，この問題に少し手を加えると，かなりの難問になります．

問題 25. 点 (x, y) が，領域 $x^2 + y^2 \leqq 1$ を動くとき，点 $(\sqrt{3}x + y, xy)$ の動く範囲を図示せよ．

最初は解答を読み飛ばして結果の面白さを味わってください．**問題 24.** とは違って対称性がありませんから，通過領域の解法「x を固定する」（☞ P.277）方法で解きます．紛らわしいですが，今回は X を固定します．

$$X = \sqrt{3}x + y \quad \cdots\cdots\cdots\cdots\cdots\cdots\cdots\cdots\cdots\cdots\cdots\cdots\cdots\text{Ⓐ}$$

$$Y = xy \quad \cdots\cdots\cdots\cdots\cdots\cdots\cdots\cdots\cdots\cdots\cdots\cdots\cdots\cdots\cdots\text{Ⓑ}$$

とおいて，まず y を消去します．Ⓐ より

$$y = X - \sqrt{3}x \quad \cdots\cdots\cdots\cdots\cdots\cdots\cdots\cdots\cdots\cdots\cdots\cdots\cdots\text{Ⓒ}$$

Ⓑ に代入し，$Y = x(X - \sqrt{3}x)$ となります．X を固定し，Y を x のみの関数とみて $f(x)$ とおくと

$$f(x) = -\sqrt{3}x^2 + Xx = -\sqrt{3}\left(x - \frac{X}{2\sqrt{3}}\right)^2 + \frac{X^2}{4\sqrt{3}}$$

です．X を固定したときの x の範囲を調べます．Ⓒを $x^2 + y^2 \leqq 1$ に代入し

$$x^2 + (X - \sqrt{3}x)^2 \leqq 1$$

$$4x^2 - 2\sqrt{3}Xx + X^2 - 1 \leqq 0 \quad \cdots\cdots\cdots\cdots\cdots\cdots\cdots\cdots ⓓ$$

この解は $\alpha \leqq x \leqq \beta$ と書けます．ただし

$$\alpha = \frac{\sqrt{3}X - \sqrt{4 - X^2}}{4}, \quad \beta = \frac{\sqrt{3}X + \sqrt{4 - X^2}}{4}$$

であり，$4 - X^2 \geqq 0$，すなわち $|X| \leqq 2$ です．

　$\alpha \leqq x \leqq \beta$ における $f(x)$ の最大値を $M(X)$，最小値を $m(X)$ とおくと，求める範囲は $m(X) \leqq Y \leqq M(X)$ です．$y = f(x)$ は上に凸ですから，両端のどちらかで最小で

$$m(X) = \min\{f(\alpha), f(\beta)\}$$

です．一方，軸が $\alpha \leqq x \leqq \beta$ にある条件は，$x = \dfrac{X}{2\sqrt{3}}$ が ⓓ を満たすことで

$$\frac{X^2}{3} - X^2 + X^2 - 1 \leqq 0 \quad \therefore \quad |X| \leqq \sqrt{3}$$

よって，$|X| \leqq \sqrt{3}$ のとき

$$M(X) = f\left(\frac{X}{2\sqrt{3}}\right) = \frac{X^2}{4\sqrt{3}}$$

となり，$\sqrt{3} \leqq |X| \leqq 2$ のとき

$$M(X) = \max\{f(\alpha), f(\beta)\}$$

です．計算は端折りますが

$$f(\alpha) = \frac{\sqrt{3}(X^2 - 2) + X\sqrt{4 - X^2}}{8}$$

$$f(\beta) = \frac{\sqrt{3}(X^2 - 2) - X\sqrt{4 - X^2}}{8}$$

となりますから，グラフを用いて大小を比べると

$$C_1 : Y = \frac{X^2}{4\sqrt{3}}, \quad C_2 : Y = f(\alpha), \quad C_3 : Y = f(\beta)$$

として，求める領域は図 3 の網目部分です．ただし，境界を含みます．また，グラフを描くには数 III の微分が必要です．

　結果の領域は，エンマ様の唇より口角が丸くなり，たらこ唇に見えます．いわば**「オバ Q の唇」**です．見た目は可愛いですが，境界の式はエグいです 😑

第6章　関数

2　分数不等式 $\dfrac{p^2(p-3)}{p+1} \leqq 0$ は，単に分母を払って

$$p^2(p-3) \leqq 0$$

としてはいけません．分母が負の可能性もあるからです．かと言って，他の問題を考えると，分母の符号で場合分けは避けたいです．数直線を利用します．

　まず境界の値を書き込みます．（分母）$\neq 0$ より $p \neq -1$ ですから，点 -1 を白丸で書きます．一方，（分子）$= 0$ の解は $p = 0, 3$ であり，不等式に等号がついていますから，2点 0，3 を黒丸で書きます．

　次に適する範囲を調べます．十分大きい p を想像しましょう．このとき p^2，$p-3$，$p+1$ はすべて正ですから，（左辺）> 0 であり不適です．p を小さくしていき，最初の境界の値 3 をまたぐと，左辺は符号を変えますから適します．数直線で点 3 から上に線を引き，左に伸ばしていきます．次の境界の値は 0 ですが，p^2 が 0 になる値ですから，この前後で左辺は符号を変えません．つまり，**0 をまたいでも適するまま**です．最後の境界の値は -1 です．これをまたぐと左辺は符号を変えますから，不適になります．よって，線を -1 まで引いて下ろし，▶解答◀ の図 1 が得られます．

　一般に，分数不等式は

　Ⅰ　（分母）$= 0$ に対応する点を白丸で書き，（分子）$= 0$ に対応する点は，不等式に等号があれば黒丸，なければ白丸で書く

　Ⅱ　十分大きい値が適するかどうかを調べ，境界の値をまたぐごとに符号の変化が起こるかどうかに注意して，適する範囲を調べる

とします．

3　y について解いて代入することで，y を消去します．通常，残された文字に制限が付くことがありますが，今回は y は実数以外に条件はありませんから，x にも実数という条件が残るだけです．言い換えると，x が実数であれば y も実数ということが保証されますから，x に追加の制限はありません．

4　今回のように，x と y の関係式があって，x と y を含む式の値域を調べる問題は定番です．関係式を用いて一方の文字を消去できれば簡単です．そうでない場合は，対称性があれば ▶解答◀ の方法，なければ ◆別解◆ の方法が有名です．それ以外にも，グラフが共有点をもつ条件を考える方法や，パラメータ表示を使って 1 文字の問題に帰着させるという方法もあります．どの解法が有効なのかは式の形によりますから，うまく使い分けることです．

238　第6章　関数（例題6−1）

第2節　単位円の利用

関数　　　　　　　　　　　　　　　　　　　　　　The function

1999年の東大入試で「一般角 θ に対して $\sin\theta$, $\cos\theta$ の定義を述べよ．」という問題が出題されてから久しいですが，もし今，同じことを聞かれたら答えられるでしょうか？　直角三角形を描き，辺の比で定義しようとする人がいると思いますが，それは θ が鋭角のときだけです．正しい定義を確認しておきましょう．

座標平面において，原点を中心とし半径 1 の円を**単位円**といいます．反時計回りを正とする一般角 θ に対して，点 $(1, 0)$ を原点のまわりに θ だけ回転した点を P とすると，P は当然単位円上にあります．その P の x 座標を $\cos\theta$，y 座標を $\sin\theta$ と定義します．

これは単なる基本知識にとどまりません．$\cos\theta$, $\sin\theta$ を扱う問題において，**単位円を利用して解く**ことがあります．$\cos\theta = x$, $\sin\theta = y$ とおくと，点 (x, y) は単位円上にありますから，$x^2 + y^2 = 1$ を満たす．これを使う簡単な例題を挙げておきます．

> **問題 26.** $0 \leqq \theta \leqq \pi$ において，$\sin\theta \geqq \cos\theta$ を解け．

三角関数の合成を使っても解けますが，単位円を利用すると簡単です．
$\cos\theta = x$, $\sin\theta = y$ とおくと，$0 \leqq \theta \leqq \pi$ より，点 (x, y) は単位円の上半分を描き
$$x^2 + y^2 = 1, \quad y \geqq 0$$
です．また，$\sin\theta \geqq \cos\theta$ より
$$y \geqq x$$

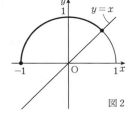

図 2

ですから，これらを満たす点 (x, y) の存在領域は図 2 の太線部分です．対応する θ を考えて，$\dfrac{\pi}{4} \leqq \theta \leqq \pi$ が得られます．

―〈関数のまとめ 2〉―

Check ▷▷▷▷　点 $(\cos\theta, \sin\theta)$ は単位円上の点である

第6章 関数

――〈三角方程式〉――

例題 6-2. θ に関する方程式 $\sin\theta - k\cos\theta = 2(1-k)$ が $-\dfrac{\pi}{2} \leq \theta \leq \dfrac{\pi}{2}$ の範囲に解をもつような定数 k の値の範囲を定めよ。

（青山学院大）

考え方 θ は π しか変化せず1回転できませんから、左辺を合成しても考えにくいです。$\cos\theta = x$, $\sin\theta = y$ とおいて、単位円を利用します。

▶解答◀ $\cos\theta = x$, $\sin\theta = y$ とおく。
$-\dfrac{\pi}{2} \leq \theta \leq \dfrac{\pi}{2}$ のとき、点 (x, y) は単位円の右半分

$$C : x^2 + y^2 = 1, \quad x \geq 0 \quad \cdots\cdots ①$$

を描く。また、$\sin\theta - k\cos\theta = 2(1-k)$ より

$$y - kx = 2(1-k)$$

$$y = k(x-2) + 2 \quad \cdots\cdots ②$$

◀ θ の範囲から点 (x, y) が単位円のどの部分を描くか考えます。

① と ② の表す図形が共有点をもつような k の範囲を求める。② が、定点 $(2, 2)$ を通り傾き k の直線 l を表すことに注意する。グラフより、l が C と接するとき k は最大で、l が点 $(0, 1)$ を通るとき k は最小である。(▷▷▷ **1**)

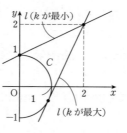

◀「θ が存在する ⟺ x, y が存在する」です。x, y は①かつ②を満たしますから、①と②の表す図形が共有点をもつことが条件になります。

l と C が接するとき、円の中心 $(0, 0)$ と直線

$$kx - y - 2k + 2 = 0$$

の距離が円の半径 1 に一致するから

$$\dfrac{|-2k + 2|}{\sqrt{k^2 + 1}} = 1$$

$$2|k - 1| = \sqrt{k^2 + 1}$$

両辺を2乗すると

$$4(k-1)^2 = k^2 + 1$$

◀ 円と直線が接する条件を扱う際、接点の座標が不要なときは、点と直線の距離の公式を使うのが定石です。

◀ 両辺ともに0以上ですから、2乗しても同値です。

第2節　単位円の利用

$$3k^2 - 8k + 3 = 0 \qquad \therefore \quad k = \frac{4 \pm \sqrt{7}}{3}$$

グラフより，l と C が接する k は2つの値のうち大きい

方で，$k = \dfrac{4+\sqrt{7}}{3}$ である．

◀ 2つの k の値は点 $(2,2)$ を通る円の2接線の傾きです．半円 C と接する接線の傾きはそのうち大きい方です．

　一方，l が点 $(0,1)$ を通るとき

$$1 = -2k + 2 \qquad \therefore \quad k = \frac{1}{2}$$

以上より，求める k の値の範囲は

$$\frac{1}{2} \leqq k \leqq \frac{4+\sqrt{7}}{3}$$

□　**Point**　The function　NEO ROAD TO SOLUTION　**6-2**　Check!　□

1　半円と直線が共有点をもつ条件を考えますから，グラフを描きます．l が定点 $(2,2)$ を通ることに着目します．傾き k が変化すると，l は点 $(2,2)$ のまわりを回転しますから，半円 ① と共有点をもつギリギリの直線を描きます．実際に図の上に鉛筆を置いて回転させてみると分かりやすいでしょう．

2　この問題の難しいところは，θ に**中途半端な範囲（1回転未満）**の条件があることです．θ の範囲が $0 \leqq \theta < 2\pi$ であれば，左辺を合成しても解けます．

$$\sqrt{k^2+1}\sin(\theta+\alpha) = 2(1-k) \qquad \therefore \quad \sin(\theta+\alpha) = \frac{2(1-k)}{\sqrt{k^2+1}}$$

となる α が存在します．α は k によりますが，$\alpha \leqq \theta + \alpha < 2\pi + \alpha$ より，α がいくつであっても $\theta + \alpha$ は1回転できますから，これを満たす θ の存在条件は

$$\left| \frac{2(1-k)}{\sqrt{k^2+1}} \right| \leqq 1$$

です．分母を払って両辺を2乗すると

$$4(1-k)^2 \leqq k^2 + 1$$

$$3k^2 - 8k + 3 \leqq 0 \qquad \therefore \quad \frac{4-\sqrt{7}}{3} \leqq k \leqq \frac{4+\sqrt{7}}{3}$$

これが k のとりうる値の範囲です．なお，$0 \leqq \theta < 2\pi$ でなくても，**1回転以上**できれば同様です．

第6章　関数（例題6-2）　241

第6章　関数

第3節　三角関数の公式

関数　　　　　　　　　　　　　　　　　　　　　　　The function

　三角関数には多くの公式があります．覚えることはもちろんですが，単に丸暗記するのではなく，式の持つ意味をとらえ，使いこなすことが重要です．

　ここでは，基本的なことにもかかわらず受験生が弱い部分をカバーします．具体的には，倍角の公式，三角関数の合成，和積の公式です．

公式　（sin, cos の倍角の公式）

（i）　$\sin 2\theta = 2\sin\theta\cos\theta$, $\sin\theta\cos\theta = \dfrac{1}{2}\sin 2\theta$

（ii）　$\cos 2\theta = 1 - 2\sin^2\theta$, $\sin^2\theta = \dfrac{1 - \cos 2\theta}{2}$

（iii）　$\cos 2\theta = 2\cos^2\theta - 1$, $\cos^2\theta = \dfrac{1 + \cos 2\theta}{2}$

　倍角の公式は2通りの見方をしておくことが重要です．$2\theta \to \theta$ だけでなく，その逆の $\theta \to 2\theta$ の目的で使うことも多いです．

　具体的には，$\sin\theta\cos\theta = \dfrac{1}{2}\sin 2\theta$ は，$\sin\theta\cos\theta$ を1つにまとめる効果があります．$\sin^2\theta = \dfrac{1 - \cos 2\theta}{2}$, $\cos^2\theta = \dfrac{1 + \cos 2\theta}{2}$ は，**2乗を解消する**効果があります．特に数Ⅲの積分では必須です．

公式　（三角関数の合成）

　$(a, b) \neq (0, 0)$ のとき

$$a\sin\theta + b\cos\theta = \sqrt{a^2 + b^2}\left(\frac{a}{\sqrt{a^2 + b^2}}\sin\theta + \frac{b}{\sqrt{a^2 + b^2}}\cos\theta\right)$$

$\cos\alpha = \dfrac{a}{\sqrt{a^2 + b^2}}$, $\sin\alpha = \dfrac{b}{\sqrt{a^2 + b^2}}$ とおくと

$$a\sin\theta + b\cos\theta = \sqrt{a^2 + b^2}(\sin\theta\cos\alpha + \cos\theta\sin\alpha)$$

$$= \sqrt{a^2 + b^2}\sin(\theta + \alpha)$$

第3節　三角関数の公式

　三角関数の合成は結果の式だけを覚えないことです．よく，sin 合成はできるが cos 合成ができないという人がいます．そういう人は，結果だけを丸暗記して意味を理解していないのだと思います．元図はおそらくこれでしょう．合成角 α を機械的に求める方法です．

　点 (a, b) をとると，α は図の角になります．掲載している教科書があるくらい有名な覚え方ですが，私自身はこれを使った記憶がありません．丸暗記数学の典型で，違和感しかないからです．はっきり言ってしまうと，こんなものを覚えているから sin 合成しかできないのです．そう言うと，cos 合成用の覚え方を開発する人がいます．そういうことではありません😤

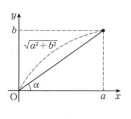

　強調しておきますが，上の囲みに書いたのは公式の証明ではありません．合成の方法を説明したものです．まず最初に $\sqrt{a^2+b^2}$ でくくります．なぜなら，その結果得られる係数 $\dfrac{a}{\sqrt{a^2+b^2}},\ \dfrac{b}{\sqrt{a^2+b^2}}$ は

$$\left(\frac{a}{\sqrt{a^2+b^2}}\right)^2 + \left(\frac{b}{\sqrt{a^2+b^2}}\right)^2 = 1$$

を満たすからです．2乗の和が1ですから，点 $\left(\dfrac{a}{\sqrt{a^2+b^2}},\ \dfrac{b}{\sqrt{a^2+b^2}}\right)$ は単位円上の点であり

$$\cos\alpha = \frac{a}{\sqrt{a^2+b^2}},\ \sin\alpha = \frac{b}{\sqrt{a^2+b^2}}$$

となる α が存在します．よって，このように置き換えれば

$$\sqrt{a^2+b^2}(\cos\alpha\sin\theta + \sin\alpha\cos\theta)$$

となり，sin の加法定理の形になります．$\sin\theta$ の係数を $\cos\alpha$，$\cos\theta$ の係数を $\sin\alpha$ とおくのです．その結果，加法定理を使ってまとめられます．

　この仕組みが分かれば，cos 合成も同様です．cos の加法定理を使ってまとめるだけです．$\sin\theta$ の係数を $\sin\beta$，$\cos\theta$ の係数を $\cos\beta$ とおくと

$$\sqrt{a^2+b^2}(\sin\beta\sin\theta + \cos\beta\cos\theta)$$

となりますから，$\sqrt{a^2+b^2}\cos(\theta-\beta)$ とまとめられます．ただし，符号に注意してください．cos の加法定理は符号が反転するからです．

第6章　関数

さらに応用です．**加法定理をうまく選べば合成角は鋭角にできます**．例えば

$$\cos\theta - \sqrt{3}\sin\theta = 2\left(\frac{1}{2}\cos\theta - \frac{\sqrt{3}}{2}\sin\theta\right)$$

$$= 2\left(\cos\frac{\pi}{3}\cos\theta - \sin\frac{\pi}{3}\sin\theta\right) = 2\cos\left(\theta + \frac{\pi}{3}\right)$$

です．$\sin\theta$, $\cos\theta$ の係数の**符号を除いた部分を置き換える**ことで，$\sin\alpha$, $\cos\alpha$ は正になり，α は必ず鋭角にとれます．一方，符号を含めた係数を置き換え

$$\cos\theta - \sqrt{3}\sin\theta = 2\left\{\cos\left(-\frac{\pi}{3}\right)\cos\theta + \sin\left(-\frac{\pi}{3}\right)\sin\theta\right\}$$

$$= 2\cos\left\{\theta - \left(-\frac{\pi}{3}\right)\right\} = 2\cos\left(\theta + \frac{\pi}{3}\right)$$

とするのは，まわりくどいだけでなく，合成角を間違えるリスクが増えそうです．

　なお，sin で合成するか cos で合成するかは私は見た目で判断していますが，「値域を調べるときは cos」，「= 0 の方程式を解くときは sin」といった具合に，問題の内容で判断する人もいます．n を整数として，cos は $n\pi$ で ±1 をとり，sin は $n\pi$ で 0 になるから，という理由のようです．私にはない発想でした😊

公式　（和積の公式）

（ i ）　積 → 和

$$\sin\alpha\cos\beta = \frac{1}{2}\{\sin(\alpha+\beta) + \sin(\alpha-\beta)\} \quad\cdots\cdots\cdots\cdots\cdots\text{①}$$

$$\cos\alpha\sin\beta = \frac{1}{2}\{\sin(\alpha+\beta) - \sin(\alpha-\beta)\}$$

$$\cos\alpha\cos\beta = \frac{1}{2}\{\cos(\alpha+\beta) + \cos(\alpha-\beta)\}$$

$$\sin\alpha\sin\beta = -\frac{1}{2}\{\cos(\alpha+\beta) - \cos(\alpha-\beta)\}$$

（ ii ）　和 → 積

$$\sin A + \sin B = 2\sin\frac{A+B}{2}\cos\frac{A-B}{2} \quad\cdots\cdots\cdots\cdots\cdots\text{②}$$

$$\sin A - \sin B = 2\cos\frac{A+B}{2}\sin\frac{A-B}{2}$$

$$\cos A + \cos B = 2\cos\frac{A+B}{2}\cos\frac{A-B}{2}$$

$$\cos A - \cos B = -2\sin\frac{A+B}{2}\sin\frac{A-B}{2}$$

第3節　三角関数の公式

　和積の公式は意外に使う機会がありますから，使いこなせるようにするべきです．ただ，数が多いですから，全部完璧に覚えるのは大変です．**作り方を理解しておき，必要に応じて作る**というのが実戦的でしょう．実際，私は大体の形を覚えておき，使うときに頭の中で作り方を再現して確認しています．

　代表して，① と ② の作り方を確認しておきます．

　① については，$\sin\alpha\cos\beta$ という積を和に直します．$\sin\alpha\cos\beta$ の形が現れる sin の加法定理を 2 つ並べます．

$$\sin(\alpha + \beta) = \sin\alpha\cos\beta + \cos\alpha\sin\beta$$

$$\sin(\alpha - \beta) = \sin\alpha\cos\beta - \cos\alpha\sin\beta$$

$\sin\alpha\cos\beta$ を残すために，辺ごとに加えると

$$\sin(\alpha + \beta) + \sin(\alpha - \beta) = 2\sin\alpha\cos\beta \cdots\cdots\text{③}$$

となりますから，両辺を 2 で割って

$$\sin\alpha\cos\beta = \frac{1}{2}\{\sin(\alpha + \beta) + \sin(\alpha - \beta)\}$$

が得られます．

　② については，$\sin A + \sin B$ という和を積に直します．2 つの sin の和ですから，sin の加法定理を 2 つ並べて辺ごとに加えます．上と同様に ③ となり，形を整えるために $\alpha + \beta = A$，$\alpha - \beta = B$ とおきます．α, β について解くと

$$\alpha = \frac{A + B}{2}, \quad \beta = \frac{A - B}{2} \quad \cdots\cdots\cdots\text{④}$$

ですから，③ に代入し

$$\sin A + \sin B = 2\sin\frac{A + B}{2}\cos\frac{A - B}{2}$$

が得られます．

　どの積や和を変形したいかによって，「sin の加法定理を 2 つ並べるか，cos の加法定理を 2 つ並べるか」，「辺ごとに加えるか，辺ごとに引くか」が決まります．④ は覚えておくと便利です．

〈関数のまとめ3〉

Check ▷▷▷▷　三角関数の公式

- ◎ 倍角の公式は 2 通りの見方がある
- ◎ 三角関数の合成は結果だけを覚えず，仕組みを理解する
- ◎ 和積の公式も使えるようにしておく

第6章　関数

〈三角関数を含む不等式の証明〉

[例題] 6−3. 角 α, β, γ が $\alpha+\beta+\gamma=\pi$, $\alpha\geqq 0$, $\beta\geqq 0$, $\gamma\geqq 0$ を満たすとする.
（1）$\cos\alpha+\cos\beta+\cos\gamma\geqq 1$ を示せ．また，等号が成り立つ条件を求めよ．
（2）$\cos\alpha+\cos\beta+\cos\gamma\leqq\dfrac{3}{2}$ を示せ．また，等号が成り立つ条件を求めよ．

（京都大・改）

考え方　（1）は両辺の差をとり，和積の公式を用いて変形します．3つの cos の和がありますから，まず，そのうち2つの和を積の形に変形します．（2）も同様に和積の公式を用いて変形しますが，$\alpha=\beta=\gamma=\dfrac{\pi}{3}$ のとき等号が成り立つことに注意して，途中で大きく見積もるとよいです．

▶**解答**◀　（1）（左辺）−（右辺）を変形する．

$\cos\alpha+\cos\beta+\cos\gamma-1$

$= 2\cos\dfrac{\alpha+\beta}{2}\cos\dfrac{\alpha-\beta}{2}+\cos\gamma-1$ ◀ 和積の公式を用います．

$= 2\cos\dfrac{\pi-\gamma}{2}\cos\dfrac{\alpha-\beta}{2}-2\sin^2\dfrac{\gamma}{2}$

（▷▷▷▶ **1**）

$= 2\sin\dfrac{\gamma}{2}\cos\dfrac{\alpha-\beta}{2}-2\sin^2\dfrac{\gamma}{2}$

$= 2\sin\dfrac{\gamma}{2}\left(\cos\dfrac{\alpha-\beta}{2}-\sin\dfrac{\gamma}{2}\right)$ ……………① ◀ $2\sin\dfrac{\gamma}{2}$ でくくります．

対称性から，$\sin\dfrac{\gamma}{2}$ だけ

$= 2\sin\dfrac{\gamma}{2}\left(\cos\dfrac{\alpha-\beta}{2}-\sin\dfrac{\pi-\alpha-\beta}{2}\right)$ でなく，$\sin\dfrac{\alpha}{2}$, $\sin\dfrac{\beta}{2}$

でもくくれるはずです．

（▷▷▷▶ **2**）

$= 2\sin\dfrac{\gamma}{2}\left(\cos\dfrac{\alpha-\beta}{2}-\cos\dfrac{\alpha+\beta}{2}\right)$

$= 2\sin\dfrac{\gamma}{2}\cdot 2\sin\dfrac{\alpha}{2}\sin\dfrac{\beta}{2}$ （▷▷▷▶ **3**）

$= 4\sin\dfrac{\alpha}{2}\sin\dfrac{\beta}{2}\sin\dfrac{\gamma}{2}$

第3節　三角関数の公式

$\alpha + \beta + \gamma = \pi,\ \alpha \geqq 0,\ \beta \geqq 0,\ \gamma \geqq 0$ より

$$0 \leqq \frac{\alpha}{2} \leqq \frac{\pi}{2},\ 0 \leqq \frac{\beta}{2} \leqq \frac{\pi}{2},\ 0 \leqq \frac{\gamma}{2} \leqq \frac{\pi}{2}$$

であるから

$$4\sin\frac{\alpha}{2}\sin\frac{\beta}{2}\sin\frac{\gamma}{2} \geqq 0$$

よって，$\cos\alpha + \cos\beta + \cos\gamma \geqq 1$ が成り立つ．

◀ 角度の範囲を確認です．

　等号成立条件は

$$\frac{\alpha}{2} = 0 \ \text{または}\ \frac{\beta}{2} = 0 \ \text{または}\ \frac{\gamma}{2} = 0$$

すなわち

$\alpha = 0$ または $\beta = 0$ または $\gamma = 0$

である．

◀ $\sin\dfrac{\alpha}{2}$, $\sin\dfrac{\beta}{2}$, $\sin\dfrac{\gamma}{2}$ のうち少なくとも1つが 0 です．角度の範囲に注意しましょう．

（**2**）$P = \cos\alpha + \cos\beta + \cos\gamma$ とする．① より

$$P = 2\sin\frac{\gamma}{2}\left(\cos\frac{\alpha - \beta}{2} - \sin\frac{\gamma}{2}\right) + 1$$

$\sin\dfrac{\gamma}{2} \geqq 0$, $\cos\dfrac{\alpha - \beta}{2} \leqq 1$ を用いて　（▷▶▶▶ **4**）

$$P \leqq 2\sin\frac{\gamma}{2}\left(1 - \sin\frac{\gamma}{2}\right) + 1$$

$$= -2\left(\sin\frac{\gamma}{2} - \frac{1}{2}\right)^2 + \frac{3}{2} \leqq \frac{3}{2}$$

◀ $\sin\dfrac{\gamma}{2}$ の2次関数です．

よって，$\cos\alpha + \cos\beta + \cos\gamma \leqq \dfrac{3}{2}$ が成り立つ．

　等号成立条件は

$$\sin\frac{\gamma}{2} = \frac{1}{2} \ \text{かつ}\ \cos\frac{\alpha - \beta}{2} = 1 \quad （▷▶▶▶ \text{**5**}）$$

$-\dfrac{\pi}{2} \leqq \dfrac{\alpha - \beta}{2} \leqq \dfrac{\pi}{2}$ より

$$\frac{\gamma}{2} = \frac{\pi}{6} \ \text{かつ}\ \frac{\alpha - \beta}{2} = 0$$

$\alpha + \beta + \gamma = \pi$ に注意して

$\alpha = \beta = \gamma = \dfrac{\pi}{3}$

である．

◀ $\gamma = \dfrac{\pi}{3}$ かつ $\alpha = \beta$ から得られます．

問題編

論理

整数

論証

方程式

不等式

関数

座標

ベクトル

空間図形

図形総合

数列

数学的帰納法

場合の数

確率

微積分

出典・テーマ

第6章　関数（例題6−3）　247

第 6 章　関数

Point
The function
NEO ROAD TO SOLUTION 6-3 Check!

❶ $\alpha + \beta + \gamma = \pi$ を用いて，$\alpha + \beta$ を $\pi - \gamma$ として，さらに変形します．$\alpha - \beta$ は変形しようがなく，そのまま残します．また，$\cos\gamma$ は他と形をそろえるために，倍角の公式を使って変形します．$\sin\dfrac{\gamma}{2}$ で表すか $\cos\dfrac{\gamma}{2}$ で表すかですが，$\cos\dfrac{\pi - \gamma}{2}$ から $\sin\dfrac{\gamma}{2}$ ができることを先読みし，$\sin\dfrac{\gamma}{2}$ で表します．

❷ $\cos - \sin$ の形では和積の公式が使えません．$\sin$ か $\cos$ にそろえるために

$$\sin\left(\frac{\pi}{2} - \theta\right) = \cos\theta, \ \cos\left(\frac{\pi}{2} - \theta\right) = \sin\theta$$

のいずれかが使える形にします．**$\dfrac{\pi}{2}$ から引くと $\sin$ と $\cos$ は入れ換わるの**です．ここでは $\gamma = \pi - \alpha - \beta$ を代入して $\sin\left(\dfrac{\pi}{2} - \theta\right)$ の形を作り，$\sin$ を $\cos$ に直します．上で $\alpha + \beta = \pi - \gamma$ を用いている一方，ここでは $\gamma = \pi - \alpha - \beta$ ですから，一貫性がないようにも見えるかもしれませんが，目的に応じて同じ式 $\alpha + \beta + \gamma = \pi$ をうまく使い分けているのです．

❸ 再び和積の公式を用いて変形します．詳しく書けば

$$\cos\frac{\alpha - \beta}{2} - \cos\frac{\alpha + \beta}{2} = -2\sin\frac{\alpha}{2}\sin\left(-\frac{\beta}{2}\right) = 2\sin\frac{\alpha}{2}\sin\frac{\beta}{2}$$

です．和積の公式を使う代わりに，$\cos\dfrac{\alpha - \beta}{2} = \cos\left(\dfrac{\alpha}{2} - \dfrac{\beta}{2}\right)$ などとして加法定理を用いてもよいです．

❹ （2）は，（1）のように $\sin$ の積に変形すると遠回りになります．目的の不等式の形によって変形を変えなければなりません．今回は**不等式を使って変形します**．証明すべき式の不等号の向きに着目し，**$\cos\dfrac{\alpha - \beta}{2} \leqq 1$ として大きく見積もります**．初見ではなかなか気付かない「言われれば分かる」変形です．一気に α，β の 2 文字を消去できて，γ だけの式になります．

また，$\sin\dfrac{\gamma}{2} \geqq 0$ も用いていることに注意しましょう．もし $\sin\dfrac{\gamma}{2} < 0$ であれば不等号の向きが変わります．

なお，この不等式は $\alpha = \beta$ のときに等号が成立しますから，$\alpha = \beta$ のときに与式の左辺が最大にならなければ意味がありません．「$\alpha = \beta = \gamma = \dfrac{\pi}{3}$ のときに左辺が最大になる」という見当がついているからできる変形です．

248　第 6 章　関数（例題 6-3）

第3節 三角関数の公式

5 2つの不等式

$$2\sin\frac{\gamma}{2}\left(\cos\frac{\alpha-\beta}{2}-\sin\frac{\gamma}{2}\right)\leqq 2\sin\frac{\gamma}{2}\left(1-\sin\frac{\gamma}{2}\right) \quad\cdots\cdots\cdots\cdots\text{Ⓐ}$$

$$-2\left(\sin\frac{\gamma}{2}-\frac{1}{2}\right)^2+\frac{3}{2}\leqq\frac{3}{2} \quad\cdots\cdots\cdots\cdots\cdots\cdots\cdots\cdots\cdots\cdots\text{Ⓑ}$$

の等号が同時に成り立つ条件を求めます.

Ⓑ の等号成立条件が $\sin\dfrac{\gamma}{2}=\dfrac{1}{2}$ であるのはいいでしょう.一方,Ⓐ の等号成立条件は $\cos\dfrac{\alpha-\beta}{2}=1$ だけではありません.□Point...□ 5−1. の **2** (☞ P.187) と同様に,**かけたものが 0 のときに注意**です.実際

$$\cos\frac{\alpha-\beta}{2}-\sin\frac{\gamma}{2}\leqq 1-\sin\frac{\gamma}{2}$$

の等号成立条件は $\cos\dfrac{\alpha-\beta}{2}=1$ だけですが,両辺に $2\sin\dfrac{\gamma}{2}\ (\geqq 0)$ をかけて得られる Ⓐ の等号成立条件は $\cos\dfrac{\alpha-\beta}{2}=1$ **または** $2\sin\dfrac{\gamma}{2}=0$ です.よって,Ⓐ と Ⓑ の等号が同時に成り立つ条件は

$$\sin\frac{\gamma}{2}=\frac{1}{2}\ \text{かつ}\ \left(\cos\frac{\alpha-\beta}{2}=1\ \text{または}\ 2\sin\frac{\gamma}{2}=0\right)$$

です.$\sin\dfrac{\gamma}{2}=\dfrac{1}{2}$ であれば $2\sin\dfrac{\gamma}{2}=0$ は成立しませんから,結局

$$\sin\frac{\gamma}{2}=\frac{1}{2}\ \text{かつ}\ \cos\frac{\alpha-\beta}{2}=1$$

となります.結果的には Ⓐ の等号成立条件を安易に $\cos\dfrac{\alpha-\beta}{2}=1$ だけとした場合と一致してしまいますから,上のようにきちんと議論しても報われない気がしますが…😥

実戦的には,まず簡単な Ⓑ の等号成立条件 $\sin\dfrac{\gamma}{2}=\dfrac{1}{2}$ を書きます.そのとき $\sin\dfrac{\gamma}{2}=0$ は成立しませんから,「Ⓑ の等号と同時に成立する Ⓐ の等号成立条件」として $\cos\dfrac{\alpha-\beta}{2}=1$ のみが残ります.それを追記して

$$\sin\frac{\gamma}{2}=\frac{1}{2}\ \text{かつ}\ \cos\frac{\alpha-\beta}{2}=1$$

とします.**簡単な条件から考える**と効率がよいです.

第6章 関数

第4節 　真・予選決勝法

関数 The function

　変数以外に文字を含む関数の最大・最小の問題では，場合分けが生じることが多いです．例えば，次のような問題です．

> **問題 27.** a を定数とする．関数 $f(x) = x^2 - 2ax + 2a$ の $0 \leqq x \leqq 1$ における最大値 $M(a)$，最小値 $m(a)$ を求めよ．

　$f(x) = (x-a)^2 - a^2 + 2a$ ですから，$M(a)$ を求めるには，軸 $x = a$ と定義域の中心 $x = \dfrac{1}{2}$ の大小で場合分けし，$m(a)$ を求めるには，軸 $x = a$ と定義域 $0 \leqq x \leqq 1$ の位置関係で場合分けします．実際

$$\begin{cases} a \leqq \dfrac{1}{2} \text{ のとき} \quad M(a) = f(1) = 1 \\ \dfrac{1}{2} \leqq a \text{ のとき} \quad M(a) = f(0) = 2a \end{cases}$$

$$\begin{cases} a \leqq 0 \text{ のとき} \qquad m(a) = f(0) = 2a \\ 0 \leqq a \leqq 1 \text{ のとき} \quad m(a) = f(a) = -a^2 + 2a \\ 1 \leqq a \text{ のとき} \qquad m(a) = f(1) = 1 \end{cases}$$

となります．

　もちろん，この程度の問題であれば，普通に場合分けをして解くべきでしょう．しかし，3次関数や絶対値を含む関数などの問題では，場合分けをするのが大変になります．そういうときに有効な方法があります．

　まず，最大値・最小値の候補を絞ります．基本的には，**両端での値と極値**です．候補を絞った後，大小を比べます．ただ，式で大小比較をするのでは，普通に場合分けをする解法と大して変わりません．ポイントは，**グラフを使って大小比較をする**ことです．候補のグラフを同じ座標平面上に描き，グラフの上下で大小を判定します．最も上側にあるグラフをつないだものが最大値のグラフ，最も下側にあるグラフをつないだものが最小値のグラフになります．

　余談です．この方法は2回に分けて最大値・最小値を求めますから，私は以前「二段階選抜法」と名付けました．しかし，どうしてもこの名前に納得できず，名前を変更することにしました．ズバリ！ **「真・予選決勝法」**です☺　最大値・最小値の候補を絞るのが「予選」，グラフで大小を決定するのが「決勝」というわ

250 第6章 関数

けです．単に「予選決勝法」でもよいのですが，多変数関数の最大・最小の解法として「予選決勝法」の名前を使っている人がいますので，区別しておきます．

上の例題で確認してみましょう．$f(x) = (x-a)^2 - a^2 + 2a$ より，$f(x)$ の極値は $f(a)$ です．ただし，定義域は $0 \leq x \leq 1$ ですから，$x = a$ を代入できるのは $0 \leq a \leq 1$ のときのみです．つまり，$f(a)$ は $0 \leq a \leq 1$ のときのみ最大値・最小値の候補になります．私はこれを**「条件付き候補」**と呼んでいます．なお，$f(a)$ は極小値ですから，正確には最小値の候補であり，最大値の候補ではありませんが，同様に扱った方が簡単です．最大値の候補にも入れておきます．テストの最高点の候補にのび太君を入れるのと同じです．結果に影響はありません😅　この極値と両端での値 $f(0)$, $f(1)$ が最大値・最小値の候補で
$$M(a) = \max\{f(0),\ f(1),\ f(a)\ (0 \leq a \leq 1)\}$$
$$m(a) = \min\{f(0),\ f(1),\ f(a)\ (0 \leq a \leq 1)\}$$
となります．なお，max は，{ } の中から最大のものをとるという記号です．同様に，min は，{ } の中から最小のものをとるという記号です．
$$f(0) = 2a,\ f(1) = 1,\ f(a) = -a^2 + 2a\ (0 \leq a \leq 1)$$
より，これら3つのグラフを同じ座標平面上に描きます．**横軸が a であることに注意**しましょう．最も上側にあるグラフをつなぐと，$y = M(a)$ のグラフが得られます．同様に，$y = m(a)$ のグラフも得られます．最後にグラフを読み取って，$M(a)$, $m(a)$ を答えます．答える際には場合分けをします．

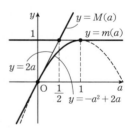

この解法はグラフを使いますから，**変数以外に1文字のみを含む関数**でしか使えません．$f(x) = x^2 - 2ax + b$ のように，変数以外に2文字以上あるとダメです．また，**グラフが描きやすいかどうか**も重要です．候補の形から，グラフを使うべきか普通に場合分けをするべきかを判断します．

〈関数のまとめ4〉

Check ▷▷▷▷ 真・予選決勝法
Ⅰ　最大値・最小値の候補を絞る
Ⅱ　グラフを使って大小比較をする

第6章 関数

―〈絶対値を含む関数の最大〉―

例題 6-4. 関数 $f(x) = |x^3 - 3a^2x|$ の $0 \leq x \leq 1$ における最大値 $M(a)$ を求めよ．ただし，$a \geq 0$ とする．さらに，$M(a)$ を最小にする a の値を求めよ．
(福井大)

考え方 絶対値を含む関数ですから，そのまま微分して増減を調べることはできません．まず，絶対値の中身の関数の増減を調べ，絶対値をつけたときの最大値・最小値の候補を調べます．

▶解答◀ $g(x) = x^3 - 3a^2x$ とおくと
$$g'(x) = 3x^2 - 3a^2 = 3(x^2 - a^2)$$
$$= 3(x+a)(x-a)$$

$f(x) = |g(x)|$ の最大値の候補は，両端での値と，$g(x)$ の極値に絶対値をつけたものであるから (▷▷▷ **1**)

$M(a) = \max\{f(0), f(1), |g(a)| \ (0 \leq a \leq 1),$
$\qquad |g(-a)| \ (0 \leq -a \leq 1)\}$ (▷▷▷ **2**)
$= \max\{f(0), f(1), f(a) \ (0 \leq a \leq 1)\}$
(▷▷▷ **3**)

◀ 中身の関数を文字でおきます．

ここで
$$f(0) = 0$$
$$f(1) = |1 - 3a^2| = |3a^2 - 1|$$
$$f(a) = 2a^3 \quad (0 \leq a \leq 1)$$
である．

◀ 絶対値の中身の符号は変えてよいです．

$$2a^3 - (3a^2 - 1)$$
$$= 2a^3 - 3a^2 + 1$$
$$= (a-1)^2(2a+1)$$
$$\geq 0$$

$2a^3 = -3a^2 + 1$ とすると
$$2a^3 + 3a^2 - 1 = 0$$

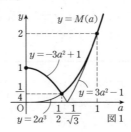
図1

◀ この2つはグラフの上下が自明ではありませんから，式で調べておきます．

◀ グラフを描く前に交点を調べておきます．

第4節　真・予選決勝法

$$(a+1)^2(2a-1) = 0 \quad \therefore \quad a = \frac{1}{2}$$

よって，$y = M(a)$ のグラフは図1の太線部分になり

$$M(a) = \begin{cases} -3a^2 + 1 & \left(0 \leq a \leq \dfrac{1}{2}\right) \\ 2a^3 & \left(\dfrac{1}{2} \leq a \leq 1\right) \\ 3a^2 - 1 & (1 \leq a) \end{cases}$$

◀ 最も上側にある部分をつなぎます．$y = 2a^3$ のグラフは $a = 1$ までですから，そこで乗り換えが起こります．

また，$M(a)$ を最小にする a の値は，グラフより

$$a = \frac{1}{2}$$

◀ $M(a)$ を求める際にグラフが現れますから，改めて $M(a)$ の増減を調べる必要はなく，$M(a)$ を最小にする a はすぐに分かります．

☐ **Point** The function NEO ROAD TO SOLUTION **6-4** **Check!** ☐

1 全体に絶対値がつく関数 $y = |g(x)|$ のグラフを描くには，$y = g(x)$ のグラフを描き，$y < 0$ にある部分を $y > 0$ に折り返します．一般に，$y = g(x)$ のグラフと $y = |g(x)|$ のグラフの関係は図2のようになります．よって，**$|g(x)|$ の極値は，$g(x)$ の極値に絶対値をつけたもの**です．なお，グラフに折り返し点があれば，0 も極値に含まれます．グラフが尖っていても（微分可能でなくても）増減が変化する点での値は極値です．しかし，0 は $|g(x)|$ の最大値を考える上では意味がないですから，気にする必要はありません．結果的に，$|g(x)|$ の最大値の候補は，両端での値と，$g(x)$ の極値に絶対値をつけたものです．

2 $a = 0$ のとき $g(x)$ は極値をもちませんが，$|g(a)|$ と $|g(-a)|$ を最大値の候補に加えてよいです．候補でないものを候補に加えるのは構いません．大小比較の段階で落とされます．

3 $|g(a)| = f(a)$, $|g(-a)| = f(-a)$ です．ここで，$f(-a)$ は $0 \leq -a \leq 1$ での条件付き候補ですが，元々 $a \geq 0$ がありますから，$0 \leq -a \leq 1$ を満たす a は $a = 0$ のみで，$f(0)$ となります．

第6章　関数

第5節　2変数関数

関数　　　　　　　　　　　　　　　　　　　　　　　　The function

$f(x) = x^2$ などの1変数関数に対し，$f(x, y) = x^2 + y^2$ などの2つの変数を含む関数を2変数関数といいます．2変数関数の問題は，両方の変数を同時に動かすのは難しいため，**一方を固定して1変数の問題に帰着させます**．その後，固定していた変数を動かします．2変数を同時に動かす代わりに，1変数ずつ順番に動かすのです．1変数ならば，平方完成や微分など増減を調べる手段があります．なお，予備校講師の中には，この方法を「予選決勝法」と呼ぶ人がいます．

どちらを固定するかが重要です．基本的には次数が高い方や多く含まれる方など，**固定する効果が高い方**です．どちらの関数とみる方が簡単かを考えます．

[問題] **28.** 実数 x, y に対し，$5x^2 - 4xy + y^2 - 2x + 3$ の最小値を求めよ．

---

x の方が多く含まれますから，x を固定し，y を動かします．y のみの関数とみなして $f(y)$ とおき，平方完成すると

$$f(y) = y^2 - 4xy + 5x^2 - 2x + 3 = (y - 2x)^2 + x^2 - 2x + 3$$

となります．よって，$f(y)$ の最小値は $f(2x) = x^2 - 2x + 3$ です．これは **x をある値に固定したときの最小値**ですから，いわば「仮の最小値」です．x をいくつに固定すれば「真の最小値」になるかを調べます．x を動かして「仮の最小値」の最小値を求めればよく，x で平方完成して考えます．

$$x^2 - 2x + 3 = (x - 1)^2 + 2$$

より，真の最小値は2です．

もちろん，このレベルであれば，一気に2回平方完成して

$$5x^2 - 4xy + y^2 - 2x + 3 = (y - 2x)^2 + (x - 1)^2 + 2$$

となり，$y = 2x$ かつ $x = 1$，すなわち $x = 1$, $y = 2$ で最小値2と求まります．

変数が3つ以上の多変数関数でも方法は同じです．最も動かしやすい変数以外の変数を固定し，1変数の問題に帰着させます．

〈関数のまとめ5〉

Check ▷▷▷▷ 2変数関数は固定する効果が高い変数を固定する

第5節　2変数関数

〈2変数関数の最小〉

[例題] **6−5.** xy 平面内の領域 $-1 \leqq x \leqq 1, \ -1 \leqq y \leqq 1$ において

$$1 - ax - by - axy$$

の最小値が正となるような定数 a, b を座標とする点 (a, b) の範囲を図示せよ.

（東京大）

考え方　x, y の2変数関数ですから，まず，一方を固定してもう一方を動かします．1次関数は両端のどちらかで最小になることを利用します．

▶解答◀　x を固定して，y のみの関数とみなし

$$f(y) = 1 - ax - by - axy$$

とおくと　（▷▷▷ **1**）

$$f(y) = -(ax + b)y - ax + 1$$

である．$f(y)$ は y の1次以下の関数で単調であるから，$-1 \leqq y \leqq 1$ における $f(y)$ の最小値は $f(-1)$ と $f(1)$ のうちの小さい方で，これが正となる条件は $f(-1) > 0$ かつ $f(1) > 0$ である．（▷▷▷ **2**）

◀ y で整理します．

◀ 1次関数または定数関数です．

$$f(-1) = (ax + b) - ax + 1 = b + 1$$

$$f(1) = -(ax + b) - ax + 1 = -2ax - b + 1$$

より

$$b + 1 > 0 \text{ かつ } -2ax - b + 1 > 0$$

$$b > -1 \text{ かつ } -2ax - b + 1 > 0 \quad \cdots\cdots\cdots①$$

である．

◀ 固定した x を含む不等式です．どんな値に固定しても成り立つことが条件ですから，x を動かし，$-1 \leqq x \leqq 1$ で常に成り立つ条件を求めます．

次に，x を動かし，①が $-1 \leqq x \leqq 1$ で常に成り立つ条件を求める．左辺は x の1次以下の式であるから，両端の $x = -1, 1$ で成り立つことが必要十分で（▷▷▷ **3**）

$$2a - b + 1 > 0 \text{ かつ } -2a - b + 1 > 0$$

$$b < 2a + 1 \text{ かつ } b < -2a + 1$$

第6章　関数（例題6−5）　255

第6章 関数

点 (a, b) の存在範囲は
$$\begin{cases} b > -1 \\ b < 2a + 1 \\ b < -2a + 1 \end{cases}$$
であり，図の網目部分になる．
ただし，境界を除く．

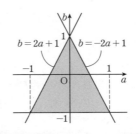

◀ 念のためですが，正三角形ではありません．

Point　The function　NEO ROAD TO SOLUTION　**6-5**　**Check!**

1 最初に x を固定し，y のみの関数とみなす方が少し楽です．代わりに，y を固定し，x のみの関数とみて
$$g(x) = -a(y+1)x - by + 1$$
としても解けます．$-1 \leqq x \leqq 1$ での $g(x)$ の最小値は，$g(-1)$ と $g(1)$ のうちの小さい方ですから
$$g(-1) = a(y+1) - by + 1 = (a-b)y + a + 1$$
$$g(1) = -a(y+1) - by + 1 = -(a+b)y - a + 1$$
を使うことになります．
$$f(-1) = b + 1, \ f(1) = -2ax - b + 1$$
と比べると，差が分かります．$g(-1)$，$g(1)$ にはともに変数 y が残ってしまいますが，$f(-1)$，$f(1)$ は一方にしか変数 x が残りませんから，$f(y)$ を使う方がこの後の手間が減るのです．$g(x)$ を使うと，$-1 \leqq y \leqq 1$ で2つの不等式 $g(-1) > 0$，$g(1) > 0$ が常に成り立つ条件を考えることになります．

2 1次以下の関数は単調（単調増加または単調減少または定数）ですから，最小値の候補は両端での値のみです．今回はどちらが小さいかを考える必要はありません．求めたいのは最小値が正となる条件ですから，**最小値のすべての候補が正となる条件を考えればよい**のです．

3 ①が $-1 \leqq x \leqq 1$ で常に成り立つということは，「出木杉のび太論法」（☞ P.205）により，$-1 \leqq x \leqq 1$ における左辺の最小値が正となることと同値ですから，y の場合と同様に，両端での値のみに着目することで考えられます．

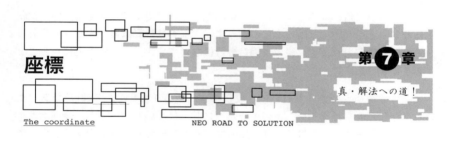

座標

The coordinate

第 7 章

真・解法への道！

NEO ROAD TO SOLUTION

第7章　座標

第1節　　　　　座標平面での角

座標　　　　　　　　　　　　　　　　　　　　　　　　　　　The coordinate

　座標平面での角については，次の2つがよく知られています．

　1つ目は「直線と x 軸の正方向とのなす角の tan を考える」解法です．直線と x 軸の正方向とのなす角 θ と直線の傾き m の間に

$$\tan\theta = m$$

の関係があることを用います．

　2つ目は「ベクトルのなす角ととらえて cos を考える」解法です．2つのベクトル $\vec{a} = \begin{pmatrix} a_1 \\ a_2 \end{pmatrix}$, $\vec{b} = \begin{pmatrix} b_1 \\ b_2 \end{pmatrix}$ のなす角を θ とすると

$$\cos\theta = \frac{a_1 b_1 + a_2 b_2}{\sqrt{a_1{}^2 + a_2{}^2}\sqrt{b_1{}^2 + b_2{}^2}} \quad\text{……………………………………①}$$

が成り立つことを利用します．

　どちらも単に角を求めるような易しい問題であれば対応できますが，角が変化するなどの応用問題では困るときがあります．前者は**計算は楽**ですが，場合分けを生む可能性があります．後者は**場合分けはない**ですが，計算が大変になることがあります．まさに一長一短なのです．

　人間は欲深いものです．いいとこ取りをしたくありませんか？　計算は楽したいし場合分けもしたくない．世の中そんなに甘くはないものですが，今回はうまい方法があります．それは**「ベクトルのなす角ととらえて tan を考える」**ものです．ベクトルを使うと x 軸との位置関係による場合分けが生じませんし，cos よりも tan の方が式がシンプルになります．

　では，ベクトルのなす角の tan の公式を紹介しましょう．

　公式　（ベクトルのなす角の tan の公式）
　$\vec{a} = \begin{pmatrix} a_1 \\ a_2 \end{pmatrix}$, $\vec{b} = \begin{pmatrix} b_1 \\ b_2 \end{pmatrix}$ のなす角を θ とすると，$\theta \neq \dfrac{\pi}{2}$ のとき

$$\tan\theta = \frac{|a_1 b_2 - a_2 b_1|}{a_1 b_1 + a_2 b_2} \quad\text{……………………………………②}$$

　が成り立つ．

第7章　座標

第 1 節　座標平面での角

　これは 10 年以上前に予備校の先輩講師であった宮田敏美先生に教えていただいたものです．生徒から「God（ゴッド）」と呼ばれるくらいのカリスマ講師でしたので，私は敬意を込めて**「神の公式」**と呼んでいます😊　他にも「神の部分積分」，「神の部分分数展開」などの神シリーズ（！）がありますが，それは機会があれば数Ⅲの参考書で紹介しましょう．

　この公式は次のように簡単に証明できます．図のような平行四辺形（$\vec{a}$ と $\vec{b}$ の張る平行四辺形といいます）の面積を S とすると

$$\tan\theta = \frac{\sin\theta}{\cos\theta} = \frac{|\vec{a}||\vec{b}|\sin\theta}{|\vec{a}||\vec{b}|\cos\theta}$$

$$= \frac{S}{\vec{a}\cdot\vec{b}} = \frac{|a_1b_2 - a_2b_1|}{a_1b_1 + a_2b_2}$$

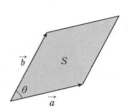

　証明から分かるとおり，$\tan\theta$ は $\dfrac{（面積）}{（内積）}$ です．語呂がいいですね．

　tan の公式はそんなに有名ではないですから，答案で使用するときに困るかもしれません．残念ながら「神の公式より」と書いても採点者には伝わらないでしょう😊　かと言って，証明してから使うのは賢明ではありません．無駄に時間がかかります．証明するのではなく，**さりげなく導く**のがよいでしょう．詳しくは次の 例題 7-1．（☞ P.260）で解説します．

　さて，上の cos の公式 ① と tan の公式 ② を比べてみましょう．tan の公式 ② の分子にある絶対値は大した問題ではありません．通常は絶対値の中の符号が決まり，絶対値が外せるからです．むしろ，cos の公式 ① の分母にあるルートの方が問題です．特にルートの中に変数が入ると，とりうる値を調べるのが大変です．tan で考えるよりも計算が大幅に増えますから，実戦的ではありません．**たとえ cos のとりうる値の範囲を求める問題でも tan で考えましょう**．tan のとりうる値の範囲を調べ，最後に cos の式に直せばよいのです．その際には

$$1 + \tan^2\theta = \frac{1}{\cos^2\theta}$$

の公式を用います．

―― 〈座標のまとめ 1〉 ――

Check ▷▷▷▷　座標平面での角は，ベクトルで tan を考える

第7章　座標

―――〈座標平面での角の最大〉―――

例題 7−1. x を正の実数とする．座標平面上の3点 A$(0, 1)$，B$(0, 2)$，P(x, x) をとり，△APB を考える．x の値が変化するとき，∠APB の最大値を求めよ． （京都大）

考え方 単に角を求める問題ではなく，角が変化する問題です．∠APB を $\vec{PA}$ と $\vec{PB}$ のなす角とみなして，その tan を x で表します．神の公式が有効です．

▶解答◀ $\vec{a} = \vec{PA}$, $\vec{b} = \vec{PB}$ とおくと

$$\vec{a} = \begin{pmatrix} -x \\ 1-x \end{pmatrix}$$

$$\vec{b} = \begin{pmatrix} -x \\ 2-x \end{pmatrix}$$

である．また，$\theta = \angle APB$ とおき，$\vec{a}$ と $\vec{b}$ の張る平行四辺形の面積を S とする．

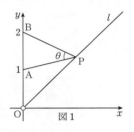

図1

$\theta \neq \dfrac{\pi}{2}$ のとき

$$\tan \angle APB = \tan \theta = \frac{\sin \theta}{\cos \theta}$$

$$= \frac{|\vec{a}||\vec{b}| \sin \theta}{|\vec{a}||\vec{b}| \cos \theta} = \frac{S}{\vec{a} \cdot \vec{b}}$$

$$= \frac{|(-x)(2-x) - (1-x)(-x)|}{(-x)(-x) + (1-x)(2-x)} \quad (\triangleright\triangleright\triangleright \mathbf{1})$$

$$= \frac{|-x|}{2x^2 - 3x + 2} = \frac{x}{2x^2 - 3x + 2}$$

$$= \frac{1}{2x + \dfrac{2}{x} - 3}$$

$x > 0$ より，相加相乗平均の不等式を用いて

$$2x + \frac{2}{x} - 3 \geq 2\sqrt{2x \cdot \frac{2}{x}} - 3 = 1$$

$$0 < \tan \angle APB \leq 1 \quad \therefore \quad 0 < \angle APB \leq \frac{\pi}{4}$$

等号成立は $2x = \dfrac{2}{x}$，すなわち $x = 1$ のときである．

◀ 2つのベクトルを置き換えておくと，後の式変形が楽になります．

◀ 分数関数（数III）ですが，変数 x を分母に集めることで，相加相乗平均の不等式（☞ P.193）が使える形になります．

◀ $\tan \angle APB > 0$ に注意しましょう．

◀ 最大値を求めるため等号成立の確認が必要です．

第1節　座標平面での角

一方
$$\vec{a}\cdot\vec{b} = 2x^2 - 3x + 2 = 2\left(x - \frac{3}{4}\right)^2 + \frac{7}{8} > 0$$
より，$\theta \neq \dfrac{\pi}{2}$ である．

よって，$\angle APB$ の最大値は $\dfrac{\pi}{4}$ である．

◀ 角は連続的に変化しますし，また図形的には自明でしょうが，念のため式で確認しています．

♦別解♦ P が半直線
$$l : y = x \quad (x > 0)$$
上を動くことに注意する．図2のように，2点 A, B を通り l と接する円を考え，l との接点を P_0 とおく．(▷▷▷▷ **2**)

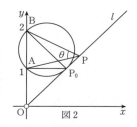
図2

$P \neq P_0$ のとき，P は円の外部にあり，また，P と P_0 は直線 AB に関して同じ側にあるから
$$\angle APB < \angle AP_0 B$$
である．よって，$P = P_0$ のとき θ は最大である．このとき，方べきの定理より

◀ 円周角の定理を用いますから，「PとP₀が直線ABに関して同じ側」でないと大小は言えません．

◀ ここで方べきの定理を使うのが美しいです．

$$OA \cdot OB = OP^2$$
$$1 \cdot 2 = (\sqrt{2}x)^2 \quad \therefore \quad x = 1$$

$P(1, 1)$ であり，$\triangle APB$ は $\angle BAP = \dfrac{\pi}{2}$ の直角二等辺三角形であるから，$\angle APB$ の最大値は $\dfrac{\pi}{4}$ である．

◀ Pの座標から，A, B, Pの位置関係が分かります．

□ **Point** The coordinate NEO ROAD TO SOLUTION **7-1** **Check!** □

1 さりげなく $\tan \angle APB$ の式を導いています．2つのベクトルの張る平行四辺形の面積を文字でおくなど，神の公式の証明と同じ流れで書き始め，最後はこの問題で用いる2つのベクトルの成分を代入します．神の公式をいちいち証明してから用いるより，**なす角を調べたい2つのベクトルの成分を使って tan の式を導く**方が効率がよいです．

第7章 座標

2 **♦別解♦** では角の最大を図形的にとらえています．やや技巧的ですが有名な解法です．円周角の定理を使うことを想定し，**補助円**を描きます．接点については，方程式を用いる代わりに**方べきの定理**を用いて調べます．

3 直線と x 軸の正方向とのなす角（0 以上 π 以下）を考えても解けます．

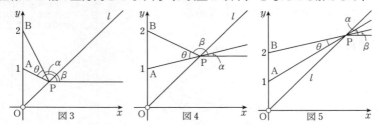

直線 PA, PB と x 軸の正方向とのなす角をそれぞれ α, β とすると
$$\tan\alpha = \frac{x-1}{x},\ \tan\beta = \frac{x-2}{x}$$
です．しかし，θ と α, β の関係は図によります．直線 PA, PB の傾きが 0 以上か負かで分かれます．$0 < x < 1$（図 3），$2 \leqq x$（図 5）のときは
$$\theta = \alpha - \beta$$
であり，$1 \leqq x < 2$（図 4）のときは
$$\theta = \pi - (\beta - \alpha) = \pi + (\alpha - \beta)$$
です．図によって θ が π ずれるのです．ただし，いずれも tan をとれば
$$\tan\theta = \tan(\alpha - \beta)$$
となりますから，まとめて扱えます．あとは加法定理を用いて
$$\tan\theta = \frac{\tan\alpha - \tan\beta}{1 + \tan\alpha\tan\beta} = \frac{\dfrac{x-1}{x} - \dfrac{x-2}{x}}{1 + \dfrac{x-1}{x}\cdot\dfrac{x-2}{x}} = \frac{x}{2x^2 - 3x + 2}$$
となり，▶解答◀ と同じ式が得られます．

なお，場合分けを回避するには，x 軸の正方向から測った**回転角**を考える方法もあります．図 6 のように，x 軸の正方向から $\overrightarrow{PA}$, $\overrightarrow{PB}$ への回転角をそれぞれ α, β $\left(\dfrac{\pi}{2} < \beta < \alpha < \dfrac{5}{4}\pi\right)$ とすると
$$\theta = \alpha - \beta$$
となります．しかし，**回転角の範囲をどうとるかは問題によって変わります**から，神の公式を使う方がシンプルでしょう．

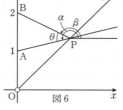

第2節 軌跡

第2節　軌跡

座標　　　　　　　　　　　　　　　　　　　　　　　　　　　The coordinate

今回は多くの受験生が苦手意識を持っている「軌跡」を扱います.

軌跡の解法は, 点の動きを直接とらえる方法もありますが, それが難しいなら

Ⅰ　軌跡を求めたい点を (x, y) とおき, 他に動点があれば別の文字を使っておく

Ⅱ　与えられた条件を用いて, x, y の関係式（軌跡の方程式）を導く

Ⅲ　図形の名称を付け, 軌跡の限界（曲線のどの部分を動くか, 一部なのか全体なのか）に注意して答える

の手順を踏みます.

Ⅰは, 主役用に x, y を用いると分かりやすいということです. 問題に方程式が含まれる場合は, その x, y と区別するために X, Y を用いることもあります.

Ⅱがメインです. x, y 以外に変数があればそれを消去することになりますが, その際によく用いられる手法は, **「逆に解いて代入」**です. 論理の章（☞ P.45）でも扱いましたが, 「解く」ことによって, その変数の与え方が決まりますから, それを代入することで, その変数の存在条件が得られます. 一方, 巧みな変形で消去すると必要条件になることがあります. 言い換えると, 軌跡の限界がある場合にそれを見逃す可能性があります.

Ⅲで挙げたように, 答える際には軌跡の限界に注意する必要があります. これが軌跡が難しいと思われる要因の 1 つかもしれませんが, 軌跡の限界がある場合は, Ⅱで**正しい同値変形をしていれば自然と出てくる**はずです. 意図的に軌跡の限界を調べるのではありません. 正しい同値変形をすることを意識しましょう.

簡単な例を挙げます.

> **問題 29.** t がすべての実数を動くとき, 点 $\mathrm{P}(t^2, t^4)$ の軌跡を求めよ.

$x = t^2$, $y = t^4$ とおいて, x, y の関係式を求めるのですが,「$t^4 = (t^2)^2$ より, $y = x^2$」とするだけではいけません. これは必要条件です. P は放物線 $y = x^2$ 全体を動けないからです. 例えば, $x = -1$, $y = 1$ とすると, 対応する実数 t が存在しませんから, $(-1, 1)$ は不適です. 対応する変数が存在するかどうかで,

第7章　座標　263

その点が適するかどうかが決まります．関数の章（☞ P.232）で紹介した，いわゆる**「相方の存在条件」**です．

　この問題では，x, y の相方は t です．もちろん，単純に「$t^2 \geqq 0$ より，$x \geqq 0$」とすれば一応軌跡の限界は求まりますが，では，「$t^4 \geqq 0$ より，$y \geqq 0$」はいらないのでしょうか？ 結果的に不要ですが，この 2 つの間の線引きは何でしょうか？ 何かもやもや感が残りませんか？ 受験生にありがちなことですが，なんとなく式変形をして結果を出せばよいというのは危険です．**確固たる意図を持って式変形する**ことです．そこで，「逆に解いて代入」します．

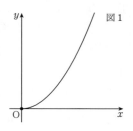

図 1

　$x = t^2$ より，$t = \pm\sqrt{x}$ です．ただし，t は実数ですから，$x \geqq 0$ です．$x \geqq 0$ は t について解くことで自然と現れる条件です．このとき，実数 t の与え方が決まります．そこで，t を消去して x, y の関係式を導きます．$t = \pm\sqrt{x}$ を $y = t^4$ に代入すれば $y = x^2$ となります．よって，求める P の軌跡は，放物線 $y = x^2$ の $x \geqq 0$ の部分であり，図 1 の曲線です．

　なお，私の手元にある教科書には，軌跡（例えば円とします）を求めた後，謎のおまじない「逆に，この円上のすべての点 P(x, y) は，条件を満たす．」が書かれています．同値変形で解答を進めているのにもかかわらず，なぜか十分性の確認が行われているのです．強調しておきますが，**同値変形であれば十分性の確認は不要**です．よく分からないものを「教科書に載っているから」という理由だけで盲目的に真似をするのは賢明ではありません．厄介なのは，大人にもそのような人がいることです．「負の遺産」を受け継ぐことがないようにしたいものです．

　今回は，論理の章（☞ P.43）で紹介した「代入した式を残す」同値変形で

$$x = t^2 \text{ かつ } y = t^4 \iff t = \pm\sqrt{x} \text{ かつ } x \geqq 0 \text{ かつ } y = t^4$$
$$\iff t = \pm\sqrt{x} \text{ かつ } x \geqq 0 \text{ かつ } y = x^2$$

ですから，点 (x, y) が放物線 $y = x^2$ の $x \geqq 0$ の部分の点であれば，$t = \pm\sqrt{x}$ と t を定めることで，$x = t^2$ かつ $y = t^4$ を満たすことは自明です．わざわざ確認することではありません．

　もう 1 題，軌跡の定番の問題です．有名問題ですが，予備校の授業で出してみると，意外に完答できる生徒が少ないです．一度は解いておいた方がよいです．

第2節　軌跡

問題 **30.** m がすべての実数を動くとき，点 $\mathrm{P}\left(\dfrac{1-m^2}{1+m^2},\ \dfrac{2m}{1+m^2}\right)$ の軌跡
を求めよ．

（有名問題）

$\mathrm{P}(x,\ y)$ とおくと

$$x = \frac{1-m^2}{1+m^2} \ \cdots\cdots\cdots\cdots\cdots\cdots\cdots\cdots\cdots\cdots\cdots\cdots① $$

$$y = \frac{2m}{1+m^2} \ \cdots\cdots\cdots\cdots\cdots\cdots\cdots\cdots\cdots\cdots\cdots\cdots② $$

です．（ある意味）勘がいい人は，なんとなく式の形を見て2乗の和をとり

$$x^2 + y^2 = \left(\frac{1-m^2}{1+m^2}\right)^2 + \left(\frac{2m}{1+m^2}\right)^2 = \frac{(1+m^2)^2}{(1+m^2)^2} = 1$$

となることから，P の軌跡は円 $x^2 + y^2 = 1$ とします．

　ただし，これはまずいです．理由は先程と同じです．巧みな変形で文字を消去
していますから，円 $x^2 + y^2 = 1$ 上の任意の点 $(x,\ y)$ に対して実数 m が存在す
る保証はなく，一般には必要条件です．

　やはり「解いて代入」でいきましょう．m について解きます．①，②のうち
どちらを m について解いても結果がきれいになりませんから，少し工夫します．
　①の右辺はいわゆる"仮分数"ですから"帯分数"に直し，定数を移項します．

$$x = -1 + \frac{2}{1+m^2} \quad \therefore \quad x+1 = \frac{2}{1+m^2} \ \cdots\cdots\cdots\cdots③ $$

③の右辺は0ではありませんから，$x+1 \neq 0$ であり，このとき②÷③より

$$\frac{y}{x+1} = m \quad \therefore \quad m = \frac{y}{x+1} \ \cdots\cdots\cdots\cdots\cdots\cdots④ $$

これで m について解けました．④を③に代入し

$$x+1 = \frac{2}{1 + \left(\dfrac{y}{x+1}\right)^2}$$

右辺の分母を払うと

$$(x+1)\left\{1 + \left(\frac{y}{x+1}\right)^2\right\} = 2$$

となりますが，ここで焦って $(x+1)^2$ をかけるのではなく，$x+1$ をかたまりと
思って展開します．$x+1$ が1つ約分できます．

$$(x+1) + \frac{y^2}{x+1} = 2$$

第7章　座標　265

$$x - 1 + \frac{y^2}{x+1} = 0$$

両辺に $x+1$ をかけて

$$x^2 - 1 + y^2 = 0 \quad \therefore \quad x^2 + y^2 = 1$$

ただし $x+1 \neq 0$ ですから，$(x, y) \neq (-1, 0)$ です．

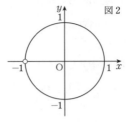

図2

以上より，求める P の軌跡は，円 $x^2 + y^2 = 1$ から点 $(-1, 0)$ を除いたものになります．

同値性の確認です．$x + 1 \neq 0$ のもとで

① かつ ② $\iff$ ③ かつ ② $\iff$ ② ÷ ③ かつ ③ $\iff$ ④ かつ ③
$\iff x^2 + y^2 = 1$ かつ ④

となります．なお，辺ごとに割る場合は，**割る式を残せば同値**になります．よって，$x + 1 \neq 0$ かつ $x^2 + y^2 = 1$ を満たす (x, y) に対し，④ で m が求まります．

有名な別解です．分母の $1 + m^2$ の形に着目し，$m = \tan\theta$ とおきます．

$$1 + \tan^2\theta = \frac{1}{\cos^2\theta} \quad \cdots\cdots\cdots\cdots⑤$$

が使えるからです．また，m はすべての実数を動きますから，$-\frac{\pi}{2} < \theta < \frac{\pi}{2}$ とします．x, y を θ のみで表すと，点 P の動きが直接とらえられます．⑤ と倍角の公式（☞ P.242）を用います．

$$x = \frac{1 - \tan^2\theta}{1 + \tan^2\theta} = (1 - \tan^2\theta)\cos^2\theta = \cos^2\theta - \sin^2\theta = \cos 2\theta$$

$$y = \frac{2\tan\theta}{1 + \tan^2\theta} = 2\tan\theta\cos^2\theta = 2\sin\theta\cos\theta = \sin 2\theta$$

よって，点 $\mathrm{P}(x, y)$ は単位円上の点です．$-\pi < 2\theta < \pi$ ですから，この範囲で 2θ を動かすと，P の軌跡は図2のようになります．

　この置き換えは数Ⅲの置換積分では定番の置き換えですが，文系の受験生にはなじみがないようです．置き換えの誘導があっても三角関数の変形でつまずく人が多いです．実際，2019年の名大・文系でこの変形を使う問題が出題されましたが，再現答案を分析したところ，壊滅的な出来でした．慣れておきましょう．

〈座標のまとめ2〉

Check ▷▷▷▷ 軌跡の問題では「逆に解いて代入」する

第2節　軌跡

――〈反転〉――

例題 **7−2.** xy 平面において，原点 $O(0, 0)$ とは異なる点 P に対し，Q を半直線 OP 上にあって，$OP \times OQ = 1$ を満たす点とする．また，$a > 0$ に対し，中心 $(a, 0)$，半径 b の円を C とする．

（1）　C が原点を通るとする．P が C 上の原点とは異なる点全体を動くとき，点 Q の軌跡を求めよ．

（2）　C が原点を通らないとする．P が C 上の点全体を動くとき，点 Q の軌跡を求めよ．

(愛知教育大)

考え方　いわゆる「反転」の問題です．反転については □Point... □ を参照してください．O, P, Q が一直線上に並ぶことに着目し，ベクトルを利用します．「逆に解いて代入」ですから，$\overrightarrow{OP}$ を $\overrightarrow{OQ}$ で表すことを考えます．

▶解答◀　（1）$P(p, q)$，$Q(X, Y)$ とおく．

$OP \cdot OQ = 1$ より　（▷▷▷▷ **1**）

$$OP = \frac{1}{OQ}$$

である．また，P は半直線 OQ 上にあるから $\overrightarrow{OP}$ は $\overrightarrow{OQ}$ と同じ向きで大きさが $\frac{1}{OQ}$ のベクトルであり

$$\overrightarrow{OP} = \frac{1}{OQ} \cdot \frac{\overrightarrow{OQ}}{|\overrightarrow{OQ}|} = \frac{1}{OQ^2}\overrightarrow{OQ} \quad (▷▷▷▷ \mathbf{2})$$

$$\begin{pmatrix} p \\ q \end{pmatrix} = \frac{1}{X^2 + Y^2}\begin{pmatrix} X \\ Y \end{pmatrix} \quad \cdots\cdots\cdots①$$

ただし，$X^2 + Y^2 \neq 0$ より

$$(X, Y) \neq (0, 0) \quad \cdots\cdots\cdots②$$

一方，C の方程式は

$$(x - a)^2 + y^2 = b^2$$

$$x^2 + y^2 - 2ax + a^2 - b^2 = 0$$

である．C が原点を通るから

$$a^2 - b^2 = 0 \qquad \therefore \quad a = b$$

◀ 主役の Q の座標を X, Y でおきます．

◀ 反転の問題では，分母に $X^2 + Y^2$ の形が現れます．$(X, Y) \neq (0, 0)$ に注意しましょう．

◀ 先に展開しておくと，後の代入計算が楽になります．$x^2 + y^2$ のかたまりを作っておきます．

――

問題編

論理

整数

論証

方程式

不等式

関数

座標

ベクトル

空間図形

図形総合

数列

数学的帰納法

場合の数

確率

微積分

出典・テーマ

第7章　座標（例題7−2）　267

第7章　座標

ただし，$a > 0$, $b > 0$ を用いた．このとき
$$C : x^2 + y^2 - 2ax = 0$$
であり，P が C 上の原点とは異なる点全体を動くとき
$$p^2 + q^2 - 2ap = 0 \text{ かつ } (p, q) \neq (0, 0)$$
① を代入して
$$\frac{X^2 + Y^2}{(X^2 + Y^2)^2} - \frac{2aX}{X^2 + Y^2} = 0 \quad \cdots\cdots\cdots\cdots ③$$

（▷▷▷ **3**）

$$\text{かつ } \left(\frac{X}{X^2 + Y^2}, \frac{Y}{X^2 + Y^2} \right) \neq (0, 0) \quad \cdots\cdots ④$$
② より ④ は成り立つ．③ より
$$\frac{1}{X^2 + Y^2} - \frac{2aX}{X^2 + Y^2} = 0$$
両辺に $X^2 + Y^2$ をかけて
$$1 - 2aX = 0 \qquad \therefore \quad X = \frac{1}{2a}$$
これは ② を満たす．

◀ 必要条件②の確認です．

　よって，Q の軌跡は，**直線 $x = \dfrac{1}{2a}$** である．

（**2**）　C が原点を通らないから，$a \neq b$ である．P が C 上の点全体を動くとき
$$p^2 + q^2 - 2ap + a^2 - b^2 = 0$$
（**1**）と同様に，① を代入して
$$\frac{1}{X^2 + Y^2} - \frac{2aX}{X^2 + Y^2} + a^2 - b^2 = 0$$
両辺に $\dfrac{X^2 + Y^2}{a^2 - b^2}$ をかけると

◀ 円の方程式の標準形に近づけます．

$$\frac{1}{a^2 - b^2} - \frac{2aX}{a^2 - b^2} + (X^2 + Y^2) = 0$$
これは $(X, Y) \neq (0, 0)$ を満たす．（▷▷▷ **4**）
$$\left(X - \frac{a}{a^2 - b^2} \right)^2 + Y^2 = \frac{b^2}{(a^2 - b^2)^2}$$
より，Q の軌跡は
$$\mathbf{円} \left(x - \frac{a}{a^2 - b^2} \right)^2 + y^2 = \frac{b^2}{(a^2 - b^2)^2}$$

268　第7章　座標（例題7−2）

Point 7-2 Check!

1 OP・OQ = 1 は「反転」を表す式です．反転の定義は以下のとおりですが，答案に書くことはないでしょうから，無理に覚える必要はありません．

> 参考　（反転）
> 点 O を中心とし半径 r の円をとる．点 P に対して半直線 OP 上に OP・OQ = r^2 となる点 Q をとり，P を Q に対応させる変換を，この円に関する**反転**という．

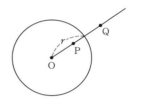

一般に，P が円または直線上を動くとき，Q は円または直線上を動きます．反転の問題は作りやすいということもあり，非常に多くの大学で出題されています．数Ⅲの複素平面の問題としても出題されます．その場合，点 z を点 w に対応させる反転は，$w = \dfrac{r^2}{z}$ という式で表されます．

2 反転の問題では 3 点が一直線上に並びますから，**ベクトルを用いる**のが明快です．大きさと向きに着目しましょう．$\overrightarrow{OP}$ は $\overrightarrow{OQ}$ と同じ向きで大きさが $\dfrac{1}{OQ}$ のベクトルですから

$$\overrightarrow{OP} = \dfrac{1}{OQ}\overrightarrow{OQ}$$

とする人がいます．惜しい式で気持ちは分かりますが，これは一般には正しくありません．なぜなら，$\overrightarrow{OQ}$ にも大きさがあるからです．もし，$\overrightarrow{OQ}$ の大きさが 2 であれば，$\overrightarrow{OP} = \dfrac{1}{OQ}\overrightarrow{OQ}$ の大きさは $\dfrac{1}{OQ}$ ではなく，$\dfrac{2}{OQ}$ になってしまいます．そこで，$\overrightarrow{OQ}$ と同じ向きの単位ベクトル $\dfrac{\overrightarrow{OQ}}{|\overrightarrow{OQ}|}$ を利用し

$$\overrightarrow{OP} = \dfrac{1}{OQ} \cdot \dfrac{\overrightarrow{OQ}}{|\overrightarrow{OQ}|}$$

とします．いったん大きさを 1 にしてから目的の大きさ倍するイメージです．単位ベクトルは，ベクトルの章（☞ P.305）で詳しく扱います．

第 7 章　座標

　　OP と OQ の長さの比に着目すると，$\overrightarrow{\mathrm{OP}}$ は $\overrightarrow{\mathrm{OQ}}$ を $\dfrac{\mathrm{OP}}{\mathrm{OQ}}$ 倍したものですから

$$\overrightarrow{\mathrm{OP}} = \frac{\mathrm{OP}}{\mathrm{OQ}}\overrightarrow{\mathrm{OQ}} = \frac{1}{\mathrm{OQ}^2}\overrightarrow{\mathrm{OQ}}$$

としてもよいです．

❸ $p^2 + q^2$ をまとめて計算します．③ の代わりに

$$\frac{X^2}{(X^2+Y^2)^2} + \frac{Y^2}{(X^2+Y^2)^2} - \frac{2aX}{X^2+Y^2} = 0$$

として，両辺に $(X^2+Y^2)^2$ をかけてしまうと，結果的に余計な変形が必要になります．$\dfrac{X^2+Y^2}{(X^2+Y^2)^2}$ とまとめることで，$\dfrac{1}{X^2+Y^2}$ と約分できます．この後，両辺に X^2+Y^2 をかければ，効率よく変形できます．

　　なお，$\mathrm{OP} \cdot \mathrm{OQ} = 1$ より，$\mathrm{OP}^2 = \dfrac{1}{\mathrm{OQ}^2}$ ですから

$$p^2 + q^2 = \frac{1}{X^2 + Y^2}$$

となるのは当然です．

❹ 忘れずに確認しましょう．最後の式で確認する必要はなく，途中の**確認しやすい式を用いる**とよいです．なお，問題によっては満たさない場合もあり，そのときは原点が除外点になります．

⑤ （1）では，原点を通る円は原点を通らない直線に移り，（2）では，原点を通らない円は原点を通らない円に移ることを示しています．

　　一方，原点を通る直線 $x = 0$ は

$$\frac{X}{X^2+Y^2} = 0 \qquad \therefore \quad X = 0 \quad (Y \neq 0)$$

より，原点を通る直線 $x = 0$ に移ります．これは定義からも明らかです．

　　原点を通らない直線 $x = a\,(a \neq 0)$ は

$$\frac{X}{X^2+Y^2} = a$$

$$\frac{X}{a} = X^2 + Y^2 \qquad \therefore \quad \left(X - \frac{1}{2a}\right)^2 + Y^2 = \frac{1}{4a^2} \quad (X^2 + Y^2 \neq 0)$$

より，原点を通る円 $\left(x - \dfrac{1}{2a}\right)^2 + y^2 = \dfrac{1}{4a^2}$ に移ります．**2 回反転すると元に戻る**ことと，これが（1）の逆であることから当然とも言えるでしょう．

270　第 7 章　座標（例題 7 - 2）

第 2 節　軌跡

〈単位円上の点と連動して動く点の軌跡〉

[例題] **7−3.** 原点を O とする座標平面上の点 Q は円 $x^2 + y^2 = 1$ 上の $x \geqq 0$ かつ $y \geqq 0$ の部分を動く．点 Q と点 A$(2, 2)$ に対して

$$\overrightarrow{\mathrm{OP}} = (\overrightarrow{\mathrm{OA}} \cdot \overrightarrow{\mathrm{OQ}})\overrightarrow{\mathrm{OQ}}$$

を満たす点 P の軌跡を求め，図示せよ．　　　　　　　　　（一橋大）

考え方　Q が単位円上を動きますから，角度を設定するとよいでしょう．Q の座標を $(\cos\theta, \sin\theta)$ とおきます．また P(x, y) とおいて，x，y の関係式を導きましょう．直接，点 (x, y) の動きをとらえるか，「逆に解いて代入」の手法を使うか，の 2 つの方法があります．

▶解答◀　Q は単位円の $x \geqq 0$ かつ $y \geqq 0$ の部分を動くから，Q$(\cos\theta, \sin\theta)$ $\left(0 \leqq \theta \leqq \dfrac{\pi}{2}\right)$ とおける．

（▷▷▷▷ **1**）このとき

$$\overrightarrow{\mathrm{OA}} \cdot \overrightarrow{\mathrm{OQ}} = \begin{pmatrix} 2 \\ 2 \end{pmatrix} \cdot \begin{pmatrix} \cos\theta \\ \sin\theta \end{pmatrix} = 2\cos\theta + 2\sin\theta$$

であるから

$$\overrightarrow{\mathrm{OP}} = (\overrightarrow{\mathrm{OA}} \cdot \overrightarrow{\mathrm{OQ}})\overrightarrow{\mathrm{OQ}}$$

$$= (2\cos\theta + 2\sin\theta)\begin{pmatrix} \cos\theta \\ \sin\theta \end{pmatrix}$$

◀ 複雑な式に見えるかもしれませんが，$\overrightarrow{\mathrm{OA}} \cdot \overrightarrow{\mathrm{OQ}}$ は係数に過ぎません．

P(x, y) とおくと

$$x = (2\cos\theta + 2\sin\theta)\cos\theta$$

$$= 2\cos^2\theta + 2\sin\theta\cos\theta$$

$$= 1 + \cos 2\theta + \sin 2\theta$$

$$= \sqrt{2}\left(\frac{1}{\sqrt{2}}\cos 2\theta + \frac{1}{\sqrt{2}}\sin 2\theta\right) + 1$$

$$= \sqrt{2}\cos\left(2\theta - \frac{\pi}{4}\right) + 1 \quad \text{（▷▷▷▷ 2）}$$

◀ ⬜Point... ⬜ 4−4.の **1** （☞ P.169) で扱いましたが，$\sin\theta$，$\cos\theta$ の 2 次の同次式は，倍角の公式（☞ P.242）で 2θ のみの式にします．

$$y = (2\cos\theta + 2\sin\theta)\sin\theta$$

$$= 2\sin\theta\cos\theta + 2\sin^2\theta$$

第 7 章　座標（例題 7−3）　271

$$= \sin 2\theta + 1 - \cos 2\theta$$
$$= \sqrt{2}\left(\frac{1}{\sqrt{2}}\sin 2\theta - \frac{1}{\sqrt{2}}\cos 2\theta\right) + 1$$
$$= \sqrt{2}\sin\left(2\theta - \frac{\pi}{4}\right) + 1$$

$0 \leqq \theta \leqq \dfrac{\pi}{2}$ より

$$-\frac{\pi}{4} \leqq 2\theta - \frac{\pi}{4} \leqq \frac{3}{4}\pi$$

であるから，求める P の軌跡は**点 $(1, 1)$ を中心とし半径 $\sqrt{2}$ の円の $y \geqq 2 - x$ にある部分**であり，図 1 の太線部分である．ただし，円弧の両端を含む．

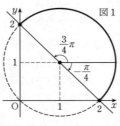
図 1

◂ $y \geqq 2 - x$ にあることは先に図示することで分かります．

♦別解♦ x, y を θ で表した

$$x = \cos 2\theta + \sin 2\theta + 1 \quad \cdots\cdots\cdots ①$$
$$y = \sin 2\theta - \cos 2\theta + 1 \quad \cdots\cdots\cdots ②$$

を $\cos 2\theta, \sin 2\theta$ について解く．① $-$ ② より

◂ $\sin 2\theta$ を消去します．

$$x - y = 2\cos 2\theta$$
$$\cos 2\theta = \frac{x - y}{2} \quad \cdots\cdots\cdots ③$$

① $+$ ② より

◂ $\cos 2\theta$ を消去します．

$$x + y = 2\sin 2\theta + 2$$
$$\sin 2\theta = \frac{x + y}{2} - 1 \quad \cdots\cdots\cdots ④$$

ここで，$0 \leqq 2\theta \leqq \pi$ であるから，点 $(\cos 2\theta, \sin 2\theta)$ は単位円の上半分を描き

$$\cos^2 2\theta + \sin^2 2\theta = 1, \ \sin 2\theta \geqq 0$$

が成り立つ．（▷▷▷ 🖪）③，④ を代入し

$$\left(\frac{x-y}{2}\right)^2 + \left(\frac{x+y}{2} - 1\right)^2 = 1 \quad \cdots\cdots\cdots ⑤$$

$$\frac{x+y}{2} - 1 \geqq 0 \quad \cdots\cdots\cdots ⑥$$

⑤ より

$$\left(\frac{x-y}{2}\right)^2 + \left(\frac{x+y}{2}\right)^2 - (x+y) = 0$$

両辺を 2 倍して

$$x^2 + y^2 - 2(x+y) = 0$$

$$(x-1)^2 + (y-1)^2 = 2$$

◀ $\dfrac{x+y}{2}$ をかたまりとみて展開するとよいです.

◀ xy の項は相殺して消えます.

⑥ より

$$x + y \geqq 2 \qquad \therefore \quad y \geqq 2 - x$$

以下同様である.

♦別解♦ $|\overrightarrow{OQ}| = 1$ に注意すると

$$\overrightarrow{OQ} \cdot \overrightarrow{AP} = \overrightarrow{OQ} \cdot (\overrightarrow{OP} - \overrightarrow{OA}) \quad (\triangleright\triangleright\triangleright\triangleright \boxed{4})$$

$$= \overrightarrow{OQ} \cdot \{(\overrightarrow{OA} \cdot \overrightarrow{OQ})\overrightarrow{OQ} - \overrightarrow{OA}\}$$

$$= (\overrightarrow{OA} \cdot \overrightarrow{OQ})|\overrightarrow{OQ}|^2 - \overrightarrow{OA} \cdot \overrightarrow{OQ}$$

$$= \overrightarrow{OA} \cdot \overrightarrow{OQ} - \overrightarrow{OA} \cdot \overrightarrow{OQ} = 0$$

より, $OQ \perp AP$ であり, また, P は OQ 上にあるから

$$OP \perp AP$$

である. よって, P は O, A を直径の両端とする円周上を動く. $(\triangleright\triangleright\triangleright\triangleright \boxed{5})$

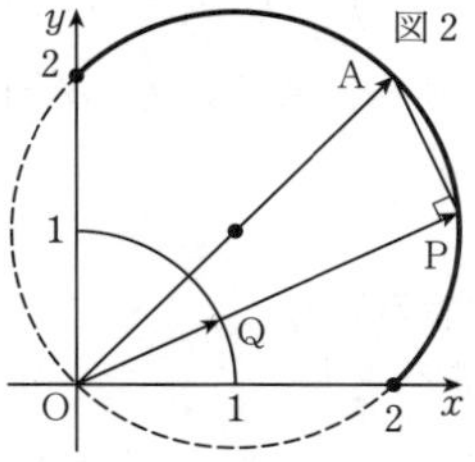

一方, $\angle AOQ < \dfrac{\pi}{2}$ より

$$\overrightarrow{OA} \cdot \overrightarrow{OQ} > 0$$

図2

であるから, $\overrightarrow{OP} = (\overrightarrow{OA} \cdot \overrightarrow{OQ})\overrightarrow{OQ}$ は $\overrightarrow{OQ}$ と同じ向きである. Q は $x \geqq 0$, $y \geqq 0$ にあるから, P も同じ $x \geqq 0$, $y \geqq 0$ にある. ただし原点を除く.

◀ P は半直線 OQ 上にあるということです. P が Q と連動して動くことをイメージしましょう.

ゆえに, 求める P の軌跡は, **O, A を直径の両端とする円の $x \geqq 0$, $y \geqq 0$ にある部分 (原点を除く)** で, 図 2 の太線部分である. ただし, 円弧の両端を含む.

問題編

論理

整数

論証

方程式

不等式

関数

座標

ベクトル

空間図形

図形総合

数列

数学的帰納法

場合の数

確率

微積分

出典・テーマ

第 7 章　座標

Point 7-3 Check!
The coordinate
NEO ROAD TO SOLUTION

1 三角関数の定義（☞ P.239）から，単位円上の点 Q の座標は，x 軸の正方向から測った回転角 θ を用いて，$(\cos\theta, \sin\theta)$ とおけます．ただし，$x \geqq 0$，$y \geqq 0$ という制限がありますから，θ にも制限が付き，$0 \leqq \theta \leqq \dfrac{\pi}{2}$ です．

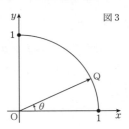
図 3

2 点 (x, y) の動きを直接とらえます．
$$x = \cos 2\theta + \sin 2\theta + 1,\ y = \sin 2\theta - \cos 2\theta + 1$$
の形から，x，y のどちらも三角関数の合成を用いて変形できます．軌跡を求めたいのですから，**合成角が同じになる**ようにして，x は cos で，y は sin で合成することです．例えば，どちらも sin で合成し
$$x = \sqrt{2}\sin\left(2\theta + \dfrac{\pi}{4}\right) + 1,\ y = \sqrt{2}\sin\left(2\theta - \dfrac{\pi}{4}\right) + 1$$
としても軌跡を求める上では意味がありません．この形では点 (x, y) の動きがとらえられないからです．一方，▶解答◀ のように
$$x = \sqrt{2}\cos\left(2\theta - \dfrac{\pi}{4}\right) + 1,\ y = \sqrt{2}\sin\left(2\theta - \dfrac{\pi}{4}\right) + 1$$
とすれば，角が共通ですから，点 (x, y) が円周上を動くことが分かります．次の知識が背景にあります．

参考　（円の媒介変数表示）
　　a，b，$r\ (r > 0)$ は定数とし
$$x = r\cos\theta + a,\ y = r\sin\theta + b$$
とする．θ が変化するとき，点 (x, y) は，点 (a, b) を中心とし半径 r の円周上を動く．

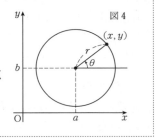
図 4

点 (x, y) は，点 $(\cos\theta, \sin\theta)$ を原点を中心に r 倍して，x 軸方向に a，y 軸方向に b だけ平行移動したものですから，この結論は明らかでしょう．円のどの部分を描くかは θ の範囲によります．

3 2θ の範囲は $0 \leqq 2\theta \leqq \pi$ であり，1回転できません．この中途半端な範囲の条件があるため，単に $\cos^2 2\theta + \sin^2 2\theta = 1$ に代入するだけでは必要条件になります．

関数の章（☞ P.239）でも扱いましたが，正しく必要十分条件を導くには，**点 $(\cos 2\theta, \sin 2\theta)$ が単位円のどの部分を描くか**を考えます．XY 平面上の単位円 $X^2 + Y^2 = 1$ の $Y \geqq 0$ の部分を描くことが分かりますから

$$\cos^2 2\theta + \sin^2 2\theta = 1 \text{ かつ } \sin 2\theta \geqq 0$$

が得られます．

4 $\overrightarrow{OQ} \cdot \overrightarrow{AP} = 0$ を示します．$OP \perp AP$ であることが分かっているからです．根拠があります．

A から直線 OQ に下ろした垂線の足を H とし，また $\overrightarrow{OA}$ と $\overrightarrow{OQ}$ のなす角を α とおきます．$|\overrightarrow{OQ}| = 1$ に注意すると

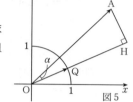

図 5

$$\overrightarrow{OP} = (|\overrightarrow{OA}||\overrightarrow{OQ}|\cos\alpha)\overrightarrow{OQ}$$
$$= (|\overrightarrow{OA}|\cos\alpha)\overrightarrow{OQ} = |\overrightarrow{OH}|\overrightarrow{OQ} = \overrightarrow{OH}$$

となりますから，P = H であり，OP ⊥ AP です．

ベクトルの章（☞ P.321）で紹介する正射影ベクトルととらえてもよいです．

$$\overrightarrow{OP} = \frac{\overrightarrow{OA} \cdot \overrightarrow{OQ}}{|\overrightarrow{OQ}|} \frac{\overrightarrow{OQ}}{|\overrightarrow{OQ}|}$$

ですから，$\overrightarrow{OP}$ は $\overrightarrow{OA}$ の $\overrightarrow{OQ}$ への正射影ベクトルであり，OP ⊥ AP です．

5 OP ⊥ AP だけでは，P が O，A を直径の両端とする円周上にあることが分かるだけです．円全体を描くのか，一部のみを描くのかは分かりません．P が Q と連動して動くことに着目し，Q の範囲から P が動く範囲を求めます．

念のため確認しておきますが，**「ある図形上にある」と「ある図形を描く」は違います**．「ある図形上にある」とは，「ある図形」の一部しか動けないことも含みます．「ある図形を描く」とは，「ある図形」全体を動くことを表します．正しく使い分けましょう．

6 これは 2019 年の一橋大・前期の問題ですが，この年の同大学の入試で最も出来がよくなかったようです．やはり難関大受験生にとっても「軌跡」は鬼門なのでしょうね．

第7章 座標

第3節　通過領域

座標　　　　　　　　　　　　　　　　　　　　　　　　　　　　The coordinate

曲線（直線も含みます）の通過領域の問題は，3つの解法が知られています．典型的な問題を例に解説していきます．

> **問題 31.** t が $0 \leq t \leq 1$ の範囲を動くとき，直線 $l : y = 2tx - t^2$ の通過領域を図示せよ．

【「ワイパーの原理」を利用する解法】

通過領域の身近な例として，車のフロントガラスについた雨粒を払う「ワイパー」の通過領域をイメージしましょう．通過領域内の点を (X, Y) として，この X, Y が満たすべき条件を考えます．当たり前ですが

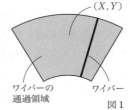

図1

　　(X, Y) がワイパーの通過領域内にある

　　　$\Longleftrightarrow$ ワイパーが (X, Y) を通るような瞬間がある

です．回数は何回でも構いません．1回でも2回でも100回でもいいです．**少なくとも1回**あるのです．私はこれを**「ワイパーの原理」**と呼んでいます．

今回の問題では，l は実数 t によって動きますから，「瞬間」を「実数 t」に読み換え，さらに t に範囲があることに注意すると

　　(X, Y) が l の通過領域内にある

　　　$\Longleftrightarrow$ l が (X, Y) を通るような実数 t が $0 \leq t \leq 1$ に存在する

　　　$\Longleftrightarrow$ $Y = 2tX - t^2$ となるような実数 t が $0 \leq t \leq 1$ に存在する

となります．よって，この式を t について整理した

　　$t^2 - 2Xt + Y = 0$ ………………………………………………①

が $0 \leq t \leq 1$ に**少なくとも1つ解をもつ**ことが条件です．方程式の章（☞ P.146）で扱った，2次方程式の解の配置の問題に帰着します．

①の判別式を D とし，$f(t) = t^2 - 2Xt + Y$ とおくと

　　（ア）　$D \geq 0$ かつ $0 \leq$ 軸 ≤ 1 かつ $f(0) \geq 0$ かつ $f(1) \geq 0$

　　（イ）　$f(0)f(1) \leq 0$

のいずれかが成り立ちます．なお，（ア）と（イ）は排反ではありません．

（ア）のとき

$Y \leqq X^2$ かつ $0 \leqq X \leqq 1$ かつ $Y \geqq 0$

かつ $Y \geqq 2X - 1$

（イ）のとき

$Y(Y - 2X + 1) \leqq 0$

X, Y を小文字に直して xy 平面上に図示すると，l の通過領域は図2の網目部分になります．ただし，$C: y = x^2$，$n: y = 2x - 1$ であり，境界を含みます．

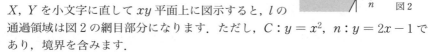

図2

この解法は最もスタンダードですが，パラメータ（今回の問題では t のことです）に範囲があるときや，その次数が高くなると面倒になります．

【x を固定する解法】

$y = 2tx - t^2$ において，t を固定し x を動かすと点 (x, y) は直線を描きます．その後，t を動かせば通過領域になります．これが自然な流れですが，発想を転換します．**最初に x を固定し t を動かす**のです．その後，x を動かします．

まず，大まかなイメージをとらえましょう．図3を見てください．最初に x を固定し t を動かすと，y はある範囲を動きますから，点 (x, y) は x 軸に垂直なある線分（場合によっては，半直線，直線）を描きます．その後，x を動かすと，線分が長さを変えながら x 軸方向に動き，ある領域を描きます．これが求める領域です．

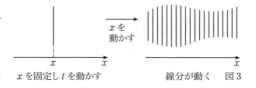

図3

しかし，実際には線分の動きをとらえるのは難しいです．今回の線分は x 軸方向に動くのが分かっていますから，両端の動きさえつかめれば，線分全体の動きも分かります．図4を見てください．**線分全体を見るのではなく，両端に着目しその動きを調べます**．両端の軌跡の間が線分の通過領域，すなわち求める領域になります．

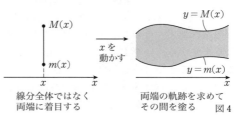

図4

線分の両端の y 座標は，x を固定して，y を t のみの関数とみたときの最大値 $M(x)$ と最小値 $m(x)$ です．これらは固定する x の値で決まる x の関数です．

線分の両端の座標は $(x, M(x))$, $(x, m(x))$ であり，その後，x を動かしたときの両端の軌跡は，2曲線 $y = M(x)$, $y = m(x)$ になります．結局，**最大値，最小値のグラフを描いて，その間を塗ればよい**のです．

なお問題によっては，上の説明での線分が半直線や直線であったり，また線分であっても端点を含まない場合があり，y を t のみの関数とみたときの最大値や最小値が存在しない場合があります．そのような場合には，最大値，最小値を求める代わりに，y のとりうる値の範囲を調べればよいです．

では，実際に問題を解いてみましょう．x を固定し，y を t のみの関数とみて
$$f(t) = 2tx - t^2$$
とおきます．先程の $f(t)$ とは違うことに注意してください．
$$f(t) = -t^2 + 2xt = -(t - x)^2 + x^2$$
関数の章（☞ P.250）で紹介した**「真・予選決勝法」**を使います．$0 \leq t \leq 1$ より
$$M(x) = \max\{f(0), f(1), f(x)\, (0 \leq x \leq 1)\}$$
$$m(x) = \min\{f(0), f(1), f(x)\, (0 \leq x \leq 1)\}$$
が成り立ちます．
$$f(0) = 0,\ f(1) = 2x - 1,\ f(x) = x^2\ (0 \leq x \leq 1)$$

ですから，グラフの上下関係によって大小を調べると，$y = M(x)$, $y = m(x)$ のグラフは図5のようになります．よって，l の通過領域は図5の網目部分です．ただし，境界を含みます．

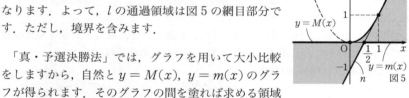

図5

「真・予選決勝法」では，グラフを用いて大小比較をしますから，自然と $y = M(x)$, $y = m(x)$ のグラフが得られます．そのグラフの間を塗れば求める領域になりますから，効率よく解答の図が描けます．グラフは大小比較と解答用に使えるということで，一石二鳥なのです．

この解法は，パラメータに範囲がある場合や，その次数が高い場合にも対応できますから，汎用性が高いです．

【包絡線を求める解法】

包絡線という言葉は，なぜか受験生の間で意外と知られていませんが，きちんとした定義を知らずに使っている人が多いです．確認しておきましょう．

> [参考] （包絡線）
> パラメータ t を含んだ xy 平面上の曲線（直線も含みます）
> $$C_t : f(x, y, t) = 0$$
> がある．C_t がある曲線 E に接して動き，しかも接点の軌跡が E になるとき，E を C_t の**包絡線**という．

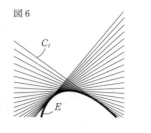

図6

パラメータによって変化する曲線は，別のある曲線に接しながら動くことがあり，その"黒幕"の曲線を包絡線というわけです．もし包絡線が求まれば，**曲線を包絡線に接しながら実際に動かす**ことで，通過領域が求まります．

今回の問題のように，**パラメータについて 2 次**であれば，包絡線を求めるのは簡単です．**パラメータで平方完成**します．まず
$$f(x) = 2tx - t^2$$
とおきます．直線 $y = f(x)$ を動かしますから，$f(t)$ ではなく，$f(x)$ とおくことに注意してください．実際の変形は t で平方完成です．
$$f(x) = -t^2 + 2tx = -(t-x)^2 + x^2$$
この後，平方完成した形を残して移項します．また，x を主役に戻します．
$$f(x) - x^2 = -(x-t)^2 \quad \cdots\cdots ②$$
よって，直線 $y = f(x)$ の包絡線は放物線 $y = x^2$ です．実際，② より

$f(x) - x^2 = 0$ は $x = t$ を重解にもつ

$\iff f(x) = x^2$ は $x = t$ を重解にもつ

$\iff$ 直線 $y = f(x)$ と放物線 $y = x^2$ は $x = t$ で接する

となりますから，直線 $y = f(x)$ は放物線 $y = x^2$ の $x = t$ における接線です．$0 \leqq t \leqq 1$ より，接点は $0 \leqq x \leqq 1$ を動きます．この範囲で放物線 $y = x^2$ に接するように直線を動かしていくと，求める領域が得られます．図は t を 0.05 刻みで動かし，20 本の直線を描いたものです．他の解法で求めた領域と一致することが分かります．

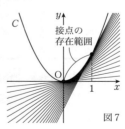

図7

この平方完成して包絡線を求める方法は，パラメータについて 2 次の場合しか

第7章 座標

使えません．そこで，最後に包絡線の一般的な求め方を紹介しておきましょう．

曲線
$$C_t : f(x, y, t) = 0 \cdots\cdots\cdots\cdots\cdots\cdots\cdots\cdots\cdots\cdots\cdots\cdots\cdots\cdots\cdots\cdots\cdots\cdots ③$$
の包絡線の求め方です．

まず，x, y を定数とみなして ③ の両辺を t で微分します．これを **t で偏微分する**といいます．その結果を
$$f_t(x, y, t) = 0 \cdots\cdots\cdots\cdots\cdots\cdots\cdots\cdots\cdots\cdots\cdots\cdots\cdots\cdots\cdots\cdots\cdots\cdots ④$$
と表します．この式から，**接点の情報**が得られます．

次に，③，④ から t を消去します．**包絡線の方程式**が得られます．

なお，途中で意味のない式が現れることがありますが，それは気にせず無視してください．また，証明については，入試の答案に書くことはないですから，興味がある人は大学に入ってから勉強してください．

今回の問題では
$$y = 2tx - t^2 \cdots\cdots\cdots\cdots\cdots\cdots\cdots\cdots\cdots\cdots\cdots\cdots\cdots\cdots\cdots\cdots\cdots\cdots\cdots ⑤$$
の両辺を t で偏微分し
$$0 = 2x - 2t \quad \therefore \quad x = t \cdots\cdots\cdots\cdots\cdots\cdots\cdots\cdots\cdots\cdots\cdots\cdots\cdots ⑥$$
これが接点の情報です．つまり，接点の x 座標が t ということです．⑤，⑥ から t を消去すると
$$y = 2x^2 - x^2 \quad \therefore \quad y = x^2$$
これが包絡線の方程式です．よって，直線 ⑤ は放物線 $y = x^2$ の $x = t$ における接線ということが分かります．

答案には，偏微分で包絡線を求める過程を書く必要はありません．いきなり，「$x^2 = 2tx - t^2$ とすると，$(x - t)^2 = 0$ より，これは $x = t$ を重解にもつから，直線 $y = 2tx - t^2$ は放物線 $y = x^2$ の $x = t$ における接線である．」とするか，「放物線 $y = x^2$ の $x = t$ における接線は $y = 2tx - t^2$ である．これは題意の直線である．」とでも書けばよいでしょう．

─────────────────────── 〈座標のまとめ3〉───

Check ▷▷▷▷ 通過領域の求め方

（ⅰ） 「ワイパーの原理」を利用する

（ⅱ） x を固定する

（ⅲ） 包絡線を求める（「平方完成」または「偏微分」）

第3節　通過領域

〈直線の通過領域（パラメータについて3次）〉

[例題] **7−4.** t が $0 \leqq t \leqq 1$ の範囲を動くとき，直線
$$y = 3(t^2 - 1)x - 2t^3$$
の通りうる範囲を図示せよ．

（東京大・改）

|考||え||方|　パラメータについて3次で，しかも範囲がありますから，「ワイパーの原理」の解法よりは「x を固定する」か「包絡線を求める」解法がいいでしょう．

▶**解答**◀　x を固定し，y を t のみの関数とみて
$$f(t) = 3(t^2 - 1)x - 2t^3$$
とおく．$0 \leqq t \leqq 1$ における $f(t)$ の最大値を $M(x)$，最小値を $m(x)$ とおくと，求める範囲は
$$m(x) \leqq y \leqq M(x)$$
である．$f(t) = -2t^3 + 3xt^2 - 3x$ より
$$f'(t) = -6t^2 + 6xt = -6t(t - x)$$
よって
$$M(x) = \max\{f(0),\, f(1),\, f(x)\,(0 \leqq x \leqq 1)\}$$
$$m(x) = \min\{f(0),\, f(1),\, f(x)\,(0 \leqq x \leqq 1)\}$$
が成り立つ．ここで
$$f(0) = -3x$$
$$f(1) = -2$$
$$f(x) = x^3 - 3x$$
$$(0 \leqq x \leqq 1)$$
である．グラフを用いて大小比較をすると，$y = M(x)$，$y = m(x)$ のグラフは図1のようになり，（▷▷▷ **1**）求める範囲は図1の網目部分になる．ただし
$$C : y = x^3 - 3x,\ l : y = -3x$$
であり，境界を含む．

◀ このように，最初に結論を書いておくと解答を進めやすいです．

◀ 最大値，最小値の候補は両端での値と極値です．

第7章　座標

参考　包絡線を求める．
$y = 3(t^2 - 1)x - 2t^3$ の両辺を t で偏微分すると
$$0 = 6xt - 6t^2$$
$$6t(x - t) = 0 \quad \therefore \quad t = 0, \ x = t$$
$t = 0$ は意味がない式であるから無視してよい．
$x = t$ より，接点の x 座標は t である．
$y = 3(t^2 - 1)x - 2t^3$ と $x = t$ から t を消去して
$$y = 3(x^2 - 1)x - 2x^3 \quad \therefore \quad y = x^3 - 3x$$
これが包絡線の方程式である．以上を踏まえた別解は次のようになる．

◀ パラメータについて3次ですから，包絡線を求めるのに「平方完成」は使えません．「偏微分」を用います．

◀ 偏微分した結果得られる接点の情報は，**x または y を含む式**のはずです． $t = 0$ のような式は意味がありません．

◀ ここまでの計算は答案に書く必要はありません．

◆別解◆　$y = x^3 - 3x$ と $y = 3(t^2 - 1)x - 2t^3$ を連立すると
$$x^3 - 3x = 3(t^2 - 1)x - 2t^3$$
$$x^3 - 3t^2 x + 2t^3 = 0$$
$$(x - t)^2 (x + 2t) = 0 \quad \therefore \quad x = t, \ -2t$$
よって，この方程式は $x = t$ を重解にもつから，直線
$$y = 3(t^2 - 1)x - 2t^3$$
は曲線 $y = x^3 - 3x$ の $x = t$ における接線である．
(▷▷▷ **2**)

一方，$0 \leqq t \leqq 1$ より，接点は $0 \leqq x \leqq 1$ の範囲を動くから，実際に直線を動かして考えると，求める範囲は図2の網目部分になる．ただし，境界を含む．(▷▷▷ **3**)

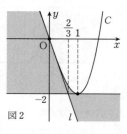

図2

◀ t の範囲から接点の動く範囲が分かります．

282　第7章　座標（例題7-4）

第3節　通過領域

Point ／ NEO ROAD TO SOLUTION　7-4　**Check!**

1　$y = -3x$, $y = -2$, $y = x^3 - 3x$ $(0 \leqq x \leqq 1)$ のグラフを同じ座標平面上に描き，その中で最も上側にある部分をつないだものが $y = M(x)$ のグラフ，最も下側にある部分をつないだものが $y = m(x)$ のグラフです．

2　曲線 $y = x^3 - 3x$ が題意の直線の包絡線であることを示したいのですから，曲線 $y = x^3 - 3x$ と直線 $y = 3(t^2 - 1)x - 2t^3$ が接することを示します．今回は ▶解答◀ のように連立して重解をもつことを言うのが明快です．
　微分を用いてもよいです．「（突然ですが）曲線 $y = x^3 - 3x$ の $x = t$ における接線の方程式を求める．$y' = 3x^2 - 3$ より，接線の方程式は
$$y = (3t^2 - 3)(x - t) + t^3 - 3t \quad \therefore \quad y = 3(t^2 - 1)x - 2t^3$$
これは題意の直線である．」とでもすればよいでしょう．

3　正しく図示できない人がいます．厳しい言い方ですが，図示できないのであれば包絡線で解く資格はありません．確実に図示できる方法を示します．
　まず，包絡線 $y = x^3 - 3x$ を図示し，接点の存在範囲を確認します．次に，パラメータ t に両端の値 0, 1 を代入した 2 直線 $y = -3x$, $y = -2$ を図示します．最初と最後の位置になります．これが図3です．その後，接点の存在範囲に注意して直線を動かし，領域を塗ります．図4は t を 0.02 刻みで動かし，50 本の直線を描いたものです．実戦的には，答案用紙の上に鉛筆をのせて動かしてみることです．特に，通過領域に含まれるかどうかが分かりにくい部分があれば，**その部分だけを見ながら直線を動かし，そこを通るかどうか確認する**のです．今回は C と l, $y = 2$ で囲まれた部分（図5の網目部分，D とします）が微妙な領域ですが，実際に直線を動かしていくと，D 内のどの点にも通る直線が存在しますから，D は通過領域に含まれます．

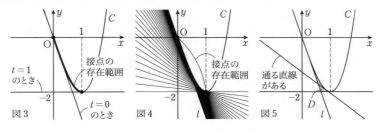

第7章　座標

〈点の存在範囲〉

例題 7-5. xy 平面上に 2 点 $A(2, 1)$, $B(-2, 1)$ がある．線分 OA を $\alpha : (1-\alpha)$ の比に分ける点を P，線分 BO を $\alpha : (1-\alpha)$ の比に分ける点を Q とする．更に，線分 QP を $\beta : (1-\beta)$ の比に分ける点を R とする．
　実数 α, β が $0 \leqq \alpha \leqq 1$，$0 \leqq \beta \leqq 1$ を動くとき，点 R の存在する範囲を図示せよ．ただし，O は原点である．
(熊本県立大・改)

考え方　α を固定し β を動かすと，R は線分 PQ を描きますから，その後 α を動かすことで，線分 PQ の通過領域の問題となります．まず，直線 PQ の通過領域を求めます．なお，R の軌跡を求める問題ととらえても解けます．

▶解答◀　α を固定し，β を $0 \leqq \beta \leqq 1$ で変化させると，R は線分 PQ を描く．

よって，α を $0 \leqq \alpha \leqq 1$ で動かしたときの線分 PQ の通過領域を求めればよい．(▷▷▷ **1**)

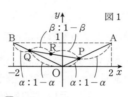
図1

$$\overrightarrow{OP} = \alpha \overrightarrow{OA}, \quad \overrightarrow{OQ} = (1-\alpha)\overrightarrow{OB}$$

より，$P(2\alpha, \alpha)$，$Q(-2(1-\alpha), 1-\alpha)$ であるから，直線 PQ の方程式は

$$y = \frac{\alpha - (1-\alpha)}{2\alpha + 2(1-\alpha)}(x - 2\alpha) + \alpha$$

$$y = \frac{2\alpha - 1}{2}(x - 2\alpha) + \alpha$$

$$y = \frac{2\alpha - 1}{2}x - 2\alpha^2 + 2\alpha$$

◀ 2つの分点 P，Q の座標を求めるためにベクトルを使います．

◀ 直線 PQ の方程式です．

線分 PQ は，直線 PQ の，△OAB の周および内部にある部分であるから，まず直線 PQ の通過領域を求める．(▷▷▷ **2**)

$$f(x) = \frac{2\alpha - 1}{2}x - 2\alpha^2 + 2\alpha$$

とおき，α で平方完成する．(▷▷▷ **3**)

$$f(x) = -2\alpha^2 + (x+2)\alpha - \frac{1}{2}x$$

$$= -2\left(\alpha - \frac{x+2}{4}\right)^2 + \frac{1}{8}x^2 + \frac{1}{2}$$

x が主役になるように変形し

$$f(x) - \left(\frac{1}{8}x^2 + \frac{1}{2}\right) = -2\left(\alpha - \frac{x+2}{4}\right)^2$$

$$f(x) - \left(\frac{1}{8}x^2 + \frac{1}{2}\right) = -\frac{1}{8}\{x - (4\alpha - 2)\}^2$$

(▷▷▷▷ **4**)

直線 $y = f(x)$ は放物線 $y = \frac{1}{8}x^2 + \frac{1}{2}$ の $x = 4\alpha - 2$ における接線である．

 $0 \leqq \alpha \leqq 1$ より $-2 \leqq 4\alpha - 2 \leqq 2$ であるから，α を動かすとき，接点は $-2 \leqq x \leqq 2$ の範囲を動く．ゆえに，直線 PQ の通過領域は図 2 の網目部分である．ただし

$$C: y = \frac{1}{8}x^2 + \frac{1}{2},\ l: y = \frac{1}{2}x,\ m: y = -\frac{1}{2}x$$

であり，境界を含む．

◀ $0 \leqq \alpha \leqq 1$ ですが，接点は $0 \leqq x \leqq 1$ を動くわけではありません．接点の x 座標 $4\alpha - 2$ の範囲を調べます．

 線分 PQ の通過領域は，この領域の，△OAB の周および内部にある部分であるから，図 3 の網目部分になる．ただし，境界を含む．

◀ 最後にザックリ切っておしまいです．

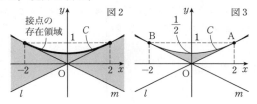

◀ 実際に直線を動かし図 2 の領域を塗ります．うっかり l と m の下側まで含めてしまいそうですが，この領域は通りません．慎重に調べましょう．

◆別解◆ $R(x, y)$ とおいて，x, y の満たすべき条件を求める．

◀ R の軌跡を求める問題ととらえます．β を残したまま解きます．

$$\overrightarrow{OR} = (1-\beta)\overrightarrow{OQ} + \beta\overrightarrow{OP}$$

$$= (1-\beta) \cdot (1-\alpha)\overrightarrow{OB} + \beta \cdot \alpha\overrightarrow{OA}$$

$$= (1-\alpha)(1-\beta)\begin{pmatrix}-2\\1\end{pmatrix} + \alpha\beta\begin{pmatrix}2\\1\end{pmatrix}$$

$$= \begin{pmatrix}2\alpha + 2\beta - 2\\2\alpha\beta - \alpha - \beta + 1\end{pmatrix}$$

第7章　座標

より

$$x = 2\alpha + 2\beta - 2 \quad\cdots\cdots\cdots\cdots\cdots\cdots\cdots\cdots\cdots\cdots ①$$

$$y = 2\alpha\beta - \alpha - \beta + 1 \quad\cdots\cdots\cdots\cdots\cdots\cdots\cdots ②$$

$x,\ y$ の満たすべき条件は，①かつ②を満たす $\alpha,\ \beta$ が $0 \leqq \alpha \leqq 1,\ 0 \leqq \beta \leqq 1$ に存在することである．
（▷▷▷▷ **5**）①，②がともに $\alpha,\ \beta$ の対称式であることに着目し，$\alpha + \beta,\ \alpha\beta$ について解く．①より

$$\alpha + \beta = \frac{x+2}{2} \quad\cdots\cdots\cdots\cdots\cdots\cdots\cdots\cdots\cdots ③$$

◀ **対称性に着目する**ことです．$x,\ y$ は $\alpha,\ \beta$ の和と積のみで書かれていますから，それらについて解けば，$\alpha,\ \beta$ の満たす2次方程式が立てられます．

②に代入すると

$$y = 2\alpha\beta - \frac{x+2}{2} + 1$$

$$\alpha\beta = \frac{x+2y}{4} \quad\cdots\cdots\cdots\cdots\cdots\cdots\cdots\cdots\cdots ④$$

③，④より，$\alpha,\ \beta$ は

$$t^2 - \frac{x+2}{2}t + \frac{x+2y}{4} = 0$$

$$4t^2 - 2(x+2)t + x + 2y = 0 \quad\cdots\cdots\cdots\cdots ⑤$$

◀ 2次方程式の解と係数の関係の逆（☞ P.157）を用いています．

の2解で，$0 \leqq \alpha \leqq 1,\ 0 \leqq \beta \leqq 1$ より，⑤の2解がともに $0 \leqq t \leqq 1$ に存在する条件を求めればよい．⑤の判別式を D とし

◀ 2次方程式の解の配置（☞ P.146）になります．

$$f(t) = 4t^2 - 2(x+2)t + x + 2y$$

とおくと

$D \geqq 0$

かつ $0 \leqq 軸 \leqq 1$

かつ $f(0) \geqq 0$

かつ $f(1) \geqq 0$

である．$D \geqq 0$ より

$$\frac{D}{4} = (x+2)^2 - 4(x+2y) \geqq 0$$

$$x^2 + 4 - 8y \geqq 0 \qquad \therefore\quad y \leqq \frac{1}{8}x^2 + \frac{1}{2}$$

$0 \leq 軸 \leq 1$ より

$$0 \leq \frac{x+2}{4} \leq 1 \quad \therefore \quad -2 \leq x \leq 2$$

$f(0) \geq 0$ より

$$x + 2y \geq 0 \quad \therefore \quad y \geq -\frac{1}{2}x$$

$f(1) \geq 0$ より

$$-x + 2y \geq 0$$

$$y \geq \frac{1}{2}x$$

求める領域は図3（再掲）の網目部分になる．ただし，境界を含む．

◀ 放物線
$y = ax^2 + bx + c$
の軸の方程式は
$x = -\dfrac{b}{2a}$
です．平方完成する必要はありません．

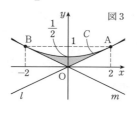

図3

Point 7-5 Check!

1 α, β の2変数がありますから，一方を固定して考えます．**固定する効果が高い方を固定します**．今回は，α が2つの線分比を表していますから，固定する効果が高いです．α を固定して β を動かします．β は線分 QP 上における R の位置を表す変数です．$0 \leq \beta \leq 1$ で動かすと，R は線分 QP を描きます．その後，α を動かしますから，線分 PQ が動きます．結果 α のみがパラメータとして残り，パラメータについて2次の直線の通過領域の問題に帰着できます．

2 「平行に動く」，「回転する」など**シンプルな動きをする線分であれば，両端などの代表点に着目する解法がとれます**が，今回の問題のように複雑な動きをする線分の通過領域は求めにくいです．ちなみにこの問題を受験生に解いてもらうと，$\alpha = 0, \dfrac{1}{2}, 1$ などの具体例から，境界線は3点 $(-2, 1)$, $\left(0, \dfrac{1}{2}\right)$, $(2, 1)$ を通る放物線と予想して領域を作図する人がいますが，そもそも境界線が放物線になる根拠がありませんから解答になりません．

そこで，**直線の通過領域を求め，その中で適する部分を切り取る**という方法をとります．今回は，線分 PQ が直線 PQ の △OAB の周および内部にある部分ということに着目します．直線 PQ の通過領域を求め，△OAB の周および内部にある部分を切り取ればよいのです．直線を1本1本切ってできる線分を並べる代わりに，直線を並べてからまとめてザックリ切るイメージです．**考えやすいように順序を変える**ことがポイントです．

第7章　座標

3 直線 PQ はパラメータ α に $0 \leqq \alpha \leqq 1$ と範囲があります．「ワイパーの原理」でも解けますが，他の解法の方が簡単です．α について 2 次の直線ですから，平方完成を用いて包絡線を求めるのがよいでしょう．

x を固定する解法でも解けます．x を固定し，y を α のみの関数とみて

$$g(\alpha) = \frac{2\alpha - 1}{2}x - 2\alpha^2 + 2\alpha$$

とおきます．$0 \leqq \alpha \leqq 1$ における $g(\alpha)$ の最大値を $M(x)$，最小値を $m(x)$ とおくと

$$g(\alpha) = -2\Big(\alpha - \frac{x+2}{4}\Big)^2 + \frac{1}{8}x^2 + \frac{1}{2}$$

より，$M(x)$，$m(x)$ の候補は

$$g(0) = -\frac{1}{2}x, \ g(1) = \frac{1}{2}x$$

$$g\Big(\frac{x+2}{4}\Big) = \frac{1}{8}x^2 + \frac{1}{2} \ \Big(0 \leqq \frac{x+2}{4} \leqq 1\Big)$$

です．グラフを用いて $M(x)$，$m(x)$ を調べ，$m(x) \leqq y \leqq M(x)$ を図示すると，▶**解答**◀ の図 3 の網目部分（境界を含む）になります．

4 右辺の変形が少しややこしいですが，x を主役にして，意味がとりやすい式にしています．無理に変形しなくても

$$f(x) - \Big(\frac{1}{8}x^2 + \frac{1}{2}\Big) = -2\Big(\alpha - \frac{x+2}{4}\Big)^2$$

の時点で（左辺）$= 0$ が重解 $x = 4\alpha - 2$ をもつことは分かりますから，ここで止めてもいいでしょう．

5 軌跡の解法の基本は「逆に解いて代入」（☞ P.263）ですが，元々は「相方の存在条件」（☞ P.232）を考えています．解くことによって存在が保証されるのです．今回は代入する式がありませんから，α，β について解く代わりに，直接 α，β の存在条件を考えます．

288 第 7 章　座標（例題 7−5）

第 8 章

ベクトル
The vector

■ 真・解法への道！ NEO ROAD TO SOLUTION ■

第8章 ベクトル

第1節　点が直線上または平面上にある条件

ベクトルでよく用いられる定理を確認しておきましょう．

> **定理**　（点が直線上にある条件）
> △OABに対し，点Pが直線AB上にある条件は，次の（ⅰ）または（ⅱ）（一方でよい）で表される．
> （ⅰ）$\overrightarrow{AP} = \alpha\overrightarrow{AB}$ となる実数 α が存在する **（始点が直線上にある）**
> （ⅱ）$\overrightarrow{OP} = s\overrightarrow{OA} + t\overrightarrow{OB}$ とすると
> 　　　$s + t = 1$ （係数の和 = 1）**（始点が直線上にない）**
>
>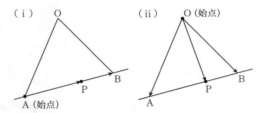

（ⅰ）は図形的に明らかです．$\overrightarrow{AB} \neq \vec{0}$ より，「$\overrightarrow{AB}$ をうまく伸ばすか縮めれば $\overrightarrow{AP}$ にぴったり重なる」と考えます．PがAに関してBと反対側にある場合は $-\overrightarrow{AB}$ をうまく伸ばすか縮めればよいですから同じことです．

また，（ⅰ）と（ⅱ）は同値です．（ⅰ）が成り立つとき，始点をOにすると

$$\overrightarrow{OP} - \overrightarrow{OA} = \alpha(\overrightarrow{OB} - \overrightarrow{OA}) \quad \therefore \quad \overrightarrow{OP} = (1-\alpha)\overrightarrow{OA} + \alpha\overrightarrow{OB}$$

$s = 1-\alpha$, $t = \alpha$ とおいて $\overrightarrow{OP} = s\overrightarrow{OA} + t\overrightarrow{OB}$ と表すと，$s + t = 1$ が成り立ちます．逆に（ⅱ）が成り立つとき，$s = 1-t$ を $\overrightarrow{OP} = s\overrightarrow{OA} + t\overrightarrow{OB}$ に代入し

$$\overrightarrow{OP} = (1-t)\overrightarrow{OA} + t\overrightarrow{OB}$$

$$\overrightarrow{OP} - \overrightarrow{OA} = t(\overrightarrow{OB} - \overrightarrow{OA}) \quad \therefore \quad \overrightarrow{AP} = t\overrightarrow{AB}$$

$\alpha = t$ とおけば，$\overrightarrow{AP} = \alpha\overrightarrow{AB}$ となる実数 α が存在します．
　（ⅰ）と（ⅱ）の大きな違いは**始点が直線上にあるかないか**です．

第1節 点が直線上または平面上にある条件

> **定理** (点が平面上にある条件)
> 四面体 OABC に対し,点 P が平面 ABC 上にある条件は,次の(ⅰ)または(ⅱ)(一方でよい)で表される.
> (ⅰ) $\overrightarrow{AP} = \alpha\overrightarrow{AB} + \beta\overrightarrow{AC}$ となる実数 α, β が存在する **(始点が平面上にある)**
> (ⅱ) $\overrightarrow{OP} = s\overrightarrow{OA} + t\overrightarrow{OB} + u\overrightarrow{OC}$ とすると
> $$s + t + u = 1 \quad (係数の和=1) \quad \textbf{(始点が平面上にない)}$$
>
>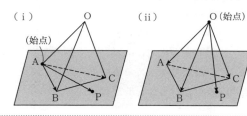

(ⅰ)は図形的に明らかです.△ABC が存在しますから,「$\overrightarrow{AB}$ と $\overrightarrow{AC}$ をうまく伸ばすか縮めて和をとれば $\overrightarrow{AP}$ にぴったり重なる」と考えます.また,(ⅰ)と(ⅱ)は同値です.「点が直線上にある条件」と同様に,始点を変えれば簡単に示せますので,ここでは割愛します.
　(ⅰ)と(ⅱ)の大きな違いは**始点が平面上にあるかないか**です.

　なお,2つの定理で,それぞれ最初に「△OAB に対し」,「四面体 OABC に対し」とあるのは,1次独立性を保証するためです.「点が直線上にある条件」では,$\overrightarrow{AB}$ が零ベクトルだと(ⅰ)が成り立たず,$\overrightarrow{OA}, \overrightarrow{OB}$ が1次独立でないと(ⅱ)が成り立ちません.「点が平面上にある条件」では,$\overrightarrow{AB}, \overrightarrow{AC}$ が1次独立でないと(ⅰ)が成り立たず,$\overrightarrow{OA}, \overrightarrow{OB}, \overrightarrow{OC}$ が1次独立でないと(ⅱ)が成り立ちません.参考までに「1次独立」の定義です.

> **参考** (平面ベクトルの1次独立)
> 平面上のベクトル $\vec{a}, \vec{b}$ に対し,$p\vec{a} + q\vec{b} = \vec{0}$ となる実数 p, q が $p = q = 0$ に限るとき,$\vec{a}, \vec{b}$ は **1次独立**であるという.図形的には,$\vec{a}, \vec{b}$ の始点をそろえると三角形が作れるということである.このとき,平面上の任意の

第8章　ベクトル

ベクトル $\vec{x}$ は

$$\vec{x} = p\vec{a} + q\vec{b}$$

とただ1通りに表せる．つまり

$$\vec{x} = p\vec{a} + q\vec{b} = p'\vec{a} + q'\vec{b}$$

が成り立つとき，係数を比べ，$p = p'$，$q = q'$ とできる．

参考　（空間ベクトルの1次独立）

空間内のベクトル $\vec{a}$，$\vec{b}$，$\vec{c}$ に対し，$p\vec{a} + q\vec{b} + r\vec{c} = \vec{0}$ となる実数 p，q，r が $p = q = r = 0$ に限るとき，$\vec{a}$，$\vec{b}$，$\vec{c}$ は **1次独立**であるという．図形的には，$\vec{a}$，$\vec{b}$，$\vec{c}$ の始点をそろえると四面体が作れるということである．

このとき，空間内の任意のベクトル $\vec{x}$ は

$$\vec{x} = p\vec{a} + q\vec{b} + r\vec{c}$$

とただ1通りに表せる．つまり

$$\vec{x} = p\vec{a} + q\vec{b} + r\vec{c} = p'\vec{a} + q'\vec{b} + r'\vec{c}$$

が成り立つとき，係数を比べ，$p = p'$，$q = q'$，$r = r'$ とできる．

余談ですが，「係数を比べるときには1次独立と書かないと減点だ」という話をよく聞きますが，「（係数の和）＝1を使うときには1次独立と書かないと減点だ」という話はあまり聞きません．不思議なことです．1次独立を強調したければ，どちらの場合も同じように書くのが自然でしょう．これも受験数学での「負の遺産」です．そもそも1次独立かどうかは立式する段階で意識するはずですから，もし確認するのならその直前ではないでしょうか．個人的には必要ないと思っていますが，答案作成は自己責任です．各自判断してください．

――――――〈ベクトルのまとめ1〉――――――

Check ▷▷▷▷　点が直線上または平面上にある条件

- 始点が直線上または平面上にあるかないか
- 始点が直線上または平面上になければ，（係数の和）＝1

292　第8章　ベクトル

第1節　点が直線上または平面上にある条件

——〈重心を通る直線で切り取る三角形の面積〉——

例題 8−1. △OAB の重心 G を通る直線が，辺 OA，OB とそれぞれ辺上の点 P，Q で交わっているとする．$\overrightarrow{OP} = h\overrightarrow{OA}$，$\overrightarrow{OQ} = k\overrightarrow{OB}$ とし，△OAB，△OPQ の面積をそれぞれ S，T とすれば，次の関係が成り立つことを示せ．

（ i ） $\dfrac{1}{h} + \dfrac{1}{k} = 3$ 　　（ ii ） $\dfrac{4}{9}S \leqq T \leqq \dfrac{1}{2}S$

（京都大）

考え方 　G を通る直線が 2 辺と P，Q で交わりますが，これを「点 G が直線PQ 上にある」と解釈します．点が直線上にある条件が使えます．

▶解答◀ 　（ i ） P，Q は O と異なるとして解く．このとき

$$0 < h \leqq 1,\ 0 < k \leqq 1$$

$\overrightarrow{OA} = \vec{a}$，$\overrightarrow{OB} = \vec{b}$ とおくと

$$\overrightarrow{OG} = \frac{\vec{a} + \vec{b}}{3} \ \cdots\cdots ①$$

$\overrightarrow{OP} = h\vec{a}$，$\overrightarrow{OQ} = k\vec{b}$ より

$$\vec{a} = \frac{1}{h}\overrightarrow{OP},\ \vec{b} = \frac{1}{k}\overrightarrow{OQ}$$

① に代入し

$$\overrightarrow{OG} = \frac{1}{3}\cdot\frac{1}{h}\overrightarrow{OP} + \frac{1}{3}\cdot\frac{1}{k}\overrightarrow{OQ} = \frac{1}{3h}\overrightarrow{OP} + \frac{1}{3k}\overrightarrow{OQ}$$

G は PQ 上にあるから

$$\frac{1}{3h} + \frac{1}{3k} = 1 \qquad \therefore\quad \frac{1}{h} + \frac{1}{k} = 3 \ \cdots\cdots\cdots ②$$

（ ii ） 面積比に着目する．（▷▷▷▷ ❶）

$$\frac{T}{S} = \frac{\frac{1}{2}\cdot OP\cdot OQ\cdot \sin\angle O}{\frac{1}{2}\cdot OA\cdot OB\cdot \sin\angle O}$$

$$= \frac{OP}{OA}\cdot\frac{OQ}{OB} = hk$$

$x = \dfrac{1}{h}$，$y = \dfrac{1}{k}$ とおくと，（▷▷▷▷ ❷） $0 < h \leqq 1$，

◀ P＝Q＝O の場合は
　△OPQ が存在しません．
　除外するのが自然です．

◀ P＝A や Q＝B は問題
　ないですから，等号がつ
　きます．

◀ $\overrightarrow{OG}$ を $\overrightarrow{OP}$，$\overrightarrow{OQ}$ で表すための準備です．

◀（係数の和）＝1 です．

第8章　ベクトル（例題8−1）　293

第8章　ベクトル

$0 < k \leqq 1$ より

$\quad x \geqq 1, \; y \geqq 1 \quad (\triangleright\triangleright\triangleright \mathbf{3})$

② より

$\quad x + y = 3 \quad \therefore \quad y = 3 - x$　◀ 一方の文字について解いて文字を減らします.

$x \geqq 1, \; y \geqq 1$ より

$\quad 3 - x \geqq 1 \quad \therefore \quad 1 \leqq x \leqq 2$　◀ y を消去しますから, $y \geqq 1$ を x の範囲に直します.

$h = \dfrac{1}{x}, \; k = \dfrac{1}{y}$ より

$$\frac{T}{S} = \frac{1}{xy} = \frac{1}{x(3-x)}$$

ここで

$$x(3-x) = -x^2 + 3x = -\left(x - \frac{3}{2}\right)^2 + \frac{9}{4}$$

と $1 \leqq x \leqq 2$ より

$\quad 2 \leqq x(3-x) \leqq \dfrac{9}{4}$　◀ $x(3-x)$ のとりうる値の範囲を調べています.

$\quad \dfrac{4}{9} \leqq \dfrac{1}{x(3-x)} \leqq \dfrac{1}{2} \quad \therefore \quad \dfrac{4}{9} \leqq \dfrac{T}{S} \leqq \dfrac{1}{2}$　◀ 逆数をとると不等号の向きが変わることに注意しましょう.

よって, $\dfrac{4}{9}S \leqq T \leqq \dfrac{1}{2}S$ が成り立つ.

□　**Point**　The vector NEO ROAD TO SOLUTION **8-1**　**Check!**　□

1　1つの角を共有する2つの三角形の面積比は簡単です. 共有する角をはさむ2辺の比の積になります. $\dfrac{T}{S} = hk$ と結果をいきなり書くかどうかはともかくとして, 面積比が簡単に得られるのを知っていることは, 問題の解法を考える上で重要です. 今回は面積比が簡単に求まることから, 目的の式を

$$\frac{4}{9} \leqq \frac{T}{S} \leqq \frac{1}{2}$$

と変形して, これを示そうと考えられるのです.

2　② をどう使うかが問題です. 相加相乗平均の不等式 (☞ P.193) を用いて

$$3 = \frac{1}{h} + \frac{1}{k} \geqq 2\sqrt{\frac{1}{h} \cdot \frac{1}{k}} = \frac{2}{\sqrt{hk}}$$

$$hk \geqq \frac{4}{9} \quad \therefore \quad \frac{4}{9} \leqq \frac{T}{S}$$

294　第8章　ベクトル（例題8−1）

とすると，左側の不等式は示せますが右側が示せません．一般に，相加相乗平均の不等式は大きく見積もるか小さく見積もるかの一方しかできないからです．**とりうる値の範囲を調べる問題では力不足**です．

かと言って，文字を減らそうとして k について解くと

$$\frac{1}{k} = 3 - \frac{1}{h} = \frac{3h-1}{h} \quad \therefore \quad k = \frac{h}{3h-1}$$

となって，数Ⅲで扱う分数関数の形になります．

$$hk = \frac{h^2}{3h-1} \quad \cdots\cdots\cdots\cdots\cdots\cdots\cdots\cdots\cdots\cdots\cdots\cdots\cdots\cdots\cdots\cdots\cdots\cdots\cdots\cdots\cdots Ⓐ$$

のとりうる値の範囲を調べるには，通常数Ⅲの微分が必要です．それを回避するために**置き換え**を利用します．逆数の和の形がネックなのですから，その逆数を置き換えます．単なる 2 次関数の問題に帰着できます．

なお，Ⓐ の両辺の逆数をとり

$$\frac{1}{hk} = \frac{3h-1}{h^2} = -\left(\frac{1}{h}\right)^2 + 3\cdot\frac{1}{h} = -\left(\frac{1}{h} - \frac{3}{2}\right)^2 + \frac{9}{4}$$

としてもできますが，置き換えをする方が分かりやすいです．

3 $0 < h \leqq 1$ のときの $x = \dfrac{1}{h}$ のとりうる値の範囲は $x \geqq 1$ です．これは明らかでしょうが，念のためグラフで確認です．$x = \dfrac{1}{h}$ のグラフは反比例のグラフで図 2 のような曲線（双曲線）です．よって，$0 < h \leqq 1$ のとき $x \geqq 1$ です．

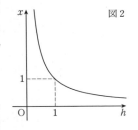

図 2

また，逆に $x \geqq 1$ のとき $0 < h \leqq 1$ であるのもグラフを見れば分かります．$x \geqq 1$ の両辺の逆数をとって $\dfrac{1}{x} \leqq 1$ より $h \leqq 1$ のみを書き，$0 < h$ を落とす人がいますが，グラフを考えれば間違いないでしょう．

4 私が受験した年のセンター試験で（ⅰ）の類題が出題されました．当時のセンター数学は非常に簡単で，正直なめてかかっていたのですが，なぜかその問題で鉛筆が止まりました．今思えば（係数の和）＝ 1 を使うだけのなんてことのない問題なのですが，これがセンター試験に潜む魔物なのでしょうね．全く解法が浮かばないのです．手段を選んでいる暇はありません．カンニング以外であれば，どんな手段を使っても答えさえ合えば点数がもらえますので，この問題でいう P ＝ A，Q ＝ B のときの h，k の値から強引に関係式を導き，事なきを得ました．記述式でしたら当然 0 点です．何事も油断大敵ですね 😊

第8章　ベクトル

―〈カルノーの定理〉―

例題 8-2. 四面体 ABCD があり，辺 AB, BC, CD, DA 上にそれぞれ P, Q, R, S をとる．ただし，P, Q, R, S はいずれも四面体の頂点とは一致しないとする．

$$\frac{AP}{PB}=p, \ \frac{BQ}{QC}=q, \ \frac{CR}{RD}=r, \ \frac{DS}{SA}=s$$

とおく．P, Q, R, S が同一平面上にあるとき，$pqrs=1$ となることを示せ．

（有名問題）

考え方　図形の言葉で書かれた問題ですが，線分比が与えられていることと「P, Q, R, S が同一平面上」という条件に着目し，ベクトルで解きます．点が平面上にある条件を使う際に，ベクトルの始点を平面上にとるかどうかで解法が変わります．いずれにしても，R が平面 PQS 上にあるととらえるとよいでしょう．

▶解答◀　$\vec{AB}=\vec{b}, \ \vec{AC}=\vec{c}, \ \vec{AD}=\vec{d}$ とおくと

$\vec{AP}=\dfrac{p}{p+1}\vec{b}$ ……①

$\vec{AQ}=\dfrac{\vec{b}+q\vec{c}}{q+1}$ ……②

$\vec{AR}=\dfrac{\vec{c}+r\vec{d}}{r+1}$ ……③

$\vec{AS}=\dfrac{1}{s+1}\vec{d}$ ……④

◀ 四面体では，1つの頂点を始点とする，1次独立な3つのベクトルを用います．

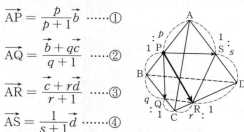

始点を P にとって，P, Q, R, S が同一平面上にある条件を考える．（▷▷▷ **1**）①，②，③，④ を用いて

$\vec{PQ}=\vec{AQ}-\vec{AP}=\dfrac{\vec{b}+q\vec{c}}{q+1}-\dfrac{p}{p+1}\vec{b}$

$=\dfrac{1-pq}{(p+1)(q+1)}\vec{b}+\dfrac{q}{q+1}\vec{c}$

$\vec{PR}=\vec{AR}-\vec{AP}=\dfrac{\vec{c}+r\vec{d}}{r+1}-\dfrac{p}{p+1}\vec{b}$

$=-\dfrac{p}{p+1}\vec{b}+\dfrac{1}{r+1}\vec{c}+\dfrac{r}{r+1}\vec{d}$ ……⑤

◀ $\vec{PQ}, \vec{PR}, \vec{PS}$ を $\vec{b}, \vec{c}, \vec{d}$ で表します．

第1節　点が直線上または平面上にある条件

$$\overrightarrow{\mathrm{PS}} = \overrightarrow{\mathrm{AS}} - \overrightarrow{\mathrm{AP}} = \frac{1}{s+1}\vec{d} - \frac{p}{p+1}\vec{b}$$

R は平面 PQS 上にあるから，$\overrightarrow{\mathrm{PR}} = \alpha\overrightarrow{\mathrm{PQ}} + \beta\overrightarrow{\mathrm{PS}}$ と書け
て （▷▷▷▷ **2**）

◀ $\overrightarrow{\mathrm{PQ}}$, $\overrightarrow{\mathrm{PS}}$ は1次独立です．

$$\overrightarrow{\mathrm{PR}} = \alpha\left\{ \frac{1-pq}{(p+1)(q+1)}\vec{b} + \frac{q}{q+1}\vec{c} \right\}$$
$$+ \beta\left(\frac{1}{s+1}\vec{d} - \frac{p}{p+1}\vec{b} \right)$$
$$= \left\{ \frac{1-pq}{(p+1)(q+1)}\alpha - \frac{p}{p+1}\beta \right\}\vec{b}$$

◀ $\vec{b}$, $\vec{c}$, $\vec{d}$ について整理します．

$$+ \frac{q}{q+1}\alpha\vec{c} + \frac{1}{s+1}\beta\vec{d} \cdots\cdots\cdots\cdots ⑥$$

⑤，⑥ で $\vec{b}$, $\vec{c}$, $\vec{d}$ の係数を比べ

$$-\frac{p}{p+1} = \frac{1-pq}{(p+1)(q+1)}\alpha - \frac{p}{p+1}\beta \cdots\cdots ⑦$$
$$\frac{1}{r+1} = \frac{q}{q+1}\alpha \cdots\cdots\cdots\cdots\cdots\cdots\cdots\cdots\cdots ⑧$$
$$\frac{r}{r+1} = \frac{1}{s+1}\beta \cdots\cdots\cdots\cdots\cdots\cdots\cdots\cdots\cdots ⑨$$

⑧ より

◀ ⑦，⑧，⑨から α, β を消
去します．⑧，⑨を α,
β について解いて⑦に
代入します．

$$\alpha = \frac{q+1}{q(r+1)}$$

⑨ より

$$\beta = \frac{r(s+1)}{r+1} \qquad \therefore \quad 1-\beta = \frac{1-rs}{r+1}$$

◀ 代入計算を先読みして
$1-\beta$ の形を作っておく
と便利です．

これらを ⑦ を変形した

$$\frac{1-pq}{(p+1)(q+1)}\alpha + \frac{p}{p+1}(1-\beta) = 0$$

に代入し

$$\frac{1-pq}{(p+1)(q+1)} \cdot \frac{q+1}{q(r+1)} + \frac{p}{p+1} \cdot \frac{1-rs}{r+1} = 0$$
$$\frac{1-pq}{q(p+1)(r+1)} + \frac{p(1-rs)}{(p+1)(r+1)} = 0$$

両辺に $q(p+1)(r+1)$ をかけて

$$1 - pq + pq(1-rs) = 0$$

第8章　ベクトル（例題8−2）　297

第8章　ベクトル

よって，$pqrs = 1$ が成り立つ．

◆別解◆　始点を A にとって，P，Q，R，S が同一平面上にある条件を考える．

$\overrightarrow{AP}$, $\overrightarrow{AQ}$, $\overrightarrow{AR}$, $\overrightarrow{AS}$ の関係式を作るために，①，②，④ を $\vec{b}$, $\vec{c}$, $\vec{d}$ について解く．(▷▷▷ **3**) ①，④ より

$$\vec{b} = \frac{p+1}{p}\overrightarrow{AP}$$

$$\vec{d} = (s+1)\overrightarrow{AS}$$

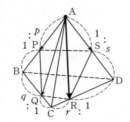

一方，② より

$$(q+1)\overrightarrow{AQ} = \vec{b} + q\vec{c}$$

であるから

$$(q+1)\overrightarrow{AQ} = \frac{p+1}{p}\overrightarrow{AP} + q\vec{c}$$

$\vec{c}$ について解くと

$$\vec{c} = \frac{q+1}{q}\overrightarrow{AQ} - \frac{p+1}{pq}\overrightarrow{AP}$$

これらを ③ に代入し

$$\overrightarrow{AR} = \frac{1}{r+1}\left\{\frac{q+1}{q}\overrightarrow{AQ} - \frac{p+1}{pq}\overrightarrow{AP} \right.$$
$$\left. + r(s+1)\overrightarrow{AS}\right\}$$

$$\overrightarrow{AR} = \frac{q+1}{q(r+1)}\overrightarrow{AQ} - \frac{p+1}{pq(r+1)}\overrightarrow{AP}$$
$$+ \frac{r(s+1)}{r+1}\overrightarrow{AS}$$

◀ $\overrightarrow{AR}$ を $\overrightarrow{AP}$, $\overrightarrow{AQ}$, $\overrightarrow{AS}$ で表す式ができました．

P，Q，R，S が同一平面上にあるとき

$$\frac{q+1}{q(r+1)} - \frac{p+1}{pq(r+1)} + \frac{r(s+1)}{r+1} = 1$$

◀ $\overrightarrow{AP}$, $\overrightarrow{AQ}$, $\overrightarrow{AS}$ は1次独立です．Rが平面PQS上にあるとみなします．

が成り立つ．両辺を $pq(r+1)$ 倍すると

$$p(q+1) - (p+1) + pqr(s+1) = pq(r+1)$$

$$pq + p - p - 1 + pqrs + pqr = pqr + pq$$

よって，$pqrs = 1$ が成り立つ．

第1節　点が直線上または平面上にある条件

| □ | **Point** The vector NEO ROAD TO SOLUTION **8−2** Check! □ |

1 始点を，平面上にない A から平面上にある P に変えます．①，②，③，④を見比べると ① と ④ が簡単な式ですから，P か S を始点にとるのが自然です．**♦別解♦** と比べると，**▶解答◀** の方がやや計算は多いですが，最終的には $\vec{b}$, $\vec{c}$, $\vec{d}$ の係数を比較するだけですから，再現しやすいかもしれません．

2 始点が平面上にある場合です．$\overrightarrow{PQ}$, $\overrightarrow{PR}$, $\overrightarrow{PS}$ のうちの 2 つを用いて残り 1 つを表します．用いる 2 つは簡単な方がよいですから，$\vec{b}$, $\vec{c}$, $\vec{d}$ のうちの 2 つで表されている $\overrightarrow{PQ}$, $\overrightarrow{PS}$ を用いて $\overrightarrow{PR}$ を表します．

3 **♦別解♦** は始点が平面上にない場合です．結果的に計算が軽減されます．4 点 P, Q, R, S が同一平面上にありますから，$\overrightarrow{AP}$, $\overrightarrow{AQ}$, $\overrightarrow{AR}$, $\overrightarrow{AS}$ のうち 3 つを用いて残り 1 つを表し，（係数の和）＝ 1 を用います．そのためには，$\overrightarrow{AP}$, $\overrightarrow{AQ}$, $\overrightarrow{AR}$, $\overrightarrow{AS}$ の関係式が必要です．そこで，①，②，③，④ から $\vec{b}$, $\vec{c}$, $\vec{d}$ を消去することを考え，これらについて解きます．$\vec{b}$, $\vec{d}$ については，①，④ を用いれば簡単に解けます．$\vec{c}$ に関しては②，③ のどちらを用いても構いません．**♦別解♦** では，② を用いて $\vec{c}$ について解き，③ に代入しました．

4 この問題は「カルノーの定理」の証明です．正確には

$$P, Q, R, S が同一平面上にある \iff \frac{AP}{PB} \cdot \frac{BQ}{QC} \cdot \frac{CR}{RD} \cdot \frac{DS}{SA} = 1$$

が成り立ちます．ぐるっと一周するイメージが「チェバの定理」と似ています．

カルノーの定理の証明は，誘導のとおり，$AP : PB = p : 1$ などと線分比をおいて考えるのが簡単です．目標の

$$\frac{AP}{PB} \cdot \frac{BQ}{QC} \cdot \frac{CR}{RD} \cdot \frac{DS}{SA} = 1$$

の式が $pqrs = 1$ とシンプルな形になるからです．他の問題を解くときと同様に，比の和が 1 になるよう $AP : PB = p : (1-p)$ などとおくことも考えられますが，目標の式が

$$\frac{p}{1-p} \cdot \frac{q}{1-q} \cdot \frac{r}{1-r} \cdot \frac{s}{1-s} = 1$$

と複雑になり，計算が面倒です．

第8章　ベクトル

第2節　ベクトルの式を読む

ベクトル　　　　　　　　　　　　　　　　　　　　　　　　The vector

図のような $\triangle$ABC と点 D に対し，$\overrightarrow{AD}$ が分かっていて，$\overrightarrow{AE}$ を求めたいとします．$\overrightarrow{AD}$ をうまく伸ばして（または縮めて），直線 BC にコツンと当たったときのベクトルを求めたいという状況です．ベクトルの問題においてよくあるパターンです．

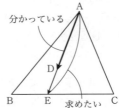

$\overrightarrow{AE} = t\overrightarrow{AD}$ とおいて，（係数の和）$= 1$ を用いて t を求めるという方法もありますが，もっといい方法があります．それは，**分点公式の形を作り，式の意味を読み取る**方法です．念のため，分点公式の確認です．

公式　（分点公式）

線分 AB を $m : n$ の比に分ける点を C とすると
$$\overrightarrow{OC} = \frac{n\overrightarrow{OA} + m\overrightarrow{OB}}{m + n}$$
である．ただし，O は任意の点である．

「分ける」というのは「内分する」，「外分する」をまとめたものです．「内分する」はそのまま「分ける」とし，「外分する」は比の小さい方を負にして「分ける」にします．例えば，「$3 : 1$ に外分する」は「$3 : (-1)$ に分ける」とします．

さて
$$\overrightarrow{AD} = \frac{7}{15}\overrightarrow{AB} + \frac{1}{3}\overrightarrow{AC}$$
であるとします．この式から，$\overrightarrow{AE}$ を $\overrightarrow{AB}$ と $\overrightarrow{AC}$ で表した式を導きます．

まず，右辺を通分し
$$\overrightarrow{AD} = \frac{7\overrightarrow{AB} + 5\overrightarrow{AC}}{15}$$
とします．右辺は分点公式の形に近いですが，分点公式そのものではありません．分子の $\overrightarrow{AB}$ と $\overrightarrow{AC}$ の係数がそれぞれ 7 と 5 ですから，分母が 12 であれば分点公式の形になります．そこで
$$\overrightarrow{AD} = \frac{12}{15} \cdot \frac{7\overrightarrow{AB} + 5\overrightarrow{AC}}{12}$$

のように強引に分母を 12 にします．前の $\dfrac{12}{15}$ は帳尻合わせの項です．さらに両辺を $\dfrac{12}{15} = \dfrac{4}{5}$ で割り，右辺を分点公式の形にします．

$$\frac{5}{4}\overrightarrow{AD} = \frac{7\overrightarrow{AB} + 5\overrightarrow{AC}}{12} \quad\cdots\cdots\cdots\cdots\cdots\cdots\cdots\cdots\cdots\cdots\cdots\cdots\cdots\cdots\cdots\text{①}$$

変形はこれでおしまいです．

　次に，式の意味を読み取ります．結論を先に言ってしまえば，この式の両辺が $\overrightarrow{AE}$ です．なぜかを考えましょう．

　両辺ともに始点が A のベクトルで表されていますから

$$\overrightarrow{AX} = \frac{5}{4}\overrightarrow{AD} = \frac{7\overrightarrow{AB} + 5\overrightarrow{AC}}{12}$$

とおいて，X がどういう点かを調べます．

$$\overrightarrow{AX} = \frac{5}{4}\overrightarrow{AD}$$

より，A, X, D は同一直線上にありますから，X は直線 AD 上にあります．また

$$\overrightarrow{AX} = \frac{7\overrightarrow{AB} + 5\overrightarrow{AC}}{12}$$

より，X は線分 BC を $5:7$ の比に分ける点で，直線 BC 上にあります．よって，X は AD 上かつ BC 上の点ですから，図より，E となります．つまり

$$\overrightarrow{AE} = \frac{5}{4}\overrightarrow{AD} = \frac{7\overrightarrow{AB} + 5\overrightarrow{AC}}{12}$$

です．もちろん，この式から，$AD : DE = 4 : 1$，$BE : EC = 5 : 7$ などの線分比も分かります．

　なお，答案では，わざわざ X とおいて証明するのではなく，① の後，「このベクトルは AD 上かつ BC 上の点を表すから，$\overrightarrow{AE}$ である．」のようにさらっと書けばよいでしょう．

――――――〈ベクトルのまとめ２〉――――――

Check ▷▷▷▷ 分点公式の形を作り，式の意味を読み取る

第8章　ベクトル

⟨2直線の交点を表すベクトル⟩

例題 8-3. △ABC の外心（外接円の中心）O が三角形の内部にあるとし, α, β, γ は
$$\alpha\overrightarrow{OA} + \beta\overrightarrow{OB} + \gamma\overrightarrow{OC} = \vec{0}$$
を満たす正数であるとする．また，直線 OA, OB, OC がそれぞれ辺 BC, CA, AB と交わる点を A′, B′, C′ とする．
(1) $\overrightarrow{OA}$, α, β, γ を用いて $\overrightarrow{OA'}$ を表せ．
(2) △A′B′C′ の外心が O に一致すれば $\alpha = \beta = \gamma$ であることを示せ．

（名古屋大）

考え方　(1)では，与えられた式をうまく変形して式の意味を読み取ります．A′ が OA 上かつ BC 上の点であることに着目して $\overrightarrow{OA'}$ の形を作ります．(2)では，(1)の結果と三角形の外心の性質を使います．

▶解答◀ (1) $\alpha\overrightarrow{OA} + \beta\overrightarrow{OB} + \gamma\overrightarrow{OC} = \vec{0}$ より
$$\beta\overrightarrow{OB} + \gamma\overrightarrow{OC} = -\alpha\overrightarrow{OA} \quad (\triangleright\triangleright\triangleright\blacksquare)$$
両辺を $\beta + \gamma (> 0)$ で割ると
$$\frac{\beta\overrightarrow{OB} + \gamma\overrightarrow{OC}}{\beta + \gamma} = -\frac{\alpha}{\beta + \gamma}\overrightarrow{OA}$$

◀ 左辺に分点公式の形を作ります．

このベクトルは BC 上かつ OA 上の点を表すから，$\overrightarrow{OA'}$ である．($\triangleright\triangleright\triangleright\blacksquare$) よって
$$\overrightarrow{OA'} = -\frac{\alpha}{\beta + \gamma}\overrightarrow{OA}$$

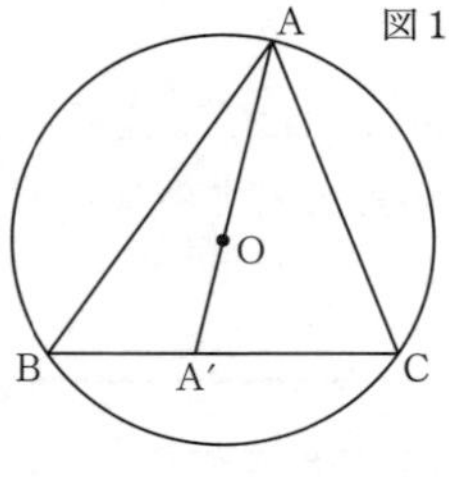

(2) (1)と同様に
$$\overrightarrow{OB'} = -\frac{\beta}{\gamma + \alpha}\overrightarrow{OB}$$
$$\overrightarrow{OC'} = -\frac{\gamma}{\alpha + \beta}\overrightarrow{OC}$$

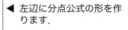

図1

◀ △A′B′C′ を考えますから $\overrightarrow{OB'}, \overrightarrow{OC'}$ も必要です．

△A′B′C′ の外心が O に一致するとき
$$|\overrightarrow{OA'}| = |\overrightarrow{OB'}| = |\overrightarrow{OC'}|$$

◀ 三角形の外心は3頂点から等距離にある点です．

第2節　ベクトルの式を読む

が成り立つから

$$\left| -\frac{\alpha}{\beta+\gamma}\overrightarrow{\mathrm{OA}} \right| = \left| -\frac{\beta}{\gamma+\alpha}\overrightarrow{\mathrm{OB}} \right| = \left| -\frac{\gamma}{\alpha+\beta}\overrightarrow{\mathrm{OC}} \right|$$

$\alpha > 0,\ \beta > 0,\ \gamma > 0$ を用いて

$$\frac{\alpha}{\beta+\gamma}|\overrightarrow{\mathrm{OA}}| = \frac{\beta}{\gamma+\alpha}|\overrightarrow{\mathrm{OB}}| = \frac{\gamma}{\alpha+\beta}|\overrightarrow{\mathrm{OC}}|$$

◀ 係数を絶対値の外に出します.

O は △ABC の外心で，$|\overrightarrow{\mathrm{OA}}| = |\overrightarrow{\mathrm{OB}}| = |\overrightarrow{\mathrm{OC}}| \neq 0$ であるから

◀ 0でないことの確認をして各辺を割ります.

$$\frac{\alpha}{\beta+\gamma} = \frac{\beta}{\gamma+\alpha} = \frac{\gamma}{\alpha+\beta}$$

$\dfrac{\alpha}{\beta+\gamma} = \dfrac{\beta}{\gamma+\alpha}$ より

◀ まず，左辺と中辺が等しいことを利用します.

$$\alpha(\gamma+\alpha) = \beta(\beta+\gamma)$$

$$(\alpha-\beta)\gamma + \alpha^2 - \beta^2 = 0$$

$$(\alpha-\beta)(\alpha+\beta+\gamma) = 0$$

◀ 因数分解するために，最低次の文字 γ について整理します.

$\alpha+\beta+\gamma > 0$ より，$\alpha = \beta$ である.

　同様にして，$\dfrac{\beta}{\gamma+\alpha} = \dfrac{\gamma}{\alpha+\beta}$ より，$\beta = \gamma$ となるから，$\alpha = \beta = \gamma$ が成り立つ.

♦別解♦　$\dfrac{\alpha}{\beta+\gamma} = \dfrac{\beta}{\gamma+\alpha} = \dfrac{\gamma}{\alpha+\beta} = k$ とおくと

◀ 3つの分数式が等しいときには，「$= k$」とおき，分母を払って考える方法も有効です.

$$\alpha = k(\beta+\gamma) \quad\cdots\cdots\cdots\cdots\cdots\cdots\cdots① $$

$$\beta = k(\gamma+\alpha) \quad\cdots\cdots\cdots\cdots\cdots\cdots\cdots② $$

$$\gamma = k(\alpha+\beta) \quad\cdots\cdots\cdots\cdots\cdots\cdots\cdots③ $$

（▷▷▷▷ **3**）

①$-$② より

◀ $\alpha = \beta$ を示すには $\alpha - \beta = 0$ を示せばよいです. 差の形を作るために ①$-$② とします.

$$\alpha - \beta = k(\beta - \alpha)$$

$$(1+k)(\alpha-\beta) = 0$$

$k > 0$ より，$\alpha = \beta$ である.

　同様にして，②，③ より，$\beta = \gamma$ である.

第8章　ベクトル（例題8-3）

第8章　ベクトル

Point　The vector　NEO ROAD TO SOLUTION　8-3　Check!

1 今回は，$\vec{OA}$ と $\vec{OA'}$ が逆向きで少し分かりにくいですから，図2のように**無駄な線を消して考える**（☞ P.383）とよいでしょう．$\vec{OA}$ を逆方向にうまく伸ばして，直線 BC にコツンと当てたベクトルが $\vec{OA'}$ です．そこで，$\alpha\vec{OA} + \beta\vec{OB} + \gamma\vec{OC} = \vec{0}$ を用いて分点公式の形を作ります．直線 BC にコツンと当てますから，**BC の分点を表す式を作る**のがポイントです．$\vec{OB}$ と $\vec{OC}$ の項を用います．まず，$\vec{OB}$ と $\vec{OC}$ の項を残して，他を移項します．

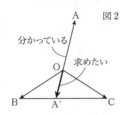

図2

2 ベクトルの式の意味を読み取ります．分かりにくければ，やはり

$$\vec{OX} = \frac{\beta\vec{OB} + \gamma\vec{OC}}{\beta + \gamma} = -\frac{\alpha}{\beta + \gamma}\vec{OA}$$

とおいて考えましょう．

$$\vec{OX} = \frac{\beta\vec{OB} + \gamma\vec{OC}}{\beta + \gamma}$$

より，X は直線 BC 上の点です．また

$$\vec{OX} = -\frac{\alpha}{\beta + \gamma}\vec{OA}$$

より，X は直線 OA 上の点です．X は BC と OA の交点であり，A' です．

3 ①，②，③ を並べてみると，ついつい辺ごとにたしたくなりますが，今回は

$$\alpha + \beta + \gamma = 2k(\alpha + \beta + \gamma) \quad \therefore \quad k = \frac{1}{2}$$

となるだけです．最初から ①，② の差をとる方が効率がよいです．

4 （2）の結論である $\alpha = \beta = \gamma$ のとき，$\alpha\vec{OA} + \beta\vec{OB} + \gamma\vec{OC} = \vec{0}$ の両辺を $\alpha = \beta = \gamma (> 0)$ で割って

$$\vec{OA} + \vec{OB} + \vec{OC} = \vec{0} \quad \therefore \quad \frac{\vec{OA} + \vec{OB} + \vec{OC}}{3} = \vec{0}$$

となります．よって，△ABC の重心を G とすると，$\vec{OG} = \vec{0}$ ですから，△ABC は外心と重心が一致し，正三角形です．

第3節　単位ベクトル，法線ベクトルの利用

大きさ 1 のベクトルを**単位ベクトル**といいます．$\vec{a}$ の大きさが 2 なら，$\frac{1}{2}\vec{a}$ の大きさは 1 になります．$\vec{a}$ の大きさが 3 なら，$\frac{1}{3}\vec{a}$ の大きさは 1 になります．

一般に

$$\frac{1}{|\vec{a}|}\vec{a} = \frac{\vec{a}}{|\vec{a}|}$$

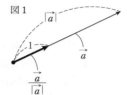

図1

は $\vec{a}$ 方向の大きさ 1 のベクトルを表します．**あるベクトルと同じ向きの単位ベクトルを作りたければ，その大きさで割る**のです．その応用で，$\vec{a}$ 方向の大きさ k のベクトルが欲しければ

$$k\frac{\vec{a}}{|\vec{a}|}$$

とします．いったん大きさを 1 に縮めてから目的の長さ倍するのです．座標も含めた図形の問題で，向きと大きさが分かっているベクトルを作りたいことがありますが，上のように単位ベクトルを用いれば簡単に作れます．

単位ベクトルと並んで有用なベクトルは**法線ベクトル**です．垂直なベクトルという意味ですが，図2のように，平面ベクトル $\begin{pmatrix} a \\ b \end{pmatrix}$ を反時計回りに $\frac{\pi}{2}$ 回転させたベクトルは $\begin{pmatrix} -b \\ a \end{pmatrix}$，時計回りに $\frac{\pi}{2}$ 回転させたベクトルは $\begin{pmatrix} b \\ -a \end{pmatrix}$ です．内積が 0 になるように「**ひっくり返して片方にマイナス**」とします．どちらの成分にマイナスを付けるかは，具体的に $\begin{pmatrix} 1 \\ 2 \end{pmatrix}$ などのベクトルを回転させて向きを調べると確認しやすいです．

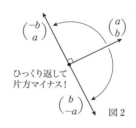

ひっくり返して
片方マイナス！

図2

―――― 〈ベクトルのまとめ3〉――――

Check ▷▷▷▷　単位ベクトル，法線ベクトルの利用

- $\vec{a}$ 方向の大きさ k のベクトルは $k\dfrac{\vec{a}}{|\vec{a}|}$ である
- 平面上での法線ベクトルは「ひっくり返して片方にマイナス」

第8章　ベクトル

―〈円と曲線が接する条件〉―

例題 8-4. 座標平面上で，1つの円が放物線 $y = x^2$ に右側から接し，かつ x 軸に上から接している．放物線との接点 A の x 座標を $a\,(>0)$ とするとき，円の中心 C の座標を求めよ．

ただし，円と放物線がある点で接するとは，その点で両者が交わり，かつその点における両者の接線が一致することをいう．　　　（名古屋大）

考え方　見た目は座標の問題です．座標のままでも解けますが，あまりスマートではありません．**円と曲線が接し，かつ対称性がない問題は接点における法線ベクトルを用いる**のが明快です．法線ベクトルを用いて，円の中心の座標を表します．円の半径と C の x 座標を文字でおいて始めます．

▶解答◀　円の半径を r，中心 C の x 座標を c とおくと，円が x 軸に上から接することから，$C(c, r)$ である．

$y = x^2$ のとき，$y' = 2x$ であるから，A における接線の傾きは $2a$ であり，その方向ベクトルは $\begin{pmatrix} 1 \\ 2a \end{pmatrix}$ である．よって，A における法線ベクトルは $\vec{n} = \begin{pmatrix} 2a \\ -1 \end{pmatrix}$ である．（▷▷▷ ❶）

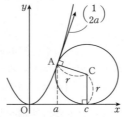

$\vec{AC}$ は $\vec{n}$ と同じ向きで，大きさが r のベクトルであり

$$\vec{AC} = r\frac{\vec{n}}{|\vec{n}|} = \frac{r}{\sqrt{4a^2+1}}\begin{pmatrix} 2a \\ -1 \end{pmatrix}$$

$\vec{OC} = \vec{OA} + \vec{AC}$ より

$$\begin{pmatrix} c \\ r \end{pmatrix} = \begin{pmatrix} a \\ a^2 \end{pmatrix} + \frac{r}{\sqrt{4a^2+1}}\begin{pmatrix} 2a \\ -1 \end{pmatrix}$$

各成分を比べ

$$c = a + \frac{2ar}{\sqrt{4a^2+1}} \quad\cdots\cdots\text{①}$$

$$r = a^2 - \frac{r}{\sqrt{4a^2+1}} \quad\cdots\cdots\text{②}$$

◀ 傾きが m の直線では，x が 1 増加すれば y が m 増加しますから，方向ベクトルは $\begin{pmatrix} 1 \\ m \end{pmatrix}$ です．

◀ $\vec{n}$ 方向の単位ベクトルを用いて $\vec{AC}$ を作ります．

◀ 円の中心の座標を2通りに表します．円と曲線が接する問題での定番の方法です．

第3節　単位ベクトル，法線ベクトルの利用

（▷▷▷▷ **2**）

② を r について解く．

$$\sqrt{4a^2+1}\,r = a^2\sqrt{4a^2+1}-r$$

$$\left(\sqrt{4a^2+1}+1\right)r = a^2\sqrt{4a^2+1}$$

$$r = \frac{a^2\sqrt{4a^2+1}}{\sqrt{4a^2+1}+1}$$

$$= \frac{a^2\sqrt{4a^2+1}\left(\sqrt{4a^2+1}-1\right)}{(4a^2+1)-1}$$

◀ 分母を有理化します．

$$= \frac{1}{4}\sqrt{4a^2+1}\left(\sqrt{4a^2+1}-1\right)$$

$$= \frac{1}{4}\left(4a^2+1-\sqrt{4a^2+1}\right)$$

① に代入し

$$c = a + \frac{2a}{\sqrt{4a^2+1}}\cdot\frac{1}{4}\sqrt{4a^2+1}\left(\sqrt{4a^2+1}-1\right)$$

◀ $\sqrt{4a^2+1}$ でくくった形を代入すると楽です．

$$= a + \frac{a}{2}\left(\sqrt{4a^2+1}-1\right)$$

$$= \frac{a}{2}\left(\sqrt{4a^2+1}+1\right)$$

ゆえに，C の座標は

$$\left(\frac{a}{2}\left(\sqrt{4a^2+1}+1\right),\ \frac{1}{4}\left(4a^2+1-\sqrt{4a^2+1}\right)\right)$$

である．

問題編

論理

整数

論証

方程式

不等式

関数

座標

ベクトル

空間図形

図形総合

数列

数学的帰納法

場合の数

確率

微積分

出典・テーマ

第8章　ベクトル（例題8−4）

第8章 ベクトル

Point NEO ROAD TO SOLUTION 8-4 Check!

❶ $\begin{pmatrix} 1 \\ 2a \end{pmatrix}$ と垂直なベクトルは，「ひっくり返して片方にマイナス」で $\begin{pmatrix} -2a \\ 1 \end{pmatrix}$ と $\begin{pmatrix} 2a \\ -1 \end{pmatrix}$ の2つがすぐに浮かびます．この2つのうち一方を使いますが，図形的に考えて，$\overrightarrow{AC}$ と同じ向きのベクトルをとります．$\overrightarrow{AC}$ は x 成分が正で y 成分が負ですから，$\begin{pmatrix} 2a \\ -1 \end{pmatrix}$ を採用します．

❷ ①，②を c と r の連立方程式とみなして解きます．当然のことですが，**a は与えられた定数**ですから求まりません．2や3などの数字と同じ扱いです．c と r を a で表します．②から r を求め，① に代入して c を求めます．

③ 円と曲線が接する問題でも，対称性がある場合にはベクトル以外の方法も有効です．例えば，y 軸に関して対称な円 $x^2 + (y-a)^2 = r^2$ $(r>0)$ と放物線 $y = x^2$ が異なる2点で接する条件は，2式から x^2 を消去して得られる y の2次方程式

$$y^2 - (2a-1)y + a^2 - r^2 = 0$$

が**正の重解**をもつ条件を考えます．判別式 $D = 0$ かつ 軸 > 0 より

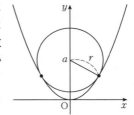

$$(2a-1)^2 - 4(a^2 - r^2) = 0 \text{ かつ } a - \frac{1}{2} > 0$$

であり，$a = r^2 + \frac{1}{4}$ かつ $a > \frac{1}{2}$ が得られます．

また，放物線上の点を (X, Y) として円の中心 $(0, a)$ との距離 L の最小値が円の半径 r と一致する条件を考えてもよいです．$Y = X^2$ に注意して

$$L^2 = X^2 + (Y-a)^2 = Y + (Y-a)^2$$

$$= Y^2 - (2a-1)Y + a^2 = \left\{ Y - \left(a - \frac{1}{2}\right) \right\}^2 + a - \frac{1}{4}$$

です．2点で接することから L は $Y = 0$ では最小になれず，ある $Y (> 0)$ で最小になり，$a - \frac{1}{2} > 0$ です．このとき $Y = a - \frac{1}{2}$ で L は最小ですから，最小値が r に一致する条件より，$\sqrt{a - \frac{1}{4}} = r$，すなわち $a = r^2 + \frac{1}{4}$ です．

第3節　単位ベクトル，法線ベクトルの利用

―――――〈放物線上に3頂点をもつ正三角形〉―――――

例題 8−5. xy 平面の放物線 $y = x^2$ 上の3点 P，Q，R が次の条件をみたしている.

　　　△PQR は一辺の長さ a の正三角形であり，点 P，Q を通る直線の傾きは $\sqrt{2}$ である.

　このとき，a の値を求めよ.　　　　　　　　　　　　　　　　（東京大）

考え方　P，Q の座標を文字でおいて，R の座標がどう表されるかを考えます.
2頂点が与えられている**正三角形の残りの頂点は，法線ベクトルを用いると求めやすい**です.

▶解答◀　$\mathrm{P}(p,\ p^2)$，
$\mathrm{Q}(q,\ q^2)\ (p < q)$ とおく.

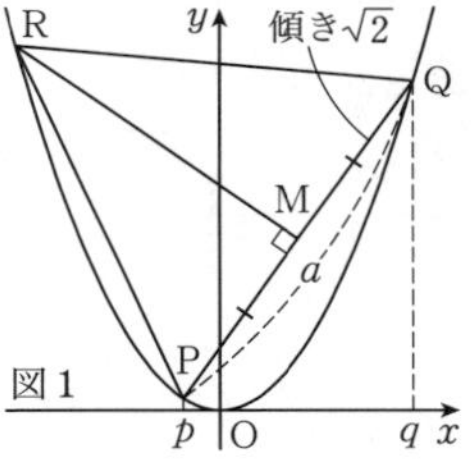

　直線 PQ の傾きが $\sqrt{2}$ であるから

$$\frac{p^2 - q^2}{p - q} = \sqrt{2}$$

$$p + q = \sqrt{2} \quad \cdots\cdots\cdots ①$$

$\mathrm{PQ} = a$ より

$$\sqrt{1 + 2}\,(q - p) = a \quad (\rhd\rhd\rhd\blacksquare)$$

$$q - p = \frac{a}{\sqrt{3}} \quad \cdots\cdots\cdots\cdots\cdots\cdots ②$$

ここで，PQ の中点を M とおくと　$(\rhd\rhd\rhd\blacksquare)$

$$\mathrm{M}\!\left(\frac{p + q}{2},\ \frac{p^2 + q^2}{2}\right)$$

である. ①，② を用いて

$$\frac{p^2 + q^2}{2} = \frac{1}{4}\{(p + q)^2 + (q - p)^2\}$$

$$= \frac{1}{4}\!\left(2 + \frac{a^2}{3}\right) = \frac{a^2 + 6}{12}$$

であり，これと ① より，$\mathrm{M}\!\left(\dfrac{\sqrt{2}}{2},\ \dfrac{a^2 + 6}{12}\right)$ である.

◀ P と Q は対等ですから，x 座標の大小を設定してもよいです. $p < q$ としても一般性を失わないということです.

◀ ①，② を使うために和と差で表します.

図1

第8章　ベクトル（例題8−5）　309

第8章　ベクトル

一方，PQ の方向ベクトルは $\begin{pmatrix} 1 \\ \sqrt{2} \end{pmatrix}$ であるから，法線ベクトルは $\vec{n} = \begin{pmatrix} -\sqrt{2} \\ 1 \end{pmatrix}$ である．$\overrightarrow{MR}$ は $\vec{n}$ と平行（同じ向き，逆向きの両方）で大きさ $\dfrac{\sqrt{3}}{2}a$ のベクトルであり（▷▷▷▷ ❸）

◀ 例題 8−4.（☞ P.306）と同様に，直線 PQ の傾き $\sqrt{2}$ からその方向ベクトルが分かります．

$$\overrightarrow{MR} = \pm \frac{\sqrt{3}}{2}a \frac{\vec{n}}{|\vec{n}|} = \pm \frac{a}{2} \begin{pmatrix} -\sqrt{2} \\ 1 \end{pmatrix}$$

◀ $|\vec{n}| = \sqrt{3}$ です．

$\overrightarrow{OR} = \overrightarrow{OM} + \overrightarrow{MR}$ より

◀ R の座標を求めるためにベクトルでつなぎます．

$$R\left(\frac{\sqrt{2}(1 \mp a)}{2}, \ \frac{a^2 \pm 6a + 6}{12} \right) \quad （複号同順）$$

である．R は $y = x^2$ 上にあるから

$$\frac{a^2 \pm 6a + 6}{12} = \left\{ \frac{\sqrt{2}(1 \mp a)}{2} \right\}^2$$

◀ 複号が分かりにくければ2つに分けて計算してもよいです．

$$a^2 \pm 6a + 6 = 6(1 \mp a)^2$$

$$a^2 \pm 6a + 6 = 6(a^2 \mp 2a + 1)$$

$$5a^2 \mp 18a = 0$$

$$a(5a \mp 18) = 0$$

$$a = 0, \ \pm \frac{18}{5} \quad （複号同順）$$

$a > 0$ より

$$\boldsymbol{a = \frac{18}{5}}$$

310　第8章　ベクトル（例題8−5）

第3節　単位ベクトル，法線ベクトルの利用

□	**Point**	The vector	8-5	**Check!**	□
		NEO ROAD TO SOLUTION			

1 直線が曲線によって切り取られる線分を弦といいます．PQ を弦とみなして，次の弦の長さの公式を用いています．

> **公式**　（弦の長さの公式）
> 座標平面において，傾き m の直線とある曲線が 2 点 A，B で交わっており，A，B の x 座標がそれぞれ α，β（$\alpha < \beta$）であるとき，線分 AB の長さ l は
>
> $$l = \sqrt{1 + m^2}(\beta - \alpha)$$
>
> である．

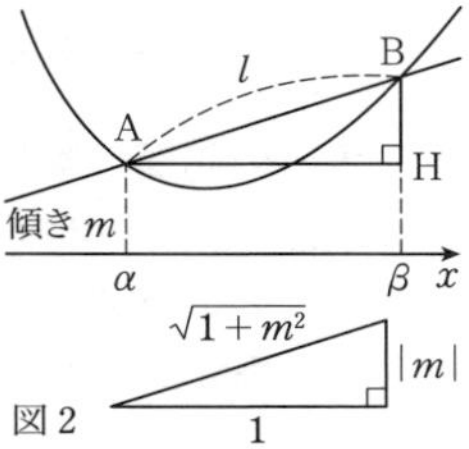

図 2

曲線がなくても傾きと両端の x 座標が分かっている線分であれば，その長さは同様に求められます．

証明は簡単です．$m = 0$ のときは明らかですから $m \neq 0$ で考えます．図 2 のように △ABH が直角三角形になるように点 H をとります．△ABH の 3 辺の長さの比に着目しましょう．傾きが m であることから

$$\text{AH} : \text{BH} = 1 : |m|$$

です．$m < 0$ もありますから絶対値がつきます．三平方の定理を用いると

$$\text{AH} : \text{AB} = 1 : \sqrt{1 + |m|^2} = 1 : \sqrt{1 + m^2}$$

です．図 2 の直角三角形の 3 辺の数は比です．$\text{AH} = \beta - \alpha$ ですから

$$l = \text{AB} = \sqrt{1 + m^2}(\beta - \alpha)$$

となります．

この公式は使用頻度が高いですが，知らない受験生が意外に多いです．幸運なことに，私は高校で習いました．岐阜高校の恩師に感謝です ☺

2 R の座標を求めるために，$\overrightarrow{\text{OR}}$ の成分を求めます．直接は難しいですから，**ベクトルでつなぐ**ことを考えます．PQ の中点を M として

$$\overrightarrow{\text{OR}} = \overrightarrow{\text{OM}} + \overrightarrow{\text{MR}}$$

とすれば，$\overrightarrow{\text{MR}}$ は PQ の法線ベクトルですから，うまく求められそうです．そこでまず M の座標を求めます．

第 8 章　ベクトル（例題 8-5）

第8章　ベクトル

3　PQ の法線ベクトルは，方向ベクトルの成分を「ひっくり返して片方にマイナス」で求めます．**▶解答◀** の図1を見ると，$\overrightarrow{\mathrm{MR}}$ は $\vec{n} = \begin{pmatrix} -\sqrt{2} \\ 1 \end{pmatrix}$ と「同じ向き」になりそうですが，ひょっとしたら都合のいい図を描いているだけで，逆向きになる図も描けるかもしれません．念のため「平行」として，逆向きも含めて考えます．複号 $\pm$ を付けるだけです．また，$\overrightarrow{\mathrm{MR}}$ の大きさは，1辺の長さ a の正三角形の高さである $\dfrac{\sqrt{3}}{2}a$ です．

4　正三角形の問題は角に着目して考えることもあります．座標平面での角の「神の公式」（☞ P.258）を用います．

　　$\mathrm{R}(r, r^2)$ とおきます．簡単のために，今回は P，Q，R は **▶解答◀** の図1のように反時計回りであることを認め，$r < p < q$ とします．

$$\overrightarrow{\mathrm{PQ}} = \begin{pmatrix} q-p \\ q^2-p^2 \end{pmatrix} = (q-p)\begin{pmatrix} 1 \\ q+p \end{pmatrix}, \ \overrightarrow{\mathrm{PR}} = (r-p)\begin{pmatrix} 1 \\ r+p \end{pmatrix}$$

$q - p > 0$，$r - p < 0$ と $\angle\mathrm{QPR} = \dfrac{\pi}{3}$ より，$\begin{pmatrix} 1 \\ q+p \end{pmatrix}$ と $\begin{pmatrix} 1 \\ r+p \end{pmatrix}$ のなす角は $\pi - \dfrac{\pi}{3} = \dfrac{2}{3}\pi$ であり，「神の公式」を用いて

$$\tan\frac{2}{3}\pi = \frac{|1\cdot(r+p) - (q+p)\cdot 1|}{1\cdot 1 + (q+p)(r+p)}$$

$$-\sqrt{3} = \frac{q-r}{1+(q+p)(r+p)}$$

$$\sqrt{3}\{1 + (q+p)(r+p)\} = r - q \ \cdots\cdots\cdots\cdots\cdots\cdots\text{Ⓐ}$$

となります．また

$$\overrightarrow{\mathrm{QP}} = (p-q)\begin{pmatrix} 1 \\ p+q \end{pmatrix}, \ \overrightarrow{\mathrm{QR}} = (r-q)\begin{pmatrix} 1 \\ r+q \end{pmatrix}$$

であり，$p - q < 0$，$r - q < 0$，$\angle\mathrm{PQR} = \dfrac{\pi}{3}$ より

$$\tan\frac{\pi}{3} = \frac{|1\cdot(r+q) - (p+q)\cdot 1|}{1\cdot 1 + (p+q)(r+q)}$$

$$\sqrt{3} = \frac{p-r}{1+(p+q)(r+q)}$$

$$\sqrt{3}\{1 + (p+q)(r+q)\} = p - r \ \cdots\cdots\cdots\cdots\cdots\cdots\text{Ⓑ}$$

です．Ⓐ，Ⓑ に ① を代入し

$$\sqrt{3}\{1 + \sqrt{2}(r+p)\} = r - q \ \cdots\cdots\cdots\cdots\cdots\cdots\text{Ⓒ}$$

312　第8章　ベクトル（例題8−5）

第3節　単位ベクトル，法線ベクトルの利用

$$\sqrt{3}\{1+\sqrt{2}(r+q)\}=p-r \quad \cdots\cdots\cdots\cdots\cdots\cdots\cdots\cdots\cdots\text{Ⓓ}$$

です．②より $a=\sqrt{3}(q-p)$ ですから，$q-p$ を求めます．同値変形「たして，ひいて」（☞ P.43）を使うと式がきれいになります．Ⓓ－Ⓒ より

$$\sqrt{3}\cdot\sqrt{2}(q-p)=p+q-2r$$

$$\sqrt{6}(q-p)=\sqrt{2}-2r$$

$$\sqrt{3}(q-p)=1-\sqrt{2}r \quad \cdots\cdots\cdots\cdots\cdots\cdots\cdots\cdots\cdots\text{Ⓔ}$$

Ⓒ＋Ⓓ より

$$\sqrt{3}\{2+\sqrt{2}(p+q+2r)\}=p-q$$

$$\sqrt{3}\{2+\sqrt{2}(\sqrt{2}+2r)\}=p-q$$

$$q-p=-4\sqrt{3}-2\sqrt{6}r \quad \cdots\cdots\cdots\cdots\cdots\cdots\cdots\text{Ⓕ}$$

Ⓔ$\times2\sqrt{3}-$Ⓕ より，r を消去して

$$5(q-p)=6\sqrt{3} \qquad \therefore \quad q-p=\frac{6\sqrt{3}}{5}$$

よって

$$a=\sqrt{3}(q-p)=\frac{18}{5}$$

です．

　このように比べてみると，今回の問題はベクトルの解法の方がシンプルです．

⑤　一般に，正三角形の残りの頂点の問題は，複素平面（数Ⅲ）での回転も含め，角に着目する方法がありますが，それは平面の問題に限られます．空間の問題では「ベクトル」を使うしかありません．例えば次のような問題です．

> **問題 32.** 座標空間において 3 点 A$(1, 5, 1)$，B$(0, 9, 10)$，C$(6, -8, -9)$ がある．△ABD が正三角形となるような，平面 ABC 上の点 D の座標を求めよ．

　先取りして，**第5節**（☞ P.321）で扱う「正射影ベクトル」を用います．D が 2 通りあることに注意しましょう．空間図形の章（☞ P.350）で紹介する「外積」を使う方法もあります．

第8章　ベクトル（例題 8－5）　313

第8章　ベクトル

▶**解答**◀　ABの中点をMとし，Cから直線AB に下ろした垂線の足をHとおくと，平面ABC上において，MD⊥AB，HC⊥ABより
$$MD \mathbin{/\mkern-5mu/} HC$$

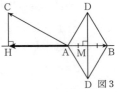

図3

が成り立つ．よって，$\overrightarrow{MD}$ は $\overrightarrow{HC}$ に平行（同じ向き，逆向きの両方）なベクトルであるから，MD の長さと $\overrightarrow{HC}$ を求めれば，$\overrightarrow{MD}$ が得られる．

$$\overrightarrow{AB} = \begin{pmatrix} -1 \\ 4 \\ 9 \end{pmatrix}, \quad \overrightarrow{AC} = \begin{pmatrix} 5 \\ -13 \\ -10 \end{pmatrix}$$

であり，△ABD は正三角形であるから
$$MD = \frac{\sqrt{3}}{2} AB = \frac{\sqrt{3}}{2} \cdot 7\sqrt{2} = \frac{7\sqrt{6}}{2}$$

一方，$\overrightarrow{AH}$ は $\overrightarrow{AC}$ の $\overrightarrow{AB}$ への正射影ベクトルであるから
$$\overrightarrow{AH} = \frac{\overrightarrow{AB} \cdot \overrightarrow{AC}}{|\overrightarrow{AB}|} \frac{\overrightarrow{AB}}{|\overrightarrow{AB}|} = \frac{-147}{98} \overrightarrow{AB} = -\frac{3}{2} \overrightarrow{AB} = -\frac{3}{2} \begin{pmatrix} -1 \\ 4 \\ 9 \end{pmatrix}$$

であり
$$\overrightarrow{HC} = \overrightarrow{AC} - \overrightarrow{AH} = \begin{pmatrix} 5 \\ -13 \\ -10 \end{pmatrix} + \frac{3}{2} \begin{pmatrix} -1 \\ 4 \\ 9 \end{pmatrix} = \frac{7}{2} \begin{pmatrix} 1 \\ -2 \\ 1 \end{pmatrix}$$

ゆえに，$\overrightarrow{MD}$ は $\vec{n} = \begin{pmatrix} 1 \\ -2 \\ 1 \end{pmatrix}$ に平行で大きさが $\frac{7\sqrt{6}}{2}$ のベクトルで

$$\overrightarrow{MD} = \pm \frac{7\sqrt{6}}{2} \frac{\vec{n}}{|\vec{n}|} = \pm \frac{7}{2} \begin{pmatrix} 1 \\ -2 \\ 1 \end{pmatrix}$$

したがって
$$\overrightarrow{OD} = \overrightarrow{OM} + \overrightarrow{MD} = \frac{1}{2} \begin{pmatrix} 1 \\ 14 \\ 11 \end{pmatrix} \pm \frac{7}{2} \begin{pmatrix} 1 \\ -2 \\ 1 \end{pmatrix}$$

であるから，求めるDの座標は $(4, 0, 9)$, $(-3, 14, 2)$ である．

第3節　単位ベクトル，法線ベクトルの利用

♦別解♦　平面 ABC の法線ベクトルを $\vec{m}$ とすると，$\vec{m}$ は $\overrightarrow{AB} = \begin{pmatrix} -1 \\ 4 \\ 9 \end{pmatrix}$ と $\overrightarrow{AC} = \begin{pmatrix} 5 \\ -13 \\ -10 \end{pmatrix}$ の両方に垂直である．ベクトルの外積を用いて $\vec{m}$ を求める．

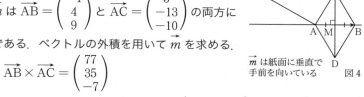

$\vec{m}$ は紙面に垂直で手前を向いている　　図4

$$\overrightarrow{AB} \times \overrightarrow{AC} = \begin{pmatrix} 77 \\ 35 \\ -7 \end{pmatrix}$$

$$= 7\begin{pmatrix} 11 \\ 5 \\ -1 \end{pmatrix}$$

$\begin{array}{cccc} 4 & 9 & -1 & 4 \\ -13 & -10 & 5 & -13 \\ \downarrow & \downarrow & \downarrow & \\ 77 & 35 & -7 & \end{array}$

であるから，$\vec{m} = \begin{pmatrix} 11 \\ 5 \\ -1 \end{pmatrix}$ としてよい．これは図4において，紙面と垂直な方向（厳密には手前を向いている）をもつベクトルである．この $\vec{m}$ を用いると，$\overrightarrow{MD}$ は $\vec{m}$ と $\overrightarrow{AB}$ の両方に垂直なベクトルである．やはり外積を用いて求める．

$$\vec{m} \times \overrightarrow{AB} = \begin{pmatrix} 49 \\ -98 \\ 49 \end{pmatrix} = 49\begin{pmatrix} 1 \\ -2 \\ 1 \end{pmatrix}$$

$\begin{array}{cccc} 5 & -1 & 11 & 5 \\ 4 & 9 & -1 & 4 \\ \downarrow & \downarrow & \downarrow & \\ 49 & -98 & 49 & \end{array}$

であり，また

$$MD = \frac{\sqrt{3}}{2}AB = \frac{\sqrt{3}}{2} \cdot 7\sqrt{2} = \frac{7\sqrt{6}}{2}$$

であるから，$\overrightarrow{MD}$ は $\vec{n} = \begin{pmatrix} 1 \\ -2 \\ 1 \end{pmatrix}$ に平行で大きさが $\frac{7\sqrt{6}}{2}$ のベクトルである．

以下同様である．

注意　後にそれぞれ詳しく解説しますが，「正射影ベクトル」，「外積」などは丸暗記してそれで満足するような知識ではなく，便利な道具です．使いこなせるよう練習しておけば，頼もしい味方になってくれます．受験数学では**使える道具はいくらでもあった方がよい**のです．

第8章　ベクトル

第4節　内積の図形的意味

ベクトル　　　　　　　　　　　　　　　　　　　　　　　　　　　The vector

　私が高校生時代にベクトルの内積の定義を見たとき，かなり違和感がありました．"謎"の $\cos\theta$ があったからです．定義ですから仕方ないのですが，どうしても腑に落ちないため，その意味を必死に考えました．いい思い出です😊

　内積はただの計算ルールではありません．定義には意味があります．今回は内積の図形的意味を確認し，それを道具として使うことを目指します．

　$\vec{a}$ と $\vec{b}$ のなす角を θ $(0 \leqq \theta \leqq \pi)$ とするとき，内積 $\vec{a} \cdot \vec{b}$ を

$$\vec{a} \cdot \vec{b} = |\vec{a}||\vec{b}|\cos\theta$$

で定義します．この図形的意味を考えてみましょう．

　$\vec{a} = \overrightarrow{OA}$, $\vec{b} = \overrightarrow{OB}$ とし，点 B から直線 OA に下ろした垂線の足を H とおきます．直線 OA を映画のスクリーンと見立て，OA と垂直な方向から OB に向かって光を当てるとすると，OA 上にできる OB の影が OH になります．$\cos\theta$ の符号に着目し，θ と $\dfrac{\pi}{2}$ の大小で場合分けします．

（ i ）　$0 \leqq \theta \leqq \dfrac{\pi}{2}$ のとき

$$\overrightarrow{OA} \cdot \overrightarrow{OB} = |\overrightarrow{OA}||\overrightarrow{OB}|\cos\theta$$
$$= \text{OA} \cdot \text{OH}$$

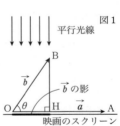

となりますから

$$\overrightarrow{OA} \cdot \overrightarrow{OB} = \text{OA} \times (\text{OB の影})$$

と解釈できます．

（ ii ）　$\dfrac{\pi}{2} < \theta \leqq \pi$ のとき

$$\overrightarrow{OA} \cdot \overrightarrow{OB} = |\overrightarrow{OA}||\overrightarrow{OB}|\cos\theta$$
$$= \text{OA} \cdot \text{OB} \cdot \{-\cos(\pi - \theta)\}$$
$$= \text{OA} \cdot (-\text{OH})$$

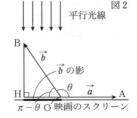

となりますから

$$\overrightarrow{OA} \cdot \overrightarrow{OB} = \text{OA} \times \{-(\text{OB の影})\}$$

と解釈できます．

第4節　内積の図形的意味

以上を踏まえると，図3で
$$\vec{OA}\cdot\vec{OB} = \vec{OA}\cdot\vec{OC} = \vec{OA}\cdot\vec{OD}$$
が成り立ちます．値はすべて OA・OH となるからです．**直角を見かけたら内積を連想する**ことです．

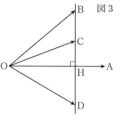
図3

一般に，定ベクトル $\vec{OA}$ に対し $\vec{OA}\cdot\vec{OP}$ が一定であるように動く点 P の軌跡は，平面上なら「$\vec{OA}$ を法線ベクトルとする**直線**」，空間なら「$\vec{OA}$ を法線ベクトルとする**平面**」となります．

参考までに，$|\vec{OB}|\cos\theta$ は OH の**符号付き長さ**とみることができます．$\vec{OA}$ 方向を正とみなし，**O に関して H が A と同じ側にあるときは正，反対側にあるときは負**とする OH の長さです．これを認めれば，(ⅰ)，(ⅱ)はまとめて
$$\vec{OA}\cdot\vec{OB} = OA\times(OH の符号付き長さ)$$
$$= OA\times(\vec{OB} の \vec{OA} への正射影の符号付き長さ)$$
と表され，場合分けする必要はありません．なお，正射影とは垂直に影を落とすという意味です．第5節 (☞ P.321) で「正射影ベクトル」，空間図形の章 (☞ P.362) で「正射影の面積」も扱います．

シンプルに書くと，内積は **(スクリーン)×(影)** です．ここでの「スクリーン」は**線分** OA です．OA < OH のように，スクリーンが影より短くてもよいです．

余談ですが，内積の「内」には意味がありません．ベクトルには空間図形の章 (☞ P.350) で紹介する「外積」もあり，$\vec{a}\times\vec{b}$ などと書きますが，やはり「外」には意味がありません．英語ではどう書くかを調べてみると，驚くことに，内積は「dot product」(・で表された積)，外積は「cross product」(×で表された積) といいます．そのままですね😃 これをどう和訳するかが問題になったようで，結局，適当に一対の言葉「内」と「外」を訳に当てたようなのです．個人的には，内積は**「影積」**，外積は垂線が関係しますから**「垂積」**が適訳だと思っています．実際に用語は変わりませんが，意味をとらえる助けにはなるでしょう．

―〈ベクトルのまとめ4〉―

Check ▷▷▷▷ 内積の図形的意味
- 内積は (スクリーン)×(影)
- 直角を見かけたら「内積」を連想する

第8章　ベクトル

――――――――――――――――――――――〈円の極線〉――

例題 8−6. 円 $C : x^2 + y^2 = r^2$ の外部の点 $\mathrm{A}(x_1, y_1)$ から円 C に引い
た 2 本の接線と円 C との接点を Q, R とするとき，直線 QR の方程式を
求めよ．　　　　　　　　　　　　　　　　　　　　　　　　（有名問題）

考え方　図を描いてみましょう．直線 OA に関する対称性より，OA ⊥ QR が
成り立ちます．また，AQ ⊥ OQ が成り立ちますから，この 2 つの直角に着目し，
内積を用います．直線 QR のことを，**極 A に対する円 C の極線**といいます．

▶解答◀　直線 QR 上の点を $\mathrm{P}(x, y)$ とおき，x と y
の関係式を求めればよい．（▷▷▷▶ **1**）

PQ ⊥ OA より

$$\overrightarrow{\mathrm{OA}} \cdot \overrightarrow{\mathrm{OP}} = \overrightarrow{\mathrm{OA}} \cdot \overrightarrow{\mathrm{OQ}}$$

（▷▷▷▶ **2**）

一方，AQ ⊥ OQ より

$$\overrightarrow{\mathrm{OA}} \cdot \overrightarrow{\mathrm{OQ}} = \mathrm{OQ} \cdot \mathrm{OQ}$$

（▷▷▷▶ **3**）

$$= r^2$$

◀ OA に関して対称な図で
すから，QR ⊥ OA です．

よって

$$\overrightarrow{\mathrm{OA}} \cdot \overrightarrow{\mathrm{OP}} = r^2$$

である．$\overrightarrow{\mathrm{OA}} = \begin{pmatrix} x_1 \\ y_1 \end{pmatrix}$, $\overrightarrow{\mathrm{OP}} = \begin{pmatrix} x \\ y \end{pmatrix}$ を代入すると，直線
QR の方程式は

$$x_1 x + y_1 y = r^2$$

♦別解♦　$\mathrm{Q}(x_2, y_2)$, $\mathrm{R}(x_3, y_3)$ とおくと，C の Q, R
における接線の方程式はそれぞれ

$$x_2 x + y_2 y = r^2, \ \ x_3 x + y_3 y = r^2 \quad (▷▷▷▶ \textbf{4})$$

である．これらが $\mathrm{A}(x_1, y_1)$ を通るから

$$x_2 x_1 + y_2 y_1 = r^2, \ \ x_3 x_1 + y_3 y_1 = r^2$$

が成り立つ．

◀ 接線の公式を使うために
接点の座標が必要です．

318 第8章　ベクトル（例題 8−6）

2式は x_1, y_1, r^2 の部分が共通であるから，方程式
$$xx_1 + yy_1 = r^2$$
にそれぞれ $(x, y) = (x_2, y_2), (x_3, y_3)$ を代入したものとみなすことができる．つまり，直線
$$x_1 x + y_1 y = r^2$$
が2点 $Q(x_2, y_2)$, $R(x_3, y_3)$ を通ることを示している．よって，これが求める直線 QR の方程式である．

◀ 2式のみを眺めます．導いたプロセスには目をつぶり，結果のみに着目するのがコツです．

Point The vector NEO ROAD TO SOLUTION 8-6 Check!

1 図形の方程式とは**図形上の点の座標が満たす関係式**です．直線の方程式を求めたければ，直線上の点を (x, y) とおいて，x, y の関係式を導きます．

曲線（直線も含みます）を表す式は，「図形の方程式」以外に「ベクトル方程式」，「極方程式」（数Ⅲ）があります．図形の方程式はともかくとして，ベクトル方程式，極方程式に苦手意識を持つ受験生が多いようです．

私は高校生時代にベクトル方程式の単元でつまずきました．式変形を追うのは問題ないのですが，「そもそもベクトル方程式とは何か」が分からなかったのです．実は当時私が使っていた教科書には，ベクトル方程式の定義が書いてありませんでした．一番重要なことが書かれていないとは….

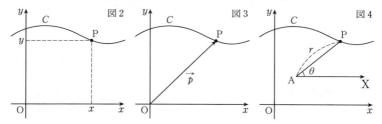

ベクトル方程式とは図形上の点の**位置ベクトル**が満たす関係式です．極方程式とは図形上の点の**極座標**が満たす関係式です．図形の方程式での「座標」が「位置ベクトル」，「極座標」に変わっただけです．上の図2～4のように，図形上の点を何を用いて表すかが違うだけで，ほぼ同じです．なお，ベクトル方程式や極方程式は座標平面で使うとは限りませんが，その場合が多いため，図3，4にも座標軸を入れておきました．3つまとめて納得しておきましょう．

第8章　ベクトル

2　$\overrightarrow{OA}$ が直線 PQ の法線ベクトルですから，内積一定の性質が使えそうです．そこで，$\overrightarrow{OA} \cdot \overrightarrow{OP}$ を考えます．**無駄な線を消す**（☞ P.383）とよいです．必要なのは O, A, P, Q のみですから，図5で考えます．OA をスクリーンとみなし水平にすれば，今節（☞ P.317）で扱った図3とほぼ同じです．$\overrightarrow{OP}$ と $\overrightarrow{OQ}$ の $\overrightarrow{OA}$ への正射影が同じになり

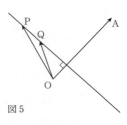

図5

$$\overrightarrow{OA} \cdot \overrightarrow{OP} = \overrightarrow{OA} \cdot \overrightarrow{OQ}$$

が成り立ちます．

3　$\overrightarrow{OA} \cdot \overrightarrow{OQ}$ の図形的意味を考えます．無駄な線を消して，図6で考えます．OQ をスクリーンとみなすと，スクリーンと影の長さがともに OQ となり

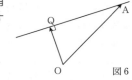

図6

$$\overrightarrow{OA} \cdot \overrightarrow{OQ} = OQ \cdot OQ$$

が成り立ちます．

4　円の接線の公式を用います．

> **公式**　（円の接線）
> 円 $x^2 + y^2 = r^2$ の点 $A(x_1, y_1)$ における接線の方程式は
> $$x_1 x + y_1 y = r^2$$
> である．

証明は ▶解答◀ と同様に内積を使います．接線上の点を $P(x, y)$ とおくと，AP ⊥ OA より

$$\overrightarrow{OA} \cdot \overrightarrow{OP} = OA \cdot OA = r^2$$

ですから，成分を代入するだけです．

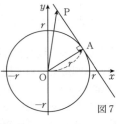

図7

5　♦別解♦ の方法は有名です．私は高校生時代に参考書で読みましたが，当時はすぐに理解できず，無理やり覚えました．今思えば特殊な解法で，極線の問題ならではです．

第5節　正射影ベクトル

内積の応用です．知っていると便利な「正射影ベクトル」の公式を紹介します．

公式　（正射影ベクトル）

点 B から直線 OA に下ろした垂線の足を H とおくとき，$\overrightarrow{OH}$ を **$\overrightarrow{OB}$ の $\overrightarrow{OA}$ への正射影ベクトル**という．このとき

$$\overrightarrow{OH} = \frac{\overrightarrow{OA} \cdot \overrightarrow{OB}}{|\overrightarrow{OA}|} \frac{\overrightarrow{OA}}{|\overrightarrow{OA}|}$$

が成り立つ．

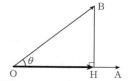

言葉の使い方にも注意しましょう．2つのベクトルを明記することです．公式は一見ややこしそうですが，内積の図形的意味のちょっとした応用で示せます．

まず，$0 \leqq \theta \leqq \dfrac{\pi}{2}$ のときを考えます．内積に「影の長さ」が含まれていることを利用します．$\overrightarrow{OA} \cdot \overrightarrow{OB} = OA \cdot OH$ を影の長さ OH について解くと

$$OH = \frac{\overrightarrow{OA} \cdot \overrightarrow{OB}}{|\overrightarrow{OA}|}$$

となります．**第4節**（☞ P.317）で紹介したとおり，内積は（スクリーン）×（影）ですから，それを（スクリーン）で割れば（影）が残るイメージです．$\overrightarrow{OH}$ は $\overrightarrow{OA}$ 方向の大きさ OH のベクトルですから

$$\overrightarrow{OH} = OH \frac{\overrightarrow{OA}}{|\overrightarrow{OA}|} = \frac{\overrightarrow{OA} \cdot \overrightarrow{OB}}{|\overrightarrow{OA}|} \frac{\overrightarrow{OA}}{|\overrightarrow{OA}|}$$

となります．

$\dfrac{\pi}{2} < \theta \leqq \pi$ のときは，$\overrightarrow{OH}$ が $\overrightarrow{OA}$ と逆向きになりますが，それが「符号付き長さ」の符号とマッチするので同じ式で表されます．

実用上 $0 \leqq \theta \leqq \dfrac{\pi}{2}$ の場合で作れれば問題ありません．また，実戦的には

$$\overrightarrow{OH} = \frac{\overrightarrow{OA} \cdot \overrightarrow{OB}}{|\overrightarrow{OA}|^2} \overrightarrow{OA}$$

として，2つの $|\overrightarrow{OA}|$ をまとめて計算するとよいです．簡単な例題です．

第8章　ベクトル

> **問題** 33. $\vec{b} = \begin{pmatrix} 4 \\ 7 \end{pmatrix}$ の $\vec{a} = \begin{pmatrix} 2 \\ 1 \end{pmatrix}$ への正射影ベクトル $\vec{h}$ を求めよ.

正射影ベクトルの公式を用いて成分計算をします.

$$\vec{h} = \frac{\vec{a} \cdot \vec{b}}{|\vec{a}|} \frac{\vec{a}}{|\vec{a}|} = \frac{\vec{a} \cdot \vec{b}}{|\vec{a}|^2} \vec{a} = \frac{15}{5} \vec{a} = 3\vec{a} = \begin{pmatrix} 6 \\ 3 \end{pmatrix}$$

　この公式は見た目がややこしく，あらぬ誤解を生む可能性があります．私は高校3年の夏に学校の特別授業で習いましたが，当時は意味を理解しておらず，$\dfrac{\vec{a} \cdot \vec{b}}{|\vec{a}|^2}$ の分母・分子にある $\vec{a}$ が約分で消せるような気がしていました 😣　また，分子の $\vec{a} \cdot \vec{b}$ の一部と $\vec{a}$ の順序を変えて

$$\frac{\vec{a} \cdot \vec{b}}{|\vec{a}|} \frac{\vec{a}}{|\vec{a}|} = \frac{\vec{a} \cdot \vec{a}}{|\vec{a}|} \frac{\vec{b}}{|\vec{a}|} = \frac{|\vec{a}|^2}{|\vec{a}|^2} \vec{b} = \vec{b}$$

とする人もいるようです．「ベクトルの約分」はかつての私だけでなく，受験生に蔓延しています．おそらく実数である内積や絶対値がベクトルの記号で表されているからでしょう．$\vec{a} \cdot \vec{b}$ や $|\vec{a}|$ はベクトルではなく，15 や $\sqrt{5}$ などのただの数です．特に $\vec{a} \cdot \vec{b}$ は**かたまりとして1つの数**で，くっついたら離れないイメージです．$\vec{a}$ と $\vec{b}$ にばらして約分できませんし，別のベクトルと入れ換えることもできません．$\dfrac{\vec{a} \cdot \vec{b}}{|\vec{a}|^2}$ **を係数とみる**のがコツです.

　正射影ベクトルの公式は，**垂線の足なら位置が分かる**ということを意味しています．この事実を知っていることが重要です．応用問題の解法を考える上で助けになることがあるからです.

〈ベクトルのまとめ5〉

Check ▷▷▷▷ 正射影ベクトル

✍ $\overrightarrow{\mathrm{OB}}$ の $\overrightarrow{\mathrm{OA}}$ への正射影ベクトルは $\dfrac{\overrightarrow{\mathrm{OA}} \cdot \overrightarrow{\mathrm{OB}}}{|\overrightarrow{\mathrm{OA}}|} \dfrac{\overrightarrow{\mathrm{OA}}}{|\overrightarrow{\mathrm{OA}}|}$ である

✍ 垂線の足なら位置が分かる

第 5 節 正射影ベクトル

〈直線に関する対称点〉

例題 8−7. xyz 空間内に 3 点 A$(1, 0, 1)$, B$(3, 1, -1)$, C$(6, 4, -1)$ がある. 点 C の直線 AB に関する対称点 D の座標を求めよ. （オリジナル）

考え方 平面の問題で，直線に関する対称点を求める方法は，中点と傾きに着目したり，共役複素数（数III）を利用する方法なども考えられますが，空間の問題ではベクトルを使うしかありません．言い換えると，**直線に関する対称点の求め方で最も汎用性が高いのはベクトルを使う方法です**．直角に着目しましょう．

▶解答◀ 線分 CD の中点を H とおくと，（▷▷▷▷ **❶**）
H は直線 AB 上にあり

$$\text{AH} \perp \text{CH}$$

である. $\overrightarrow{\text{AH}}$ は $\overrightarrow{\text{AC}}$ の $\overrightarrow{\text{AB}}$ への正射影ベクトルであるから

$$\overrightarrow{\text{AH}} = \frac{\overrightarrow{\text{AB}} \cdot \overrightarrow{\text{AC}}}{|\overrightarrow{\text{AB}}|} \frac{\overrightarrow{\text{AB}}}{|\overrightarrow{\text{AB}}|}$$

$$\overrightarrow{\text{AB}} = \begin{pmatrix} 2 \\ 1 \\ -2 \end{pmatrix}, \ \overrightarrow{\text{AC}} = \begin{pmatrix} 5 \\ 4 \\ -2 \end{pmatrix} \text{ より}$$

$$\overrightarrow{\text{AH}} = \frac{18}{9}\overrightarrow{\text{AB}} = 2\overrightarrow{\text{AB}} = \begin{pmatrix} 4 \\ 2 \\ -4 \end{pmatrix}$$

よって

$$\overrightarrow{\text{OH}} = \overrightarrow{\text{OA}} + \overrightarrow{\text{AH}} = \begin{pmatrix} 1 \\ 0 \\ 1 \end{pmatrix} + \begin{pmatrix} 4 \\ 2 \\ -4 \end{pmatrix} = \begin{pmatrix} 5 \\ 2 \\ -3 \end{pmatrix}$$

一方, H は線分 CD の中点であるから

$$\overrightarrow{\text{OH}} = \frac{\overrightarrow{\text{OC}} + \overrightarrow{\text{OD}}}{2}$$

$\overrightarrow{\text{OD}}$ について解くと

$$\overrightarrow{\text{OD}} = 2\overrightarrow{\text{OH}} - \overrightarrow{\text{OC}} = 2\begin{pmatrix} 5 \\ 2 \\ -3 \end{pmatrix} - \begin{pmatrix} 6 \\ 4 \\ -1 \end{pmatrix} = \begin{pmatrix} 4 \\ 0 \\ -5 \end{pmatrix}$$

ゆえに，D の座標は $(4, 0, -5)$ である.

◀ H は垂線の足とみなせます．正射影ベクトルを連想しましょう．$\overrightarrow{\text{AH}}$ の成分が計算できます．

◀ $\overrightarrow{\text{AH}} = \dfrac{\overrightarrow{\text{AB}} \cdot \overrightarrow{\text{AC}}}{|\overrightarrow{\text{AB}}|^2}\overrightarrow{\text{AB}}$
として計算します．

◀ A, B, C の座標から成分を計算しておきます．

◀ 係数を先に計算します．

◀ ベクトルでつなぎます．

問題編
論理
整数
論証
方程式
不等式
関数
座標
ベクトル
空間図形
図形総合
数列
数学的帰納法
場合の数
確率
微積分
出典・テーマ

第 8 章 ベクトル（例題 8−7） 323

第8章　ベクトル

Point 8-7　The vector NEO ROAD TO SOLUTION　Check!

1 まずは図を描いてみることです．直線 AB が線分 CD の垂直二等分線になっています．**対称点の問題は中点に着目**します．今回は線分 CD の中点 H がポイントです．中点の公式を用いると

$$\overrightarrow{OH} = \frac{\overrightarrow{OC} + \overrightarrow{OD}}{2} \quad \therefore \quad \overrightarrow{OD} = 2\overrightarrow{OH} - \overrightarrow{OC}$$

ですから，H が分かれば D も求まります．なお，C から AB に下ろした垂線の足を H としてもよいです．直線 AB に関する対称性から同じことです．

2 平面上での，直線に関する対称点を求める問題についても触れておきます．

> **問題 34.** xy 平面において，点 $A(3, 1)$ の直線 $l : y = 2x + 1$ に関する対称点 B の座標を求めよ．

非常に基本的な問題です．おそらく，中点と傾きに着目する人が多いでしょう．$B(a, b)$ とおいて，a, b に関する方程式を立てます．

AB の中点 $\left(\dfrac{a+3}{2}, \dfrac{b+1}{2} \right)$ が $l : y = 2x + 1$ 上にありますから

$$\frac{b+1}{2} = 2 \cdot \frac{a+3}{2} + 1$$

$$b + 1 = 2(a+3) + 2 \quad \therefore \quad 2a - b = -7 \quad \cdots\cdots\text{Ⓐ}$$

一方，$AB \perp l$ より

$$\frac{b-1}{a-3} \cdot 2 = -1$$

$$2(b-1) = -(a-3) \quad \therefore \quad a + 2b = 5 \quad \cdots\cdots\text{Ⓑ}$$

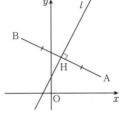

Ⓐ，Ⓑ より $a = -\dfrac{9}{5}, b = \dfrac{17}{5}$ となり，B の座標は $\left(-\dfrac{9}{5}, \dfrac{17}{5} \right)$ です．

この方法は，連立方程式の立式までの計算が多いように思います．また，厳密には $a \neq 3$ が必要です．そこで，安田亨先生直伝の方法を紹介しましょう．**先に中点の座標を求めてしまう**のです．今回の例題同様，正射影ベクトルの公式を用いてもできますが，直線の方程式を用いるのが簡単です．AB の中点を H とします．A を通り l と垂直な直線の方程式は

$$y = -\frac{1}{2}(x - 3) + 1 \quad \therefore \quad y = -\frac{1}{2}x + \frac{5}{2}$$

これと l の方程式を連立して $H\left(\dfrac{3}{5}, \dfrac{11}{5}\right)$ を得ますから，▶解答◀ と同様に

$$\overrightarrow{OB} = 2\overrightarrow{OH} - \overrightarrow{OA} = \dfrac{1}{5}\begin{pmatrix}6\\22\end{pmatrix} - \begin{pmatrix}3\\1\end{pmatrix} = \dfrac{1}{5}\begin{pmatrix}-9\\17\end{pmatrix}$$

よって，B の座標は $\left(-\dfrac{9}{5}, \dfrac{17}{5}\right)$ です．こちらの方が立式がシンプルな分，ミスしにくいように思います．

3 今回の例題で，始点を A にして考えると

$$\overrightarrow{AD} = 2\overrightarrow{AH} - \overrightarrow{AC} = \dfrac{2(\overrightarrow{AB}\cdot\overrightarrow{AC})}{|\overrightarrow{AB}|^2}\overrightarrow{AB} - \overrightarrow{AC}$$

となります．この形が登場する問題があります．

> 問題 35. xy 平面の原点 O を中心とし半径 1 の円 C 上に定点 A をとる．同じ円上の点 X に対し，平面上の点 Y を $\overrightarrow{OY} = \overrightarrow{OA} - 2(\overrightarrow{OA}\cdot\overrightarrow{OX})\overrightarrow{OX}$ で定める．ただし，$\overrightarrow{OA}\cdot\overrightarrow{OX}$ は $\overrightarrow{OA}$ と $\overrightarrow{OX}$ の内積である．このとき
> (1) $|\overrightarrow{OY}| = 1$ であることを示せ．
> (2) $\overrightarrow{OY} = -\overrightarrow{OA}$ となる点 X をすべて求めよ．
> (3) 点 X が円 C を 1 回まわるとき，点 Y は同じ円を 2 回まわることを示せ．
> (京都大)

$|\overrightarrow{OX}| = 1$ ですから，$\overrightarrow{OZ} = -\overrightarrow{OY}$ とすると

$$\overrightarrow{OZ} = \dfrac{2(\overrightarrow{OX}\cdot\overrightarrow{OA})}{|\overrightarrow{OX}|^2}\overrightarrow{OX} - \overrightarrow{OA}$$

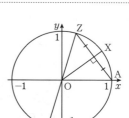

であり，点 Z は点 A の直線 OX に関する対称点です．これを踏まえるとこの問題はほぼ自明です．
（2）の結果だけ記します．

▶解答◀ （2） A と，O に関する A の対称点
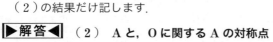

第 8 章　ベクトル

〈折れ線の長さの最小〉

[例題] 8−8．O を原点とする xyz 空間内に，A$(-3, 0, 6)$，B$(6, 6, 9)$，C$(1, 2, 2)$ をとる．直線 OC 上を点 P が動くとき，AP＋PB を最小にする点 P の座標を求めよ． （オリジナル）

[考え方]　「折れ線の長さの最小」がテーマです．平面の問題なら定型問題です．2 点 A，B が直線に関して反対側にあれば，A と B を直線で結ぶだけですし，2 点 A，B が直線に関して同じ側にあれば，B を直線に関して対称移動させて B′ とし，A と B′ を直線で結びます．

　一方，空間の問題になると難易度がぐっと上がります．単に対称移動を使うのではうまくいきません．ただし，基本的な考え方は同じです．**A と B が直線に関して反対側になるように移動させて直線で結ぶ**のです．点 B を平面 OAC 上に移し，平面の問題に帰着させます．

▶解答◀　点 B を直線 OC のまわりに回転させて，平面 OAC 上に移動した点を B′ とおく．ただし，B′ は直線 OC に関し A と反対側にとるとする．（▷▷▷❶）

PB ＝ PB′ より
　　AP ＋ PB ＝ AP ＋ PB′
　　　　　　≧ AB′ ＝（一定）

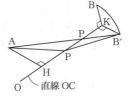

◀ 大雑把でいいですから図を描くとよいです．C はなくても構いません．

等号は A，P，B′ がこの順に一直線上に並ぶとき成り立つから，このとき AP ＋ PB は最小となる．よって，このときの点 P の座標を求めればよい．

◀ AP ＋ PB を最小にする P の図形的な位置は分かりました．この後，具体的な計算に入ります．

　A，B′ から直線 OC に下ろした垂線の足をそれぞれ H，K とおく．（▷▷▷❷）K は B から直線 OC に下ろした垂線の足でもあるから，$\overrightarrow{OH}$，$\overrightarrow{OK}$ は，それぞれ $\overrightarrow{OA}$，$\overrightarrow{OB}$ の $\overrightarrow{OC}$ への正射影ベクトルであり

◀ K の座標は B，C の座標と正射影ベクトルの公式を使えば求まります．B′ は不要です．

$$\overrightarrow{OH} = \frac{\overrightarrow{OC} \cdot \overrightarrow{OA}}{|\overrightarrow{OC}|} \frac{\overrightarrow{OC}}{|\overrightarrow{OC}|}$$

第5節　正射影ベクトル

$$= \frac{9}{9}\overrightarrow{OC} = \overrightarrow{OC} = \begin{pmatrix} 1 \\ 2 \\ 2 \end{pmatrix}$$

◀ 係数を先に計算します.

$$\overrightarrow{OK} = \frac{\overrightarrow{OC} \cdot \overrightarrow{OB}}{|\overrightarrow{OC}|} \frac{\overrightarrow{OC}}{|\overrightarrow{OC}|}$$

$$= \frac{36}{9}\overrightarrow{OC} = 4\overrightarrow{OC} = \begin{pmatrix} 4 \\ 8 \\ 8 \end{pmatrix}$$

H, K の座標はそれぞれ H$(1, 2, 2)$, K$(4, 8, 8)$ であり

$$\overrightarrow{AH} = \begin{pmatrix} 1 \\ 2 \\ 2 \end{pmatrix} - \begin{pmatrix} -3 \\ 0 \\ 6 \end{pmatrix} = \begin{pmatrix} 4 \\ 2 \\ -4 \end{pmatrix}$$

◀ $\overrightarrow{AH} = \overrightarrow{OH} - \overrightarrow{OA}$ です.

$$\overrightarrow{BK} = \begin{pmatrix} 4 \\ 8 \\ 8 \end{pmatrix} - \begin{pmatrix} 6 \\ 6 \\ 9 \end{pmatrix} = \begin{pmatrix} -2 \\ 2 \\ -1 \end{pmatrix}$$

◀ $\overrightarrow{BK} = \overrightarrow{OK} - \overrightarrow{OB}$ です.

より

$$AH = 6, \ BK = 3$$

である. また, B$'$K = BK より

$$B'K = 3$$

である. (▷▷▷▷ **3**)

　△APH $\sim$ △B$'$PK に注意すると

$$HP : KP = AH : B'K$$

$$= 6 : 3$$

$$= 2 : 1$$

であるから, P は線分 HK を
$2 : 1$ の比に内分する点であ
る. 分点公式より

◀ 図から「内分」すること
が分かります.

$$\overrightarrow{OP} = \frac{\overrightarrow{OH} + 2\overrightarrow{OK}}{3}$$

$$= \frac{1}{3}\left\{ \begin{pmatrix} 1 \\ 2 \\ 2 \end{pmatrix} + 2\begin{pmatrix} 4 \\ 8 \\ 8 \end{pmatrix} \right\} = \begin{pmatrix} 3 \\ 6 \\ 6 \end{pmatrix}$$

ゆえに, 求める P の座標は $(\mathbf{3, 6, 6})$ である.

第8章 ベクトル

Point The vector NEO ROAD TO SOLUTION 8-8 Check!

1 4点 O, A, B, C は同一平面上にありません. そこで, 平面の問題に帰着させます. 平面の問題で, A, B が直線に関して同じ側にあれば, B を直線に関して対称移動させます. そもそもなぜ「対称移動」させるのでしょうか. 理由は単純で, B の対称点を B′ とすると, PB = PB′ が成り立つからです.

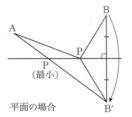

平面の場合

言い換えると, **AP + PB の値を変えずに B を動かしたい**のです. これは空間の問題でも同じです. AP + PB の値を変えることなく, B を平面 OAC 上に動かす移動は何でしょうか. それは, 直線 OC のまわりの**「回転移動」**です. ただし, そのような移動は 2 通りあります. 直線 OC に関して A と同じ側に移すか反対側に移すかです. もちろん反対側にとって A と直線で結びたいのですから, 反対側に移します.

2 平面の問題であれば, B′ の座標を求めて直線 AB′ の方程式を導き, 直線 OC の方程式と連立します. しかし, 空間の問題では, B′ の座標を求めるのが容易ではありません. そこで発想を転換しましょう. そもそも P の座標を求めるのに B′ は必要でしょうか. **B′ を使わずに P の座標が求められればそれでよい**のです. 今回は「回転」を用いていますから, その中心に着目します. A, B (または B′) から直線 OC に下ろした垂線の足を H, K として, H, K を用いて P の座標を求めます. H, K については垂線の足ですから, 正射影ベクトルの公式を用いれば求まるだろうという見込みがあります.

3 H, K の座標が求まっていて, H, P, K はこの順に一直線上にありますから, HP : PK が分かれば分点公式が使えます. 図形的な特徴に着目しましょう. △APH と △B′PK はともに直角三角形で, しかも相似です. そこで, 相似比 AH : B′K を求めます. AH と B′K をそれぞれ求めて比をとればよいです. ただし, B′ は分かっていませんから, B′K = BK を利用します.

4 数Ⅲが使える人は, $P(t, 2t, 2t)$ とおき, AP + PB を t で表して微分することを考えるかもしれませんが, これは非常に面倒で現実的ではありません. この問題に限らず, **折れ線の長さの最小の問題は図形的に解くべき**です.

第 9 章

The space figure
真・解法への道！ NEO ROAD TO SOLUTION

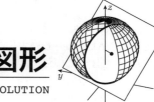

第9章　空間図形

第1節　平面で考える
空間図形　　　　　　　　　　　　　　　　　　　　　　　　　　The space figure

　空間図形の問題は，頭の中で想像しにくい上，図も描きにくく，平面図形の問題に比べ考えにくいことが多いです．しかし大丈夫です．空間図形の問題を解くコツがあります．それは**なるべく平面図形の問題に帰着させる**ことです．

　すぐに思いつくのは，**特定の平面に着目する**ことや，**特定の方向から眺める**ことです．他にも，対称面がある図形では**対称面で切る**方法が有名です．また，**垂線を下ろす**方法もあります．正四面体を例にとって解説します．

> [問題] 36. 1辺の長さが2の正四面体 OABC の高さを求めよ．

　非常に基本的な問題ですから，これ自体が主役になることはありませんが，正四面体の体積を求めたいときや，正四面体の頂点の座標を設定するときに必要になります．重要なのは結果ではなく求め方です．

　O から平面 ABC に下ろした垂線の足を H とすると，H は △ABC の外心です．これは正四面体に限らず，OA = OB = OC である四面体であれば成り立つことです．なぜなら

$$\triangle \text{OAH} \equiv \triangle \text{OBH} \equiv \triangle \text{OCH}$$

が成り立ち，HA = HB = HC であるからです．垂線 OH を下ろすことで，OA = OB = OC という空間での条件が HA = HB = HC という平面 ABC 上での条件に降りてきたとみなせます（図1）．その橋渡しをするのが，三角形の合同，または三平方の定理です．

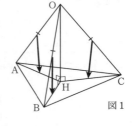
図1

　真上から眺めると，直感的にイメージがつかみやすいです．正四面体を真上から眺めると，直線 OH は1点に見え，O と H は同じ点になります（図2）．よって，OA = OB = OC であれば HA = HB = HC です．特定の方向から眺めることで平面同様に考えています．なお，今回は高さを求めたいのですから垂線を引くのは当然ですが，高さを求める問題以外でも，**垂線を引いて空間での条件を平面上での条件に書き換える**ことがあります．

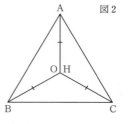
図2

さて，正四面体 OABC において，△ABC は正三角形ですから，外心と重心は一致し，H は △ABC の重心です．一方，正四面体には対称面があります．例えば，AB の中点を M とすると，正四面体 OABC は平面 OMC に関して対称です．H はこの平面上にありますから，対称面 OMC で切って考えると，正四面体の高さ OH が求まります．1 辺の長さが 2 ですから

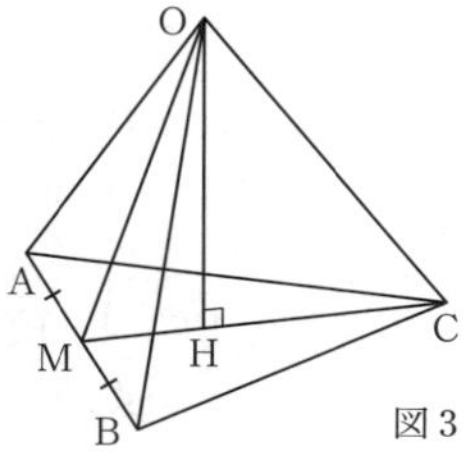

$$OM = CM = \sqrt{3}$$

であり，三角形の重心の性質より

$$CH : HM = 2 : 1$$

ですから，$CH = \dfrac{2\sqrt{3}}{3}$ です．よって，△OCH で三平方の定理を用いると

$$OH = \sqrt{2^2 - \left(\dfrac{2\sqrt{3}}{3}\right)^2} = \dfrac{2\sqrt{6}}{3}$$

が得られます．

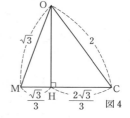

図3

図4

　以前，教え子の医師（当時は長崎大学医学部の学生）の M 君から興味深い話を聞きました．空間把握能力は幼少期までに決まってしまい，その後はどれだけ努力をしても鍛えられないようです．驚きとともにほっとした自分がいました．私は空間把握能力に問題があり，空間図形を頭の中で処理することが苦手です．立体の動きや切り口などは頭の中でとても想像できません．おそらく私のような受験生も少なくないでしょう．それでも問題ないと言ってもらえた気がしたのです．幸い，今回紹介したコツを知っていれば，空間把握能力に問題がある私ですら空間図形の問題を解くことができます．やはり数学は素晴らしい😊

―――――――〈空間図形のまとめ1〉―――――――

Check ▷▷▷ 平面で考える

（ⅰ）特定の平面に着目する
（ⅱ）特定の方向から眺める
（ⅲ）対称面で切る
（ⅳ）垂線を下ろす

〈空間での距離の最小〉

例題 9-1. xyz 空間内の平面 $z=0$ の上に $x^2+y^2=25$ により定まる円 C があり，平面 $z=4$ の上に $x=1$ により定まる y 軸に平行な直線 l がある．
（1） 点 $P(6, 8, 15)$ から C 上の点への距離の最小値を求めよ．
（2） C 上の点で，l 上の点への距離の最小値が 5 であるものをすべて求めよ．
(一橋大)

考え方 空間での2点間の距離の最大・最小です．平面で考えるために垂線を下ろします．（2）は題意の把握に注意しましょう．

▶解答◀ （1） P から xy 平面に下ろした垂線の足を H とおくと，$H(6, 8, 0)$ である．また，C 上の点を Q とおくと，三平方の定理より

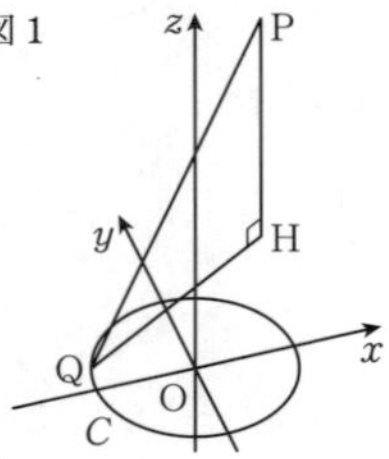

$$PQ = \sqrt{PH^2 + HQ^2}$$
$$= \sqrt{225 + HQ^2}$$

◀ C は xy 平面上にありますから，P から xy 平面に垂線を下ろし，xy 平面上の問題に帰着させます．

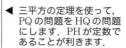

よって，PQ が最小となるのは，HQ が最小となるときである．ここで

$$OH = \sqrt{6^2+8^2} = 10 > 5$$

◀ 三平方の定理を使って，PQ の問題を HQ の問題にします．PH が定数であることが利きます．

より，H は C の外部にあるから，HQ は O, Q, H がこの順に一直線上に並ぶとき最小である．(▷▷▷**1**) このとき

$$HQ = OH - OQ$$
$$= 10 - 5 = 5$$

ゆえに，PQ の最小値は

$$\sqrt{225+5^2} = 5\sqrt{10}$$

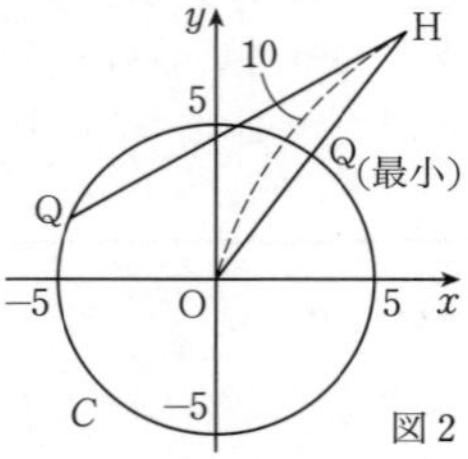

◀ H が C の内部にあるか外部にあるかで図が変わります．正しい図を描くために，H の位置を調べておきます．

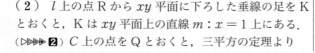
図2

（2） l 上の点 R から xy 平面に下ろした垂線の足を K とおくと，K は xy 平面上の直線 $m : x=1$ 上にある．
(▷▷▷**2**) C 上の点を Q とおくと，三平方の定理より

第1節　平面で考える

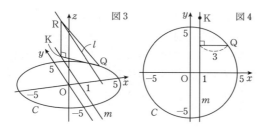

$$RQ = \sqrt{RK^2 + KQ^2} = \sqrt{16 + KQ^2}$$

よって，RQ = 5 となるのは，KQ = 3 となるときであるから，Q を固定し，R が l 上を動くときの RQ の最小値が 5 となるのは，(▷▷▷ **3**) Q を固定し，K が m 上を動くときの KQ の最小値が 3 となるときである．これは，図4のように，Q が m から距離 3 の位置にあるときで，Q の x 座標が $1 \pm 3 = 4, -2$ のときである．Q が C 上にあることに注意して，求める点は

$$(4, \pm 3, 0), (-2, \pm\sqrt{21}, 0)$$

◀ R の z 座標が 4 ですから，RK = 4 です．

◀ RQ の問題を KQ の問題にします．

◀ KQ ⊥ m のとき KQ は最小ですから，その最小値が 3 というのは，Q から m に下ろした垂線の長さが 3 ということです．

♦別解♦　点の座標をパラメータでおく．(▷▷▷ **4**)

(1)　C 上の点を $Q(5\cos\theta, 5\sin\theta, 0)$ $(0 \leqq \theta < 2\pi)$ とおく．

$$\begin{aligned}
PQ^2 &= (5\cos\theta - 6)^2 + (5\sin\theta - 8)^2 + 225 \\
&= 350 - 60\cos\theta - 80\sin\theta \\
&= 350 - 100\left(\frac{3}{5}\cos\theta + \frac{4}{5}\sin\theta\right) \\
&= 350 - 100\sin(\theta + \alpha) \quad (\triangleright\triangleright\triangleright \textbf{5})
\end{aligned}$$

◀ xy 平面上で原点中心，半径 r の円周上の点は，$(r\cos\theta, r\sin\theta)$ と表せます．xyz 空間では z 座標を 0 にします．

ただし，$\cos\alpha = \frac{4}{5}$，$\sin\alpha = \frac{3}{5}$ である．$0 \leqq \theta < 2\pi$ より，$\alpha \leqq \theta + \alpha < 2\pi + \alpha$ であるから，$\sin(\theta + \alpha) = 1$ となれる．よって，このとき PQ は最小で，最小値は

$$\sqrt{350 - 100} = 5\sqrt{10}$$

◀ $\sin(\theta + \alpha) = 1$ となれる確認が必要です．

(2)　l 上の点を $R(1, t, 4)$ とおく．

$$RQ^2 = (5\cos\theta - 1)^2 + (5\sin\theta - t)^2 + 16$$

◀ $l : x = 1, z = 4$ より，R は y 座標のみが変化し，それを t とします．

第9章　空間図形（例題9−1）　333

第9章　空間図形

$$= (t - 5\sin\theta)^2 + (5\cos\theta - 1)^2 + 16$$

◀ t で整理します.

Q を固定し，R が l 上を動くときの RQ の最小値が 5 となる条件を考える．Q, R がそれぞれ θ, t で決まることに注意する．θ を固定し t を動かすとき，$t = 5\sin\theta$ で RQ は最小値 $\sqrt{(5\cos\theta - 1)^2 + 16}$ をとる．これが 5 となることが条件で

◀ 題意の把握については，▶解答◀ と同じです．Q を固定し R を動かすのですから，θ を固定し t を動かします．

$$\sqrt{(5\cos\theta - 1)^2 + 16} = 5$$

$$(5\cos\theta - 1)^2 + 16 = 25$$

$$(5\cos\theta - 1)^2 = 9$$

$$5\cos\theta - 1 = \pm 3 \quad \therefore \quad \cos\theta = \frac{4}{5}, \ -\frac{2}{5}$$

$\cos\theta = \dfrac{4}{5}$ のとき，$\sin\theta = \pm\dfrac{3}{5}$ で，$\cos\theta = -\dfrac{2}{5}$ のとき，$\sin\theta = \pm\dfrac{\sqrt{21}}{5}$ であるから，求める点は

◀ Q$(5\cos\theta, 5\sin\theta, 0)$ に代入します．

$(4, \pm 3, 0), (-2, \pm\sqrt{21}, 0)$

Point　The space figure　NEO ROAD TO SOLUTION　**9-1**　Check!

1 次の定理を用いています．

[定理]（円周上を動く点と定点の距離の最大・最小）
点 C を中心とする円とその外部の点 A があり，円周上を点 P が動くとする．このとき，AP が最大となる P は，直線 AC と円の 2 つの交点のうち A から遠い方で，最小となる P は，2 つの交点のうち A に近い方である．A が円の内部にある場合も同様である．

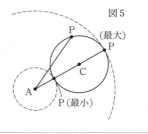

図 5

図 5 のように，A を中心とする 2 つの補助円を描けば明らかです．今回の HQ を最小にする Q は，直線 HO と C の 2 つの交点のうち H に近い方です．つまり，O, Q, H がこの順に一直線上に並ぶとき HQ は最小になります．

第1節 平面で考える

2 l は平面 $z=4$ 上の直線 $x=1$ ですから，l 上の点 R の x 座標は 1，z 座標は 4 です．xy 平面に垂線を下ろしても z 座標が 0 になるだけで，x 座標，y 座標は変わりませんから，K は xy 平面上の直線 $m: x=1$ 上にあります．

3 （2）は題意の把握が難しいです．焦らずじっくり考えることです．まず，求めたいのは C 上のある点です．条件は，l 上の点への距離の最小値が 5 であることです．「l 上の点への距離の最小値」というのは，何が動くときの最小値でしょうか．C 上の点でしょうか．違います．l 上の点です．ここがポイントです．C 上の点を**与え**，その後，l 上の点を**動かして** 2 点間の距離の最小値を考えます．もしそれが 5 であれば，最初に与えた C 上の点は題意を満たす点です．よって，求める C 上の点を Q として固定し，l 上の点 R を動かしたときの RQ の最小値が 5 になるような条件を調べるのです．

4 **空間のまま式で解く**ことも可能です．点の座標をパラメータを使っておき，2 点間の距離の最小を計算で調べます．図形的な考察が不要なのが強みです．

5 三角関数の合成を使っていますが，$a\cos\theta + b\sin\theta$ の最大・最小の問題は，**ベクトルの内積を利用**して解くことも可能です．

$$\begin{aligned} \mathrm{PQ}^2 &= 350 - 60\cos\theta - 80\sin\theta \\ &= 350 - 20(3\cos\theta + 4\sin\theta) \\ &= 350 - 20\begin{pmatrix}\cos\theta\\\sin\theta\end{pmatrix}\cdot\begin{pmatrix}3\\4\end{pmatrix} \end{aligned}$$

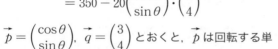

$\vec{p} = \begin{pmatrix}\cos\theta\\\sin\theta\end{pmatrix}$，$\vec{q} = \begin{pmatrix}3\\4\end{pmatrix}$ とおくと，$\vec{p}$ は回転する単位ベクトル，$\vec{q}$ は大きさ 5 の定ベクトルで，ともに大きさが一定ですから，内積 $\vec{p}\cdot\vec{q}$ はこれらのなす角 ϕ で決まります．実際

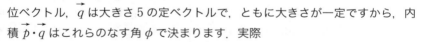

$$\vec{p}\cdot\vec{q} = |\vec{p}||\vec{q}|\cos\phi = 1\cdot 5\cdot\cos\phi = 5\cos\phi$$

です．$0 \leqq \theta < 2\pi$ より，$\vec{p}$ は 1 回転できますから，$\phi = 0$，すなわち $\vec{p}$ と $\vec{q}$ が同じ向きのとき $\vec{p}\cdot\vec{q}$ は最大，PQ は最小となり，最小値は

$$\sqrt{350 - 20\cdot 5\cdot\cos 0} = 5\sqrt{10}$$

です．$0 \leqq \theta \leqq \pi$ など $\vec{p}$ が 1 回転できないときには合成するより簡単です．なお，図 6 は見やすいように単位円を 2 倍に拡大しています．

第2節　等面四面体

空間図形　　　　　　　　　　　　　　　　　　　　　　The space figure

4つの面がすべて合同な四面体を**等面四面体**といいます．等面四面体に関する入試問題は，東大，京大，阪大，東工大，名大など多くの難関大学で繰り返し出題されています．

等面四面体の問題を解く上で，ぜひ知っておきたい予備知識があります．それは，**等面四面体は直方体から切り出して作る**ということです．

図1のような直方体 ABCD-EFGH があるとします．各面の対角線を結んで四面体 ACFH を作ると，等面四面体になります．直方体の向かい合う面は合同で対角線の長さは等しく

$$AC = FH,\ AF = CH,\ AH = CF$$

が成り立つからです．直方体を材料として，余分な4つの四面体 ABCF，ACDH，AEFH，CFGH を切り取れば，等面四面体が残るイメージです．

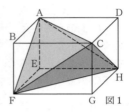
図1

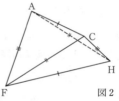
図2

等面四面体の問題で頻出テーマは，**体積の計算と証明問題**です．体積の計算は 例題 9-2．(☞ P.337) で，証明問題は 例題 9-3．(☞ P.339) で触れます．

余談ですが，私が受験した年の東大でも等面四面体の問題が出題されました．例題 9-2．(☞ P.337) がそうです．当時の私は「等面四面体は直方体から切り出して作る」ことを知らず，手が出ませんでした．後日，「大学への数学」(東京出版) でこの問題が「難問」に分類されているのを見てほっとしたのですが，大学入学後，大学で知り合った友人にこの問題について尋ねたところ，上の事実を使って瞬殺したと言われました．そのときの釈然としない気持ちは忘れません．

このように，受験数学には知っているかどうかで決まる問題があります．無知は罪なのです．この等面四面体の予備知識を1人でも多くの受験生に伝えることで受験当時の私の無念は晴れる気がしています．いわば私の復讐戦です😅

―――――――〈空間図形のまとめ2〉―――――――

Check ▷▷▷▷　等面四面体は直方体から切り出して作る

第2節 等面四面体

〈等面四面体の体積〉

例題 9-2. すべての面が合同な四面体 ABCD がある．頂点 A, B, C はそれぞれ x, y, z 軸上の正の部分にあり，辺の長さは $AB = 2l - 1$, $BC = 2l$, $CA = 2l + 1$ $(l > 2)$ である．

四面体 ABCD の体積を $V(l)$ とするとき，次の極限値を求めよ．

$$\lim_{l \to 2} \frac{V(l)}{\sqrt{l-2}}$$

（東京大）

考え方 原点を1つの頂点とし x, y, z 軸上に3辺をもつ直方体を考え，それを材料として等面四面体を作ります．四面体の辺の長さの条件から，直方体の3辺の長さが l で表せます．

▶解答◀ $A(a, 0, 0)$, $B(0, b, 0)$, $C(0, 0, c)$ $(a > 0, b > 0, c > 0)$ とおく．図のように3本の座標軸に平行な辺からなる直方体を考え，$D(a, b, c)$ とおくと，四面体 ABCD は等面四面体になる．(▷▷▷ ❶)

◀ A, B, Cは座標軸上にありますから，座標を設定します．

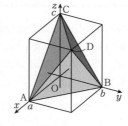

直方体の3辺の長さ a, b, c を l で表す．(▷▷▷ ❷)

$AB = 2l - 1$, $BC = 2l$, $CA = 2l + 1$ より

$a^2 + b^2 = (2l-1)^2$ ………………①
$b^2 + c^2 = (2l)^2$ ……………………②
$c^2 + a^2 = (2l+1)^2$ ………………③

◀ 2点間の距離の公式，または三平方の定理を用いて立式します．

辺ごとにたして2で割ると (▷▷▷ ❸)

$a^2 + b^2 + c^2 = 6l^2 + 1$ ……………④

④$-$②，④$-$③，④$-$① より

$a^2 = 2l^2 + 1$, $b^2 = 2l^2 - 4l$, $c^2 = 2l^2 + 4l$

$a = \sqrt{2l^2 + 1}$, $b = \sqrt{2l^2 - 4l}$, $c = \sqrt{2l^2 + 4l}$

よって

$$V(l) = abc - 4 \cdot \frac{1}{3} \cdot \frac{1}{2}ab \cdot c$$
$$= \frac{1}{3}abc$$
$$= \frac{1}{3}\sqrt{2l^2+1}\sqrt{2l^2-4l}\sqrt{2l^2+4l}$$
$$= \frac{2}{3}l\sqrt{2l^2+1}\sqrt{l-2}\sqrt{l+2}$$

◀ 余分な4つの四面体は合同で、まとめて引きます.

◀ 等面四面体の体積は、材料の直方体の $\frac{1}{3}$ 倍です.

◀ $(\sqrt{2l})^2 = 2l$ をくくり出しています.

より

$$\lim_{l \to 2}\frac{V(l)}{\sqrt{l-2}} = \lim_{l \to 2}\frac{2}{3}l\sqrt{2l^2+1}\sqrt{l+2}$$
$$= \frac{2}{3} \cdot 2 \cdot 3 \cdot 2 = 8$$

Point The space figure NEO ROAD TO SOLUTION 9-2 Check!

1 等面四面体 ABCD の材料となる直方体を作ります. 座標軸上に3点 A, B, C があることに着目し、座標軸に平行な辺をもつ直方体にします. D(a, b, c) をとることがポイントです. 四面体 ABCD は直方体の各面の対角線を結んだものになり、等面四面体です.

2 辺の長さが分かっている**一般の**四面体の体積は、対称面で切ったり、座標設定をして求めることがありますが、今回は等面四面体ですから、**直方体を利用して体積を求めます**. 直方体の体積から余分な4つの四面体の体積を引けばよいのです. そのために、直方体の3辺の長さを求めます.

3 長さの条件から、a, b, c に関する連立方程式を立てると
$$y + z = A, \quad z + x = B, \quad x + y = C$$
の形になります. 解くのは簡単です. 辺ごとにたして2で割れば $x + y + z$ が求まり、その式から元の式を辺ごとに引けば、x, y, z が求まります.

4 今節（☞ P.336）の解説で述べたとおり、私が受験したときの問題です. 忘れもしない、理系の1番でした. 例年、東大の1番は肩慣らしのような控えめな問題が多いのですが、この問題は私には超難問に見えました. 私の高校生時代に本書があれば…😊　と書きながら、ふと、ドラえもんの有名な「ライオン仮面」の話を思い出しました. 伝わらなかった人、すみません😊

第 2 節　等面四面体

〈等面四面体の成立条件〉

例題 9-3.　△ABC が与えられている．各面すべてが △ABC と合同な四面体が存在するための必要十分条件は △ABC が鋭角三角形であることを証明せよ．

（有名問題）

考え方　「十分性」と「必要性」に分けて示します．十分性の証明は**直方体**を持ち出すことで解決しますが，必要性の証明で困ります．**ベクトル**を使うとよいでしょう．長さの条件から内積の符号を調べます．

一方，やや高度ですが，十分性と必要性に分けて考える代わりに，直接必要十分条件を考えることもできます．各面すべてが △ABC と合同な四面体の成立条件を考えます．一般に，四面体の成立条件を考えるには**座標**が有効です．四面体の辺の長さをおく代わりに頂点の座標を設定します．

▶解答◀　必要性と十分性に分けて示す．

まず，十分性

　　　△ABC が鋭角三角形である

　　　　⟹ 各面すべてが △ABC と合同な四面体が

　　　　　　　　　　　　　　　　　　　　存在する

を示す．等面四面体の材料となる直方体が存在することを示せばよい．

△ABC が鋭角三角形のとき，$BC = a$，$CA = b$，$AB = c$ とすると

$$b^2 + c^2 > a^2 \quad \cdots\cdots①$$

$$c^2 + a^2 > b^2 \quad \cdots\cdots②$$

$$a^2 + b^2 > c^2 \quad \cdots\cdots③$$

が成り立つ．このとき，図1のような直方体が存在することを示す．（▷▷▷▷❶）三平方の定理より

$$y^2 + z^2 = a^2, \ z^2 + x^2 = b^2, \ x^2 + y^2 = c^2$$

辺ごとにたして2で割ると

$$x^2 + y^2 + z^2 = \frac{a^2 + b^2 + c^2}{2}$$

◀ 「各面すべてが △ABC と合同な四面体が存在する**ため**」とあり，こちらが目的です．目的に刺さる矢印は「十分性」です．

◀ 等面四面体の予備知識が使えます．

◀ $\cos A > 0$ と余弦定理
$\cos A = \dfrac{b^2 + c^2 - a^2}{2bc}$
より①が成り立ちます．

◀ Point… 9-2.の ❸ （☞ P.338）と同様に，x, y, z について解けます．

問題編

論理

整数

論証

方程式

不等式

関数

座標

ベクトル

空間図形

図形総合

数列

数学的帰納法

場合の数

確率

微積分

出典・テーマ

この式から元の式を引くと
$$x^2 = \frac{b^2+c^2-a^2}{2},\ y^2 = \frac{c^2+a^2-b^2}{2}$$
$$z^2 = \frac{a^2+b^2-c^2}{2}$$

①,②,③より,これら3式の右辺はすべて正であるから,正の数 x, y, z が存在する.よって,直方体も存在し,各面すべてが△ABCと合同な四面体が存在する.

◀ 当然ですが
$$x = \sqrt{\frac{b^2+c^2-a^2}{2}}$$
です.y, z も同様です.

次に必要性

各面すべてが△ABCと合同な四面体が存在する
$\Longrightarrow$ △ABCが鋭角三角形である

を示す.(▷▶▶▶ **2**) ベクトルで示す.(▷▶▶▶ **3**)

各面すべてが△ABCと合同な四面体が存在するとき,それを四面体ABCDとし
$\overrightarrow{AB} = \vec{b},\ \overrightarrow{AC} = \vec{c}$
$\overrightarrow{AD} = \vec{d}$

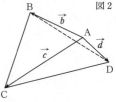
図2

◀ まず始点をAにします.

とおく.AB = CD, AC = BD, AD = BC より
$$|\vec{b}|^2 = |\vec{d}-\vec{c}|^2,\ |\vec{c}|^2 = |\vec{d}-\vec{b}|^2$$
$$|\vec{d}|^2 = |\vec{c}-\vec{b}|^2$$

これらを辺ごとにたして整理すると
$$0 = |\vec{b}|^2 + |\vec{c}|^2 + |\vec{d}|^2 - 2\vec{b}\cdot\vec{c} - 2\vec{c}\cdot\vec{d} - 2\vec{d}\cdot\vec{b}$$

◀ とりあえず気が付きやすい変形です.今回はこれでうまくいきます.

$\vec{b}\cdot\vec{c} > 0$ を示すために,強引に絶対値の2乗の形を作り
$$4\vec{b}\cdot\vec{c} = |\vec{b}+\vec{c}-\vec{d}|^2 \quad (\triangleright\blacktriangleright\blacktriangleright\blacktriangleright\ \boxed{4})$$

とする.ここで,$\vec{b}$, $\vec{c}$, $\vec{d}$ は同一平面上にないから
$$\vec{b}+\vec{c}-\vec{d} \neq \vec{0} \quad (\triangleright\blacktriangleright\blacktriangleright\blacktriangleright\ \boxed{5})$$

であり,$|\vec{b}+\vec{c}-\vec{d}|^2 > 0$ である.ゆえに,$\vec{b}\cdot\vec{c} > 0$ であり,$\angle\text{BAC} < \dfrac{\pi}{2}$ である.

ベクトルの始点を B, C に変えることで

$$\angle \text{ABC} < \frac{\pi}{2}, \quad \angle \text{ACB} < \frac{\pi}{2}$$

も成り立ち，（▷▷▷▷ **6**）△ABC は鋭角三角形である．

♦別解♦ 座標を設定する．（▷▷▷▷ **7**）

BC の中点を原点とし，B$(-r, 0, 0)$, C$(r, 0, 0)$, A$(p, q, 0)$, D(x, y, z) $(q > 0, r > 0, z > 0)$ とおく．（▷▷▷▷ **8**）

等面四面体は向かい合う辺の長さが等しいから

$$AD = BC$$
$$BD = AC$$
$$CD = AB$$

である．これらを満たす D の存在条件から △ABC の形を導く．（▷▷▷▷ **9**）

◀ ある1組が等しくないと仮定すると簡単に矛盾が導けます．

◀ 見取り図は必須ではありません．イメージをつかむためのものです．

◀ 立式を考えて D を含む長さを左辺にしています．

上の3つの長さの条件より

$$(x-p)^2 + (y-q)^2 + z^2 = 4r^2 \quad \text{·················}④$$
$$(x+r)^2 + y^2 + z^2 = (p-r)^2 + q^2 \quad \text{·········}⑤$$
$$(x-r)^2 + y^2 + z^2 = (p+r)^2 + q^2 \quad \text{·········}⑥$$

これらを満たす実数 x, y, z $(z > 0)$ の存在条件を求める．（▷▷▷▷ **10**）

まず，x, y について解く．（▷▷▷▷ **11**）

⑤－⑥ より

$$4rx = -4pr \qquad \therefore \quad x = -p$$

◀ y, z を消去します．

◀ $r \neq 0$ を用いています．

④, ⑤ に代入すると

$$4p^2 + (y-q)^2 + z^2 = 4r^2$$
$$(-p+r)^2 + y^2 + z^2 = (p-r)^2 + q^2$$

y, z について整理して

$$(y-q)^2 + z^2 = 4r^2 - 4p^2 \quad \text{·····················}⑦$$
$$y^2 + z^2 = q^2 \quad \text{·····························}⑧$$

⑧ − ⑦ より

$$2qy - q^2 = q^2 - 4r^2 + 4p^2$$
$$2qy = 4p^2 - 4r^2 + 2q^2$$
$$y = \frac{2p^2 - 2r^2 + q^2}{q} \quad \cdots\cdots\cdots\cdots\cdots ⑨$$

◂ z を消去します．

◂ $q \neq 0$ を用いています．

任意の実数 $p, q, r\ (q > 0, r > 0)$ に対し，実数 x, y は存在するから，正の実数 z の存在条件を考える．⑧ より

$$z^2 = q^2 - y^2 = (q+y)(q-y)$$

これを満たす正の実数 z が存在することが条件で

$$(q+y)(q-y) > 0 \quad (▷▶▶ \text{⑫})$$

◂ x, y について解いた形から，実数 x, y の存在は保証されます．

◂ ⑨ を ⑧ に代入してもいいですが，⑨ が複雑ですから，とりあえず y のまま進めます．

ここで

$$(q+y)(q-y) > 0$$
$$\iff q+y \text{ と } q-y \text{ が同符号} \cdots\cdots\cdots ⑩$$

◂ 同値性が重要ですから同値記号を使っています．

であり，一方，$(q+y) + (q-y) = 2q > 0$ に注意すると （▷▶▶ ⑬）

$$⑩ \iff q+y > 0 \text{ かつ } q-y > 0$$
$$\iff \frac{2p^2 - 2r^2 + 2q^2}{q} > 0$$
$$\text{かつ } \frac{2r^2 - 2p^2}{q} > 0 \quad (⑨ \text{より})$$
$$\iff p^2 - r^2 + q^2 > 0 \text{ かつ } r^2 - p^2 > 0$$
$$\iff p^2 + q^2 > r^2 \text{ かつ } -r < p < r \cdots\cdots ⑪$$

◂ $q > 0$ を用いています．

◂ 意味が読み取りやすい形にします．

⑪ は 2 点 B, C を与えたときの A の存在領域と解釈できる．それを xy 平面に図示すると，図 4 の網目部分になる．ただし，境界を除く．

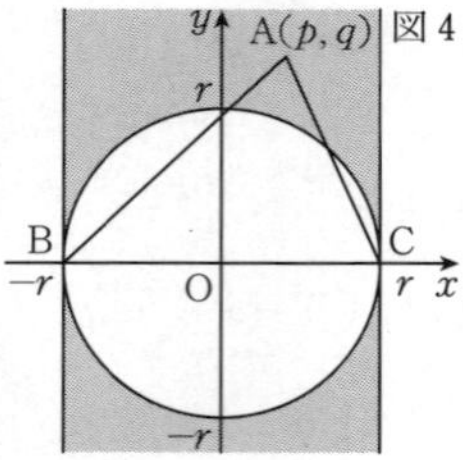

これは △ABC が鋭角三角形であるための必要十分条件であるから （▷▶▶ ⑭）

$$⑪ \iff △ABC \text{ は鋭角三角形}$$

図 4

◂ $p < r$ のとき
　　$\angle ACB < \frac{\pi}{2}$
　$p > -r$ のとき
　　$\angle ABC < \frac{\pi}{2}$
　$p^2 + q^2 > r^2$ のとき
　　$\angle BAC < \frac{\pi}{2}$
です．

第2節　等面四面体

であり，題意は示された．

□ Point　The space figure　9-3　Check! □
NEO ROAD TO SOLUTION

❶　「直方体が存在する $\Longleftrightarrow$ 正の数 x, y, z が存在する」ですから，正の数 x, y, z の存在を示します．「存在を示す」というと難しそうですが，実際には x, y, z を求める（方程式を立てて解く）だけです．

❷　大人でも誤解している人がいますが，必要性の証明では**直方体を持ち出すことはできません**．直方体があって，それを切ることで等面四面体が作れるのは自明です．逆に，**等面四面体があって，それが直方体に内接するのは自明ではありません**．等面四面体でも直方体に内接しないものがあるかもしれません．実際にはないですが，証明問題で既知とするのはまずいでしょう．

❸　図形総合の章（☞ P.383）で紹介する 4 つの図形問題の解法から選択します．今回使える条件は長さの条件
$$AB = CD, \quad AC = BD, \quad AD = BC$$
であり，示したいのは角の条件
$$\angle BAC < \frac{\pi}{2}, \quad \angle CBA < \frac{\pi}{2}, \quad \angle ACB < \frac{\pi}{2}$$
です．長さの条件をどう使うかを考えると，座標かベクトルが有効です．両辺を 2 乗すれば座標でもベクトルでも扱えます．座標は **♦別解♦** で十分性，必要性を同時に示すのに使いますので，ここではベクトルで解きます．

❹　式変形のポイントはここです．示したいのは $\angle BAC$, $\angle CBA$, $\angle ACB$ が鋭角であることです．直前の式
$$0 = \left|\vec{b}\right|^2 + \left|\vec{c}\right|^2 + \left|\vec{d}\right|^2 - 2\vec{b}\cdot\vec{c} - 2\vec{c}\cdot\vec{d} - 2\vec{d}\cdot\vec{b} \quad\text{ⓐ}$$
に含まれる 3 つの内積のうち，$\vec{c}\cdot\vec{d}$, $\vec{d}\cdot\vec{b}$ の 2 つにはともに D が含まれており，一方，$\vec{b}\cdot\vec{c}$ には含まれていないことに注意しましょう．
$$\angle BAC < \frac{\pi}{2} \Longleftrightarrow \vec{b}\cdot\vec{c} > 0$$
ですから，$\vec{b}\cdot\vec{c} > 0$ を目標にします．ⓐ の右辺が絶対値の 2 乗
$$\left|\vec{b}+\vec{c}+\vec{d}\right|^2 = \left|\vec{b}\right|^2 + \left|\vec{c}\right|^2 + \left|\vec{d}\right|^2 + 2\vec{b}\cdot\vec{c} + 2\vec{c}\cdot\vec{d} + 2\vec{d}\cdot\vec{b}$$
に近いことに着目します．$\vec{c}\cdot\vec{d}$, $\vec{d}\cdot\vec{b}$ の係数の符号を合わせることを考え
$$\left|\vec{b}+\vec{c}-\vec{d}\right|^2 = \left|\vec{b}\right|^2 + \left|\vec{c}\right|^2 + \left|\vec{d}\right|^2 + 2\vec{b}\cdot\vec{c} - 2\vec{c}\cdot\vec{d} - 2\vec{d}\cdot\vec{b} \quad\text{ⓑ}$$

第9章　空間図形

として強引に絶対値の2乗の形を作り，Ⓑ－Ⓐとすると

$$\left|\vec{b}+\vec{c}-\vec{d}\right|^2 = 4\vec{b}\cdot\vec{c}$$

が得られます．

5 細かいところですが，この確認は必要です．

$$\left|\vec{b}+\vec{c}-\vec{d}\right|^2 \geqq 0$$

は正しいですが，この等号を外さなければならないからです．厳密には背理法で示します．$\vec{b}+\vec{c}-\vec{d}=\vec{0}$と仮定すると，$\vec{d}=\vec{b}+\vec{c}$ですから，$\vec{b}$, $\vec{c}$, $\vec{d}$が同一平面上となって矛盾します．

6 もし分かりにくければ，改めて

$$\vec{a}=\overrightarrow{BA},\ \vec{c}=\overrightarrow{BC},\ \vec{d}=\overrightarrow{BD}\ \text{または}\ \vec{a}=\overrightarrow{CA},\ \vec{b}=\overrightarrow{CB},\ \vec{d}=\overrightarrow{CD}$$

とおいて，同じように式変形をしてみるといいでしょう．

7 **♦別解♦** では等面四面体の成立条件を直接考えています．よくある誤解ですが，四面体の成立条件を面の三角形の成立条件として求めるのは間違いです．この間違いは市販の問題集の解答にも見られますし，驚くべきことに，これを前提として作ったとしか思えない入試問題すら存在します（後述）．強調しておきますが，**四面体の成立条件と面の成立条件は別物です**．4つの面が三角形の成立条件を満たすからといって，それらを面とする四面体が存在するとは限りません．

$$\text{4つの面が成立する} \underset{\bigcirc}{\overset{\times}{\rightleftarrows}} \text{四面体が成立する}$$

なのです．面が存在しても四面体が組み立てられないことがあります．例を挙げておきます．

> **問題 37.** 各辺の長さが，AB = 3, AC = 4, AD = 5, BC = CD = DB = t である四面体 ABCD が存在するような t の範囲を求めよ．（オリジナル）

一般に，3つの正の数 a, b, c を3辺の長さとする三角形の存在条件は

$$|b-c| < a < b+c$$

です．4つの面 △ABC, △ABD, △ACD, △BCD の成立条件は，それぞれ

$$1 < t < 7,\ 2 < t < 8,\ 1 < t < 9,\ 0 < t < 2t$$

であり，まとめると $2 < t < 7$ です．一方，四面体 ABCD の成立条件は，この問題と同様に座標を設定して求めると

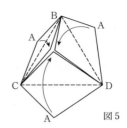

図5

$$\sqrt{25 - 12\sqrt{3}} < t < \sqrt{25 + 12\sqrt{3}}$$

$(2.053\cdots < t < 6.766\cdots)$

となります（ぜひ自分で求めてみてください）．

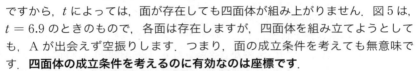

ですから，t によっては，面が存在しても四面体が組み上がりません．図5は，$t = 6.9$ のときのもので，各面は存在しますが，四面体を組み立てようとしても，A が出会えず空振りします．つまり，面の成立条件を考えても無意味です．**四面体の成立条件を考えるのに有効なのは座標です**．

なお，上の問題は次の入試問題を基に私が改題したものです．

> **問題 38.** 空間に四面体 ABCD があって，AB = 3, BC = 4, CD = 5, AC = AD = BD = t となっている．t のとりうる値の範囲を求めよ．

名誉のために大学名は伏せてあります．が，安田亨先生の名著「うれしたのし東大数学」（ホクソム）には普通に掲載されていますね😅 そもそも同じネタが掲載されているのは全くの偶然です．この問題が出題された当時，安田亨先生からメールがあり，「この問題を解いてみたのだが，何かおかしくないか？ 解答をチェックして欲しい．」とのことでした．すぐにチェックしてみたのですが，当然のことながら解答におかしい点は見当たらず，ただ最後が，定数項が4桁（！）の6次不等式（置き換えれば3次不等式）になって，結果が出せない状態でした．

出題ミスだったようです．ちなみに私が毎年購入している某出版社の数学入試データベースでは面の存在条件で解答してありました．私も昔は同じように誤解していましたから偉そうなことは言えませんが，安易な間違いをする大人が意外に多いようです．

この話には続きがあります．ある予備校のテキスト会議でこの問題が採用候補に挙がったのです．とっさにある講師が解けないことを指摘して事なきを得ました．もしそのままテキストに採用されていたらどうなっていたのでしょう．あ，この続きの部分だけはフィクションです😅

8 △ABC を xy 平面上にとります．2点を座標軸対称にとると計算が楽になることが多いですから，B, C を y 軸対称になるように $B(-r, 0, 0)$, $C(r, 0, 0)$ とします．B, C のうちどちらの x 座標を正としてもよいですから，$r > 0$ とします．また，$A(p, q, 0)$ としますが，△ABC の存在条件から $q \neq 0$ です．$q < 0$ の場合は zx 平面に関して対称移動すれば $q > 0$ の場合に帰着できますから，$q > 0$ としてよいです．さらに，$D(x, y, z)$ としますが，四面体の成立条件から $z \neq 0$ です．やはり $z > 0$ としてよいです．

やや細かい話ですが，xyz 空間の座標軸の描き方についても触れておきます．私は高校で図6の「yz 平面型」で描くよう習いました．しかし，

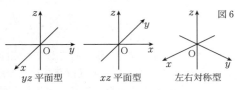

図6

yz 平面型　　　xz 平面型　　　左右対称型

座標軸の描き方は x, y, z 軸が右手系をなす（☞ P.351）以外にルールはありません．図によっては「yz 平面型」で描きにくいこともよくあります．その場合は図6の「xz 平面型」や「左右対称型」など，他の描き方を試してみてください．あらかじめ座標軸の描き方を1通りに決めておくのはナンセンスです．実際，今回の問題は「xz 平面型」が描きやすいです．

9 △ABC の形を決めると，等面四面体 ABCD が存在するかどうかが決まります．△ABC の3頂点の座標は決まっていますから

　　　四面体 ABCD が存在する $\iff$ 点 D が存在する

です．つまり，**D が存在するような △ABC の形を求める**のです．

10 △ABC の形を決めるのは，p, q, r $(q > 0, r > 0)$ です．四面体 ABCD が存在するかどうかは，点 $D(x, y, z)$ $(z > 0)$ が存在するかどうかで判定できますから，実数 x, y, z $(z > 0)$ が存在するような実数 p, q, r $(q > 0, r > 0)$ の条件を求めます．言い換えると，「x, y, z を p, q, r で表すことができる条件」を求めるということです．

11 ④，⑤，⑥ を x, y, z の連立方程式とみなし，文字を減らします．x, y, z の中で z にのみ $z > 0$ という条件がありますから，z を残します．**条件が厳しいものを残す**ことです．x, y を消去するために x, y について解きます．

12 $(q+y)(q-y) \leqq 0$ のとき $z^2 = (q+y)(q-y)$ となる正の実数 z が存在せず，$(q+y)(q-y) > 0$ のとき存在しますから，正の実数 z の存在条件は $(q+y)(q-y) > 0$ です．適当に「$z^2 > 0$ より $(q+y)(q-y) > 0$」と書く人がいますが，**z の存在条件ということが重要**ですから，そこを明記します．

第2節　等面四面体

13　この後の変形を少し楽にする工夫です．$q+y$ と $q-y$ が同符号になる条件を求めます．和が正ですから，ともに正になる条件を求めればよいです．積の形をそのまま用いて ⑨ を代入しても変形できます．

$$(q+y)(q-y) > 0$$

$$\Longleftrightarrow \left(q + \frac{2p^2 - 2r^2 + q^2}{q}\right)\left(q - \frac{2p^2 - 2r^2 + q^2}{q}\right) > 0$$

$$\Longleftrightarrow \frac{2p^2 - 2r^2 + 2q^2}{q} \cdot \frac{2r^2 - 2p^2}{q} > 0$$

$$\Longleftrightarrow (p^2 - r^2 + q^2)(r^2 - p^2) > 0$$

$$\Longleftrightarrow \{(r^2 - p^2) - q^2\}(r^2 - p^2) < 0$$

$$\Longleftrightarrow 0 < r^2 - p^2 < q^2$$

$$\Longleftrightarrow p^2 + q^2 > r^2 \text{ かつ } -r < p < r$$

$r^2 - p^2$ をかたまりとみなすと変形しやすいです．

14　⑪ を満たす $\triangle$ABC の形状を調べます．$\triangle$ABC が存在する xy 平面上で考えます．**r を与えたときの $p,\ q$ が満たすべき条件**とみなし，2 点 B，C を与えたときの A の存在領域と解釈します．

　　$p^2 + q^2 > r^2$ より，OA $> r$ であり，A は O を中心とし半径 r の円の外部にあります．さらに，$-r < p < r$ より，A は $-r < x < r$ の領域にありますから，A の存在領域は ▶**解答**◀ の図 4 の網目部分（境界を除く）です．このとき，$\triangle$ABC は鋭角三角形です．

　　一方，A がこの領域にないときは，$\triangle$ABC は直角三角形または鈍角三角形で，鋭角三角形ではありません．よって，A がこの領域にあることは $\triangle$ABC が鋭角三角形であるための必要十分条件です．

問題編

論理

整数

論証

方程式

不等式

関数

座標

ベクトル

空間図形

図形総合

数列

数学的帰納法

場合の数

確率

微積分

出典・テーマ

第 9 章　空間図形（例題 9－3）　**347**

第9章 空間図形

15　必要性については，図形的に考察することも可能です．各面すべてが △ABC と合同な四面体が存在するとき，△ABC が鋭角三角形でないと仮定すると，△ABC は直角三角形か鈍角三角形です．それぞれの場合で四面体の展開図を考えます．

　△ABC が直角三角形のとき，$A = \dfrac{\pi}{2}$ とすると，長さの条件から展開図は図7のようになります．網目部分の △ABC を固定し，残りの3つの三角形を点線で折り曲げて四面体を組み立てようとします．図の3点 P, Q, R を近づけていくのですが，3点が出会うのは P の最初の位置のみです．このとき四面体はできずにつぶれていますから矛盾します．

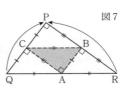

点線で折り曲げて組み立てようとすると四面体がつぶれる

　△ABC が鈍角三角形のとき，A を鈍角とすると，展開図は図8のようになります．やはり △ABC を固定し，図の3点 P, Q, R を近づけていきます．ここでは P と Q の動きに着目しましょう．△PBC を BC を軸として折り曲げていくとき，P は BC のまわりを回転するように動きます．同様に Q は CA のまわりを回転します．どちらも円を描くイメージですが，この2円は共有点をもちません．P, Q の平面 ABC への正射影（P, Q から平面 ABC に下ろした垂線の足）の動く範囲が図8のようになり，共有点をもたないからです．よって，四面体は組み立てられず矛盾します．

点線で折り曲げて組み立てようとしても P と Q が出会えない

　もっとシンプルに，四面体の1つの頂点に集まってくる3つの角に着目してもよいです．三角形の成立条件と同じように考えます．

　等面四面体ですから，各頂点に △ABC の3つの内角が集まります．△ABC が直角三角形か鈍角三角形のとき，A を最大角とすると，$A \geq \dfrac{\pi}{2}$ より

$$B + C = \pi - A \leq \pi - \dfrac{\pi}{2} = \dfrac{\pi}{2} \leq A$$

よって，$B + C \leq A$ ですから，四面体は組み立てられず矛盾します．

　どちらもやや感覚的ですから，念のため ▶解答◀ では避けましたが，数学的には問題ないでしょう．

集まってくる3つの内角に着目する

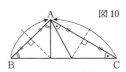

△ABC の3つの内角を1点に集めても A が大きすぎて立体にならない

第3節　平面の方程式

空間図形　　　　　　　　　　　　　　　　　　　　　　　The space figure

　私が高校生の頃の 1990 年代には，教科書に「平面の方程式」という単元があり，受験生は平面の方程式を用いて空間座標の問題を解いていました．

　少し脱線をすると，当時は文系の受験生も 2 次曲線や行列，1 次変換を学習し，理系の受験生は微分方程式の基礎を習いました．入試問題もかなりの高難易度のものが並んでおり，ある意味華やかな時代だったように思います．

　一方，現在は，当時と比べて教科書で扱う内容がかなり削られています．平面の方程式も通常の単元ではなく「発展」扱いです．それどころか 2022 年からの教育課程ではベクトルが数 B から数 C に移るようです．つまり普通の文系の受験生はベクトルを習わないといった事態に陥ることになりそうなのです．ベクトルなしで図形や物理の問題を解かせる気なのでしょうか．教科書で扱う項目を減らせば高校生の負担が減るという短絡的な発想であれば，ゆとり教育の大失敗の教訓はどこに行ったのでしょうか．個人的には由々しき事態だと危惧しています．

　そもそも数学においては，使える道具が制限される方が負担が増えます．例えば，次のような問題です．

問題 39. xyz 空間内に 4 点 A$(1, 1, 0)$, B$(0, 1, 2)$, C$(1, 2, 2)$, D$(5, 1, 1)$ がある．四面体 ABCD の体積を求めよ．

---

　4 頂点の座標が与えられた四面体の体積の計算では，高さをどう求めるかがポイントです．ここでは，D から平面 ABC に下ろした垂線の足を H として，DH の長さを求めるとしましょう．

　教科書の範囲では，$\overrightarrow{AH} = \alpha\overrightarrow{AB} + \beta\overrightarrow{AC}$ とおいて，DH $\perp$ AB, DH $\perp$ AC を用いて α, β を求めます．その後，$\overrightarrow{OH} = \overrightarrow{OA} + \overrightarrow{AH}$ から H の座標を求め，2 点間の距離の公式を用いて DH を計算します．この解法は基本的で身に付けておくべきだと思いますが，実戦的だとは思えません．他にも法線ベクトルとの内積を用いる方法もありますが，分かりにくいと感じる受験生が多いようです．

　入試本番ではもっとシンプルに解くべきです．もし平面の方程式を知っていれば，平面 ABC の方程式を立てて，「点と平面の距離の公式」を使って点 D と平面 ABC の距離を求めるだけです．xy 平面では「**直線の方程式**」や「点と**直線**の

第9章　空間図形

距離の公式」を扱うのに，xyz 空間で「**平面の方程式**」や「点と**平面の距離の公式**」を扱わないのはおかしなことです．空間座標が苦手な受験生が多いのは，ここに一因があります．平面の方程式は空間座標での数少ない貴重な道具です．

　ベクトルの外積を説明します．「発展」に掲載している教科書もあります．

参考　（ベクトルの外積）

　2つのベクトル $\vec{a} = \begin{pmatrix} a_1 \\ a_2 \\ a_3 \end{pmatrix}$，$\vec{b} = \begin{pmatrix} b_1 \\ b_2 \\ b_3 \end{pmatrix}$ に対し

$$\vec{a} \times \vec{b} = \begin{pmatrix} a_2 b_3 - a_3 b_2 \\ a_3 b_1 - a_1 b_3 \\ a_1 b_2 - a_2 b_1 \end{pmatrix}$$

を $\vec{a}$ と $\vec{b}$ の**外積**という．

　いい覚え方があります．4つの数に対して右のように計算することを「たすきがけして引く」と呼ぶことにします．

　下のように，$\vec{a}$，$\vec{b}$ の成分を **y，z，x，y** の順にそれぞれ横に並べます．**y から書き始める**ことがポイントです．次に，3組の4つの数をたすきがけして引くと，左から順に $\vec{a} \times \vec{b}$ の x 成分，y 成分，z 成分が得られます．

$$\begin{array}{cccc} & y & z & x & y \\ \vec{a} : & a_2 & a_3 & a_1 & a_2 \\ \vec{b} : & b_2 & b_3 & b_1 & b_2 \\ & \downarrow & \downarrow & \downarrow \\ \vec{a} \times \vec{b} : & x\,成分 & y\,成分 & z\,成分 \end{array}$$

$$\begin{array}{c} a \times b \\ c \quad d \\ \downarrow \\ ad - bc \end{array}$$

たすきがけして引く

　実際には，右のように，8つの数だけを書いて計算すればよいです．

　内積は平面ベクトル，空間ベクトルのどちらでも定義されますが，**外積は空間ベクトルでのみ定義されます**．また，**内積は実数**ですが，**外積はベクトル**です．内積と外積は別物です．

$$\begin{array}{cccc} a_2 & a_3 & a_1 & a_2 \\ b_2 & b_3 & b_1 & b_2 \\ \downarrow & \downarrow & \downarrow \\ x\,成分 & y\,成分 & z\,成分 \end{array}$$

第3節 平面の方程式

さらに，定義から計算して分かるとおり
$$\vec{b} \times \vec{a} = -\vec{a} \times \vec{b}$$
です．これも内積の $\vec{b} \cdot \vec{a} = \vec{a} \cdot \vec{b}$ と異なりますが，受験数学で外積の符号が問題になることはまれですから，気にする必要はありません．

ベクトルの外積の性質を確認しておきます．
(ⅰ) $\vec{a} \times \vec{b} \perp \vec{a}$, $\vec{a} \times \vec{b} \perp \vec{b}$
(ⅱ) $\vec{a}$ と $\vec{b}$ が張る平行四辺形の面積を S とすると，$S = |\vec{a} \times \vec{b}|$ である
(ⅲ) $\vec{a} \not\parallel \vec{b}$ のとき，$\vec{a}$, $\vec{b}$, $\vec{a} \times \vec{b}$ は右手系をなす，すなわち $\vec{a}$ が右手の親指，$\vec{b}$ が人差し指，$\vec{a} \times \vec{b}$ が中指に対応するように，$\vec{a} \times \vec{b}$ の向きが決まる

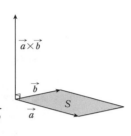

受験数学で主に使うのは(ⅰ)です．
$$(\vec{a} \times \vec{b}) \cdot \vec{a} = 0, \ (\vec{a} \times \vec{b}) \cdot \vec{b} = 0$$
により確認できます．**2つのベクトルの両方に垂直なベクトルを求めたいときに外積を使います**．

(ⅱ)も知っておくとよいです．ベクトルによる平行四辺形の面積公式より
$$S = \sqrt{|\vec{a}|^2 |\vec{b}|^2 - (\vec{a} \cdot \vec{b})^2}$$
ですが，成分計算により，$|\vec{a} \times \vec{b}|$ と一致することが確かめられます．
(ⅲ)は向きに関するものですが，受験数学ではあまり使いません．

では，平面の方程式の解説です．**平面の方程式とは平面上の点の座標 (x, y, z) が満たす関係式**のことです．これは xy 平面での図形の方程式の定義と同じです．□Point…□ 8-6. の ❶ (☞ P.319) も参照してください．

公式　（平面の方程式）

点 $A(x_0, y_0, z_0)$ を通り $\vec{n} = \begin{pmatrix} a \\ b \\ c \end{pmatrix} (\neq \vec{0})$ に垂直な平面 α の方程式は
$$a(x - x_0) + b(y - y_0) + c(z - z_0) = 0$$
である．

証明は簡単です．平面 α 上の点を $\mathrm{P}(x, y, z)$ とおくと，平面 α の方程式は，x, y, z が満たす関係式です．P が平面 α 上のどこにあっても $\vec{n} \perp \overrightarrow{\mathrm{AP}}$ が成り立ち，$\vec{n} \cdot \overrightarrow{\mathrm{AP}} = 0$ ですから

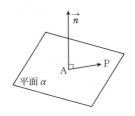

$$\begin{pmatrix} a \\ b \\ c \end{pmatrix} \cdot \begin{pmatrix} x - x_0 \\ y - y_0 \\ z - z_0 \end{pmatrix} = 0$$

$$a(x - x_0) + b(y - y_0) + c(z - z_0) = 0$$

なお，$\vec{n}$ を平面 α の**法線ベクトル**といいます．

さらに変形し，$d = -ax_0 - by_0 - cz_0$ とおくと

$$ax + by + cz + d = 0$$

となりますから，xyz 空間において，**平面の方程式は x, y, z の 1 次方程式**で書けます．これは，xy 平面において，直線の方程式が x, y の 1 次方程式で書けることと似ています．まとめれば

（ⅰ）xy 平面（2 次元）において，直線（1 次元）の方程式は，x, y の 1 次方程式 $ax + by + c = 0$ で表される

（ⅱ）xyz 空間（3 次元）において，平面（2 次元）の方程式は，x, y, z の 1 次方程式 $ax + by + cz + d = 0$ で表される

となります．

さて，これで**通る 1 点と法線ベクトルが分かれば平面の方程式が立てられる**ことが分かりました．ただし，実際の入試問題で，平面の法線ベクトルが与えられていることは少なく，平面上の 3 点が与えられていることが多いです．そこで，通る 3 点が分かっている平面の方程式の求め方を確認します．

3 点 A，B，C を通る平面の方程式を求める手順です．

  Ⅰ $\overrightarrow{\mathrm{AB}} \times \overrightarrow{\mathrm{AC}}$ を計算し，法線ベクトル $\vec{n}$ を求める

  Ⅱ 点 A を通り $\vec{n}$ に垂直な平面として，平面 ABC の方程式を立てる

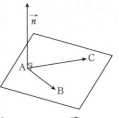

Ⅰがポイントです．平面 ABC の法線ベクトル $\vec{n}$ は，$\overrightarrow{\mathrm{AB}}$ と $\overrightarrow{\mathrm{AC}}$ の両方に垂直なベクトルです．$\overrightarrow{\mathrm{AB}} \times \overrightarrow{\mathrm{AC}}$ を計算すれば，法線ベクトル $\vec{n}$ が得られます．$\overrightarrow{\mathrm{AB}} \times \overrightarrow{\mathrm{AC}}$ をそのまま $\vec{n}$ としてもよいですし，例えば，$\overrightarrow{\mathrm{AB}} \times \overrightarrow{\mathrm{AC}} = \begin{pmatrix} 3 \\ 6 \\ 6 \end{pmatrix} = 3 \begin{pmatrix} 1 \\ 2 \\ 2 \end{pmatrix}$ であれば，係数の 3 を省略し

第3節 平面の方程式

ても向きは変わりませんから，$\vec{n} = \begin{pmatrix} 1 \\ 2 \\ 2 \end{pmatrix}$ とすればよいでしょう．いずれにしても，このために外積の説明をしておいたのです．

実際にやってみるのがいいでしょう．最初に挙げた問題で，平面 ABC の方程式を求めます．A(1, 1, 0)，B(0, 1, 2)，C(1, 2, 2) ですから

$$\vec{AB} = \begin{pmatrix} -1 \\ 0 \\ 2 \end{pmatrix}, \quad \vec{AC} = \begin{pmatrix} 0 \\ 1 \\ 2 \end{pmatrix}$$

です．$\vec{AB} \times \vec{AC}$ を計算すると

$$\vec{AB} \times \vec{AC} = \begin{pmatrix} -2 \\ 2 \\ -1 \end{pmatrix}$$

ですから，平面 ABC の法線ベクトルは，$\vec{n} = \begin{pmatrix} -2 \\ 2 \\ -1 \end{pmatrix}$

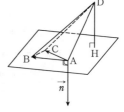

です．平面 ABC は点 A を通り $\vec{n}$ に垂直な平面ですから，平面 ABC の方程式は

$$-2(x-1) + 2(y-1) - 1(z-0) = 0 \quad \therefore \quad -2x + 2y - z = 0$$

です．**3点 A，B，C の座標を代入しても成り立つ**ことを確認しましょう．

次に，点と平面の距離の公式です．

公式 （点と平面の距離）

xyz 空間で，点 $A(x_1, y_1, z_1)$ から平面 $\alpha : ax + by + cz + d = 0$ に下ろした垂線の長さを h とすると

$$h = \frac{|ax_1 + by_1 + cz_1 + d|}{\sqrt{a^2 + b^2 + c^2}}$$

が成り立つ．

---

xy 平面における「点と直線の距離の公式」とそっくりですから，覚えるのは簡単でしょう．一応，証明しておきます．

第9章 空間図形

平面 α の法線ベクトルは，方程式の x, y, z の係数から，$\vec{n} = \begin{pmatrix} a \\ b \\ c \end{pmatrix}$ とおけます．また，A から平面 α に下ろした垂線の足を H とおくと，$\overrightarrow{AH} /\!/ \vec{n}$ ですから，$\overrightarrow{AH} = t\vec{n}$ と書けて

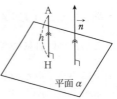

$$\overrightarrow{OH} = \overrightarrow{OA} + \overrightarrow{AH} = \overrightarrow{OA} + t\vec{n}$$
$$= \begin{pmatrix} x_1 \\ y_1 \\ z_1 \end{pmatrix} + t\begin{pmatrix} a \\ b \\ c \end{pmatrix} = \begin{pmatrix} x_1 + at \\ y_1 + bt \\ z_1 + ct \end{pmatrix} \quad \cdots\cdots ①$$

H は平面 $\alpha: ax + by + cz + d = 0$ 上にありますから
$$a(x_1 + at) + b(y_1 + bt) + c(z_1 + ct) + d = 0$$
これを t について解きます．
$$(a^2 + b^2 + c^2)t = -ax_1 - by_1 - cz_1 - d$$
$$t = -\frac{ax_1 + by_1 + cz_1 + d}{a^2 + b^2 + c^2} \quad \cdots\cdots ②$$

よって
$$h = |\overrightarrow{AH}| = |t||\vec{n}|$$
$$= \frac{|ax_1 + by_1 + cz_1 + d|}{a^2 + b^2 + c^2} \cdot \sqrt{a^2 + b^2 + c^2}$$
$$= \frac{|ax_1 + by_1 + cz_1 + d|}{\sqrt{a^2 + b^2 + c^2}}$$

となります．

なお，② を ① に代入すると
$$\overrightarrow{OH} = \begin{pmatrix} x_1 \\ y_1 \\ z_1 \end{pmatrix} - \frac{ax_1 + by_1 + cz_1 + d}{a^2 + b^2 + c^2} \begin{pmatrix} a \\ b \\ c \end{pmatrix}$$

であり，垂線の足 H の座標が求まります．この結果を覚えるというよりは，手順を覚えるのが良いでしょう．

また，xy 平面における「点と直線の距離の公式」も同様に証明できます．

この公式を用いれば，最初に挙げた 問題 39. が解けます．

四面体の高さ DH は点 D と平面 ABC の距離です．D(5, 1, 1) であり，平面

第3節　平面の方程式

ABC の方程式は $-2x + 2y - z = 0$ でしたから，点と平面の距離の公式より
$$\mathrm{DH} = \frac{|-2\cdot 5 + 2\cdot 1 - 1|}{\sqrt{(-2)^2 + 2^2 + (-1)^2}} = \frac{|-9|}{3} = 3$$

一方，三角形の面積公式より
$$\triangle \mathrm{ABC} = \frac{1}{2}\sqrt{|\overrightarrow{\mathrm{AB}}|^2 |\overrightarrow{\mathrm{AC}}|^2 - (\overrightarrow{\mathrm{AB}}\cdot\overrightarrow{\mathrm{AC}})^2} = \frac{1}{2}\sqrt{5\cdot 5 - 4^2} = \frac{3}{2}$$

よって，四面体 ABCD の体積は
$$\frac{1}{3}\cdot\triangle\mathrm{ABC}\cdot\mathrm{DH} = \frac{1}{3}\cdot\frac{3}{2}\cdot 3 = \frac{3}{2}$$

となります．

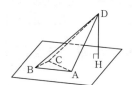

興味がある人だけで結構ですが，外積の性質から
$$\triangle\mathrm{ABC} = \frac{1}{2}|\overrightarrow{\mathrm{AB}}\times\overrightarrow{\mathrm{AC}}| = \frac{3}{2}$$
が得られます．また，これと内積の図形的意味を組み合わせると
$$\text{四面体 ABCD} = \frac{1}{6}|\overrightarrow{\mathrm{AD}}\cdot(\overrightarrow{\mathrm{AB}}\times\overrightarrow{\mathrm{AC}})|$$
となります．

最後に，平面の方程式が有効な問題の主なタイプをまとめておきます．座標空間の問題において

（ⅰ）　**直線と平面の交点を求めたいとき**
（ⅱ）　**点と平面の距離を求めたいとき**

の2つです．

（ⅰ）は，まず，交点が直線上にあることを用いて，その座標をパラメータで表します．次に，交点が平面上にあることを用いて，その座標を平面の方程式に代入し，パラメータを求めます．

（ⅱ）は，点と平面の距離の公式を用います．

どちらも，ベクトルのみを用いるより簡単です．

〈空間図形のまとめ3〉

Check ▷▷▷▷　平面の方程式
- 外積を用いて法線ベクトルを求め，平面の方程式を立てる
- 「直線と平面の交点」，「点と平面の距離」を求めるときに有効である

第9章　空間図形

第 9 章 空間図形

〈平面に関する対称点〉

例題 9-4. 座標空間に 4 点 A(2, 1, 0), B(1, 0, 1), C(0, 1, 2), D(1, 3, 7) がある. 3 点 A, B, C を通る平面に関して点 D と対称な点を E とするとき,点 E の座標を求めよ. (京都大)

考え方 まず DE の中点 H を求めます. H は D から平面 ABC に下ろした垂線の足ですから,$\overrightarrow{DH}$ と平面 ABC の法線ベクトルが平行であることを用います.

▶解答◀ $\overrightarrow{AB} = \begin{pmatrix} -1 \\ -1 \\ 1 \end{pmatrix}$, $\overrightarrow{AC} = \begin{pmatrix} -2 \\ 0 \\ 2 \end{pmatrix}$ より

$\overrightarrow{AB} \times \overrightarrow{AC} = \begin{pmatrix} -2 \\ 0 \\ -2 \end{pmatrix} = -2 \begin{pmatrix} 1 \\ 0 \\ 1 \end{pmatrix}$ (▷▷▷ **1**)

平面 ABC の法線ベクトルは,$\vec{n} = \begin{pmatrix} 1 \\ 0 \\ 1 \end{pmatrix}$ であるから,平 ◀ 係数 -2 を省略します.

面 ABC の方程式は

$1(x-2) + 0(y-1) + 1(z-0) = 0$ ◀ 平面 ABC は点 A を通り $\vec{n}$ に垂直な平面です. 公式を用います.

$x + z - 2 = 0$

DE の中点を H とおくと,H は D から平面 ABC に下ろした垂線の足である. $\overrightarrow{DH} \parallel \vec{n}$ より,$\overrightarrow{DH} = t\vec{n}$ とおけるから (▷▷▷ **2**)

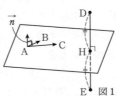

図 1

$\overrightarrow{OH} = \overrightarrow{OD} + \overrightarrow{DH} = \overrightarrow{OD} + t\vec{n}$ ◀ ベクトルでつなぎます.

$= \begin{pmatrix} 1 \\ 3 \\ 7 \end{pmatrix} + t \begin{pmatrix} 1 \\ 0 \\ 1 \end{pmatrix} = \begin{pmatrix} t+1 \\ 3 \\ t+7 \end{pmatrix}$

H は平面 ABC 上にあるから

$(t+1) + (t+7) - 2 = 0$ ∴ $t = -3$ ◀ H は平面 ABC 上にありますから,H の座標を平面 ABC の方程式に代入しても成り立ちます.

よって,H の座標は $(-2, 3, 4)$ である.

H は DE の中点であるから,$\overrightarrow{OH} = \dfrac{\overrightarrow{OD} + \overrightarrow{OE}}{2}$ であ

り (▷▷▷▷ **3**)

$$\vec{OE} = 2\vec{OH} - \vec{OD} = 2\begin{pmatrix} -2 \\ 3 \\ 4 \end{pmatrix} - \begin{pmatrix} 1 \\ 3 \\ 7 \end{pmatrix} = \begin{pmatrix} -5 \\ 3 \\ 1 \end{pmatrix}$$

ゆえに，E の座標は $(-5, 3, 1)$ である．

Point The space figure NEO ROAD TO SOLUTION 9-4 Check!

1 平面 ABC の法線ベクトルを求めるために，$\vec{AB} \times \vec{AC}$ を計算します．右のようになりますから，-2 でくくります．外積を書かずに，いきなり結論の法線ベクトルを書いてもよいでしょう．

$$\begin{pmatrix} -1 \\ 0 \end{pmatrix} \times \begin{pmatrix} 1 \\ 2 \end{pmatrix} \times \begin{pmatrix} -1 \\ -2 \end{pmatrix} \times \begin{pmatrix} -1 \\ 0 \end{pmatrix}$$
$$\downarrow \qquad \downarrow \qquad \downarrow$$
$$-2 \qquad 0 \qquad -2$$

2 H は，D から平面 ABC に下ろした垂線上かつ平面 ABC 上の点です．まず，垂線上という条件を用いて，H の座標をパラメータを用いて表します．**垂線の方向ベクトルが $\vec{n}$ である**ことに着目します．$\vec{DH} \mathbin{/\mkern-5mu/} \vec{n}$ ですから，$\vec{DH} = t\vec{n}$ とおけます．$\vec{n}$ は平面 ABC の方程式を立てるためだけに使うのではないのです．

3 $\vec{OH} = \dfrac{\vec{OD} + \vec{OE}}{2}$ を $\vec{OE}$ について解いて，E の座標を求めます．ベクトルの章の 例題 8-7．(☞ P.323) で扱った，**直線**に関する対称点を求める問題と同じです．なお，今回は $\vec{DE} = 2\vec{DH} = 2t\vec{n}$ ですから

$$\vec{OE} = \vec{OD} + 2t\vec{n} = \begin{pmatrix} 1 \\ 3 \\ 7 \end{pmatrix} - 6\begin{pmatrix} 1 \\ 0 \\ 1 \end{pmatrix} = \begin{pmatrix} -5 \\ 3 \\ 1 \end{pmatrix}$$

としても求められます．

4 平面 ADH の法線の方向から見ると（図 2），$\vec{DH}$ は $\vec{DA} = \begin{pmatrix} 1 \\ -2 \\ -7 \end{pmatrix}$ の $\vec{n}$ への正射影ベクトルと分かり

$$\vec{DH} = \dfrac{\vec{n} \cdot \vec{DA}}{|\vec{n}|} \dfrac{\vec{n}}{|\vec{n}|} = \dfrac{-6}{2}\vec{n} = -3\vec{n}$$

です．

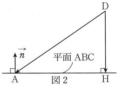

図 2

第9章 空間図形

〈点光源による影〉

例題 9-5. O を原点とする xyz 空間内に 5 点 A$(-1, 0, 0)$, B$(0, 2, 0)$, C$(0, 0, 1)$, D$(0, 0, 2)$, E$(0, 0, 4)$ をとる. 中心が D, 半径が 2 の球面を S とし,3 点 A, B, C の定める平面を α とする. S が α と交わってできる図形を F とする. 点 P は F 上を動く点とし,直線 EP と xy 平面との交点を Q$(s, t, 0)$ とする. このとき,s, t が満たす方程式を求めよ.

(京都府立大・改)

考え方 座標空間での軌跡の問題です.「逆に解いて代入」（☞ P.263）が基本です.P の座標を Q の座標を用いて表して,P が満たす条件式に代入します.P は球面 S 上かつ平面 α 上です.球面と平面の方程式を使うと明快です.

▶解答◀ P は EQ 上にあるから,$\overrightarrow{EP} = k\overrightarrow{EQ}$ と書けて (▷▷▷▷ **1**)

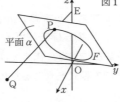
図1

$$\overrightarrow{OP} = \overrightarrow{OE} + \overrightarrow{EP}$$
$$= \overrightarrow{OE} + k\overrightarrow{EQ}$$
$$= \begin{pmatrix} 0 \\ 0 \\ 4 \end{pmatrix} + k\begin{pmatrix} s \\ t \\ -4 \end{pmatrix} = \begin{pmatrix} sk \\ tk \\ 4-4k \end{pmatrix}$$

◀ P の座標に相当します.

ここで,平面 α の方程式は

$$\frac{x}{-1} + \frac{y}{2} + \frac{z}{1} = 1 \quad (\triangleright\triangleright\triangleright\triangleright \mathbf{2})$$

$$-2x + y + 2z = 2 \quad \cdots\cdots ①$$

また,球面 S の方程式は

$$x^2 + y^2 + (z-2)^2 = 4 \quad \cdots\cdots ②$$

P は ① 上にあるから

$$-2sk + tk + 2(4-4k) = 2$$
$$(2s - t + 8)k = 6$$

$2s - t + 8 \neq 0$ であり,このとき

$$k = \frac{6}{2s - t + 8} \quad \cdots\cdots ③$$

◀ $2s - t + 8 = 0$ とすると $0 = 6$ となり矛盾です.

第3節　平面の方程式

P は ② 上にもあるから　(▷▷▷▷ **3**)

$$(sk)^2 + (tk)^2 + (2 - 4k)^2 = 4$$

$$(s^2 + t^2 + 16)k^2 - 16k = 0$$

$$k\{(s^2 + t^2 + 16)k - 16\} = 0$$

◀ ③を代入せず k のまま
変形を進めます.

③ より $k \neq 0$ であるから

$$(s^2 + t^2 + 16)k - 16 = 0$$

◀ これは k について解く必
要はありません.

③ を代入し

$$(s^2 + t^2 + 16) \cdot \frac{6}{2s - t + 8} - 16 = 0$$

$$s^2 + t^2 + 16 - \frac{8}{3}(2s - t + 8) = 0$$

これは $2s - t + 8 \neq 0$ を満たす.

よって,求める方程式は

$$\left(s - \frac{8}{3}\right)^2 + \left(t + \frac{4}{3}\right)^2 = \frac{128}{9} \quad (▷▷▷▷ \text{**4**})$$

◀ ここで確認するのが簡単
です. $2s - t + 8 = 0$ と
すると $s^2 + t^2 + 16 = 0$
となり矛盾です.

Point
The space figure
NEO ROAD TO SOLUTION **9-5** Check!

1 E,P,Q が同一直線上にあることを用いますから,**ベクトル**が有効です.始
点を定点 E にします.P によって Q が決まりますから,Q の座標を P の座標
で表そうとする人がいますが,軌跡の基本は「逆に解いて代入」ですから,**P
の座標を Q の座標で**表します.$\overrightarrow{EP}$ を $\overrightarrow{EQ}$ で表して,ベクトルでつなぎます.

2 3本の座標軸との交点が分かっている平面の方程式は簡単に求められます.

> **公式**　(平面の方程式【切片形】)
> 3点 $(a, 0, 0)$,$(0, b, 0)$,$(0, 0, c)$ $(abc \neq 0)$ を通る平面の方程式は
> $$\frac{x}{a} + \frac{y}{b} + \frac{z}{c} = 1$$
> である.

　各点の座標を代入すると成り立つことから納得できます.これは xy 平面で
2点 $(a, 0)$,$(0, b)$ $(ab \neq 0)$ を通る直線の方程式が $\frac{x}{a} + \frac{y}{b} = 1$ であること
と似ています.意外と使う機会が多いですから覚えておくとよいでしょう.

問題編
論理
整数
論証
方程式
不等式
関数
座標
ベクトル
空間図形
図形総合
数列
数学的帰納法
場合の数
確率
微積分
出典・テーマ

第9章　空間図形(例題9-5)

3 P は F 上を動きますから，F を表す方程式に P の座標を代入します．その F を表す方程式が問題です．**5** で述べるとおり，F は空間での**斜めの円**ですから，たとえ中心と半径が分かってもその方程式はきれいに書けません．F を定義どおり球面 S と平面 α の交わりととらえれば，その方程式は連立方程式 ① かつ ② で与えられます．よって，P の座標を ① と ② に代入します．

4 今回は「s, t が満たす方程式を求めよ」でしたが，「Q の軌跡を求めよ」でもほぼ同じです．一方通行の変形はせず，与えられた条件を同値変形していますから，Q の軌跡は，円 $\left(x - \frac{8}{3}\right)^2 + \left(y + \frac{4}{3}\right)^2 = \frac{128}{9}$ です．

5 F は球面と平面の交わりですから円です．その中心と半径を求めてみます．

F の中心は球面 S の中心 D から平面 α に下ろした垂線の足 H ですから，例題 9-4. (☞ P.356) と同様に求められます．① より，平面 α の法線ベクトルは $\vec{n} = \begin{pmatrix} -2 \\ 1 \\ 2 \end{pmatrix}$ です．$\overrightarrow{\text{DH}} \parallel \vec{n}$ より $\overrightarrow{\text{DH}} = u\vec{n}$ と書けて

$$\overrightarrow{\text{OH}} = \overrightarrow{\text{OD}} + \overrightarrow{\text{DH}} = \overrightarrow{\text{OD}} + u\vec{n} = \begin{pmatrix} 0 \\ 0 \\ 2 \end{pmatrix} + u\begin{pmatrix} -2 \\ 1 \\ 2 \end{pmatrix} = \begin{pmatrix} -2u \\ u \\ 2u + 2 \end{pmatrix}$$

H は ① 上にありますから

$$-2(-2u) + u + 2(2u + 2) = 2$$

$$9u = -2 \quad \therefore \quad u = -\frac{2}{9}$$

よって，F の中心は $\text{H}\left(\frac{4}{9}, -\frac{2}{9}, \frac{14}{9}\right)$ です．

また，F の半径 r は，F 上の点を P として $\triangle$DHP で三平方の定理を用いて求めます．

$$\text{DH} = |u\vec{n}| = |u||\vec{n}| = \frac{2}{9} \cdot 3 = \frac{2}{3}$$

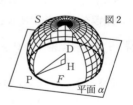

図2

に注意して

$$r = \text{HP} = \sqrt{\text{DP}^2 - \text{DH}^2} = \sqrt{2^2 - \left(\frac{2}{3}\right)^2} = \sqrt{\frac{32}{9}} = \frac{4\sqrt{2}}{3}$$

です．

6 図形的には，Q の軌跡は E に点光源を置いたときの円 F の xy 平面への射影です．点光源ですから平行光線ではなく，放射状に光が進んでいきます．

一般に影というと，点光源による影と，平行光線による影（正射影）があります．どちらも受験数学では有名なテーマです．正射影ベクトルについてはべ

クトルの章（☞ P.321）で扱いました．図形の正射影については次の節 **第4節**（☞ P.362）で扱います．

7　今回の図を球面も含めて正確に描くと図 3 のようになります．また，P を動かしたときの直線 EP の動きは図 4 のようになります．全部で 128 本描いています．もちろん，これらの図を解答に描く必要はありませんし，描こうとする人もいないでしょう．完全に私の自己満足です😊　何度も作り直したこともあり，この問題の作図だけで 1 日以上かかりました．

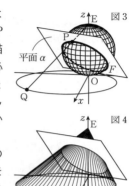

やや専門的な話になりますが，このような空間の図は Mathematica という有名な数式処理ソフトを使って描いています．とは言え，方程式を代入すればソフトが自動的に作図してくれるようなものではありません．自分で空間図形を把握し，適切にプログラムを組む必要があります．特に斜めの平面 α や円 F，また球面 S の一部を切り取った図形を描くのは難しいです．あらかじめ外積などを使って必要なベクトルを計算してからパラメータ表示を考えたり，空間での角（オイラー角）を利用するなどしてプログラムを組んでいます．私にとっても非常にいい勉強になりました😊

このような図は別にしても，正しい作図をすることは重要です．数学が得意な人は，たとえきれいでなくても**ポイントを押さえた図を描く**のがうまいです．また**いい参考書は図にこだわっている**ように思います．誤解しないでください．本書がいい参考書であると自画自賛しているのではありません．

　　　いい参考書である $\Longrightarrow$ 図にこだわっている

が真（だと思っています）なのであって，その逆

　　　図にこだわっている $\Longrightarrow$ いい参考書である

が真だとは言っていません．あくまで「図にこだわっている」ことは「いい参考書である」ための必要条件です．こういうところにも論理が現れるのが面白いですね．え，面白くないって？😒

第9章 空間図形

第4節　正射影の面積

空間図形　　　　　　　　　　　　　　　　　　　　　　　　　The space figure

平行光線による図形の影（正射影）の面積を扱います．まずは空間内における2平面のなす角から確認しましょう．

2平面が交わるとき，その交線と直交する2平面上の直線同士のなす角を，2平面のなす角と定義します．2平面が平行のときは，なす角は0です．

公式　（2平面のなす角）

2平面 α, β の法線ベクトルをそれぞれ $\vec{n_1}$, $\vec{n_2}$ とし，なす角を $\theta \left(0 \leq \theta \leq \dfrac{\pi}{2}\right)$ とすると

$$\cos\theta = \left|\dfrac{\vec{n_1}\cdot\vec{n_2}}{|\vec{n_1}||\vec{n_2}|}\right|$$

である．

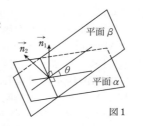

図1

法線ベクトル同士のなす角ととらえて計算します．図2のように交線の方向から見ると，2つの角が一致することが納得しやすいでしょう．

ただし，2平面のなす角は，2直線のなす角と同様に，0以上 $\dfrac{\pi}{2}$ 以下で考えます．2つの法線ベクトル

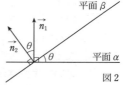

図2

$\vec{n_1}$, $\vec{n_2}$ のなす角を ϕ とすると，図1，図2はいずれも $0 \leq \phi \leq \dfrac{\pi}{2}$ の場合です．

一般に，$0 \leq \phi \leq \dfrac{\pi}{2}$ のとき，$\theta = \phi$ より

$$\cos\theta = \cos\phi$$

であり，$\dfrac{\pi}{2} \leq \phi \leq \pi$ のとき，$\theta = \pi - \phi$ より

$$\cos\theta = -\cos\phi$$

です．まとめて

$$\cos\theta = |\cos\phi| = \left|\dfrac{\vec{n_1}\cdot\vec{n_2}}{|\vec{n_1}||\vec{n_2}|}\right|$$

となります．

第 4 節　正射影の面積

公式　（正射影の面積）

2平面 α, β のなす角を $\theta \left(0 \leq \theta \leq \dfrac{\pi}{2}\right)$ とする．β 上の図形 D の α への正射影を D' とする．D, D' の面積をそれぞれ S, S' とするとき
$$S' = S\cos\theta$$
が成り立つ．

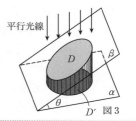

図 3

D と D' は一般には相似ではありません．横方向（交線と垂直方向）は $\cos\theta$ 倍されますが，縦方向（交線方向）は変化しませんから，面積は $\cos\theta$ 倍されるだけです．$S' = S\cos^2\theta$ ではありません．やはり交線の方向から見た図形を考えるとよいです．

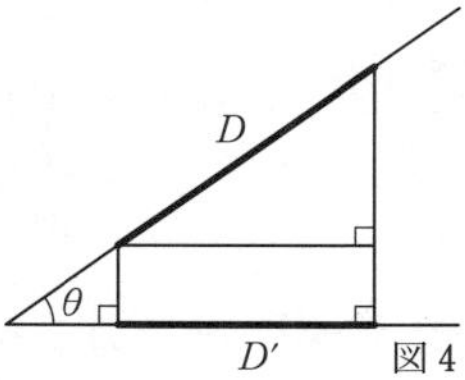

丁寧に議論するなら，図5のように，交線方向の微小な幅 $\varDelta y$ に対する D の微小な長方形（とみなします）をとり，その面積 $\varDelta S$ と正射影の面積 $\varDelta S'$ を調べます．長方形の横方向の長さを x とすると，$\varDelta S = x \varDelta y$ です．一方，正射影の横方向の長さは $x\cos\theta$ で

$$\varDelta S' = (x\cos\theta)\varDelta y = \varDelta S \cos\theta$$

です．微小面積を寄せ集めても比は変わらず

$$S' = S\cos\theta$$

となります．

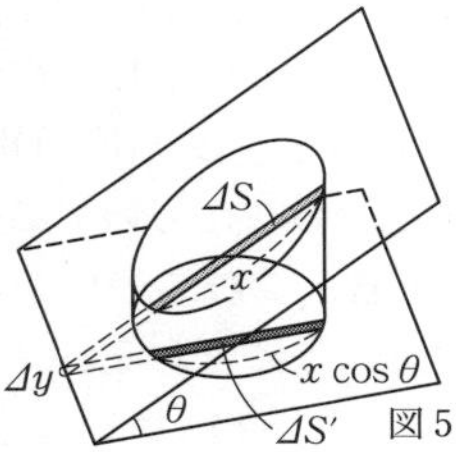

図 4

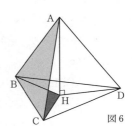

図 5

簡単な応用例です．正四面体 ABCD を考え，A から平面 BCD に下ろした垂線の足を H，面 ABC と面 DBC のなす角を θ とします．△HBC は △ABC の平面 BCD への正射影で，H は △BCD の重心ですから

$$\cos\theta = \dfrac{\triangle\mathrm{HBC}}{\triangle\mathrm{ABC}} = \dfrac{1}{3}$$

です．**面積比からなす角が分かる**のがポイントです．

図 6

〈空間図形のまとめ4〉

Check ▷▷▷▷　正射影の面積は2平面のなす角の cos 倍になる

〈立方体の正射影の面積〉

例題 9-6. 座標空間内の 6 つの平面 $x=0$, $x=1$, $y=0$, $y=1$, $z=0$, $z=1$ で囲まれた立方体を C とする．$\vec{l}=(-a_1,-a_2,-a_3)$ を $a_1>0$, $a_2>0$, $a_3>0$ を満たし，大きさが 1 のベクトルとする．H を原点 O を通りベクトル $\vec{l}$ に垂直な平面とする．

このとき，ベクトル $\vec{l}$ を進行方向にもつ光線により平面 H に生じる立方体 C の影の面積を，a_1, a_2, a_3 を用いて表せ．ここに，C の影とは C 内の点から平面 H へひいた垂線の足全体のなす図形である．　（名古屋大）

考え方　立体の正射影は面の正射影として考えます．C には 6 つの面がありますが，すべての面の影を考えてはいけません．光線の進む向きに着目し，どの面の影に着目すべきか考えましょう．

▶解答◀　図 1 のように，各頂点に名前を付ける．$\vec{l}$ の向きから，H に生じる C の影は面 ABFE，BCGF，DEFG の影を合わせたものである．
(▷▷▷**❶**) これらの面の法線ベクトルは，それぞれ

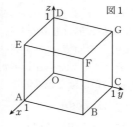

図 1

$$\vec{n_1}=\begin{pmatrix}1\\0\\0\end{pmatrix},\ \vec{n_2}=\begin{pmatrix}0\\1\\0\end{pmatrix},\ \vec{n_3}=\begin{pmatrix}0\\0\\1\end{pmatrix}$$

◀ 法線ベクトルはすべて座標軸方向です．単位ベクトルをとればよいです．

である．また，これらの面と H のなす角をそれぞれ θ_1，θ_2，θ_3 とおく．ただし，$0\leqq\theta_1\leqq\dfrac{\pi}{2}$，$0\leqq\theta_2\leqq\dfrac{\pi}{2}$，$0\leqq\theta_3\leqq\dfrac{\pi}{2}$ である．正射影の面積の公式を用いると，求める面積は

◀ 誤解されないよう，なす角の範囲を明記します．

(面 ABFE の面積)$\cos\theta_1$

　　$+$(面 BCGF の面積)$\cos\theta_2$

　　　　$+$(面 DEFG の面積)$\cos\theta_3$　　(▷▷▷**❷**)

$=1^2\cdot\cos\theta_1+1^2\cdot\cos\theta_2+1^2\cdot\cos\theta_3$

$=\cos\theta_1+\cos\theta_2+\cos\theta_3$

第4節　正射影の面積

ここで，2平面のなす角の定義から
$$\cos\theta_1 = \left|\frac{\vec{n_1}\cdot\vec{l}}{|\vec{n_1}||\vec{l}|}\right| = \left|\frac{-a_1}{1\cdot 1}\right| = a_1$$

◀ $a_1 > 0$ を用いています．

である．

同様にして，$\cos\theta_2 = a_2$，$\cos\theta_3 = a_3$ であるから，求める面積は

$$a_1 + a_2 + a_3$$

Point　NEO ROAD TO SOLUTION　9-6　Check!

1 $P(a_1, a_2, a_3)$ とすると，$\vec{l} = -\overrightarrow{OP} = \overrightarrow{PO}$ です．P は $x > 0$，$y > 0$，$z > 0$ の領域にありますから，O を通り $\vec{l} = \overrightarrow{PO}$ に垂直な平面 H は，▶解答◀ の図1において立方体 C の奥側にあります．光線は P から O に向かう方向に進みますから，手前から奥に向かって進み，光線の進む方向に向かって眺めると，図2のように，H が奥に，C が手前に見え，頂点 F が最も手前に見えます．よって，C の6つの面のうち，この方向から見えるのは，3つの面 ABFE，BCGF，DEFG のみですから，これらの影についてのみ調べます．図2から分かるとおり，3つの面の影には共通部分がありませんから，面積は単純に和をとればよいです．なお，残りの3つの面の影の面積の和を計算しても答えは同じです．

2 図3のように，代表して1つの面 ABFE に着目するとよいです．この図で分かればよいですが，ピンと来なければ**正射影を考える図形を含む平面を補う**ことです．図4のように面 ABFE を含む平面を補うと，平面 H とのなす角 θ_1 を用いて正射影の面積が計算できます．ほんの些細な工夫で理解しやすくなりますね．

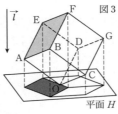
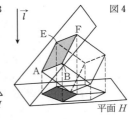

第9章　空間図形

〈正四面体の正射影の面積の最大・最小〉

[例題] 9－7. 原点を O とする xyz 空間内に 1 辺の長さが 1 の正四面体 OPQR がある. 点 P, Q, R を通り z 軸に平行な 3 直線と xy 平面との交点をそれぞれ P′, Q′, R′ とするとき, 次の問いに答えよ.

（1）　$\triangle$PQR, $\triangle$P′Q′R′ の面積をそれぞれ S, S_1 とする. P, Q, R の 3 点を通る平面と xy 平面のなす角を θ とするとき, $S_1 = S|\cos\theta|$ を示せ.

（2）　O が $\triangle$P′Q′R′ の周上を含む内部にあるとき, z 軸と $\triangle$PQR の交点を A とする. このとき正四面体 OPQR の体積 V は $V = \dfrac{1}{3}$OA $\cdot S_1$ となることを示し, S_1 の最小値を求めよ.

（3）　O が $\triangle$P′Q′R′ の外部にあり, 線分 OP′ と線分 Q′R′ が交点 B をもつとき, 点 B を通り z 軸に平行な直線と, 直線 OP および直線 QR との交点をそれぞれ C, D とする. このとき四角形 OQ′P′R′ の面積を S_2 とすると $V = \dfrac{1}{3}$CD $\cdot S_2$ となることを示し, S_2 の最大値を求めよ.

（名古屋市立大）

[考え方]　（1）はヒントでしょうから, さらっと示します.（2）,（3）は V に関する等式を示すことがメインです. 式の意味を考えましょう. どちらの式も三角錐の体積の公式の形に似ているのがポイントです. また, 2 平面の交線方向から見た図をうまく使うとよいでしょう.

▶解答◀　（1）　$0 \leqq \theta \leqq \dfrac{\pi}{2}$ としてよい.

$\theta = 0$ のとき, $S_1 = S$ より成り立つ.

$0 < \theta \leqq \dfrac{\pi}{2}$ のとき, 平面 PQR と平面 P′Q′R′ は交わり, 交線を l とする. 平面 PQR 上の l に平行な線分の長さは変わらず, l に垂直な線分の長さは $\cos\theta$ 倍になるから, $S_1 = S\cos\theta$ である.

（2）　O から平面 PQR に下ろした垂線の足を H とする.

$\angle$AOH は 2 平面の法線同士のなす角で $\angle$AOH $= \theta$ であるから

$$OH = OA\cos\theta$$

◀ 問題文の $\cos\theta$ に絶対値がついていますので, 念のため断っておきます.

◀ $\triangle$PQR を底面とみるために垂線を下ろします.

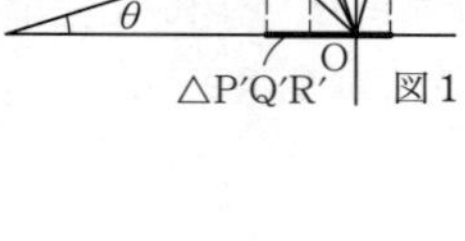

◀ 2 平面の交線方向から見た図を描くと, 直角三角形が見やすいです.

図1

366　第9章　空間図形（例題9－7）

第4節　正射影の面積

であり
$$V = \frac{1}{3}S \cdot \text{OH} = \frac{1}{3}S \cdot \text{OA}\cos\theta$$
$$= \frac{1}{3}\text{OA} \cdot S\cos\theta = \frac{1}{3}\text{OA} \cdot S_1 \quad \cdots\cdots\cdots\text{①}$$

である．(▷▶▶▶ **1**)

V を求める．QR の中点を M とおくと，H は $\triangle$PQR の重心であるから

$$\text{PH} = \frac{2}{3}\text{PM}$$
$$= \frac{2}{3} \cdot \frac{\sqrt{3}}{2} = \frac{\sqrt{3}}{3}$$

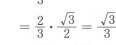

図2

◀ 第1節 (☞ P.331) で扱いましたが，H は $\triangle$PQR の外心かつ重心です．

$\triangle$OPH で三平方の定理より

$$\text{OH} = \sqrt{\text{OP}^2 - \text{PH}^2} = \sqrt{1 - \frac{1}{3}} = \frac{\sqrt{6}}{3}$$

よって

$$V = \frac{1}{3}S \cdot \text{OH} = \frac{1}{3} \cdot \frac{\sqrt{3}}{4} \cdot 1^2 \cdot \frac{\sqrt{6}}{3} \quad (\triangleright\blacktriangleright\blacktriangleright\blacktriangleright \textbf{2})$$
$$= \frac{\sqrt{2}}{12}$$

である．① を用いて

$$S_1 = \frac{3V}{\text{OA}} = \frac{\sqrt{2}}{4\text{OA}}$$

◀ S_1 が最小となるのは OA が最大になるときです．

A が P, Q, R のどれかと一致するとき OA は最大値 1 をとるから，(▷▶▶▶ **3**) S_1 の最小値は $\dfrac{\sqrt{2}}{4}$ である．

(3) (▷▶▶▶ **4**)

① を利用することを考える．(2)において，① までは四面体 OPQR は正四面体でなくてもよく，また，四面体 OPQR を z 軸方向に平行移動し，O が xy 平面上にない状態にしても ① が成り立つことに注意する．(▷▶▶▶ **5**)

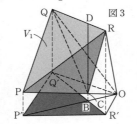

図3

◀ 図3は1つの例です．

四面体 OPQR を平面 QQ'R'R で切って，2つの四面

第9章　空間図形（例題9−7）

第9章 空間図形

体 CPQR, COQR に分割する．これらの体積をそれぞれ V_1, V_2 とおく．

V_1 は，(2) の O が C に，線分 OA が線分 CD になり，△PQR はそのままだと考えて （▷▷▷ **6**）

$$V_1 = \frac{1}{3}CD \cdot \triangle P'Q'R'$$

V_2 は，(2) の O が C に，線分 OA が線分 CD になり，さらに △PQR が △OQR になったと考えて （▷▷▷ **7**）

$$V_2 = \frac{1}{3}CD \cdot \triangle OQ'R'$$

よって

$$V = V_1 + V_2$$
$$= \frac{1}{3}CD \cdot (\triangle P'Q'R' + \triangle OQ'R')$$
$$= \frac{1}{3}CD \cdot S_2$$

となる．

$V = \dfrac{\sqrt{2}}{12}$ を用いて

$$S_2 = \frac{3V}{CD} = \frac{\sqrt{2}}{4CD}$$

OP の中点を N とすると

MN ⊥ OP

MN ⊥ QR

であるから，C = N かつ D = M のとき CD は最小値

$$\sqrt{\left(\frac{\sqrt{3}}{2}\right)^2 - \left(\frac{1}{2}\right)^2} = \frac{1}{\sqrt{2}}$$

をとる．（▷▷▷ **8**）ゆえに，S_2 の最大値は

$$\frac{\sqrt{2}}{4} \cdot \sqrt{2} = \frac{1}{2}$$

である．

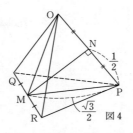

図 4

◀ S_2 が最大となるのは CD が最小になるときです．

◀ 正四面体の対称性から明らかでしょう．実際 △OMN ≡ △PMN より MN ⊥ OP です．また，このとき O は △P'Q'R' の外部にあります．

第4節　正射影の面積

Point　The space figure　NEO ROAD TO SOLUTION　9-7　Check!

1 　図5，6の網目部分の2つの四面体 W_1，W_2 の体積が等しいことを表しています．底面積，高さの比に着目すると簡単な計算で分かります．底面積は W_2 が W_1 の $\cos\theta$ 倍，高さは W_1 が W_2 の $\cos\theta$ 倍ですから，比がキャンセルして体積は等しいです．

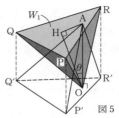
図5

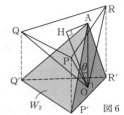
図6

2 　正三角形の面積公式を用いています．知らない受験生が意外に多いです．

> **公式**　（正三角形の面積公式）
> 　1辺の長さが a の正三角形の面積は $\dfrac{\sqrt{3}}{4}a^2$ である．

$\triangle \mathrm{ABC} = \dfrac{1}{2}bc\sin A$ の公式から

$$\dfrac{1}{2} \cdot a^2 \cdot \sin\dfrac{\pi}{3} = \dfrac{\sqrt{3}}{4}a^2$$

と簡単に示せます．正三角形の面積を求める機会は意外と多いですから，ぜひ使っていきましょう．

3 　O が $\triangle \mathrm{P'Q'R'}$ の周上を含む内部にあるように四面体が動くと，A は $\triangle \mathrm{PQR}$ の周および内部を動きますから，A が O から最も遠くにあるのは $\triangle \mathrm{PQR}$ のどれかの頂点に一致するときです．▶解答◀ では明らかとしましたが，きちんと示すのであれば，「垂線を下ろす」（☞ P.330）方法で平面の問題に帰着させます．$\triangle \mathrm{OAH}$ で三平方の定理を用いると

$$\mathrm{OA} = \sqrt{\mathrm{OH}^2 + \mathrm{AH}^2} = \sqrt{\left(\dfrac{\sqrt{6}}{3}\right)^2 + \mathrm{AH}^2} = \sqrt{\dfrac{2}{3} + \mathrm{AH}^2}$$

となり，AH の最大に帰着します．H は $\triangle \mathrm{PQR}$ の外心ですから，H から最も遠くにある $\triangle \mathrm{PQR}$ の周および内部の点 A は，$\triangle \mathrm{PQR}$ の3頂点です．

4 条件が頭に入ってこないときは，大雑把でもいいですから図を描きましょう．まず △P'Q'R' を描きます．次に O を線分 OP' と線分 Q'R' が交わるようにとり，その交点を B とします．△P'Q'R' は △PQR を xy 平面に正射影したものですから，P'，Q'，R' の真上に P，Q，R をとり，四面体 OPQR を描きます．さらに B を通る垂線を引き，OP，QR との交点をそれぞれ C，D とします．その結果，▶解答◀ の図 3 のような見取り図が描けます．

5 （2）の結果である ① を，（3）で使いやすいように解釈しておきます．まず正四面体でなくても成り立ちます．また，四面体 OPQR において，△PQR を「主底面」，頂点 O を「主頂点」，線分 OA を「主垂線」と呼ぶことにします．主底面は正射影を考える面，主頂点は四面体の 4 頂点のうち主底面に含まれない頂点，主垂線は主頂点を通り xy 平面に垂直な直線と四面体の共通部分です．このとき，四面体 OPQR の体積 V は

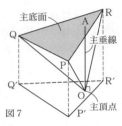

図 7

$$V = \frac{1}{3} \cdot (\text{主垂線の長さ}) \cdot (\text{主底面の正射影の面積})$$

と表されます．

重要なのは，正射影を用いていることから，四面体を z 軸方向に平行移動しても結果が変わらないことです．**主頂点は xy 平面上になくても構いません**．これが（3）で利きます．

6 ① が使える条件は，上面の三角形の正射影（境界を含む）に残りの四面体の頂点の**正射影**が含まれることです．**5** で確認したとおり，残りの頂点は xy 平面上になくてもよいことに注意します．そこで正四面体を ① が使える**2 つの四面体に分割します**．

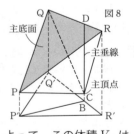

図 8

そのうちの 1 つ，四面体 CPQR について，「主底面」，「主頂点」，「主垂線」を見抜きましょう．主底面は △PQR，主頂点は C，主垂線は線分 CD です．よって，この体積 V_1 は

$$V_1 = \frac{1}{3} \cdot (\text{主垂線の長さ}) \cdot (\text{主底面の正射影の面積})$$
$$= \frac{1}{3} \text{CD} \cdot \triangle \text{P'Q'R'}$$

となります．

第4節　正射影の面積

7 四面体 COQR についても，四面体 CPQR と同様に ① が使えます．主底面は △OQR，主頂点は C，主垂線は線分 CD です．よって，この体積 V_2 は

$$V_2 = \frac{1}{3} \cdot (\text{主垂線の長さ})$$
$$\qquad\qquad \times (\text{主底面の正射影の面積})$$
$$= \frac{1}{3} \text{CD} \cdot \triangle \text{OQ'R'}$$

となります．

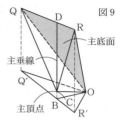

図 9

なお，▶解答◀ の図 3 では △PQR と xy 平面は共有点をもたず，四面体 OPQR が xy 平面の上に浮いている状態になっていますが，実際にはそうとは限りません．図 10 のように △PQR が xy 平面と交わることもあります．しかしこの場合も，V_1，V_2 ともに，「主底面」，「主頂点」，「主垂線」を見抜けば，結果が変わらないことが分かります．

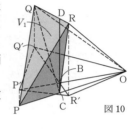

図 10

8 CD の最小を考えます．C は辺 OP 上を，D は辺 QR 上を動きます．OP と QR はねじれの位置にありますから**共通垂線に着目**します．図 11 のように，2 直線を含む天井と床（平行な 2 平面）をイメージします．CD が OP，QR の共通垂線になることができれば，そのとき CD は最小です．四面体 OPQR は正四面体ですから，2 辺の中点を結ぶと共通垂線

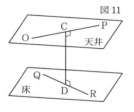

図 11

になります．よって，C，D がそれぞれ OP，QR の中点のとき CD は最小です．

なお，一般に，ねじれの位置にある 2 直線には共通垂線が存在します．天井と床が存在することから確認します．一方の直線をうまく平行移動することで2 直線は交わり，そのとき 2 直線を含む平面が存在します．その平面と平行な平面で，元の 2 直線を含むものが 1 つずつ存在します．それが天井と床です．さて，天井を**真下に**平行移動して床と一致させると，2 直線は 1 点で交わります．その交点に印を付けます（2 直線の両方に印が付きます）．**真上に**平行移動して天井を元に戻し，印が付いた 2 点を結ぶと，それが共通垂線です．

第 9 章　空間図形

9　S_1, S_2 のとりうる値の範囲を求めてみましょう.

S_1 が**最大**になるのは OA が最小になるときで, A = H のときです. このとき OA は最小値 OH $= \dfrac{\sqrt{6}}{3}$ をとりますから, S_1 の最大値は

$$\dfrac{\sqrt{2}}{4} \cdot \dfrac{3}{\sqrt{6}} = \dfrac{\sqrt{3}}{4}$$

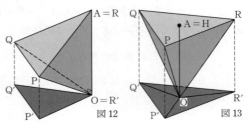

です. よって, S_1 のとりうる値の範囲は $\dfrac{\sqrt{2}}{4} \leqq S_1 \leqq \dfrac{\sqrt{3}}{4}$ です. S_1 が最小, 最大になる例をそれぞれ図 12, 13 に示しました.

S_2 が**最小**になるのは CD が最大になるときで, C = P かつ (D = Q または D = R) のときです. このとき CD は最大値 1 をとりますから, S_2 の最小値は $\dfrac{\sqrt{2}}{4}$ です. よって, S_2 のとりうる値の範囲

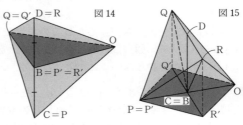

は $\dfrac{\sqrt{2}}{4} \leqq S_2 \leqq \dfrac{1}{2}$ です. S_2 が最小, 最大になる例をそれぞれ図 14, 15 に示しました. 正射影が目立つように本来は見えない部分も前に出しています.

以上をまとめると, 正四面体の正射影の面積 S' のとりうる値の範囲は

$$\dfrac{\sqrt{2}}{4} \leqq S' \leqq \dfrac{1}{2}$$

です. 図 12 と図 14 では正射影の形が同じであることに注意しましょう.

10　正四面体の正射影の問題は, 1988 年の東大にあります. これは誘導がないため難問です. また, (3) の最大値だけを求める問題が 2013 年の早大・理工にあります. 類題の大変さを知っていると, 今回の名市大の問題の誘導がいかに素晴らしいかが分かります. この誘導のおかげで, 私ですらスムーズに解答できました😊　私も作問することがありますから身に染みているのですが, 難問をうまくアレンジして程よいレベルに落とし込むのはなかなかできるものではありません. 作問された先生に敬意を表します.

第10章 図形総合

The synthesis of figure

NEO ROAD TO SOLUTION

真・解法への道！

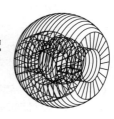

第10章　図形総合

| 第1節 | 座標を設定する |

図形総合　　　　　　　　　　　　　　　　　　　　　　　　The synthesis of figure

　図形の応用問題では，座標を設定することが有効な場合があります．最初から座標が設定されている問題で座標を使うのは違和感がないでしょうが，問題文が図形の言葉で書かれていても，自分で座標を設定するのです．座標を道具として使うイメージです．特に私は座標を好んで使っています．座標信者と言っていいほどです😊　私のような図形的センスのない凡人にとっては，ひらめきや経験を要する図形的な解法よりは，設定さえすれば計算で処理できる座標の方がしっくりくることが多いからです．**座標は凡人の味方**です．また，答案も書きやすく，部分点も取りやすいですから，実戦的な解法でもあります．もちろん，座標が万能ということではありません．問題ごとに柔軟に判断することです．

　座標を設定する上での注意です．最初から座標が与えられていなければ，**座標軸は自分で入れるもの**です．図形があって，そこに都合のいいように座標軸を入れます．座標があって，そこに図形をおくのではありません．この順序を間違えないようにしてください．あくまで，図形は最初から与えられているのです．この前提で座標を設定します．**座標の解法は最初の設定が極めて重要**です．後の計算量は最初の設定で決まります．

　では，平面図形，空間図形でよく扱われる三角形や四面体を例に確認しておきます．これらの問題でいつも座標を設定するわけではありませんが，特に京大がよく出題している「三角形とその外接円を扱う問題」の多くは座標を設定して解くのが明快です．また，「対称性のない四面体を扱う問題」もベクトル以外では座標が有効な場合が多いです．

　三角形の頂点の座標の設定の仕方は

（ i ）　**2点を座標軸対称にとる**

（ ii ）　**1点を原点や座標軸上など0が多く含まれ設定しやすい点にとる**

のいずれかですが，多くの問題では，（ i ）が有効です．

　四面体の頂点の座標を設定する際には，正三角形や直角三角形など**特徴のある面をxy平面上にとる**ことです．

　いずれの場合も，**一般性を失わない範囲で文字に制限を付ける**ことが重要です．具体例で確認しておきましょう．

374　第10章　図形総合

第1節　座標を設定する

問題 40. △ABC において，BC の中点を M とするとき
$$AB^2 + AC^2 = 2(AM^2 + BM^2)$$
が成り立つことを示せ．

「中線定理」の証明です．座標以外にベクトルや余弦定理を用いてもできますが，今回は証明自体が目的ではありません．あくまで座標設定の方法にスポットを当てて解説します．

通常，図1のような図を描き，$M(0, 0)$，$B(-a, 0)$，$C(a, 0)$，$A(x, y)$ $(a > 0, y > 0)$ とでもおいて証明を始めますが，ここに至るプロセスはあっさり流されがちです．座標の解法の要の部分ですから，詳しく見ておきましょう．

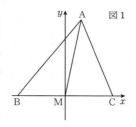
図1

まず，単に △ABC とありますから，これは一般の三角形です．正三角形や直角三角形などの特殊な三角形も含みますが，一般性を保つために，特殊な三角形を描くべきではありません．図2のような三角形をイメージします．座標軸はまだ入っていません．この図に座標軸を入れます．

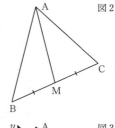
図2

BC の中点 M がありますから，これを原点とし，2点 B, C を座標軸対称にとるのがよいです．ここでは y 軸対称にとります．直線 BC を x 軸とし，M を通り x 軸に垂直な直線を y 軸とします．図3です．ただし，これでは見栄えが悪いですから，回転して整えて最初の図1にします．もちろん，答案に描くのは図1だけで結構です．

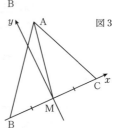
図3

この後，各点の座標を文字でおきます．2点 B, C は x 軸上にあり，y 軸対称ですから，$B(-a, 0)$，$C(a, 0)$ とします．$a > 0$ としてよいことに注意しましょう．2点 B, C が異なることから $a \neq 0$ ですが，さらに，$a > 0$ としてよいのです．座標軸を入れるのは自分です．$\overrightarrow{BC}$ と同じ向きになるように x 軸を入れれば，B の x 座標は負，C の x 座標は正となり，$a > 0$ です．もしくは，少し見方を変えて，$a < 0$ の場合は，y 軸に関して △ABC を対称

第10章　図形総合　375

第 10 章　図形総合

移動することで $a > 0$ の場合に帰着できるととらえてもよいでしょう．対称移動しても長さの関係は変わりませんから，$a > 0$ としても一般性を失わないということです．一般に，3 点の並び順（反時計回りかどうか）は自分で決められます．

　A については，$\triangle$ABC が一般の三角形であることから，B，C に対する相対的な位置が不明です．三角形の形を自分で勝手に決めるわけにはいきません．一般性を保つように，a 以外の文字を使って，A(x, y) とおきます．

　ちなみに，もし $\triangle$ABC が正三角形であれば，B，C の座標と同じ a を用いて，A$(0, \sqrt{3}a)$ とおけます．三角形の形によって A のおき方は変わります．

　x, y の制限についてですが，y は $y > 0$ としてよいです．$a > 0$ としたのと同じです．一方，x には制限を付けない方が無難です．例えば，$x \geqq 0$ となるのは AB $\geqq$ AC のときです．一般の三角形で勝手に辺の長さの大小を決めてしまうのは，特別な場合を考えることに相当し，通常は避けるべきです．ただし，BM $=$ CM より，今回証明すべき式は，B と C を入れ換えても形が変わらず，B と C に関して対称な式です．AB $\leqq$ AC の場合も AB $\geqq$ AC の場合と同様に議論できますから，AB $\geqq$ AC としても一般性を失いません．ここまで分かっていて $x \geqq 0$ とするのなら構いません．なんとなくではなく，**確信を持って制限を付ける**ことです．

　以上より，M$(0, 0)$，B$(-a, 0)$，C$(a, 0)$，A(x, y) $(a > 0, y > 0)$ とおけます．繰り返しますが，一般性を失わない範囲で文字に制限を付けることが重要です．今回は関係ありませんが，問題によっては，その制限のおかげで無用な場合分けをしなくてすむからです．

　参考までに，今回設定した座標を用いると，中線定理は簡単に示せます．

$$AB^2 + AC^2 = (x + a)^2 + y^2 + (x - a)^2 + y^2$$
$$= 2(x^2 + y^2 + a^2) = 2(AM^2 + BM^2)$$

となります．

〈図形総合のまとめ 1 〉

Check ▷▷▷▷ 座標を設定する

🖎 　座標軸は自分で入れる

🖎 　一般性を失わない範囲で文字に制限を付ける

第1節　座標を設定する

〈四面体の外接球の半径〉

例題 10−1. 空間上の4点 A, B, C, D が AB = 1, AC = $\sqrt{2}$, AD = $2\sqrt{2}$,
∠BAC = 45°, ∠CAD = 60°, ∠DAB = 90° をみたす．このとき，この
4点を通る球の半径を求めよ．
(横浜市立大)

考え方　四面体の外接球の半径を求める問題です．図形の言葉で書かれた問題ですが，対称性がありませんから，図形的な解法は難しいです．座標を設定するのが明快です．

▶解答◀　座標を設定する．

∠DAB = 90° より，△ABD を xy 平面上にとる．
AB = 1，AD = $2\sqrt{2}$ より，
A(0, 0, 0)，B(1, 0, 0)，
D(0, $2\sqrt{2}$, 0) とおき，また，
C(a, b, c) ($c \geqq 0$) とおく．
(▷▷▷▷ **1**)

まず C の座標を求める．∠BAC = 45° を用いて

$$\overrightarrow{AB} \cdot \overrightarrow{AC} = |\overrightarrow{AB}||\overrightarrow{AC}|\cos 45°$$

$$a = 1 \cdot \sqrt{2} \cdot \frac{1}{\sqrt{2}} \qquad \therefore \quad a = 1$$

◀ 空間座標での角は，ベクトルの内積で扱います．

∠CAD = 60° を用いて

$$\overrightarrow{AC} \cdot \overrightarrow{AD} = |\overrightarrow{AC}||\overrightarrow{AD}|\cos 60°$$

$$2\sqrt{2}b = \sqrt{2} \cdot 2\sqrt{2} \cdot \frac{1}{2} \qquad \therefore \quad b = \frac{1}{\sqrt{2}}$$

◀ $|\overrightarrow{AC}| = \sqrt{2}$を代入します．$\sqrt{a^2+b^2+c^2}$は，まわりくどいです．

AC = $\sqrt{2}$ を用いて

$$a^2 + b^2 + c^2 = 2$$

$$1 + \frac{1}{2} + c^2 = 2$$

$$c^2 = \frac{1}{2} \qquad \therefore \quad c = \frac{1}{\sqrt{2}}$$

◀ 上で求めた a，b の値を代入しています．

◀ $c \geqq 0$ を用いています．

よって，C の座標は $\left(1, \dfrac{1}{\sqrt{2}}, \dfrac{1}{\sqrt{2}}\right)$ である．

次に球の中心の座標を求める．球の中心を E(x, y, z)

第10章　図形総合（例題10−1）

第10章　図形総合

とおくと　（▷▷▷▷ **2**）

$$\text{AE}^2 = x^2 + y^2 + z^2 \text{ ·····························①}$$

$$\text{BE}^2 = (x-1)^2 + y^2 + z^2 \text{ ··················②}$$

$$\text{DE}^2 = x^2 + (y - 2\sqrt{2})^2 + z^2 \text{ ············③}$$

$$\text{CE}^2 = (x-1)^2 + \left(y - \frac{1}{\sqrt{2}}\right)^2 + \left(z - \frac{1}{\sqrt{2}}\right)^2$$

$$\text{···········④}$$

◀ 4つの式を縦に並べておくと, 辺ごとに引く計算がしやすいです.

$\text{AE} = \text{BE}$ を用いて, ① − ② より

$$0 = 2x - 1 \quad \therefore \quad x = \frac{1}{2}$$

◀ 右辺については2乗の項がすべて消えますから, 残りを計算します.

$\text{AE} = \text{DE}$ を用いて, ① − ③ より

$$0 = 4\sqrt{2}y - 8 \quad \therefore \quad y = \sqrt{2}$$

◀ AE = CE よりも先にAE = DE を用います.

$\text{AE} = \text{CE}$ を用いて, ① − ④ より

$$0 = 2x - 1 + \sqrt{2}y - \frac{1}{2} + \sqrt{2}z - \frac{1}{2}$$

$$0 = \sqrt{2}z + 1 \quad \therefore \quad z = -\frac{1}{\sqrt{2}}$$

◀ x, y の値を代入しています.

ゆえに, E の座標は $\left(\dfrac{1}{2}, \sqrt{2}, -\dfrac{1}{\sqrt{2}}\right)$ である.

以上より, 球の半径は

$$\text{AE} = \sqrt{\left(\frac{1}{2}\right)^2 + (\sqrt{2})^2 + \left(-\frac{1}{\sqrt{2}}\right)^2}$$

$$= \sqrt{\frac{1}{4} + 2 + \frac{1}{2}} = \frac{\sqrt{\mathbf{11}}}{\mathbf{2}}$$

◀ BE, CE, DE でも同じですが, AE が最も簡単です.

♦別解♦ 1.　（E の座標の別の求め方）

E は 3 点 A, B, D から等距離にあるから, △ABD の外心から xy 平面に立てた垂線上にある. （▷▷▷▷ **3**）
△ABD は ∠DAB = 90° の直角三角形であるから, その外心は斜辺 BD の中点 $\left(\dfrac{1}{2}, \sqrt{2}, 0\right)$ であり, E の座標は $\left(\dfrac{1}{2}, \sqrt{2}, z\right)$ とおける.

第1節　座標を設定する

AE $=$ CE を用いて

$$\frac{1}{4} + 2 + z^2 = \frac{1}{4} + \frac{1}{2} + \left(z - \frac{1}{\sqrt{2}}\right)^2$$

$$\sqrt{2}z = -1 \qquad \therefore \quad z = -\frac{1}{\sqrt{2}}$$

よって，E の座標は $\left(\dfrac{1}{2},\ \sqrt{2},\ -\dfrac{1}{\sqrt{2}}\right)$ である．

◀ AE $=$ BE $=$ DE は用いましたから，AE $=$ CE を用いて z を求めます．

【◆別解◆】**2.** （C の座標を求めた後から）

A，B，C，D を通る球面の方程式を

$$x^2 + y^2 + z^2 + kx + ly + mz + n = 0$$

とおく．（▷▷▷▷ **4**）A$(0, 0, 0)$ を通るから

$$n = 0$$

B$(1, 0, 0)$ を通るから

$$1 + k + n = 0$$

$$1 + k = 0 \qquad \therefore \quad k = -1$$

◀ $n = 0$ を代入します．

D$(0, 2\sqrt{2}, 0)$ を通るから

$$8 + 2\sqrt{2}l + n = 0$$

$$8 + 2\sqrt{2}l = 0 \qquad \therefore \quad l = -2\sqrt{2}$$

◀ C の座標よりも先に D の座標を用います．座標に 0 が含まれるからです．

◀ $n = 0$ を代入します．

C$\left(1,\ \dfrac{1}{\sqrt{2}},\ \dfrac{1}{\sqrt{2}}\right)$ を通るから

$$1 + \frac{1}{2} + \frac{1}{2} + k + \frac{1}{\sqrt{2}}l + \frac{1}{\sqrt{2}}m + n = 0$$

$$\frac{1}{\sqrt{2}}m - 1 = 0 \qquad \therefore \quad m = \sqrt{2}$$

◀ k, l, n の値が代入できます．条件を用いる順番の妙です．

よって，球面の方程式は

$$x^2 + y^2 + z^2 - x - 2\sqrt{2}y + \sqrt{2}z = 0$$

$$\left(x - \frac{1}{2}\right)^2 + (y - \sqrt{2})^2 + \left(z + \frac{1}{\sqrt{2}}\right)^2 = \frac{11}{4}$$

◀ 円の方程式と同様に，平方完成すれば中心と半径が分かります．

であるから，球の半径は $\dfrac{\sqrt{11}}{2}$ である．

第 10 章　図形総合（例題 10−1）

第10章　図形総合

□ Point　The synthesis of figure　10-1　Check! □
NEO ROAD TO SOLUTION

1 　四面体の問題でベクトル以外の解法は，対称面があるかどうかで判断します．

　（ⅰ）　**対称面がある四面体は対称面で切る**

　（ⅱ）　**対称面がない四面体は座標を設定する**

　今回は対称性がありませんから，座標を設定します．△ABD が直角三角形であることに着目し，A を原点に，B，D を座標軸上にとります．C の座標は残された条件を用いて決定します．なお，C は xy 平面の上側にとっても下側にとっても AE（E は球の中心）の長さは変わりませんから，C の z 座標は 0 以上としても一般性を失いません．よって，$c \geqq 0$ とします．細かいことですが，問題文に「四面体」とは書かれていませんから，四面体 ABCD がつぶれてしまってもよいです．$c = 0$ も含めておきます．

2 　球の半径を求めるために，球の中心 E の座標を調べます．E の座標を文字でおいて，4 点から等距離にあることを用いて連立方程式を立てます．何も工夫がないですが，確実な方法です．**座標を文字でおく勇気を持ちましょう**．

　なお，E は四面体の 4 頂点が与えられた時点で位置が決まります．自分で座標を決めるのではありません．C の場合と違い，$z \geqq 0$ としてはいけません．

3 　一般に，**四面体の外接球の中心は底面の三角形の外心の真上（または真下）に**あります．題意の四面体において，外接球の中心 E から底面 ABD に下ろした垂線の足を H とすると，△EAH ≡ △EBH ≡ △EDH より，AH = BH = DH が成り立ち，H は △ABD の外心になるからです．これは四面体の形によりません．よって，底面の三角形の外心が簡単に求まる場合には，**◆別解◆ 1.** の方法も有効です．今回は底面が直角三角形ですから，外心は斜辺の中点です．

4 　中心を先に求める代わりに，直接球面の方程式を求める方法も有効です．通る 3 点が分かっている円の方程式を求めるのと同様に，**球面の方程式を一般形でおきます**．通る 4 点の座標を代入すれば係数が求まります．

[5] 　実は △ABC は ∠ABC = 90° の直角二等辺三角形です．これを xy 平面上にとってもよいです．B$(0, 0, 0)$，A$(1, 0, 0)$，C$(0, 1, 0)$，D(d, e, f) $(f \geqq 0)$ として D の座標を求めると，D$(1, 2, 2)$ です．

第 1 節　座標を設定する

6　対称面がある四面体の類題です．座標でも解けますが，図形的に解けます．

> **問題 41.** 半径 r の球面上に 4 点 A，B，C，D がある．四面体 ABCD の各辺の長さは，
> $$AB = \sqrt{3}, \ AC = AD = BC = BD = CD = 2$$
> を満たしている．このとき r の値を求めよ． （東京大）

▶**解答**◀　AB，CD の中点をそれぞれ M，N とおき，球の中心を E とおく．AE = BE より，E は AB の垂直二等分面 CDM 上にあり，CE = DE より，E は CD の垂直二等分面 ABN 上にある．よって，E は平面 CDM と ABN の交線 MN 上にある．

△ABN は 1 辺の長さが $\sqrt{3}$ の正三角形であるから，MN はその高さで $\dfrac{3}{2}$ である．AE = CE = r と AB ⊥ MN，CD ⊥ MN に注意する．NE の符号付き長さ（N に関して E が M と同じ側であれば正，反対側であれば負とする長さ）を x とすると，ME = $\left|\dfrac{3}{2} - x\right|$ であるから，△CNE と △AME で三平方の定理を用いて

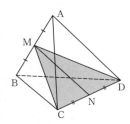

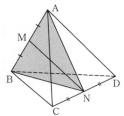

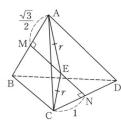

$$r^2 = x^2 + 1, \ r^2 = \left(\frac{3}{2} - x\right)^2 + \left(\frac{\sqrt{3}}{2}\right)^2$$

2 式を辺ごとに引いて

$$0 = 3x - 2 \quad \therefore \quad x = \frac{2}{3}$$

よって

$$r^2 = \left(\frac{2}{3}\right)^2 + 1 = \frac{13}{9} \quad \therefore \quad r = \frac{\sqrt{13}}{3}$$

注意　E は**線分** MN 上にあるとは限りませんから，単に NE = x とおくと，E が線分 MN 上にあるかどうかで場合分けが必要になります．それを避けるために符号付き長さを考えています．N を原点とし，$\overrightarrow{\mathrm{NM}}$ と同じ向きに座標軸をとるのと同じです．2 点間の距離は 2 点の座標の差の絶対値です．

第10章 図形総合

第2節　図形問題の解法

図形総合　　　　　　　　　　　　　　　　　　　　　The synthesis of figure

　受験数学において，一言で「図形」と言っても，初等幾何，三角比・三角関数，座標，ベクトルなどいろいろな分野があります．特に入試問題になると，複数の分野にまたがるような問題も出題され，なかなか手ごわいテーマです．そこで，今回は図形問題全般に関するお話です．まずは図形問題を解くコツです．

　1つ目は**「きちんとした（できる限り正しい）図を描く」**ことです．時間がもったいないからといって，いい加減な図を描いて解き始めると，その図が誤解を生み，かえって時間がかかることがあります．角や長さの大小は再現すべきです．

　私は予備校の授業で図形を扱う際に，導入として「3辺の長さが2, 3, 4 の三角形の図を描け．」という簡単な課題を出すことがあります．クラスによっては生徒の描いた図を見て回るのですが，何も疑問に感じずに**鋭角**三角形を描いて満足している人が必ずいます．正しくは図のような**鈍角**三角形です．判定するのは簡単です．どんな三角形かは最大角で決まります．最大辺に対する角が最大角です．図では最大角は B であり，余弦定理を用いて

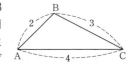

$$\cos B = \frac{2^2 + 3^2 - 4^2}{2 \cdot 2 \cdot 3} < 0$$

ですから，B は鈍角で，$\triangle ABC$ は鈍角三角形です．実際には分子の符号だけを調べればよいですから，すぐに判定できます．

　なお，この三角形は2019年センターⅠ・Aで出題されました．「よくぞ出してくれた！」という感じです😊

　そもそも図を描くということは，題意を正しく把握することにつながりますから，非常に重要なことです．**図を描くことから解答が始まっている**という意識を持ってください．正しい図を描くことにより，実は対称性があるとか，すぐに分かる長さ，角度があるなど，文章では気付かなかった情報を得られることがあります．当然，問題を解いていく中で新たな情報が得られ，最初に描いた図が明らかにおかしいと分かった場合も，図を描き直すべきです．下手に時間をケチって図を描き直さない方が時間のロスは大きいです．

　ちなみに，本書に載っている図は，すべて私がパソコンで描いたものです．模範になるように空間図形も含めて「正しい図を描く」という原則を守っています．

　2つ目は**「大事な図形を抜き出す」**ことです．言い換えると，「無駄な線を消

第2節　図形問題の解法

す」ということです．高校数学で巧みな補助線を引かなければならない問題はありません．少し話はそれますが，私が中学生の頃，地元の岐阜県の公立高校の入試問題では必ず最後に図形の証明問題が出題されていました．模擬試験では解けていたのですが，本番の入試でやってしまいました．どうも巧みな補助線が必要な問題だったようで，私はそれに気付かず解けませんでした．そのとき自分に図形的センスがないことを痛感したものです．しかし，幸い，大学入試では図形的センスは不要です．私のような凡人でも対応できる問題しか出題されません．

　図形が苦手な人は，適当に補助線を引いて図をややこしくし，余計に道に迷ってしまうものです．そうではなく，むしろ逆転の発想です．図形をシンプルにとらえるために，**線を引くのではなく線を消す**のです．実際に線を消しゴムで消すわけにはいきませんから，頭の中で消します．それが難しければ，大事な部分だけ抜き出して新たに図を描けばよいでしょう．少しでも解きやすい環境を作ることです．なお，垂線や平行線などのありきたりな補助線は引くことがあります．これにはセンスは不要ですから問題ないはずです．

　次に，図形問題の解法についてです．大きく分けると4つになります．それは，**「座標で解く」**，**「ベクトルで解く」**，**「三角関数で解く」**，**「図形的に解く」**です．大学入試の問題は，必ずこのどれかで解けます．問題文に書かれた表現のままの解法で解ける問題であればまだよいのですが，難しいのは，自分で解法を選択するタイプの問題です．第1節（☞ P.374）で扱ったように，問題文は図形の言葉で書かれていても座標を設定して解くべき問題があります．**見た目と異なった解法が有効な問題がある**のです．問題を見て，最初にどの解法が有効かを適切に判断することが重要です．実戦的には，座標とベクトルが他の解法に比べて多いです．この2つは道具として使えるように練習しておきましょう．

　問題によっては，1つの解法だけが有効とは限らず，複数の解法で解けるものもあります．このあたりが図形問題の面白さでもあるでしょう．ぜひ，自分で解法を選択する醍醐味を味わってください．

━━━━━━━━━━━━━━ 〈図形総合のまとめ2〉 ━━━━

Check ▷▷▷▷ 図形問題の解法

（ⅰ）　正しい図を描く

（ⅱ）　大事な図形を抜き出す

（ⅲ）　解法は「座標」，「ベクトル」，「三角関数」，「図形的」

第10章　図形総合

―――――〈正方形を折り曲げて重なる部分の面積の最小〉―――――

例題 10-2. 一辺の長さが1である正方形の紙を2本の対角線の交点を通る直線で折る．このとき，紙が重なる部分の面積の最小値を求めよ．

（信州大）

考え方　折り目の直線の変化を表す変数をとります．直線は回転するように動きますから，角度を変数にとるとよいでしょう．また，紙の折り返しは対称移動に相当します．実際に折り返す部分だけでなく，正方形全体を対称移動すると特徴がとらえやすいです．きちんとした図が描ければ，対称性に気が付きます．

▶解答◀　正方形の対角線の交点を原点とする座標をとり，図1のように各頂点に名前を付ける．OAとx軸の正の方向のなす角をθとし，正方形をx軸で折ると考える．（▷▷▷ ❶）y軸に関する対称移動を考えることにより，$0 \leqq \theta \leqq \dfrac{\pi}{4}$ としてよい．（▷▷▷ ❷）また，正方形の外接円の半径をrとすると，$r = \dfrac{1}{\sqrt{2}}$ である．

◀ 座標計算はしませんが，座標をとっておくと説明をするのに便利です．

◀ 外接円は解答には直接関係ありませんが，円を補助しないときれいな図が描きにくいです．

正方形ABCDをx軸に関して対称移動したものを正方形A'B'C'D'とすると，紙が重なる部分は図2の網目部分（薄い部分と濃い部分を合わせたもの）である．この面積をSとおく．

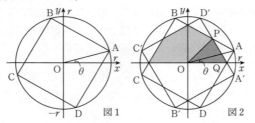

図1　　　図2

◀ 図2のように，きちんとした図を描くと，対称性が分かります．

$0 < \theta \leqq \dfrac{\pi}{4}$ のとき，ABとD'A'の交点をP，ADとx軸の交点をQとする．OPとy軸に関する対称性より（▷▷▷ ❸）

$$S = 4\triangle \text{OPQ}, \quad \angle \text{POQ} = \dfrac{\pi}{4}$$

である．OP, OQを求める．

◀ $\theta = 0$のときは，ABとD'A'が一致し，Pが決まりません．

図３の三角形に着目する．

$\triangle$OAP で正弦定理を用いて

$$\frac{\mathrm{OP}}{\sin\frac{\pi}{4}}=\frac{r}{\sin\left(\frac{\pi}{2}+\theta\right)}$$

$$\frac{\mathrm{OP}}{\frac{1}{\sqrt{2}}}=\frac{\frac{1}{\sqrt{2}}}{\cos\theta}$$

$$\mathrm{OP}=\frac{1}{2\cos\theta}$$

図３

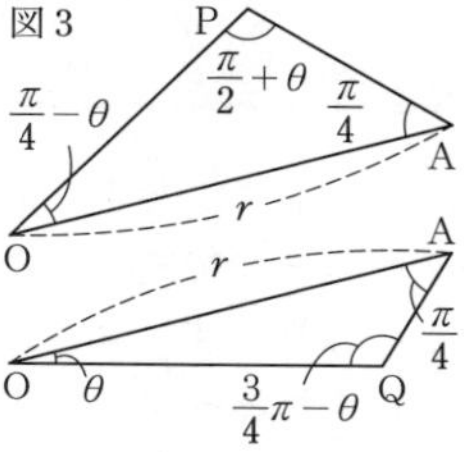

$\triangle$OAQ で正弦定理を用いて

$$\frac{\mathrm{OQ}}{\sin\frac{\pi}{4}}=\frac{r}{\sin\left(\frac{3}{4}\pi-\theta\right)}$$

$$\mathrm{OQ}=\frac{1}{\sqrt{2}(\cos\theta+\sin\theta)}$$

よって

$$\begin{aligned}S&=4\cdot\frac{1}{2}\cdot\mathrm{OP}\cdot\mathrm{OQ}\cdot\sin\frac{\pi}{4}\\&=2\cdot\frac{1}{2\cos\theta}\cdot\frac{1}{\sqrt{2}(\cos\theta+\sin\theta)}\cdot\frac{1}{\sqrt{2}}\\&=\frac{1}{2\cos\theta(\cos\theta+\sin\theta)}\end{aligned}$$

これは $\theta=0$ のときも成り立つ．

$$\begin{aligned}(\text{分母})&=2\cos^2\theta+2\sin\theta\cos\theta\\&=1+\cos2\theta+\sin2\theta\\&=\sqrt{2}\sin\left(2\theta+\frac{\pi}{4}\right)+1\end{aligned}$$

$0\leqq\theta\leqq\frac{\pi}{4}$ より $\frac{\pi}{4}\leqq2\theta+\frac{\pi}{4}\leqq\frac{3}{4}\pi$ であるから，$2\theta+\frac{\pi}{4}=\frac{\pi}{2}$ で S の分母は最大，S は最小で，最小値は

$$\frac{1}{\sqrt{2}+1}=\boldsymbol{\sqrt{2}-1}$$

◀ OP，OQ を求めるための図形を抜き出します．２つの三角形で，それぞれ $\angle$OPA と $\angle$OQA が最後に分かる角です．正弦定理が見えてきます．

◀ $\sin\left(\frac{\pi}{2}+\theta\right)=\cos\theta$ です．

◀ sin の加法定理を用いています．

◀ $S=\frac{1}{2}$ で矛盾しません．

◀ 分母のみに着目します．

◀ Point… 4−4. の ❶（☞P.169）で扱いましたが，$\sin\theta$，$\cos\theta$ の２次の同次式は，倍角の公式（☞P.242）で 2θ のみの式にします．

第10章　図形総合

Point　The synthesis of figure　10-2　Check!

❶ 折り返す直線を x 軸にとり固定します．直線ではなく正方形を回転させるイメージです．これが重要です．対称点がとりやすくなります．図4のように正方形を固定し直線を回転させるイメージで設定することも考えられますが，対称点をとるのが大変です．**必要な計算を先読みして設定する**ことです．

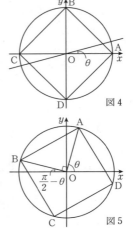

図4

❷ 正方形は $\frac{\pi}{2}$ 回転させると元に戻りますから，θ は $0 \leqq \theta \leqq \frac{\pi}{2}$ で考えれば十分ですが，さらに絞れます．$\frac{\pi}{4} \leqq \theta \leqq \frac{\pi}{2}$ のときは図5の角 $\frac{\pi}{2} - \theta$ の範囲は $0 \leqq \frac{\pi}{2} - \theta \leqq \frac{\pi}{4}$ であり，y 軸に関して対称移動すると，$0 \leqq \theta \leqq \frac{\pi}{4}$ の場合に帰着できます．**一般性を失わないギリギリまで制限を付ける**のです．

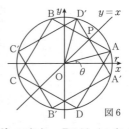

図5

❸ OPと y 軸に関する対称性については ▶解答◀ ではさらっと流しました．結果を出すことが最優先ですから，対称性について答案で詳しく説明する必要はないでしょう．しかしながら，この対称性は自明なのでしょうか．図形的センスのない私にとっては自明だとは思えません．座標信者の私は，泥臭いですが，Aの座標を設定して納得しています．

　$A(r\cos\theta, r\sin\theta)$ とすると $A'(r\cos\theta, -r\sin\theta)$ であり，D' は A' をOのまわりに $\frac{\pi}{2}$ 回転させた点ですから $D'(r\sin\theta, r\cos\theta)$ です．よって，A と D' は $y = x$ に関して対称で，この2点をOを中心に逆回りに $\frac{\pi}{2}$ ずつ回転していくことで，2つの正方形同士も $y = x$ に関して対称です．つまり，AB と $D'A'$ も $y = x$ に関して対称ですから，その交点Pは $y = x$ 上にあり，2つの正方形はOPに関して対称です．また，$B(-r\sin\theta, r\cos\theta)$ ですから，B と D' は y 軸に関して対称で，上と同様に，2つの正方形同士も y 軸に関して対称です．結果，2つの正方形を合わせた図形は，OPと y 軸に関して対称です．

第 2 節　図形問題の解法

〈同一円周上にある 3 点〉

例題 10−3．点 O を中心とする半径 1 の円周上に異なる 3 点 A，B，C がある．次を示せ．
(1)　△ABC が直角三角形ならば，$|\vec{OA} + \vec{OB} + \vec{OC}| = 1$ である．
(2)　逆に，$|\vec{OA} + \vec{OB} + \vec{OC}| = 1$ ならば，△ABC は直角三角形である．
（大阪市立大）

考え方　(1)，(2) セットで同値性の証明です．(1) は図を描いてみればほぼ自明ですが，(2) が難しいです．ベクトルで書かれていますが，ベクトルで解かなければならないということはありません．いろいろな解法が考えられます．「座標」，「ベクトル」，「三角関数」，「図形的」のどれでも解けます．

　また，ベクトルで解くにしても「対称性を保つか崩すか」（☞ P.122）の 2 つの解法が考えられます．保つのであればそのまま 2 乗し，崩すのであれば 2 つのベクトルを使って残りを表します．

▶解答◀　(1)　△ABC が直角三角形であるとき，$A = \dfrac{\pi}{2}$ としても一般性を失わない．このとき BC は円の直径であり

$$\vec{OB} + \vec{OC} = \vec{0}$$

が成り立つから

$$|\vec{OA} + \vec{OB} + \vec{OC}| = |\vec{OA}| = 1$$

である．

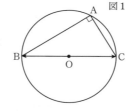
図 1

◀ 扱う式が 3 点 A，B，C に関して対称ですから，A が直角の場合だけ考えれば十分です．A，B，C のどれが直角かで場合分けしてもよいです．

(2)　座標で解く．（▷▷▷ **1**）
　図 2 のように，点 O を原点とする座標をとり

$A(\cos\theta, \sin\theta)$
$B(\cos\theta, -\sin\theta)$
$C(x, y)$
$\left(0 < \theta \leq \dfrac{\pi}{2},\ x^2 + y^2 = 1\right)$

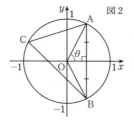
図 2

◀ 題意の点 O と座標の原点 O を同じにとります．

第10章　図形総合

とおくと　(▷▷▷ **2**)

$$\vec{OA} + \vec{OB} + \vec{OC} = \begin{pmatrix} 2\cos\theta + x \\ y \end{pmatrix}$$

◀ 座標を使って成分を計算します．

$|\vec{OA} + \vec{OB} + \vec{OC}| = 1$ のとき，$|\vec{OA} + \vec{OB} + \vec{OC}|^2 = 1$ であるから

$$(2\cos\theta + x)^2 + y^2 = 1$$
$$4\cos^2\theta + 4x\cos\theta + x^2 + y^2 = 1$$

$x^2 + y^2 = 1$ を代入して整理すると

$$4\cos\theta(\cos\theta + x) = 0 \quad \cdots\cdots\cdots ①$$

◀ ▢Point... ▢ 4-5.の **2** (☞ P.173) と同様に，排反に場合分けします．$\cos\theta$ が0か否かで分けます．

（ア）$\theta = \dfrac{\pi}{2}$ のとき

① は成り立つ．

A(0, 1), B(0, -1) であるから，AB は円の直径である．C は円上にあるから，$C = \dfrac{\pi}{2}$ である（図3）．(▷▷▷ **3**)

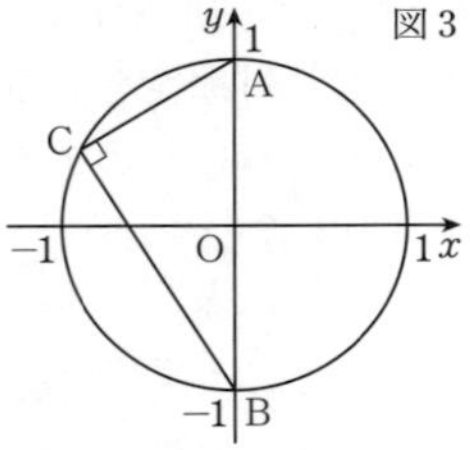

図3

（イ）$\theta \neq \dfrac{\pi}{2}$ のとき

① より

$$x = -\cos\theta$$

であるから

$$y^2 = 1 - x^2$$
$$= 1 - \cos^2\theta$$
$$= \sin^2\theta$$
$$y = \pm\sin\theta$$

図4

◀ $x^2 + y^2 = 1$ を用います．

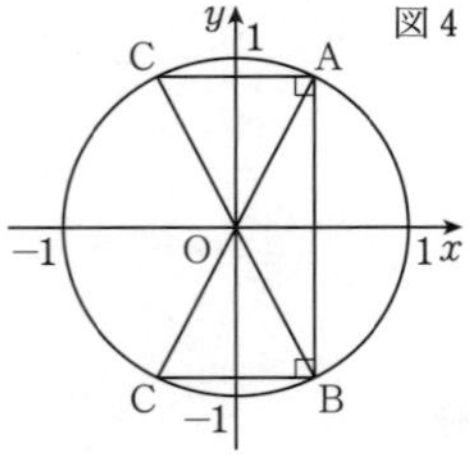

$C(-\cos\theta, \pm\sin\theta)$ であり，図4のように，C は y 軸に関する A または B の対称点であるから，$A = \dfrac{\pi}{2}$ または $B = \dfrac{\pi}{2}$ である．(▷▷▷ **4**)

以上より，$\triangle ABC$ は直角三角形である．

【別解】**1.** ベクトルのままで対称性を保って解く．
$|\overrightarrow{OA} + \overrightarrow{OB} + \overrightarrow{OC}| = 1$ のとき，両辺を 2 乗して
$$|\overrightarrow{OA}|^2 + |\overrightarrow{OB}|^2 + |\overrightarrow{OC}|^2 + 2\overrightarrow{OA} \cdot \overrightarrow{OB}$$
$$+ 2\overrightarrow{OB} \cdot \overrightarrow{OC} + 2\overrightarrow{OC} \cdot \overrightarrow{OA} = 1$$

◀ ベクトルの和や差の絶対値は，成分計算以外では 2 乗して処理します．

$|\overrightarrow{OA}| = |\overrightarrow{OB}| = |\overrightarrow{OC}| = 1$ を代入して整理すると
$$1 + \overrightarrow{OA} \cdot \overrightarrow{OB} + \overrightarrow{OB} \cdot \overrightarrow{OC} + \overrightarrow{OC} \cdot \overrightarrow{OA} = 0 \quad \cdots\cdots ②$$
$1 = |\overrightarrow{OA}|^2$ を代入し（▷▷▷ **5**）
$$|\overrightarrow{OA}|^2 + \overrightarrow{OA} \cdot \overrightarrow{OB} + \overrightarrow{OB} \cdot \overrightarrow{OC} + \overrightarrow{OC} \cdot \overrightarrow{OA} = 0$$
$$(\overrightarrow{OA} + \overrightarrow{OB}) \cdot (\overrightarrow{OA} + \overrightarrow{OC}) = 0 \quad \cdots\cdots\cdots\cdots ③$$
（▷▷▷ **6**）

（ア） $\overrightarrow{OA} + \overrightarrow{OB} = \vec{0}$ または $\overrightarrow{OA} + \overrightarrow{OC} = \vec{0}$ のとき
③ は成り立つ．AB または AC が円の直径であるから，$C = \dfrac{\pi}{2}$ または $B = \dfrac{\pi}{2}$ である．

◀ $\overrightarrow{OA} + \overrightarrow{OB} = \vec{0}$ のとき A, O, B はこの順に一直線上にあり，AB は円の直径です．

（イ） $\overrightarrow{OA} + \overrightarrow{OB} \neq \vec{0}$ かつ $\overrightarrow{OA} + \overrightarrow{OC} \neq \vec{0}$ のとき
AB, AC の中点をそれぞれ M, N とおくと （▷▷▷ **7**）
$$\overrightarrow{OM} = \frac{\overrightarrow{OA} + \overrightarrow{OB}}{2}, \quad \overrightarrow{ON} = \frac{\overrightarrow{OA} + \overrightarrow{OC}}{2}$$
より，$\overrightarrow{OM} \neq \vec{0}$ かつ $\overrightarrow{ON} \neq \vec{0}$ である．また，③ より，$\overrightarrow{OM} \cdot \overrightarrow{ON} = 0$ であるから，$\angle MON = \dfrac{\pi}{2}$ である．
一方，O は △ABC の外心であるから
$$\angle AMO = \angle ANO = \frac{\pi}{2}$$

◀ 外心は各辺の垂直二等分線の交点ですから，中点と結ぶと垂直二等分線になります．

である．
よって，四角形 AMON は長方形で，$A = \dfrac{\pi}{2}$ である．
以上より，△ABC は直角三角形である．

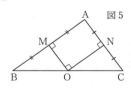
図 5

◀ 図 5 のように作図をすれば自明です．

【別解】**2.** ベクトルのままで対称性を崩して解く．
A, B, C は単位円上の異なる 3 点であるから，$\overrightarrow{OA}$,

第 10 章　図形総合

$\overrightarrow{\mathrm{OB}}$, $\overrightarrow{\mathrm{OC}}$ のうち 2 つは 1 次独立である. (▷▶▶▶ **8**) よっ
て, $\overrightarrow{\mathrm{OA}}$ と $\overrightarrow{\mathrm{OB}}$ が 1 次独立であるとしても一般性を失わ
ない. このとき

$$\overrightarrow{\mathrm{OC}} = s\overrightarrow{\mathrm{OA}} + t\overrightarrow{\mathrm{OB}} \quad (s, \, t \text{ は実数}) \cdots\cdots\cdots\text{④}$$

と書けて, $|\overrightarrow{\mathrm{OC}}| = 1$, $|\overrightarrow{\mathrm{OA}} + \overrightarrow{\mathrm{OB}} + \overrightarrow{\mathrm{OC}}| = 1$ より

$$\left| s\overrightarrow{\mathrm{OA}} + t\overrightarrow{\mathrm{OB}} \right|^2 = 1 \cdots\cdots\cdots\cdots\cdots\cdots\text{⑤}$$

$$\left| (s+1)\overrightarrow{\mathrm{OA}} + (t+1)\overrightarrow{\mathrm{OB}} \right|^2 = 1 \cdots\cdots\cdots\cdots\text{⑥}$$

$\overrightarrow{\mathrm{OA}}$ と $\overrightarrow{\mathrm{OB}}$ のなす角を θ とすると, $0 < \theta < \pi$ であり

$$\overrightarrow{\mathrm{OA}} \cdot \overrightarrow{\mathrm{OB}} = 1 \cdot 1 \cdot \cos\theta = \cos\theta$$

◀ 内積の計算のためになす
角を文字でおきます. 平
行ではありませんから
$\theta \neq 0, \pi$ です.

⑤, ⑥ を展開して, $|\overrightarrow{\mathrm{OA}}| = 1$, $|\overrightarrow{\mathrm{OB}}| = 1$ も用いると

$$s^2 + 2st\cos\theta + t^2 = 1 \cdots\cdots\cdots\cdots\cdots\cdots\cdots\cdots\cdots\text{⑦}$$

$$(s+1)^2 + 2(s+1)(t+1)\cos\theta + (t+1)^2 = 1$$

$$\cdots\cdots\cdots\cdots\text{⑧}$$

⑧ − ⑦ より

$$2(s+t+1) + 2(s+t+1)\cos\theta = 0$$

$$2(s+t+1)(1+\cos\theta) = 0$$

◀ ⑦と⑧は似ていますか
ら, 辺ごとに引きます.

$-1 < \cos\theta < 1$ より

$$s+t+1 = 0 \quad \therefore \quad s+t = -1 \cdots\cdots\cdots\text{⑨}$$

◀ s と t の対称性を保ちま
す. s, t の一方を消去し
てもよいです.

⑦ より

$$(s+t)^2 - 2st + 2st\cos\theta = 1$$

⑨ を代入し

$$1 - 2st + 2st\cos\theta = 1$$

$$2st(\cos\theta - 1) = 0 \quad \therefore \quad st = 0$$

◀ $-1 < \cos\theta < 1$ です.

これと ⑨ より, s, t は $X^2 + X = 0$ の 2 解であり, こ
れを解くと $X = 0, \, -1$ となるから

$$(s, \, t) = (0, \, -1), \, (-1, \, 0)$$

◀ 2次方程式の解と係数の
関係の逆 (☞ P.157) を
用いています.

④ に代入すると, $\overrightarrow{\mathrm{OC}} = -\overrightarrow{\mathrm{OB}}$ または $\overrightarrow{\mathrm{OC}} = -\overrightarrow{\mathrm{OA}}$ であ

り，BC または CA が円の直径となるから，$A = \dfrac{\pi}{2}$ または $B = \dfrac{\pi}{2}$ である．

ゆえに，△ABC は直角三角形である．

[♦別解♦] 3. 三角関数で解く．

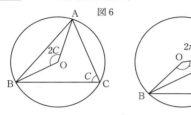

図6　　　図7

② から始める．

円周角と中心角の関係を用いると，$C \leqq \dfrac{\pi}{2}$ のとき，$\angle AOB = 2C$，$C > \dfrac{\pi}{2}$ のとき，$\angle AOB = 2\pi - 2C$ である．(▷▷▷ **9**) いずれの場合も

$$\overrightarrow{OA} \cdot \overrightarrow{OB} = |\overrightarrow{OA}||\overrightarrow{OB}| \cos \angle AOB$$
$$= |\overrightarrow{OA}||\overrightarrow{OB}| \cos 2C = \cos 2C$$

他も同様であるから，② より

$$1 + \cos 2A + \cos 2B + \cos 2C = 0$$
$$2\cos^2 A + 2\cos(B+C)\cos(B-C) = 0$$

◀ 三角関数の倍角の公式 (☞ P.242)，和積の公式 (☞ P.244) を用います．

$B + C = \pi - A$ より，$\cos(B+C) = -\cos A$ であり

$$2\cos^2 A - 2\cos A \cos(B-C) = 0$$
$$2\cos A\{\cos A - \cos(B-C)\} = 0$$

再び $\cos A = -\cos(B+C)$ を用いて

$$2\cos A\{-\cos(B+C) - \cos(B-C)\} = 0$$
$$-2\cos A\{\cos(B+C) + \cos(B-C)\} = 0$$
$$-4\cos A \cos B \cos C = 0$$
$$\cos A \cos B \cos C = 0$$

◀ もう一度和積の公式 (☞ P.244) を用いてもよいですが，加法定理で展開する方が簡単です．

よって，$A = \dfrac{\pi}{2}$ または $B = \dfrac{\pi}{2}$ または $C = \dfrac{\pi}{2}$ である

から，△ABC は直角三角形である．

♦別解♦ 4. 図形的に解く．
$\vec{OH} = \vec{OA} + \vec{OB} + \vec{OC}$ とおくと，(▷▷▷ ❿)
$\vec{AH} = \vec{OB} + \vec{OC}$ であるから

$$\vec{AH} \cdot \vec{BC} = (\vec{OB} + \vec{OC}) \cdot (\vec{OC} - \vec{OB})$$
$$= |\vec{OC}|^2 - |\vec{OB}|^2 = 0$$

よって，AH ⊥ BC である．

同様に，BH ⊥ CA，CH ⊥ AB であり，H は △ABC の垂心である．
$|\vec{OA} + \vec{OB} + \vec{OC}| = 1$ のとき，$|\vec{OH}| = 1$ である．
このとき，△ABC が直角三角形でないと仮定すると，△ABC は鋭角三角形または鈍角三角形である．

◀ 直接は示しにくいですから背理法で示します．図を描けば，矛盾は簡単に導けます．

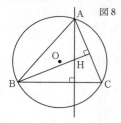　図8
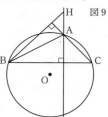　図9

△ABC が鋭角三角形のとき，図8のように，各頂点から対辺に下ろした垂線の交点である H は △ABC の内部にあるから円の内部にある．よって

$$|\vec{OH}| < 1$$

◀ 円の中心 O と H の距離 $|\vec{OH}|$ と円の半径 1 の大小が決まります．

であるから，$|\vec{OH}| = 1$ と矛盾する．
△ABC が鈍角三角形のとき，図9のように，H は円の外部にある．よって

$$|\vec{OH}| > 1$$

であるから，$|\vec{OH}| = 1$ と矛盾する．
以上より，△ABC は直角三角形である．

第 2 節　図形問題の解法

| Point　The synthesis of figure　10-3　Check! |
| NEO ROAD TO SOLUTION |

❶ 座標の入れ方を知っていれば，座標の解法が分かりやすいと思います．「三角形とその外接円を扱う問題」の多くは**座標を設定して解く**のが明快です．今回も座標を設定すれば，$|\overrightarrow{OA}+\overrightarrow{OB}+\overrightarrow{OC}|=1$ が使いやすいです．

❷ 3 点のうち 2 点 A, B を x 軸に関して対称にとります．図で説明します．

まず円と三角形を考えます（図 10）．座標軸はまだ入っていません．この図に座標軸を入れます．2 点 A, B が x 軸対称になるように，線分 AB の垂直二等分線を作図し，それを x 軸とします．さらに，O を原点とするため，O を通り x 軸に垂直な直線を y 軸とします（図 11）．最後に回転して図 12 にします．

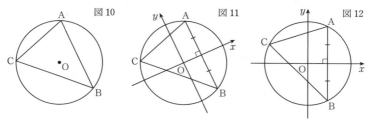

次に座標を設定します．**第 1 節**（☞ P.374）でも触れましたが，一般性を失わない範囲で文字に制限を付けます．x 軸の方向をうまく決めれば，A, B は $x \geqq 0$ にとれます．等号がつくことに注意しましょう．また，y 軸の方向をうまく決めれば，A は $y > 0$ に，B は $y < 0$ にとれます．こちらは等号がつきません．A が $y = 0$ 上にあると A と B が同じ点になるからです．そこで，$A(\cos\theta, \sin\theta)\left(0 < \theta \leqq \dfrac{\pi}{2}\right)$ とおきます．ここでも等号のつく位置に注意してください．$A(a, b)\,(a \geqq 0, b > 0, a^2 + b^2 = 1)$ とおいても同じです．

一方，C には制限を付けられません．A, B の存在領域を制限するように x 軸，y 軸を決めていますから，この時点で C の座標は決まっています．**C は単位円上のどこにあってもおかしくない**のです．よって，$C(x, y)\,(x^2 + y^2 = 1)$ とおきます．$C(\cos\phi, \sin\phi)\,(0 \leqq \phi < 2\pi)$ とおいても同じです．

個人的には，同一円周上にある 3 点の座標をおくとき，今回の ▶解答◀ のように，制限がある点（今回では A, B）は三角関数を使っておき，制限がない点（今回では C）は普通の文字を使っておきます．こうしないといけないのではなく，経験上こうすると解きやすい問題が多いからです．

第10章　図形総合

❸ $\theta = \dfrac{\pi}{2}$ のときは x, y には $x^2 + y^2 = 1$ 以外の制限がありません．厳密には C は A，B と異なるという条件がありますから，C は A，B 以外の単位円上の任意の点です．C がどこにあっても AB は円の直径ですから，$C = \dfrac{\pi}{2}$ です．

❹ 　実は C の y 座標を求めなくても C の位置は分かります．A，B，C は単位円上にあり，x は C の x 座標，$\cos\theta$ は A，B の x 座標ですから，$x = -\cos\theta$ のときは，C は y 軸に関する A か B の対称点となるからです．θ を固定すると A，B が決まり，それに対し $x = -\cos\theta$ を満たす C が決まる，と順番に考えると図がイメージしやすいでしょう．y 軸に関する A か B の対称点ということは，A か B の真横にあるということで，$A = \dfrac{\pi}{2}$ または $B = \dfrac{\pi}{2}$ です．

❺ 　ベクトルで解こうとすれば，② までは問題ないですが，次の変形で迷います．因数分解するには 1 がネックです．文字式で言えば

$$1 + ab + bc + ca = 0$$

ですから，このままでは変形できません．そこで **1 を書き換える**ことを考えます．$1 = |\overrightarrow{\mathrm{OA}}|$ の向きに使います．逆向きに使うのがポイントです．ただし，そのまま代入しても意味がないです．文字式では

$$a + ab + bc + ca = 0$$

となるだけで，変形が進みません．他の項が 2 次ですから，**1 も 2 次の項で書き換える**のが自然です．そこで，$1 = |\overrightarrow{\mathrm{OA}}|^2$ を代入します．

❻ 　「$\vec{0}$ は任意のベクトルと平行かつ垂直」を認めれば，$\vec{a} \cdot \vec{b} = 0$ のとき $\vec{a} \perp \vec{b}$ です．通常はこれで問題ありませんが，今回のように図形的な考察をするときには $\vec{0}$ が特別な場合に当たるため，慎重に $\vec{a} = \vec{0}$ または $\vec{b} = \vec{0}$ または $\vec{a} \perp \vec{b}$ ととらえます．よって，$\overrightarrow{\mathrm{OA}} + \overrightarrow{\mathrm{OB}}$ と $\overrightarrow{\mathrm{OA}} + \overrightarrow{\mathrm{OC}}$ が $\vec{0}$ かどうかで場合分けします．

❼ 　$(\overrightarrow{\mathrm{OA}} + \overrightarrow{\mathrm{OB}}) \perp (\overrightarrow{\mathrm{OA}} + \overrightarrow{\mathrm{OC}})$ ですが，このまま考えるよりは，2 で割った方が簡単です．**2 つのベクトルの和は 2 で割ると中点を表す**からです．

$$\frac{\overrightarrow{\mathrm{OA}} + \overrightarrow{\mathrm{OB}}}{2} \perp \frac{\overrightarrow{\mathrm{OA}} + \overrightarrow{\mathrm{OC}}}{2}$$

とみなして，中点を作図します．

❽ 　平面上のベクトルは 1 次独立（☞ P.291）な 2 つのベクトル（基底といいます）を用いて表すことができます．今回は $\overrightarrow{\mathrm{OA}}$，$\overrightarrow{\mathrm{OB}}$，$\overrightarrow{\mathrm{OC}}$ の 3 つのベクトルがありますから，このうち 2 つのベクトルを用いて残りのベクトルを表すことを考えます．結果的に，A，B，C の対称性を崩して解くことになります．

ただし，その前にどれか 2 つが 1 次独立であることは確認すべきです．それは難しくありません．どの 2 つも 1 次独立でないと仮定すると，3 つとも平行になり，例えば図 13 のように，A，B，C のうち少なくとも 2 点は一致して矛盾します．

1 次独立性の確認は係数比較をする直前だけだと誤解している人が大人も含めて多いです．今回のように **2 つのベクトルを基底にとるときに確認する** 方がよっぽど重要です．

9 [♦別解♦] 1. で $1 = |\overrightarrow{OA}|^2$ に気付かなければ，三角関数に逃げます．内積の形からベクトルのなす角に着目します．なす角は 0 から π で考えますから，C と $\dfrac{\pi}{2}$ の大小で $\overrightarrow{OA}$ と $\overrightarrow{OB}$ のなす角は変わりますが，cos をとれば同じです．

10 $\overrightarrow{OH} = \overrightarrow{OA} + \overrightarrow{OB} + \overrightarrow{OC}$ とおく背景には，次の予備知識があります．

> [定理] △ABC の外心を O とすると，$\overrightarrow{OH} = \overrightarrow{OA} + \overrightarrow{OB} + \overrightarrow{OC}$ を満たす点 H は △ABC の垂心である．

△ABC の重心を G とすると，$\overrightarrow{OH} = 3\overrightarrow{OG}$ となることもすぐに分かります．

11 （2）についてはまだ別解があります．略解です．
$\overrightarrow{OA} + \overrightarrow{OB} + \overrightarrow{OC} = -\overrightarrow{OD}$ とおくと $|\overrightarrow{OD}| = 1$ ですから，D は題意の円周上にあり，また 7 と同様に
$$\overrightarrow{OA} + \overrightarrow{OB} = -(\overrightarrow{OC} + \overrightarrow{OD})$$
$$\dfrac{\overrightarrow{OA} + \overrightarrow{OB}}{2} = -\dfrac{\overrightarrow{OC} + \overrightarrow{OD}}{2}$$

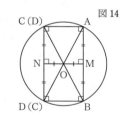

として，AB の中点 M と CD の中点 N が O に関して対称であると分かります．よって，$\overrightarrow{OA} + \overrightarrow{OB} \neq \vec{0}$ のときは図 14 のようになり，$A = \dfrac{\pi}{2}$ または $B = \dfrac{\pi}{2}$ です．$\overrightarrow{OA} + \overrightarrow{OB} = \vec{0}$ のときは $C = \dfrac{\pi}{2}$ です．

第3節　図形と論証

図形総合　　　　　　　　　　　　　　　　　The synthesis of figure

図形に関する証明問題があります．簡単な例題です．

問題 42. 重心と外心が一致する三角形は正三角形であることを示せ．

見た目どおり幾何のまま解けばよいでしょう．中学校の知識で証明できます．

△ABC の重心を G，BC の中点を M とすると，A，G，M は一直線上にあります．重心 G と外心が一致するとき，△GBM と △GCM において

$$GB = GC,\ BM = CM,\ GM \text{ 共通}$$

より，△GBM ≡ △GCM です．よって

$$\angle GMB = \angle GMC = \frac{\pi}{2}$$

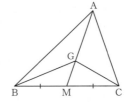

であり，直線 AM は BC の垂直二等分線ですから，AB = AC です．
同様に，BC = BA ですから，△ABC は正三角形です．

このように解法の選択に迷わない問題はいいでしょう．難しいのは見た目と異なった解法が必要な問題です．「解法の選択」をテーマに扱った 例題 10-3．(☞ P.387) も図形に関する論証問題です．このような問題は受験数学で重要なテーマである「図形」と「論証」の融合ですから，数学の力を測るのに非常に効果的です．特に京大が多く出題しているのも頷けます．

第2節 で紹介した図形問題の解法 (☞ P.383) や論証の章 (☞ P.137) で述べたことが生きます．証明問題ではごまかしが利きません．**答案が書きやすい解法を選択する**ことや，**説明しやすい設定をする**ことが重要です．京大受験生に限らず，このテーマに強くなることは大きなアドバンテージになるはずです．

〈図形総合のまとめ3〉

Check ▷▷▷▷ 図形と論証
- 答案が書きやすい図形問題の解法を選択する
- 説明しやすい設定をする

第3節　図形と論証

〈四面体の外接球の存在証明〉

例題 10−4. 空間内に四面体 ABCD を考える. このとき, 4つの頂点 A, B, C, D を同時に通る球面が存在することを示せ. （京都大）

考え方　直感的にはほぼ当たり前の事実の証明です. 解法を選択します. 図形的に示す方法もありますが, 確実な方法は座標を設定することです. ただし, すべて座標で考えるのではなく, 図形的な考察を加えるとシンプルに解けます.

▶解答◀　△ABC の外心を O とし, 外接円の半径を r とおく. （▷▶▶▶ **1**）

図1のように, O を原点とし △ABC が xy 平面上にくるように座標をとり

$$\mathrm{A}(r, 0, 0), \mathrm{D}(a, b, c)$$

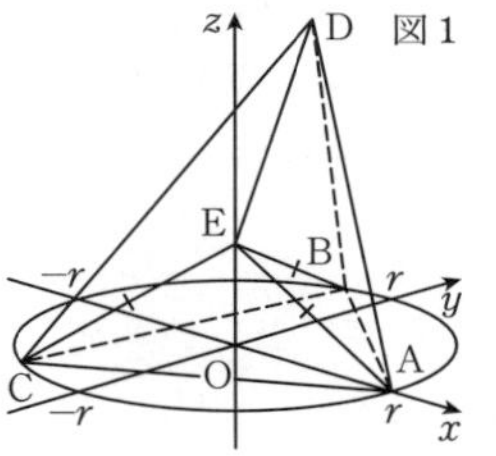

図1

$(c \neq 0)$ とおく. なお, B, C は O を中心とし半径 r の円周上にあるが, 座標をおく必要はない. （▷▶▶▶ **2**）

△ABC の外心 O の真上（または真下）に点 $\mathrm{E}(0, 0, z)$ をとると　（▷▶▶▶ **3**）

$$\mathrm{AE} = \mathrm{BE} = \mathrm{CE} = \sqrt{r^2 + z^2}$$

が成り立つ.

一方, $\mathrm{AE} = \mathrm{DE}$ とすると, $\mathrm{AE}^2 = \mathrm{DE}^2$ より

$$r^2 + z^2 = a^2 + b^2 + (z - c)^2$$
$$2cz = a^2 + b^2 + c^2 - r^2$$

$c \neq 0$ より

$$z = \frac{a^2 + b^2 + c^2 - r^2}{2c}$$

よって, 4点 A, B, C, D から等距離にある点 E が存在するから, E を中心とし4点 A, B, C, D を同時に通る通る球面が存在する.

◀ 三角形の外心の存在は認めてよいでしょう.

◀ 真上か真下かは分かりませんから, z の符号は決められません.

◀ $\mathrm{AE} = \mathrm{BE} = \mathrm{CE}$ は図形的には明らかでしょう.

◀ $c \neq 0$ が生きます.

◀ z が存在しますから, E の存在が示されました.

問題編
論理
整数
論証
方程式
不等式
関数
座標
ベクトル
空間図形
図形総合
数列
数学的帰納法
場合の数
確率
微積分
出典・テーマ

第10章　図形総合

♦別解♦　△ABC の外心を O とし，O を通り平面 ABC に垂直な直線を l とする．また AD の垂直二等分面を α とする．l と α が 1 点で交わることを示す．(▷▷▷ **4**)

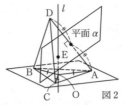

図2

$l \mathbin{/\mkern-6mu/} \alpha$ であると仮定すると，$AD \perp \alpha$ より $AD \perp l$ であるから，D は平面 ABC 上にある．このとき四面体 ABCD は存在せず矛盾する．(▷▷▷ **5**)

よって，$l \not\mathbin{/\mkern-6mu/} \alpha$ であり，l と α は 1 点で交わるから，交点を E とおく．E は l 上にあるから

$$AE = BE = CE$$

また E は α 上にあるから

$$AE = DE$$

よって，4 点 A，B，C，D から等距離にある点 E が存在するから，題意は示された．

◀ △ABC の外接円の半径を r とおくと，すべて $\sqrt{r^2 + OE^2}$ です．

Point　The synthesis of figure　10−4　Check!
NEO ROAD TO SOLUTION

1　試験直後に私が見た多くの大人の解答は図形的に証明していましたが，それが受験生目線の解答でしょうか．私はこの問題を見た瞬間に座標を連想しました．座標一択とまでは言いませんが，座標を使うのが実戦的で点も取りやすいと思います．ただ，座標だけで示すのはやや大変です．**「座標＋図形的知識」** が最強です． □Point...□ **10−1**. の **3** (☞ P.380) で使った知識をうまく利用すると計算量が減ります．

今回は **外接球の中心の存在を示す** ことが目標です．四面体の外接球の中心は底面の三角形の外心の真上（または真下）にありますから，底面の △ABC の外接円を考えます．

2　外心を原点とする座標をとります．底面の三角形については 1 つの頂点だけ座標を設定すれば十分です．四面体の成立条件から，D の z 座標 c が 0 でないことに注意しましょう．$c \neq 0$ の代わりに $c > 0$ としてもよいです．

第3節　図形と論証

3　外接球の中心となる（予定の）E をとります．E は 4 点から等距離にある点です．A，B，C から等距離にあることから，△ABC の外心の真上か真下にあり，z 軸上にあります．$\mathrm{E}(0, 0, z)$ とおき，$\mathrm{AE} = \mathrm{DE}$ を用いて z を求めます．

　　この年の受験生の再現答案を分析したある資料を見たことがあるのですが，座標で見事に解いてある受験生の答案を発見し感心しました．ところが，それに対する分析者のコメントが衝撃的でした．外接球の中心（**▶解答◀** では E）の存在を最初から認めているのはおかしい，とあったのです．「おかしいのはアンタの○○○（自主規制）だろ！」と思わず突っ込んでしまいました 😓

　　▶解答◀ でもそうですが，最初から E の存在を認めているのではありません．$\mathrm{AE} = \mathrm{BE} = \mathrm{CE} = \mathrm{DE}$ を満たすような **E が存在するかを調べている**のです．$\mathrm{E}(0, 0, z)$ とおいて 4 点から等距離にある条件（今回は $\mathrm{AE} = \mathrm{DE}$ だけです）を考え，z が存在するかどうかを確認しています．z が存在すれば 4 点から等距離にある点 E，すなわち外接球の中心が存在し，存在しなければ外接球の中心は存在しません．それだけのことです．例えば，共通解（☞ P.171）の存在条件を求める問題で，共通解を文字でおくのは共通解の存在を認めているのではありません．文字でおいて満たすべき条件を考え，それを満たす文字の存在条件を求めているのです．**仮におくことと存在を認めることは違います**．

　　このような分析をされてしまっては再現答案に協力した受験生もたまらないでしょう．実際の京大の採点ではありえない判断だと思います．

4　**♦別解♦** では外接球の中心の存在を図形的に示しています．A，B，C から等距離ですから，△ABC の外心 O に立てた垂線 l 上です．また，A，D から等距離ですから，AD の垂直二等分面 α 上です．なお空間内で 2 点から等距離にある点の集合は垂直二等分**面**です．もちろん平面上であれば垂直二等分**線**です．

　　以上を踏まえると，外接球の中心は l と α の交点ですから，題意は示されたように感じますが，肝心な部分が抜けています．それは **l と α が 1 点で交わる証明**です．実際生徒に解いてもらうと，この証明をしない人が大変多いです．ある意味最も重要な部分です．大幅に減点されても文句は言えないでしょう．図を描く，もしくは想像すると明らかに交わりそうですから，疑問に感じないのかもしれません．**都合のいい図を想像して疑わないことは危険です**．私がこの問題で図形的な解法を勧めない理由です．一方，**▶解答◀** のように座標であれば $c \neq 0$ に注意するだけです．実は **▶解答◀** は **♦別解♦** の内容を座標で書いたに過ぎませんが，この差が大きいのです．

問題編

論理

整数

論証

方程式

不等式

関数

座標

ベクトル

空間図形

図形総合

数列

数学的帰納法

場合の数

確率

微積分

出典・テーマ

第 10 章　図形総合（例題 10−4）

第10章　図形総合

5 l と α が1点で交わるということは，l と α が平行でないということです．これを背理法で示します．図3のように真正面から見た図で考えると分かりやすいです．$l \mathbin{/\mkern-3mu/} \alpha$ とすると $AD \perp l$ で，D が平面 ABC 上に下りてきます．よって，四面体 $ABCD$ がつぶれてしまい矛盾です．

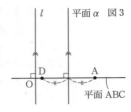

6 この問題には究極の別解があります．安田亨先生の解答です．まず図4のように四面体 $ABCD$ がのる紙を用意し，$\triangle ABC$ の外接円を切り抜いて穴を作ります．そして非常に大きな球を用意し，図5のように紙の下から穴にカポッとはめます．このとき球面は A，B，C を通ります．もし D も通れば題意の球面になります．

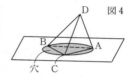

　図5では地球クラスの大きな球を想像してみてください．穴にはめても表面はほぼ平らで，紙の上にある頂点 D は球の外部にあります．ここから穴にはまった状態を保ちながら球の半径を小さくしていき，球を上に上げていきます．やがて球の半径は最小になります．図6です．ここからは球の半径を大きくしながら球を上に上げていき，図7のように非常に大きな球まで変化させていくと，いつかは D が球に飲み込まれます．最初は D は球の外部にあり，最終的には内部にあります．球の半径は連続的に変化しますから，D が球の表面上にある瞬間があり，これが題意の球であるというわけです．

　私はこの解答を見たときに思わず笑ってしまいました☺　笑える数学の解答というのはなかなかないでしょう．おそらく小学生でも理解できますし，このような解答は論証に興味を持つきっかけになるのではないでしょうか．

　同様の方法で，三角形に外接円が存在する証明も簡単にできますね．

第3節　図形と論証

〈平面上の点に関する論証〉

例題 10−5. n を自然数とする．平面上の $2n$ 個の点を2個ずつ組にして n 個の組を作り，組となった2点を両端とする n 本の線分を作る．このとき，どのような配置の $2n$ 個の点に対しても，n 本の線分が互いに交わらないような n 個の組を作ることができることを示しなさい．　　（名古屋大）

考え方　具体的に点を配置して「交わらないようにうまく線分で結びなさい」とすれば，簡単なパズルの問題になりますが，今回の目的は，いつでもそれができるのを証明することです．言い換えると，パズルが苦手な人でもできるように，「線分の作り方必勝法」を作ります．「$2n$ 個の点がどんな配置であっても，この手順で2点ずつ結んでいけばどの線分も互いに交わることがない」という手順を示すのです．

▶解答◀　$2n$ 個の点の座標を設定する．（▷▷▷ **1**）x 座標の小さい順に2点ずつ組にして n 本の線分を作る．

$2n$ 個の点の x 座標がすべて異なるときは，どの線分も互いに交わることはない．
（▷▷▷ **2**）

x 座標の等しい点が存在するとき，それらの点に対しては y 座標の小さい順に組にしていくとすれば，どの線分も互いに交わることはない．

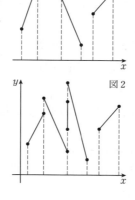

図1

◀ x 軸のとり方によっては x 座標の等しい点が存在し，その際は「x 座標の小さい順」という表現があいまいになります．念のため場合分けをします．

図2

◀ x 座標で順序を決められないときは y 座標で決めればよいです．

♦別解♦ 1.　$2n$ 個の点から選んだ2点を結んで得られる直線は，${}_{2n}\mathrm{C}_2$ 本あり，有限である．よって，そのどれとも直交しない直線が存在し，それを x 軸にとると，$2n$ 個の点の x 座標はすべて異なる．（▷▷▷ **3**）ゆえに，x 座標の小さい順に2点ずつ結んで n 本の線分を作れば，どの線分も互いに交わることはない．

第10章　図形総合

♦別解♦ 2. $2n$ 個の点を与えたときの n 本の線分の作り方は，組分けの公式より $\dfrac{{}_{2n}C_2 \cdot {}_{2n-2}C_2 \cdot \cdots \cdot {}_2C_2}{n!}$ 通りで，有限である．よって，線分の長さの和が最小になるような線分の作り方が存在する．(▷▷▷**4**) このとき，どの線分も互いに交わることがないことを示す．

　線分の長さの和が最小になるとき，ある 2 本の線分 AB と CD が共有点をもつと仮定する．どのように共有点をもつかで場合分けする．

◀ 背理法で示します．共有点をもつとき，線分の長さの和をより小さくできることを示して矛盾を導きます．

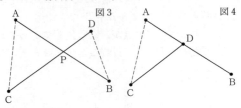

図3　　　　図4

（ア）図 3 のように線分 AB と線分 CD が互いの端点以外の 1 点 P のみで交わるとき

$$AB + CD = (AP + BP) + (CP + DP)$$
$$= (AP + CP) + (BP + DP)$$
$$> AC + BD$$

◀ 共有点のもち方は3パターンあります．

◀ 三角形の2辺の和は残りの辺より大きいです．図から明らかです．

（イ）図 4 のように線分 AB と線分 CD が一方の端点 D のみで交わるとき

$$AB + CD = (AD + BD) + CD$$
$$= (AD + CD) + BD$$
$$> AC + BD$$

（ウ）図 5 のように線分 AB と線分 CD の一部が重なっているとき

$$AB + CD > AC + BD$$

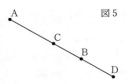

図5

これは B と D の順序が変わっても同様である．

　以上より，いずれの場合も，A と B，C と D を結ぶより，A と C，B と D を結ぶ方が線分の長さの和が小さく

第3節　図形と論証

なり，線分の長さの和が最小であることに矛盾する．

　　よって，線分の長さの和が最小になるように線分を作ったとき，どの線分も互いに交わることがないから，題意は示された．

Point　The synthesis of figure　NEO ROAD TO SOLUTION　10-5　Check!

1　近い点同士を結んでいけばよいと言う人がいますが，そのようなあいまいな表現では証明になりません．そもそも，一番近い点同士を結んでいっても線分が交わることがあります．数学らしく道具を使うことです．点の位置を表すものを導入すれば説明しやすくなりますから，**座標を設定する**のが簡単です．

2　各点の x 座標を設定し，その小さい順に結んでいけばよいということです．言われてみればそれだけのことかという感じですが，まさに「コロンブスの卵」でなかなか気付かないものです．試験ではここまで書ければほぼ満点ではないでしょうか．これだけで十分差がつくからです．

3　**◆別解◆ 1.** は少しテクニカルです．x 座標の等しい点が現れないように，**うまく x 軸を入れます**．x 軸は自分で入れるものですから，都合のいいように入れるのです．x 座標の等しい点が存在する場合は x 軸の入れ方が失敗だったととらえます．そこで，修正することを考えます．x 軸をちょっと回転させれば x 座標の等しい点がなくなるイメージです．ただ，この「ちょっと回転する」というのはあいまいな表現ですから，これを数学的な表現に変えるわけです．

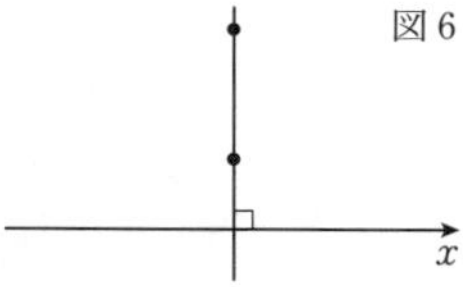

　　2 点の x 座標が等しいというのは，図 6 のように，その 2 点を通る直線（線分ではありません）と x 軸が直交するということですから，**$2n$ 個の点から 2 点選んでできる $_{2n}C_2$ 本の直線のどれかと直交する直線は x 軸にしない**ことです．NG の直線の傾きが（最大で）$_{2n}C_2$ 通りあるのです．$_{2n}C_2$ 通りというと大量にありそうですが，せいぜい有限です．直線の傾きは無限にありますから，NG でない直線の傾きが存在し，その傾きをもつ直線を x 軸にとればよいのです．

図 6

4　座標を使わず，線分の長さの和が最小になるときに着目します．きちんと答案を書くのはなかなか大変ですが，その発想がユニークです．大雑把に言うと，線分の長さの和が最小のときは，結び方に全く無駄がなく，線分同士が交わることはないはずだということです．以前このように解こうとした生徒がいて驚きました．私は自分では気が付きませんでした．

第 10 章　図形総合（例題 10-5）

第 10 章　図形総合

　　まず，**線分の長さの和に最小値が存在することを示します**．□Point...□ 5−2.
の **3**（☞ P.191）で紹介した有名なパラドックスがあるからです．線分の作
り方が有限であることを言えばよいです．$2n$ 個を 2 個ずつ n 組に分けるとき，
もし各組に名前があれば $_{2n}C_2 \cdot _{2n-2}C_2 \cdot \cdots \cdot _2C_2$ 通りとなりますが，実際には名
前がありませんから，n 組を並べ替えた $n!$ 通りずつ同じ分け方が含まれます．
よって，組の分け方，すなわち線分の作り方は $\dfrac{_{2n}C_2 \cdot _{2n-2}C_2 \cdot \cdots \cdot _2C_2}{n!}$ 通りで
す．もちろん，これを計算する必要はありません．有限であることが言えれば
よいからです．

5　余談ですが，私は高校の数学の先生方を対象にしたセミナーに講師としてお
招きいただくことがあります．以前，そのセミナーでこの問題を含む入試問題
数問を選び，先生方に模擬授業をお願いしたことがあったのですが，先生方に
最も不人気だったのがこの問題です ☺　このような論証系の問題は先生方か
らも敬遠されるのですから，受験生が苦手なのも仕方ありません．

　　さて，私はこの問題を授業で解説する際に，よく冗談で「一休さんのとんち
方式」の解法を紹介します．有名な「屏風（びょうぶ）の虎」の話を思い出し
てください．将軍様が一休さんに「屏風の虎が夜中に出てきて暴れて困ってお
る．捕まえてくれぬか．」と頼むわけです．それに対し一休さんが「捕まえて
ご覧に入れますから今すぐ屏風から虎を出してください．」と見事な返しをす
る話です．これをこの問題の解答に使ってみるのです．「どんな点の配置でも
交わらないようにうまく結んでみせますから，今すぐ点の配置を与えてくださ
い．」と答案に書いたらどうなりますかね．私なら満点を出します ☺

　　冗談はさておき，この問題は数学の道具の重要性が学べるいい問題だと思い
ます．内容は小学生でも理解できます．しかし普通の小学生はまず証明できな
いでしょう．座標のような道具を持っていないからです．小学校，中学校，高
校，大学と進むにつれてどんどんいろいろな道具を身に付けていきます．以前
は難問だと思っていたものが容易に解けるようになる，それこそが数学の醍醐
味ではないでしょうか．数学嫌いな人にこそ触れてほしい問題です．

第11章 数列

NEO ROAD TO SOLUTION
真・解法への道！
The sequence

第11章 数列

第1節　等差数列・等比数列

数列　　　　　　　　　　　　　　　　　　　　　　　　　The sequence

等差数列や等比数列は，数列の基本です．ご存じのとおり

（ⅰ）　初項 a_1，公差 d の等差数列の一般項は $a_n = a_1 + (n-1)d$

（ⅱ）　初項 a_1，公比 r の等比数列の一般項は $a_n = a_1 r^{n-1}$

です．ただ問題なのは，結果を丸暗記している人が意外に多いことです．数列の公式は簡単に意味がとれるものが多く，上の2式はその典型です．

（ⅰ）は a_1 を使って a_n を表すと考えます．a_1 から a_n まで変化するとき番号は $n-1$ 増えます．**等差数列では番号が1増えるごとに公差 d を1回たします．**番号が $n-1$ 増えるときは公差 d を $n-1$ 回たして，$a_n = a_1 + (n-1)d$ です．

$$a_n = a_2 + (n-2)d, \ a_n = a_0 + nd$$

$$a_n = a_1 + (n-1)d$$
$+(n-1)$
番号が増えた分 公差をたす

なども作れます．

問題 43. 等差数列 $\{a_n\}$ が $a_3 = 6$，$a_7 = 34$ を満たすとき，a_n を求めよ．

$a_n = a_1 + (n-1)d$ を用いても解けますが，この形にこだわるのはナンセンスです．2項の値が分かっている等差数列ですから，公差は「変化の割合」として求め，$\dfrac{34-6}{7-3} = 7$ です．よって，a_1 の代わりに値が分かっている a_3 を用いて

$$a_n = a_3 + (n-3) \cdot 7 = 6 + 7(n-3) = 7n - 15$$

と求められます．

（ⅱ）も同様です．等比数列は番号が1増えるごとに公比 r を1回かけますから，番号が $n-1$ 増えるときは公比 r を $n-1$ 回かけて，$a_n = a_1 r^{n-1}$ です．

$$a_n = a_2 r^{n-2}, \ a_n = a_0 r^n$$

なども同様です．特に $a_n = a_0 r^n$ は確率漸化式の問題でよく使います．

数列では多くの公式を習いますが，**丸暗記せず意味を考える**べきです．意味を理解していれば，少々応用されても柔軟に対応できるはずです．

――――――――――〈数列のまとめ1〉

Check ▷▷▷▷　数列の公式は丸暗記せず意味を考える

第1節　等差数列・等比数列

――〈数列の和と一般項〉――

例題 **11−1.** 数列 $\{a_n\}$ があって，すべての n について，初項 a_1 から第 n 項 a_n までの和が $\left(a_n + \dfrac{1}{4}\right)^2$ に等しいとする．

（1）　a_n がすべて正とする．一般項 a_n を求めよ．

（2）　最初の 100 項のうち，1 つは負で他はすべて正とする．a_{100} を求めよ．

（名古屋大）

考え方　和の形が与えられていますから，「ずらして引く」ことで，漸化式を導きます．その漸化式の意味を正しくとらえましょう．（2）ではどの項が負になるかで場合分けします．

▶解答◀　（1）　a_1 から a_n までの和が $\left(a_n + \dfrac{1}{4}\right)^2$ に等しいことから

$$\sum_{k=1}^{n} a_k = \left(a_n + \frac{1}{4}\right)^2 \quad\cdots\cdots\cdots①$$

n の代わりに $n+1$ とすると

$$\sum_{k=1}^{n+1} a_k = \left(a_{n+1} + \frac{1}{4}\right)^2 \quad\cdots\cdots\cdots②$$

②−① より　（▷▷▷▷ **1**）

$$a_{n+1} = \left(a_{n+1} + \frac{1}{4}\right)^2 - \left(a_n + \frac{1}{4}\right)^2$$

$$0 = \left(a_{n+1} - \frac{1}{4}\right)^2 - \left(a_n + \frac{1}{4}\right)^2$$

◀ a_{n+1} を移項し，右辺の第 1 項とまとめています．

$$(a_{n+1} + a_n)\left(a_{n+1} - a_n - \frac{1}{2}\right) = 0$$

◀ $A^2 - B^2 = (A+B)(A-B)$ を用いています．

$$a_{n+1} = -a_n \quad\cdots\cdots\cdots③$$

$$\text{または } a_{n+1} = a_n + \frac{1}{2} \quad\cdots\cdots\cdots④$$

（▷▷▷▷ **2**）

一方，① で $n=1$ とすると，$a_1 = \left(a_1 + \dfrac{1}{4}\right)^2$ であり

$$\left(a_1 - \frac{1}{4}\right)^2 = 0 \quad\therefore\quad a_1 = \frac{1}{4}$$

◀ ここまでの結果は（2）でも使えます．

第 11 章　数列（例題 11−1）　**407**

第11章　数列

a_n がすべて正のとき，③ が成り立つことはなく，常に
④ が成り立つから，数列 $\{a_n\}$ は公差 $\frac{1}{2}$ の等差数列で

$$a_n = \frac{1}{4} + (n-1)\cdot\frac{1}{2} = \frac{2n-1}{4}$$

◀ 符号が反転する漸化式
③ は使えません．

（2）　$a_1 = \frac{1}{4}$ であり，すべての n に対して，③ または
④ が成り立つ．a_2 から a_{100} のうち，どの項が負になる
かで場合分けする．（▷▷▷▷ ❸）

（ア）　a_2 だけが負のとき

まず，③ を用いて

$$a_2 = -a_1 = -\frac{1}{4}$$

である．次は，③ または ④ を用いて

$$a_3 = -a_2 \quad または \quad a_3 = a_2 + \frac{1}{2}$$

となるが，いずれにしても $a_3 = \frac{1}{4}$ である．これ以降
は，④ を繰り返し用いて

◀ ③ と ④ のどちらを用い
ても a_3 が同じ値 $\frac{1}{4}$ にな
りますから，それ以降は
まとめて扱えます．

$$a_{100} = a_3 + 97\cdot\frac{1}{2} \quad (▷▷▷▷ ❹)$$

$$= \frac{1}{4} + \frac{97}{2} = \frac{195}{4}$$

（イ）　a_3 だけが負のとき

まず，④ を用いて

$$a_2 = a_1 + \frac{1}{2} = \frac{1}{4} + \frac{1}{2} = \frac{3}{4}$$

次は，③ を用いて，$a_3 = -a_2 = -\frac{3}{4}$ である．さらに，
③ または ④ を用いて

$$a_4 = -a_3 \quad または \quad a_4 = a_3 + \frac{1}{2}$$

◀ 2つの a_4 が正かどうか調
べます．

$a_3 + \frac{1}{2} = -\frac{1}{4} < 0$ より，$a_4 = a_3 + \frac{1}{2}$ は不適で

$$a_4 = -a_3 = \frac{3}{4}$$

これ以降は，④ を繰り返し用いて

$$a_{100} = a_4 + 96\cdot\frac{1}{2} = \frac{3}{4} + 48 = \frac{195}{4}$$

◀ $a_{100} = a_4 + (100-4)\cdot\frac{1}{2}$
です．

408 第11章　数列（例題11-1）

第 1 節　等差数列・等比数列

（ウ）　$a_4, a_5, \cdots, a_{99}$ のどれか 1 つだけが負のとき

　（イ）と同様に，$a_{100} = \dfrac{195}{4}$

（エ）　a_{100} だけが負のとき

　　$1 \leqq n \leqq 98$ のときは ④ を用いて

$$a_{99} = a_1 + 98 \cdot \frac{1}{2} = \frac{1}{4} + 49 = \frac{197}{4}$$

次は，③ を用いて

$$a_{100} = -a_{99} = -\frac{197}{4}$$

以上より

$$\boldsymbol{a_{100} = \frac{195}{4}, \ -\frac{197}{4}}$$

◀ $a_{99} = a_1 + (99-1) \cdot \dfrac{1}{2}$
です．（1）の結果に
$n = 99$ を代入してもよ
いです．

Point　The sequence　NEO ROAD TO SOLUTION　11−1　Check!

1　和と一般項の関係式を扱いますから，「ずらして引く」ことで漸化式を導き
ます．一般に，$S_n = a_1 + a_2 + \cdots + a_n$ のとき

$$a_1 = S_1, \ a_n = S_n - S_{n-1} \quad (n \geqq 2)$$

となることが背景にあります．第 2 式は第 n 項までの和から第 $n-1$ 項までの
和を引けば第 n 項だけが残るという意味で，自明です．階差数列の定義と混同
して $a_n = S_{n+1} - S_n$ と間違える人がいますが，意味を考えれば起こりえない
間違いです．

　番号を 1 ずらし

$$a_{n+1} = S_{n+1} - S_n \quad (n \geqq 1)$$

として，$n \geqq 2$ を避けることがよくあります．今回もそうです．左辺の差が

$$\sum_{k=1}^{n+1} a_k - \sum_{k=1}^{n} a_k = a_{n+1}$$

となるところで用いています．

2　「③ または ④」の意味を正しくとらえましょう．「常に ③ が成り立つ」ま
たは「常に ④ が成り立つ」のではありません．a_n は「公比 -1 の等比数列」
または「公差 $\dfrac{1}{2}$ の等差数列」ではないのです．もっと緩く，**常に「③ または
④」が成り立つ**ということです．**n の値によって ③ と ④ を使い分けてよい**と
いうことです．これがこの問題の最大のポイントです．

第11章　数列

3 （2）では，最初の 100 項のうちどの項が負になるかで場合分けします．一番細かく分ければ，a_2, a_3, $\cdots$, a_{100} の 99 通りですが，現実的ではありません．具体的に，a_2 のとき，a_3 のとき，$\cdots$，と調べていくと，a_3, a_4, $\cdots$, a_{99} については同様に扱えることが分かりますから，▶解答◀ の（イ）と（ウ）をまとめれば，実質 3 通りの場合分けになります．

4 a_3 からは ④ を使うしかなく，公差 $\dfrac{1}{2}$ の等差数列です．a_3 を使って a_{100} を表しますから，詳しく書けば

$$a_{100} = a_3 + (100 - 3) \cdot \frac{1}{2}$$

です．

5 （2）は，次のように大雑把なイメージをつかむとよいです．太字は負の項を表し，矢印の下の番号は用いる漸化式を表しています．

（ア）　a_2 だけが負のとき

$$a_1 \underset{③}{\to} \boldsymbol{a_2} \underset{③\text{または}④}{\longrightarrow} a_3 \underset{④}{\to} \cdots \underset{④}{\to} a_{100}$$

（イ），（ウ）　a_3, a_4, $\cdots$, a_{99} のどれか 1 つ（a_k とします）だけが負のとき

$$a_1 \underset{④}{\to} \cdots \underset{④}{\to} a_{k-1} \underset{③}{\to} \boldsymbol{a_k} \underset{③}{\to} a_{k+1} \underset{④}{\to} \cdots \underset{④}{\to} a_{100}$$

（エ）　a_{100} だけが負のとき

$$a_1 \underset{④}{\to} \cdots \underset{④}{\to} a_{99} \underset{③}{\to} \boldsymbol{a_{100}}$$

この図を見ると，（ア）と（イ），（ウ）のときは**ほぼ等差数列ですが，2 回無駄があります**．よって，初項 $\dfrac{1}{4}$ に $99 - 2 = 97$ 回公差 $\dfrac{1}{2}$ をたして

$$a_{100} = \frac{1}{4} + 97 \cdot \frac{1}{2} = \frac{195}{4}$$

となります．これらを答案でうまく説明します．

6 （ア）と（イ），（ウ）は結果が同じですからまとめられそうですが，負の値から正の値に変わるときに，（ア）では ③ も ④ も使えますが，（イ），（ウ）では ③ しか使えませんから，分ける方が無難でしょう．

7 **1** の知識を使う有名問題があります．今回の問題のように通常は S_n を消去することが多いのですが，**a_n を消去します**．**「S_n または a_n を消去する」**ととらえておきましょう．

410　第11章　数列（例題11−1）

第1節　等差数列・等比数列

問題 44. 各項が正である数列 $\{a_n\}$ の初項から第 n 項までの和 S_n が

$$S_n = \frac{1}{2}\left(a_n + \frac{2n}{a_n}\right) \quad (n = 1, 2, 3, \cdots)$$

を満たすとき，次の問いに答えよ．
（1）　S_n を求めよ．
（2）　a_n を求めよ．

（山形大・改）

▶解答◀　（1）　$n \geq 1$ のとき

$$S_n = \frac{1}{2}\left(a_n + \frac{2n}{a_n}\right) \quad \cdots\cdots\cdots\cdots\cdots\cdots\cdots\cdots\cdots\cdots\text{Ⓐ}$$

$n \geq 2$ のとき，$a_n = S_n - S_{n-1}$ であるから

$$S_n = \frac{1}{2}\left(S_n - S_{n-1} + \frac{2n}{S_n - S_{n-1}}\right)$$

$$2S_n = S_n - S_{n-1} + \frac{2n}{S_n - S_{n-1}}$$

$$S_n + S_{n-1} = \frac{2n}{S_n - S_{n-1}}$$

$${S_n}^2 - {S_{n-1}}^2 = 2n \quad (n \geq 2) \quad \cdots\cdots\cdots\cdots\cdots\cdots\text{Ⓑ}$$

一方，Ⓐ で $n = 1$ とし，$a_1 = S_1$ を用いると

$$S_1 = \frac{1}{2}\left(S_1 + \frac{2}{S_1}\right)$$

$$S_1 = \frac{2}{S_1} \qquad \therefore \quad {S_1}^2 = 2$$

$n \geq 2$ のとき，Ⓑ で n の代わりに $2, 3, \cdots, n$ として辺ごとに加えると

$${S_n}^2 - {S_1}^2 = 2(2 + 3 + \cdots + n)$$

$${S_n}^2 = 2(1 + 2 + 3 + \cdots + n) = n(n + 1)$$

これは $n = 1$ のときも成り立つ．$a_n > 0$ より，$S_n > 0$ であるから

$$\boldsymbol{S_n = \sqrt{n(n + 1)}}$$

（2）　$a_1 = S_1 = \sqrt{2}$ である．また，$n \geq 2$ のとき

$$a_n = S_n - S_{n-1} = \sqrt{n(n + 1)} - \sqrt{(n - 1)n}$$

これは $n = 1$ のときも成り立つ．

第11章　数列（例題11-1）　**411**

第11章　数列

| 第2節 | 群数列必勝法 |

数列　　　　　　　　　　　　　　　　　　　　　　　　　　　　　The sequence

　群数列の問題は計算がやや大変ですのであまり印象がよくないかもしれません．しかし，内容は小学生でも理解できるような算数レベルです．必ずパターンにはまります．必勝法を紹介しておきましょう．

　まず，問題を解く前に確認しておくべきことが2つあります．

　1つ目は**第 m 群の項数**です．問題文に書かれていることもあれば，自分で調べるときもあります．これは簡単です．

　2つ目は**第 m 群の末項の番号**です．第 m 群の**末項**が数列全体の何番目であるかということです．初項の番号を調べるという人もいます．いわば「初項派」と「末項派」の対立です．実際，私は高校生時代に「初項」で習いました．

　話がそれますが，「きのこの山」と「たけのこの里」という有名なお菓子があります．時々どちらが好きかという論争になるくらい，それぞれに魅力があります．私は断然「たけのこ派」です☺　予備校の授業でもアンケートをとったりするのですが，ほとんどのクラスで「たけのこ派」の方が優勢で，個人的には満足しています．ただ以前，私の妻が「きのこ派」であることが発覚し，こんな身内に敵がいたのかと驚愕したことがあります😩　もちろん好みの問題ですから，「きのこ派」，「たけのこ派」のどちらも正解です．

　一方，「初項派」と「末項派」の場合は話が違います．私の経験から言わせてもらえば，**圧倒的に我が軍「末項派」が優勢です**．末項の番号の方がきれいになることが多く，また，ある項が群の中で何番目にあるかを調べる際には，単なる引き算に帰着できるからです．

　この2つは上の順に調べます．末項の番号を求める際に項数を使うからです．

　もう1つコツがあります．それは**図をうまく利用する**ことです．群数列では各項の数よりも番号に着目することが多いですから，各項を○で表した図を描くことで，**番号を ○ の個数と解釈します**．

────────────────── 〈数列のまとめ2〉───

Check ▷▷▷▷　群数列必勝法

　🔖　第 m 群の項数，末項の番号を先に調べておく

　🔖　図をうまく利用する

412　第11章　数列

第2節　群数列必勝法

〈$\sqrt{n}$ の整数部分の和〉

例題 11-2. 実数 x に対し，x を超えない最大の整数を $[x]$ で表す．数列 $\{a_n\}$ が

$$a_n = \left[\, \sqrt{n} \,\right] \quad (n = 1, 2, 3, \cdots)$$

で定められるとき，次の問いに答えなさい．

（1）　$a_1,\ a_2,\ a_3,\ a_4$ を求めなさい．

（2）　n を自然数とする．

$$S_n = \sum_{i=1}^{n} a_i = a_1 + a_2 + \cdots + a_n$$

とするとき，次の等式を証明しなさい．

$$S_n = \left(n + \frac{5}{6}\right)a_n - \frac{1}{2}{a_n}^2 - \frac{1}{3}{a_n}^3$$

（山口大）

考え方　（1）で具体的に項を求めてみると，$\{a_n\}$ は群数列のように扱えそうです．それを（2）で確認します．（2）は難しそうな証明問題に見えるかもしれませんが，単なる和の計算です．群数列の和の計算をするには，まず第 n 項が第何群の何番目かを調べます．その後，各群ごとに和をとります．

▶解答◀　（1）　$a_n = \left[\, \sqrt{n} \,\right]$ で $n = 1, 2, 3, 4$ として

$$a_1 = \left[\, \sqrt{1} \,\right] = \mathbf{1}, \quad a_2 = \left[\, \sqrt{2} \,\right] = \mathbf{1}$$

$$a_3 = \left[\, \sqrt{3} \,\right] = \mathbf{1}, \quad a_4 = \left[\, \sqrt{4} \,\right] = \mathbf{2}$$

（2）　$a_n = m$ となる a_n をまとめて第 m 群とする．

$a_n = m$ とすると，（▷▷▷▷ **1**）$\left[\, \sqrt{n} \,\right] = m$ であるから

$$m \leqq \sqrt{n} < m + 1 \qquad \therefore \quad m^2 \leqq n < (m+1)^2$$

ただし，$n \geqq 1$ より $m \geqq 1$ である．

　　第 m 群の項数は

$$(m+1)^2 - m^2 = 2m + 1 \quad (\text{▷▷▷▷ } \mathbf{2})$$

第 m 群の末項の番号は

$$3 + 5 + \cdots + (2m + 1) \quad (\text{▷▷▷▷ } \mathbf{3})$$

◀ **Point...** □ 3-1. の **1**（☞ P.119）で紹介した「はさんで左側」を用います．

◀ m の範囲を確認します．

◀ 必勝法での確認1です．

◀ 必勝法での確認2です．

第11章　数列（例題11-2）　**413**

問題編

論理

整数

論証

方程式

不等式

関数

座標

ベクトル

空間図形

図形総合

数列

数学的帰納法

場合の数

確率

微積分

出典・テーマ

第11章 数列

$$= \frac{m\{3 + (2m+1)\}}{2} = m(m+2)$$

a_n が第 k 群の l 番目であるとすると

$$a_n = k$$

$$n = (k-1)(k+1) + l \quad (\triangleright\triangleright\triangleright\blacksquare)$$

◀ 仮に文字でおきます.

◀ 第 k 群の項は k です.

それぞれ k, l について解くと

$$k = a_n \quad \cdots\cdots\cdots\cdots\cdots\cdots①$$

$$l = n - k^2 + 1 \quad \cdots\cdots\cdots\cdots\cdots②$$

◀ k, l を消去することを想定しています.

第 m 群の項の和は $m(2m+1)$ であるから

$$S_n = \sum_{m=1}^{k-1} m(2m+1) + kl \quad (\triangleright\triangleright\triangleright\triangleright\blacksquare)$$

$$= \sum_{m=1}^{k-1} (2m^2 + m) + kl$$

$$= 2 \cdot \frac{1}{6}(k-1)k(2k-1) + \frac{1}{2}(k-1)k + kl$$

◀ 第 m 群は m が $2m+1$ 個集まったものです.

② を代入し

$$S_n = \frac{1}{3}(2k^3 - 3k^2 + k) + \frac{1}{2}(k^2 - k)$$

$$+ k(n - k^2 + 1)$$

$$= \left(n + \frac{5}{6}\right)k - \frac{1}{2}k^2 - \frac{1}{3}k^3$$

◀ 目的の式を意識して k について整理します.

① を代入し

$$S_n = \left(n + \frac{5}{6}\right)a_n - \frac{1}{2}a_n{}^2 - \frac{1}{3}a_n{}^3$$

よって，与えられた等式が成り立つ.

□ **Point** The sequence
NEO ROAD TO SOLUTION **11-2** **Check!** □

❶ $\{a_n\}$ の項を具体的に調べると

$$\{a_n\} : 1, 1, 1, 2, 2, 2, 2, 2, 3, \cdots$$

となりますから，典型的な群数列です．そこで自分で群を定義して，$a_n = m$ となる n が満たすべき条件を調べます．

414 第11章 数列（例題11－2）

第2節　群数列必勝法

2　一般に，整数 a, b に対し，$a \leqq n \leqq b$ を満たす整数 n の個数は $b - a + 1$ です．例えば，$2 \leqq n \leqq 10$ であれば 8 個ではなく 9 個です．よって，一方だけ等号を外した $a \leqq n < b$ や $a < n \leqq b$ の場合は 1 個だけ減って $b - a$ です．

3　図を利用すると分かりやすいです．第 m 群の末項の番号は初項から第 m 群の末項までの項数に相当します．群数列では**番号は個数に対応付けられます**．

よって，第 1 群から第 m 群の項数の和を求めればよく

$$3 + 5 + \cdots + (2m + 1)$$

となります．ここで直前に調べておいた第 m 群の項数を用いています．

　　なお，**1 から始まる n 個の奇数の和は n^2 です**．教科書に載っているくらい有名な公式です．等差数列の和の公式から簡単に示せます．想像以上によく使いますから覚えておきましょう．これを用いると

$$3 + 5 + \cdots + (2m + 1) = \{1 + 3 + 5 + \cdots + (2m + 1)\} - 1$$
$$= (m + 1)^2 - 1$$

と計算できます．

4　これも図を考えれば明らかです．

第 $k - 1$ 群の末項の番号は $(k - 1)(k + 1)$ ですから，第 $k - 1$ 群の末項までに項は $(k - 1)(k + 1)$ 個あります．n はそれに l をたしたものです．**末項を用いているおかげでたすだけでよい**のです．初項だと 1 ずれてしまいます．

5　群ごとに和をとるイメージです．

$$S_n = (\text{第 } k - 1 \text{ 群までの和}) + (\text{第 } k \text{ 群の } l \text{ 項の和})$$

です．（第 $k - 1$ 群までの和）は第 m 群の項の和を m を 1 から $k - 1$ まで動かして和をとったもので，（第 k 群の l 項の和）は k を l 個たしたものですから

$$S_n = \sum_{m=1}^{k-1} m(2m + 1) + kl$$

となります．

第 11 章　数列（例題 11 - 2）　**415**

第11章　数列

第3節　格子点の個数

座標平面または座標空間において各座標が整数である点を**格子点**といいます．xy 平面上の領域に含まれる格子点の個数の求め方で有名なのは次の方法です．

　Ⅰ　直線 $x=k$ または $y=k$ 上の格子点の個数を求める（k は整数）
　Ⅱ　k を動かして和をとる

　まず強調しておきたいのは，基本は**数える**ことだということです．三角形や長方形など，単純な領域に含まれる格子点の個数は，もっと簡単に求められることがあります．毎回 $x=k$ または $y=k$ で切るとは考えないでください．

　上の解法のポイントは Ⅰ です．関数の章（☞ P.254）で扱った 2 変数関数の問題と同様，x, y を同時に動かして数えるのは難しいですから，まず一方を固定します．領域を直線で切ったときにできる線分上の格子点の個数を調べます．

　x を固定して，直線 $x=k$ 上の格子点の個数を求めるか，y を固定して，直線 $y=k$ 上の格子点の個数を求めるかは問題によります．よくある判定基準は，**線分の両端が格子点かどうか**です．両端が格子点であれば個数は簡単に求まります．もしどちらも両端が格子点でなければ，個数が求めやすい方を選択します．

問題 45. xy 平面上の領域 $y \leqq -\dfrac{1}{2}x+n,\ x \geqq 0,\ y \geqq 0$ に含まれる格子点の個数を求めよ．

領域は図1の網目部分で，直角三角形の周および内部です．$x=k\ (0 \leqq k \leqq 2n,\ k\text{ は整数})$ とすると

$$0 \leqq y \leqq -\dfrac{1}{2}k+n$$

となります．これは図から読み取ってもいいですし

$$y \leqq -\dfrac{1}{2}x+n,\ x \geqq 0,\ y \geqq 0$$

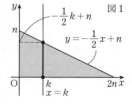

図1

で $x=k$ としたと思ってもよいです．線分の両端は $(k, 0)$ と $\left(k, -\dfrac{1}{2}k+n\right)$ です．k が奇数のとき $\left(k, -\dfrac{1}{2}k+n\right)$ は格子点ではありません．

　一方，$y=k\ (0 \leqq k \leqq n,\ k\text{ は整数})$ とすると

$$0 \leqq x \leqq 2n-2k$$

となります．線分の両端は $(0, k)$ と $(2n-2k, k)$ で，ともに格子点です．

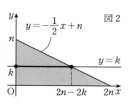
図2

よって，今回は $y = k$ 上の格子点の個数を求めるべきです．$y = k$ 上の格子点は $2n - 2k + 1$ 個あります．また，$k = 0, 1, \cdots, n$ ですから，求める個数は

$$\sum_{k=0}^{n}(2n-2k+1) = \sum_{k=0}^{n}\{2(n-k)+1\}$$
$$= (2n+1) + (2n-1) + \cdots + 1 = (n+1)^2$$

です．□Point...□ 11-2. の **3** (☞ P.415) でも紹介しましたが，1 から始まる n 個の奇数の和 $1 + 3 + \cdots + (2n-1)$ は n^2 です．

なお，今回の $\sum$ 計算は上のように**いったん $\sum$ を外して逆順に和をとります**．

$$\sum_{k=0}^{n}(n-k) = n + (n-1) + \cdots + 2 + 1 + 0 = \frac{1}{2}n(n+1)$$

と同じです．このように計算せず，闇雲に $\sum$ 公式を使ってしまう受験生が非常に多いです．この計算に限らず，どうも多くの受験生は $\sum$ に弱いようで

$$\sum_{k=1}^{n}\frac{1}{k} = \frac{1}{\sum_{k=1}^{n}k}, \quad \sum_{k=1}^{n}k \cdot 2^{k-1} = \left(\sum_{k=1}^{n}k\right)\left(\sum_{k=1}^{n}2^{k-1}\right)$$

などとする人が後を絶ちません．$\sum$ を何か特別な記号と錯覚しているようですが，所詮ただの和です．複雑だと思ったら **$\sum$ を使わずに表してみる**ことです．

実は今回の問題はもっと簡単です．頂点の 1 つである点 $(0, n)$ は格子点です．また，直線 $y = -\frac{1}{2}x + n$ の傾きは $-\frac{1}{2}$ ですから，**y 座標が 1 減るごとに格子点は 2 個増えます**．y 座標が 0 である格子点は $2n + 1$ 個ですから，求める個数は

$$1 + 3 + \cdots + (2n+1) = (n+1)^2$$

です．これは $y = k$ で切る解法と内容は同じですが，易しく見えます．斜辺の傾きが整数または整数の逆数なら，x 座標か y 座標が 1 変化するごとに格子点が単純に同じ数ずつ増えていくからです．**単純な領域なら規則性に着目する**のです．

〈数列のまとめ3〉

Check ▷▷▷ 格子点の個数

🔖 単純な領域であれば規則性に着目して数える

🔖 $x = k$ または $y = k$ 上の格子点の個数を求め，k を動かして和をとる

第11章　数列

――――――――――――――――――〈不等式を満たす整数の組の個数〉――

例題 **11−3.** 次の問に答えよ.

（1）　$3x + 2y \leqq 2008$ を満たす 0 以上の整数の組 (x, y) の個数を求めよ.

（2）　$\dfrac{x}{2} + \dfrac{y}{3} + \dfrac{z}{6} \leqq 10$ を満たす 0 以上の整数の組 (x, y, z) の個数を求めよ.

（名古屋大）

考え方　（1）の領域は直角三角形です. 斜辺の傾きに着目し, 効率がいい数え方を考えます.（2）はまず 1 文字を固定し, 2 変数の問題に帰着させます.

▶解答◀　（1）　$3x + 2y \leqq 2008$ より

$$y \leqq \frac{2008 - 3x}{2} \quad\cdots\cdots\cdots\cdots\cdots\cdots\cdots\cdots①$$

（▷▷▷ **❶**）

(x, y) は図1の網目部分（境界を含む）に含まれる格子点である. $y \geqq 0$ より

$$2008 - 3x \geqq 0$$

$$x \leqq \frac{2008}{3} = 669.3\cdots$$

よって, $x = 0, 1, \cdots, 669$ である. x の偶奇で場合分けする.（▷▷▷ **❷**）

（ア）　$x = 2l\ (l = 0, 1, \cdots, 334)$ のとき

①より $y \leqq 1004 - 3l$ であるから

$$y = 0, 1, \cdots, 1004 - 3l$$

y の個数は $1005 - 3l$ である.

（イ）　$x = 2l + 1\ (l = 0, 1, \cdots, 334)$ のとき

①より $y \leqq \dfrac{2005}{2} - 3l$ であるから

$$y = 0, 1, \cdots, 1002 - 3l$$

y の個数は $1003 - 3l$ である.

◀ 領域を見れば
$0 \leqq x \leqq \dfrac{2008}{3}$
は明らかです.

◀ l の範囲に注意です.

◀ 0 も含みますから,
$1004 - 3l$ 個ではなく
$1005 - 3l$ 個です.

図1の説明：網目部分は直角三角形で, 直線 $y = -\dfrac{3}{2}x + 1004$, y 軸上の点 1004, x 軸上の点 $\dfrac{2008}{3}$ で囲まれている.

第3節　格子点の個数

以上より，求める個数は

$$\sum_{l=0}^{334}(1005-3l)+\sum_{l=0}^{334}(1003-3l)$$

◀ 2つの場合について l を動かして和をとります．

$$=\sum_{l=0}^{334}\{(1005-3l)+(1003-3l)\}$$

◀ 2つの $\sum$ の l は，ともに $l=0,1,\cdots,334$ ですから，まとめて計算します．

$$=\sum_{l=0}^{334}(2008-6l)=\frac{335(2008+4)}{2}$$

$$=335\cdot1006=\mathbf{337010}$$

◀ $\sum$公式ではなく等差数列の和の公式を使います．

（**2**）　$\dfrac{x}{2}+\dfrac{y}{3}+\dfrac{z}{6}\leqq10$ より

$$3x+2y+z\leqq60$$

$$2y+z\leqq3(20-x)\quad(\triangleright\triangleright\triangleright\blacksquare)$$

$2y+z\geqq0$ より

$$3(20-x)\geqq0\quad\therefore\quad0\leqq x\leqq20$$

$x'=20-x$ とおくと，$x'=0,1,\cdots,20$ であり

$$2y+z\leqq3x'$$

◀ $x'=20-x$ と置き換え式をシンプルにします．x' の範囲に注意です．

x' を固定すると，(y,z) は図2の網目部分（境界を含む）に含まれる格子点である．その個数を求める．（$\triangleright\triangleright\triangleright\blacksquare$）

$\dfrac{3}{2}x'$ が整数かどうか，すなわち x' の偶奇で場合分けする．

◀ 領域が固定の（1）とは違い，x' の値で領域が変化します．$\left(\dfrac{3}{2}x',0\right)$ が格子点かどうかで立式が変わります．

（ア）　$x'=2k$（$k=0,1,\cdots,10$）のとき

$\dfrac{3}{2}x'=3k$ より，$\left(\dfrac{3}{2}x',0\right)$ は格子点である．直線 $z=-2y+3x'$ の傾きは -2 であるから，y 座標が1減るごとに格子点の個数は2ずつ増える．y 座標が0の格子点は $3x'+1=6k+1$ 個あるから，（$\triangleright\triangleright\triangleright\blacksquare$）図2の網目部分に含まれる格子点の個数は

$$1+3+\cdots+(6k+1)$$

$$=1+3+\cdots+\{2(3k+1)-1\}$$

$$=(3k+1)^2$$

◀ 1から始まる $3k+1$ 個の奇数の和ですから，公式を用いて $(3k+1)^2$ です．

第11章　数列

（イ）　$x' = 2k - 1$ $(k = 1, 2, \cdots, 10)$ のとき

$\dfrac{3}{2}x' = 3k - \dfrac{3}{2}$ より，$\left(\dfrac{3}{2}x', 0\right)$ は格子点ではない.

y 座標が最も大きい格子点は $(3k-2, 0)$, $(3k-2, 1)$ の
2個ある．（▷▷▷ **6**）y 座標が 1 減るごとに格子点の個数
は 2 ずつ増え，y 座標が 0 の格子点は $3x' + 1 = 6k - 2$
個あるから，図 2 の網目部分に含まれる格子点の個数は

$$2 + 4 + \cdots + (6k - 2)$$

$$= \frac{(3k-1)\{2 + (6k-2)\}}{2}$$

$$= 3k(3k - 1)$$

◀ k の範囲に注意です.
（ア）と違います.

以上より，求める個数は

$$\sum_{k=0}^{10}(3k+1)^2 + \sum_{k=1}^{10}3k(3k-1)$$

$$= 1 + \sum_{k=1}^{10}\{(3k+1)^2 + 3k(3k-1)\}$$

$$= 1 + \sum_{k=1}^{10}(18k^2 + 3k + 1)$$

$$= 18 \cdot \frac{1}{6} \cdot 10 \cdot 11 \cdot 21 + 3 \cdot \frac{1}{2} \cdot 10 \cdot 11 + 11$$

$$= 11(630 + 15 + 1) = 11 \cdot 646 = \mathbf{7106}$$

◀ x'，すなわち k を動かし
て和をとります.

◀ （ア）と（イ）で k の範囲
が違います．$k = 0$ の項
1 を分けて $1 \leqq k \leqq 10$
にそろえ，まとめて計算
します.

Point
The sequence
NEO ROAD TO SOLUTION　**11-3**　*Check!*

1　領域は直角三角形です．斜辺の傾きが $-\dfrac{3}{2}$ で，**整数または整数の逆数の形
をしていません**から，領域を直線で切って考えます.

$x = k$, $y = k$ とすると，それぞれ

$$0 \leqq y \leqq \frac{2008 - 3k}{2}, \ 0 \leqq x \leqq \frac{2008 - 2k}{3}$$

となります．$\dfrac{2008 - 3k}{2}$ は，k を 2 で割った余りで整数かどうかが決まり，

$\dfrac{2008 - 2k}{3}$ は，k を 3 で割った余りで整数かどうかが決まります．いずれの
場合も場合分けが必要ですが，前者の方が場合分けが少なくて済みます．実戦
的には，整数問題の不定方程式（☞ P.98）と同様に，分母の自然数が小さく
なるよう**係数が小さい文字について解く**ことです．今回は y について解き，直

第 3 節　格子点の個数

線 $x = k$ 上の格子点の個数を調べます．

2　典型的な問題であれば，直線 $x = k$ ($k = 0, 1, \cdots, 669$) 上にある格子点の個数 a_k を求め，$\sum_{k=0}^{669} a_k$ を計算しますが，今回はそこまで単純ではありません．$x = k$ のとき $0 \leq y \leq \dfrac{2008 - 3k}{2}$ であり，$\dfrac{2008 - 3k}{2}$ は k の偶奇で整数かどうかが決まります．つまり，**a_k は k の偶奇によって形が異なる**のです．そこで，$k = 2l$ のときと $k = 2l + 1$ のときで場合分けします ($l = 0, 1, \cdots, 334$)．a_k の代わりに a_{2l} と a_{2l+1} を求めます．格子点の総数は

$$\sum_{k=0}^{669} a_k = \sum_{l=0}^{334} a_{2l} + \sum_{l=0}^{334} a_{2l+1}$$

によって計算できます．

3　なんとなく，(1) と似た形になるように
$$3x + 2y \leq 60 - z$$
として，(1) と同じように解きたくなりますが，これはトラップです．**1** で述べたように，係数が小さい文字の方が扱いやすいですから，y と z を残し
$$2y + z \leq 3(20 - x)$$
とします．

4　x' を固定したときの領域は (1) と同様に直角三角形ですが，斜辺の傾きが -2 で**整数**ですから，格子点の個数は簡単に求められます．**y 座標が 1 減るごとに格子点が 2 個ずつ増える**からです．直線 $y = l$ 上にある格子点の個数を求め，l を動かして和をとることもできますが，そこまでする必要はありません．

5　$\left(\dfrac{3}{2}x', 0\right)$ が格子点のとき，最初に 1 個，次に 3 個，$\cdots$，となりますから，格子点の個数は，$1 + 3 + \cdots$ です．あとは，いくつまでの和なのか，すなわち y 座標が 0 である格子点の個数を調べます．

6　$\left(\dfrac{3}{2}x', 0\right)$ が格子点でないときは，最初の格子点は 1 個ではありません．この点のまわりを拡大した図を描くとよいです．図 3 より，y 座標が最も大きい格子点は $(3k - 2, 0)$，$(3k - 2, 1)$ の 2 個です．

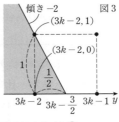

図 3

7　これは 2008 年の問題です．「あと 2 年待って欲しかった」と思いませんか？実際 2010 (6 の倍数) にすると算数で解けてしまいますから，不適切かもしれませんが 😅

第11章　数列

| 第4節 | 数列の最大・最小 |

数列

The sequence

　数列の最大・最小を調べる問題があります．実際には**確率の最大**として出題されることが多いですが，内容は数列の問題です．

　一般に，どの分野でも最大・最小の問題では**増減を調べる**のが基本です．分野によってその手法が異なるだけです．2次関数であれば「平方完成」，3次関数や他の関数であれば「微分」をしますが，数列の場合は**「隣接2項の大小比較」**をします．具体的には，a_n の最大・最小であれば

（ⅰ）　$a_{n+1} - a_n$ の符号

（ⅱ）　$\dfrac{a_{n+1}}{a_n} - 1$ の符号（ただし，常に $a_n > 0$ のとき）

のいずれか一方のみを調べます．**差をとるか比をとるか**です．差の符号，もしくは比と1との大小を調べれば増減が分かります．（ⅰ），（ⅱ）いずれも正であれば $a_{n+1} > a_n$ となり a_n は増加，負の場合は $a_{n+1} < a_n$ となり a_n は減少です．よって，符号の変わり目に着目します．微分とよく似ていますね．

　（ⅰ）は特に制限はないですが，（ⅱ）は**常に $a_n > 0$ のときしか使えない**ことに注意しましょう．$\dfrac{a_{n+1}}{a_n} - 1 > 0$ のとき

$$\frac{a_{n+1}}{a_n} > 1 \qquad \therefore \quad a_{n+1} > a_n$$

としますが，最後に分母を払うときに a_n をかけているからです．

　常に $a_n > 0$ となる典型的な問題があります．それは上で述べた確率の最大です．確率は0でなければ正ですから，$a_n > 0$ を満たします．確率の式は階乗 $n!$ や二項係数 ${}_nC_r$ を含む分数になることが多いですから，差をとるよりは比をとった方が，約分により式が簡単になることが多いです．

　最後に，（ⅰ），（ⅱ）いずれも **0になる場合は増加でも減少でもなく特別**です．正，負のどちらかの場合にまとめるのではなく，正，0，負の3つに分けます．

――――――――――――――――――〈数列のまとめ4〉――

Check ▷▷▷▷　数列の最大・最小

　🖎　差をとるか，比をとるか

　🖎　0になる場合は特別扱いする

第4節　数列の最大・最小

〈二項係数を含む数列の最大〉

[例題] **11−4.** n を自然数とする．有限数列 $\{a_k\}$ $(k = 0, 1, \cdots, n)$ を
$$a_k = k{}_n\mathrm{C}_k$$
で定める．a_k を最大にする k を求めよ．

（オリジナル）

[考え方]　二項係数は階乗を用いて表せますから，隣接2項の比をとると約分できて簡単になります．そこで，$\dfrac{a_{k+1}}{a_k} - 1$ の符号を調べます．0 になる可能性があるかどうかに注意しましょう．

▶**解答**◀　$a_0 = 0$ であるから，a_k の最大を調べるには $k \neq 0$ で考えれば十分である．

$a_k = k{}_n\mathrm{C}_k$ より

$$a_k = k \cdot \frac{n!}{k!(n-k)!} = \frac{n!}{(k-1)!(n-k)!}$$

である．$k = 1, 2, \cdots, n-1$ のとき

$$\frac{a_{k+1}}{a_k} - 1$$
$$= \frac{n!}{k!(n-k-1)!} \cdot \frac{(k-1)!(n-k)!}{n!} - 1$$
$$= \frac{n-k}{k} - 1 = \frac{n-2k}{k}$$

$\dfrac{a_{k+1}}{a_k} - 1 > 0$ とすると

$$\frac{n-2k}{k} > 0 \qquad \therefore \quad k < \frac{n}{2} \quad \cdots\cdots\cdots\cdots\cdots ①$$

（▷▷▷▶ **1**）

◀ 比をとるときには 0 を除外しておきます．

◀ ${}_n\mathrm{C}_k = \dfrac{n!}{k!(n-k)!}$ を用いて階乗に直します．

◀ a_{k+1} を考えますから，k は $n-1$ までです．

◀ a_{k+1} は a_k の k を $k+1$ に変えたものです．n は何も変わらないことに注意しましょう．

（ア）　n が偶数のとき

$n = 2m$（m は自然数）とおくと，① は

$$k < m$$

となるから

$$\begin{cases} k \leqq m-1 \text{ のとき} & a_k < a_{k+1} \\ k = m \text{ のとき} & a_k = a_{k+1} \quad （▷▷▷▶ \mathbf{2}） \\ k \geqq m+1 \text{ のとき} & a_k > a_{k+1} \end{cases}$$

◀ $a_k = a_{k+1}$ は特別です．

第11章　数列（例題11−4）　423

第11章　数列

まとめると

$$a_1 < a_2 < \cdots < a_{m-1} < a_m = a_{m+1}$$

$$a_{m+1} > a_{m+2} > \cdots > a_n \quad (\triangleright\triangleright\triangleright\blacksquare)$$

よって，a_k を最大にする k は

$$k = m,\ m+1 \qquad \therefore \quad k = \frac{n}{2},\ \frac{n}{2}+1$$

◀ $n = 2m$ より $m = \dfrac{n}{2}$
です．

（イ）　n が奇数のとき

　$n = 2m-1$（m は自然数）とおくと，① は

$$k < m - \frac{1}{2}$$

となるから

$$\begin{cases} k \leqq m-1 \text{ のとき} & a_k < a_{k+1} \\ k \geqq m \text{ のとき} & a_k > a_{k+1} \end{cases}$$

まとめると

$$a_1 < a_2 < \cdots < a_{m-1} < a_m$$

$$a_m > a_{m+1} > \cdots > a_n$$

よって，a_k を最大にする k は

$$k = m \qquad \therefore \quad k = \frac{n+1}{2}$$

◀ $n = 2m-1$ より
$m = \dfrac{n+1}{2}$ です．

　以上より，求める k は

n が偶数のとき　$k = \dfrac{n}{2},\ \dfrac{n}{2}+1$

n が奇数のとき　$k = \dfrac{n+1}{2}$

424　第11章　数列（例題11−4）

第4節　数列の最大・最小

Point　Check!　11-4

1 念のため確認ですが、今回は k が変数で n は定数です。n は5や8などの数と同じ扱いです。a_k が増加するような k を調べると、$k < \dfrac{n}{2}$ となります。つまり、$\dfrac{n}{2}$ 未満の k に対しては a_k は増加するということですが、問題は $\dfrac{n}{2}$ が**整数かどうか**です。整数の場合は注意が必要です。$k = \dfrac{n}{2}$ のとき増加でも減少でもないですから、a_k は「増加」、「変化なし」、「減少」の3つの状態があります。一方、整数でない場合は $k = \dfrac{n}{2}$ となることはありませんから、a_k は「増加」、「減少」の2つの状態のみです。よって、n の偶奇で場合分けします。

2 増減を表す不等式は、**番号**の小さい方を左辺に、大きい方を右辺に書くとよいです。$a_{k+1} > a_k$ と書く代わりに $a_k < a_{k+1}$ と書くのです。増減を調べた後、不等式をまとめるのですが、その際に左から番号の小さい順に書いていきます。例えば、$k = 1$ のときは $a_k < a_{k+1}$ が成り立ちますから、$a_1 < a_2$ です。$k = 2$ のときも同様で $a_2 < a_3$ です。これをつないで $a_1 < a_2 < a_3$ とします。$k = m-1$ までは $a_k < a_{k+1}$ ですから、$a_{m-1} < a_m$ までつないで

$$a_1 < a_2 < a_3 < \cdots < a_{m-1} < a_m$$

となります。もし $a_{k+1} > a_k$ のように両辺が逆になっていると、k の値を代入して不等号の向きをひっくり返すことになりますから、効率が悪いです。最初からつなぐことを想定し、使いやすい表現にしておくのです。

3 今回は2つの不等式にまとめました。代わりに

$$a_1 < a_2 < \cdots < a_{m-1} < a_m = a_{m+1} > a_{m+2} > \cdots > a_n$$

のように1つの不等式にまとめる手もありますが、このように、2種類の不等号「<」、「>」が混在する不等式は正式な表現ではないようです。私は、厳密性よりも分かりやすさを優先したいときには、授業でも使っています。

4 a_k の変化を大雑把にとらえると、図のようになります。もちろん、a_k は k の1次関数ではなく、増加や減少の状態は直線ではありません。あくまでイメージです。n が偶数のときは「変化なし」がありますから、a_k が最大になる k が2個あります。一方、n が奇数の場合は「増加」、「減少」のみですから、a_k が最大になる k は1個のみです。

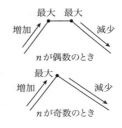

第11章　数列

5　二項係数の有名な公式

$$k\,{}_n\mathrm{C}_k = n\,{}_{n-1}\mathrm{C}_{k-1} \quad (k \geqq 1) \cdots\cdots\cdots\cdots\cdots\cdots\cdots\cdots\cdots\cdots Ⓐ$$

を用いると，今回の結果は納得しやすいです．n は定数ですから，${}_{n-1}\mathrm{C}_{k-1}$ の最大を考えればよいです．以下は厳密な証明ではなく，直感的な説明です．

$${}_{n-1}\mathrm{C}_0,\ {}_{n-1}\mathrm{C}_1,\ \cdots,\ {}_{n-1}\mathrm{C}_{n-1} \cdots\cdots\cdots\cdots\cdots\cdots\cdots\cdots\cdots Ⓑ$$

の最大は大雑把に言うと真ん中で起こります．例えば

$${}_5\mathrm{C}_0,\ {}_5\mathrm{C}_1,\ {}_5\mathrm{C}_2,\ {}_5\mathrm{C}_3,\ {}_5\mathrm{C}_4,\ {}_5\mathrm{C}_5 \quad (6\,個)$$

であれば，最大のものは ${}_5\mathrm{C}_2$ と ${}_5\mathrm{C}_3$ であり

$${}_6\mathrm{C}_0,\ {}_6\mathrm{C}_1,\ {}_6\mathrm{C}_2,\ {}_6\mathrm{C}_3,\ {}_6\mathrm{C}_4,\ {}_6\mathrm{C}_5,\ {}_6\mathrm{C}_6 \quad (7\,個)$$

であれば，最大のものは ${}_6\mathrm{C}_3$ です．

　Ⓑ の二項係数は全部で n 個あります．n が偶数のときは Ⓑ の真ん中は 2 個あり，${}_{n-1}\mathrm{C}_{\frac{n-2}{2}}$ と ${}_{n-1}\mathrm{C}_{\frac{n}{2}}$ です．よって，${}_{n-1}\mathrm{C}_{k-1}$ を最大にする k は

$$k-1 = \frac{n-2}{2},\ \frac{n}{2} \quad \therefore \quad k = \frac{n}{2},\ \frac{n}{2}+1$$

です．n が奇数のときは Ⓑ の真ん中は ${}_{n-1}\mathrm{C}_{\frac{n-1}{2}}$ のみで

$$k-1 = \frac{n-1}{2} \quad \therefore \quad k = \frac{n+1}{2}$$

です．

　なお，Ⓐ は簡単に覚えられます．**同じものを 2 通りに表す**手法です．「n 人から選抜メンバーを k 人選び，その中からリーダーを 1 人選ぶ」のと「n 人からリーダーを 1 人選び，それ以外の $n-1$ 人から残りの選抜メンバー $k-1$ 人を選ぶ」のは，選抜メンバーとリーダーを決める順番を変えているだけですから，これらの場合の数は同じです．よって

$${}_n\mathrm{C}_k \cdot k = n \cdot {}_{n-1}\mathrm{C}_{k-1}$$

であり，Ⓐ が成り立ちます．私はいつもこのように作っています．ついでに言うと，「パスカルの三角形」の式

$${}_n\mathrm{C}_k = {}_{n-1}\mathrm{C}_{k-1} + {}_{n-1}\mathrm{C}_k$$

も同様です．n 人から k 人を選ぶ組合せは ${}_n\mathrm{C}_k$ 通りですが，一方，ある特定の人 A さんを選ぶ場合（${}_{n-1}\mathrm{C}_{k-1}$ 通り）と選ばない場合（${}_{n-1}\mathrm{C}_k$ 通り）で排反に場合分けして考えると，右辺になります．よくある誤解ですが，「A さんの選び方は n 通り」としてはいけません．A さんは最初から決まっている特別な人です．分かりにくいなら，n 人の中で一番の美人とでも思えばよいでしょう 😊

426　第11章　数列（例題11−4）

第5節　漸化式

第5節　漸化式

数列　　　　　　　　　　　　　　　　　　　　　　　　　　　The sequence

　漸化式の問題には，2つのタイプがあります．それは**「解く」**問題と**「使う」**問題です．大学入試での「解く」問題は，解法が決まっているため難しくありません．漸化式を解く問題が苦手だと言う人は単に問題演習が足りないだけです．小学校の計算ドリルのように繰り返し練習すれば誰でも解けるようになります．

　解法を敢えてフォローしておくとすれば，次のような問題です．

問題 46. $a_1 = 1$，$a_{n+1} = 2a_n + n^2$ を満たす数列 $\{a_n\}$ の一般項を求めよ．

　一般に

$$a_{n+1} = pa_n + f(n) \quad (p \neq 1) \quad \cdots\cdots①$$

の形の2項間漸化式は，整数問題の不定方程式（☞ P.98）と同様に**特殊解を1つ見つけます**．① において

$$a_{n+1} \to g(n+1), \quad a_n \to g(n)$$

と形式的に置き換えた式

$$g(n+1) = pg(n) + f(n) \quad \cdots\cdots②$$

を満たす $g(n)$ が見つかれば，① $-$ ② より

$$a_{n+1} - g(n+1) = p\{a_n - g(n)\} \quad \cdots\cdots③$$

となります．数列 $\{a_n - g(n)\}$ は等比数列ですから一般項 $a_n - g(n)$ が求まり，a_n も求まります．

　「なるほど，こんな風に解けるのか．」と思った方はちょっと待ってください．騙されてはいけません．肝心な部分が抜けています．$g(n)$ の見つけ方です．② だけでは簡単に見つかりません．$g(n)$ と $g(n+1)$ が混在しているからです．

　1つ見つければよいのですから，**$g(n)$ を $f(n)$ と似た形でおく**のがコツです．その中で特殊解を見つけるのです．例えば，$f(n)$ が2次式のとき $g(n)$ は三角関数になるでしょうか？ あるかもしれませんが，見つけにくいですね．

$$f(n) = n \text{ のとき} \quad g(n) = \alpha n + \beta$$

$$f(n) = n^2 \text{ のとき} \quad g(n) = \alpha n^2 + \beta n + \gamma$$

$$f(n) = 5^n \text{ のとき} \quad g(n) = \alpha \cdot 5^n$$

のようにおきます．「$f(n) = 5^n$ のときは $g(n) = \alpha^n$ ではないの？」という質問

第11章　数列

が出そうですが，これはありません．②は「n をずらす」，「定数倍する」，「たし算（引き算）をする」だけの式で，指数の底が変化することはないからです．変化するのはせいぜいその係数のみです．

今回の問題では $f(n) = n^2$ ですから，$g(n) = \alpha n^2 + \beta n + \gamma$ とおいて，α，β，γ を求めます．②は

$$g(n+1) = 2g(n) + n^2 \quad\text{………………………………………④}$$

です．$g(n) = \alpha n^2 + \beta n + \gamma$ を代入し

$$\alpha(n+1)^2 + \beta(n+1) + \gamma = 2(\alpha n^2 + \beta n + \gamma) + n^2$$

$$\alpha n^2 + (2\alpha + \beta)n + \alpha + \beta + \gamma = (2\alpha + 1)n^2 + 2\beta n + 2\gamma$$

これが n についての恒等式になりますから，係数を比べ

$$\alpha = 2\alpha + 1, \ 2\alpha + \beta = 2\beta, \ \alpha + \beta + \gamma = 2\gamma$$

よって，$\alpha = -1$，$\beta = -2$，$\gamma = -3$ であり，$g(n) = -n^2 - 2n - 3$ です．あとは，漸化式と④を辺ごとに引くと（③に相当します）

$$a_{n+1} - g(n+1) = 2\{a_n - g(n)\}$$

となりますから，数列 $\{a_n - g(n)\}$ は公比 2 の等比数列で

$$a_n - g(n) = \{a_1 - g(1)\} \cdot 2^{n-1} = 7 \cdot 2^{n-1}$$

ゆえに，$a_n = 7 \cdot 2^{n-1} - n^2 - 2n - 3$ です．

上のように，$g(n)$ を見つけた後も $g(n)$ の形を保って変形し，最後に代入するのがよいです．書く量が減りますし，毎回同じように解くことができます．

おまけですが

$$a_{n+1} = p a_n + q \quad (p \neq 1)$$

のような 2 項間漸化式では，$a_{n+1} \to \alpha$，$a_n \to \alpha$ と形式的に置き換えた

$$\alpha = p\alpha + q \quad\text{…………………………………………………⑤}$$

を満たす α を求め，辺ごとに引いて

$$a_{n+1} - \alpha = p(a_n - \alpha)$$

としますが，これは，$f(n)$ が定数の場合に相当します．$g(n)$ を似た形の定数 α でおき，②を満たすようにしますから，⑤の式を立てるのです．言い換えると，今回紹介した解法は，普段用いている解法を応用したものです．

なお，①の漸化式は階差数列をとる解法もありますが，私は使いません．普段使っている解法を応用する方が自然に感じるからです．

第5節　漸化式

一方，漸化式を「使う」問題もあります．簡単な例題です．

> **問題 47.** $a_1 = 1$, $a_2 = 4$, $a_{n+2} - 4a_{n+1} + a_n = 0$ を満たす数列 $\{a_n\}$ に対
> し，a_5 を求めよ．

3項間漸化式ですから解くことも可能ですが，実際に解いてみると

$$a_n = \frac{1}{2\sqrt{3}}\{(2 + \sqrt{3})^n - (2 - \sqrt{3})^n\}$$

ですから，これを用いて a_5 を計算するのは大変です．

その代わり，漸化式を変形して

$$a_{n+2} = 4a_{n+1} - a_n$$

とし，これを繰り返し用いればよいです．実際

$$a_3 = 4a_2 - a_1 = 16 - 1 = 15$$
$$a_4 = 4a_3 - a_2 = 60 - 4 = 56$$
$$a_5 = 4a_4 - a_3 = 224 - 15 = 209$$

より，$a_5 = 209$ です．

漸化式を見たときに，解く問題だと決めつけないことです．**一般項を求める必要があるのかどうか**で判断しましょう．特に，整数との融合で漸化式を使った証明問題が多く見られますが，一般項を求めて考えることは少ないです．

また，受験数学でよく出題されるのは「確率漸化式」（☞ P.517）に代表されるような，**漸化式を立てる**問題です．この場合も漸化式を解くとは限りません．自分で立てた漸化式を用いて，一般項に関する不等式を数学的帰納法で示す，といった問題もあります．漸化式を「解く」か「使う」か．正しい選択をしましょう．

――――――――――――〈数列のまとめ５〉――

Check ▷▷▷▷ 漸化式

  ✎　「解く」問題は解法のパターンを覚える

  ✎　一般項が必要なら「解く」，不要なら「使う」

第11章　数列

〈漸化式と整数〉

[例題] 11−5. 整数からなる数列 $\{a_n\}$ を漸化式

$$\begin{cases} a_1 = 1, \, a_2 = 3 \\ a_{n+2} = 3a_{n+1} - 7a_n \end{cases} (n = 1, 2, \cdots)$$

によって定める.

（1）　a_n が偶数となることと，n が3の倍数となることは同値であることを示せ.

（2）　a_n が10の倍数となるための条件を（1）と同様の形式で求めよ.

（東京大）

[考え方]　3項間漸化式ですから「解く」ことも可能ですが，解いても意味がありません.「使う」ことを考えます.（1）では「同値」という言葉に惑わされないことです. 示すべきことをうまく言い換えましょう. また, 合同式（☞ P.104）をうまく活用すると答案が書きやすいです.

▶解答◀　（1）　a_n が奇数，奇数，偶数を繰り返すことを示せばよい.（▷▷▷▷ ❶）

　法を2とする合同式を用いる. 漸化式を用いると

$$a_{n+2} = 3a_{n+1} - 7a_n$$

$$a_{n+2} \equiv a_{n+1} + a_n \cdots\cdots\cdots\cdots\cdots\cdots\cdots\cdots\cdots① $$

が成り立つ. ①を繰り返し用いて

$$a_1 = 1, \, a_2 = 3 \equiv 1$$

$$a_3 \equiv a_2 + a_1 \equiv 1 + 1 \equiv 2 \equiv 0$$

$$a_4 \equiv a_3 + a_2 \equiv 0 + 1 \equiv 1$$

$$a_5 \equiv a_4 + a_3 \equiv 1 + 0 \equiv 1$$

である.

$$a_4 \equiv a_1, \, a_5 \equiv a_2$$

と①より, a_n を2で割った余りは1, 1, 0を繰り返す.
（▷▷▷▷ ❷）

　よって, a_n が偶数となることと, n が3の倍数となることは同値である.

（2）　a_n が10の倍数となるのは, a_n が偶数かつ5の倍

◀ 偶奇が問題です. 2で割った余りに着目します.

◀ $3 \equiv 1$ と $-7 \equiv 1$ を用いて係数をきれいにしておきます.

◀ 繰り返しが現れるまで計算します.

430　第11章　数列（例題11−5）

数のときであるから，a_n が 5 の倍数になる条件を調べる．（▷▶▶ **3**）

法を 5 とする合同式を用いる．漸化式を用いると

$$a_{n+2} = 3a_{n+1} - 7a_n \equiv 3a_{n+1} + 3a_n$$

◀ $-7 \equiv 3$ です．

$$a_{n+2} \equiv 3(a_{n+1} + a_n) \quad \cdots\cdots\cdots\cdots\cdots ②$$

◀ 計算しやすいよう，3 でくくっておきます．
$a_{n+2} \equiv -2(a_{n+1} + a_n)$
でもよいです．

が成り立つ．② を繰り返し用いて

$$a_1 = 1, \ a_2 = 3$$

$$a_3 \equiv 3(a_2 + a_1) \equiv 3(3 + 1) \equiv 12 \equiv 2$$

$$a_4 \equiv 3(a_3 + a_2) \equiv 3(2 + 3) \equiv 15 \equiv 0$$

$$a_5 \equiv 3(a_4 + a_3) \equiv 3(0 + 2) \equiv 6 \equiv 1$$

$$a_6 \equiv 3(a_5 + a_4) \equiv 3(1 + 0) \equiv 3$$

である．

$$a_5 \equiv a_1, \ a_6 \equiv a_2$$

と ② より，a_n を 5 で割った余りは 1，3，2，0 を繰り返す．よって，a_n が 5 の倍数となることと，n が 4 の倍数となることは同値である．

これと（1）より，a_n が 10 の倍数となることと，n が 3 の倍数かつ 4 の倍数，すなわち n が 12 の倍数となることは同値であるから，求める条件は

n が 12 の倍数となること

である．

◆別解◆ （1） 漸化式を変形して a_{n+3} と a_n の関係式を導く．（▷▶▶ **4**）

$$a_{n+2} = 3a_{n+1} - 7a_n \ \text{より}$$

$$a_{n+3} = 3a_{n+2} - 7a_{n+1}$$

$$= 3(3a_{n+1} - 7a_n) - 7a_{n+1}$$

$$= 2a_{n+1} - 21a_n \quad \cdots\cdots\cdots\cdots\cdots ③$$

$$= 2(a_{n+1} - 11a_n) + a_n$$

$2(a_{n+1} - 11a_n)$ は偶数であるから，a_{n+3} と a_n は偶奇が

◀ a_n の係数を 1 にすることで偶奇の議論がしやすくなります．

第11章　数列

一致する．（▷▷▷▷ **5**） 一方

$$a_1 = 1, \ a_2 = 3, \ a_3 = 3a_2 - 7a_1 = 2$$

より，a_1，a_2 は奇数，a_3 は偶数であるから，a_n は奇数，奇数，偶数を繰り返す．

よって，a_n が偶数となることと，n が 3 の倍数となることは同値である．

（2） a_{n+4} と a_n の関係式を導く．（▷▷▷▷ **6**）

③ より

$$\begin{aligned}
a_{n+4} &= 2a_{n+2} - 21a_{n+1} \\
&= 2(3a_{n+1} - 7a_n) - 21a_{n+1} \\
&= -15a_{n+1} - 14a_n \\
&= -15(a_{n+1} + a_n) + a_n
\end{aligned}$$

◀ 最初の漸化式ではなく③を用いるとよいです．

$-15(a_{n+1} + a_n)$ は 5 の倍数であるから，a_{n+4} と a_n を 5 で割った余りは一致する．（▷▷▷▷ **7**） 一方

$$a_1 = 1, \ a_2 = 3, \ a_3 = 2$$
$$a_4 = 3a_3 - 7a_2 = -15$$

◀ （1）と同様に a_n の係数を 1 としておきます．

より，a_1，a_2，a_3，a_4 を 5 で割った余りはそれぞれ 1，3，2，0 であるから，a_n を 5 で割った余りは 1，3，2，0 を繰り返す．よって，a_n が 5 の倍数になることと，n が 4 の倍数となることは同値である．

これと（1）より，a_n が 10 の倍数となることと，n が 3 の倍数かつ 4 の倍数，すなわち n が 12 の倍数となることは同値である．ゆえに，求める条件は

n が 12 の倍数となること

である．

第5節　漸化式

□	Point	The sequence			
		NEO ROAD TO SOLUTION	$11-5$	Check!	□

1　「同値性」の証明についてです．p と q が同値であることの証明ですが，次の 3 つの方法があります．

（ⅰ）　p について同値な言い換えをしていき q まで変形する

（ⅱ）　可能性がある場合をすべて調べ，p が起こるのは q が起こるときに限ることを示す

（ⅲ）　$p \Longrightarrow q$ と $p \Longleftarrow q$ の両方の矢印が成り立つことを示す

「同値性」と聞くと常に（ⅲ）を考える人がいますが，それは効率が悪いです．どちらかと言うと（ⅲ）は最終手段です．同値な言い換えが難しいときに考える方法です．今回も

$$a_n \text{ が偶数} \underset{\bigcirc}{\overset{\bigcirc}{\rightleftarrows}} n \text{ が 3 の倍数}$$

の両方の矢印の成立を示すような問題ではありません．証明すべきことの意味をとらえましょう．ピンとこなければ，**実験してみる**ことです．$\{a_n\}$ の項を実際に計算してみると

$$\{a_n\} : 1, \ 3, \ 2, \ -15, \ -59, \ -72, \ \cdots$$

となります．偶奇を扱いますから，偶数を○，奇数を×と表すと

$$\{a_n\} : \times, \ \times, \ \bigcirc, \ \times, \ \times, \ \bigcirc, \ \cdots$$

です．ここまでくると，意味が分かるのではないでしょうか．a_n が偶数となることと，n が 3 の倍数となることが同値であるとは，○が現れるのは n が 3 の倍数のときに限る，すなわち a_n が偶数になるのは，n が 3 の倍数のときに限るということです．結果，今回は（ⅱ）の方法が有効です．

2　3 項間漸化式は，連続する 2 つの項によって次の項が決まりますから，**連続する 2 項の並びが同じであれば次の項も同じ**になります．今回は $a_4 \equiv a_1$，$a_5 \equiv a_2$ ですから，$a_6 \equiv a_3$ が言えます．これ以降も同様ですから，a_n を 2 で割った余りを b_n とすると

$$\{b_n\} : 1, \ 1, \ 0, \ 1, \ 1, \ 0, \ \cdots$$

となり，b_n は 1，1，0 を繰り返します．

なお，東大では 2014 年理科にこの性質を使う難問が出題されています．

問題編

論理

整数

論証

方程式

不等式

関数

座標

ベクトル

空間図形

図形総合

数列

数学的帰納法

場合の数

確率

微積分

出典・テーマ

第 11 章　数列（例題 11-5）　**433**

第11章　数列

3 a_n が 10 の倍数となる条件を直接考えるのは大変です.

$$a_n\ \text{が}\ 10\ \text{の倍数} \Longleftrightarrow a_n\ \text{が偶数 かつ}\ a_n\ \text{が}\ 5\ \text{の倍数}$$

$$\Longleftrightarrow n\ \text{が}\ 3\ \text{の倍数 かつ}\ a_n\ \text{が}\ 5\ \text{の倍数}$$

ですから, a_n が 5 の倍数になる条件を求めます.

4 ♦別解♦ では, ×, ×, ○を繰り返すことを次のようにとらえています.

　　Ⅰ　番号が 3 つ増えても○, ×が変化しない

　　Ⅱ　×, ×, ○からスタートする

Ⅱを示すのは簡単です. Ⅰが重要です. ○の 3 つ後は○, ×の 3 つ後は×ですから, ○, ×によらず **3 つごとに同じ記号が現れる**ととらえます. a_{n+3} と a_n の偶奇が一致するということですから, a_{n+3} と a_n の関係式を導きます.

5 $2(a_{n+1} - 11a_n)$ は偶数ですから

$$a_n\ \text{が偶数} \Longrightarrow a_{n+3}\ \text{が偶数}$$

$$a_n\ \text{が奇数} \Longrightarrow a_{n+3}\ \text{が奇数}$$

が成り立ち, a_{n+3} と a_n の偶奇が一致します. 2 項の差 $a_{n+3} - a_n$ が偶数だから偶奇が一致するととらえてもよいです.

　なお, **a_n** について調べるのに, その a_n を含む $2(a_{n+1} - 11\boldsymbol{a_n})$ が偶数であることを用いています. なんとなく気持ち悪い気がしますが, 正しく使えば何の問題もありません.

6 5 の倍数を○, 5 の倍数以外を×と表すと, $\{a_n\}$ の項は

$$\{a_n\} : \times,\ \times,\ \times,\ \bigcirc,\ \times,\ \times,\ \cdots$$

となっています. 第 8 項まで調べれば確信できると思いますが, これだけでも「a_n が 5 の倍数となることと, n が 4 の倍数となることは同値である」と予想できるでしょう. （1）と同様に示します.

　番号が 4 つ増えても○, ×が変化しないことを示すために, a_{n+4} と a_n の関係式を導きます.

7 5 の倍数をたしても 5 で割った余りは変化しません. □Point... □ 3−3. の **2** （☞ P.129）のように, a_{n+4} と a_n の差が 5 の倍数であることから 5 で割った余りが等しいとも言えます. 一方, 余りに着目せず, もっと単純に

$$a_n\ \text{が}\ 5\ \text{の倍数} \Longrightarrow a_{n+4}\ \text{が}\ 5\ \text{の倍数}$$

$$a_n\ \text{が}\ 5\ \text{の倍数でない} \Longrightarrow a_{n+4}\ \text{が}\ 5\ \text{の倍数でない}$$

第5節　漸化式

としてもよいです．この場合は，答案でも5の倍数を○，5の倍数以外を×と表し，×，×，×，○を繰り返すことを書けばよいでしょう．

$\boxed{8}$　$\boxed{\blacklozenge \textbf{別解} \blacklozenge}$ でも合同式が使えます．（1）では法を2として

$$a_1 \equiv 1,\ a_2 \equiv 1,\ a_3 \equiv 0,\ a_{n+3} \equiv a_n$$

となり，（2）では法を5として

$$a_1 \equiv 1,\ a_2 \equiv 3,\ a_3 \equiv 2,\ a_4 \equiv 0,\ a_{n+4} \equiv a_n$$

となります．

$\boxed{9}$　$\boxed{\blacktriangleright \textbf{解答} \blacktriangleleft}$ と比べると $\boxed{\blacklozenge \textbf{別解} \blacklozenge}$ の方がシンプルで優れた解法に見えます．私もかつてはこの解法に感動し，授業でも紹介していました．しかし，安田亨先生の著書によると，$\boxed{\blacklozenge \textbf{別解} \blacklozenge}$ の「漸化式を変形する解法」はこの問題だから通用するのであって，使えない（使いにくい）問題が多いようです．今回の問題はたまたま周期（繰り返しの単位）が3ないし4と短めであったのですが，もっと長い周期の問題では漸化式の変形が大変です．例えば次のような問題です．

$\boxed{\text{問題}}$ **48.** $a_1 = 1,\ a_2 = 2,\ a_{n+2} = a_{n+1} + 6a_n$ により定められる数列 $\{a_n\}$ に対し，a_{2010} を10で割った余りを求めよ．　　　　（一橋大・改）

10で割った余り，すなわち1の位の数字がテーマの問題です．当然周期が問題になるのですが，調べてみてもなかなか周期がつかめません．実際 a_n を10で割った余りを b_n として，順に調べていくと

$$\{b_n\} : 1, \mathbf{2}, \mathbf{8}, 0, 8, 8, 6, 4, 0, 4, 4, 8, 2, 0, 2, 2, 4, 6, 0, 6, 6, \mathbf{2}, \mathbf{8}, \cdots$$

となります．$\boxed{2}$ と同様に，連続する2項の並びが同じものが現れるまで調べますから，ここまで必要です．$b_{22} = b_2$，$b_{23} = b_3$ より，周期はなんと20です．なお，b_1 は周期に含まれず，例外です．b_2 以降は周期20の繰り返しですから，求める余りは

$$b_{2010} = b_{1990} = \cdots = b_{10} = 4$$

となります．さすがにこのような問題では漸化式を変形して考えるのはなかなか厳しいです．実は $a_{n+5} \equiv 3a_n \pmod 5$ となりますから，これと $n \geqq 2$ のとき a_n が偶数であることから結果は出せますが，地道に余りの周期を調べる方が単純で分かりやすいでしょう．

第11章　数列（例題11−5）　**435**

第11章 数列

10 この問題は，実際に私が受験したときの問題です．客観的に見れば，「実験する」，「題意の把握」，「漸化式を使う」，「合同式の利用」などいろいろな要素が含まれる良問ですが，当時は苦労させられた印象しかなかったものです．受験当日のことはよく覚えています．

まず，現役生らしく，3項間漸化式を解こうとしました 😖　特性方程式が虚数解をもちますから，さすがに意味がないと悟り，地味に実験することにしました．なんとか題意は把握できたものの，この ▶解答◀ や ♦別解♦ のようにシンプルに解けるはずもなく，数学的帰納法を使って，いかにも受験生的な答案を書きました．具体的には，任意の自然数 k に対して

$$a_{3k-2} = (奇数)，\quad a_{3k-1} = (奇数)，\quad a_{3k} = (偶数)$$

が成り立つことを数学的帰納法で示したのです．内容的には ▶解答◀ と同じですが，答案に書く量が膨大でした．

当時，合同式は教科書に載っていませんでした．高3の夏休みに「大学への数学」（東京出版）の増刊号である「新数学演習」という問題集に出会い，それを通して合同式の存在は知っていたのですが，自分にはとても使いこなせないと思い，なかったことにしていたのです．しっかり勉強しておくべきでした．**知識は貪欲に吸収すべき**だということです．

（2）にいたっては，最初，「偶数かつ5の倍数」に気付かず，10の倍数が出てくるまで実験を繰り返しました．当然，a_{12} まで求めないと10の倍数は現れません．a_{12} を求めた直後に「偶数かつ5の倍数」に気付き，自分に失望したのを覚えています．その後は（1）と同様に，数学的帰納法で示しましたが，これまた書いた量が半端なく，非常に汚い答案に仕上がりました．まさに「若さゆえの過ち」のオンパレードでした 😖

その後，やはり「大学への数学」の入試問題特集で，♦別解♦ に相当する非常にシンプルな模範解答を見て愕然としたものです．それでも合格できたのは運がよかったからでしょう．この1問におそらく1時間近く時間を割いたはずです．人生を懸けて取りにいきました．幸いこの年の東大は，6問中3問が難問（大数評価でD難度）という年だったのです．私も含めて普通の受験生はその3問は解けない年でした．解くべき問題を見抜いたつもりはありません．手が出なかった問題をなかったことにした結果，残り3問がたまたま取れる問題だったのです．幸運と言うほかないでしょう．

実体験から得られた教訓ですが，私のような凡人はきれいに解こうなどと思ってはいけません．**地味に実験をしてでも，泥臭い解法でも，解けそうな問題を執念で解き切る**ことです．

436　第11章 数列（例題11−5）

数学的帰納法

The mathematical induction

NEO ROAD TO SOLUTION

第12章

真・解法への道！

第12章　数学的帰納法

第12章　数学的帰納法

第1節　　　　　　　　**数学的帰納法の仕組み**

数学的帰納法　　　　　　　　　　　　　　　　　The mathematical induction

　「数学的帰納法」は，無限にある自然数（または整数）に対して証明すべきことを，事実上，有限個のものに対しての証明に帰着させられる画期的な証明法です．

　数学的帰納法は，次の基本的な3つのパターンがあります．
　（ⅰ）　$n=1$ のときの成立を示す．次に，$n=k$ のときの成立を仮定して，$n=k+1$ のときの成立を示す．**【元祖帰納法】**
　（ⅱ）　$n=1, 2$ のときの成立を示す．次に，$n=k-1, k$ のときの成立を仮定して，$n=k+1$ のときの成立を示す．**【おととい帰納法】**
　（ⅲ）　$n=1$ のときの成立を示す．次に，$n=1, 2, \cdots, k$ のときの成立を仮定して，$n=k+1$ のときの成立を示す．**【人生帰納法】**

　各名称は当然通称です．答案には書けません．（ⅰ）は基本の帰納法で，「元祖」帰納法です．（ⅱ）はよく知られたダジャレです．$k+1$ を「今日」とみなすと，$k-1, k$ はそれぞれ「おととい」，「きのう」に対応します．よって，「おとといきのう」法です．くだらないですね😊　（ⅲ）も同様です．$k+1$ を「今日」とみなすと，$1, 2, \cdots, k$ は過去すべてにあたります．よって，「人生」帰納法です．
　（ⅰ）もこのノリで単に「きのう」法でもよいですが，口頭では，（ⅰ）の「きのう法」と総称としての「帰納法」を混同しますので，「元祖」を付けています．
　3つの使い分けの基準は $n=k+1$ のときの証明に必要な仮定の数で，1個なら元祖帰納法，2個ならおととい帰納法，k 個なら人生帰納法とします．

　残念ながら，受験生の答案を見ていると，単に数学的帰納法の答案の書き方を丸暗記しているのではないかと疑いたくなるものが目立ちます．特に
　[1]　$n=1$ のとき成り立つ．
　[2]　$n=k$ のときの成立を仮定すると…．$n=k+1$ のとき…
と書く人が多いですが，違和感だらけです．まず[1]，[2]の番号がいけません．[2]で $n=k$（$k \geqq 2$）と書く間違い（場合分けと混同）を誘発します．仮定直後の「$n=k+1$ のとき」も不要です．意味が通らず，大学の先生にも不評です．
　さらに，何も証明できていないのに「$n=k+1$ のときも成り立つ」と書いてある答案も多いです．喧嘩を売っているのでしょうか😊
　定型文を書くことにこだわるのではなく，なぜこのような方法ですべての自然数に対して証明したことになるのかを納得しておくことが重要です．

438 第12章　数学的帰納法

第1節　数学的帰納法の仕組み

（ⅰ）は次のようなイメージでとらえます．番号が付いた電球が横一列にずらっと並んでいるとします．数は無限です．すべての電球を点灯させることを考えます．まず，「k番目の電球が点灯すれば$k+1$番目の電球も点灯する」ように配線をします．隣同士を結ぶだけです．次に，1番目の電球のスイッチをコチッと押して点灯させます．すると，「前が点灯すれば自分

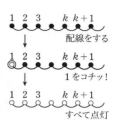

も点灯する」という配線のおかげで，2番目，3番目と順にすべての電球が点灯していきます．ここでの「n番目の電球が点灯する」を「nのとき成立する」と対応付ければ，数学的帰納法の仕組みが理解できるはずです．通常の答案の書き方とは順序が逆ですが，**「配線してからコチッと押す」**イメージです．

（ⅱ）は「$k-1$番目とk番目の電球が点灯すれば$k+1$番目の電球も点灯する」ように配線をします．今回は，次に1番目の電球のスイッチだけをコチッと押しても何も起こりません．「前の2つが点灯すれば自分も点灯する」という配線ですから，1つだけ押しても「シーン…」です．2つ点灯させなければ次の点灯につながりません．そこで，1番目と2番目の電球のスイッチをコチッと押して点灯させます．すると3番目の電球も点灯し，2番目と3番目の電球が点灯することで4番目の電球も点灯し，以下同様にすべての電球が点灯していきます．

（ⅱ）で$n=2$のときの証明を忘れる人がいますが，これは致命的です．すべての自然数nに対して示すべきなのに$n=1$の場合しか示されていません．

（ⅲ）は「1番目からk番目の電球が点灯すれば$k+1$番目の電球も点灯する」ように配線をします．「前がすべて点灯すれば自分も点灯する」という配線です．今度は1番目の電球のスイッチをコチッと押して点灯させるだけでよいです．1番目の電球が点灯すれば2番目の電球も点灯し，1番目と2番目の電球が点灯することで3番目の電球も点灯し，以下同様にすべての電球が点灯していきます．

応用問題では上と違う配線になるものもありますが，原理は同じです．

〈数学的帰納法のまとめ1〉

Check ▷▷▷▷　数学的帰納法の仕組み

- $n=k+1$のときの証明に必要な仮定の数に着目する
- 配線してからコチッと押す

第12章　数学的帰納法

〈漸化式と不等式の証明〉

例題 12−1. 数列 $\{a_n\}$ を次のように定義する.

$$\begin{cases} a_1 = 1, \\ a_{n+1} = \dfrac{1}{2}a_n + \dfrac{1}{n+1} \quad (n = 1, 2, \cdots) \end{cases}$$

このとき，各自然数 n に対して不等式 $a_n \leqq \dfrac{4}{n}$ が成り立つことを証明せよ.

（京都大）

考え方　この漸化式を解くのは難しいですから，一般項を求めて不等式を証明する問題ではありません．漸化式を「解く」のではなく「使う」問題です．数学的帰納法で示します．2項間漸化式ですから仮定は1つでよいです.

▶解答◀　数学的帰納法で示す.（▷▷▷▷ ❶）

$a_1 = 1 \leqq \dfrac{4}{1}$ より，$n = 1$ のとき成り立つ.

$$a_2 = \dfrac{1}{2}a_1 + \dfrac{1}{2} = 1 \leqq \dfrac{4}{2}$$

より，$n = 2$ のとき成り立つ.（▷▷▷▷ ❷）

k を2以上の自然数として，$n = k$ のときの成立を仮定すると

$$a_k \leqq \dfrac{4}{k}$$

このとき

$$\dfrac{4}{k+1} - a_{k+1} = \dfrac{4}{k+1} - \left(\dfrac{1}{2}a_k + \dfrac{1}{k+1} \right)$$

（▷▷▷▷ ❸）

$$= \dfrac{3}{k+1} - \dfrac{1}{2}a_k$$

$$\geqq \dfrac{3}{k+1} - \dfrac{1}{2} \cdot \dfrac{4}{k}$$

$$= \dfrac{3}{k+1} - \dfrac{2}{k} = \dfrac{3k - 2(k+1)}{k(k+1)}$$

$$= \dfrac{k-2}{k(k+1)} \geqq 0$$

であるから，$n = k + 1$ のときも成り立つ.

以上より，$a_n \leqq \dfrac{4}{n}$ が成り立つ.

◀ 数学的帰納法を使うことは最初に書いておくと読みやすいです.

◀ $n = k\,(k \geqq 2)$ と書くと $n \geqq 2$ での成立を仮定していると誤解される恐れがあります.

◀ 仮定の式は使っていい式です．証明すべき式と明確に区別しましょう.

◀ 仮定を使っています.

◀ $k \geqq 2$ が生きます.

第1節　数学的帰納法の仕組み

	The mathematical induction	
□ **Point**	NEO ROAD TO SOLUTION **12−1**	**Check!** □

1　一般に，**漸化式があって一般項に関する証明は数学的帰納法が有効**です．2項間漸化式なら，1つの項から次の項が分かりますから仮定は1つでよく，「元祖帰納法」です．3項間漸化式なら，2つの項から次の項が分かりますから仮定は2つ必要で，「おととい帰納法」です．和を含む漸化式なら，前の項がすべて分かっていないと次の項が分かりませんから，「人生帰納法」です．

　今回は基本的には「元祖帰納法」ですが，少しひねりがあります．

2　$n = 2$ のときの証明をしていますが，今回は**「おととい帰納法」ではありません**．この問題の最大のポイントです．仮定は1つでよいですから元祖帰納法で解答を進めていきます．$n = k+1$ のときの証明をしていくと

$$\frac{4}{k+1} - a_{k+1} = \cdots = \frac{k-2}{k(k+1)}$$

となり，ここで止まります．通常 k の範囲は $k \geq 1$ ですから，$\dfrac{k-2}{k(k+1)} \geq 0$ とは言えません．まずやるべきことは計算ミスのチェックです😊　今回はミスはありませんから，解法を修正します．

　$k \geq 2$ であれば証明できますから，これを追加します．ただ，これだけでは証明になりません．電球の配線をイメージしましょう．$k \geq 2$ ということは**電球2から配線がつながっている**のです．電球1は孤立していますから，電球1のスイッチをコチッと押すだけでは次につながりません．電球1のスイッチは押しますが，それに加え電球2のスイッチもコチッと押します．これですべての電球が点灯します．よって，$n = 2$ のときの証明が必要です．$n = 1$ のときの証明は別で，$n = 2$ から始まる数学的帰納法と解釈できます．

　実戦的には普通に解答を進めていき，$n = 2$ のときの証明が必要であることに気付いた時点で，それを追加するのが自然でしょう．

3　数学的帰納法では証明すべき式（または証明すべきこと）を意識しましょう．

$$a_{k+1} \leq \frac{4}{k+1}$$

が目標です．ここで1つ注意です．**不等式の証明は両辺の差をとる**のが基本です．数学的帰納法を使う場合でもそれは変わりません．つまり

$$\frac{4}{k+1} - a_{k+1} \geq 0$$

を示します．これが受験生に浸透しておらず，仮定の式から目的の式に近づけ

第12章　数学的帰納法

る人が多いです．今回も仮定の式 $a_k \leqq \dfrac{4}{k}$ の両辺を $\dfrac{1}{2}$ 倍して $\dfrac{1}{k+1}$ を加え

$$\frac{1}{2}a_k + \frac{1}{k+1} \leqq \frac{1}{2} \cdot \frac{4}{k} + \frac{1}{k+1} \qquad \therefore \quad a_{k+1} \leqq \frac{2}{k} + \frac{1}{k+1}$$

として，次に $\dfrac{2}{k} + \dfrac{1}{k+1} \leqq \dfrac{4}{k+1}$ を両辺の差をとって示そうとする人がいます．近づけておいてから差をとるのは効率が悪いと思いませんか？　最初から差をとった方が式変形の流れがシンプルです．そもそも等式の証明なら仮定の式を変形すれば目的の式になりますが，不等式の証明では仮定の式を変形しても目的の式にはなりません．結局別の不等式の証明をすることになります．**仮定の式をスタートにするのではなく，証明すべき式の両辺の差をスタートにする**のです．仮定の式はメインではなく，変形の途中で補助的に使うだけです．

　実はこの節の前に「数学的帰納法と不等式」という節を作る予定でした．結果的には外したのですが，簡単な例題として紹介する予定だった問題です．

[問題] **49.** n を自然数とする．二項係数 ${}_{2n}\mathrm{C}_n$ について，不等式
　${}_{2n}\mathrm{C}_n \leqq 2^{2n-1}$ が成り立つことを示せ． （津田塾大）

▶解答◀　数学的帰納法で示す．

　$2^1 - {}_2\mathrm{C}_1 = 2 - 2 = 0$ より，$n = 1$ のとき成り立つ．

　$n = k$ のときの成立を仮定すると，${}_{2k}\mathrm{C}_k \leqq 2^{2k-1}$ であり，このとき

$$\begin{aligned}
2^{2k+1} - {}_{2k+2}\mathrm{C}_{k+1} &= 4 \cdot 2^{2k-1} - {}_{2k+2}\mathrm{C}_{k+1} \\
&\geqq 4 \cdot {}_{2k}\mathrm{C}_k - {}_{2k+2}\mathrm{C}_{k+1} \\
&= 4 \cdot \frac{(2k)!}{k!k!} - \frac{(2k+2)!}{(k+1)!(k+1)!} \\
&= \frac{(2k)!}{\{(k+1)!\}^2}\{4(k+1)^2 - (2k+2)(2k+1)\} \\
&= \frac{(2k)!}{\{(k+1)!\}^2}(2k+2) \geqq 0
\end{aligned}$$

よって，$n = k+1$ のときも成り立つ．

　以上より，${}_{2n}\mathrm{C}_n \leqq 2^{2n-1}$ が成り立つ．

442 第12章　数学的帰納法（例題12−1）

第1節　数学的帰納法の仕組み

4　変則的な数学的帰納法を2つ紹介します．まずは**「デパート帰納法」**です．

> **問題** 50. n は自然数，$x_1, x_2, \cdots, x_n$ はすべて正の数とするとき
> $$\frac{x_1 + x_2 + \cdots + x_n}{n} \geqq \sqrt[n]{x_1 x_2 \cdots x_n}$$
> を証明せよ．

　n 変数の相加相乗平均の不等式の証明です．まず $n = 2^k$ の場合を示し，次に「$n = p$ のとき成立 $\Longrightarrow$ $n = p-1$ のとき成立」を示します．これで任意の自然数 n に対しての成立が言えます．無限に高いデパートを想像しましょう．2 のべき乗の階にしか止まらない"急行"エレベータで一気に 2^k 階まで上り，エスカレータで1階ずつ下りながら各階をまわります．k をいろいろ変えれば，すべての階をまわることができます．

▶解答◀　まず，$n = 2^k$（k は自然数）の場合を示す．$k = 1$ のときは成立する．$k = l$ のときの成立を仮定すると
$$\frac{x_1 + x_2 + \cdots + x_{2^l}}{2^l} \geqq \sqrt[2^l]{x_1 x_2 \cdots x_{2^l}}$$
$$\frac{x_{2^l+1} + x_{2^l+2} + \cdots + x_{2^{l+1}}}{2^l} \geqq \sqrt[2^l]{x_{2^l+1} x_{2^l+2} \cdots x_{2^{l+1}}}$$
が成り立つ．辺ごとに加えて2で割り，$n = 2$ のときの式を用いると
$$\frac{x_1 + x_2 + \cdots + x_{2^{l+1}}}{2^{l+1}} \geqq \frac{\sqrt[2^l]{x_1 x_2 \cdots x_{2^l}} + \sqrt[2^l]{x_{2^l+1} x_{2^l+2} \cdots x_{2^{l+1}}}}{2}$$
$$\geqq \sqrt{\sqrt[2^l]{x_1 x_2 \cdots x_{2^l}} \sqrt[2^l]{x_{2^l+1} x_{2^l+2} \cdots x_{2^{l+1}}}} = \sqrt[2^{l+1}]{x_1 x_2 \cdots x_{2^{l+1}}}$$

よって，$k = l+1$ のときも成り立つから，$n = 2^k$ の場合は示された．

　次に「$n = p$ のとき成立 $\Longrightarrow$ $n = p-1$ のとき成立」を示す．$n = p$ のときの成立を仮定すると
$$\frac{x_1 + x_2 + \cdots + x_{p-1} + x_p}{p} \geqq \sqrt[p]{x_1 x_2 \cdots x_p}$$

x_p には任意の正の数を代入してよいから，$x_1, x_2, \cdots, x_{p-1}$ の相加平均
$$x_p = \frac{x_1 + x_2 + \cdots + x_{p-1}}{p-1} \quad \cdots\cdots\cdots\cdots\cdots Ⓐ$$
とすると，$x_1 + x_2 + \cdots + x_{p-1} = (p-1)x_p$ であり
$$\frac{(p-1)x_p + x_p}{p} \geqq \sqrt[p]{x_1 x_2 \cdots x_p} \quad \therefore \quad x_p \geqq (x_1 x_2 \cdots x_p)^{\frac{1}{p}}$$

第12章　数学的帰納法（例題12−1）　443

第12章　数学的帰納法

両辺を $x_p^{\frac{1}{p}}$ で割って，$\dfrac{p}{p-1}$ 乗する．

$$x_p^{\frac{p-1}{p}} \geq (x_1 x_2 \cdots x_{p-1})^{\frac{1}{p}} \qquad \therefore \quad x_p \geq (x_1 x_2 \cdots x_{p-1})^{\frac{1}{p-1}}$$

Ⓐ を代入すると

$$\frac{x_1 + x_2 + \cdots + x_{p-1}}{p-1} \geq \sqrt[p-1]{x_1 x_2 \cdots x_{p-1}}$$

ゆえに，$n = p-1$ のときも成立する．

以上より，任意の自然数 n に対して与えられた不等式が成立する．

問題 51. 袋の中に赤玉が a 個，白球が b 個入っている．1 回の試行で，袋の中から無作為に玉を 1 個取り出し，その玉と同じ色の玉を 1 個加えて元に戻す（1 個玉が増える）．これを繰り返す．n 回目の試行で赤玉を取り出す確率を $P_n(a, b)$ とするとき，$P_n(a, b) = \dfrac{a}{a+b}$ を示せ．

「ポリアの壺」と呼ばれる問題です．n が主役ですから，任意の a, b に対して成り立つことも含めて仮定します．単純に**「ポリアの帰納法」**です 😊

▶解答◀ 任意の a, b に対して $P_n(a, b) = \dfrac{a}{a+b}$ であることを n に関する数学的帰納法で示す．

$P_1(a, b) = \dfrac{a}{a+b}$ より，$n = 1$ のとき成り立つ．

$n = k$ のときの成立を仮定すると，任意の a, b に対して

$$P_k(a, b) = \frac{a}{a+b} \quad \cdots\cdots\cdots\cdots\cdots\cdots\cdots\cdots\cdots\cdots\cdots\cdots\cdots Ⓑ$$

である．つまり Ⓑ の a, b には任意の自然数が代入できる．$k+1$ 回目に赤玉を取り出す確率は，1 回目に赤玉を取り出すか白玉を取り出すかで分けて考え

$$P_{k+1}(a, b) = \frac{a}{a+b} \cdot P_k(a+1, b) + \frac{b}{a+b} \cdot P_k(a, b+1)$$

Ⓑ の a に $a+1$ を代入したものと，b に $b+1$ を代入したものを用いて

$$P_{k+1}(a, b) = \frac{a}{a+b} \cdot \frac{a+1}{(a+1)+b} + \frac{b}{a+b} \cdot \frac{a}{a+(b+1)}$$

$$= \frac{a(a+b+1)}{(a+b)(a+b+1)} = \frac{a}{a+b}$$

よって，$n = k+1$ のときも成り立つ．

	問題編

第2節　仮定が使いにくい数学的帰納法

数学的帰納法　　　　　　　　　　　　　　　　　The mathematical induction

　通常の数学的帰納法（元祖帰納法）では，$n = k$ のときの成立を仮定して，それを用いて $n = k + 1$ のときの成立を示します．例えば，有名な和の公式

$$1^2 + 2^2 + \cdots + n^2 = \frac{1}{6}n(n+1)(2n+1)$$

を数学的帰納法で示すとします．証明自体は数学的帰納法以外の方が速いです．
　$n = 1$ では成り立ちます．$n = k$ での成立を仮定すると

$$1^2 + 2^2 + \cdots + k^2 = \frac{1}{6}k(k+1)(2k+1)$$

この両辺に $(k+1)^2$ を加え

$$1^2 + 2^2 + \cdots + k^2 + (k+1)^2 = \frac{1}{6}k(k+1)(2k+1) + (k+1)^2$$
$$= \cdots = \frac{1}{6}(k+1)(k+2)(2k+3)$$

よって，$n = k + 1$ のときも成り立ちます．式変形よりも流れに着目してください．証明すべき式に $n = k$ を代入したままの式を用いるだけで $n = k + 1$ の式の証明ができています．このタイプの問題は，特に難しくはありません．

　問題はこれ以外のタイプです．**証明すべき式（または命題）に $n = k$ を代入したものをそのまま使うだけでは $n = k + 1$ のときの証明ができないものがある**のです．具体例は次の 例題 12-2．(☞ P.447) を見てもらうことにして，先にポイントを挙げておきます．それは，$n = k$ での仮定を柔軟に解釈することです．言い換えると，**意味を変えず使いやすいように仮定の表現を変える**のです．

　もう1つ．有名な例題です．

問題 52．集合 $A = \{1, 2, 4, 8, 16, \cdots\}$ は2のべき乗全体より成るものとする．すべての自然数は，A の相異なるいくつかの要素の和として表せることを示せ．　　　　　　　　　　　　　　　　　　（お茶の水女子大・改）

　ここでは1つでも和とみなします．すべての自然数が2進法表記で表せることの証明です．自然数 n が A の相異なるいくつかの要素の和として表せる $\cdots\cdots$ ①
ことを数学的帰納法で示します．$n = k + 1$ のときの証明に使う仮定が問題です．$n = k$ のときの仮定でしょうか．必ず1つ前の問題に帰着できるとは限りま

第12章 数学的帰納法

せん．では $n = k-1$ でしょうか．それも分かりません．実はどの仮定を使うのかは分かりません．そこで過去を全部仮定する「人生帰納法」で示します．

　　$n = 1$ のとき ① は成り立ちます．$n \leqq k$ のとき ① の成立を仮定します．k 以下の自然数であれば A の相異なるいくつかの要素の和として表せます．

　　これを踏まえて $k+1$ の表し方を考えます．まず $k+1$ 以下の最大の A の要素に着目します．$k+1 \geqq 2$ より

$$2^l \leqq k+1 < 2^{l+1}$$

を満たす自然数 l がただ１つ存在します．このとき $k+1$ 以下の最大の A の要素は 2^l ですから，それを用いることにし，残りの $k+1-2^l$ の表し方を考えます．

$$0 \leqq k+1-2^l < 2^l, \ k+1-2^l \leqq k+1-2 < k$$

に注意しましょう．$k+1 = 2^l$ のときは ① は成り立ちます．$k+1 > 2^l$ のとき，$k+1-2^l$ は数学的帰納法の仮定が使える k 以下の自然数です．A の相異なるいくつかの要素の和として表せます．しかも $k+1-2^l < 2^l$ ですから，使う要素は 2^l 未満であり，2^l が重複することはありません．よって

$$k+1-2^l = (2^l \text{ 未満の } A \text{ の相異なるいくつかの要素の和})$$

と書けて

$$k+1 = 2^l + (2^l \text{ 未満の } A \text{ の相異なるいくつかの要素の和})$$

となりますから，① が成り立ちます．

　　以上より，$n = k+1$ のときも ① が成り立ちます．

　　今回は $n \leqq k$ での成立を仮定しました．k 個の仮定をしたわけです．しかし実際に使ったのは１つだけです．なんて贅沢なのでしょう．私はこれを**「大人買い帰納法」**と呼んでいます．お菓子のレアなおまけをゲットするために箱買いするようなものです😊　人生帰納法では仮定をすべて使うとは限りません．「どの仮定を使うかはわからないが，どれかを使う」ということがあるのです．いくつかは分からなくても**より小さい自然数の問題に帰着させる**ことが重要です．

〈数学的帰納法のまとめ２〉

Check ▷▷▷▷ 仮定が使いにくい数学的帰納法

✎　意味を変えず使いやすいように仮定の表現を変える

✎　より小さい自然数の問題に帰着させる

446　第12章　数学的帰納法

第2節　仮定が使いにくい数学的帰納法

〈整数値多項式〉

例題 **12−2.** n を自然数，$P(x)$ を n 次の多項式とする.
（1）　$P(x+1)-P(x)$ は $n-1$ 次の多項式であることを証明せよ.
（2）　$P(0)$, $P(1)$, $\cdots$, $P(n)$ が整数ならば，すべての整数 k に対し，
$P(k)$ は整数であることを証明せよ.

（東京工業大・改）

考え方　（1）は $P(x)$ の形をおいて示します．一般の n 次式は係数に数列を用います．（2）は（1）を利用することを考え，n に関する数学的帰納法で示します．$P(x+1)-P(x)$ の形を作れば次数が1下がることを利用して，数学的帰納法の仮定が使えるようにします．ただし，n によって $P(x)$ が異なることに注意しましょう．$n=l$ のときの $P(x)$ と $n=l+1$ のときの $P(x)$ は別物です．

▶解答◀　（1）　$P(x)$ は n 次の多項式であるから

$$P(x)=a_nx^n+a_{n-1}x^{n-1}+\cdots+a_1x+a_0$$

$(a_n \neq 0)$ とおくと　（▷▷▷▷ **1**）

$$P(x+1)=a_n(x+1)^n+a_{n-1}(x+1)^{n-1}+\cdots$$
$$+a_1(x+1)+a_0$$

辺ごとに引いて

$$P(x+1)-P(x)$$
$$=a_n\{(x+1)^n-x^n\}+a_{n-1}\{(x+1)^{n-1}-x^{n-1}\}$$
$$+\cdots+a_1\{(x+1)-x\}$$

この最高次の項は $a_n\{(x+1)^n-x^n\}$ の最高次の項で

$$(x+1)^n-x^n$$

◀ 次数を調べるために最高次の項に着目します.

$$=x^n+{}_nC_1x^{n-1}+{}_nC_2x^{n-2}+\cdots+{}_nC_{n-1}x+1$$
$$-x^n$$

◀ 二項定理を用います.

$$={}_nC_1x^{n-1}+{}_nC_2x^{n-2}+\cdots+{}_nC_{n-1}x+1$$

より，$P(x+1)-P(x)$ の最高次の項は

$$a_n\cdot{}_nC_1x^{n-1}=na_nx^{n-1}$$

である．$na_n \neq 0$ より，$P(x+1)-P(x)$ は $n-1$ 次の多項式である.

◀ $n-1$ 次の項の係数が0でないことを確認します.

第12章　数学的帰納法

（2）　n 次の多項式 $P(x)$ に対し，$P(0)$，$P(1)$，…，$P(n)$ が整数ならば，すべての整数 k に対し，$P(k)$ は整数である ···①

ことを n に関する数学的帰納法で示す．（▷▷▷▷ **2**）

　$n = 1$ のとき，$P(x) = ax + b\,(a \neq 0)$ とおける．

◀ 係数を文字でおきます．

$$P(0) = b, \quad P(1) = a + b$$

が整数のとき

$$a = P(1) - P(0), \quad b = P(0)$$

より，a，b はともに整数である．よって，すべての整数 k に対し，$P(k) = ak + b$ は整数であり，$n = 1$ のとき ① が成り立つ．

◀ 1次の場合は係数がすべて整数になります．一般には言えません．

　$n = l$ のとき ① が成り立つと仮定する．（▷▷▷▷ **3**）

◀ 普段使っている k の代わりに l にします．

　$l + 1$ 次の多項式 $P(x)$ に対し

$$f(x) = P(x + 1) - P(x)$$

◀ （1）を使うための置き換えです．

とおくと，（1）より，$f(x)$ は l 次の多項式である．

　$P(0)$，$P(1)$，…，$P(l + 1)$ が整数のとき

◀ $n = l + 1$ のときの命題の前提条件をここで用います．

$$f(0) = P(1) - P(0)$$

$$f(1) = P(2) - P(1)$$

$$\cdots$$

$$f(l) = P(l + 1) - P(l)$$

はすべて整数である．よって，数学的帰納法の仮定より，すべての整数 m に対し，$f(m)$ は整数であり，（▷▷▷▷ **4**）$P(m + 1) - P(m)$ も整数である．

　このとき，すべての整数 k に対し，$P(k)$ が整数であることを示す．（▷▷▷▷ **5**）

　$k = 0$ のとき，$P(k) = P(0)$ は整数である．

　$k > 0$ のとき

$$P(k) = \{P(k) - P(k-1)\}$$
$$+ \{P(k-1) - P(k-2)\} + \cdots$$
$$+ \{P(1) - P(0)\} + P(0)$$

◀ Σでも書けますが，書き並べた方が簡単です．

より，$P(k)$ は整数である．

448　第12章　数学的帰納法（例題12-2）

第2節　仮定が使いにくい数学的帰納法

$k < 0$ のとき

$$P(k) = P(0) - \{P(0) - P(-1)\} - \cdots$$
$$- \{P(k+2) - P(k+1)\}$$
$$- \{P(k+1) - P(k)\}$$

より，$P(k)$ は整数である．

ゆえに，すべての整数 k に対し，$P(k)$ は整数であり，$n = l+1$ のときも ① が成り立つ．

以上より，すべての自然数 n に対して ① が成り立つ．

Point
The mathematical induction
NEO ROAD TO SOLUTION **12-2**   Check!

1 $P(x)$ のままでは議論できませんから，係数をおきます．2次式であれば $P(x) = ax^2 + bx + c$ と3個の文字を用いて表せますが，一般の n 次式では $n+1$ 個の文字が必要で，数に限りがあるアルファベットでは対応できません．数に制限がない数列を用います．シグマ記号を用いると

$$P(x) = \sum_{k=0}^{n} a_k x^k$$

のように簡潔に表現できますが，書き並べた方が変形が分かりやすいです．

2 k ではなく **n に関する数学的帰納法である**ことに注意しましょう．（1）で $P(x+1) - P(x)$ を作れば次数が1下がることを示していますから，n 次の問題が $n-1$ 次の問題に帰着できそうです．

3 $n = l$ のときの成立を仮定しますが，その内容を実際に書いてみると

> l 次の多項式 $P(x)$ に対し，$P(0)$，$P(1)$，$\cdots$，$P(l)$ が整数ならば，すべての整数 k に対し，$P(k)$ は整数である

です．ただし，**$n = l+1$ のときの証明での $P(x)$ は $l+1$ 次式ですから，仮定の $P(x)$ とは別物です．**同じ $P(x)$ で表すと混乱しますから，答案では書かない方が無難です．「仮定する」ということだけを明記して次に進みます．

証明すべきことを確認しましょう．$n = l+1$ のときの証明ですから

> $l+1$ 次の多項式 $P(x)$ に対し，$P(0)$，$P(1)$，$\cdots$，$P(l+1)$ が整数ならば，すべての整数 k に対し，$P(k)$ は整数である

第12章　数学的帰納法（例題12-2）

第12章 数学的帰納法

です．この命題の前提条件である「$l+1$ 次の多項式 $P(x)$ に対し，$P(0)$，$P(1)$，$\cdots$，$P(l+1)$ が整数である」ことと，数学的帰納法の仮定（$n=l$ のときの成立）を用いて，「すべての整数 k に対し，$P(k)$ が整数である」ことを示します．

4 $f(x)$ は l 次の多項式で，$f(0)$，$f(1)$，$\cdots$，$f(l)$ もすべて整数ですから，数学的帰納法の仮定が使えます．ここがポイントですが，難しいところです．

まず整理しておきましょう．今回の問題文にある $P(x)$ は（$P(0)$，$P(1)$，$\cdots$，$P(n)$ が整数であるような）**任意の** n 次式です．数学的帰納法の仮定に含まれる $P(x)$ も任意の l 次式です．ある特定の l 次式ではありません．常に「任意の」がついて回るのです．

3 で述べたとおり ▶解答◀ に書きませんでしたが，数学的帰納法の仮定は

> l 次の多項式 $P(x)$ に対し，$P(0)$，$P(1)$，$\cdots$，$P(l)$ が整数ならば，すべての整数 k に対し，$P(k)$ は整数である

です．「$P(x)$ に対する仮定を $f(x)$ に使ってもいいの？」と言われそうですが，これはたまたま $P(x)$ という表現を使っているだけで，**一般の l 次式に関する命題**です．l 次式なら $P(x)$ でも $f(x)$ でも何でもよいのです．つまり

> l 次の多項式 $f(x)$ に対し，$f(0)$，$f(1)$，$\cdots$，$f(l)$ が整数ならば，すべての整数 k に対し，$f(k)$ は整数である

と書いてもいいわけです．例えば

　　　　整数 n が偶数ならば n^2 は偶数である

という命題は，一般の整数に関する性質です．文字を変えて

　　　　整数 m が偶数ならば m^2 は偶数である

としてもよいですね．ここで「勝手に文字を変えていいの？」と言う人はいないでしょう．同じことです．$n=l$ を代入したままの形に執着するのではなく，**意味を変えず使いやすいように仮定の表現を変える**のです．

結果，すべての整数 m に対し，$f(m)=P(m+1)-P(m)$ が整数であると分かります．これも文字を k から m に変えています．ただし，まだ終わりではありません．証明すべき命題の結論は「すべての整数 k に対し，$P(k)$ が整数である」ことです．もう少し続きます．

450 第12章 数学的帰納法（例題12－2）

第2節　仮定が使いにくい数学的帰納法

5 整数であることが分かっている $P(0)$ と $P(m+1)-P(m)$ の形を用いて，$P(k)$ を表します．階差数列から一般項を導く公式がヒントになります．例えば，$P(2)$ や $P(-2)$ など，具体的な例を考えてみると

$$P(2) = \{P(2)-P(1)\} + \{P(1)-P(0)\} + P(0)$$
$$P(-2) = P(0) - \{P(0)-P(-1)\} - \{P(-1)-P(-2)\}$$

となります．k の符号によって表現が変わりますから，場合分けして示します．

なお，「すべての整数 k に対し，$P(k)$ が整数である」ことは，k に関する数学的帰納法でも示せます．ただし，**整数** k に関する証明ですから，普通の数学的帰納法ではダメで，番号が減る方向と増える方向の両方に進んでいく数学的帰納法を用います．過去と未来に進んでいきますから**「タイムマシン帰納法」**でしょうか😌　$k=0$ のときの成立を示し，$k=j$ のときの成立を仮定して，$k=j-1,\ j+1$ のときの成立を示します．次のようにします．

$P(0)$ は整数です．整数 j に対し，$P(j)$ が整数であると仮定します．

$$P(j)-P(j-1),\ P(j+1)-P(j)$$

はともに整数ですから

$$P(j)-P(j-1) = A,\ P(j+1)-P(j) = B \quad （A, B \text{ は整数}）$$

とおくと

$$P(j-1) = P(j) - A = （整数）,\ P(j+1) = P(j) + B = （整数）$$

よって，すべての整数 k に対し，$P(k)$ は整数です．

6 $P(x)$ を n によって区別するために，$P_n(x)$ と**添え字を付ける**方法もあります．実はそのような解答も作成してみたのですが，$P(x)$ を区別しやすくなった反面，添え字のせいでかえって難しく見えるようになり，泣く泣くボツにしました．なお，添え字を付けるべき問題は 2013 年京都大・理にあります．

問題編

論理

整数

論証

方程式

不等式

関数

座標

ベクトル

空間図形

図形総合

数列

数学的帰納法

場合の数

確率

微積分

出典・テーマ

第12章　数学的帰納法（例題12−2）　451

第 12 章　数学的帰納法

7　n が 3 のように具体的な数の場合は，名大，新潟大などで出題されています．
数学的帰納法は不要で，難易度がぐっと下がります．

> **問題 53.**（1）　多項式 $f(x) = x^3 + ax^2 + bx + c$（$a, b, c$ は実数）を
> 考える．$f(-1)$，$f(0)$，$f(1)$ がすべて整数ならば，すべての整数 n
> に対し，$f(n)$ は整数であることを示せ．
> （2）　$f(1996)$，$f(1997)$，$f(1998)$ がすべて整数の場合はどうか？
>
> （名古屋大）

▶解答◀（1）　$f(-1)$，$f(0)$，$f(1)$ がすべて整数のとき，$f(0) = c$ は
整数であり

$$f(-1) = -1 + a - b + c = p, \ f(1) = 1 + a + b + c = q$$

（p, q は整数）と書ける．a, b について解くと

$$a = \frac{p+q}{2} - c, \ b = \frac{q-p}{2} - 1$$

よって，整数 n に対し

$$f(n) = n^3 + an^2 + bn + c$$

$$= n^3 + \left(\frac{p+q}{2} - c\right)n^2 + \left(\frac{q-p}{2} - 1\right)n + c$$

$$= n^3 - cn^2 - n + c + \frac{p}{2}n(n-1) + \frac{q}{2}n(n+1)$$

$n(n-1)$，$n(n+1)$ は連続する 2 つの整数の積で偶数であるから，$f(n)$ は整
数である．

（2）　$g(x) = f(x + 1997)$ とおくと，$f(1996)$，$f(1997)$，$f(1998)$ がすべ
て整数のとき，$g(-1)$，$g(0)$，$g(1)$ はすべて整数である．$N = 1997$ として

$$g(x) = f(x + N) = (x + N)^3 + a(x + N)^2 + b(x + N) + c$$

$$= x^3 + (3N + a)x^2 + (3N^2 + 2aN + b)x + N^3 + aN^2 + bN + c$$

よって

$$g(x) = x^3 + a'x^2 + b'x + c' \quad (a', b', c' \text{ は実数})$$

と書ける．これと $g(-1)$，$g(0)$，$g(1)$ がすべて整数であることから，（1）を
用いると，すべての整数 k に対し，$g(k)$ は整数である．

　すべての整数 n に対して，$f(n) = g(n - 1997)$ であり，$n - 1997$ は整数で
あるから，**$f(n)$ は整数である**．

第2節　仮定が使いにくい数学的帰納法

〈フィボナッチ数列と論証〉

[例題] **12－3.** 次の条件によって定められる数列 $\{a_n\}$ がある.

$$a_1 = 1,\ a_2 = 1,\ a_{n+2} = a_{n+1} + a_n \quad (n = 1, 2, 3, \cdots)$$

以下の問いに答えよ.

（1）　2以上の自然数 n に対して，$a_{n+2} > 2a_n$ が成り立つことを示せ.

（2）　2以上の自然数 m は，数列 $\{a_n\}$ の互いに異なる k 個（$k \geqq 2$）の
項の和で表されることを，数学的帰納法によって示せ.

（3）　（2）における項の個数 k は，$k < 2\log_2 m + 2$ を満たすことを示
せ.

（九州大）

[考][え][方]　（2）は [第2節]（☞ P.445）で紹介した [問題] **52.** の応用問題です. 細
かい差はありますが，同じ流れで証明できます.「より小さい自然数の問題に帰
着させる」ことを意識し，「大人買い帰納法」で示します.（3）は数学的帰納法
とは関係ありませんが，難問です. 示す式を同値変形すると道が開けます.（1）
がヒントになっています.

なお，問題文にある「互いに異なる」のは数値ではなく番号と解釈するので
しょう. a_1 と a_2 は数値は同じですが番号が異なりますから，異なる2項です.

▶解答◀　（1）　$a_1 = 1 > 0$，$a_2 = 1 > 0$ と漸化式
より，a_n は正の整数である.

よって，$n \geqq 2$ のとき

$$a_{n+1} = a_n + a_{n-1} > a_n + 0 = a_n \quad (\triangleright\triangleright\triangleright\triangleright \blacksquare)$$

であるから

$$a_{n+2} = a_{n+1} + a_n > a_n + a_n = 2a_n$$

が成り立つ.

◀ 厳密にはおととい帰納法
で示しますが，自明とし
てよいでしょう.

（2）　2以上の自然数 m が，$\{a_n\}$ の互いに異なる2個
以上の項の和で表される ……………………………①
ことを，m に関する数学的帰納法で示す.

◀（2）では個数の文字 k
に意味はありません.
（3）で使います.

$2 = a_1 + a_2$ より，2は $\{a_n\}$ の互いに異なる2個の項
の和で表され，$m = 2$ のとき ① は成り立つ.

◀ ここで [考][え][方] の解釈
が必要になります.

$m = 2, 3, \cdots, l$ のときの成立を仮定する. ただし，
$l \geqq 2$ である.（$\triangleright\triangleright\triangleright\triangleright \blacksquare$）

$l+1$ の表し方を考える. $l+1 \geqq 3$ に注意する. $n \geqq 2$

第12章　数学的帰納法（例題12－3）　453

第12章 数学的帰納法

のとき $a_{n+1} > a_n \geqq 1$ であり，$a_3 = 2$，$a_4 = 3$ より

$$a_p \leqq l + 1 < a_{p+1} \quad \cdots\cdots\cdots\cdots\cdots\cdots ②$$

(▷▷▷▷ ❸)

となる $p\,(\geqq 4)$ が存在する．このとき $l + 1$ を表すのに a_p を用いるとして，残りの $l + 1 - a_p$ の表し方について考える．② より

◀ $a_4 = 3$ より $a_4 \leqq l + 1$ ですから，$p \geqq 4$ です．

$$0 \leqq l + 1 - a_p < a_{p+1} - a_p$$

$a_{p+1} - a_p = a_{p-1}$ を用いて

$$0 \leqq l + 1 - a_p < a_{p-1} \quad \cdots\cdots\cdots\cdots\cdots ③$$

◀ 範囲を調べておきます．

（ア）$l + 1 - a_p = 0$ のとき　(▷▷▷▷ ❹)

$$l + 1 = a_p = a_{p-1} + a_{p-2}$$

であるから，① は成り立つ．

◀ 数学的帰納法の仮定が使えませんから直接示します．和の形を作ります．

（イ）$l + 1 - a_p = 1$ のとき

$$l + 1 = a_p + 1 = a_p + a_1$$

であり，$p \neq 1$ より ① は成り立つ．

◀ やはり直接示します．a_1 の代わりに a_2 としてもよいです．

（ウ）$2 \leqq l + 1 - a_p$ のとき

$$2 \leqq l + 1 - a_p \leqq l + 1 - 3 < l$$

◀ $p \geqq 4$ より $a_p \geqq 3$ です．

より，$l + 1 - a_p$ に対して数学的帰納法の仮定が使えて，$l + 1 - a_p$ は，$\{a_n\}$ の互いに異なる 2 個以上の項の和で表される．(▷▷▷▷ ❺)

③ に注意すると，使う項は $a_1, a_2, \cdots, a_{p-2}$ のいずれかである．(▷▷▷▷ ❻) よって

$$l + 1 - a_p$$
$$= (a_1, a_2, \cdots, a_{p-2} \text{ の異なる 2 個以上の和})$$

と書けて

$$l + 1$$
$$= a_p + (a_1, a_2, \cdots, a_{p-2} \text{ の異なる 2 個以上の和})$$

となるから，① は成り立つ．

（ア）〜（ウ）より，$m = l + 1$ のときも ① は成り立つから，題意は示された．

◀ いずれの場合も ① が成り立ちました．

454　第12章　数学的帰納法（例題 12−3）

第2節　仮定が使いにくい数学的帰納法

（**3**）　目標の式を同値変形する．（▷▷▷▷ **7**）

$$k < 2\log_2 m + 2 \Longleftrightarrow \frac{k-2}{2} < \log_2 m$$

$$\Longleftrightarrow 2^{\frac{k-2}{2}} < m \quad \cdots\cdots\cdots\cdots④$$

よって，④を示せばよい．

　m は $\{a_n\}$ の k 個の項の和で書けて，また $a_{n+1} \geqq a_n$ $(n \geqq 1)$ が成り立つから，m は小さい順に k 個とった項の和以上であり

$$m \geqq a_1 + a_2 + \cdots + a_k > a_k \quad \cdots\cdots\cdots\cdots⑤$$

（▷▷▷▷ **8**）

そこで a_k を小さく見積もる．

（ア）　k が偶数のとき

　$a_{n+2} > 2a_n\,(n \geqq 2)$ を繰り返し用いて，$k \geqq 4$ のとき

$$a_k > 2a_{k-2} > 2^2 a_{k-4} > \cdots > 2^{\frac{k-2}{2}} a_2 = 2^{\frac{k-2}{2}}$$

$k = 2$ のときは成立しない．（▷▷▷▷ **9**）

（イ）　k が奇数のとき

　（ア）と同様に，$k \geqq 5$ のとき

$$a_k > 2^{\frac{k-3}{2}} a_3 = 2^{\frac{k-3}{2}} \cdot 2 = 2^{\frac{k-1}{2}}$$

$k = 3$ のときは成立しない．

$2^{\frac{k-1}{2}} > 2^{\frac{k-2}{2}}$ に注意して（ア）と（イ）をまとめると，$k = 2, 3$ のときも含めて

$$a_k \geqq 2^{\frac{k-2}{2}} \quad （▷▷▷▷ \textbf{10}）$$

が成り立つ．これと⑤より

$$m > a_k \geqq 2^{\frac{k-2}{2}}$$

となるから，④が成り立つ．

　以上より，$k < 2\log_2 m + 2$ が成り立つ．

◀ 示したい④と見比べて方針を立てます．

◀ 元から $k \geqq 3$ です．

◀ 単純に2つの不等式をつなぎます．

第 12 章　数学的帰納法

| | Point | The mathematical induction
NEO ROAD TO SOLUTION　12-3 | Check! | |

1 題意の数列 $\{a_n\}$ をフィボナッチ数列といいます．書き並べると

$$\{a_n\} : 1,\ 1,\ 2,\ 3,\ 5,\ 8,\ 13,\ 21,\ 34,\ \cdots$$

となりますから，正の整数列であり，$n \geqq 2$ では $a_{n+1} > a_n$ を満たす単調増加列です．今回の証明で使いますから最初に確認しておきます．

2 $m \geqq 2$ より，**2 から始まる**人生帰納法を使います．まず $m = 2$ での成立を示します．次に $m = 2, 3, \cdots, l$ での成立を仮定して，$m = l + 1$ のときの成立を示します．当然，$l \geqq 2$ です．

3 より小さな自然数の問題に帰着させることを考えます．異なる項を用いて表したいですから，重複がないようになるべく大きな項から考えます．$n \geqq 2$ で $\{a_n\}$ は単調増加列ですから，$l + 1$ はある連続する 2 項の間にあり

$$a_p \leqq l + 1 < a_{p+1}$$

となる p が存在します．このとき $l + 1$ 以下の最大の項は a_p ですから，これを用います．「はさんで左側」の整数部分（☞ P.119）と似ていますね．

4 $l + 1 - a_p \leqq l + 1 - 3 < l$ ですから，$l + 1 - a_p$ の表し方は数学的帰納法の仮定が使えそうですが，$l + 1 - a_p = 0, 1$ の可能性もあります．その場合は仮定が使えませんから場合分けします．

5 ここで使うのが**「大人買い帰納法」**です．$l + 1 - a_p$ はいくつかは分かりませんが，2 以上 l 未満であり，数学的帰納法の仮定が使える範囲にあります．問題なく仮定が使えます．$l - 1$ 個仮定したうちの 1 つだけを使います．

6 ここで範囲を調べておいた効果が表れます．$l + 1 - a_p$ 自体は互いに異なる 2 個以上の項の和で書けることが分かりましたが，$l + 1$ を表す際に重複する項があると困ります．使うことが確定している a_p と他の項が重複しないことの確認が必要です．③ より $l + 1 - a_p < a_{p-1}$ ですから，使う可能性のある項は $a_1, a_2, \cdots, a_{p-2}$ であり，重複する恐れはありません．

7 $k < 2\log_2 m + 2$ は意味が読み取りにくいですから，示しやすい式に同値変形しておきます．その結果，対数の代わりに底が 2 の指数が現れます．これと（1）の $a_{n+2} > 2a_n$（$n \geqq 2$）に関連があることに気付くかがポイントです．

第2節　仮定が使いにくい数学的帰納法

8 m は異なる k 個の項の和ですが，どの項の和かは分かりません．**極端な値で評価します**．今回は m を小さく見積もりたいですから，和を小さく評価します．異なる k 個の項の和が最小になるのは，小さい順に k 個とった場合で

$$m \geqq a_1 + a_2 + \cdots + a_k$$

が成り立ちます．さらに和を a_k で小さく見積もります．今回はこれくらい大胆に評価してもうまくいきます．代わりに，差分解 $a_i = a_{i+2} - a_{i+1}$ を用いて

$$a_1 + a_2 + \cdots + a_k = \sum_{i=1}^{k} a_i = \sum_{i=1}^{k}(a_{i+2} - a_{i+1}) = a_{k+2} - a_2$$

として

$$m \geqq a_{k+2} - a_2 = (a_{k+1} + a_k) - a_2 \geqq a_{k+1} + a_2 - a_2 = a_{k+1}$$

とすると，より厳しい不等式にできます．

9 数IIIの数列の極限でよく使う手法です．等比数列の漸化式に似た**不等式を繰り返し用いてつないでいく**のです．$a_k > 2a_{k-2}$ と $a_{k-2} > 2a_{k-4}$ をつなぐと

$$a_k > 2a_{k-2} > 2^2 a_{k-4}$$

です．これを番号が最も小さくなるまで続けます．今回は1つおきですから，最後の番号がいくつになるかは k の偶奇で変わります．場合分けが必要です．$a_{n+2} > 2a_n$ が使えるのは $n \geqq 2$ であることに注意しましょう．k が偶数のとき，最後は $n = 2$ とした $a_4 > 2a_2$ です．よって

$$a_k > 2a_{k-2} > 2^2 a_{k-4} > \cdots > 2^{\bigcirc} a_2$$

の形です．$\bigcirc$ に何が入るか考えます．等比数列（☞ P.406）と同様に番号の変化量 $k-2$ に着目します．1つおきですから，2をかける回数は $\dfrac{k-2}{2}$ です．

　k の範囲にも注意しましょう．数列の極限の問題でも確認しない人が多いです．最初 $a_k > 2a_{k-2}$ から始まりますから，右辺の番号について $k - 2 \geqq 2$ であり，$k \geqq 4$ です．$k = 2$ のときは成立しません．最後にうまくまとめます．

10 （ア）と（イ）をまとめます．とりうる値の範囲ではなく，単なる大小関係の不等式です．**どちらの場合でも成り立つ不等式**にします．$2^{\frac{k-1}{2}} > 2^{\frac{k-2}{2}}$ に注意して，$a_k > 2^{\frac{k-2}{2}}$ と $a_k > 2^{\frac{k-1}{2}} \left(> 2^{\frac{k-2}{2}} \right)$ をまとめると

$$a_k > 2^{\frac{k-2}{2}}$$

となります．さらに $k = 2, 3$ もまとめます．$a_3 = 2$ より $k = 3$ の場合はこのままで問題ないですが，$a_2 = 1$ より $k = 2$ の場合は成り立ちません．そこで等号をつけます．

第12章　数学的帰納法（例題12－3）

第12章　数学的帰納法

11　フィボナッチ数列に関する有名なトピックを2つ紹介しておきます.
　　まず，隣接する2項は互いに素です．[例題] 12−4.（☞ P.460）を簡単に
したもので，その[◆別解◆]2. と同様に互除法で示せます．整数 x, y の最大公
約数を (x, y) と表すと，漸化式 $a_{n+2} = a_{n+1} + a_n$ に対して互除法を用いて

$$(a_{n+2}, a_{n+1}) = (a_{n+1}, a_n)$$

です．よって

$$(a_{n+1}, a_n) = (a_2, a_1) = (1, 1) = 1$$

となり，a_{n+1} と a_n は互いに素です.
　　また，次のような問題もあります.

[問題] **54.** 正の実数からなる数列 $\{a_n\}$ が $a_1 = 1$ と

$$a_{n+1}{}^2 - a_n a_{n+1} - a_n{}^2 = (-1)^n \quad (n = 1, 2, 3, \cdots) \cdots\cdots\cdots Ⓐ$$

　　を満たすとき，数列 $\{a_n\}$ はフィボナッチ数列になることを示せ.

　　$a_2 = 1$ と $a_{n+2} = a_{n+1} + a_n$ を示します．Ⓐ で $n = 1$ とすると

$$a_2{}^2 - a_1 a_2 - a_1{}^2 = -1$$

$$a_2{}^2 - a_2 = 0 \qquad \therefore \quad a_2(a_2 - 1) = 0$$

$a_2 > 0$ より，$a_2 = 1$ です．一方，Ⓐ で n の代わりに $n+1$ として

$$a_{n+2}{}^2 - a_{n+1} a_{n+2} - a_{n+1}{}^2 = (-1)^{n+1} \cdots\cdots\cdots\cdots\cdots\cdots\cdots\cdots\cdots Ⓑ$$

Ⓐ＋Ⓑ として右辺を消去し

$$a_{n+2}{}^2 - a_n{}^2 - a_{n+1}(a_{n+2} + a_n) = 0$$

$$(a_{n+2} + a_n)(a_{n+2} - a_n - a_{n+1}) = 0$$

$a_{n+2} + a_n > 0$ より，$a_{n+2} = a_{n+1} + a_n$ です.
　　Ⓐ の右辺の $(-1)^n$ を消去するのがポイントですが，知らないと厳しいです.
2項間漸化式でもフィボナッチ数列が定義できるというのが興味深いですね.

第3節　背理法との融合

数学的帰納法　　　　　　　　　　　　　　　　The mathematical induction

　論証の章（☞ P.116）でも書きましたが，受験数学で非常によく使われる証明法は「背理法」と「数学的帰納法」です．その両方を使う証明問題があります．「ドラゴンボール」（鳥山明先生原作）で言うと悟空とフリーザが手を組むようなものでしょうか．受験数学における夢のコラボです😊

　メインを数学的帰納法にするか，背理法にするか，の選択がありますが，私は，数学的帰納法をメインにする方が分かりやすいと思っています．

　元祖帰納法を例にとって説明しましょう．任意の自然数 n に対し，命題 P が成り立つことを示したいとします．さらに，命題 P は直接は示しにくく，背理法が有効であるとします．

　$n=1$ のときの命題 P の成立を示した後，$n=k$ のときの命題 P の成立を仮定し，$n=k+1$ のときの命題 P の成立を示すという数学的帰納法の流れは普通の問題と変わりません．$n=k+1$ のときの命題 P の成立を示すときに背理法を用います．数学的帰納法のメインの証明をする際に背理法を使うのです．数学的帰納法の中に背理法が含まれているイメージです．そのため，**数学的帰納法の仮定と背理法の仮定の両方を用いて矛盾を導く**流れになります．

　具体的には

　Ⅰ　$n=k$ のとき命題 P が成り立つ

　Ⅱ　$n=k+1$ のとき命題 P が成り立たない

の2つを用いて矛盾を導きます．

　1つずつ順番に進めていけば，決して特殊なことをする必要はないのですが，このタイプの問題は難問が多く，一筋縄ではいかないこともあります．もし混乱しそうであれば，**2つの仮定を使いやすいように整理しておく**のも手です．

〈数学的帰納法のまとめ3〉

Check ▷▷▷▷　背理法との融合

　🖊　数学的帰納法をメインにする

　🖊　数学的帰納法の仮定と背理法の仮定の両方を用いて矛盾を導く

　🖊　2つの仮定を使いやすいように整理しておく

第12章　数学的帰納法　459

第12章　数学的帰納法

〈漸化式と整数，互いに素の証明〉

例題 12−4. 正の整数 a と b が互いに素であるとき，正の整数からなる数列 $\{x_n\}$ を $x_1 = x_2 = 1$，$x_{n+1} = ax_n + bx_{n-1}$ $(n \geq 2)$ で定める．このときすべての正の整数 n に対して x_{n+1} と x_n が互いに素であることを示せ．

（名古屋大）

考え方 漸化式がありますから，**例題** 12−1.（☞ P.440）と同様に，数学的帰納法が有効です．また，互いに素の証明ですから，整数の章（☞ P.89）で述べたとおり，背理法で示します．共通の素因数をもつと仮定して矛盾を導きます．

▶解答◀ すべての正の整数 n に対して x_{n+1} と x_n が互いに素である ……………………………………①

ことを数学的帰納法で示す．（▷▷▷▷ **1**）

$n = 1$ のとき，$x_1 = x_2 = 1$ より，x_2 と x_1 は互いに素で，① が成り立つ．

$n = 2$ のとき，$x_2 = 1$ と

$$x_3 = ax_2 + bx_1 = a + b$$

より，x_3 と x_2 は互いに素で，① が成り立つ．（▷▷▷▷ **2**）

$n = k$ のとき ① が成り立つと仮定すると，x_{k+1} と x_k は互いに素である．ただし，$k \geq 2$ であるとする．

このとき，x_{k+2} と x_{k+1} が共通の素因数 p をもつと仮定する．（▷▷▷▷ **3**）

漸化式で $n = k+1$ として　（▷▷▷▷ **4**）

$$x_{k+2} = ax_{k+1} + bx_k$$

$$bx_k = x_{k+2} - ax_{k+1}$$

$x_{k+2} - ax_{k+1}$ は p の倍数であるから，bx_k も p の倍数である．x_{k+1} と x_k は互いに素で，x_{k+1} は p の倍数であるから，x_k は p の倍数でなく，b が p の倍数となる．（▷▷▷▷ **5**）

一方，漸化式で $n = k$ として　（▷▷▷▷ **6**）

$$x_{k+1} = ax_k + bx_{k-1}$$

$$ax_k = x_{k+1} - bx_{k-1}$$

$x_{k+1} - bx_{k-1}$ は p の倍数であるから，ax_k も p の倍数

◀ なぜ $k \geq 2$ が必要なのかは証明を進めていって初めて分かります．最初は気付かなくて当然です．

◀ x_{k-1} は $k \geq 2$ でしか使えません．さかのぼって $k \geq 2$ とします．

460 第12章　数学的帰納法（例題12−4）

第3節　背理法との融合

となる．x_k は p の倍数でないから，a が p の倍数となる．これは a と b が互いに素であることに矛盾する．

よって，x_{k+2} と x_{k+1} は互いに素であり，$n = k+1$ のときも ① が成り立つ．

以上より，x_{n+1} と x_n は互いに素である．

◆別解◆ 1. はじめから背理法で示す．ある正の整数 n に対して x_{n+1} と x_n が共通の素因数 p をもつと仮定する．ただし，$x_1 = x_2 = 1$，$x_3 = a + b$ より，x_2 と x_1 は互いに素で，x_3 と x_2 も互いに素であるから，$n \geqq 3$ である．

このとき，漸化式より　（▷▷▷▷ **7**）

$$x_{n+1} = ax_n + bx_{n-1}$$
$$bx_{n-1} = x_{n+1} - ax_n$$

$x_{n+1} - ax_n$ は p の倍数であるから，bx_{n-1} も p の倍数である．

ここで，x_{n-1} が p の倍数でないと仮定すると，（▷▷▷▷ **8**）b が p の倍数である．また，漸化式より

$$x_n = ax_{n-1} + bx_{n-2}$$
$$ax_{n-1} = x_n - bx_{n-2}$$

$x_n - bx_{n-2}$ は p の倍数であるから，ax_{n-1} も p の倍数となる．x_{n-1} は p の倍数でないから，a が p の倍数となるが，これは a と b が互いに素であることに矛盾する．

よって，x_{n-1} は p の倍数であり，x_n と x_{n-1} は共通の素因数 p をもつ．これを繰り返すと，x_3 と x_2 も共通の素因数 p をもつことになり，x_3 と x_2 が互いに素であることに矛盾する．（▷▷▷▷ **9**）

以上より，すべての正の整数 n に対して x_{n+1} と x_n は互いに素である．

◀ 「**すべての正の整数 n に対して x_{n+1} と x_n が互いに素である**」の否定をとります．

◀ **▶解答◀** と同様に後で分かることですが，漸化式を使う際に $n \geqq 3$ が必要になります．

◀ 再び漸化式を用います．x_{n-1} について考えていますから，x_{n-1} を残すように小さい方に1ずらします．ここで $n \geqq 3$ が必要になります．

第12章　数学的帰納法

♦別解♦ 2. 整数 x, y の最大公約数を (x, y) と表す.
$x_{n+1} = ax_n + bx_{n-1}$ で互除法を用いると　（▷▷▷▷ ❿）

$$(x_{n+1}, x_n) = (x_n, bx_{n-1}) \quad (n \geq 2)$$

よって, x_n と b が互いに素である ……………………②
ことが言えれば

$$(x_n, bx_{n-1}) = (x_n, x_{n-1}) \quad (▷▷▷▷ ⓫)$$

となり

$$(x_{n+1}, x_n) = (x_n, x_{n-1})$$

であるから, これと $(x_2, x_1) = 1$ より

$$(x_{n+1}, x_n) = 1 \quad ………………………………③$$

が言える. そこで, すべての正の整数 n に対して ② が
成り立つことを数学的帰納法で示す.

◀ $y_n = (x_{n+1}, x_n)$ とおく
と, $y_n = y_{n-1}$, $y_1 = 1$
ですから, $y_n = 1$ です.

　$x_1 = x_2 = 1$ より, x_1, x_2 と b は互いに素であるか
ら, $n = 1, 2$ のとき ② は成り立つ.

　$n = k\ (k \geq 2)$ のとき ② が成り立つと仮定すると,
x_k と b は互いに素である. x_{k+1} と b が共通の素因数 p
をもつと仮定する. 漸化式で $n = k$ として

◀ **▶解答◀** と同様に,
$n = 2$ のときの証明が必
要になります.

$$x_{k+1} = ax_k + bx_{k-1}$$
$$ax_k = x_{k+1} - bx_{k-1}$$

◀ これも **▶解答◀** と同様
に, $k \geq 2$ が必要です.

$x_{k+1} - bx_{k-1}$ は p の倍数であるから, ax_k も p の倍数
となる. 一方, a, x_k は b と互いに素であり, b は p の
倍数であるから, a, x_k はともに p の倍数でなく, ax_k
も p の倍数でない. これは矛盾である.

　よって, x_{k+1} と b は互いに素であり, $n = k+1$ のと
きも ② は成り立つ.

　以上より, すべての正の整数 n に対して ② が成り立
つから, ③ も成り立ち, x_{n+1} と x_n は互いに素である.

462　第12章　数学的帰納法（例題 12−4）

第3節　背理法との融合

```
┌─────────────────────────────────────────────────────┐
│ □  Point        The mathematical induction          │
│                 NEO ROAD TO SOLUTION   12-4  Check! □│
└─────────────────────────────────────────────────────┘
```

1 数学的帰納法をメインにして示します．今回用いるのは「おととい帰納法」ではなく「元祖帰納法」です．3項間漸化式は連続する2項によって次の項が決まりますから，それを用いる数学的帰納法は仮定が2つ必要な「おととい帰納法」になることが多いですが，今回示すのは x_{n+1} と x_n に関する性質です．3項間漸化式を「x_{n+1} と x_n が互いに素」と「x_{n+2} と x_{n+1} が互いに素」の2つをつなぐ関係式と解釈し，仮定が1つでよい「元祖帰納法」を用います．

2 $n = 2$ のときの証明が必要なのは，**仮定が2つ必要だからではありません．**あくまで今回は元祖帰納法です．流れの確認です．

　　Ⅰ　$n = 1, 2$ のときの成立を示す

　　Ⅱ　$n = k\,(k \geqq 2)$ のときの成立を仮定し，$n = k+1$ のときの成立を示す

□Point... □ **12-1.** の **2**（☞ P.441）と同じ流れです．数学的帰納法が2から始まると解釈します．$n = 2$ のときの成立を示し，$n = k\,(k \geqq 2)$ のときの成立を仮定して，$n = k+1$ のときの成立を示せば，2以上のすべての自然数 n に対する証明ができます．$n = 1$ のときの証明は別物ととらえるのです．

3 $n = k+1$ のときの証明すべきことは，x_{k+2} と x_{k+1} が互いに素であることです．互いに素の証明は，共通の素因数をもつと仮定して矛盾を導きます．整理しておきましょう．

　　【数学的帰納法の仮定】　　x_{k+1} と x_k が互いに素である

　　【背理法の仮定】　　　　　x_{k+2} と x_{k+1} が共通の素因数 p をもつ

これらをうまく組み合わせて矛盾を導きます．

4 まず，x_{k+2} と x_{k+1} がともに p の倍数であることを用います．数学的帰納法の仮定に x_k があることにも着目し，これら3項が含まれる式を作ります．そのため，漸化式で $n = k+1$ とします．

5 bx_k が素数 p の倍数ですから，「b が p の倍数または x_k が p の倍数」となります．**p が素数だから言える**ことです．素数でなければこれは言えません．例えば，$2 \cdot 3 = 6$ は6の倍数ですが，2も3も6の倍数ではありません．

　　また，ここで数学的帰納法の仮定が使えます．x_{k+1} と x_k は互いに素で，x_{k+1} は p の倍数ですから，x_k は p の倍数でなく，消去法で b が p の倍数となります．

第12章　数学的帰納法（例題12−4）　463

第12章　数学的帰納法

6　これまでに，漸化式，数学的帰納法の仮定，背理法の仮定を一通り使いました．しかし，まだ矛盾が導けていません．「a と b が互いに素」が残っていますが，ここではまだ使えませんから，「もう使うものがない．」と立ち止まってしまう人もいるのではないでしょうか．落ち着いて考えましょう．まだ使えるものがあります．それは**漸化式**です．「漸化式なんてさっき使ったでしょう？」と言われるかもしれません．確かに漸化式に $n = k + 1$ を代入して用いました．言い換えると，**任意の自然数 n（$n \geqq 2$）に対して成り立つ漸化式に特別な値 $n = k + 1$ を代入して用いただけ**です．漸化式のすべてを使ったわけではありません．そこで，別の値を代入した式を用います．$n = k + 1$ 以外で意味がありそうな値は $n = k$ くらいでしょう．よって，漸化式で $n = k$ とします．

7　**◆別解◆ 1.** は背理法メインの解答です．漸化式の使い方がポイントです．1ずらし $x_{n+2} = ax_{n+1} + bx_n$ として番号を増やす方向に議論を進めても矛盾は導けません．一方，**番号を減らす**方向に進めれば，x_1，x_2 などは分かっていますからうまくいきそうです．そこで，$x_{n+1} = ax_n + bx_{n-1}$ のまま用います．

8　もし，x_{n-1} が p の倍数であることが言えれば

　　　　x_{n+1} と x_n が共通の素因数 p をもつ

　　　　$\Longrightarrow x_n$ と x_{n-1} が共通の素因数 p をもつ $\cdots\cdots\cdots\cdots\cdots\cdots\cdots\cdots\cdots$ Ⓐ

が成り立ちます．そこで，背理法を用います．背理法の中の背理法です．

9　Ⓐ は番号を 1 つ減らしても同じ性質が成り立つことを示しています．これを繰り返せば，番号をどんどん減らしていけます．$n \geqq 3$ ですから，$n = 3$ を代入したものまでが限界で，x_3 と x_2 が共通の素因数 p をもつことが分かります．一方，x_3 と x_2 は互いに素ですから，矛盾します．

10　**◆別解◆ 2.** では互除法を利用しています．私は予備校で 2003 年から毎年名大の解答速報を作成していますが，当時，私が最初に思いついた解法はこれです．そのころの教科書には互除法が載っていませんでしたので，解答速報では互除法を使わずに書きましたが，内容は同じです．

　整数の章では扱えませんでしたので，互除法の確認をしておきます．

第3節　背理法との融合

> **定理**　（互除法）
>
> 整数 $a,\ b,\ c,\ d$ が
> $$a = bc + d \quad \cdots\cdots\cdots\cdots\cdots\cdots\cdots\cdots\cdots\cdots ⑧$$
> を満たすとき
> $$(a,\ b) = (b,\ d)$$
> が成り立つ．ただし，$(a,\ b)$ は a と b の最大公約数を表す．

　教科書では a を $b\ (\neq 0)$ で割った商を c，余りを d としたものを紹介していますが，そのような制限を付けてしまうと使い勝手が悪くなります．単に関係式 ⑧ を満たしていれば，$c,\ d$ はそれぞれ**商，余りである必要はありません**．
$$15 = 2 \cdot 3 + 9$$
のような式でもよいです．実際，今回の問題で教科書の互除法は使えません．x_{n+1} を x_n で割った商が a，余りが bx_{n-1} とは限らないからです．

　有名な証明方法です．a と b の最大公約数を g_1，b と d の最大公約数を g_2 とします．$b,\ d$ は g_2 の倍数ですから，$a = bc + d$ より，a も g_2 の倍数で，g_2 は a と b の公約数です．公約数は最大公約数以下ですから
$$g_2 \leqq g_1$$
が成り立ちます．

　一方，$a,\ b$ は g_1 の倍数ですから，$d = a - bc$ より，d も g_1 の倍数で，g_1 は b と d の公約数です．上と同様に
$$g_1 \leqq g_2$$
が成り立ちます．

　以上より，$g_1 \geqq g_2$ かつ $g_1 \leqq g_2$ で，$g_1 = g_2$ となります．

　別の証明もあります．a と b の最大公約数を g とすると，$d = a - bc$ より，d は g の倍数です．そこで，$a = ga',\ b = gb',\ d = gd'$（$a',\ b',\ d'$は整数）とおくと，$a'$ と b' は互いに素であり
$$a' = b'c + d'$$
です．b' と d' が共通の素因数 p をもつと仮定すると，$b',\ d'$ は p の倍数で，a' も p の倍数となります．これは a' と b' が**互いに素**であることに矛盾します．よって，b' と d' は互いに素で，$b,\ d$ の最大公約数は g となります．

　互除法というと，教科書に載っている不定方程式（☞ P.98）の特殊解の求め方を連想する人が多そうですが，あの方法は必須ではありません．それより

第12章　数学的帰納法（例題12−4）　**465**

第12章　数学的帰納法

も**互除法は最大公約数を別の表現に変える**ととらえておく方がよっぽど重要です．今回は漸化式を $a = bc + d$ の式とみて

$$(x_{n+1}, x_n) = (x_n, bx_{n-1}) \cdots\cdots\cdots\cdots\cdots\cdots\cdots\cdots\cdots\cdots\cdots\cdots ⓒ$$

とします．

　なお，漸化式で互除法を使う問題は 2017 年東大・文理共通で出題されていますが，今回の問題よりずっと簡単です．

⑪　互除法を用いて得られる ⓒ は非常に惜しい式です．目標は $b = 1$ のときの

$$(x_{n+1}, x_n) = (x_n, x_{n-1})$$

です．これが言えれば

$$(x_{n+1}, x_n) = (x_2, x_1) = 1$$

となるからです．とは言え，$b = 1$ とはできませんから

$$(x_n, bx_{n-1}) = (x_n, x_{n-1})$$

を示すことになります．そのためには何を言う必要があるでしょうか．x_n と bx_{n-1} の最大公約数と，x_n と x_{n-1} の最大公約数が等しくなるということは，x_n との最大公約数を考える上では，x_{n-1} に b をかけてもかけなくても同じということです．一般には，b をかけることで x_n との共通の素因数が増え，最大公約数は大きくなりそうですが，今回は違うのです．**b をかけても x_n との共通の素因数が増えない**ということですから，b と x_n には共通の素因数がない，すなわち b と x_n は互いに素ということです．

⑫　**⑩**で述べたとおり，私は名大の解答速報を長い間担当していますが，今回の問題は全問題の中で五本の指に入るくらい苦労したこともあり，とても印象に残っています．当時，名大理系の 4 番は (a)，(b) の 2 題から 1 題選んで解く選択問題で，この問題は (b) でした．私はこの問題の第一印象が非常によく，これは面白そうと真っ先に解き始めたのですが，すぐに行き詰まりました．気分転換にシャワーを浴びに行き，頭を洗っている最中に互除法の解法が浮かびました 😊　どうも第一印象がよかったのは私だけではなかったようで，受験生の多くはこの (b) を選択し，撃沈したようです．(a) は図形問題で実はずっと簡単だったのですが，漸化式と整数という心ときめくテーマ（？）に惹かれてしまったのでしょうね．その気概にはボーナス点をあげたい気分です 😊

第13章 場合の数

The number of cases
真・解法への道！　　NEO ROAD TO SOLUTION

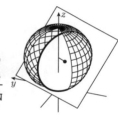

第13章　場合の数

第1節　　　　　　　　　**確率攻略法**

場合の数　　　　　　　　　　　　　　　　　　　　　　The number of cases

　この節では「場合の数・確率」のことを単に「確率」と表すことにします.

　私は自慢ではありませんが,高校生時代は確率が苦手で大嫌いな分野でした.当時はセンター試験で確率は必修ではなく,今で言う数Ⅲ(当時は「微分・積分」という分類でした)の微積分か確率のどちらかを選択すればよかったのです.私は当然のように微積分を選択し,また東大の2次試験では確率の問題をなかったことにして他の問題に取り組んだため,なんと確率の問題を1問も解かずに大学に入ってしまったのです.ラッキーでした.

　予備校講師になってからもしばらくは苦手意識を持っていましたが,さすがにまずいと思い,それまで身に付けていた知識をリセットし,ゼロから勉強し直しました.その甲斐あって今は**確率が超楽しい**です.時々高校の先生向けのセミナーをやらせていただくことがありますが,敢えて確率をテーマに選ぶこともあります.昔の自分では信じられないことです.人は変われるものなんですね😊

　この節では,苦手だった自分自身の経験から編み出した「確率攻略法」を伝授したいと思います.

　最初に理想を掲げておきます.それは**確信を持って立式する**ことです.高校生時代の私も含め,確率が苦手な人は「エイヤーッ!」と勢いで立式をすることがあります.「$_nP_r$ と $_nC_r$ のどちらを使おうか.う〜ん….$_nC_r$!」といった具合にです.その時たまたま答えが合ったとしても次は分かりません.いくら「確率」という分野でも正解かどうかを確率に委ねるのはセンスの悪いダジャレです.

　では確信を持って立式するためにはどうすればよいのでしょうか.私は3つコツがあると考えています.

　1つ目は**納得して記号や公式を用いる**ことです.言い換えると,無駄な記号や公式は使わないということです.先程書いた「$_nP_r$ か $_nC_r$ か」という疑問は今の私に言わせれば愚問です.すぐに解決します.それは $_nP_r$ を使わないことです.

　一応,確認です.n 個の中から r 個取り出し一列に並べる**順列**の数は

$$_nP_r = n(n-1)\cdots(n-r+1)$$

であり,n 個の中から r 個取り出す**組合せ**の数は

$$_nC_r = \frac{n(n-1)\cdots(n-r+1)}{r!} = \frac{n!}{r!(n-r)!} \quad\cdots\cdots\cdots\cdots\cdots①$$

です.$_nC_r$ は式がやや複雑で,また二項定理もありますから,封印するのは難しいです.納得して使いましょう.意味については後で補足します.一方,$_nP_r$ は

468　第13章　場合の数

第1節　確率攻略法

必要でしょうか．例えば，5個の中から3個取り出し一列に並べる順列の数は

$$_5P_3 = 5 \cdot 4 \cdot 3 = 60 \,(通り)$$

と計算する人が多いです．手元の教科書もそうです．間違いではないですが，冷静に考えてみてください．$_5P_3$ は必要でしょうか．1個目は5通りあります．その5通りそれぞれに対し2個目は4通りあり，さらにそれぞれに対し3個目は3通りあります．どんどん枝分かれしていくイメージですから，単純に積をとり

$$5 \cdot 4 \cdot 3 = 60 \,(通り)$$

でよいです．わざわざ $_5P_3$ を書く意味がありません．「順列ということを強調するためだ．」と言う人もいますが，それは立式の前に「順列」と書けば済むことです．「$_nP_r$ と $_nC_r$ のどちらを使っていいのか分からない」のなら，$_nP_r$ の記号を使わないことです．そもそもどの記号を使おうかという時点で思考停止しているように感じます．**どの記号を使うかではなく，どのように数えるかが重要です．**

　同様に，重複組合せの記号 $_nH_r$ がありますが，私は予備校の授業でよく「$_nH_r$ は違法にすべきだ．」と言っています😆　それくらいデメリットが大きいです．$_nC_r$ と違い左側の数の方が小さい場合もあり，「$_5H_3$ と $_3H_5$ のどっちだっけ？」と思うことがあります．その瞬間この記号はもう使えません．完全に理解して使うなら問題ないですが，正直そこまでして使うメリットがないです．第3節 （☞ P.480）で詳しく解説しますが，重複組合せは ○ と ｜ を使って考えます．

　結局，確率で必要な記号は $_nC_r$ と $n!$ だけです．余計な記号は封印しましょう．もちろん，記号を封印することと解法を封印することは違いますから，誤解しないでください．意味を考えず盲目的に記号を使うのはやめようということです．

　さらに，n 個のものを円状に並べる円順列の公式 $(n-1)!$ も有名です．ありがたい公式のように紹介している教科書，参考書が多いですが，個人的には違和感しかありません．この公式はすべて区別があるものを円状に並べるという単純な問題にしか適用しないからです．**円順列は1つを固定して考える**のが基本です．$(n-1)!$ は自然と導かれますから，覚えて使うような公式ではありません．

　2つ目のコツは**具体例を考える**ことです．「あれっ？」と思ったら例を考えるのです．先程の n 個の中から r 個取り出す組合せの数 ① について確認してみます．例えば，A，B，C，D，E の5文字から3文字選ぶ組合せを考えます．組合せですから順序を区別しません．一般に，**区別しない問題より区別する問題の方が簡単**です．区別しない問題もまず区別して考えます．5文字から3文字選んで

第13章　場合の数　469

第13章 場合の数

一列に並べる順列は

$$5 \cdot 4 \cdot 3 \,(通り)$$

あります．この中には A，B，C を選んで並べた

$$ABC,\ ACB,\ BAC,\ BCA,\ CAB,\ CBA$$

がすべて異なるもの（6通り）として数えられています．しかし今回は組合せですから，これらはすべて同じ A，B，C の組合せであり区別がありません．1通りと数えるべきです．A，B，C 以外に関しても同じですから，単純に6倍になっています．この「6」というのは3文字の順列の数 3! ですから，求める組合せは

$$\frac{5 \cdot 4 \cdot 3}{3!} \,(通り)$$

であり，これを $_5C_3$ と表すのです．一般化すれば ① になります．

　確率では題意の把握がしにくい問題がありますが，そういう場合も具体例を考えることです．正しい具体例が作れるということは題意を正しく把握できているということです．具体例を作るプロセスをなぞれば立式につながります．

　3つ目のコツは**記号化して1対1対応を考える**ことです．先程も触れた重複組合せが典型的で，◯ と ｜ の順列と，ものの分け方が1対1対応することを用います．他にも最短格子路の問題で，→ と ↑ の順列と最短経路が1対1対応することもよく知られています．このように記号化は有名なものを覚えておいて使えれば十分です．先人の知恵を借りるということです．

　予備校で教えていて思うのですが，確率がよくできる受験生はそんなに多くいません．むしろ苦手な受験生が多いのですが，どうもその自覚が足りないように感じます．確率はたまたま答えが合うことがあり，他の分野と比べて現状認識が甘くなりがちなのです．一度謙虚に自分の力を分析してみてください．もし確率が苦手であれば，ここで紹介したコツが必ず助けになるはずです．

　皆さんが「確率は超楽しい」という境地に達することを期待しています ☺

――――――――――――――――――――〈場合の数のまとめ1〉――

Check ▷▷▷▷ 確信を持って立式するためのコツ
（ⅰ）納得して記号や公式を用いる
（ⅱ）具体例を考える
（ⅲ）記号化して1対1対応を考える

第1節 確率攻略法

〈連続しない異なる自然数の選び方〉

例題 13−1. n を自然数とするとき，以下の設問に答えよ．

（1） $n \geqq 3$ とする．1から n までの自然数の中から連続しない相異なる2つの数を選ぶ選び方は何通りあるか求めよ．

（2） $n \geqq 5$ とする．1から n までの自然数の中からどの2つも連続しない相異なる3つの数を選ぶ選び方は何通りあるか求めよ．（愛知大・改）

考え方 選ばれる数だけでなく**選ばれない数にも着目する**とよいです．これらを記号化して考えます．なお，選ばれる数のみを文字でおいても解けます．

▶解答◀ （1） 選ばれる数を○，選ばれない数を×と表し，2個の○と $n-2$ 個の×の順列を考える．ただし，○同士，×同士は区別しない．（▷▷▷▷ ❶）

○同士は隣り合うことはないから，先に $n-2$ 個の×を並べ，その間と両端の計 $n-1$ カ所に2個の○を入れると考えて，（▷▷▷▷ ❷）求める選び方は

$$_{n-1}\mathrm{C}_2 = \frac{1}{2}(n-1)(n-2) \text{（通り）}$$

$$\underbrace{^\vee \times ^\vee \times ^\vee \times ^\vee \times ^\vee \times ^\vee \times ^\vee \times ^\vee}_{n-2\text{ 個}} \qquad ○○$$

◀ 連続しない整数を選びますから，○同士が隣り合うことはありません．一方，×同士は隣り合ってもよいです．

（2） 3個の○と $n-3$ 個の×の順列を考える．

先に $n-3$ 個の×を並べ，その間と両端の計 $n-2$ カ所に3個の○を入れると考えて，求める選び方は

$$_{n-2}\mathrm{C}_3 = \frac{1}{6}(n-2)(n-3)(n-4) \text{（通り）}$$

$$\underbrace{^\vee \times ^\vee \times ^\vee \times ^\vee \times ^\vee \times ^\vee \times ^\vee}_{n-3\text{ 個}} \qquad ○○○$$

◀ （1）と同様です．

◆別解◆ 1. （1） 選ばれる2数を小さい順に a, b とすると，a, b が連続しないことから

$$b-a > 1 \quad \therefore \quad a < b-1$$

である．$1 \leqq a$ かつ $b \leqq n$ とまとめると

$$1 \leqq a < b-1 \leqq n-1 \quad \cdots\cdots\cdots\cdots\cdots\cdots ①$$

◀ $b-a \geqq 2$ でも同じですが，この後を考えると等号がない方がよいです．

◀ $b \leqq n$ は $b-1 \leqq n-1$ としてまとめます．

第13章　場合の数

(a, b) と $(a, b-1)$ は1対1に対応するから，（▷▷▷▷ ❸）
① を満たす $(a, b-1)$ の個数を求める．$1 \sim n-1$ の中から異なる2数を選ぶ組合せを考えて，求める選び方は

$$_{n-1}\mathrm{C}_2 = \frac{1}{2}(n-1)(n-2)\,（通り）$$

（2）　選ばれる3数を小さい順に a, b, c とすると

$$b-a > 1, \quad c-b > 1$$

である．$1 \leqq a$ かつ $c \leqq n$ とまとめると

$$1 \leqq a < b-1 < c-2 \leqq n-2 \quad （▷▷▷▷ ❹）$$

（1）と同様に，$1 \sim n-2$ の中から異なる3数を選ぶ組合せを考えて，求める選び方は

$$_{n-2}\mathrm{C}_3 = \frac{1}{6}(n-2)(n-3)(n-4)\,（通り）$$

♦別解♦ 2. （1）　選ばれる2数を小さい順に a, b とする．a の値で場合分けする．

$a=1$ のとき，b は $3 \sim n$ の $n-2$ 通り．
$a=2$ のとき，b は $4 \sim n$ の $n-3$ 通り．

◁ a と b は連続しませんから，b は3からです．

$\vdots$

$a=n-2$ のとき，b は n の1通り．
求める選び方はこれらの和で

$$(n-2)+(n-3)+\cdots+1$$

◁ $\sum\limits_{k=1}^{n-2} k$ です．

$$= \frac{1}{2}(n-2)(n-1)\,（通り）$$

（2）　（1）で求めた選び方を x_n 通りとする．選ばれる3数を小さい順に a, b, c とする．c の値で場合分けして，x_n を利用する．（▷▷▷▷ ❺）$c \geqq 5$ に注意する．

◁ $a=1$, $b=3$, $c=5$ のとき c は最小です．

$c=5$ のとき，a, b は $1 \sim 3$ の中の連続しない相異なる2数であるから，(a, b) は x_3 通り．
$c=6$ のとき，a, b は $1 \sim 4$ の中の連続しない相異なる2数であるから，(a, b) は x_4 通り．

$\vdots$

472 第13章　場合の数（例題13−1）

第1節　確率攻略法

$c = n$ のとき，a, b は $1 \sim n-2$ の中の連続しない相異なる2数であるから，(a, b) は x_{n-2} 通り.

求める選び方はこれらの和で

$$x_3 + x_4 + \cdots + x_{n-2} = \sum_{k=3}^{n-2} \frac{1}{2}(k-2)(k-1)$$

$$= \frac{1}{6} \sum_{k=3}^{n-2} \{(k-2)(k-1)k$$

$$- (k-3)(k-2)(k-1)\}$$

$$= \frac{1}{6} \{(n-4)(n-3)(n-2) - 0 \cdot 1 \cdot 2\}$$

$$= \frac{1}{6}(n-4)(n-3)(n-2) \text{（通り）}$$

◀ 連続する整数の積の差分解です．詳しくは
☐Point… ☐ 13−2.の **4**(☞ P.479）で解説します．

Point
The number of cases
NEO ROAD TO SOLUTION　**13−1**　Check!

1 　今回は記号化して考えると明快です．例えば，$n = 10$ のとき

```
1 2 3 4 5 6 7 8 9 10
× ○ × × × ○ × × × ×
```

であれば，選ばれる数は2と6です．○，×の順列1つが2つの数の組1つに対応します．よって，○，×の順列を数えますが，○同士，×同士は区別しません．○同士，×同士を入れ換えても同じ2数の選び方に対応するからです．○，×による**模様の作り方を考える**イメージです．

2 　一般に，隣り合わないものの順列は，「残りを先に並べてその間と両端に入れる」のが鉄則です．×を先に並べ，その間と両端のどこに○を入れるか考えます．×の順列は1通りですから，○の入れ方のみ考えればよいです．

3 　(a, b) 1つに対し $(a, b-1)$ がただ1つ対応し，逆に $(a, b-1)$ 1つに対し (a, b) がただ1つ対応するということです．2つの組の個数は一致します．

4 　$b-a > 1$, $c-b > 1$ を $a < b-1$, $b < c-1$ として，後者を $b-1 < c-2$ とすれば，$a < b-1 < c-2$ とまとまります．同様に $c \leqq n$ もまとめます．

5 　1つの数を選べば2数の問題になり，（1）が利用できます．c を決めると a, b に使える数が決まりますから，(a, b) の個数を x_n で表します．

第13章 場合の数

第2節　格子点の利用

場合の数　　　　　　　　　　　　　　　　　　　The number of cases

　場合の数の問題では，結果的に数え上げるしか方法がない問題があります．例えば，[例題] 13−3．(☞ P.484) で扱うような「区別がないものを区別がないものに分ける」問題です．より簡単な例題です．

> [問題] 55．区別がない6個のみかんを区別がない3枚の皿に載せる方法は何通りあるか．ただし，みかんを1個も載せない皿があってもよいとする．

　数え上げます．3枚の皿に載せるみかんの個数の組合せは，(小, 中, 大) として，小 = 0 から書き並べると

　　(0, 0, 6), (0, 1, 5), (0, 2, 4), (0, 3, 3), (1, 1, 4), (1, 2, 3), (2, 2, 2)

であり，7通りです．

　このように個数が少ないときは書き出して数え上げますが，個数が多い，もしくは文字を含む場合は大変です．そこで3枚の皿に載せるみかんの個数を文字でおきます．x, y, z とします．皿に区別がないことから，大小を設定します．$x \leqq y \leqq z$ とします．例えば，(0, 2, 4) と (0, 4, 2) は区別がありません．結局

　　$x + y + z = 6, \ 0 \leqq x \leqq y \leqq z$

を満たす整数の組 (x, y, z) の個数を求める問題になります．$z = 6 - x - y$ より不等式から z を消去して

　　$0 \leqq x \leqq y \leqq 6 - x - y$

　　$x \geqq 0$ かつ $y \geqq x$ かつ $y \leqq 3 - \dfrac{x}{2}$

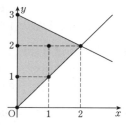

これは x, y の2変数の不等式です．不等式の章 (☞ P.217) でも紹介しましたが，**2変数の不等式は領域を表します．** x, y は整数ですから，(x, y) は領域内の格子点 (☞ P.416) です．よって，領域を図示して格子点の個数を求めればよいです．

〈場合の数のまとめ2〉

Check ▷▷▷　格子点の利用

- 個数を文字でおいて立式する
- 2変数の不等式に帰着できる問題は格子点の個数を数える

第2節　格子点の利用

〈三角形の3辺の長さの組の個数〉

[例題] **13−2.** N を2以上の整数とする．$1 \leq a < b < c \leq 2N$ を満たし，a, b, c を3辺の長さとする三角形が存在するような整数の組 (a, b, c) の個数を S_N とする．

（1）　S_3 を求めよ．

（2）　S_N を N で表せ．

（一橋大）

考え方 a, b, c の3変数の不等式ですが，1文字を固定することで2変数の不等式の問題に帰着できます．（1）は個数が少ないですから，具体的に組を書き出して数え上げればよいです．（2）は領域を図示して格子点の個数を求めます．

▶解答◀ （1）　$a < b < c$ より，a, b, c を3辺の長さとする三角形が存在する条件は

$$a + b > c \quad \cdots\cdots\cdots\cdots\cdots\cdots① $$

（▷▷▷▷ **①**）

$N = 3$ のとき，$1 \leq a < b < c \leq 6$ より，$c = 3, 4, 5, 6$ である．c の値で場合分けする．

◀ c が最小になるのは $a = 1$, $b = 2$, $c = 3$ のときです．①は c を固定すると考えやすいです．

（ア）　$c = 3$ のとき

　$1 \leq a < b < 3$ であり，①より $a + b > 3$ であるから，(a, b) は存在しない．

◀ $1 \leq a < b < 3$ を満たすのは $(a, b) = (1, 2)$ のみで，これは $a + b > 3$ を満たしません．

（イ）　$c = 4$ のとき

　$1 \leq a < b < 4$ であり，①より $a + b > 4$ であるから，$(a, b) = (2, 3)$ である．

◀ 1, 2, 3 から異なる2数を選んで和が4より大きくなるようにします．

（ウ）　$c = 5$ のとき

　$1 \leq a < b < 5$ であり，①より $a + b > 5$ であるから，$(a, b) = (2, 4), (3, 4)$ である．

◀ 1, 2, 3, 4 から異なる2数を選んで和が5より大きくなるようにします．

（エ）　$c = 6$ のとき

　$1 \leq a < b < 6$ であり，①より $a + b > 6$ であるから，$(a, b) = (2, 5), (3, 4), (3, 5), (4, 5)$ である．

◀ 1, 2, 3, 4, 5 から異なる2数を選んで和が6より大きくなるようにします．

　よって

$$S_3 = 0 + 1 + 2 + 4 = \mathbf{7}$$

（2）　$1 \leq a < b < c \leq 2N$ より，$c = 3, 4, \cdots, 2N$ である．（1）と同様に c の値で場合分けする．

第13章　場合の数（例題13−2）　475

$c = k\,(k = 3, 4, \cdots, 2N)$ とすると
$$0 < a < b < k$$
$$a + b > k$$
であるから，点 (a, b) は図1の網目部分（境界を除く）に含まれる格子点である．その個数を a_k とする．

図1の正方形の対角線の交点 $\left(\dfrac{k}{2}, \dfrac{k}{2}\right)$ が格子点かどうか，すなわち k の偶奇で場合分けする．(▷▶▶▶ **2**)

◀ 2式を $0 < a < k$ かつ $0 < b < k$ かつ $b > a$ かつ $b > k - a$ ととらえて領域を図示します．

(ア) $k = 2m\,(m = 2, 3, \cdots, N)$ のとき

格子点を図2の黒丸で表した．直線 $b = l\,(l = m+1, m+2, \cdots, 2m-1)$ 上にある格子点の数を調べる．

$b = m + 1$ 上には1個あり，l が1増えるごとに2個ずつ増え，$b = 2m - 1$ 上には $2m - 3$ 個あるから

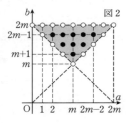
図2

◀ 最初と最後の個数を調べれば立式できます．

$$a_{2m} = 1 + 3 + \cdots + (2m - 3)$$
$$= 1 + 3 + \cdots + \{2(m-1) - 1\} = (m-1)^2$$

◀ 1から始まる $m-1$ 個の奇数の和ですから，公式を用いて $(m-1)^2$ です．

(イ) $k = 2m - 1\,(m = 2, 3, \cdots, N)$ のとき

格子点を図3の黒丸で表した．直線 $b = l\,(l = m+1, m+2, \cdots, 2m-2)$ 上にある格子点の数を調べる．

$b = m + 1$ 上には2個あり，l が1増えるごとに2個ずつ増え，$b = 2m - 2$ 上には $2m - 4$ 個あるから

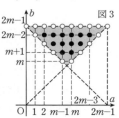
図3

◀ 対角線の交点は $\left(m - \dfrac{1}{2}, m - \dfrac{1}{2}\right)$ です．

$$a_{2m-1} = 2 + 4 + \cdots + (2m - 4)$$
$$= \dfrac{(m-2)\{2 + (2m-4)\}}{2}$$

第2節　格子点の利用

$$= (m-2)(m-1)$$

S_N は k を動かして a_k の和をとったもので

$$S_N = \sum_{k=3}^{2N} a_k = \sum_{m=2}^{N} a_{2m-1} + \sum_{m=2}^{N} a_{2m}$$

$$= \sum_{m=2}^{N} (a_{2m-1} + a_{2m}) \quad (\triangleright\triangleright\triangleright \boxed{3})$$

$$= \sum_{m=2}^{N} \{(m-2)(m-1) + (m-1)^2\}$$

◀ 展開してもよいですが, この形を保った方が効率 よく計算できます.

$$= \frac{1}{3} \sum_{m=2}^{N} \{(m-2)(m-1)m$$
$$- (m-3)(m-2)(m-1)\} \quad (\triangleright\triangleright\triangleright \boxed{4})$$
$$+ \sum_{m=1}^{N-1} m^2$$

◀ Σ を外してみると
$$\sum_{m=2}^{N}(m-1)^2$$
$$= 1^2 + 2^2 + \cdots + (N-1)^2$$
$$= \sum_{m=1}^{N-1} m^2$$
です.

$$= \frac{1}{3} \{(N-2)(N-1)N - (-1)\cdot 0 \cdot 1\}$$
$$+ \frac{1}{6}(N-1)N(2N-1)$$

$$= \frac{1}{6}(N-1)N\{2(N-2) + (2N-1)\}$$

$$= \frac{1}{6}N(N-1)(4N-5)$$

♦別解♦　(a_{2m}, a_{2m-1} の別の求め方)

図1の1辺の長さが k の正方形の内部（境界を除く）にある格子点の個数を b_k, 2本の対角線上（4つの端点を除く）にある格子点の個数を c_k とすると

$$a_k = \frac{1}{4}(b_k - c_k), \quad b_k = (k-1)^2 \quad (\triangleright\triangleright\triangleright \boxed{5})$$

（ア）　$k = 2m$ $(m = 2, 3, \cdots, N)$ のとき

点 $\left(\dfrac{k}{2}, \dfrac{k}{2}\right)$ は格子点であるから

$$c_k = 2(k-1) - 1 = 2k - 3 \quad (\triangleright\triangleright\triangleright \boxed{6})$$

であり

$$a_k = a_{2m} = \frac{1}{4}\{(k-1)^2 - (2k-3)\}$$

第13章　場合の数（例題13-2）　477

第13章　場合の数

$$= \frac{1}{4}(k^2 - 4k + 4) = \frac{1}{4}(k-2)^2$$
$$= \frac{1}{4}(2m-2)^2 = (m-1)^2$$

◀ $k = 2m$ を用いて m の式に直しておきます．

（イ）　$k = 2m - 1$（$m = 2, 3, \cdots, N$）のとき

点 $\left(\dfrac{k}{2}, \dfrac{k}{2}\right)$ は格子点でないから

$$c_k = 2(k-1)$$

であり

$$a_k = a_{2m-1} = \frac{1}{4}\{(k-1)^2 - 2(k-1)\}$$
$$= \frac{1}{4}(k-1)(k-3)$$
$$= \frac{1}{4}(2m-2)(2m-4) = (m-1)(m-2)$$

□ Point　The number of cases　13-2　Check! □
NEO ROAD TO SOLUTION

1　一般に，a, b, c を3辺の長さとする三角形の成立条件は

$$a < b + c \text{ かつ } b < c + a \text{ かつ } c < a + b \quad \cdots\cdots Ⓐ$$

です．これは

$$|b - c| < a < b + c \quad \cdots\cdots Ⓑ$$

と同値です．Ⓐの第2式と第3式を同値変形すると

$$b < c + a \text{ かつ } c < a + b \iff b - c < a \text{ かつ } -(b - c) < a$$
$$\iff |b - c| < a$$

となるからです．Ⓑは**「1辺の長さは残りの2辺の長さの和と差の間」**と覚えます．もちろん中辺は a の代わりに b や c としても構いません．

今回は $a < b < c$ ですから，Ⓐの $a < b + c$ と $b < c + a$ は成り立ちます．よって，$c < a + b$ のみが残ります．

2　領域は単純な直角二等辺三角形です．直線 $a = l$ ではなく，直線 $b = l$ 上にある格子点の個数を考えるとよいです．l が1増えるごとに2個ずつ増え，変化が単純だからです．ただし，最初がいくつから始まるかは k によります．三角形の頂点の1つである点 $\left(\dfrac{k}{2}, \dfrac{k}{2}\right)$ が格子点であれば，▶解答◀の図2のように1個から始ま

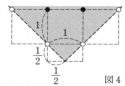

図4

り，格子点でなければ，**▶解答◀** の図3のように2個から始まります．そこで，k の偶奇で場合分けします．なお，図4は **▶解答◀** の図3の点 $\left(\dfrac{k}{2}, \dfrac{k}{2}\right)$ のまわりを拡大したものです．

3 k の偶奇で a_k の一般項が異なりますから，奇数番目の項と偶数番目の項に分けて和をとりますが，m の範囲が同じですから

$$\sum_{k=3}^{2N} a_k = \sum_{m=2}^{N} a_{2m-1} + \sum_{m=2}^{N} a_{2m} = \sum_{m=2}^{N} (a_{2m-1} + a_{2m})$$

のようにまとめられます．この結果は，最初から

$$\sum_{k=3}^{2N} a_k = (a_3 + a_4) + (a_5 + a_6) + \cdots + (a_{2N-1} + a_{2N})$$

と，2項ずつセットになるように括弧をつけているととらえれば当たり前です．数列の章（☞ P.417）でも述べましたが，やはり $\sum$ を外してみることです．

4 連続する整数の積は，**"次"−"前"** を作って差分解します．$(m-2)(m-1)$ は連続する2つの整数 $m-2$，$m-1$ の積ですから，その次の数 m をかけたものと，前の数 $m-3$ をかけたものの差を作って，帳尻を合わせます．

$$(m-2)(m-1) = \underbrace{\frac{1}{3}}_{帳尻}\{(m-2)(m-1)\underbrace{m}_{次} - \underbrace{(m-3)}_{前}(m-2)(m-1)\}$$

$f(m+1) - f(m)$ の形の差ですから，差分解になっています．

5 **▶解答◀** の図1の領域は直角二等辺三角形で，大雑把に言うと，正方形の約4分の1です．ただし，格子点の個数は単純に4分の1ではありません．**対角線上にある格子点を除外する**必要があります．図5のように正方形の内部にある格子点から対角線上にある格子点を除き，4で割ります．すなわち

$$a_k = \frac{1}{4}(b_k - c_k)$$

です．

6 対角線 $y = x\,(0 < x < k)$ 上にある格子点の x 座標は $x = 1, 2, \cdots, k-1$ ですから，格子点の個数は $k-1$ です．$y = k-x\,(0 < x < k)$ 上の格子点も同様に $k-1$ 個あります．一方，対角線の交点 $\left(\dfrac{k}{2}, \dfrac{k}{2}\right)$ は格子点で，重複して数えていますから，2本の対角線上にある格子点の総数は $2(k-1)-1$ です．

第13章　場合の数

第3節　　　　　　　　　　　　重複組合せ

場合の数　　　　　　　　　　　　　　　　　　　　　　　The number of cases

　重複組合せは，解法を身に付ければ非常に簡単です．どのように数えるかを納得して覚えましょう．

　典型的な問題は**「区別がないものを区別があるものに分ける」**問題です．

> **問題 56.** 区別がない 10 個のみかんを 3 人で分ける分け方は何通りあるか．
>
> 　ただし，1 個ももらわない人がいてもよいとする．

　私は「1 個ももらわない人がいてもよいルール」のことを**「残酷ルール」**と呼んでいます😫　ルールは残酷ですが，難易度は残酷ではなく，むしろ優しいです．

　3 人を A，B，C とします．10 個のみかんを 10 個の◯で表します．また，2 個の | で3つに分け，左から順に A，B，C の取り分とします．例えば

　　　A　　　　　B　　　　　　　C
　　◯◯｜◯◯◯｜◯◯◯◯◯

であれば，A に 2 個，B に 3 個，C に 5 個分けたことに対応します．**◯と | の順列とみかんの分け方が 1 対 1 に対応します**から，10 個の◯と 2 個の | の順列を考えます．数え方に注意しましょう．

　　　◯ˇ◯ˇ◯ˇ◯ˇ◯ˇ◯ˇ◯ˇ◯ˇ◯ˇ◯　　　　｜｜

のように，10 個の◯の間は 9 カ所あり，そこに 2 個の | を入れるから $_9C_2$ 通り，もしくは

　　　ˇ◯ˇ◯ˇ◯ˇ◯ˇ◯ˇ◯ˇ◯ˇ◯ˇ◯ˇ◯ˇ　　　　｜｜

のように，両端も含めて 11 カ所あるから $_{11}C_2$ 通り，などとしないでください．これらの数え方では，ˇ に入る | は 1 個までで

　　　◯｜｜◯◯◯◯◯◯◯◯◯

のように | が連続する場合が再現できないからです．

　「◯を先に並べてから間に | を入れる」のではなく，**「◯か | か」というイメージで◯と | は対等に扱います**．「12 カ所の場所に 10 個の◯と 2 個の | を並べる」と考えます．よって，$_{12}C_2 = 66$ 通りとなります．

　なお，この問題は次のように書いても同じです．

480　第13章　場合の数

第3節　重複組合せ

問題 57. $x+y+z=10,\ x\geqq 0,\ y\geqq 0,\ z\geqq 0$ を満たす整数の組 $(x,\ y,\ z)$ の個数を求めよ.

　先程の **問題** 56. と同じに見えますか？　見た目ではなく内容でどういう問題かを判断することです. 上のように式で書かれていても「みかんを分ける問題」ととらえることができるかが重要です. **重複組合せの問題を見抜く**ことです.

　では応用です. 分けるルールを少し変えた問題です.

問題 58. 区別がない 10 個のみかんを 3 人で分ける分け方は何通りあるか. ただし, どの人も少なくとも 1 個はもらうとする.

　「温情ルール」とでも呼んでおきましょう. そのまんまですね😑
　まず, よく知られた解法です. どの人も少なくとも 1 個はもらいますから

　　　○｜｜○○○○○○○○

のように｜が連続することは許されません. また

　　　｜○○○○○○｜○○○○

のように｜が両端にくることも許されません. よって, ｜同士が隣り合わず, かつ両端以外にくるように並べます.

　　　○˅○˅○˅○˅○˅○˅○˅○˅○　　　｜｜

のように, 先に 10 個の○を並べ, その間の 9 カ所に 2 個の｜を入れると考えて, $_9C_2=36$ 通りとなります.

　「あれ？　さっきは○と｜は対等に扱うと言ったのに, 今回は違うの？」と思った人は正解です. 大人は状況によって言うことが変わります😑　この解法はきちんと理解して使えば速いですが, 私はあまり好きではありません. 全員が平等に **1 個以上**もらうという特殊な「温情ルール」の問題でしか使えないからです.

問題 59. 区別がない 10 個のみかんを A, B, C の 3 人で分ける分け方は何通りあるか. ただし, A は少なくとも 2 個, B は少なくとも 1 個はもらうとし, C は 1 個ももらわなくてもよいとする.

第13章　場合の数　481

第13章　場合の数

3人に力関係がある場合の問題です.「ドラえもん」のジャイアン, スネ夫, の
び太の3人を連想するといいでしょう😊　「残酷ルール」の問題に帰着させれ
ば簡単です. あらかじめ, A(ジャイアン)に2個, B(スネ夫)に1個与えて
おき, 残り7個を「残酷ルール」で分ければよいのです. 結果, 7個の○と2個
の | の順列を考えて, $_9C_2 = 36$ 通りとなります.

もちろん, 次のように書いても同じです.

問題 **60.** $x+y+z = 10$, $x \geqq 2$, $y \geqq 1$, $z \geqq 0$ を満たす整数の組 (x, y, z)
の個数を求めよ.

答案には,「$x' = x - 2$, $y' = y - 1$ とおくと

$$x' + y' + z = 7, \quad x' \geqq 0, \quad y' \geqq 0, \quad z \geqq 0$$

(x, y, z) と (x', y', z) は1対1に対応するから, これを満たす (x', y', z) の
個数を求めればよい.」とでも書いて始めればよいでしょう.

なお,「温情ルール」に帰着させる方法もありますが, 個人的には, 1個以上も
らえる問題より0個以上もらえる問題にする方がシンプルだと思います.

さて, そもそもなぜ「重複組合せ」と呼ばれるのでしょうか. 実は最初に挙げ
た 問題 **56.** は, 次の問題と内容が同じだからです.

問題 **61.** A, B, C の中から重複を許して10個選ぶ組合せの数を求めよ.
ただし, 選ばれない文字があってもよいとする.

組合せでなく順列であれば「重複順列」の問題です. 右
のような表を考えます. 番号目線で「どの文字にするか」
と丸を付けていきます. 表の作り方と順列は1対1に対
応しますから, 表の作り方の数を考えて, 3^{10} 通りです.

	A	B	C
1	○		
2			○
3		○	
4	○		
10		○	

組合せの方は, 具体例を考えましょう. 組合せですか
ら, 順序は区別しません. 例えば

　　　AAABBBBBCC

のような組合せが考えられます. これは区別のない10個のみかんをA, B, Cの
3人に分ける分け方(Aに3個, Bに5個, Cに2個)1つに対応します. よっ

482 第13章　場合の数

第3節　重複組合せ

て，求める組合せの数は，みかんの分け方（残酷ルール）の数に等しいのです．

「重複を許して選ぶ組合せ」は別のタイプもあります．

> **問題 62.** $1 \leqq x \leqq y \leqq z \leqq 6$ を満たす整数の組 (x, y, z) の個数を求めよ．

　もし x, y, z の間に等号がなく，$1 \leqq x < y < z \leqq 6$ であれば，重複を許さない通常の組合せです．$1 \sim 6$ の中から異なる 3 つの数を選ぶ組合せを考えて，${}_6\mathrm{C}_3$ 通りです．まず 3 つの数を選び，次に小さい順に x, y, z とするイメージで，数の選び方は ${}_6\mathrm{C}_3$ 通り，x, y, z の決め方は 1 通りですから，${}_6\mathrm{C}_3 \cdot 1$ 通りです．

　重複を許す場合は，○と｜の順列を考えます．…と書く予定でしたが，その方法はどうも評判がよくないようです．私もずっと違和感を持ちながら使っていましたが，考えを改めました☺　**重複を許さない組合せの問題に帰着させます**．
　整数 x, y に対し

$$x \leqq y \Longleftrightarrow x < y + 1$$

が成り立ちます．例として，整数 x に対し「$x \leqq 3 \Longleftrightarrow x < 4$」を考えれば，納得がいくでしょう．「$3$ 以下の整数」と「4 未満の整数」は同じ意味です．これを用いて x, y, z の間の等号をなくすと

$$1 \leqq x \leqq y \leqq z \leqq 6 \Longleftrightarrow 1 \leqq x < y + 1 < z + 2 \leqq 8$$

となります．(x, y, z) と $(x, y+1, z+2)$ は 1 対 1 に対応しますから，これを満たす $(x, y+1, z+2)$ の個数を求めればよく，$1 \sim 8$ の中から異なる 3 つの数を選ぶ組合せを考えて，${}_8\mathrm{C}_3 = 56$ 通りです．

　最後に，「重複を許して選ぶ組合せ」を声に出して読んでみてください．「重複を，許して選ぶ，組合せ」…．何か気付きませんか？　そうです．「五・七・五」になっています．くだらないですね☺

〈場合の数のまとめ３〉

Check ▷▷▷▷ 重複組合せ
（ⅰ）　○と｜の順列を考える
（ⅱ）　重複を許さない組合せの問題に帰着させる

第13章　場合の数

――――〈ボールを箱に入れるときの分け方〉――――

例題 13–3. n を正の整数とし，n 個のボールを 3 つの箱に分けて入れる
問題を考える．ただし，1 個のボールも入らない箱があってもよいものと
する．以下に述べる 4 つの場合について，それぞれ相異なる入れ方の総数
を求めたい．

（1）　1 から n まで異なる番号のついた n 個のボールを，A，B，C と区
　　別された 3 つの箱に入れる場合，その入れ方は全部で何通りあるか．

（2）　互に区別のつかない n 個のボールを，A，B，C と区別された 3 つ
　　の箱に入れる場合，その入れ方は全部で何通りあるか．

（3）　1 から n まで異なる番号のついた n 個のボールを，区別のつかない
　　3 つの箱に入れる場合，その入れ方は全部で何通りあるか．

（4）　n が 6 の倍数 $6m$ であるとき，n 個の互に区別のつかないボールを，
　　区別のつかない 3 つの箱に入れる場合，その入れ方は全部で何通りある
　　か．

（東京大）

考え方　分けるもの（ボール）に区別があるかどうか，分ける対象（箱）に区
別があるかどうかで，4 種類の問題です．問題ごとに解法はガラッと変わります．
（1）は重複順列，（2）は重複組合せです．（3）はいったん箱を区別して考え，
その後区別をなくします．（4）は **第2節**（☞ P.474）で述べたように，格子点
の個数の問題に帰着させます．

▶解答◀　（1）　各ボールが A，B，C のどの箱に入　　◀ 区別が**ある**ものを区別が
るかを考えて，**3^n 通り**．（▷▷▷▷ **1**）　　　　　　　　　　**ある**ものに分けます．重
　　　　　　　　　　　　　　　　　　　　　　　　　　　　　　　複順列です．

（2）　n 個のボールを n 個の○で表し，2 個の｜を用い　◀ 区別が**ない**ものを区別が
て 3 つに分けると考える．　　　　　　　　　　　　　　　　　**ある**ものに分けます．重
　　　　　　　　　　　　　　　　　　　　　　　　　　　　　　複組合せです．

$$A \quad B \qquad C$$
$$○○｜\quad｜○○○○○$$

◀「残酷ルール」です．

n 個の○と 2 個の｜の順列を考えて

$$_{n+2}\mathrm{C}_2 = \frac{1}{2}(n+2)(n+1)\,(通り)$$

（3）　いくつの箱を使うかで場合分けする．（▷▷▷▷ **2**）　◀ 区別が**ある**ものを区別が
（ア）　1 つの箱に入れるとき　　　　　　　　　　　　　　　**ない**ものに分けます．
　すべてのボールを 1 つの箱に入れる．入れ方は 1 通り．　◀ 箱を区別しませんから入
（イ）　2 つの箱に入れるとき　　　　　　　　　　　　　　　れ方は 1 通りです．

第3節　重複組合せ

まず2つの箱を区別して考える．各ボールがどちらの箱に入るかを考えて 2^n 通りあるが，1つの箱に偏る場合の2通りを除いて $2^n - 2$ 通り．

◀ 重複順列になります．

◀ 1つの箱に偏る場合は（ア）と重複しますから，除外します．

箱の区別をなくすと，2! 通りずつ同じ分け方が現れるから，2! で割って　(▷▷▷▷ ❸)

$$\frac{2^n - 2}{2!} = 2^{n-1} - 1 \,(通り)$$

（ウ）　3つの箱に入れるとき　(▷▷▷▷ ❹)

まず3つの箱を区別して考える．各ボールがどの箱に入るかを考えて 3^n 通りあるが，この中には1つの箱や2つの箱に偏る場合が含まれる．

1つの箱に偏る場合はどの箱に偏るかを考えて3通り．

2つの箱に偏る場合は，どの2つの箱に偏るかを考えて $_3C_2$ 通りあり，各ボールがそのどちらの箱に入るかで 2^n 通り，ただし，一方に偏る2通りを除いて $2^n - 2$ 通りあるから，$_3C_2(2^n - 2)$ 通り．

◀ 3つの箱を A, B, C とすると，偏る2つの箱の組合せは $(A, B), (A, C),$ (B, C) の3通りです．

よって，区別がある3つの箱に入れる入れ方は

$$3^n - 3 - {}_3C_2(2^n - 2) = 3^n - 3 \cdot 2^n + 3 \,(通り)$$

箱の区別をなくすと，3! 通りずつ同じ分け方が現れるから，3! で割って

$$\frac{3^n - 3 \cdot 2^n + 3}{3!} = \frac{3^{n-1} - 2^n + 1}{2} \,(通り)$$

以上より，求める入れ方は

$$1 + (2^{n-1} - 1) + \frac{3^{n-1} - 2^n + 1}{2}$$

$$= \frac{3^{n-1} + 1}{2} \,(通り)$$

♦別解♦　1番から続けて何番のボールまで同じ箱に入れるかで，排反に場合分けする．ただし，$n \geqq 2$ とする．

1〜k 番まで同じ箱に入れるとする．

$1 \leqq k \leqq n-1$ のとき，$k+1$ 番は別の箱に入れる．このとき，3つの箱は区別がつくから，(▷▷▷▷ ❺) 残り $n-(k+1)$ 個のボールの入れ方は $3^{n-(k+1)}$ 通り．

$k = n$ のとき，ボールの入れ方は1通り．

◀ $1 \leqq k \leqq n-1$ のときを考えるからです．

◀ 重複順列です．

第13章　場合の数（例題13−3）　485

k を動かして和をとると，求める入れ方は
$$\sum_{k=1}^{n-1} 3^{n-(k+1)} + 1 = \sum_{l=0}^{n-2} 3^l + 1 = \frac{3^{n-1}-1}{3-1} + 1$$
$$= \frac{3^{n-1}+1}{2} \text{ (通り)}$$

◀ $\sum_{k=1}^{n-1} 3^{n-(k+1)}$
$= 3^{n-2} + 3^{n-3} + \cdots + 3^0$
$= \sum_{l=0}^{n-2} 3^l$
と逆順に和をとります．

これは $n = 1$ のときも成り立つ．
（4） 3 つの箱に入れるボールの個数を小さい順に x, y, z とおくと

◀ 区別が**ない**ものを区別が**ない**ものに分けます．箱に入るボールの個数を文字でおきます．

$$x + y + z = 6m,\ 0 \leqq x \leqq y \leqq z$$
$z = 6m - x - y$ を $0 \leqq x \leqq y \leqq z$ に代入し
$$0 \leqq x \leqq y \leqq 6m - x - y$$
$$x \geqq 0 \text{ かつ } y \geqq x \text{ かつ } y \leqq 3m - \frac{x}{2}$$

◀ 3 つの式に分けます．

よって，点 (x, y) は図 1 の網目部分（境界を含む）に含まれる格子点である．直線 $y = k$ ($k = 0, 1, \cdots, 3m$) 上にある格子点の個数の和をとり，求める入れ方は

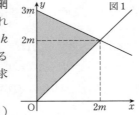

$$1 + 2 + \cdots + (2m+1)$$
$$+ (2m-1) + (2m-3) + \cdots + 3 + 1$$
(▷▶▶▶ **6**)

◀ 逆順にすると 1 から始まる m 個の奇数の和ですから，m^2 です．

$$= \frac{1}{2}(2m+1)(2m+2) + m^2$$
$$= (2m+1)(m+1) + m^2$$
$$= \bm{3m^2 + 3m + 1} \text{ (通り)}$$

♦別解♦ （3）と同様に，「いったん箱を区別して考え，その後，区別をなくす」方法で考える．

3 つの箱を区別すると，（2）と同様に，$6m$ 個の○と 2 個の | の順列を考えて

◀ 重複組合せです．

$${}_{6m+2}\mathrm{C}_2 = \frac{1}{2}(6m+2)(6m+1)$$

第3節　重複組合せ

$$= (3m+1)(6m+1) \text{（通り）} \cdots\cdots\cdots①$$

箱の区別をなくすと，得られる3つの数の組合せは

$$(p,\ p,\ p)$$
$$(q,\ q,\ r)\ (q \neq r)$$
$$(s,\ t,\ u)\ (s < t < u)$$

の3つのタイプがある．①において，$(p,\ p,\ p)$のタイプは1回ずつ，$(q,\ q,\ r)$のタイプは${}_3C_1 = 3$回ずつ，$(s,\ t,\ u)$のタイプは$3! = 6$回ずつ数えられている．3つのタイプの個数をそれぞれ$x,\ y,\ z$とおくと

$$x + 3y + 6z = (3m+1)(6m+1) \cdots\cdots\cdots②$$

である．

　一方，$(p,\ p,\ p)$のタイプは$(2m,\ 2m,\ 2m)$のみで，$x = 1$である．

$(q,\ q,\ r)$のタイプは

$$(0,\ 0,\ 6m),\ (1,\ 1,\ 6m-2),\ \cdots,\ (3m,\ 3m,\ 0)$$

の$3m+1$通りのうち，$(2m,\ 2m,\ 2m)$を除いて，$y = 3m$である．よって，②より

$$1 + 9m + 6z = (3m+1)(6m+1)$$
$$z = 3m^2$$

求める入れ方は

$$x + y + z = \boldsymbol{3m^2 + 3m + 1}\ \textbf{（通り）}$$

◀ タイプによって①で重複している数が異なるため，単純に3! で割るわけにはいきません．

◀ 例えば$m = 1$のとき，$(1,\ 2,\ 3)$と$(1,\ 3,\ 2)$は①では区別して数えていますが，箱の区別をなくすと同じ分け方です．

◀ 3つの数の和は$6m$です．

◀ qを0から動かします．

◀ $(p,\ p,\ p)$を除きます．

◀ zは直接求めにくいですから，②を利用します．

Point
The number of cases
NEO ROAD TO SOLUTION　**13-3**　Check!

1 各ボールが入る箱の記号を順に並べると，例えば

$$ACBCA$$

のようになり，重複を許して並べる順列ですから，重複順列です．右のような表の作り方の数を求めます．

	A	B	C
1	○		
2			○
3		○	
4			○
n	○		

2 「いったん箱を区別して考え，その後区別をなくす」のが基本的な考え方です．空箱があると，区別をなくす際に割る数が変わります．

第13章　場合の数

3 例えば A, B の箱に 3 つのボールを入れる際，右の 2 つの表に対応する分け方は異なる分け方ですが，箱の区別をなくす，すなわち名前 A, B をなくすと，どちらも 1 は単独で 2 と 3 が同じ箱に入り，

	A	B
1	○	
2		○
3		○

	A	B
1		○
2	○	
3	○	

同じ分け方です．A, B を入れ換えの数 2! 通り分だけ同じ分け方が現れます．よって，2! で割ります．

4 （イ）と（ウ）はまとめられます．3 つの箱に入れる入れ方は 3^n 通りあり，この中から 1 つの箱に偏る場合の 3 通りを除いて $3^n - 3$ 通りとします．これは 3 つの箱を区別した際に，空箱がないか空箱が 1 つだけある分け方です．箱の区別をなくすと，空箱がない場合は 3! 通りずつ重複しますが，空箱が 1 つだけある場合も 3! 通りずつ重複します．右の表のような分け方で名前

	A	B	C
1	○		
2	○		
3			○
4	○		
n		○	

A, B, C をなくすと，A, B, C の入れ換えの数 3! 通り分だけ同じ分け方が現れるからです．結局，$\dfrac{3^n - 3}{3!} = \dfrac{3^{n-1} - 1}{2}$ とまとめて計算できます．

5 箱にボールが入ると名前があるのと同じ状態になります．ボールに区別がありますから，2 つの箱に 1 個以上ボールが入った時点で，3 つの箱は，中に入っているボールの番号が $1 \sim k$, $k+1$, なしで，区別がつきます．

6 数列の章（☞ P.416）で解説したとおり，規則性に着目します．直線 $y = 2m$ の上下で 2 つの三角形に分けます．y 軸方向に数えていきましょう．

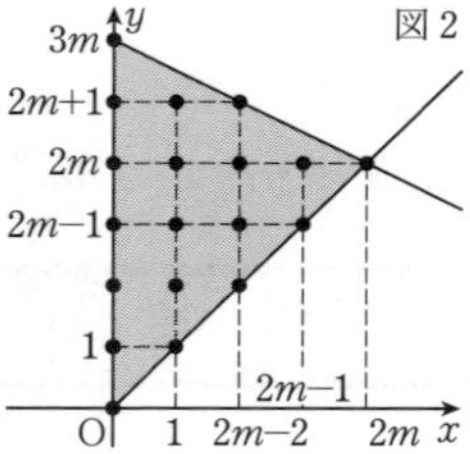

図2

　下の直角二等辺三角形については，y が 1 増えると格子点も 1 個増えます．下端の $y = 0$ 上には 1 個，上端の $y = 2m$ 上には $2m + 1$ 個あり，全部で

$$1 + 2 + \cdots + (2m + 1)\,(個)$$

です．上の直角三角形については，y が 1 増えると格子点は 2 減ります．下端の $y = 2m$ 上の $2m + 1$ 個は下の三角形で数えていますから，次の $y = 2m + 1$ 上にある $2m - 1$ 個から数えます．上端の $y = 3m$ 上には 1 個あり，全部で

$$(2m - 1) + (2m - 3) + \cdots + 3 + 1\,(個)$$

です．

488 第13章　場合の数（例題13−3）

第14章 確率

The probability

■ 真・解法への道！ NEO ROAD TO SOLUTION ■

第14章　確率

| 第1節 | 全事象のとり方 |

確率

The probability

　確率は，基本的には定義どおり $\dfrac{(\text{場合の数})}{(\text{全事象})}$ で計算します．ここで1つ重要な
ポイントがあります．問題が与えられた時点で全事象のとり方は決まっているよ
うな印象があるかもしれませんが，全事象のとり方は1通りとは限りません．

　もちろん，何でもいいわけではありません．私は中学生時代に友人から「明日
世界が滅びるか滅びないか2つに1つだから，明日世界が滅びる確率は $\dfrac{1}{2}$ だよ
な．」と言われたことがあります．中学生ぽいですね😆　当時は「そんなわけな
いだろ．」と思いながらも反論できませんでした．当然，数学の問題ではありま
せんから，明日世界が滅びることと滅びないことが同様に確からしいかは不明で
す．たとえ2つに1つであっても確率は $\dfrac{1}{2}$ ではなく，世界は救われました😊

　言い換えると，**同様に確からしいという前提を満たし，同じ数え方で場合の数
も求められる**のであれば，何を全事象にとっても構いません．例を挙げましょう．

　問題 **63.** 箱の中に10本のくじが入っており，そのうち3本が当たりである
　とする．10人が箱の中から無作為に1本ずつくじを引いていく．ただし，
　引いたくじは箱に戻さないものとする．
　（1）　2番目の人が当たりくじを引く確率を求めよ．
　（2）　4番目の人が当たりくじを引く確率を求めよ．
　（3）　2番目の人と4番目の人が当たりくじを引く確率を求めよ．

　こういうくじ引きの問題は，「何番目に引いても確率は同じ」という有名事実
がありますから，結果だけならすぐ出るでしょう．余談ですが，毎年年末ジャン
ボ宝くじの発売日には，宝くじ売り場の前に長い行列ができていることをテレビ
が報道しますが，私はそれを見るたびにこの有名事実を思い出しています．ま
あ，多くの人は早く買った方が当たる確率が高いと誤解しているのではなく，一
種のお祭りとして並んでいるのだとは思いますが．

　まず，（1）について詳しく解説します．実際に予備校の生徒に解いてもらう
と，1番目の人が当たりくじを引くかどうかで場合分けし

$$\frac{3}{10}\cdot\frac{2}{9}+\frac{7}{10}\cdot\frac{3}{9}=\frac{27}{90}=\frac{3}{10}$$

と計算する人が多いです．もし，2番目ではなく6番目の人が当たりくじを引く

490　第14章　確率

第1節　全事象のとり方

確率だったらどうするのでしょうか．このように確率を順番にかけていく解法も大事ですが，この問題で用いるべきではありません．$\dfrac{（場合の数）}{（全事象）}$ で求めます．

【すべてのくじを区別する方法】

10 本のくじをすべて区別して，10 人のくじの引き方を考えます．3 本の当たりくじを ❶，❷，❸，7 本のはずれくじを ①，②，③，④，⑤，⑥，⑦ として

$$⑥❷④①⑦❸②❶⑤③$$

のような順列を考えるイメージです．

10 人のくじの引き方は 10! 通りあり，そのどれもが同様に確からしいです．その中で，2 番目の人が当たりくじを引くのは，2 番目の人がどの当たりくじを引くかで 3 通り，残り 9 人のくじの引き方が 9! 通りあることから，3・9! 通りあります．よって，求める確率は $\dfrac{3 \cdot 9!}{10!} = \dfrac{3}{10}$ です．

【当たりくじ同士，はずれくじ同士は区別しない方法】

3 本の当たりくじ同士，7 本のはずれくじ同士は区別しないで，10 人のくじの引き方を考えます．当たりくじを ●，はずれくじを ○ として

$$○●○○○●○●○○$$

のような**模様の作り方を全事象にとる**のです．

10 人のくじの引き方は，どの 3 人が当たりくじを引くかを考えて $_{10}C_3$ 通りあり，そのどれもが同様に確からしいです．ある特定の模様ができやすいということはありません．その中で，2 番目の人が当たりくじを引くのは，2 番目の人が当たりくじを引き，残り 9 人のうちの 2 人が当たりくじを引く場合で，その 2 人の組合せを考えて $_9C_2$ 通りあります．求める確率は $\dfrac{_9C_2}{_{10}C_3} = \dfrac{36}{120} = \dfrac{3}{10}$ です．

なお，10 本のくじを**無作為**に一列に並べた後，左から**順に**とっていくと考えても同じです．こちらもシンプルで分かりやすい考え方です．

【対象者のくじの引き方のみに着目する方法】

上の 2 つの方法では 10 人のくじの引き方を考えましたが，今回は 2 番目の人のくじの引き方のみに着目します．残り 9 人のくじの引き方は考えません．一方，10 本のくじはすべて区別して考えます．区別しないと，当たるかはずれるかの 2 つに 1 つで，同様に確からしい前提が崩れます．

2 番目の人のくじの引き方は 10 通りです．しかも，そのどれもが同様に確からしいです．ある特定のくじが引かれやすいということはありません．もしあったらイカサマです😊　その中で，2 番目の人が当たりくじを引くのは，3 本ある

第 14 章　確率　491

第14章　確率

当たりくじのどれかを引く場合で，3通りあります．よって，求める確率は $\dfrac{3}{10}$ です．上で述べた「何番目に引いても確率は同じ」という有名事実も同様です．

　ただし，納得できない人が多そうです．他の9人のくじの引き方を無視していますから，「1番目の人が当たりくじを引いたら当たりくじが2本に減るんじゃないの？」という質問がよくあります．「そもそも2番目の人のくじの引き方は10通りではなくて9通りではないの？」と言う人もいます．しかし心配無用です．この問題は，**まだ誰もくじを引いていない段階で考える**ものです．**どのくじも2番目の人が引く可能性はある**のです．しかもどのくじも対等ですから，**2番目の人がどのくじを引くかは同様に確からしい**です．よって，2番目の人のくじの引き方のみを全事象にとっても問題ありません．

　一方，1番目の人がくじを引き，仮にそれが当たりくじだと分かった後，2番目の人が当たりくじを引く確率は $\dfrac{2}{9}$ です．この確率は**条件付き確率**（☞ P.537）です．1番目の人が当たりくじを引いた**後**，2番目の人が当たりくじを引く確率と，1番目の人がくじを引く**前**に，2番目の人が当たりくじを引く確率が異なるのは当たり前です．なお，くじを引いた後でも，当たりかどうかを確認していなければ引く前と同じです．一般に，何かが分かる前と後で確率が変わります．

　今回の問題では「対象者のくじの引き方のみに着目する方法」が最も速いでしょう．（2）も同様に $\dfrac{3}{10}$ です．（3）については，2番目と4番目の人のくじの引き方のみに着目します．2人のくじの引き方は10・9通りです．10^2 通りではないことに注意しましょう．2人が同じくじを引くことはないからです．樹形図を連想するとよいです．また，10・9通りのくじの引き方はどれもが同様に確からしいです．その中で，2人がともに当たりくじを引くのは，3・2通りです．やはり，3^2 通りではないことに注意です．よって，求める確率は $\dfrac{3 \cdot 2}{10 \cdot 9} = \dfrac{1}{15}$ です．

―――――――――――――――――――――〈確率のまとめ1〉――

Check ▷▷▷▷　全事象のとり方

　🖎　同様に確からしいか

　🖎　同じ数え方で場合の数が求められるか

第1節　全事象のとり方

――――――――――〈反復試行と非復元抽出〉

[例題] **14−1.** 先生と3人の生徒A，B，Cがおり，玉の入った箱がある．
箱の中には最初，赤玉3個，白玉7個，全部で10個の玉が入っている．
先生がサイコロをふって，1の目が出たらAが，2または3の目が出たら
Bが，その他の目が出たらCが箱の中から1つだけ玉を取り出す操作を
行う．取り出した玉は箱の中に戻さず，取り出した生徒のものとする．こ
の操作を続けて行うものとして，以下の問いに答えよ．ただし，サイコロ
の1から6の目の出る確率は等しいものとし，また，箱の中のそれぞれの
玉の取り出される確率は等しいものとする．
（1）2回目の操作が終わったとき，Aが2個の赤玉を手に入れている確
　　率を求めよ．
（2）2回目の操作が終わったとき，Bが少なくとも1個の赤玉を手に入
　　れている確率を求めよ．
（3）3回目の操作で，Cが赤玉を取り出す確率を求めよ． （東北大）

[考え方]　サイコロを振る操作については反復試行です．反復試行の確率の公
式が使えます．取り出した玉は箱の中に戻しませんから，玉を取り出す操作につ
いてはくじ引きの問題と同じです．対象者の取り出し方のみに着目します．2つ
の操作を分けて考えると立式しやすいです．

▶解答◀　（1）　2回とも1の目が出て，2回ともA
が赤玉を取り出す場合である．

2回とも1の目が出る確率は $\left(\dfrac{1}{6}\right)^2 = \dfrac{1}{36}$ であり，2

◀ サイコロの確率と玉の確率を分けて考えます．

回とも赤玉を取り出す確率は $\dfrac{3}{10}\cdot\dfrac{2}{9} = \dfrac{1}{15}$ であるから，

（▷▷▷▶**❶**）求める確率は

$$\dfrac{1}{36}\cdot\dfrac{1}{15} = \dfrac{1}{540}$$

（2）　2回目の操作が終わったとき，Bが少なくとも1
個の赤玉を手に入れているのは

　（ア）　2回中1回だけ2または3の目が出て，Bが赤
　　　玉を取り出す

　（イ）　2回とも2または3の目が出て，2回中少なく
　　　とも1回Bが赤玉を取り出す

第14章　確率

のいずれかである．（▷▷▷▷ ❷）

（ア）において，2回中1回だけ2または3の目が出る確率は

$$_2C_1\left(\frac{2}{6}\right)^1\left(\frac{4}{6}\right)^1 = \frac{4}{9} \quad (\text{▷▷▷▷ ❸})$$

である．また，Bが玉を取り出すとき，Bの玉の取り出し方は10通りあり，そのどれもが同様に確からしい．この中でBが赤玉を取り出すのは3通りあるから，Bが赤玉を取り出す確率は $\frac{3}{10}$ である．（▷▷▷▷ ❹）よって，（ア）の確率は

$$\frac{4}{9}\cdot\frac{3}{10} = \frac{2}{15}$$

（イ）において，2回とも2または3の目が出る確率は $\left(\frac{2}{6}\right)^2 = \frac{1}{9}$ である．また，2回中少なくとも1回Bが赤玉を取り出す確率は，2回とも白玉を取り出す確率を1から引いて

$$1 - \frac{7}{10}\cdot\frac{6}{9} = 1 - \frac{7}{15} = \frac{8}{15}$$

◀ 余事象を考えています．普通に確率をかけます．

である．よって，（イ）の確率は

$$\frac{1}{9}\cdot\frac{8}{15} = \frac{8}{135}$$

以上より，求める確率は

$$\frac{2}{15} + \frac{8}{135} = \frac{26}{135}$$

（3）　3回目に4または5または6の目が出て，Cが赤玉を取り出す場合である．

◀ 3回目の操作だけに着目します．1回目，2回目については考える必要はありません．

3回目に4または5または6の目が出る確率は $\frac{3}{6} = \frac{1}{2}$ である．また，Cが玉を取り出すとき，Cの玉の取り出し方は10通りあり，そのどれもが同様に確からしい．この中でCが赤玉を取り出すのは3通りあるから，Cが赤玉を取り出す確率は $\frac{3}{10}$ である．よって，求める確率は

◀ くじ引きの確率です．

$$\frac{1}{2}\cdot\frac{3}{10} = \frac{3}{20}$$

494　第14章　確率（例題14-1）

第1節　全事象のとり方

| □ | **Point** | The probability
NEO ROAD TO SOLUTION **14-1** | **Check!** | □ |

1 2回の操作で取り出すべき玉の色がすべて決まっていますから，普通に確率をかければよいです．$\dfrac{（場合の数）}{（全事象）}$ の方法なら，$\dfrac{3 \cdot 2}{10 \cdot 9} = \dfrac{1}{15}$ となります．

2 この場合分けがポイントです．「少なくとも1個」という表現がありますから，反射的に余事象を考えがちですが，少し立ち止まって考えましょう．

　余事象は，「2回目の操作が終わったとき，Bが赤玉を手に入れていない」です．2または3の目が何回出るかで場合分けすると

（ア）　2回とも2と3の目が出ない

（イ）　2回中1回だけ2または3の目が出て，Bが白玉を取り出す

（ウ）　2回とも2または3の目が出て，2回ともBが白玉を取り出す

のいずれかで，3通りの場合分けになります．直接考えた ▶**解答**◀ では2通りで済んでいますから，今回は場合分けをするメリットがありません．

　一応計算しておきます．（ア）の確率は

$$\left(\frac{4}{6}\right)^2 = \frac{4}{9}$$

（イ）の確率は，▶**解答**◀ の（ア）と同様に考えて

$${}_2C_1 \left(\frac{2}{6}\right)^1 \left(\frac{4}{6}\right)^1 \cdot \frac{7}{10} = \frac{4}{9} \cdot \frac{7}{10} = \frac{14}{45}$$

（ウ）の確率は，（1）と同様に考えて

$$\left(\frac{2}{6}\right)^2 \cdot \frac{7}{10} \cdot \frac{6}{9} = \frac{1}{9} \cdot \frac{7}{15} = \frac{7}{135}$$

よって，求める確率は

$$1 - \left(\frac{4}{9} + \frac{14}{45} + \frac{7}{135}\right) = 1 - \frac{60 + 42 + 7}{135} = 1 - \frac{109}{135} = \frac{26}{135}$$

です．

　直接考える方法でも

（ア）　2回中1回だけ2または3の目が出て，Bが赤玉を取り出す

（イ）　2回とも2または3の目が出て，1回だけBが赤玉を取り出す

（ウ）　2回とも2または3の目が出て，2回ともBが赤玉を取り出す

のように，3通りにする方法もありますが，▶**解答**◀ では（イ）と（ウ）を1つにまとめています．Bが2回玉を取り出す場合に関してはさらなる場合分けをせず，敢えて「少なくとも1回」を残しました．この「少なくとも1回」に

第14章　確率（例題14-1）　495

第14章　確率

対して余事象を用いれば，効率よく確率が計算できます．今回は，**全体に対してではなく場合分けの中で余事象を考える**のが有効です．

3 サイコロを 2 回振るときの確率ですから，**反復試行の確率の公式**を用います．よくある表現はこうです．1 回の試行で事象 A が起こる確率を p とし，この試行を n 回行うとき，事象 A がちょうど r 回起こる確率は ${}_nC_r p^r (1-p)^{n-r}$ です．多くの教科書，参考書に載っていますが，事象 A が起こるか起こらないかの二択の問題でしか使えませんから，汎用性が低いです．代わりに

　[公式]　（反復試行の確率の公式）

　　　　（場合の数）×（1 回当たりの確率）

と言葉で覚えましょう．これなら二択以外の問題でも対応できます．例えば，3 回の操作を行うとき，A，B，C の 3 人が玉を 1 個ずつ取り出す確率は

$$3! \cdot \frac{1}{6} \cdot \frac{2}{6} \cdot \frac{3}{6} = \frac{1}{6}$$

です．「場合の数」は，A，B，C のそれぞれが何回目に玉を取り出すかを考えて $3!$ 通りあり，「1 回当たりの確率」は，A，B，C が**この順に**玉を 1 個ずつ取り出す確率の $\frac{1}{6} \cdot \frac{2}{6} \cdot \frac{3}{6}$ です．

4 B は 1 回目か 2 回目のどちらか 1 回だけ玉を取り出します．その玉が赤玉である確率です．B が取り出す玉以外には興味がありません．B が何回目に玉を取り出そうが，10 個の玉のどれか 1 個を取り出し，どの玉も対等です．赤玉は 3 個ありますから，確率は $\frac{3}{10}$ です．くじ引きの確率と同様です．

5 **2** で敢えて効率がよくない方法でも計算しましたが，このような計算は無駄ではありません．検算になるからです．私は毎年大学入試の解答作成の仕事をしていますが，間違いが許されない仕事ですから非常に神経を使います．その際に意識しているのは，**複数の方法で結果を出して矛盾しないか確認する**ことです．数学のどの分野でも検算は重要で，極端な話，算数レベルの計算も馬鹿にできません．計算が得意な人ほど自分の計算を過信していないものです．

第1節　全事象のとり方

〈条件を満たすように玉を取り出す確率〉

例題 14−2. 数字の2を書いた玉が1個，数字の1を書いた玉が3個，数字の0を書いた玉が4個あり，これら合計8個の玉が袋に入っている．この状態の袋から1度に1個ずつ玉を取り出し，取り出した玉は袋に戻さないものとする．玉を8度取り出すとき，次の条件が満たされる確率を求めよ．

条件：すべての $n = 1, 2, \cdots, 8$ に対して，1個目から n 個目までの玉に書かれた数字の合計は n 以下である．　　　　（名古屋大・改）

考え方　まず，「条件」を正しく把握しましょう．玉を取り出すごとに数字の和をとっていきます．常にその数字の和が取り出した玉の個数以下になることが条件です．

▶解答◀　玉をすべて区別して考える．1を取り出す場合は条件を満たすかどうかに変化はない．（▷▷▷▷ **1**）2を取り出す前に0を取り出せば条件を満たす．0を取り出す前に2を取り出すと不適になる．（▷▷▷▷ **2**）

よって，数字0の4個の玉と数字2の1個の玉を取り出す順番だけが問題であり，この5個の玉の中で2が最初に取り出されない確率を考える．

◀ 数字1の3個の玉は無視できます．

5個の玉だけに着目するとき，最初に取り出す玉の選び方は5通りあり，それが2以外となるのは4通りあるから，求める確率は $\dfrac{4}{5}$　（▷▷▷▷ **3**）

◆別解◆ 1. 直接求める．（▷▷▷▷ **4**）

（ア）　1個目が0のとき

2個目以降は何でもよく，この確率は

$$\frac{4}{8} = \frac{1}{2}$$

◀ 2の前に0を取り出した時点で条件クリアです．

（イ）　1個目が1，2個目が0のとき

3個目以降は何でもよく，この確率は

$$\frac{3}{8} \cdot \frac{4}{7} = \frac{3}{14}$$

（ウ）　1個目が1，2個目が1，3個目が0のとき

第14章　確率

4個目以降は何でもよく，この確率は

$$\frac{3}{8} \cdot \frac{2}{7} \cdot \frac{4}{6} = \frac{1}{14}$$

（エ）　1個目が1，2個目が1，3個目が1，4個目が0のとき

5個目以降は何でもよく，この確率は

$$\frac{3}{8} \cdot \frac{2}{7} \cdot \frac{1}{6} \cdot \frac{4}{5} = \frac{1}{70}$$

以上より，求める確率は

$$\frac{1}{2} + \frac{3}{14} + \frac{1}{14} + \frac{1}{70} = \frac{35 + 15 + 5 + 1}{70}$$
$$= \frac{56}{70} = \frac{4}{5}$$

♦別解♦ 2. 余事象を考える．（▷▷▷▷ **5**）

　8個の数字の合計が5であるから，1個目から n 個目までの玉に書かれた数字の合計が n を超える可能性があるのは，$n \leqq 4$ のときである．

◀ n 個目までの玉の数字の合計の最大値は5ということです．

　1個目で1を超えるのは，2を取り出す場合である．

　1個目が1以下で，2個目までの合計が2を超えるのは，1，2の順に取り出す場合である．

◀ 排反に場合分けします．

　1個目が1以下，2個目までの合計が2以下で，3個目までの合計が3を超えるのは，1，1，2の順に取り出す場合である．

　1個目が1以下，2個目までの合計が2以下，3個目までの合計が3以下で，4個目までの合計が4を超えるのは，1，1，1，2の順に取り出す場合である．

　以上より，余事象の確率は

$$\frac{1}{8} + \frac{3}{8} \cdot \frac{1}{7} + \frac{3}{8} \cdot \frac{2}{7} \cdot \frac{1}{6} + \frac{3}{8} \cdot \frac{2}{7} \cdot \frac{1}{6} \cdot \frac{1}{5}$$
$$= \frac{35 + 15 + 5 + 1}{8 \cdot 7 \cdot 5} = \frac{56}{8 \cdot 7 \cdot 5} = \frac{1}{5}$$

◀ まとめて立式すると計算が楽です．**♦別解♦ 1.** も同様に計算できます．

であるから，求める確率は

$$1 - \frac{1}{5} = \frac{4}{5}$$

498　第14章　確率（例題14−2）

第1節　全事象のとり方

Point　14-2　Check!

1 1を取り出すとき，数字の和は1増えるだけで，取り出した玉の個数も1増えますから

　　　1を取り出す前に条件を満たしている
　　　$\Longrightarrow$ 1を取り出した後に条件を満たしている
　　　1を取り出す前に条件を満たしていない
　　　$\Longrightarrow$ 1を取り出した後に条件を満たしていない

となります．1を取り出す前と取り出した後で条件を満たすかどうかに変化はありません．

　これはグラフで変化をとらえると分かりやすいです．横軸に回数 x，縦軸に数字の和 y をとります．最初は $(x, y) = (0, 0)$ です．玉に書かれた数字は0か1か2ですから，x が1増えるとき y は0か1か2増えます．傾き0で変化するか，傾き1で変化するか，傾き2で変化するかの3パターンです．

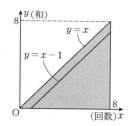

　さて，条件は，$x = 1, 2, \cdots, 8$ に対して $y \leqq x$ となることですから，すべての点 (x, y) が図の網目部分（境界を含む）に含まれることです．1を取り出す場合は，傾き1で変化します．境界線 $y = x$ の傾きも1ですから，網目部分に含まれているときは次も含まれ，網目部分に含まれないときは次も含まれません．

2 1は条件を満たすかどうかに影響を与えませんから，0と2の出方に着目します．やはりグラフを考えます．0と2を取り出す前は，1を取り出していようがいまいが点 (x, y) は $y = x$ 上にあります．境界線上ですから，ギリギリ条件を満たしているイメージです．このとき，0を先に出すか，2を先に出すかで状況が変わります．0を先に出すと，$y = x - 1$ 上にのり，境界線上から領域内に入ります．2は1個しかありませんから，この後はどんな出方をしても点 (x, y) が領域からはみ出ることはありません．常に領域内にあることが保証され，条件を満たします．一方，2を先に出すと，領域外に出てしまい，条件を満たしません．

第14章　確率

3 全事象のとり方はいくつかありますが，一番簡単なのは，5 個の中で最初に取り出す玉に着目する方法です．全事象は 5 通りで，そのどれもが同様に確からしいです．一方，この中で 2 以外，すなわち 0 の玉を選ぶのは 4 通りですから，求める確率は $\dfrac{4}{5}$ です．5 個全部の順番は 5! 通りあり，この中で最初に 0 の玉を取り出すのは $4 \cdot 4!$ 通りですから，$\dfrac{4 \cdot 4!}{5!} = \dfrac{4}{5}$ としてもよいです．

4 全事象のとり方を工夫する代わりに，条件を満たす取り出し方を具体的に考えます．　▶**解答**◀ で確認したとおり，2 を取り出す前に 0 を取り出すことが条件ですから，そのような取り出し方を考えます．**最初の 0 がいつ出るか**で排反に場合分けします．

5 余事象を考えても解けますが，◆**別解**◆ 1. と事象の数が変わりません（どちらも 4 通り）から，余事象を考える意味はありません．**場合分けの数が減れば余事象を考えるメリットがありますが**，今回はそれがないのです．

　　かく言う私もこの問題を最初に解いた時には余事象を使ってしまいました．余事象の方が起こりにくく確率が小さくなりそうだからという理由でしたが，修行が足りなかったようです．安田亨先生から直々にご指摘いただいたのですが，**「確率が小さい」ことと「事象の数が少ない」ことは別です**．事象が少なくなれば余事象を使うメリットはありますが，確率が小さくなるからといって余事象を使うメリットはありません．私自身もいい勉強になりました．

⑥　類題があります．

> 問題 **64.** 0，1，2，3，4，5，6，7 の数字が書かれた 8 枚のカードがある．カードをもとに戻すことなく，1 枚ずつ 8 枚すべてを取り出し，左から順に横に一列に並べる．このとき，数字 k のカードの左側に並んだ k より小さい数字のカードの枚数が $k-1$ 枚である確率は ▢ である．ただし，k は 1 から 7 までの整数のいずれかとする．　　（産業医科大）

▶**解答**◀ k 以下の数字 $0, 1, \cdots, k-1, k$ の $k+1$ 枚の順番だけが問題である．この $k+1$ 枚の中で k のカードが右から 2 番目にあることが条件であるから，求める確率は $\dfrac{1}{k+1}$ である．

500　第14章　確率（例題 14−2）

第2節　事象をまとめる

第2節　事象をまとめる

確率　　　　　　　　　　　　　　　　　　　　　　　　The probability

まず，次の問題を見てみましょう．

問題 65. 1辺の長さ1の正六角形があり，頂点を反時計回りに A，B，C，D，E，F とする．はじめ点 P は頂点 A にあるとする．1つのさいころを2回振り，点 P を出た目の数の長さだけ，この正六角形の辺上を反時計回りに進める．最終的に点 P が頂点 A にある確率を求めよ．

(センターⅠ・A・改)

基本に忠実に解くのであれば，次のようになります．

さいころを2回振りますから，出る目の組は $6^2 = 36$ 通りあり，そのどれもが同様に確からしいです．出る目の和は表のようになります．最終的に点 P が頂点 A にあるのは，出る目の和が6の倍数のときですから，表の太字の数を数えて6通り．よって，求める確率は，$\dfrac{6}{36} = \dfrac{1}{6}$ です．

	1	2	3	4	5	6
1	2	3	4	5	**6**	7
2	3	4	5	**6**	7	8
3	4	5	**6**	7	8	9
4	5	**6**	7	8	9	10
5	**6**	7	8	9	10	11
6	7	8	9	10	11	**12**

しかし，何かまわりくどい印象は否めません．「こんなの $\dfrac{1}{6}$ に決まってるでしょ．」と言う人は正解です．この部分をかみくだいてみましょう．

さいころを1回振った後，点 P は頂点 A，B，C，D，E，F のどこかにあります．それぞれの確率を a_1，b_1，c_1，d_1，e_1，f_1 と表すと，求める確率 p は

$$p = a_1 \times (\text{A} \to \text{A の確率}) + b_1 \times (\text{B} \to \text{A の確率})$$

$$+ c_1 \times (\text{C} \to \text{A の確率}) + d_1 \times (\text{D} \to \text{A の確率})$$

$$+ e_1 \times (\text{E} \to \text{A の確率}) + f_1 \times (\text{F} \to \text{A の確率})$$

と和で表されます．例えば，A → A となるのは6を出す場合で，B → A となるのは5を出す場合です．点 P が頂点 A，B，C，D，E，F のどこにあっても次に頂点 A に到達する目はただ1つで，その確率は $\dfrac{1}{6}$ です．よって

$$p = a_1 \times \frac{1}{6} + b_1 \times \frac{1}{6} + c_1 \times \frac{1}{6} + d_1 \times \frac{1}{6} + e_1 \times \frac{1}{6} + f_1 \times \frac{1}{6}$$

第14章 確率

$$= (a_1 + b_1 + c_1 + d_1 + e_1 + f_1) \times \frac{1}{6}$$

$$= (\textbf{1回後 A ～ F にある確率}) \times \frac{1}{6}$$

$$= 1 \times \frac{1}{6} = \frac{1}{6}$$

となります．さいころを1回振った後の点 P の位置によって6つの事象に分けても，1つにまとめても，次への確率が変わりませんから，**個別に確率を計算して和をとる代わりに，最初から1つの場合としてまとめて確率を計算してよい**のです．私はこれを**「事象をまとめる」**と呼んでいます．

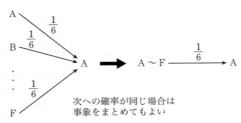

次への確率が同じ場合は
事象をまとめてもよい

今回は，1回目のさいころの目がいくつであっても，次に点 P が頂点 A に到達する目はただ1つありますから，1回目のさいころの目は何でもよく，2回目は頂点 A に到達する目を出す場合を考え，求める確率は $1 \cdot \frac{1}{6} = \frac{1}{6}$ となります．

一方，各事象について次への確率が異なる場合は，最初の式のようにそれぞれの確率の和として計算しなければなりません．例えば，今回の問題で正六角形を正五角形に変えると，点 P がどこにあるかによって次に頂点 A に到達する確率が変わりますから，事象をまとめることはできません．

予備校で例えましょう．A 予備校は非常に合格率が高く，妄想込みで合格率は1とします☺　B 学院やC 塾はどちらも合格率が 0.001 と極端に低いとします．この状況なら B 学院とC 塾は合併しても合格率は

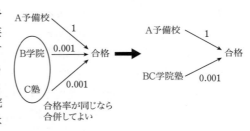

合格率が同じなら
合併してよい

変わりません．一方，A 予備校とB 学院は合格率が違いますから，合併すると合格率が変わってしまいます．よって，合併しても問題ないのは B 学院とC 塾です．なお，A, B, C の名称は実在の予備校とは一切関係ありません☺

――――――――〈確率のまとめ2〉――――――
Check ▷▷▷▷ 次への確率が同じ場合は事象をまとめてよい

第2節　事象をまとめる

〈すごろくの確率〉

例題 14−3. 点Ｐが次のルール（ⅰ），（ⅱ）に従って数直線上を移動するものとする．

（ⅰ）　1，2，3，4，5，6の目が同じ割合で出るサイコロを振り，出た目の数を k とする．Ｐの座標 a について，$a > 0$ ならば座標 $a - k$ の点へ移動し，$a < 0$ ならば座標 $a + k$ の点へ移動する．

（ⅱ）　原点に移動したら終了し，そうでなければ（ⅰ）を繰り返す．

このとき，以下の問いに答えよ．

（1）　Ｐの座標が1，2，…，6のいずれかであるとき，ちょうど m 回サイコロを振って原点で終了する確率を求めよ．

（2）　Ｐの座標が8であるとき，ちょうど n 回サイコロを振って原点で終了する確率を求めよ．

（東北大・改）

考え方　（ⅰ）は，Ｐは必ず原点の方向へ移動するということを表しています．すごろくをイメージしましょう．原点をゴールとみなします．ちょうどゴールする目を出すまでサイコロを振り続けます．Ｐの座標によって場合分けをするのは大変ですから，事象をまとめます．例えば，Ｐが1にいる場合と2にいる場合は次にゴールする確率は同じですから，事象をまとめられます．

▶解答◀　（1）　Ｐの座標が -5，-4，-3，-2，-1，1，2，3，4，5，6のいずれであっても，次に原点に移動する目は1通りである．（▷▷▷▷ **1**）また，原点に移動しない目は5通りあり，そのとき -5，-4，-3，-2，-1，1，2，3，4，5のいずれかに移動する．

よって，ちょうど m 回サイコロを振って原点で終了するのは，1回目から $m-1$ 回目までは原点以外に移動する目を出し $\left(\text{確率は各} \dfrac{5}{6}\right)$，$m$ 回目に原点に移動する目を出す $\left(\text{確率は} \dfrac{1}{6}\right)$ 場合で，（▷▷▷▷ **2**）求める確率を p_m とすると

$$p_m = \left(\frac{5}{6}\right)^{m-1} \cdot \frac{1}{6} = \frac{1}{6}\left(\frac{5}{6}\right)^{m-1}$$

（2）　求める確率を q_n とおく．（▷▷▷▷ **3**）

1回で原点に移動することはないから，$q_1 = 0$ である．

◀ 1，2，…，6から始めるとき移動する可能性がある点の座標です．ただし，0は外しています．

◀ 6に移動することはありません．

第14章　確率

2回で終了する目の出方は

$$(1\text{回目},\ 2\text{回目}) = (2, 6),\ (3, 5),\ (4, 4),$$
$$(5, 3),\ (6, 2)$$

◀ 2回で折り返してゴールはありえませんから，2回の目の和が8です．

の5通りあるから

$$q_2 = \frac{5}{6^2} = \frac{5}{36}$$

$n \geqq 3$ のときを考える．2回で終了せず，このとき P は $-4,\ -3,\ -2,\ -1,\ 1,\ 2,\ 3,\ 4,\ 5,\ 6$ のいずれかにいる．この次の $n-3$ 回は（1）と同様に原点以外に移動する目を出し $\left(\text{確率は各} \dfrac{5}{6}\right)$，$n$ 回目に原点に移動する目を出す $\left(\text{確率は} \dfrac{1}{6}\right)$．よって

◀ 2回とも1を出すと6に移動し，2回とも6を出すと -4 に移動します．

$$q_n = (1 - q_2)\left(\frac{5}{6}\right)^{n-3} \cdot \frac{1}{6} = \frac{31}{216}\left(\frac{5}{6}\right)^{n-3}$$

◀ 2回で終了しない確率は $1 - q_2$ です．

♦別解♦　$q_1 = 0$ である．$n \geqq 2$ のときを考える．

（ア）　1回目に1を出すとき

◀ いつ（1）に帰着できるかで場合分けします．

P は7にいるから，2回目に任意の目を出して 1, 2, 3, 4, 5, 6 のいずれかに移動し，残り $n-2$ 回で原点に移動する（確率は p_{n-2}）．この確率は

◀ 2回後に（1）に帰着できます．

$$\frac{1}{6} \cdot 1 \cdot p_{n-2} = \frac{1}{36}\left(\frac{5}{6}\right)^{n-3}$$

ただし，$n \geqq 3$ である．

◀ $n = 2$ のときはゴールできません．

（イ）　1回目に1以外を出すとき

P は 2, 3, 4, 5, 6 のいずれかにいるから，残り $n-1$ 回で原点に移動する（確率は p_{n-1}）．この確率は

◀ 1回後に（1）に帰着できます．

$$\frac{5}{6} \cdot p_{n-1} = \frac{5}{36}\left(\frac{5}{6}\right)^{n-2}$$

以上より，$n \geqq 3$ のとき

$$q_n = \frac{1}{36}\left(\frac{5}{6}\right)^{n-3} + \frac{5}{36}\left(\frac{5}{6}\right)^{n-2} = \frac{31}{216}\left(\frac{5}{6}\right)^{n-3}$$

◀ （ア）と（イ）の確率の和です．

$n = 2$ のときは（イ）のみであるから，$q_n = \dfrac{5}{36}$ である．

◀ $n \geqq 3$ のときとはまとめられません．

第2節　事象をまとめる

Point	The probability	
	NEO ROAD TO SOLUTION $14-3$	Check!

1　$-5,\ -4,\ -3,\ -2,\ -1,\ 1,\ 2,\ 3,\ 4,\ 5,\ 6$ は原点からの距離が 6 以下ですから，どこにいようとも必ずゴールできる目がただ 1 つ存在します．つまり，どこにいようともゴールできる確率は $\dfrac{1}{6}$，ゴールできない確率は $\dfrac{5}{6}$ で，次への確率が同じですから，これらの事象はまとめられます．

2　P が $-5,\ -4,\ -3,\ -2,\ -1,\ 1,\ 2,\ 3,\ 4,\ 5,\ 6$ のいずれかにいるという事象を A とすると

$$A \to A \to \cdots \to A \to \text{ゴール}$$

というイメージです．同じ確率をかけていく**等比数列の問題**です．

3　（2）は最初 8 にいますから，1 回ではゴールできません．また 1 回目に 1 を出すと，P と原点の距離が 7 ですから，（1）とは違います．一方，2 回でゴールしていなければ，P は原点からの距離が 6 以下の点にいますから，（1）と同じように議論できます．そこで，$n = 1,\ n = 2,\ n \geqq 3$ で場合分けします．

4　（2）は 2004 年名大・理にほぼ同じ問題があります．当時私は予備校の解答速報の仕事で名大の解答を作成しましたが，▶**解答**◀ のようには解くことができず，漸化式を立ててしまいました．実際，$n \geqq 3$ のとき，n 回で終了するのは，$n-1$ 回までには終了せず，n 回目に終了する目を出す場合ですから

$$q_n = (1 - q_2 - q_3 - \cdots - q_{n-1}) \cdot \frac{1}{6} \ \cdots\cdots\cdots\cdots\cdots\cdots\cdots\cdots\cdots Ⓐ$$

となります．なお

$$q_n = (1 - q_{n-1}) \cdot \frac{1}{6}$$

ではないことに注意してください．$1 - q_{n-1}$ は「**ちょうど** $n-1$ 回では終了しない」確率であって，「$n-1$ 回**までに**終了しない」確率ではありません．$n-1$ 回以外の，例えば，ちょうど 2 回で終了する確率や，ちょうど $n-2$ 回で終了する確率などが含まれてしまいます．Ⓐ の番号を 1 ずらして

$$q_{n+1} = (1 - q_2 - q_3 - \cdots - q_{n-1} - q_n) \cdot \frac{1}{6}$$

とし，辺ごとに引くと，$q_{n+1} = \dfrac{5}{6} q_n$ が得られます．$\{q_n\}$ が公比 $\dfrac{5}{6}$ であることが分かりますが，非常にまわりくどいです．これも若さゆえの過ちです 😖

第14章　確率（例題14－3）　505

第14章　確率

第3節　座標平面での樹形図

確率　　　　　　　　　　　　　　　　　　　　　　The probability

樹形図を座標平面で使うことがあります，典型的な基本例題です．

> 問題 **66.** 数直線上にある 1, 2, 3, 4, 5 の 5 つの点と 1 つの石を考える．石がいずれかの点にあるとき，
>
> $$\begin{cases} \text{石が点 1 にあるならば，確率 1 で点 2 に移動する} \\[4pt] \text{石が点 } k\,(k=2,3,4) \text{ にあるならば，確率 } \dfrac{1}{2} \text{ で点 } k-1 \text{ に，} \\[4pt] \qquad\qquad\qquad\qquad\quad \text{確率 } \dfrac{1}{2} \text{ で点 } k+1 \text{ に移動する} \\[4pt] \text{石が点 5 にあるならば，確率 1 で点 4 に移動する} \end{cases}$$
>
> という試行を行う．石が点 1 にある状態から始め，この試行を繰り返す．試行を 6 回繰り返した後に，石が点 $k\,(k=1,2,3,4,5)$ にある確率をそれぞれ求めよ．
>
> （名古屋大・改）

　1 回の試行で座標が ±1 だけ変化しますから，座標平面上での樹形図が有効です．右のように直接確率を書き込みます．

　例えば，3 回後に点 2 にある確率は $\dfrac{3}{4}$，5 回後に点 4 にある確率は $\dfrac{6}{16}$ です．求める確率は順に $\dfrac{5}{16},\ 0,\ \dfrac{1}{2},\ 0,\ \dfrac{3}{16}$ です．

　樹形図は変化がとらえやすい上，答案もコンパクトになります．縦に見て「確率の和が 1」の確認もできます．

〈確率のまとめ 3〉

Check ▷▷▷▷　1 回の試行で値が ±1 だけ変化するときは樹形図が有効

506　第14章　確率

〈カードの色がすべて同じになる確率〉

例題 14-4. 白黒2種類のカードがたくさんある．そのうち k 枚のカードを手もとにもっているとき，次の操作 (A) を考える．

(A) 手持ちの k 枚の中から1枚を，等確率 $\dfrac{1}{k}$ で選び出し，それを違う色のカードにとりかえる．

(1) 最初に白2枚，黒2枚，合計4枚のカードをもっているとき，操作 (A) を n 回繰り返した後に初めて，4枚とも同じ色のカードになる確率を求めよ．

(2) 最初に白3枚，黒3枚，合計6枚のカードをもっているとき，操作 (A) を n 回繰り返した後に初めて，6枚とも同じ色のカードになる確率を求めよ．

（東京大）

考え方 白の枚数に着目すると，操作 (A) を1回行うごとに1枚増えるか1枚減るかです．その変化の様子を樹形図に描いてみましょう．横軸に操作 (A) の回数，縦軸に白の枚数をとります．(1)，(2) ともに事象をまとめると効率よく解答できます．

▶**解答**◀ (1) 白の枚数の変化を調べる．

操作 (A) を n 回繰り返した後に初めて4枚とも同じ色のカードになるような白の枚数の変化は図1のようになり，n は偶数でなければならない．このとき，白が2枚となる事象を P とおくと，2回ごとに P を繰り返して $n-2$ 回後 P が起こり，その後，2回連続で同じ色のカードを取り出す．(▷▷▷▶ **1**)

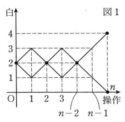

◀ 図を描くことで枚数の変化がとらえられます．偶数回後と奇数回後で状況が異なります．

◀ 説明しやすいように，事象に名前を付けます．

P が起こった後，その2回後に再び P が起こるのは，2回で異なる色のカードを取り出す場合で，この確率は

$$1 \cdot \dfrac{3}{4} = \dfrac{3}{4} \quad (\text{▷▷▷▶ } \mathbf{2})$$

◀ 事象間の推移確率を求めます．

P が起こった後，2回連続で同じ色のカードを取り出

す確率は
$$1 \cdot \frac{1}{4} = \frac{1}{4}$$
よって，求める確率は

n が偶数のとき
$$\left(\frac{3}{4}\right)^{\frac{n-2}{2}} \cdot \frac{1}{4} = \frac{1}{4}\left(\frac{3}{4}\right)^{\frac{n-2}{2}} \quad (▷▷▷▷ \;\boxed{3})$$

n が奇数のとき　0

◀ 上の余事象ととらえると $1 - \frac{3}{4} = \frac{1}{4}$ です．

◀ n が奇数の場合も忘れずに答えましょう．

（2）操作（A）を n 回繰り返した後に初めて6枚とも同じ色のカードになるような白の枚数の変化は図2のようになり，n は3以上の奇数でなければならない．このとき，白が2枚または4枚となる事象を Q とおくと，(▷▷▷▷ \boxed{4}) 1回後必ず Q が起こり，その後2回ごとに Q を繰り返して $n-2$ 回後 Q が起こり，その2回後に6枚とも同じ色になる．

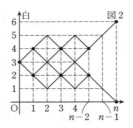

◀ やはり偶数回後と奇数回後で状況が異なります．

Q が起こった後，その2回後に6枚とも同じ色になるのは，2枚ある色のカードを2回連続で取り出す場合で，この確率は
$$\frac{2}{6} \cdot \frac{1}{6} = \frac{1}{18} \quad (▷▷▷▷ \;\boxed{5})$$

Q が起こった後，その2回後に再び Q が起こるのは，上の余事象であるから，この確率は
$$1 - \frac{1}{18} = \frac{17}{18} \quad (▷▷▷▷ \;\boxed{6})$$

よって，求める確率は

n が3以上の奇数のとき
$$1 \cdot \left(\frac{17}{18}\right)^{\frac{n-3}{2}} \cdot \frac{1}{18} = \frac{1}{18}\left(\frac{17}{18}\right)^{\frac{n-3}{2}}$$

それ以外のとき　0

◀ 図2より1回後から $n-2$ 回後まで2回単位で $Q \to Q$ を繰り返します．その回数は $\frac{n-3}{2}$ です．

第3節　座標平面での樹形図

□ **Point** The probability NEO ROAD TO SOLUTION **14-4** *Check!* □

1 ▶**解答**◀ の図1に黒丸を付けた部分がポイントです．2回ごとに「白2枚」という同じ状態を繰り返し，最後の2回で終了します．「白2枚」という事象に P と名前を付けると

$$P \to P \to \cdots \to P \to 「白0枚または白4枚」$$

のイメージですから，問題が非常にシンプルになります．**例題** **14-3**．（☞ P.503）と同様に，**単なる等比数列の問題**になります．

2 事象をまとめる簡単な例です．最初に白を取り出すか黒を取り出すかで場合分けをしても求められますが，いずれにしても，次に異なる色のカードを取り出す確率は $\frac{3}{4}$ ですから，まとめて考えればよいです．下の2回連続で同じ色のカードを取り出す確率も同様です．

3 $P \to P$ を繰り返す回数は $\frac{n-2}{2}$ 回です．**2回単位で** $n-2$ 回まで繰り返すからです．よって，$P \to P$ の確率 $\frac{3}{4}$ を $\frac{n-2}{2}$ 回かけ，最後に2回で終了する確率 $\frac{1}{4}$ をかけます．

これに関連して，一般に，数列 $\{a_n\}$ が $a_{n+2} = ra_n$（r は定数）を満たすとき，$\{a_n\}$ は1つ飛ばしの等比数列です．n の偶奇で初項が異なります．n が奇数のとき，初項を a_1 とすると，a_1 から a_n までの番号の変化量は $n-1$ ですから，r をその半分の $\frac{n-1}{2}$ 回かけて，$a_n = a_1 r^{\frac{n-1}{2}}$ です．同様に，n が偶数のとき，初項を a_2 とすると，$a_n = a_2 r^{\frac{n-2}{2}}$ です．

4 ここが最大のポイントです．（1）と同様に，偶数回後と奇数回後で状況が異なりますから，どちらかに着目して考えます．奇数回後は「白2枚または白4枚」，偶数回後は「白1枚または白3枚または白5枚」ですから，事象の数が少ない奇数回後，すなわち ▶**解答**◀ の図2に黒丸を付けた部分に着目します．さらに，**2つの事象「白2枚」，「白4枚」をまとめる**ことです．これら2つを区別して確率を定義し，漸化式を立てるという解法もありますが，今回は事象をまとめる方がずっと簡単です．まとめて Q とすることで

$$「白3枚」 \to Q \to Q \to \cdots \to Q \to 「白0枚または白6枚」$$

となりますから，（1）と同じ流れになります．また，重要なことは，**この中の**

第14章　確率（例題14-4）　**509**

第14章 確率

矢印の確率がすべて計算できることです．

「白3枚」→ Q, $Q → Q$, $Q →$「白0枚または白6枚」

の3つの確率が必要ですが，どれも問題なく計算できます．

一方，「白1枚」，「白3枚」，「白5枚」をまとめて R とすると，$R → R$ の確率が計算できません．「白1枚」か「白3枚」かで次への確率が異なるからです．よって，偶数回後に着目した場合は，まとめるとしても「白1枚」と「白5枚」の2つだけで，「白3枚」は分けて考えなければなりません．結果，等比数列で考えるのは不可能で，連立漸化式を立てることになります．

5 「白3枚」→ Q の確率は明らかに1ですから，残りの

$Q → Q$, $Q →$「白0枚または白6枚」

の2つの確率を求めます．Q の2回後には必ず Q または「白0枚または白6枚」が起こりますから，この2つの確率の和は1です．お互いに余事象の関係ですから，**求めやすい確率から求めます**．▶解答◀ の図2から分かるとおり，求めやすいのは後者です．もう一方は，1から引いて求めます．

6 直接求めるのであれば

（ア） 最初に2枚ある色を取り出し，次に5枚ある色を取り出す

（イ） 最初に4枚ある色を取り出し，次はどちらを取り出してもよい

のいずれかで，$\dfrac{2}{6} \cdot \dfrac{5}{6} + \dfrac{4}{6} \cdot 1 = \dfrac{17}{18}$ となります．

7 参考までに，(1) も事象をまとめて解くことができます．検算，もしくは事象をまとめる練習としては意味があるでしょう．

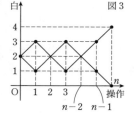

図3

奇数回後に着目し，2つの事象「白1枚」，「白3枚」をまとめ，S とすると

「白2枚」→ $S → S → \cdots → S$

→「白0枚または白4枚」

となり，n が偶数のとき

$$1 \cdot \left(\dfrac{3}{4} \cdot 1\right)^{\frac{n-2}{2}} \cdot 1 \cdot \dfrac{1}{4} = \dfrac{1}{4}\left(\dfrac{3}{4}\right)^{\frac{n-2}{2}}$$

です．

第4節　ベン図の利用

| 第4節 | ベン図の利用 |

確率　　　　　　　　　　　　　　　　　　　　　　　　　　　　　The probability

集合の要素の個数に関する問題では，ベン図を使うことがあります．

問題 67. 100人の有権者のうち，投票日前から「必ず投票に行く」としていた人が81人，実際に投票した人が66人であった．投票する予定であり，かつ実際にも投票した人数 x のとりうる値の範囲を求めよ．

（北星学園大・改）

どうでもいいですが，個人的には「必ず投票に行く」としていて実際には投票しなかった人が最も苦手なタイプです 😩

100人の有権者を全体集合 U，「必ず投票に行く」としていた人の集合を A，実際に投票した人の集合を B とします．図1のように人数 a，b，c を定義すると

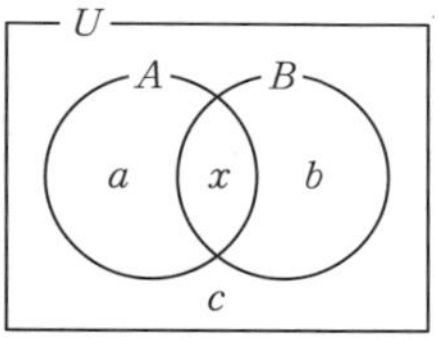

$$n(U) = 100, \ n(A) = 81, \ n(B) = 66$$

より

図1

$$a + b + c + x = 100, \ a + x = 81, \ b + x = 66$$

が成り立ちます．これらの式から，a，b，c を x で表すと

$$a = 81 - x, \ b = 66 - x, \ c = x - 47$$

となります．x が満たすべき条件は，0以上の整数 a，b，c の存在条件（相方の存在条件（☞ P.232））で与えられますから

$$81 - x \geqq 0, \ 66 - x \geqq 0, \ x - 47 \geqq 0 \qquad \therefore \quad 47 \leqq x \leqq 66$$

となります．

確率の問題でも複数の事象を扱う問題ではベン図が使えます．単に

$$\text{◯◯} = \text{◯} + \text{◯} - \text{◯}$$

と使うことも多いですが，応用問題では**元の事象と余事象のうち考えやすい方をベン図で表す**ことです．例題で確認しておきましょう．

問題 68. さいころを n 回振るとき，出る目の最大値を M，最小値を m とする．$M \leqq 5$ かつ $m \leqq 2$ となる確率を求めよ．

第14章　確率　511

第14章　確率

2つの事象 $M \leqq 5$, $m \leqq 2$ を扱いますから，ベン図を描きます．問題はどの事象の図を描くかです．

単純にこれら2つの図を描くと，図2のようになります．なお，後で余事象を考えますから，全事象 U も描いてあります．$M \leqq 5$ かつ $m \leqq 2$ は網目部分で，一見よさそうですが，この図はあまり意味がありません．この図を使って立式しやすいでしょうか．2つの事象について考察しましょう．

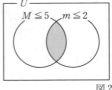

図2

$M \leqq 5$ となるのは，n 回とも1から5の目が出る場合で，直接考えやすいです．一方，$m \leqq 2$ となるのは，n 回中少なくとも1回1か2の目が出る場合ですから，余事象を考える方が簡単です．考えにくい事象を図で表してもどのように立式するか迷ってしまいます．

そこで，$m \leqq 2$ の代わりにその余事象 $m \geqq 3$ を図で表すと，図3のようになり，$M \leqq 5$ かつ $m \leqq 2$ は網目部分です．

$$\mathbb{C} = \bigcirc - \bigcirc$$

のイメージで計算でき，また右辺の確率はどちらも計算しやすいです．$M \leqq 5$ かつ $m \geqq 3$ となるのは，n 回とも3か4か5が出る場合ですから，求める確率は

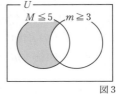

図3

$$P(M \leqq 5 \text{ かつ } m \leqq 2) = P(M \leqq 5) - P(M \leqq 5 \text{ かつ } m \geqq 3)$$
$$= \left(\frac{5}{6}\right)^n - \left(\frac{3}{6}\right)^n = \left(\frac{5}{6}\right)^n - \left(\frac{1}{2}\right)^n$$

となります．立式につなげやすいベン図を描くことが重要なのです．

最後に，問題によっては**ベン図に確率を直接書き込み，求めやすい確率に着目して立式する**ことがあります．典型的な例は，「さいころを繰り返し振る」，「箱から球を取り出し元に戻すことを繰り返す」などの反復試行で，**ベン図の中に求めやすい確率が現れる問題**です．

―― 〈確率のまとめ4〉 ――

Check ▷▷▷▷　ベン図の利用

　🖋　元の事象と余事象のうち考えやすい方をベン図で表す

　🖋　ベン図に確率を書き込み，求めやすい確率に着目して立式する

第 4 節　ベン図の利用

〈試行が n 回目で終了する確率〉

例題 14−5. 最初の試行で 3 枚の硬貨を同時に投げ，裏が出た硬貨を取り除く．次の試行で残った硬貨を同時に投げ，裏が出た硬貨を取り除く．以下この試行をすべての硬貨が取り除かれるまで繰り返す．このとき，試行が n 回目で終了する確率を求めよ． （一橋大・改）

考え方　$n-1$ 回後に少なくとも 1 枚の硬貨が残っていて，次にその残っている硬貨を取り除く確率を求めます．$n-1$ 回後それぞれの硬貨が残っているという事象を定義して，ベン図を描きます．求めやすい確率に着目です．

▶解答◀　3 枚の硬貨に番号を付けて，硬貨 1, 2, 3 が $n-1$ 回後に残っているという事象をそれぞれ C_1, C_2, C_3 とする．また，図 1 のように，確率 x, y, z を定義する．
(▷▷▷ **1**)

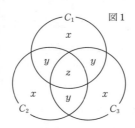
図 1

◀ n 回後ではなく，$n-1$ 回後に硬貨が残っている事象を定義します．

$n-1$ 回後に硬貨 1 が残っている確率を考えて
$$x + 2y + z = \left(\frac{1}{2}\right)^{n-1} \quad (\triangleright\triangleright\triangleright \mathbf{2})$$

$n-1$ 回後に硬貨 1 と 2 が残っている確率を考えて
$$y + z = \left\{\left(\frac{1}{2}\right)^{n-1}\right\}^2 = \left(\frac{1}{4}\right)^{n-1} \quad (\triangleright\triangleright\triangleright \mathbf{3})$$

$n-1$ 回後に硬貨 1 と 2 と 3 が残っている確率を考えて
$$z = \left\{\left(\frac{1}{2}\right)^{n-1}\right\}^3 = \left(\frac{1}{8}\right)^{n-1}$$

◀ x, y と違い，z は直接求めやすいです．

n 回目で終了するのは
(ア)　$n-1$ 回後に硬貨が 1 枚残っていて，次にその 1 枚を取り除く
(イ)　$n-1$ 回後に硬貨が 2 枚残っていて，次にその 2 枚を取り除く
(ウ)　$n-1$ 回後に硬貨が 3 枚残っていて，次に 3 枚を取り除く

◀ $n-1$ 回後に残っている硬貨の枚数で場合分けします．

第14章　確率

のいずれかであるから，求める確率は

$$3x \cdot \frac{1}{2} + 3y \cdot \left(\frac{1}{2}\right)^2 + z \cdot \left(\frac{1}{2}\right)^3 \quad (\triangleright\triangleright\triangleright \boxed{4})$$
$$= \frac{3}{2}x + \frac{3}{4}y + \frac{1}{8}z$$
$$= \frac{3}{2}(x + 2y + z) - \frac{9}{4}(y + z) + \frac{7}{8}z$$
$$\quad (\triangleright\triangleright\triangleright \boxed{5})$$
$$= \frac{3}{2}\left(\frac{1}{2}\right)^{n-1} - \frac{9}{4}\left(\frac{1}{4}\right)^{n-1} + \frac{7}{8}\left(\frac{1}{8}\right)^{n-1}$$

Point　The probability　NEO ROAD TO SOLUTION　14-5　Check!

1 確率を図に書き込みます．**対称性を利用**します．硬貨1のみが残っている確率を x とすると，硬貨2のみ，硬貨3のみが残っている確率も同じ x です．ある硬貨だけ残りやすいということはないからです．y についても同様です．

2 x, y, z を求めたいのですが，例えば x は，C_1 が起こり，かつ C_2 と C_3 が起こらない確率ですから，硬貨1が $n-1$ 回とも表を出し，かつ取り除いた後も硬貨を投げるとして，硬貨2と硬貨3が $n-1$ 回中少なくとも1回裏を出す確率です．これは直接求めにくいです．y についても同様です．そこで，x, y, z が満たす連立方程式を立てます．**ベン図に含まれる求めやすい確率に着目して立式します**．C_1 が起こる確率は，硬貨1のみに着目することで簡単に求められます．$n-1$ 回後に硬貨1が残っている確率ですから，硬貨2と硬貨3に関しては残っていても残っていなくてもよく，$n-1$ 回とも硬貨1が表を出す確率のみを考えて，$\left(\frac{1}{2}\right)^{n-1}$ です．一方，この確率は図2の網目部分に含まれる確率の和で，$x + 2y + z$ ですから

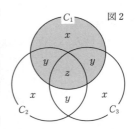

図2

$$x + 2y + z = \left(\frac{1}{2}\right)^{n-1}$$

となります．

第4節　ベン図の利用

3 C_1 かつ C_2 が起こる確率は，硬貨1と硬貨2のみに着目して求めます．硬貨1と硬貨2はお互いに影響を与えません（試行の独立（☞ P.530））から，硬貨1が残る事象と硬貨2が残る事象は独立です．よって，硬貨1と硬貨2がともに残る確率は，それぞれが残る確率 $\left(\dfrac{1}{2}\right)^{n-1}$ の2乗で，$\left\{\left(\dfrac{1}{2}\right)^{n-1}\right\}^2$ です．もしくは，1回ごとに硬貨1と硬貨2がともに表を出す確率 $\dfrac{1}{4}$ を考え，$\left(\dfrac{1}{4}\right)^{n-1}$ としてもよいです．

4 $n-1$ 回後に1枚硬貨が残っている確率は，x ではなく $3x$ です．硬貨1のみ，または硬貨2のみ，または硬貨3のみが残っている確率の和だからです．一方，次にその1枚の硬貨を取り除く確率は $\dfrac{1}{2}$ です．ここでも「事象をまとめる」（☞ P.501）ことをしています．本来ならば，どの硬貨が残っているかで場合分けして

$$x \cdot \frac{1}{2} + x \cdot \frac{1}{2} + x \cdot \frac{1}{2} = 3x \cdot \frac{1}{2}$$

としますが，次への確率が同じですから，最初からまとめて，$3x \cdot \dfrac{1}{2}$ です．

5 さりげない計算テクニックです．立式した3つの式を連立方程式とみて x，y，z を求め，$\dfrac{3}{2}x + \dfrac{3}{4}y + \dfrac{1}{8}z$ に代入しても計算できますが，実際にやってみると，何か無駄な計算をしている感じがします．効率のいい計算方法は，**立式した式の形を作る**ことです．

まず，x は $x+2y+z$ にしか含まれませんから，$\dfrac{3}{2}x$ はこの形を使って表し

$$\frac{3}{2}x + \frac{3}{4}y + \frac{1}{8}z = \frac{3}{2}(x+2y+z) + \cdots$$

とします．$\cdots$ の部分は，$y+z$ と z を用いてうまく表します．先に，一方にしか含まれない y の項を再現します．元々は $\dfrac{3}{4}y$ で，$\dfrac{3}{2}(x+2y+z)$ の中に $3y$ が含まれていますから，$-\dfrac{9}{4}y$ を作って帳尻を合わせます．使うものは $y+z$ ですから

$$\frac{3}{2}x + \frac{3}{4}y + \frac{1}{8}z = \frac{3}{2}(x+2y+z) - \frac{9}{4}(y+z) + \cdots$$

とします．ここまでで $\dfrac{3}{2}x + \dfrac{3}{4}y$ の部分は再現できました．最後は $\dfrac{1}{8}z$ です．$\dfrac{3}{2}(x+2y+z) - \dfrac{9}{4}(y+z)$ の中に $-\dfrac{3}{4}z$ が含まれていますから，$\dfrac{7}{8}z$ を作っ

第14章　確率（例題14−5）　515

第14章 確率

て帳尻を合わせ
$$\frac{3}{2}x + \frac{3}{4}y + \frac{1}{8}z = \frac{3}{2}(x+2y+z) - \frac{9}{4}(y+z) + \frac{7}{8}z$$
とします．

書くと長いですが，仕組みが分かれば簡単です．$x+2y+z$ を使って x の項を，$y+z$ を使って y の項を，z を使って z の項を**順番に作っていく**だけです．

6 **n 回後までに終了しない**確率を p_n とすると，n 回目で終了する確率は $p_{n-1} - p_n$ です．n 回後に硬貨 1，2，3 が残っているという事象をそれぞれ C_1'，C_2'，C_3' とし，図4のように確率 x，y，z を定義すると，▶解答◀ と同様にして
$$p_n = 3x + 3y + z$$
$$= 3(x+2y+z) - 3(y+z) + z$$
$$= 3\left(\frac{1}{2}\right)^n - 3\left(\frac{1}{4}\right)^n + \left(\frac{1}{8}\right)^n$$
となり
$$p_{n-1} - p_n$$
$$= 3\left(\frac{1}{2}\right)^{n-1} - 3\left(\frac{1}{4}\right)^{n-1} + \left(\frac{1}{8}\right)^{n-1}$$
$$- \left\{3\left(\frac{1}{2}\right)^n - 3\left(\frac{1}{4}\right)^n + \left(\frac{1}{8}\right)^n\right\}$$
$$= \frac{3}{2}\left(\frac{1}{2}\right)^{n-1} - \frac{9}{4}\left(\frac{1}{4}\right)^{n-1} + \frac{7}{8}\left(\frac{1}{8}\right)^{n-1}$$
が得られます．

7 **n 回後までに終了する**確率を q_n とすると，q_n は n 回後に 3 枚とも残っていない確率です．n 回後に硬貨 1 が残っていない確率は，硬貨 1 が n 回中少なくとも 1 回裏を出す確率で，$1-\left(\frac{1}{2}\right)^n$ です．硬貨 2，3 についても同様ですから，これを 3 乗して，$q_n = \left\{1-\left(\frac{1}{2}\right)^n\right\}^3$ です．よって，求める確率は
$$q_n - q_{n-1} = \left\{1-\left(\frac{1}{2}\right)^n\right\}^3 - \left\{1-\left(\frac{1}{2}\right)^{n-1}\right\}^3$$
で求められます．

第5節　確率漸化式

第5節　確率漸化式

確率　　　　　　　　　　　　　　　　　　　　　　　The probability

　東大，京大をはじめとする難関大がよく出題するテーマの１つに**確率漸化式**があります．数列との融合問題で，漸化式を用いて確率の問題を解くのです．

　受験生の傾向として，誘導があって「いかにも確率漸化式」という問題には対応しやすいようです．問題は誘導がない場合です．「n に関する確率では漸化式が有効」という認識をしている受験生が多いですが，それは正しくありません．

　今回は漸化式を立てるかどうかの判断基準について，問題を通して解説します．

問題 69. 平面上に正四面体が置いてある．平面と接している面の三角形の辺の１つを選び，これを軸として正四面体を倒す．ただし，3 辺のうちどの辺を軸として倒すかはすべて等確率である．最初に平面と接している面を T とする．

（１）　n 回倒した後，T が平面と接している確率 p_n を求めよ．

（２）　倒し始めてから n 回倒した後に初めて，T が平面と接する確率 q_n を求めよ．

　（１）と（２）の違いに注意してください．（１）は $n-1$ 回後までの途中経過は問いません．（２）は $n-1$ 回後まで T が平面と接することを許しません．

　この違いのせいで解法は大きく変わります．（１）は漸化式が有効で，（２）は漸化式を使うまでもありません．

　（１）です．まず，1 回倒した後 T が平面と接することはないですから，$p_1 = 0$ です．次に漸化式を立てます．$n+1$ 回倒した後，T が平面と接しているのは，n 回倒した後に T 以外が平面と接していて，次に T が平面と接する場合ですから

$$p_{n+1} = (1 - p_n) \cdot \frac{1}{3} \qquad \therefore \quad p_{n+1} = -\frac{1}{3} p_n + \frac{1}{3}$$

となります．これは $p_{n+1} - \dfrac{1}{4} = -\dfrac{1}{3}\left(p_n - \dfrac{1}{4}\right)$ と変形できますから，数列 $\left\{p_n - \dfrac{1}{4}\right\}$ は公比 $-\dfrac{1}{3}$ の等比数列で

$$p_n - \frac{1}{4} = \left(p_1 - \frac{1}{4}\right)\left(-\frac{1}{3}\right)^{n-1} = -\frac{1}{4}\left(-\frac{1}{3}\right)^{n-1}$$

よって，$p_n = \dfrac{1}{4}\left\{1 - \left(-\dfrac{1}{3}\right)^{n-1}\right\}$ です．

第 14 章　確率　517

第14章　確率

次に（2）です．まず，$q_1 = 0$ です．$n \geq 2$ のとき，n 回倒した後に初めて T が平面と接するのは，$n-1$ 回倒した後までは常に T 以外が平面と接しており，次に T が平面と接する場合です．1 回倒すと，必ず T 以外が平面と接します．次に倒すとき，確率 $\frac{1}{3}$ で T が平面と接し，確率 $\frac{2}{3}$ で T 以外が平面と接します．よって，2 から $n-1$ 回目に倒すときは常に確率 $\frac{2}{3}$ で T 以外が平面と接し，n 回目に倒すときは確率 $\frac{1}{3}$ で T が平面と接しますから

$$q_n = 1 \cdot \left(\frac{2}{3}\right)^{n-2} \cdot \frac{1}{3} = \frac{1}{3}\left(\frac{2}{3}\right)^{n-2}$$

です．以上より，$q_1 = 0,\ q_n = \frac{1}{3}\left(\frac{2}{3}\right)^{n-2}\ (n \geq 2)$ が得られます．

　この違いを正しく理解しておきましょう．漸化式と相性がいい問題とそうでない問題の差です．どちらも n 回後の確率ですから，「n に関する問題かどうか」は意味がありません．「n 回後の確率」でも漸化式を立てないことがあれば，後述するように「10 回後の確率」でも漸化式を立てることがあります．

　判断基準は，**確率を直接考えやすいかどうか**です．

　（1）は，直接 n 回後を考えるのは難しいです．途中で T が平面と接してもよいですから，どういう経緯で n 回後に T が平面と接するかというパターンが多過ぎるからです．すべてのパターンを把握してその確率の和をとるのは非現実的です．そこで，最初の状態から n 回後を考える代わりに，n 回後から $n+1$ 回後を考えて，漸化式を立てます．

　（2）は，「n 回倒した後に**初めて**」ですから，途中の経緯がシンプルで，直接 n 回後を考えるのが可能です．漸化式を使うまでもありません．

　個人的には，**漸化式は最終手段に近い**印象です．直接考えることを優先し，それが叶わないのであれば漸化式を立てます．

　一方，「10 回後の確率」のような n を含まない問題で漸化式を立てることもありますが，これはなかなか気付きにくいです．場合の数の例題で確認します．

[問題] **70.** 1 歩で 1 段または 2 段のいずれかで階段を昇るとき，1 歩で 2 段昇ることは連続しないものとする．15 段の階段を昇る昇り方は何通りあるか．

（京都大）

第5節　確率漸化式

15 段昇る昇り方を求めたいのですが，敢えて一般化して n 段昇る昇り方を考えます．最初の昇り方で場合分けをして漸化式を立てます．

n 段昇る昇り方を a_n 通りとします．また，1 歩で 1 段昇ることを○，2 段昇ることを×とおきます．×は連続しませんから，n 段昇るのは

（ア）　○の後，残り $n-1$ 段を題意のルールで昇る

（イ）　×の後，次は必ず○で，残り $n-3$ 段を題意のルールで昇る

のいずれかで

$$a_n = a_{n-1} + a_{n-3} \cdots\cdots\cdots\cdots\cdots\cdots\cdots\cdots\cdots\cdots\cdots\cdots\cdots\cdots①$$

となります．ただし，$n \geqq 4$ です．

一方，1 段昇るのは，○の 1 通りで，$a_1 = 1$ です．2 段昇るのは，○○，×の 2 通りで，$a_2 = 2$ です．3 段昇るのは，○○○，○×，×○の 3 通りで，$a_3 = 3$ です．よって，①を繰り返し用いて，a_{15} まで求めると

$\{a_n\}$：1, 2, 3, 4, 6, 9, 13, 19, 28, 41, 60, 88, 129, 189, 277

となりますから，15 段昇る昇り方は 277 通りです．

n に関する問題だけでなく，**具体的な数値を文字に一般化して漸化式を立てる**可能性があるのです．

漸化式を立てることに気付けば，あとは漸化式の立て方です．上の 2 つの例題でも密かに用いていますが，キーワードは**「最初か最後で場合分け」**です．例えば，n と $n+1$ の間の漸化式を立てるのであれば，多くの場合，1 回目の状態で場合分けをするか，n 回目の状態で場合分けをするかのいずれかです．

最後に，数列の章（☞ P.429）でも触れましたが，漸化式は「解く」とは限りません．解けない場合もありますし，解けたとしても解く意味がないこともあります．そういうときには，漸化式を**「使う」**のです．

〈確率のまとめ 5〉

Check ▷▷▷▷　確率漸化式

- 確率を直接考えにくいときに漸化式を立てる
- 具体的な数値を文字に一般化して漸化式を立てる
- 「最初か最後で場合分け」
- 漸化式を「解く」か「使う」か

第14章　確率

╭─────────────〈さいころを振って作る文字列に関する確率〉─────────────╮

例題 **14−6.** どの目も出る確率が $\frac{1}{6}$ のさいころを1つ用意し，次のよう
に左から順に文字を書く．

　さいころを投げ，出た目が1，2，3のときは文字列 AA を書き，4のと
きは文字 B を，5のときは文字 C を，6のときは文字 D を書く．さらに
繰り返しさいころを投げ，同じ規則に従って，AA，B，C，D をすでにあ
る文字列の右側につなげて書いていく．

　たとえば，さいころを5回投げ，その出た目が順に2，5，6，3，4で
あったとすると，得られる文字列は，

　　　AACDAAB

となる．このとき，左から4番目の文字は D，5番目の文字は A である．

（1）　n を正の整数とする．n 回さいころを投げ，文字列を作るとき，文
　　字列の左から n 番目の文字が A となる確率を求めよ．

（2）　n を2以上の整数とする．n 回さいころを投げ，文字列を作ると
　　き，文字列の左から $n-1$ 番目の文字が A で，かつ n 番目の文字が B
　　となる確率を求めよ．

（東京大）

╰──╯

考え方　n 回さいころを振るとき必ず n 文字以上の文字列ができて，その $n-1$
番目と n 番目だけが問題です．文字列が足りなくなることはないですから，さい
ころを振る回数については考慮する必要はありません．

　また，（1），（2）ともに，直接考えにくいですから漸化式を立てます．「最初
か最後で場合分け」のどちらがいいか判断しましょう．

▶解答◀　（1）　n 番目の文字が A となる確率を p_n
とおく．1番目の文字が A となるのは，1回目に1，2，
3を出す場合で

$$p_1 = \frac{3}{6} = \frac{1}{2}$$

2番目の文字が A となるのは，1回目に1，2，3を出し
て AA と書くか，1回目に4か5か6を出して B か C か
D と書き，2回目に1，2，3を出して AA と書く場合で

$$p_2 = \frac{3}{6} + \frac{3}{6} \cdot \frac{3}{6} = \frac{3}{4}$$

◀ 漸化式を立てるために確
　率を数列でおきます．

◀ 3項間漸化式になるため
　p_2 も必要です．

520 第14章　確率（例題14−6）

$n+2$ 番目が A となるのは

(ア) 1回目に 1, 2, 3 を出して AA と書き，その後の文字列の n 番目が A となる

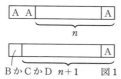

図1

(イ) 1回目に 4 か 5 か 6 を出して B か C か D と書き，その後の文字列の $n+1$ 番目が A となる

のいずれかであるから　(▷▷▷▷ **1**)

$$p_{n+2} = \frac{3}{6} \cdot p_n + \frac{3}{6} \cdot p_{n+1}$$

$$p_{n+2} = \frac{1}{2} p_{n+1} + \frac{1}{2} p_n$$

これは

$$p_{n+2} - p_{n+1} = -\frac{1}{2}(p_{n+1} - p_n) \cdots\cdots\cdots\cdots ①$$

$$p_{n+2} + \frac{1}{2} p_{n+1} = p_{n+1} + \frac{1}{2} p_n \cdots\cdots\cdots\cdots ②$$

のように変形できる．(▷▷▷▷ **2**)

① より，数列 $\{p_{n+1} - p_n\}$ は公比 $-\frac{1}{2}$ の等比数列で

$$p_{n+1} - p_n = (p_2 - p_1)\left(-\frac{1}{2}\right)^{n-1}$$

$$= \frac{1}{4}\left(-\frac{1}{2}\right)^{n-1}$$

$$p_{n+1} - p_n = \left(-\frac{1}{2}\right)^{n+1} \cdots\cdots\cdots\cdots ③$$

◀ $p_2 - p_1$ を残しましょう．

② より，数列 $\left\{p_{n+1} + \frac{1}{2} p_n\right\}$ は定数列で

$$p_{n+1} + \frac{1}{2} p_n = p_2 + \frac{1}{2} p_1$$

$$p_{n+1} + \frac{1}{2} p_n = 1 \cdots\cdots\cdots\cdots ④$$

◀ 番号が1ずれても変化しませんから，一定の値をとる数列，すなわち定数列です．

④ － ③ より

$$\frac{3}{2} p_n = 1 - \left(-\frac{1}{2}\right)^{n+1}$$

◀ p_{n+1} を消去します．

第14章　確率

求める確率は
$$p_n = \frac{2}{3}\left\{1-\left(-\frac{1}{2}\right)^{n+1}\right\}$$

（2） $n \geq 2$ のとき，$n-1$ 番目の文字が A で，かつ n 番目の文字が B となる確率を q_n とおく．1番目の文字が A で，かつ 2 番目の文字が B となることはないから
$$q_2 = 0$$

◀ q_1 が定義されていませんから，代わりに q_3 が必要です．

2番目の文字が A で，かつ 3 番目の文字が B となるのは，1回目に 1, 2, 3 を出して AA と書き，2回目に 4 を出して B と書く場合であるから
$$q_3 = \frac{3}{6} \cdot \frac{1}{6} = \frac{1}{12}$$

$n+1$ 番目の文字が A で，かつ $n+2$ 番目の文字が B となるのは

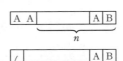

（ア）1回目に 1, 2, 3 を出して AA と書き，その後の文字列の $n-1$ 番目の文字が A で，かつ n 番目の文字が B となる

（イ）1回目に 4 か 5 か 6 を出して B か C か D と書き，その後の文字列の n 番目の文字が A で，かつ $n+1$ 番目の文字が B となる

◀ 漸化式の立て方は（1）と同様です．

のいずれかであるから
$$q_{n+2} = \frac{3}{6} \cdot q_n + \frac{3}{6} \cdot q_{n+1}$$
$$q_{n+2} = \frac{1}{2}q_{n+1} + \frac{1}{2}q_n$$

（1）と同様に
$$q_{n+1} - q_n = (q_3 - q_2)\left(-\frac{1}{2}\right)^{n-2} \quad (\triangleright\triangleright\triangleright \mathbf{3})$$
$$q_{n+1} - q_n = \frac{1}{12}\left(-\frac{1}{2}\right)^{n-2} \quad \cdots\cdots⑤$$
$$q_{n+1} + \frac{1}{2}q_n = q_3 + \frac{1}{2}q_2$$

◀ 漸化式自体は（1）と同じ形ですから，①，②のように変形できます．違うのは初項です．

第5節　確率漸化式

$$q_{n+1} + \frac{1}{2}q_n = \frac{1}{12} \cdots\cdots⑥$$

⑥－⑤より

$$\frac{3}{2}q_n = \frac{1}{12}\left\{1 - \left(-\frac{1}{2}\right)^{n-2}\right\}$$

求める確率は

$$q_n = \frac{1}{18}\left\{1 - \left(-\frac{1}{2}\right)^{n-2}\right\}$$

◀ q_{n+1}を消去します．

♦別解♦　（1）　1，2，3を出してAAと書くときの左側のAをA_1，右側のAをA_2とする．(▷▷▷ **4**)

n番目の文字がA_1となる確率をx_n，A_2となる確率をy_n，BかCかDとなる確率をz_nとおく．

1番目の文字がA_1となるのは，1回目に1，2，3を出す場合で

$$x_1 = \frac{3}{6} = \frac{1}{2}$$

1番目の文字がA_2となることはないから

$$y_1 = 0$$

◀ 2つのAの確率を別々に定義しますが，求める確率はx_n+y_nです．また，B, C, Dは対等ですからまとめてよいです．

◀ 先に初項を求めておきます．$z_1 = \frac{1}{2}$ですが，今回は不要です．

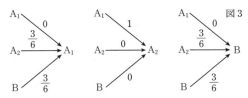

図3

図3の推移図において，BまたはCまたはDを単にBと略記している．

$n+1$番目の文字がA_1となるのは

（ア）　n番目の文字がA_2で，次に1，2，3を出してA_1A_2と書く

（イ）　n番目の文字がBかCかDで，次に1，2，3を出してA_1A_2と書く

のいずれかであるから　（▷▷▷ **5**）

$$x_{n+1} = y_n \cdot \frac{3}{6} + z_n \cdot \frac{3}{6}$$

第14章　確率

$$x_{n+1} = \frac{1}{2}(y_n + z_n) \cdots\cdots\cdots\cdots\cdots\cdots ⑦$$

$n+1$ 番目の文字が A_2 となるのは，n 番目の文字が A_1 となる場合であるから

◀ A_2 が現れるのは必ず A_1 の後です．

$$y_{n+1} = x_n \cdots\cdots\cdots\cdots\cdots\cdots\cdots\cdots ⑧$$

一方，n 番目の文字は A_1，A_2，B，C，D のいずれかであるから

$$x_n + y_n + z_n = 1$$

◀ 確率の和は1です．

$$y_n + z_n = 1 - x_n \cdots\cdots\cdots\cdots\cdots\cdots ⑨$$

⑨ を ⑦ に代入し

$$x_{n+1} = \frac{1}{2}(1 - x_n)$$

$$x_{n+1} - \frac{1}{3} = -\frac{1}{2}\left(x_n - \frac{1}{3}\right)$$

◀ 漸化式と $\alpha = \frac{1}{2}(1-\alpha)$ を辺ごとに引いて変形しています．$\alpha = \frac{1}{3}$ です．

数列 $\left\{x_n - \frac{1}{3}\right\}$ は公比 $-\frac{1}{2}$ の等比数列で

$$x_n - \frac{1}{3} = \left(x_1 - \frac{1}{3}\right)\left(-\frac{1}{2}\right)^{n-1}$$

◀ $x_1 - \frac{1}{3}$ を残しましょう．

$$= \frac{1}{6}\left(-\frac{1}{2}\right)^{n-1} = -\frac{1}{3}\left(-\frac{1}{2}\right)^{n}$$

$$x_n = \frac{1}{3}\left\{1 - \left(-\frac{1}{2}\right)^{n}\right\}$$

⑧ より，$n \geqq 2$ のとき

$$y_n = x_{n-1} = \frac{1}{3}\left\{1 - \left(-\frac{1}{2}\right)^{n-1}\right\}$$

◀ ⑧は $n \geqq 1$ で使えます．n の代わりに $n-1$ として番号をずらしますから，この範囲も $n-1 \geqq 1$ と変わります．

これは $n = 1$ のときも成り立つ．

以上より，求める確率は

$$x_n + y_n$$

$$= \frac{1}{3}\left\{1 - \left(-\frac{1}{2}\right)^{n}\right\} + \frac{1}{3}\left\{1 - \left(-\frac{1}{2}\right)^{n-1}\right\}$$

$$= \frac{1}{3}\left\{2 + \left(-\frac{1}{2}\right)^{n}\right\}$$

◀ $\left(-\frac{1}{2}\right)^{n}$ でまとめます．

（2）　$n \geqq 2$ のとき，$n-1$ 番目の文字が A で，かつ n 番目の文字が B となるのは，$n-1$ 番目の文字が A_2 で，

◀ 後ろにBが来る可能性がある A は A_2 のみです．

524　第14章　確率（例題14-6）

次に 4 を出して B と書く場合であるから，求める確率は

$$y_{n-1} \cdot \frac{1}{6} = \frac{1}{18}\left\{1 - \left(-\frac{1}{2}\right)^{n-2}\right\}$$

□ Point　　NEO ROAD TO SOLUTION　The probability　14-6　Check! □

❶　「最初で場合分け」が有効です．**最初に書く文字数で場合分け**します．最初に AA と書く場合と，B か C か D と書く場合で 2 つに分けます．B, C, D はどれも 1 文字ですから，事象をまとめます．$n+2$ 番目の文字が A となる場合，**▶解答◀** の図 1 のように残りの文字数がそれぞれ n, $n+1$ になりますから，n 番目，$n+1$ 番目の文字が A になる確率 p_n, p_{n+1} を用いて立式します．

　なお，$n+2$ 番目の文字を考えているのは，漸化式を見慣れた形にするためです．n 番目の文字を考えてもよいですが，その場合は

$$p_n = \frac{1}{2}p_{n-1} + \frac{1}{2}p_{n-2} \quad (n \geqq 3)$$

となり，$n \geqq 3$ が付きます．個人的にはこれが気持ち悪いので，なるべく避けるようにしています．最初は n 番目で立式しておき，漸化式を解く際に

$$p_{n+2} = \frac{1}{2}p_{n+1} + \frac{1}{2}p_n \quad (n \geqq 1)$$

と直してもよいです．いずれにしても，漸化式を解く際には，p_{n-1} や p_{n-2} のような形は番号をずらして解消しておくことです．2 項間漸化式なら p_{n+1}, p_n の式に，3 項間漸化式なら p_{n+2}, p_{n+1}, p_n の式にして，**毎回同じように解く**のです．漸化式は解けて当たり前ですから，安定した方法を選択しましょう．

❷　一般に，3 項間漸化式

$$a_{n+2} + sa_{n+1} + ta_n = 0 \quad \cdots\cdots\cdots\cdots\cdots\cdots\cdots\cdots\cdots\text{Ⓐ}$$

は，a_{n+2} を x^2 に，a_{n+1} を x に，a_n を 1 に置き換えて作った特性方程式

$$x^2 + sx + t = 0$$

の 2 解 α, β を用いて

$$a_{n+2} - \alpha a_{n+1} = \beta(a_{n+1} - \alpha a_n) \quad \cdots\cdots\cdots\cdots\cdots\cdots\cdots\text{Ⓑ}$$

$$a_{n+2} - \beta a_{n+1} = \alpha(a_{n+1} - \beta a_n) \quad \cdots\cdots\cdots\cdots\cdots\cdots\cdots\text{Ⓒ}$$

のように変形します．これは解と係数の関係

$$\alpha + \beta = -s, \ \alpha\beta = t \quad \therefore \quad s = -(\alpha + \beta), \ t = \alpha\beta$$

を Ⓐ に代入した式

$$a_{n+2} - (\alpha + \beta)a_{n+1} + \alpha\beta a_n = 0$$

を変形すれば得られます．実戦的には Ⓑ，Ⓒ の形を覚えておいて，特性方程式の2解を代入します．今回の特性方程式は

$$x^2 = \frac{1}{2}x + \frac{1}{2}$$

であり

$$\left(x + \frac{1}{2}\right)(x - 1) = 0 \quad \therefore \quad x = -\frac{1}{2}, 1$$

ですから，①，② が得られます．ただし，変形しっぱなしにするのではなく，①，② を変形して**元の漸化式に戻るかどうか必ず検算しましょう**．

❸ 初項に注意しましょう．q_n は $n \geqq 2$ で定義されていますから，q_1 は使えません．数列 $\{q_{n+1} - q_n\}$ の初項は $q_3 - q_2$ です．数列の章（☞ P.406）で扱いましたが，番号が $n - 2$ 増えますから，公比を $n - 2$ 回かけます．

❹ **♦別解♦** は「最後で場合分け」です．ただし，n 番目の A が AA と書いたときの左側の A か右側の A かによって，その次の文字の確率が変わりますから，そのままではうまくいきません．見かけ上は同じ A でも確率を考える上では別物なのです．**添え字を付けて区別する**ことで立式が可能になります．

❺ 3つの確率 x_n, y_n, z_n を扱うため，連立漸化式を立てます．n 文字目と $n+1$ 文字目の関係に着目し，▶解答◀ の図3のような推移図を描くとよいです．

$$z_{n+1} = y_n \cdot \frac{3}{6} + z_n \cdot \frac{3}{6} \quad \therefore \quad z_{n+1} = \frac{1}{2}y_n + \frac{1}{2}z_n \quad \cdots\cdots\cdots\cdots ⑩$$

も得られますが，「確率の和が1」の式 ⑨ を用いれば，⑩ は不要です．「確率の和が1」に着目しなくても，⑨ は ⑦＋⑧＋⑩ と初項から得られます．

なお，推移図は図4や図5のような描き方もあります．どちらもスペースを省略できる点が特長です．図4は左側の1つの事象から伸びる矢印の確率の和が1であることの確認がしやすいです．**図に現**

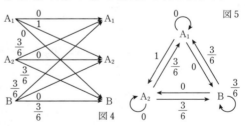

れる事象以外に起こりうる事象がなければ確率の和は1で，これは連立漸化式を立てる際の貴重な検算ポイントです．しかし，どうしても図が込み入ってしまい，各数字がどの推移確率なのか判断しにくいこともあります．図5は図4に比べて確率の数字が見やすいです．個人的には漸化式の立式につなげやすい ▶解答◀ の図3のタイプを推していますが，好みの問題ですね．

第5節　確率漸化式

〈完全順列〉

例題 14-7. 水戸黄門，助さん，格さん，弥七，お銀，八兵衛の6人が左から右へこの順番で1列に並んで座っている．6人が席を入れ換える．どの並びかたも同様の確からしさで起こるものとする．このとき最初と同じ席に座る人がいない確率を求めよ．

（茨城大・改）

考え方　見た目はインパクトがありますが，「完全順列」や「モンモールの問題」という，昔から入試で出題されている有名なテーマです．6人の場合を直接考えるのは意外に大変です．より人数が少ない場合に帰着させることを考え，漸化式を立てます．

▶解答◀　6人の席の入れ換え方の総数は$6!$通りである．

◀ 全事象の数です．

席を入れ換えるときに，最初と同じ席に座る人がいないという事象をFとし，（▷▷▷▶**❶**）n人でFが起こる場合の数をa_nとする．（▷▷▷▶**❷**）ただし，$n \geq 2$とする．

◀ 席を入れ換えますから2人以上必要です．

n人でFが起こるときを考える．図は$n=6$の場合である．

最初左端に座っている人をAとする．席を入れ換えるとき，AがBの席に座るとすると，Bの選び方は$n-1$通りである．（▷▷▷▶**❸**）

A B C D E F
入れ換える

（ア）Ⓑ Ⓐ C D E F
　　確定　　　F

（イ）B Ⓐ C D E F
　　確定
　　　　F

（ア）BがAの席に座るとき　（▷▷▷▶**❹**）

AとBは席を交換して着席するから，A，B以外の$n-2$人でFが起こる．その場合の数はa_{n-2}通りである．ただし，$n-2 \geq 2$より，$n \geq 4$である．

◀ a_{n-2}が定義されるのは$n-2 \geq 2$のときです．

（イ）BがAの席以外に座るとき　（▷▷▷▶**❺**）

AはBの席に座るから，A以外の$n-1$人と，Bの席以外の$n-1$席に着目する．$n-1$席のうち，BはAの席には座れず，それ以外の$n-2$人も最初に自分が座っていた席には座れないから，この場合の数は$n-1$人でFが起こる場合の数に等しく，a_{n-1}通りである．

第14章　確率（例題14-7）　527

第14章　確率

（ア），（イ）より

$$a_n = (n-1)(a_{n-2} + a_{n-1}) \quad (n \geqq 4) \quad \cdots\cdots\cdots ①$$

一方，$n = 2$ のとき，AB と並んでいる 2 人の席の入れ換え方は，BA の 1 通りで，$a_2 = 1$ である．

$n = 3$ のとき，ABC と並んでいる 3 人の席の入れ換え方は，BCA，CAB の 2 通りで，$a_3 = 2$ である．

① を繰り返し用いて

$$a_4 = 3(a_2 + a_3) = 3(1 + 2) = 9$$

$$a_5 = 4(a_3 + a_4) = 4(2 + 9) = 44$$

$$a_6 = 5(a_4 + a_5) = 5(9 + 44) = 5 \cdot 53$$

よって，求める確率は

$$\frac{a_6}{6!} = \frac{5 \cdot 53}{6!} = \frac{53}{144}$$

◀ ①は3項間漸化式ですから，最初の2項が必要です．$n \geqq 2$より，a_2とa_3を求めます．

◀ 漸化式を解くのではなく使います．繰り返し用いてa_6を求めます．

□　**Point**　The probability　NEO ROAD TO SOLUTION　**14-7**　**Check!**　□

1　小学生の頃，**「フルーツバスケット」**という遊びをしませんでしたか？ 椅子とりゲームの一種です．人数より 1 つだけ少ない椅子を内側に向けて円状に並べます．あらかじめ全員に，みかん，りんご，ぶどうなどの果物の名前を付けてグループ化しておきます．1 人の「鬼」が円の真ん中に立ち，それ以外の人は椅子に着席します．鬼がどれかの果物の名前を叫び，そのグループに属する人は立ち上がって椅子から離れ，他の空いた椅子に着席します．鬼もどこか空いた椅子に座ります．椅子の数が 1 つ足りませんから，新たに着席できない人が 1 人出て，その人が次の鬼になります．基本的にはこれを繰り返すのですが，鬼は果物の名前の代わりに「フルーツバスケット！」と叫ぶこともできます．この場合は全員が立ち上がって席を移動します．鬼が使える**伝家の宝刀**です．ゲームの後半では乱発される傾向にあります．最終的にどのように決着させるかは忘れました ☺　前に東京と名古屋の予備校の授業で「フルーツバスケット」を知っているか聞いてみましたが，ほとんどの生徒が知っていました．ジェネレーションギャップを感じず，ちょっと安心しました ☺

今回は水戸黄門御一行が「フルーツバスケット」を楽しむ問題です．鬼がいない状態で「フルーツバスケット」と叫ばれた状態です．こう考えると題意が把握しやすいです．▶解答◀ では「フルーツバスケット」の代わりに，頭文字をとって F と名付けました．

528　第14章　確率（例題 14-7）

第5節　確率漸化式

2　6人の問題を n 人の問題に一般化し，漸化式を立てます．確率を p_n とおいても解けますが，場合の数の方が考えやすく，また計算もしやすいです．目的は a_6 を求めることになりますから，漸化式を立てた後は**「解く」のではなく「使う」**（☞ P.429）ことを想定しています．

3　n 人で行う「フルーツバスケット」を連想しましょう．特定の 1 人に着目します．ここでは最も偉い水戸黄門（**▶解答◀** では A）に着目することにしましょう．水戸黄門が狙える席は自分の席以外で $n-1$ 通りあります．

4　この場合分けがポイントです．水戸黄門が，狙っている席の人に耳打ちします．「私と席を換わりなさい．」…そう，小学校でも時々見られた**談合**です．近くにいる 2 人が談合すればその 2 人は入れ換わるだけで着席できますから安心です．もし水戸黄門ともう 1 人が談合すれば，残り $n-2$ 人の移動の問題に帰着します．それが（ア）の場合です．

5　（イ）は 2 段階に分けると理解しやすいです．水戸黄門が，狙っている席の人に「談合がばれるとまずいですから，私と席を換わった後，あなたはさらに席を移りなさい．」と言った場合に相当します．パワハラですね 😧　その場合，耳打ちされた人（**▶解答◀** では B）はいったん水戸黄門の席に移りますが，そこを起点にさらに移動しますから，結局，他の $n-2$ 人と合わせて $n-1$ 人の移動の問題に帰着します．いずれにしても水戸黄門は姑息な真似をするわけですが，狙っている席の相手を自分の席に座らせるか座らせないかで場合分けするわけです．まあ，今回は鬼がいないですから意味がないんですけどね 😧

6　ありふれた完全順列の問題を印象的な問題にした茨城大に敬意を表します．「モンモールの問題」の代わりに「水戸黄門の問題」にしましょう 😊　水戸黄門の主要人物が総出演ですよ．「いやいや**飛猿**はどうした？」と言う人もいるでしょうが，そもそも水戸黄門ネタは受験生に通用するのでしょうか 😧　私はサウンドトラックを持っているくらい水戸黄門には思い入れがありますので，御老公御一行が一列に並んでいる姿を想像するだけで笑えます．

　なお，茨城大は 2014 年後期にも，助さんと格さんが剣道の試合をするという問題を出題しています．水戸黄門に対する愛情を感じますね 😊

問題編

論理

整数

論証

方程式

不等式

関数

座標

ベクトル

空間図形

図形総合

数列

数学的帰納法

場合の数

確率

微積分

出典・テーマ

第 14 章　確率（例題 14－7）　529

第14章　確率

第6節　独立・従属

確率　　　　　　　　　　　　　　　　　　　　　　　　　　The probability

　確率で「独立」という言葉を使うことがあります．「試行」の独立と「事象」の
独立があることに注意です．実は私も最近まで混同していました．まだまだ修行
が足りないようです 😌　　なお，数学Aの確率では「試行」の独立のみを定義し，
「事象」の独立は数学Bの確率で定義しています．

　試行の独立は，お互いの結果に影響を与えないかどうかで判断します．例え
ば，さいころを2回振るとき，1回目にさいころを振る試行と2回目にさいころ
を振る試行は，お互いの結果に影響を与えませんから独立です．

　一方，事象の独立は少しややこしいです．
　まず，2つの独立な試行を行うとき，その結果として起こる事象は独立です．こ
のとき2つの事象が同時に起こる確率は，それぞれの確率の積で計算できます．

　[公式]　事象 A と事象 B が独立のとき
$$P(A \cap B) = P(A)P(B)$$
　が成り立つ．

　例えば，さいころを2回振る試行は独立ですから，1回目に1が出る事象と2
回目に1が出る事象は独立です．よって，1回目と2回目にともに1が出る確率
は $\dfrac{1}{6} \cdot \dfrac{1}{6} = \dfrac{1}{36}$ です．

　2つの試行が独立でないとき，その結果として起こる事象は独立かどうかは自
明ではなく，確率を計算して確認します．事象の独立の定義です．

　[参考]　事象 A と事象 B に対し
$$P(A \cap B) = P(A)P(B)$$
　が成り立つとき，事象 A と事象 B は**独立である**といい，成り立たないと
　き，事象 A と事象 B は**従属である**という．

530　第14章　確率

第6節 独立・従属

先程の公式と逆になっていることに注意しましょう. **確率を計算した後に判定する**のです. 確率 $P(A)$, $P(B)$, $P(A\cap B)$ を計算し, $P(A\cap B) = P(A)P(B)$ が成り立てば, 事象 A と事象 B は独立ということです.

事象 A と事象 B が独立かどうかが問題になるのは, 主に, 同時に起こる確率 $P(A\cap B)$ を計算するときです. もし独立であることが事前に分かっていれば, 確率の積 $P(A)P(B)$ で求められるからです. しかし, 事象の独立が事前に分かるのは, 試行が独立の場合に限ります. それ以外の場合に, 事象 A と事象 B が独立かどうかは $P(A\cap B) = P(A)P(B)$ が成り立つかどうかで判定しますから, $P(A\cap B)$ をあらかじめ求めておく必要があり, 順序が逆になります.

結局, **試行が独立の場合のみ, 2つの事象が同時に起こる確率は確率の積で求められる**のです. 言い換えると, **試行が独立でなければ, 2つの事象が同時に起こる確率は確率の積では求められない**ということです.

試行が独立でない例を挙げましょう. さいころを繰り返し n 回振って, 出る目の積を X_n とします. この試行の結果として起こる複数の事象を考えます.

（ i ） X_n が2の倍数である事象と X_n が3の倍数である事象は**独立である**

（ ii ） X_n が4の倍数である事象と X_n が5の倍数である事象は**独立でない**

となります.（ i ）,（ ii ）のいずれの場合も, 2つの事象を起こす試行は同じですから独立ではありません. よって, 2つの事象が独立かどうかは自明ではなく, 確率を計算して判定しますが, ここではその計算は省略します. 結果に着目しましょう. どちらも同じ X_n に関する2つの事象でよく似ていますが, 数が違うと独立であったりなかったりするのです. 面白いですね 😊

もちろん, 独立かどうかは確率を計算した後に分かりますから, X_n が6の倍数である確率を求めるのに, X_n が2の倍数である確率と X_n が3の倍数である確率をかけてはいけません. 結果は合いますが, それはたまたまです. 事前に独立かどうかが分かっておらず, 確率の積を使っていい根拠がないからです.

─────────〈確率のまとめ6〉─────────

Check ▷▷▷▷ 独立・従属

- 🖋 試行が独立であれば, その結果として起こる事象が同時に起こる確率は確率の積で求められる

- 🖋 試行が独立でなければ, 同時に起こる確率は確率の積で求められない

第14章 確率 531

第14章　確率

〈n 個のさいころの目の和と積に関する確率〉

例題 14-8. さいころを n 回振り，出る目の数 n 個の積を X_n，出る目の数 n 個の和を Y_n とする．

（1）　X_n が 3 の倍数である確率 p_n を求めよ．

（2）　Y_n が 3 の倍数である確率 q_n を求めよ．

（3）　X_n が 3 の倍数，かつ Y_n が 3 の倍数である確率 r_n を求めよ．

(オリジナル)

考え方　（2）は漸化式を立てようとすると道が開けます．（3）では，「X_n が 3 の倍数」と「Y_n が 3 の倍数」が独立かどうか不明ですから，確率の積は使えません．2 つの事象を扱いますから，ベン図を描くといいでしょう．元の事象と余事象を比べ，考えやすい方をベン図で表します．

▶解答◀　（1）　余事象を考える．（▷▷▷▷ **1**）

X_n が 3 の倍数でないのは，n 回とも 3 と 6 の目が出ない場合で，その確率は $\left(\dfrac{4}{6}\right)^n = \left(\dfrac{2}{3}\right)^n$ である．

よって，求める確率は

$$p_n = 1 - \left(\dfrac{2}{3}\right)^n$$

◀ n 回とも 1，2，4，5 のみ出る確率です．

（2）　Y_1 が 3 の倍数であるのは，1 回目に 3 か 6 の目を出す場合であり，$q_1 = \dfrac{2}{6} = \dfrac{1}{3}$ である．

Y_{n+1} が 3 の倍数であるのは　（▷▷▷▷ **2**）

（ア）　Y_n が 3 の倍数で，$n+1$ 回目に 3 か 6 の目を出す

（イ）　Y_n が 3 の倍数でなく，$n+1$ 回目に Y_{n+1} が 3 の倍数となる目（2 通り）を出す

のいずれかであるから

◀ Y_n を 3 で割った余りが 1 なら 2 か 5 を，余りが 2 なら 1 か 4 を出します．

$$q_{n+1} = q_n \cdot \dfrac{2}{6} + (1 - q_n) \cdot \dfrac{2}{6} = \dfrac{1}{3}$$

$$q_n = \dfrac{1}{3} \quad (n \geq 2)$$

◀ 意外にも q_n が消えます．

これは $n = 1$ のときも成り立つ．（▷▷▷▷ **3**）　よって

$$q_n = \dfrac{1}{3}$$

532　第14章　確率（例題14-8）

(３) X_n が３の倍数でなく，かつ Y_n が３の倍数である確率を s_n とおくと

$$r_n = \frac{1}{3} - s_n$$

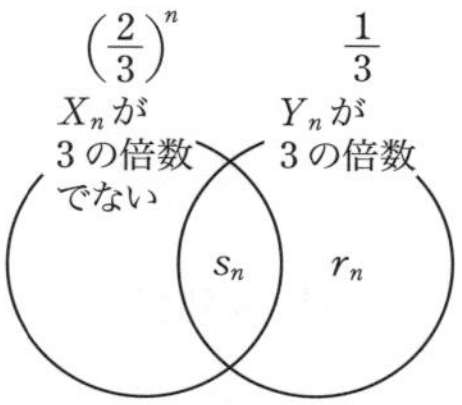

である．（▷▷▷▷**4**）まず，s_n を求める．

X_1 が３の倍数でなく，かつ Y_1 が３の倍数であることはなく，$s_1 = 0$ である．

◀ ベン図に確率を書き込んでおきます．

漸化式を立てるために，X_{n+1} が３の倍数でなく，かつ Y_{n+1} が３の倍数であるときを考える．X_n が３の倍数でないことが必要で，このとき，Y_n が３の倍数かどうかで場合分けする．（▷▷▷▷**5**）

◀ s_n の漸化式を立てます．「最後」で場合分けです．

Y_n が３の倍数のとき，Y_{n+1} が３の倍数であるためには，$n+1$ 回目に３か６を出さなければならないが，このとき X_{n+1} は３の倍数であり不適である．

Y_n が３の倍数でないとき，Y_{n+1} が３の倍数であるような次に出す目は２通りあり，いずれも３と６ではないから，X_{n+1} は３の倍数でなく適する．（▷▷▷▷**6**）

よって，X_{n+1} が３の倍数でなく，かつ Y_{n+1} が３の倍数であるのは，X_n と Y_n がともに３の倍数でなく，$n+1$ 回目に Y_{n+1} が３の倍数となる目（２通り）を出す場合である．X_n と Y_n がともに３の倍数でない確率は，X_n が３の倍数でない確率から s_n を引いた $\left(\frac{2}{3}\right)^n - s_n$ であるから

◀ ベン図を見れば簡単に分かります．

$$s_{n+1} = \left\{\left(\frac{2}{3}\right)^n - s_n\right\} \cdot \frac{2}{6}$$

$$s_{n+1} = -\frac{1}{3}s_n + \frac{1}{3}\left(\frac{2}{3}\right)^n$$

両辺を $\left(\frac{2}{3}\right)^{n+1}$ で割ると　（▷▷▷▷**7**）

$$\left(\frac{3}{2}\right)^{n+1} s_{n+1} = -\frac{1}{2}\left(\frac{3}{2}\right)^n s_n + \frac{1}{2}$$

第14章　確率

$t_n = \left(\frac{3}{2}\right)^n s_n$ とおくと, $t_1 = \frac{3}{2}s_1 = 0$ であり

$$t_{n+1} = -\frac{1}{2}t_n + \frac{1}{2}$$

$$t_{n+1} - \frac{1}{3} = -\frac{1}{2}\left(t_n - \frac{1}{3}\right)$$

◀ $\alpha = -\frac{1}{2}\alpha + \frac{1}{2}$ と辺ごとに引いて変形しています. $\alpha = \frac{1}{3}$ です.

数列 $\left\{t_n - \frac{1}{3}\right\}$ は公比 $-\frac{1}{2}$ の等比数列で

$$t_n - \frac{1}{3} = \left(t_1 - \frac{1}{3}\right)\left(-\frac{1}{2}\right)^{n-1}$$

$$= -\frac{1}{3}\left(-\frac{1}{2}\right)^{n-1}$$

$$t_n = \frac{1}{3}\left\{1 - \left(-\frac{1}{2}\right)^{n-1}\right\}$$

$s_n = \left(\frac{2}{3}\right)^n t_n$ より

◀ 順番に戻していきます.

$$s_n = \left(\frac{2}{3}\right)^n \cdot \frac{1}{3}\left\{1 + 2\left(-\frac{1}{2}\right)^n\right\}$$

$$= \frac{1}{3}\left\{\left(\frac{2}{3}\right)^n + 2\left(-\frac{1}{3}\right)^n\right\}$$

◀ n 乗でそろえると計算しやすいです.

$r_n = \frac{1}{3} - s_n$ より

$$r_n = \frac{1}{3} - \frac{1}{3}\left\{\left(\frac{2}{3}\right)^n + 2\left(-\frac{1}{3}\right)^n\right\}$$

$$= \frac{1}{3}\left\{1 - \left(\frac{2}{3}\right)^n - 2\left(-\frac{1}{3}\right)^n\right\}$$

□ ☐ **Point** The probability NEO ROAD TO SOLUTION **14-8** **Check!** ☐ □

1 一般に, k を 2 以上の整数として, 何かの積が k の倍数である確率を求める問題は, 「少なくとも 1 つ ○（数）が出る」というタイプの問題に帰着しますから, **余事象**を考えます. k が素数の場合は簡単です. 積が k の倍数でないのは k の倍数が出ない場合ですから, その確率を求めて 1 から引きます.

2 （2）では和が 3 の倍数である確率を求めます. さいころを振る回数が 2, 3 回程度であれば, さいころの目を 3 で割った余りでグループ分けし, どのグループの目が何回出るかを考えますが, 今回は n 回ですからこの方法はとれません. そこで, 「最初か最後で場合分け」（☞ P.519）の方法で**漸化式を立てます**. 「最後」の n 回目, すなわち Y_n が 3 の倍数かどうかで場合分けします.

第6節　独立・従属

❸　漸化式を立てるつもりが，結果的に $q_{n+1} = \dfrac{1}{3}$ $(n \geqq 1)$ となりましたから，n の代わりに $n-1$ を代入し，$q_n = \dfrac{1}{3}$ とします．ただし，$n-1 \geqq 1$，すなわち **$n \geqq 2$ であることに注意**しましょう．$n = 1$ のときの確認が必要です．

　　なお，「事象をまとめる」方法（☞ P.501）も使えます．n 回後 Y_n が 3 の倍数であろうがなかろうが，次に出すべき目は 2 通りですから，n 回後の事象をまとめ，$q_{n+1} = 1 \cdot \dfrac{2}{6} = \dfrac{1}{3}$ です．

❹　X_n と Y_n は異なる文字ですが，**同じ試行の結果で決まる値**ですから，X_n が 3 の倍数である事象と Y_n が 3 の倍数である事象は独立かどうかが不明です．同時に起こる確率を求めるのに，確率の積は使えません．ベン図を描きます．ただし，「X_n が 3 の倍数」は，（1）と同様に**余事象**を考えます．一方，「Y_n が 3 の倍数」については余事象を考える意味がありませんから，そのまま扱います．つまり，「X_n が 3 の倍数**でない**」，「Y_n が 3 の倍数である」の 2 つの事象についてベン図を描きます．**求めやすい確率に着目する**のがポイントです．r_n は直接求めにくいため，求めやすい確率 s_n を設定して，それを求めます．

❺　X_{n+1} が 3 の倍数でなく，かつ Y_{n+1} が 3 の倍数であるときを考えます．$n+1$ 個の積 X_{n+1} が 3 の倍数でないのですから，当然 n 個の積 X_n も 3 の倍数ではありません．よって，X_n が 3 の倍数でない前提で考えます．また，Y_n が 3 の倍数かどうかで次に出すべき目が変わりますから，場合分けします．

❻　Y_{n+1} が 3 の倍数であるのは

（ア）　Y_n が 3 の倍数で，次に 3 か 6 の目を出す

（イ）　Y_n が 3 の倍数でなく，次に Y_{n+1} が 3 の倍数となる目（2 通り）の目を出す

のいずれかです．（ア）は，$n+1$ 回目に出すべき目の 3，6 が 3 の倍数ですから，積 X_{n+1} が 3 の倍数になり，不適です．（イ）については具体的に考えましょう．Y_n を 3 で割った余りが 1 のときは，次に出すべき目は 2 か 5 です．Y_n を 3 で割った余りが 2 のときは，次に出すべき目は 1 か 4 です．いずれの場合も，出すべき目は 2 通りで，しかも 3 の倍数ではありませんから，積 X_{n+1} は 3 の倍数でなく，適します．結局，（イ）の場合のみを考えて立式します．

問題編

論理

整数

論証

方程式

不等式

関数

座標

ベクトル

空間図形

図形総合

数列

数学的帰納法

場合の数

確率

微積分

出典・テーマ

第14章　確率

7 $s_{n+1} = -\dfrac{1}{3}s_n + \dfrac{1}{3}\left(\dfrac{2}{3}\right)^n$ は典型的な2項間漸化式です．ノーヒントでも解けるようにしておきましょう．一般に

$$a_{n+1} = pa_n + qr^n \quad (p \neq 1)$$

の形の2項間漸化式は，両辺を r^{n+1} で割り，数列 $\left\{\dfrac{a_n}{r^n}\right\}$ の漸化式にします．

8　「$A : X_n$ が3の倍数である」，「$B : Y_n$ が3の倍数である」とすると，**4**で述べたように，2つの事象 A，B が独立かどうかは自明ではありませんが，確率を計算することで判定できます．参考までに確認しておきましょう．

「$A \cap B : X_n$ が3の倍数，かつ Y_n が3の倍数である」ですから

$$P(A) = p_n = 1 - \left(\dfrac{2}{3}\right)^n, \ P(B) = q_n = \dfrac{1}{3}$$

$$P(A \cap B) = r_n = \dfrac{1}{3}\left\{1 - \left(\dfrac{2}{3}\right)^n - 2\left(-\dfrac{1}{3}\right)^n\right\}$$

より，$P(A)P(B) \neq P(A \cap B)$ です．事象 A，B は独立ではありません．

9　「独立・従属」に関する有名問題は，さいころを n 回振るときの出る目の積が k の倍数である確率を求めるものです（$k = 4, 6, 12, 20$ など）．東大，京大，一橋大などで出題されています．例題です．

問題 71. サイコロをくり返し n 回振って，出た目の数を掛け合わせた積を X とする．すなわち，k 回目に出た目の数を Y_k とすると，

$X = Y_1 Y_2 \cdots Y_n$

（1）　X が3で割りきれる確率 p_n を求めよ．

（2）　X が6で割りきれる確率 q_n を求めよ．　　　　　　　　　　（京都大）

▶解答◀　（1）　$1 - \left(\dfrac{2}{3}\right)^n$　（2）　$1 - \left(\dfrac{1}{2}\right)^n - \left(\dfrac{2}{3}\right)^n + \left(\dfrac{1}{3}\right)^n$

（2）では，X が2で割りきれる確率 $1 - \left(\dfrac{1}{2}\right)^n$ と X が3で割りきれる確率 $1 - \left(\dfrac{2}{3}\right)^n$ をかけてはいけません．たまたま結果が合うだけです．正しくは，余事象を考えてベン図を使います．◎ ＝ ○＋○－◯ のイメージで余事象の確率を計算し，q_n を求めます．その結果，X が2の倍数である事象と X が3の倍数である事象は独立だと分かります（☞ P.531）．

第7節　条件付き確率

第7節　条件付き確率

確率　　　　　　　　　　　　　　　　　　　　　　　The probability

条件付き確率の2つの求め方を確認しておきましょう.

> **[参考]**　各根元事象が同様に確からしい試行において, 全事象を U とする. 2つの事象 A, B に対し, 事象 A が起こったときに事象 B が起こる条件付き確率を $P_A(B)$ と表す. $n(A) \neq 0$ のとき
>
> $$P_A(B) = \frac{n(A \cap B)}{n(A)} \quad \cdots\cdots\cdots\cdots\cdots\cdots ①$$
>
> である. また, 分母・分子を $n(U)$ で割ると
>
> $$P_A(B) = \frac{P(A \cap B)}{P(A)} \quad \cdots\cdots\cdots\cdots\cdots\cdots ②$$
>
> が得られる.

① は場合の数を, ② は確率を用いた表現です. ① は**全事象を絞る**イメージです. ① を条件付き確率の定義, ② を条件付き確率の公式と呼ぶことにします.

> **[問題] 72.** 3枚のカードがある. 1枚は両面とも赤, 1枚は両面とも白, 1枚は赤白が1面ずつである. これら3枚のカードを箱の中に入れ, よくかき混ぜてから無作為に1枚取り出し, 机の上に置いたところ, 表は赤であった. このとき裏も赤である確率を求めよ.　　　　　　　　（有名問題）

直感に頼ると勘違いする可能性があります. よくある誤答です.

【誤答】　机の上に置いたカードは表が赤であるから, 両面とも白のカードではなく, 両面とも赤のカードか, 赤白が1面ずつのカードの2通りである. このうち裏も赤であるのは両面とも赤のカードの1通りで, 求める確率は $\frac{1}{2}$ である.

どこが間違っているか分かりますか？　確率の根本にかかわる致命的な間違いが潜んでいます. [第1節]　(☞ P.490) で紹介した, 「明日世界が滅びるか滅びないか2つに1つだから, 明日世界が滅びる確率は $\frac{1}{2}$ である.」と同じ過ちです. 問題の条件のもとでは, 机の上のカードが両面とも赤のカードであることと, 赤

第14章　確率　537

白が1面ずつのカードであることは，同様に確からしくありません．実は，両面とも赤のカードは，赤白が1面ずつのカードに比べ2倍出やすいのです．

机の上のカードの表が赤と分かっていますから，それがどのカードのどの赤い面かに着目します．各カードではなく，**各面に着目する**のです．赤い面は全部で3通りあり，どれが机の上にあるカードの表の面であるかは同様に確からしいです．無作為に選んでいるからです．分かりやすくするために，3つの赤い面に番号を付けるとよいでしょう．両面とも赤のカードの2つの赤い面を1，2とし，赤白が1面ずつのカードの赤い面を3とします．1，2，3のうち，裏も赤い面であるのは1，2の2通りですから，求める確率は $\frac{2}{3}$ です．

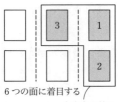

6つの面に着目する
全事象を絞る

上の解答は全事象を絞っています．机の上のカードの表が赤であるという事象を A，裏が赤であるという事象を B とします．各面に着目した場合，元々全事象は上図より6通りですが，表が赤と確定した後は，全事象は赤の3通りに絞られます．$n(U)=6$ に対し，$n(A)=3$ ということです．このうち裏も赤であるのは2通りで，$n(A \cap B)=2$ です．① より，$P_A(B) = \dfrac{n(A \cap B)}{n(A)} = \dfrac{2}{3}$ です．

② も使えます．各面に着目すれば ① とほぼ同じですから，異なる方法で求めてみます．A が起こるのは，両面とも赤のカードを引いて一方の面を表にするか，赤白が1面ずつのカードを引いて赤い面を表にするかのどちらかで

$$P(A) = \frac{1}{3} \cdot 1 + \frac{1}{3} \cdot \frac{1}{2} = \frac{1}{2}$$

です．$A \cap B$ が起こるのは，両面とも赤のカードを引いて一方の面を表にする場合で，$P(A \cap B) = \dfrac{1}{3} \cdot 1 = \dfrac{1}{3}$ です．よって，$P_A(B) = \dfrac{P(A \cap B)}{P(A)} = \dfrac{2}{3}$ です．一般に ② を用いる解法は，**直感に頼らず式で処理する**ことになり堅実です．

―〈確率のまとめ７〉―

Check ▷▷▷▷ 条件付き確率

- 全事象を絞る
- 安易に直感に頼らず，公式を用いて処理する

第7節　条件付き確率

〈モンティ・ホール問題〉

例題 14−9. 4つの箱があり，そのうちの2つに当たりくじが入っている．
（1）　太郎が先に1つの箱を選び，次に花子が残りから1つを選ぶ．このとき，花子が当たりの箱を選ぶ確率は￭￭￭￭である．
（2）　太郎が先に1つの箱を選んでまだ開けないうちに，どれに当たりくじが入っているかを知らない司会者が別の箱を1つ開けたところ外れであった．このとき，太郎の箱が当たりである確率は￭￭￭￭であり，残りの2つの箱から花子が当たりの箱を選ぶ確率は￭￭￭￭である．
（3）　太郎が先に1つの箱を選んでまだ開けないうちに，どれに当たりくじが入っているかを知っている司会者が外れの箱を1つ開けた．このとき，太郎の箱が当たりである確率は￭￭￭￭であり，残りの2つの箱から花子が当たりの箱を選ぶ確率は￭￭￭￭である．　　　（東京工芸大）

考え方 第1節 （☞ P.490）のくじ引きの問題のような確率がいくつか現れます．全事象のとり方が工夫できますが，ここでは他の確率と立式の方法を統一するために，敢えて確率をかけていく方法で求めることにします．

（2），（3）が条件付き確率の問題です．設定に違いに注意しましょう．安易に直感に頼ると間違えます．堅実に公式を用いましょう．

▶解答◀ （1）　太郎が当たるかどうかで場合分けし，（▷▷▷▶ **1**）求める確率は

$$\frac{2}{4} \cdot \frac{1}{3} + \frac{2}{4} \cdot \frac{2}{3} = \frac{1}{2}$$

◀ 太郎の当たり，はずれの確率はともに $\frac{2}{4}$ です．

（2）　太郎が箱を選んで箱を開けないうちに司会者がずれの箱を選ぶという事象を S，太郎の箱が当たりであるという事象を T，残り2つの箱から花子が当たりの箱を選ぶという事象を H とする．

◀ 公式を使いやすいように事象に名前を付けます．司会者，太郎，花子の頭文字をとりました．

まず，$P_S(T) = \dfrac{P(S \cap T)}{P(S)}$ を求める．

◀ 使う公式の確認です．最初に書いておくとどの確率を計算するべきかが明確になります．

S が起こるのは，太郎が当たるかどうかによらず司会者がはずれの箱を選ぶ場合で，（▷▷▷▶ **2**）（1）と同様に

$$P(S) = \frac{2}{4} \cdot \frac{2}{3} + \frac{2}{4} \cdot \frac{1}{3} = \frac{1}{2}$$

$S \cap T$ が起こるのは，太郎が当たりの箱を選び，残り

第14章　確率（例題14−9）　**539**

第14章　確率

3つの箱から司会者がはずれの箱を選ぶ場合で

$$P(S \cap T) = \frac{2}{4} \cdot \frac{2}{3} = \frac{1}{3} \quad (\triangleright\triangleright\triangleright\triangleright \; \mathbf{3})$$

よって

$$P_S(T) = \frac{P(S \cap T)}{P(S)} = \frac{\frac{1}{3}}{\frac{1}{2}} = \frac{2}{3}$$

次に，$P_S(H) = \dfrac{P(S \cap H)}{P(S)}$ を求める．

$S \cap H$ が起こるのは，司会者がはずれの箱を選び，花子が当たりの箱を選ぶ場合である．太郎が当たるかどうかで場合分けし　$(\triangleright\triangleright\triangleright\triangleright \; \mathbf{4})$

$$P(S \cap H) = \frac{2}{4} \cdot \frac{2}{3} \cdot \frac{1}{2} + \frac{2}{4} \cdot \frac{1}{3} \cdot \frac{2}{2} = \frac{1}{3}$$

よって

$$P_S(H) = \frac{P(S \cap H)}{P(S)} = \frac{\frac{1}{3}}{\frac{1}{2}} = \frac{2}{3}$$

（3）　太郎が箱を選んで箱を開けないうちに司会者がはずれの箱を開けるという事象を M，太郎の箱が当たりであるという事象を T，残り2つの箱から花子が当たりの箱を選ぶという事象を H とする．

◀（2）と区別するために，司会者を「マスター」と言い換えました😊

まず，$P_M(T) = \dfrac{P(M \cap T)}{P(M)}$ を求める．

M が起こるのは，太郎が当たるかどうかによらず，司会者が意図的にはずれの箱を開ける（確率は1）場合で　$(\triangleright\triangleright\triangleright\triangleright \; \mathbf{5})$

$$P(M) = 1$$

$M \cap T$ が起こるのは，太郎が当たりの箱を選び，司会者が意図的にはずれの箱を開ける（確率は1）場合で

◀ はずれの箱は2つ残っていますから，どちらを開けてもよいです．

$$P(M \cap T) = \frac{2}{4} \cdot 1 = \frac{1}{2}$$

第7節　条件付き確率

よって

$$P_M(T) = \frac{P(M \cap T)}{P(M)} = \frac{\frac{1}{2}}{1} = \frac{1}{2}$$

次に，$P_M(H) = \dfrac{P(M \cap H)}{P(M)}$ を求める．

$M \cap H$ が起こるのは，司会者が意図的にはずれの箱を開け，花子が当たりの箱を選ぶ場合である．（▷▷▷ **6**）

太郎が当たりの箱を選んでいる場合，司会者は2つあるはずれの箱をうち一方を開け（確率は1），残り2つの箱のうち当たりは1つだけある．太郎がはずれの箱を選んでいる場合，司会者は1つだけ残っているはずれの箱を開け（確率は1），残り2つの箱はともに当たりである．よって

◀ 太郎が当たるかどうかで場合分けします．

$$P(M \cap H) = \frac{2}{4} \cdot 1 \cdot \frac{1}{2} + \frac{2}{4} \cdot 1 \cdot \frac{2}{2} = \frac{3}{4}$$

であるから

$$P_M(H) = \frac{P(M \cap H)}{P(M)} = \frac{\frac{3}{4}}{1} = \frac{3}{4}$$

☐ **Point** The probability **14-9** **Check!** ☐
NEO ROAD TO SOLUTION

1 全事象のとり方を工夫するなら，花子の箱の選び方のみに着目します．花子の箱の選び方は4通りあり，そのどれもが同様に確からしいです．この中で当たりの箱を選ぶのは2通りですから，求める確率は $\dfrac{2}{4} = \dfrac{1}{2}$ です．

2 （2）では司会者がどれに当たりが入っているかの情報を持っていません．**司会者も無作為に箱を選びます**．これが（3）との違いです．S は太郎，司会者の順に無作為に箱を選び司会者がはずれるという事象で，（1）と同様です．

3 $P(S \cap T)$ の式 $\dfrac{2}{4} \cdot \dfrac{2}{3}$ は $P(S)$ の式の中に含まれています．このように，条件付き確率の計算では，分母の式の中に分子の式が含まれることがよくありますから，**先に分母の計算をする**と効率が良いです．

第14章　確率（例題14-9）

第14章　確率

4　司会者も花子も無作為に箱を選びますから，2人でくじを引く問題と同じです．**1**と同様に考えられます．司会者と花子の箱の選び方は $4 \cdot 3$ 通りあり，そのどれもが同様に確からしいです．この中で司会者がはずれの箱を選び，花子が当たりの箱を選ぶのは $2 \cdot 2$ 通りですから，$P(S \cap H) = \dfrac{2 \cdot 2}{4 \cdot 3} = \dfrac{1}{3}$ です．

5　（3）では司会者は情報を持っていますから，無作為に箱を選ぶのではありません．太郎が当たっていれば，はずれの箱は2つ残っていますからそのどちらか一方を開け，太郎がはずれていれば，はずれの箱は1つしか残っていませんからそれを開けます．太郎が当たるかどうかにより箱の状況は変わりますが，**はずれの箱を意図的に開ける**ということは同じです．無作為であれば，箱の状況によりはずれの箱を開ける確率は変わりますが，今回はイカサマをしているのです．はずれの箱を開けるのは必ず起こり，確率は1です．

6　$P(M \cap H)$ については，$P(S \cap H)$ とは違い，くじ引きのような考え方はできません．「花子の箱の選び方は司会者が開けたはずれの箱以外の3通りあり，この中で花子が当たりの箱を選ぶのは2通りであるから，$P(M \cap H) = \dfrac{2}{3}$ である．」とするのは間違いです．詳しくは次の $\boxed{7}$ で解説します．

$\boxed{7}$　（2）と（3）の結果の違いが興味深いです．司会者が情報を持っているかどうかで確率が変わるのです．

　　司会者が情報を持っていない（2）では，**無作為に3人が箱を選ぶ**設定です．くじ引きと同じです．司会者が箱を開けなければ，3人が当たりを引く確率はすべて $\dfrac{1}{2}$ です．**くじ引きでは何番目に引いても当たる確率は変わらない**からです．ところが，今回は司会者が箱を開け，はずれと分かった状態です．その時点で太郎は箱を選んでおり，花子はまだ箱を選んでいません．1つのはずれが判明しましたから，直感的に太郎と花子の当たる確率は上がるはずです．実際，結果はともに $\dfrac{2}{3}$ です．例えば，花子が当たりを選ぶ確率は次のようにも解釈できます．花子の箱の選び方は司会者が開けたはずれの箱以外の3通りあり，そのどれもが同様に確からしいです．この中で花子が当たりの箱を選ぶのは2通りですから，$P_S(H) = \dfrac{2}{3}$ です．太郎についても同様です．

　　プロ野球のドラフト会議の抽選で，4人が順番にくじを引き，一斉に中身を確認するとします．一斉と言っても確認するタイミングに時間差があり，はずれと分かった1人ががっかりしたしぐさをしたとします．その瞬間，残り3人の当たる確率は等しく上がります．2018年の大阪桐蔭高・根尾昂選手（現中日ドラゴンズ）の抽選でこの状況が確認できます．これと同じです．

542　第14章　確率（例題14−9）

第7節　条件付き確率

結局，司会者が箱を開ける前に選んでいた太郎と，後で選ぶ花子の確率が等しいのは，司会者も無作為に引いているからです．くじ引きの性質の「何番目に引いても確率は変わらない」，言い換えると「どのくじを引くのも同様に確からしい」が保たれているのです．**司会者も含めて全員が無作為に選ぶのであれば，結果が分かった箱を除外してくじ引き同様に考えてよい**ということです．

司会者が情報を持っている（3）では，司会者の作為が加えられます．太郎が選んだ後に意図的にはずれの箱を開けますから，これは花子の当たる確率を上げる目的です．**太郎にとっては何のメリットもありません**．太郎の当たる確率は $\frac{1}{2}$ のままです．一方，花子ははずれが1つ減った状態で選べますから，当たる確率が上がります．しかも太郎の確率が上がらない分，（2）よりも上がります．実際，太郎の選んだ箱と花子が選べる2つの箱は対等ではありません．当たりの箱は太郎が選ばなければ残りますが，はずれの箱は太郎が選ばなくても司会者が開ける可能性があり，当たりの箱の方が残りやすいのです．作為を加えることで，「同様に確からしい」ことが破綻しています．なお，太郎が選ぶ前に司会者が意図的にはずれの箱を開ければ，太郎，花子の当たる確率はともに $\frac{2}{3}$ です．**作為を加えるタイミングで確率が変わる**のです．

これらの違いは，結果を出した後なら後付けでなんとなく納得した気になれますが，最初は変な勘違いをしがちです．直感を過信しないことです．

8　このような問題を「モンティ・ホール問題」といいます．アメリカのテレビ番組の司会者の名前をとったらしいです．10年以上前，予備校のある生徒がこの問題が載っている本を片手に質問しに来ました．その本では，3つのドアA，B，Cがあり，1つのドアの向こうには車（当たり），残り2つのドアの向こうにはヤギ（はずれ）が入っているという設定でした．ヤギをはずれとするのは日本人にはない発想です．ある意味当たりでしょう☺　さて，解答者がAを選びます．その後，どこに車が入っているかを知っている司会者がCを開け，ヤギが出てきました．そして解答者にこう言います．「あなたにチャンスをあげましょう．選ぶドアを変えてもいいですよ．」と．このとき，解答者はA，Bのどちらを選択すべきでしょうか．

一見，どちらでも同じだろうと誤解しがちですが，公式を用いて計算すると，Aが当たりの確率は $\frac{1}{3}$，Bが当たりの確率は $\frac{2}{3}$ です．ただし，司会者が複数のドアを開けられる状況では，その中から無作為に選ぶとしています．例えば，Aに車が入っているときはB，Cどちらのドアを開けてもよいですから，無作為に一方を選びます．これを決めておかないと確率が計算できません．

第14章　確率（例題14−9）543

第14章　確率

第8節　　変魔大王への道

確率　　　　　　　　　　　　　　　　　　　　　　　　　　　　The probability

　2021 年までの教育課程ではなぜか数学 A の確率から外された（数学 B にあり，次の課程では数学 A で扱う）**期待値**に触れておきます．入試では期待値という言葉を使っていないだけで，内容的には期待値を求める問題が出題されています．

　さいころを振るときに出る目のように，ある値をとる可能性が確率的に定まっている変数を**確率変数**といいます．確率変数 X のとりうる値を $x_1, x_2, \cdots, x_n$ とし，$X = x_k$ となる確率を $P(X = x_k)$ とすると，X の期待値 $E(X)$ は

$$E(X) = \sum_{k=1}^{n} x_k P(X = x_k)$$

で定義されます．確率変数の値と確率をかけたものの和で，**平均**とも呼ばれます．

　例えば，さいころを 1 回振るときの出る目の期待値は

$$1 \cdot \frac{1}{6} + 2 \cdot \frac{1}{6} + 3 \cdot \frac{1}{6} + 4 \cdot \frac{1}{6} + 5 \cdot \frac{1}{6} + 6 \cdot \frac{1}{6} = \frac{21}{6} = \frac{7}{2} = 3.5$$

です．これは平均すると 3.5 の目が出るということです．

　期待値の問題の中には，定義どおりに計算する代わりに，**確率変数を積極的に用いる**ことで鮮やかに解けるものがあります．これが確率変数の魅力であり，確率変数を究めた人のことを**「変魔大王」**と呼びます ☺　今回は「変魔大王への道」を切り開きます．基本となる期待値の公式から始めます．

　公式　確率変数 X, Y に対し
$$E(X + Y) = E(X) + E(Y)$$
　が成り立つ．

　単純な式ですが，例えば，$\sin(x + y) = \sin x + \sin y$ は成り立ちませんから，当たり前の式ではないです．**「和の期待値」**が**「期待値の和」**に等しいことを表し，これは期待値の重要な性質です．和と期待値は順序を変えてよいのです．

　一応証明しておきます．X のとりうる値を $x_1, x_2, \cdots, x_m$ とし，Y のとりうる値を $y_1, y_2, \cdots, y_n$ とします．$P(X = x_k, Y = y_l) = p_{kl}$ とおくと

$$E(X + Y) = \sum (x_k + y_l) p_{kl} = \sum x_k p_{kl} + \sum y_l p_{kl}$$

$$（この \sum はすべての組 (k, l) に対する和を表す）$$

$$= \sum_{k=1}^{m} \left\{ x_k \left(\sum_{l=1}^{n} p_{kl} \right) \right\} + \sum_{l=1}^{n} \left\{ y_l \left(\sum_{k=1}^{m} p_{kl} \right) \right\}$$

$$= \sum_{k=1}^{m} x_k P(X = x_k) + \sum_{l=1}^{n} y_l P(Y = y_l)$$

$$= E(X) + E(Y)$$

　証明よりもうまく使うことが重要です．使いどころは，**期待値を求めたい確率変数が「根元的な確率変数」の和として表されるとき**です．言い換えると，確率変数（完成品）がより細かな確率変数（部品）に分解できるときです．例えば，あるゲームで2回の合計得点の期待値を求めるとき，1回目と2回目の得点が「根元的な確率変数」です．この根元的な確率変数の定義がポイントになります．

　確率変数が特に有効なのは，**回数の期待値**です．全体の回数をまとめて調べる代わりに，1回ずつに分けて考えます．道路の脇に椅子を置いて座り，通行人の数を数えることを想像しましょう．人が1人通るごとにボタンをコチッと押します．ボタンを押せば1，押さなければ0とする確率変数を用意し，その合計を回数とみなします．この根元的な確率変数を**「カウンター」**と呼びます．例題です．

問題 73. 1辺の長さ1の正六角形があり，その頂点の1つをAとする．はじめ点Pは頂点Aにあるとする．1つのさいころを3回振り，点Pを出た目の数の長さだけ，この正六角形の辺上を反時計回りに進める．3回進める間に，点Pが頂点Aにとまる回数の期待値を求めよ．（センター・改）

　点Pが頂点Aにとまる回数をXとおきます．

　　　k回目に点Pが頂点Aにとまるとき　　　$X_k = 1$（コチッ！）

　　　k回目に点Pが頂点Aにとまらないとき　$X_k = 0$（シ～ン…）

となる確率変数X_k $(k = 1, 2, 3)$を定義すると，点Pが頂点Aにとまる回数はボタンを押す回数に相当し，$X = X_1 + X_2 + X_3$です．

　分かりにくければ，3人の監視員がいて，それぞれ1つずつカウンターを持っていることを想像しましょう．どのカウンターもボタンを押せば1となり，押さなければ0です．**1か0しか表示しません**．k番目の人が持つカウンターの数字をX_k $(k = 1, 2, 3)$とします．さて，1番目の人は1回目に点Pが頂点Aにとまるかどうかのみを判定します．とまればボタンを押し，その数字は1です．とまらなければボタンを押さず，その数字は0です．2番目，3番目の人についても同様です．3回進めた後，点Pが頂点Aにとまった回数を調べるには，3人の

第14章　確率

持つカウンターの数字の和をとればよく，$X = X_1 + X_2 + X_3$ となります．
　よって
$$E(X) = E(X_1 + X_2 + X_3)$$
です．これは期待値の記号をかぶせただけで，まだ何もしていません．この後，期待値の公式を用います．「和の期待値」は「期待値の和」ですから
$$E(X_1 + X_2 + X_3) = E(X_1) + E(X_2) + E(X_3)$$
となります．変形する前後の $E(X)$ と $E(X_1) + E(X_2) + E(X_3)$ を比べると，見た目は後者の方が複雑ですが，実はかなり計算しやすくなっています．なぜなら，$X = 0, 1, 2, 3$ と X は4通りの値をとりますが，$X_k = 0, 1$ と X_k は2通りの値しかとらず，期待値の計算が楽だからです．実際，k 回目のさいころを振るとき，点 P がどの頂点にいても，次に頂点 A にとまるための目がただ1つ存在しますから，$P(X_k = 1) = \dfrac{1}{6}$ であり

$$E(X_k) = 1 \cdot P(X_k = 1) + 0 \cdot P(X_k = 0) = \frac{1}{6} \quad (k = 1, 2, 3)$$

です．なお，期待値の求め方の基本は，右のような表を書いて**「縦にかけて和をとる」**ことです．求める期待値は

$$E(X) = \frac{1}{6} + \frac{1}{6} + \frac{1}{6} = \frac{1}{2}$$

X_k	1	0	計
P	$\dfrac{1}{6}$	$\dfrac{5}{6}$	1

です．

　この結果は直感的に明らかです．当たりの確率が $\dfrac{1}{6}$ であるくじを3回引くときの当たりの本数の期待値と同じで，$\dfrac{1}{6} \cdot 3 = \dfrac{1}{2}$ となるイメージです．これが正しいことを期待値の公式が保証してくれているのです．

　一般に，カウンターを使うメリットが大きいのは
（ⅰ）　$P(X = k)$ が求めにくいか不可能な場合
（ⅱ）　期待値の定義の計算に比べて，$\displaystyle\sum_{k=1}^{n} P(X_k = 1)$ の計算の方が簡単な場合
です．

―――――――――――――――――――〈確率のまとめ 8〉――

Check ▷▷▷▷ 回数の期待値は「カウンター」を用いる

第8節　変魔大王への道

〈回数の期待値〉

[例題] **14−10.** n を 3 以上の自然数とする．スイッチを入れると等確率で赤色または青色に輝く電球が横一列に n 個並んでいる．これらの n 個の電球のスイッチを同時に入れたあと，左から電球の色を見ていき，色の変化の回数を調べる．

（1）　赤青 … 青，赤赤青 … 青，…… のように左端が赤色で色の変化がちょうど 1 回起きる確率を求めよ．

（2）　色の変化が少なくとも 2 回起きる確率を求めよ．

（3）　色の変化がちょうど m 回（$0 \leqq m \leqq n-1$）起きる確率 p_m を求めよ．

（4）　$\sum\limits_{m=0}^{n-1} m p_m$ を求めよ． 　　　　　　　　　　　　（九州大・改）

[考え方]　（4）は回数の期待値を求める問題です．期待値の定義どおりに計算しても求められますが，カウンターを用いる方が楽です．

▶解答◀　（1）　電球の色の配置は 2^n 通りあり，そのどれもが同様に確からしい．（▷▷▷▷ **❶**）色の変化が起きるのは電球と電球の間で，n 個の電球の間は $n-1$ カ所あるから，左端が赤色で色の変化がちょうど 1 回起きるのは $n-1$ 通りある．よって，求める確率は

$$\frac{n-1}{2^n} \quad (\text{▷▷▷▷ } \mathbf{2})$$

◀ 色の変化が起きるのは電球間です．題意の把握のポイントです．

（2）　色の変化が 1 回も起きないのは，すべて赤色かすべて青色かの 2 通りであるから，この確率は

$$\frac{2}{2^n} = \frac{1}{2^{n-1}}$$

◀「少なくとも2回」は直接考えにくいですから，余事象を考えます．

色の変化がちょうど 1 回起きるのは，左端が赤色か青色かに注意して $2(n-1)$ 通りあるから，この確率は

$$\frac{2(n-1)}{2^n} = \frac{n-1}{2^{n-1}}$$

◀（1）とは少し違います．左端は青色もあります．

よって，色の変化が少なくとも 2 回起きる確率は

$$1 - \frac{1}{2^{n-1}} - \frac{n-1}{2^{n-1}} = 1 - \frac{n}{2^{n-1}}$$

（3）　色の変化がちょうど m 回起きるとき，左端が赤

第14章　確率（例題14−10）　547

第14章　確率

色か青色かで2通りあり，色の変化する場所の選び方は
$_{n-1}\mathrm{C}_m$ 通りあるから，求める確率は

$$\frac{2\cdot {}_{n-1}\mathrm{C}_m}{2^n}=\frac{{}_{n-1}\mathrm{C}_m}{2^{n-1}}\quad(\triangleright\triangleright\triangleright\triangleright\ \textbf{3})$$

（4）　色の変化の回数を X とおくと

$$\sum_{m=0}^{n-1}mp_m=E(X)$$

◀ 問題文には期待値と書い
てありませんが，期待値
の定義そのものです．

であるから，X の期待値 $E(X)$ を求める．

　$n-1$ カ所の電球間に，順に $1,\ 2,\ \cdots,\ n-1$ と番号を付
ける．k 番目で色が変化するとき $X_k=1$，変化しない
とき $X_k=0$ となる確率変数 $X_k\ (k=1,\ 2,\ \cdots,\ n-1)$
を定義する．（$\triangleright\triangleright\triangleright\triangleright\ \textbf{4}$）$X=X_1+X_2+\cdots+X_{n-1}$ より

$$E(X)=E(X_1+X_2+\cdots+X_{n-1})$$

期待値の公式 $E(X+Y)=E(X)+E(Y)$ を用いると

$$E(X)=E(X_1)+E(X_2)+\cdots+E(X_{n-1})$$

◀ 「和の期待値」を「期待
値の和」に直します．

$$=\sum_{k=1}^{n-1}E(X_k)$$

ここで，k 番目で色が変化するのは，k 番目をはさむ2
つの電球の色が異なる場合で

$$P(X_k=1)=\frac{2}{2^2}=\frac{1}{2}$$

X_k	1	0	計
P	$\frac{1}{2}$	$\frac{1}{2}$	1

である．（$\triangleright\triangleright\triangleright\triangleright\ \textbf{5}$）よって

$$E(X_k)=1\cdot P(X_k=1)+0\cdot P(X_k=0)=\frac{1}{2}$$

◀ 表において，縦にかけて
和をとります．

より

$$E(X)=\sum_{k=1}^{n-1}\frac{1}{2}=\frac{n-1}{2}\quad(\triangleright\triangleright\triangleright\triangleright\ \textbf{6})$$

◀ $\frac{1}{2}$ は k によらない定数
ですから，和をとるのは
簡単です．

◆別解◆　期待値の定義式のまま計算する．

$$\sum_{m=0}^{n-1}mp_m=\sum_{m=0}^{n-1}m\cdot\frac{{}_{n-1}\mathrm{C}_m}{2^{n-1}}$$

$$=\frac{1}{2^{n-1}}\sum_{m=1}^{n-1}m\,{}_{n-1}\mathrm{C}_m$$

◀ $m=0$ の項は0で無視で
きます．

548 第14章　確率（例題14－10）

第8節　変魔大王への道

ここで，二項定理より

$$(1+x)^{n-1} = \sum_{m=0}^{n-1} {}_{n-1}\mathrm{C}_m x^m$$

両辺を x で微分し

$$(n-1)(1+x)^{n-2} = \sum_{m=1}^{n-1} m \, {}_{n-1}\mathrm{C}_m x^{m-1}$$

◀ 有限個の和と微分は順序を変えてもよいです．

$x=1$ を代入し，両辺を入れ換えると

$$\sum_{m=1}^{n-1} m \, {}_{n-1}\mathrm{C}_m = (n-1) \cdot 2^{n-2} \quad \text{(▷▷▷▷ \ 7\!\!)}$$

よって

$$\sum_{m=0}^{n-1} m \, p_m = \frac{1}{2^{n-1}} \cdot (n-1) \cdot 2^{n-2} = \boldsymbol{\frac{n-1}{2}}$$

$\square$ **Point** NEO ROAD TO SOLUTION ～The probability～ **14-10** **Check!** $\square$

1 $\dfrac{(場合の数)}{(全事象)}$ の方法で求めます．各電球は赤色か青色に等確率で輝きますから，特定の色の配置が起こりやすいということはありません．どれもが同様に確からしいですから，色の配置を全事象にとります．

2 反復試行の確率の公式（☞ P.496）を用いてもよいです．左端が赤色で色の変化がちょうど1回起きるのは $n-1$ 通りあり，どの色の配置も確率 $\left(\dfrac{1}{2}\right)^n$ で起こりますから，求める確率は $(n-1)\left(\dfrac{1}{2}\right)^n$ です．（2），（3）も同様です．

3 「組合せの記号 ${}_{n-1}\mathrm{C}_m$ を含む形で答えていいの？」と言う人がいますが，全然構いません．${}_{n-1}\mathrm{C}_m$ は $\dfrac{(n-1)!}{m!(n-1-m)!}$ とも書けますが，かえって複雑になるだけです．これと似たことで，分母の有理化もほどほどでよいです．例えば，$\dfrac{2}{\sqrt{3}}$ は $\dfrac{2\sqrt{3}}{3}$ と直す必要はありません．前者の方がシンプルです．

4 カウンターを定義します．$n-1$ 人にカウンターを渡して電球の間の前に1人ずつ座らせ，色の変化があるかどうかを判定してもらうイメージです．最後にカウンターを集めて数字の和をとり，それを色の変化の回数とします．

第14章　確率（例題14-10）　549

第14章 確率

5 k 番目をはさむ 2 つの電球の色は，赤赤，赤青，青赤，青青の 2^2 通りで，このうち 2 つの電球の色が異なるのは，赤青，青赤の 2 通りですから，k 番目で色が変化する確率は $\dfrac{2}{2^2}$ です．左側が赤，青のいずれであっても，右側が異なる色になる確率は $\dfrac{1}{2}$ ですから，事象をまとめ，$1 \cdot \dfrac{1}{2}$ としてもよいでしょう．

6 この結果は直感的に明らかです．各電球間で色の変化が起こる確率はすべて $\dfrac{1}{2}$ で，電球間は $n-1$ カ所ありますから，確率 $\dfrac{1}{2}$ で当たるくじを $n-1$ 回引くときの当たりの本数の期待値と同じで，$\dfrac{1}{2} \cdot (n-1) = \dfrac{n-1}{2}$ です．

7 二項定理を用いて $\displaystyle\sum_{m=1}^{n-1} m_{n-1}\mathrm{C}_m$ を計算します．$_{n-1}\mathrm{C}_m$ の左の数 $n-1$ に着目し，$(1+x)^n$ ではなく $(1+x)^{n-1}$ の展開式

$$(1+x)^{n-1} = \sum_{m=0}^{n-1} {}_{n-1}\mathrm{C}_m x^m$$

を使います．右辺で m の形を作ります．x^m の指数 m を前に出すことを考え，x で微分します．なお，$m=0$ の項 $_{n-1}\mathrm{C}_0$ は定数で微分すると 0 ですから，和は $m=1$ からでよく

$$(n-1)(1+x)^{n-2} = \sum_{m=1}^{n-1} m_{n-1}\mathrm{C}_m x^{m-1}$$

となります．この式に $x=1$ を代入すれば，目的の式になります．

　なお，厳密には数Ⅲの微分公式

$$\{(x+\alpha)^n\}' = n(x+\alpha)^{n-1} \quad (n \text{ は自然数})$$

を用いていますが，他でも使うことがありますから，文系の人も覚えておきましょう．また，同様にして

$$\sum_{m=0}^{n} {}_n\mathrm{C}_m = 2^n, \quad \sum_{m=1}^{n} m_n\mathrm{C}_m = n \cdot 2^{n-1}$$

も示せます．これらは大学入試で定番です．

8 この問題は，意外に題意の把握でつまずく人がいます．なんとなく「スイッチ」と「色の変化」という言葉を見て，色が時間的に変化すると勘違いするようです．1 回スイッチを入れた後はもうスイッチに触れませんから，スイッチを何回もパチパチやって電球の色を変化させるのではありません．ここでの色の変化というのは，あくまで**空間的な変化**です．

第15章

NEO ROAD TO SOLUTION

微積分

The differentiation, The integration　　真・解法への道！

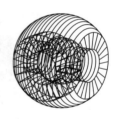

第15章　微積分

第1節　3次関数のグラフの性質

微積分　　　　　　　　　　　The differentiation,The integration

3次関数のグラフは点対称です．それを証明する入試問題もあります．

> 問題 **74.** x の三次関数 $y = ax^3 + bx^2 + cx + d$ のグラフはある点に関して対称であることを証明せよ．ここに，a, b, c, d は定数で $a \neq 0$ とする．
>
> （大分大）

$f(x) = ax^3 + bx^2 + cx + d \ (a \neq 0)$ とおきます．$ax^3 + bx^2$ が出てくるように $a\left(x + \dfrac{b}{3a}\right)^3$ を用意して，$\left(x + \dfrac{b}{3a}\right)$ で整理する（立方完成といいます）と

$$f(x) = a\left(x + \frac{b}{3a}\right)^3 - \left(\frac{b^2}{3a} - c\right)x - \frac{b^3}{27a^2} + d$$

$$= a\left(x + \frac{b}{3a}\right)^3 - \left(\frac{b^2}{3a} - c\right)\left(x + \frac{b}{3a}\right) + \frac{2b^3}{27a^2} - \frac{bc}{3a} + d$$

となり，$p = -\dfrac{b}{3a}$, $q = \dfrac{2b^3}{27a^2} - \dfrac{bc}{3a} + d$, $r = \dfrac{b^2}{3a} - c$ とおくと

$$f(x) = a(x - p)^3 - r(x - p) + q$$

となります．ここで，$g(x) = ax^3 - rx$ とおくと，常に $g(-x) = -g(x)$ が成り立ちますから $g(x)$ は奇関数で，$y = g(x)$ のグラフは原点に関して対称です．$y = f(x)$ のグラフは，$y = g(x)$ のグラフを x 軸方向に p, y 軸方向に q 平行移動したものですから，点 (p, q) に関して対称です．

> 例題 **1-2.** (☞ P.46) のように，平行移動を利用してもよいです．$y = f(x)$ のグラフを x 軸方向に $-p$, y 軸方向に $-q$ 平行移動すると

$$y + q = f(x + p) \qquad \therefore \quad y = f(x + p) - q$$

となります．$g(x) = f(x + p) - q$ とおくと

$$g(x) = a(x + p)^3 + b(x + p)^2 + c(x + p) + d - q$$

$$= ax^3 + (3ap + b)x^2 + (3ap^2 + 2bp + c)x$$

$$+ ap^3 + bp^2 + cp + d - q$$

です．$g(x)$ が奇関数になる条件は，x の偶数乗の項がなくなることで

$$3ap + b = 0 \quad \cdots\cdots\cdots\cdots\cdots\cdots\cdots\cdots\cdots\cdots\cdots\cdots\cdots\cdots① $$

552 第15章　微積分

$$ap^3 + bp^2 + cp + d - q = 0 \quad \cdots\cdots\cdots\cdots\cdots\cdots② $$

です. ① と $a \neq 0$ より $p = -\dfrac{b}{3a}$ で, ② に代入し

$$q = ap^3 + bp^2 + cp + d$$

$$= a\left(-\frac{b}{3a}\right)^3 + b\left(-\frac{b}{3a}\right)^2 + c\left(-\frac{b}{3a}\right) + d = \frac{2b^3}{27a^2} - \frac{bc}{3a} + d$$

となります. このとき

$$g(x) = ax^3 + \left(c - \frac{b^2}{3a}\right)x \,(= ax^3 - rx)$$

ですから, $y = g(x)$ のグラフは原点に関して対称です. $y = f(x)$ のグラフは, $y = g(x)$ のグラフを x 軸方向に p, y 軸方向に q 平行移動したものですから, 点 (p, q) に関して対称です.

　なお, 数Ⅲの範囲ですが, 点 (p, q) は $y = f(x)$ のグラフの**変曲点**です. 変曲点は対称の中心という意味ではなく, 曲線の凹凸が変化する点です. **3次関数のグラフでは, たまたま変曲点が対称の中心になっている**のです. また, やはり数Ⅲで扱う内容ですが, 変曲点を簡単に求める方法があります. $f(x)$ を x で2回微分した $f''(x)$ に対し, $f''(x) = 0$ を解くことで p が得られ, $q = f(p)$ により q が得られます. 実際

$$f'(x) = 3ax^2 + 2bx + c, \quad f''(x) = 6ax + 2b$$

ですから, $f''(x) = 0$ を解くと, $x = -\dfrac{b}{3a}$ です. よって, $p = -\dfrac{b}{3a}$ であり

$$q = f(p) = \frac{2b^3}{27a^2} - \frac{bc}{3a} + d$$

です.

　以上のことは, $f(x)$ が極値をもつかどうかによりません.

　次は, **$f(x)$ が極値をもつ場合**に限定した話です. $y = f(x)$ のグラフは平行移動により, $y = g(x)\,(= ax^3 - rx)$ になりますから, $g(x)$ で考えます.

$$g'(x) = 3ax^2 - r = 3a\left(x^2 - \frac{r}{3a}\right)$$

であり, $g(x)$ が極値をもつことから, $\dfrac{r}{3a} > 0$ です. $\dfrac{r}{3a} = \alpha^2 \,(\alpha > 0)$ とおくと

$$g'(x) = 3a(x^2 - \alpha^2) = 3a(x + \alpha)(x - \alpha)$$

となり, 極値は $g(-\alpha)$ と $g(\alpha)$ です. $g(x) = ax^3 - 3a\alpha^2 x$ より

$$g(-\alpha) = 2a\alpha^3, \quad g(\alpha) = -2a\alpha^3$$

であり，一方
$$g(-2\alpha) = -2a\alpha^3,\ g(2\alpha) = 2a\alpha^3$$
です．よって
$$g(-\alpha) = g(2\alpha),\ g(\alpha) = g(-2\alpha)$$
が成り立ち，$a > 0$ の場合の $y = g(x)$ のグラフは，図 1 のようになります．**合同な 8 個の長方形を並べたものにピッタリはまる**イメージです．これを平行移動して，$y = f(x)$ のグラフは図 2 のようになります．

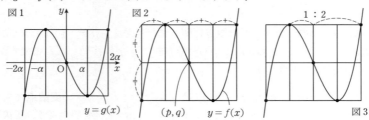

この性質を用いれば，**極値と同じ値をとる x が図形的に求まります**．

最も簡単な実用例として，グラフが綺麗に描けます．コツは図に黒丸を付けた 5 点をとることです．まず，極大点と極小点をとり，その中点である変曲点もとります．次に，極大点，極小点と同じ y 座標となる 2 点をとります．変曲点の x 座標を基準に，極大となる x までの距離を 2 倍して逆方向に進めば，極大値と同じ値をとる x になります．図 3 のように，キーワードは**「1 対 2」**です．極小値と同じ値をとる x についても同様です．得られた 5 点をなめらかに結びます．

時々，図 4 のような奇妙な 3 次関数のグラフを載せている本を見かけます．気分が悪くなりませんか？

余談ですが，この奇妙なグラフを描くのは意外に大変でした．かなり誇張しないと違和感があるグラフにならないのです．「ドラえもん」の凧揚げの話を思い出しました．あ，これは分かる人だけでよいです😅

図 4

―〈微積分のまとめ 1〉―

Check ▷▷▷▷ 3 次関数のグラフの性質

- 変曲点に関して対称である
- 極値と同じ値をとる x は図形的に求まる（キーワードは「1 対 2」）

第1節　3次関数のグラフの性質

〈グラフの交点の存在範囲〉

例題 15−1. a, b, c を実数とする．$y = x^3 + 3ax^2 + 3bx$ と $y = c$ のグラフが相異なる3つの交点を持つという．このとき $a^2 > b$ が成立することを示し，さらにこれらの交点の x 座標のすべては開区間
$(-a - 2\sqrt{a^2 - b},\ -a + 2\sqrt{a^2 - b})$ に含まれていることを示せ．

（京都大）

考え方　開区間 (s, t) というのは，$s < x < t$ という意味です．グラフを描くと分かりますが，極値と同じ値をとる x が必要になります．

▶解答◀　$f(x) = x^3 + 3ax^2 + 3bx$ とおくと

$$f'(x) = 3x^2 + 6ax + 3b = 3(x^2 + 2ax + b)$$

$y = f(x)$ と $y = c$ のグラフが異なる3つの交点をもつから，$f(x)$ は極値をもち，$f'(x) = 0$ は異なる2つの実数解をもつ．よって，判別式 $D > 0$ より

$$a^2 - b > 0 \qquad \therefore \quad a^2 > b$$

◀ $f(x)$ が極値をもたないと話になりません．必要条件です．

このとき，$f'(x) = 0$ を解くと

$$x = -a \pm \sqrt{a^2 - b}$$

であり

$$\alpha = -a - \sqrt{a^2 - b}$$

$$\beta = -a + \sqrt{a^2 - b}$$

◀ 目的の開区間の両端に着目すると，$f'(x) = 0$ の2解の具体的な形が必要になりそうですから，最初から解いておきます．

とおくと，$f(x)$ の極大値は $f(\alpha)$ であり，極小値は $f(\beta)$ である．（▷▷▷ **1**）

また，$p = f(\beta)$，$q = f(\alpha)$ とおくと，$p < c < q$ であり，図のように γ, δ をとると，3つの交点の x 座標のすべては開区間 (γ, δ) に含まれる．

◀ c は2つの極値の間の値をとり，$p < c < q$ です．

ここで，$f(x) = q$ とすると

$$x^3 + 3ax^2 + 3bx = q$$

$$x^3 + 3ax^2 + 3bx - q = 0$$

◀ $p < c < q$ でどのように c を動かしても，3交点の x 座標は $\gamma < x < \delta$ に収まります．

第15章　微積分（例題15−1）　555

第 15 章　微積分

この 3 つの解は $\alpha,\ \alpha,\ \delta$ であるから，解と係数の関係より（▷▷▷▷ **2**）

$$\alpha + \alpha + \delta = -3a$$

$$\delta = -3a - 2\alpha \qquad \therefore \quad \delta = -a + 2\sqrt{a^2 - b}$$

◀ $\alpha = -a - \sqrt{a^2 - b}$ を代入しています．

同様に

$$\gamma = -a - 2\sqrt{a^2 - b}$$

である．よって，3 つの交点の x 座標のすべては開区間 $(-a - 2\sqrt{a^2 - b},\ -a + 2\sqrt{a^2 - b})$ に含まれる．

Point　The differentiation, The integration　NEO ROAD TO SOLUTION　15-1　Check!

1　グラフを描けば明らかです．増減表はいらないでしょう．そもそも増減表は補助的なものですから，単純な 3 次関数の問題では書く必要はありません．グラフのパターンが決まっているからです．私は授業や原稿で分かりやすさを優先したいときに書くだけです．

2　δ を求めます．グラフの性質「1 対 2」を使って図形的に考えれば

$$\delta = \frac{\alpha + \beta}{2} + (\beta - \alpha) = -a + 2\sqrt{a^2 - b}$$

となりますが，**証明問題ですから式で導きます**．他の問題でよく使うのは，極値と同じ値をとる x を**たまたま見つけたふりをする**ことです．今回は

$$f(-a + 2\sqrt{a^2 - b}) = f(\alpha)$$

を計算で示せばよいのですが，これは両辺の代入計算が大変です．そこで方針を変更します．キーワードは**「解と係数の関係」**です．

　$y = f(x)$ と $y = q$ のグラフが $x = \alpha$ で接し，$x = \delta$ で交わりますから，3 次方程式 $f(x) = q$ は α を重解にもち，δ を解にもちます．よって，$f(x) = q$ の 3 解は $\alpha,\ \alpha,\ \delta$ です．α が 2 個含まれることに注意です．方程式の章（☞ P.158）で解説しましたが，3 次方程式の 3 解すべてが分かれば解と係数の関係が使えます．δ を求めたいだけですから，3 つの式をすべて書く必要はなく，3 解の和の式

$$\alpha + \alpha + \delta = -3a$$

だけで十分です．

556　第 15 章　微積分（例題 15−1）

第2節　接線の本数

微積分　　　　　　　　　　　　　　　　The differentiation, The integration

　微分法の応用で，接線の本数に関する問題があります．2次関数，3次関数のグラフでは，図1のように，接線1本に対し接点は必ず1個のみですから，接線と接点が1対1に対応します．つまり，**接線の本数と接点の個数は一致します．**

図1

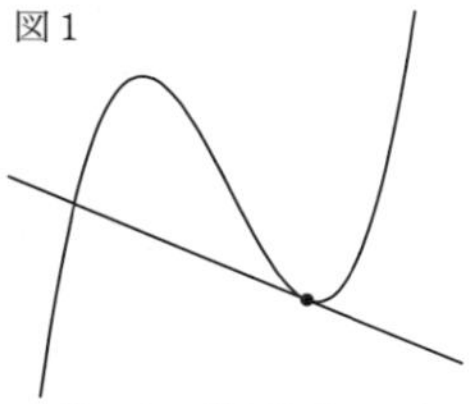

接線1本に対し接点が1個

　念のため確認しておきますが，接線と言った場合に，接点以外の交点はあってもなくてもよいです．私は高校生時代，接点以外の交点がある場合でも接線と呼ぶことに違和感がありましたが，いつの間にか慣れました．

　話を戻します．例えば，3次関数のグラフとその接線は2点で接することはありません．実際に3次関数のグラフを描いて，そのグラフに接する状態を保ちながら直線を動かしていくことで納得できます．どのような接線を考えても，その接点以外に別の接点をもつことはありません．

　式でも簡単に確認できます．3次関数 $f(x)$ に対し，$y=f(x)$ のグラフの接線を $y=mx+n$ として，これらが $x=\alpha, \beta\ (\alpha\neq\beta)$ に対応する2点で接すると仮定すると，3次方程式 $f(x)=mx+n$ は $x=\alpha, \beta$ を重解にもちますが，3次方程式が異なる2つの重解をもつことはありませんから矛盾します．

　2次関数のグラフについても同様です．

　一方，4次関数や数Ⅲで扱う一般の関数のグラフでは，図2のように，接線1本に対し接点が複数存在するものがあります．このような接線を**複接線**といいます．複接線が引ける場合は，接線1本に対し接点がいくつ対応するかという接線と接点の対応関係を調べる必要がありますが，接線の本数を考える問題で複接線が現れるのは珍しいです．通常の問題では，接線の本数は接点の個数と読み換えてしまえばよいです．

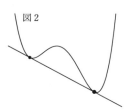

図2

接線1本に対し接点が2個

―〈微積分のまとめ2〉―

Check ▷▷▷▷　3次関数までなら接線の本数は接点の個数に等しい

第15章　微積分

〈直交する２接線が引ける条件〉

[例題] 15−2. (a, b) は xy 平面上の点とする．点 (a, b) から曲線
$y = x^3 - x$ に接線がちょうど２本だけひけ，この２本の接線が直交する
ものとする．このときの (a, b) を求めよ． （東北大）

[考]え[方]　曲線の外部の点から接線を引きますから，接点の x 座標を文字でお
きます．$x = t$ における接線の方程式を立てて，(a, b) を通る条件を考えます．
接線と接点が１対１に対応しますから，実数 t はちょうど２個存在します．ま
た，２直線の直交条件は（傾きの積）$= -1$ です．

▶解答◀　$f(x) = x^3 - x$ とおくと

$$f'(x) = 3x^2 - 1$$

$x = t$ における接線の方程式は

$$y = (3t^2 - 1)(x - t) + t^3 - t \quad (\triangleright\triangleright\triangleright\triangleright ∎)$$

$$y = (3t^2 - 1)x - 2t^3 \quad \cdots\cdots\cdots\cdots\cdots\cdots①$$

これが (a, b) を通る条件は

$$b = (3t^2 - 1)a - 2t^3$$

$$2t^3 - 3at^2 + a + b = 0 \quad \cdots\cdots\cdots② \quad \blacktriangleleft t\text{の方程式です．}$$

曲線 $y = f(x)$ の接線の本数と接点の個数は一致するか
ら，②を満たす異なる実数 t がちょうど２個存在する．

$\blacktriangleleft f(x)$ は３次関数ですか
ら曲線 $y = f(x)$ の複接
線は存在しません．

$$g(t) = 2t^3 - 3at^2 + a + b$$

とおくと

$$g'(t) = 6t^2 - 6at = 6t(t - a)$$

$g(t)$ が極値をもち，かつ一方の極値が 0 であるから
$(\triangleright\triangleright\triangleright\triangleright ∎)$

$$a \neq 0 \text{ かつ } (g(0) = 0 \text{ または } g(a) = 0)$$

$\blacktriangleleft g(t)$ が極値をもつ条件
は $a \neq 0$ で，このとき極
値は $g(0)$ と $g(a)$ です．

（ア）$g(0) = 0$ のとき

$$a + b = 0 \quad \therefore \quad b = -a \quad \cdots\cdots\cdots③$$

②に代入し

$$2t^3 - 3at^2 = 0$$

右上の欄（縦書きサイドバー）：
問題編 / 論理 / 整数 / 論証 / 方程式 / 不等式 / 関数 / 座標 / ベクトル / 空間図形 / 図形総合 / 数列 / 数学的帰納法 / 場合の数 / 確率 / 微積分 / 出典・テーマ

第2節　接線の本数

$$t^2(2t-3a)=0 \qquad \therefore \quad t=0,\ \frac{3}{2}a \quad (\triangleright\triangleright\triangleright\ \boxed{3})$$

① の傾きは $3t^2-1$ であるから，$(a,\ b)$ を通る2接線の傾きは -1 と $\frac{27}{4}a^2-1$ であり，直交条件より

◀ $f'(0),\ f'\!\left(\frac{3}{2}a\right)$ です．

$$(-1)\Big(\frac{27}{4}a^2-1\Big)=-1$$

◀ 傾きの積が -1 です．

$$\frac{27}{4}a^2-1=1$$

◀ 右辺は 0 ではなく 1 です．意外に間違えやすく，私も経験があります．

$$a^2=\frac{8}{27} \qquad \therefore \quad a=\pm\frac{2\sqrt{2}}{3\sqrt{3}}=\pm\frac{2\sqrt{6}}{9}$$

これは $a\neq0$ を満たす．③ より，$b=\mp\dfrac{2\sqrt{6}}{9}$ である．
ただし，複号同順である．

◀ $a\neq0$ を確認します．

（イ）　$g(a)=0$ のとき

$$-a^3+a+b=0 \qquad \therefore \quad b=a^3-a$$

② に代入し

◀ 解と係数の関係を用いてもよいです．② の a 以外の解を β とおくと $a+a+\beta=\frac{3}{2}a$ より $\beta=-\frac{a}{2}$ です．

$$2t^3-3at^2+a^3=0$$

$$(t-a)^2(2t+a)=0 \quad (\triangleright\triangleright\triangleright\ \boxed{4})$$

$$t=a,\ -\frac{a}{2}$$

$(a,\ b)$ を通る2接線の傾きは $3a^2-1$ と $\frac{3}{4}a^2-1$ であり，直交条件より

◀ $f'(a),\ f'\!\left(-\frac{a}{2}\right)$ です．

$$(3a^2-1)\Big(\frac{3}{4}a^2-1\Big)=-1$$

$$(3a^2-1)(3a^2-4)=-4$$

$$9a^4-15a^2+8=0$$

a^2 についての2次方程式とみて，判別式を D とすると

$$D=15^2-4\cdot9\cdot8=225-288=-63<0$$

よって，実数 a は存在せず不適である．

◀ 実数 a^2 は存在せず実数 a も存在しません．

以上より

$$(a,\ b)=\left(\pm\frac{2\sqrt{6}}{9},\ \mp\frac{2\sqrt{6}}{9}\right) \quad \textbf{（複号同順）}$$

第15章　微積分

♦別解♦　②は1つの重解とそれとは異なる1つの実数解をもつから，②の3解は α, α, β ($\alpha \neq \beta$) とおける．解と係数の関係より

$$2\alpha + \beta = \frac{3}{2}a \quad \cdots\cdots\cdots\cdots④$$

◀ $\alpha + \alpha + \beta$ です．

$$\alpha^2 + 2\alpha\beta = 0 \quad \cdots\cdots\cdots\cdots⑤$$

◀ $\alpha\alpha + \alpha\beta + \beta\alpha$ です．

$$\alpha^2\beta = -\frac{a+b}{2} \quad \cdots\cdots\cdots⑥$$

◀ $\alpha\alpha\beta$ です．

2接線の傾きは $3\alpha^2 - 1$ と $3\beta^2 - 1$ であり，直交条件より

◀ $f'(\alpha)$, $f'(\beta)$ です．

$$(3\alpha^2 - 1)(3\beta^2 - 1) = -1 \quad \cdots\cdots\cdots⑦$$

(▷▷▷ **5**)

このとき $\alpha \neq \beta$ は成り立つ．⑤より

◀ ⑦で $\alpha = \beta$ とすると矛盾します．

$$\alpha(\alpha + 2\beta) = 0 \qquad \therefore \quad \alpha = 0, \ \alpha = -2\beta$$

（ア）　$\alpha = 0$ のとき

⑦より

◀ α, β のみを含む⑤，⑦を用いて α, β を求めます．

$$-(3\beta^2 - 1) = -1$$

$$\beta^2 = \frac{2}{3} \qquad \therefore \quad \beta = \pm\frac{\sqrt{6}}{3}$$

④より

◀ ④，⑥は α, β を求めた後に a, b を求める式です．

$$\pm\frac{\sqrt{6}}{3} = \frac{3}{2}a \qquad \therefore \quad a = \pm\frac{2\sqrt{6}}{9}$$

⑥より

$$0 = -\frac{a+b}{2} \qquad \therefore \quad b = -a = \mp\frac{2\sqrt{6}}{9}$$

ただし，複号同順である．

（イ）　$\alpha = -2\beta$ のとき

⑦より

$$(12\beta^2 - 1)(3\beta^2 - 1) = -1$$

$$36\beta^4 - 15\beta^2 + 2 = 0$$

β^2 についての2次方程式とみて，判別式を D とすると

$$D = 15^2 - 4 \cdot 36 \cdot 2 = 225 - 288 = -63 < 0$$

よって，実数 β は存在せず不適である．

560　第15章　微積分（例題15－2）

第2節　接線の本数

以上より

$$(a, b) = \left(\pm \frac{2\sqrt{6}}{9}, \mp \frac{2\sqrt{6}}{9} \right) \quad \text{(複号同順)}$$

☐ **Point** The differentiation, The integration
NEO ROAD TO SOLUTION **15-2** **Check!** ☐

❶ 言うまでもありませんが，$y = f(x)$ の $x = t$ における接線の方程式は

$$y = f'(t)(x - t) + f(t)$$

です．代わりに

$$y - f(t) = f'(t)(x - t)$$

と書いてある本が多いですが，この式は見た目が美しいだけで実戦的ではありません．通常，直線の方程式は $y = mx + n$ の形に変形しますから，毎回 $f(t)$ を移項する羽目になります．接線の方程式を立式することは非常に多いですから，人生で積算するとどれだけ無駄な時間を移項に割くことになるのでしょうか．**数学は効率を追求する学問**です．使い勝手のよい公式を覚えるべきです．

　ついでに法線の方程式についても触れておきます．法線とは接線と直交する直線のことです．目立つようにまとめておきます．

公式 （法線の公式）
　曲線 $y = f(x)$ の $x = t$ における法線の方程式は

$$f'(t)\{y - f(t)\} = -(x - t) \quad \cdots\cdots\cdots\cdots\cdots\cdots\cdots Ⓐ$$

　である．

　代わりに

$$y = -\frac{1}{f'(t)}(x - t) + f(t) \quad \cdots\cdots\cdots\cdots\cdots\cdots\cdots Ⓑ$$

としたいところですが，これは不完全です．$f'(t) = 0$ のときに困るからです．$f'(t) = 0$ のとき法線は x 軸と垂直ですから

$$\begin{cases} y = -\dfrac{1}{f'(t)}(x - t) + f(t) & (f'(t) \neq 0 \text{ のとき}) \\ x = t & (f'(t) = 0 \text{ のとき}) \end{cases} \quad \cdots\cdots\cdots Ⓒ$$

と書けば正しいですが，これは使い勝手が非常に悪いです．そこで，Ⓑ で右辺の $f(t)$ を移項して分母を払った Ⓐ を使います．$y = mx + n$ の形でないの

は仕方ありません．場合分けするよりましです．$f'(t)$ が 0 かどうかで Ⓒ の 2 つの場合に対応します．もちろん，$f'(t) \neq 0$ であれば Ⓑ を使えばよいです．

❷ 因数分解できない 3 次方程式の実数解の個数はグラフで考えるのが基本です．2 個の場合なら ◆別解◆ の方法も有効ですが，3 個，1 個の場合はそうはいきません．

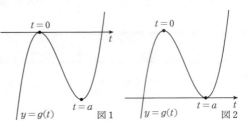

ちょうど 2 個の実数解をもつのは，$y = g(t)$ のグラフが図 1 または図 2 のように t 軸と接し，かつもう 1 つの交点をもつ場合です．図は $a > 0$ の場合ですが，$a < 0$ の場合も同様です．よって，$g(t)$ が極値をもつことが前提で，かつ一方の極値が 0 です．

❸ 極値 $g(0)$ が 0 のときですから，❷ の図 1 の場合であり，$g(t) = 0$ が $t = 0$ を重解にもつのは当然です．

❹ この因数分解は，因数定理や整式の割り算は使っていません．極値 $g(a)$ が 0 のときですから，❷ の図 2 の場合であり，$g(t) = 0$ は $t = a$ を重解にもちます．$g(t)$ は $(t-a)^2$ を因数にもつはずで，最高次の係数と定数項を見比べ

$$2t^3 - 3at^2 + a^3 = (t-a)^2(\boxed{}t + \boxed{})$$

の空欄に入る数を求めます．

❺ ◆別解◆ では，解と係数の関係（☞ P.158）を用いています．3 解を文字でおきますが，例題 15-1.（☞ P.555）と同様に，重解は同じ文字を 2 回使って表します．また，解を文字でおくことで，直交条件も最初から立式できて，④〜⑦ の連立方程式を解くという単純な問題になります．▶解答◀ では，② がちょうど 2 つの実数解をもつ条件を調べてから 2 解を求め，2 解から 2 接線の傾きを求めた後，直交条件を用いました．◆別解◆ の方が短く感じます．

❻ 3 次関数のグラフに引ける接線の本数は，変曲点における接線を引いて，図 3 のようになります．極値はなくても同様です．淡い網目部分（境界を除く）からは 3 本，境界上の点（変曲点を除く）からは 2 本，濃い網目部分（境界を除く）と変曲点からは 1 本引けます．やはり接点の x 座標が満たす 3 次方程式の異なる実数解の個数を調べれば分かります．

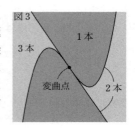

第3節　定積分で表された関数

| 第3節 | 定積分で表された関数 |

微積分　　　　　　　　　　　　　　　The differentiation, The integration

定積分で表された関数の処理方法は**積分区間に着目**して決めます．以下において，a，b は x によらない定数とし，$f(t)$ は x を含まない t の関数とします．

$\displaystyle\int_a^b f(t)\,dt$ の形の定積分は，積分区間の両端が定数ですから，積分結果も**定数**です．文字で置き換え，その式と元の式を連立します．

問題 75. $f(x) = x^2 + x\displaystyle\int_1^3 f(t)\,dt$ を満たす関数 $f(x)$ を求めよ．

見た目は複雑な形ですが

$$a = \int_1^3 f(t)\,dt \quad\cdots\cdots\cdots\cdots\cdots\cdots\cdots\cdots①$$

と置き換えると

$$f(x) = x^2 + ax \quad\cdots\cdots\cdots\cdots\cdots\cdots\cdots\cdots②$$

であり，$f(x)$ はただの2次関数です．a を求めるだけです．②を①に代入して

$$a = \int_1^3 (t^2 + at)\,dt = \left[\,\frac{t^3}{3} + \frac{a}{2}t^2\,\right]_1^3 = \frac{26}{3} + 4a \qquad \therefore \quad a = -\frac{26}{9}$$

よって，$f(x) = x^2 - \dfrac{26}{9}x$ です．

$\displaystyle\int_a^x f(t)\,dt$ の形の定積分は，積分区間に変数 x を含みますから，定数ではなく **x の関数**です．処理のキーワードは**「微分 + 定数代入」**です．

「微分」には，微積分学の基本定理を使います．

定理　（微積分学の基本定理）

関数 $f(x)$ に対し

$$\frac{d}{dx}\int_a^x f(t)\,dt = f(x)$$

が成り立つ．

第15章　微積分　**563**

第15章　微積分

$\dfrac{d}{dx}$ は x で微分するという記号です.

$$\left\{ \int_a^x f(t)\,dt \right\}' = f(x)$$

と書いてもよいですが，′ だけだと何で微分したのか分かりにくいですから，$\dfrac{d}{dx}$ と書くことが多いです．大雑把に式の意味を読み取ると，「f を積分して微分すると f に戻る」ということです.

証明は，$f(x)$ の原始関数 $F(x)$ を用いて行います．$F'(x) = f(x)$ とすると

$$\int_a^x f(t)\,dt = \Big[\, F(t) \,\Big]_a^x = F(x) - F(a)$$

となります．よって，x で微分して

$$\frac{d}{dx} \int_a^x f(t)\,dt = F'(x) = f(x)$$

が得られます.

「定数代入」には，$x = a$ とした

$$\int_a^a f(t)\,dt = 0$$

を用いることが多いです.

同値性の確認をしておきましょう.

$$g(x) = \int_a^x f(t)\,dt \ \cdots\cdots\cdots\cdots\cdots\cdots\cdots\cdots\cdots\cdots\cdots\cdots③$$

に「微分＋定数代入」をしてみます.

③ の両辺を x で微分すると

$$g'(x) = f(x) \ \cdots\cdots\cdots\cdots\cdots\cdots\cdots\cdots\cdots\cdots\cdots\cdots\cdots④$$

となります．また，③ に $x = a$ を代入すると

$$g(a) = 0 \ \cdots\cdots\cdots\cdots\cdots\cdots\cdots\cdots\cdots\cdots\cdots\cdots\cdots\cdots⑤$$

です．逆に，④ かつ ⑤ が成り立つとき

$$\int_a^x f(t)\,dt = \Big[\, g(t) \,\Big]_a^x = g(x) - g(a) = g(x)$$

となり，③ が成り立ちます．ゆえに

$$③ \iff ④ \text{ かつ } ⑤$$

ですから，「微分＋定数代入」と**セットで行うことで同値**になります.

564　第15章　微積分

第3節　定積分で表された関数

なお，「定数代入」は定積分を 0 にするもの以外でも構いません．例えば，③ に $x = b$ を代入してもよいです．このときは ⑤ の代わりに

$$g(b) = \int_a^b f(t)\, dt \cdots\cdots\cdots\cdots\cdots\cdots\cdots\cdots\cdots\cdots\cdots\cdots\cdots\cdots⑥$$

となります．④ かつ ⑥ が成り立つとき

$$\int_a^x f(t)\, dt = \int_a^b f(t)\, dt + \int_b^x f(t)\, dt = g(b) + \Big[\, g(t)\, \Big]_b^x$$
$$= g(b) + \{g(x) - g(b)\} = g(x)$$

となり，③ が成り立ちます．複数の定積分が含まれるような込み入った問題では，このような代入をすることがあります．

最後に，同値性に注意しないと間違える例題です．

問題 76. $\displaystyle \int_1^x f(t)\, dt = x^3 + 2x - 1$ を満たすような関数 $f(x)$ を求めよ．

両辺を x で微分すると

$$f(x) = 3x^2 + 2$$

ですが，これが答えではなく，あくまで**必要条件**です．「微分 ＋ 定数代入」ですから，定数を代入した式と連立することで同値になります．$x = 1$ を代入して

$$0 = 2$$

これは矛盾です．よって，$f(x)$ は存在しません．

x で微分して得られた結果が答えになるとは限らないのです．かつて某有名私立大の入試でこのような $f(x)$ が存在しない問題が出題されたことがあります．入試問題の解答集作成の仕事で出会いましたが，どうやら出題ミスだったようで，大人の事情で問題自体なかったことになりました 😣　問題を作成する側の人でも同値性を意識せずに間違えることがあるようです．

```
────── 〈微積分のまとめ３〉 ──────

Check ▷▷▷▷　定積分で表された関数
  ✎　積分区間の両端が定数なら文字でおく
  ✎　積分区間の両端に変数を含むなら「微分 ＋ 定数代入」
```

第15章　微積分　565

第15章　微積分

〈積分方程式〉

例題 15−3. 整式 $f(x)$ と実数 C が

$$\int_0^x f(y)\,dy + \int_0^1 (x+y)^2 f(y)\,dy = x^2 + C$$

をみたすとき，この $f(x)$ と C を求めよ． （京都大）

考え方　y は積分変数です．積分計算を想像すると分かりますが，y は定積分の代入計算で消えて外からは見えません．外から見える変数は x です．第1項の積分区間に x がありますから，まず，「微分＋定数代入」を考えます．第2項の被積分関数の中に x が含まれていますから，微分する前に積分の外に出します．後半では，積分区間が定数の定積分が残りますから，文字で置き換えます．

▶解答◀　与式に $x=0$ を代入し

$$\int_0^1 y^2 f(y)\,dy = C \quad\cdots\cdots\cdots\cdots①$$

与式の左辺を変形し

$$\int_0^x f(y)\,dy + \int_0^1 (x^2 + 2xy + y^2)f(y)\,dy$$
$$= x^2 + C$$

$$\int_0^x f(y)\,dy + x^2 \int_0^1 f(y)\,dy + 2x\int_0^1 yf(y)\,dy$$
$$+ \int_0^1 y^2 f(y)\,dy = x^2 + C \quad (\triangleright\triangleright\triangleright \blacksquare)$$

両辺を x で微分して

$$f(x) + 2x\int_0^1 f(y)\,dy + 2\int_0^1 yf(y)\,dy = 2x$$

$$f(x) = 2\left\{1 - \int_0^1 f(y)\,dy\right\}x - 2\int_0^1 yf(y)\,dy$$
$$\cdots\cdots\cdots\cdots②$$

$\int_0^1 f(y)\,dy$, $\int_0^1 yf(y)\,dy$ は定数であるから，$f(x)$ は x の1次関数であり

$$f(x) = ax + b \quad (\triangleright\triangleright\triangleright \blacksquare)$$

◀「定数代入」は被積分関数に変数が含まれていても問題ありません．

◀第1項には微積分学の基本定理を使います．

◀与式は①かつ②と同値です．

第3節　定積分で表された関数

とおける．② に代入し

$ax + b$

$$= 2\left\{1 - \int_0^1 (ay + b)\, dy\right\}x - 2\int_0^1 y(ay + b)\, dy$$

◀ $y(ay + b) = ay^2 + by$
と展開して積分します．

$$= 2\left(1 - \left[\,\frac{a}{2}y^2 + by\,\right]_0^1\right)x - 2\left[\,\frac{a}{3}y^3 + \frac{b}{2}y^2\,\right]_0^1$$

$$= 2\left(1 - \frac{a}{2} - b\right)x - 2\left(\frac{a}{3} + \frac{b}{2}\right)$$

$$= (2 - a - 2b)x - \frac{2}{3}a - b$$

係数を比べ

◀ ②は x の恒等式ですから，上式も恒等式です．係数比較します．

$$a = 2 - a - 2b, \ \ b = -\frac{2}{3}a - b$$

$$a + b = 1, \ \ a + 3b = 0$$

$$a = \frac{3}{2}, \ \ b = -\frac{1}{2}$$

よって，$f(x) = \dfrac{3}{2}x - \dfrac{1}{2}$ であり，① より

$$C = \int_0^1 y^2 f(y)\, dy = \int_0^1 y^2\left(\frac{3}{2}y - \frac{1}{2}\right)dy$$

◀ やはり展開してから積分します．

$$= \left[\,\frac{3}{8}y^4 - \frac{1}{6}y^3\,\right]_0^1 = \frac{5}{24}$$

♦別解♦　（② から）

$$p = \int_0^1 f(y)\, dy \quad\cdots\cdots\cdots\cdots\cdots\cdots③$$

$$q = \int_0^1 y f(y)\, dy \quad\cdots\cdots\cdots\cdots\cdots④$$

とおくと　（▷▶▶▶ **3**）

$$f(x) = 2(1 - p)x - 2q \quad\cdots\cdots\cdots⑤$$

である．⑤ を ③ に代入し

◀ 文字 x を y に変えて代入します．

$$p = \int_0^1 \{2(1 - p)y - 2q\}\, dy$$

第15章　微積分

$$= \Big[(1-p)y^2 - 2qy \Big]_0^1 = 1 - p - 2q$$

$$2p + 2q = 1 \quad\cdots\cdots\cdots\cdots\cdots\cdots\cdots\cdots\cdots\cdots⑥$$

⑤ を ④ に代入し

$$q = \int_0^1 y\{2(1-p)y - 2q\}\, dy$$

$$= \Big[\frac{2}{3}(1-p)y^3 - qy^2 \Big]_0^1$$

$$= \frac{2}{3}(1-p) - q$$

$$3q = 1 - p \quad \therefore \quad p + 3q = 1 \quad\cdots\cdots\cdots\cdots⑦$$

⑥, ⑦ より $p = \dfrac{1}{4}$, $q = \dfrac{1}{4}$ であり, ⑤ に代入すると

$$f(x) = \frac{3}{2}x - \frac{1}{2}$$

以下同様である.

□ Point 　The differentiation,The integration　15-3　Check! □
NEO ROAD TO SOLUTION

1　① を代入して

$$\int_0^x f(y)\, dy + x^2 \int_0^1 f(y)\, dy + 2x \int_0^1 yf(y)\, dy = x^2$$

と整理することもできますが, すぐに x で微分しますから意味がありません. 微分で消える定数項は残しておけばよいです.

2　② を見て $f(x)$ を 1 次関数ととらえ, シンプルに書き換えています. 係数を

$$a = 2\Big\{ 1 - \int_0^1 f(y)\, dy \Big\}, \; b = -2\int_0^1 yf(y)\, dy$$

と置き換えることに対応します.

3　定数になる 2 つの定積分を文字で置き換え, 置き換えた式 ③, ④ と得られた式 ⑤ を連立します. p, q の連立方程式が得られます.

4　途中でもコメントしましたが, 与式は ① かつ ② と同値です. ② を満たすような $f(x)$ を求め, さらに ① を満たすような C を求めればよいです.

第4節 絶対値を含む関数の定積分

The differentiation, The integration

　絶対値を含む関数の定積分は，そのままでは計算できません．絶対値を外してから積分するのですが，その外し方については奇妙な方法が知られており，しかも主流になっているようです．他の分野でもいくつか指摘してきましたが，これもまた「負の遺産」です．私が高校生のときから有名な参考書に載っていましたから，ある意味伝統があります😣　今回はそれを正したいと思います．

[問題] 77. 定積分 $\int_{-1}^{\frac{3}{2}} x|x-1|\,dx$ の値を求めよ．

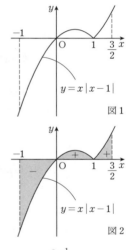

図1

図2

　絶対値を外すのにグラフを描くことがあります．このような文字を含まない問題であればグラフを描くまでもありませんが，もし描くなら何のグラフを描きますか？ 中には図1のように，$y = x|x-1|$ のグラフを描く人がいます．以前，他の予備校でこの方法を習ったという生徒が質問に来ました．教える側の人がこれではいけません．絶対値を外すのになぜこのグラフが必要なのでしょうか．定積分はグラフと x 軸ではさまれる領域の面積を表しますが，正確には符号付き面積です．今回はグラフが x 軸の下にもありますから，図2のように面積に符号が付くイメージです．このようにとらえて計算することもできなくはないですが，この問題では全くメリットがありません．**問題によっては定積分を面積としてとらえますが，いつもそうとは限らない**のです．極端な話，積分区間の大小が逆転した $\int_{\frac{3}{2}}^{-1} x|x-1|\,dx$ も立派な定積分ですが，これを面積ととらえることに意味はないでしょう．

　今回は**絶対値さえ外せば普通に計算できます**から，そこに絞ってグラフを利用します．絶対値は $x-1$ だけについていますから，$x-1$ の符号が分かれば絶対値は外せます．つまり，**絶対値の中身のグラフを描く**のです．また，**横軸は積分の中の主役である積分変数**です．複数の文字がある際にはこれで判断します．

$y = x - 1$ のグラフを描いてみると，図3のようになります．絶対値をつけた $y = |x - 1|$ のグラフを描く人がいますが，これも私には理解できません．あくまで中身の符号を調べるのが目的ですから，**絶対値をつけたもののグラフは不要**です．$y = x - 1$ のグラフより，$x - 1$ が $x = 1$ の前後で符号を負から正に変えることが分かりますから，積分区間 $-1 \leq x \leq \dfrac{3}{2}$ を $-1 \leq x \leq 1$ と $1 \leq x \leq \dfrac{3}{2}$ に分割して計算します．

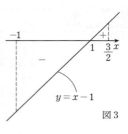

図3

$$\int_{-1}^{\frac{3}{2}} x|x-1|\, dx = -\int_{-1}^{1} x(x-1)\, dx + \int_{1}^{\frac{3}{2}} x(x-1)\, dx$$
$$= -\left[\frac{1}{3}x^3 - \frac{1}{2}x^2\right]_{-1}^{1} - \left[\frac{1}{3}x^3 - \frac{1}{2}x^2\right]_{\frac{3}{2}}^{1}$$
$$= -2\left(\frac{1}{3} - \frac{1}{2}\right) + \left(-\frac{1}{3} - \frac{1}{2}\right) + \frac{9}{8} - \frac{9}{8} = -\frac{1}{2}$$

計算の補足です．**絶対値を外す際に出るマイナスは積分の外に書きます**．被積分関数を他とそろえるためです．その結果，同じ代入計算が2回現れます．今回は $x = 1$ を代入する計算です．相殺はしませんからある意味がっかりですが，その代わりにまとめて計算できます．積分区間の上下を入れ換えて上端にそろえると，定積分の符号もそろいます．実際，$F(x) = \dfrac{1}{3}x^3 - \dfrac{1}{2}x^2$ とおくと

$$-\Big[F(x)\Big]_{-1}^{1} + \Big[F(x)\Big]_{1}^{\frac{3}{2}} = -\Big[F(x)\Big]_{-1}^{1} - \Big[F(x)\Big]_{\frac{3}{2}}^{1}$$
$$= -2F(1) + F(-1) + F\left(\frac{3}{2}\right)$$

となります．1回代入した値を2倍することで効率よく計算できます．

絶対値を外すために中身のグラフを描くのは，主に，**被積分関数や積分区間に積分変数以外の文字が含まれる場合**です．その文字の値によって絶対値の外し方が変わりますが，グラフを使えば場合分けがしやすくなります．この方法は数Ⅲの積分でも使えますし，もっと言えば，複雑な数Ⅲの積分でこそ輝きます．

〈微積分のまとめ4〉
Check ▷▷▷▷ 被積分関数の絶対値を外すには中身のグラフを描く

第4節　絶対値を含む関数の定積分

〈絶対値を含む定積分で表された関数〉

例題 15-4. 関数 $f(x)$ が
$$f(x) = x^2 - x\int_0^2 |f(t)|\, dt$$
を満たしているとする．このとき，$f(x)$ を求めよ．　　　　（東北大）

考え方　第3節（☞ P.563）で扱った定積分で表された関数との融合問題です．$\int_0^2 |f(t)|\, dt$ は定数ですから文字でおき，その式と元の式を連立します．積分計算では，絶対値を外すためにグラフを用いて中身の符号を調べます．

▶解答◀　$\int_0^2 |f(t)|\, dt$ は定数であるから
$$a = \int_0^2 |f(t)|\, dt \quad \cdots\cdots\text{①}$$
とおくと，$a \geq 0$ である．（▷▷▷**1**）このとき
$$f(x) = x^2 - ax = x(x-a)$$

◀ 符号を調べますから，因数分解しておきます．

これを①に代入し
$$a = \int_0^2 |t(t-a)|\, dt$$
$$a = \int_0^2 t|t-a|\, dt \quad \cdots\cdots\text{②}$$

◀ 文字 x を t に変えて代入します．a の方程式を導きます．

（▷▷▷**2**）

絶対値の外し方で場合分けする．（▷▷▷**3**）

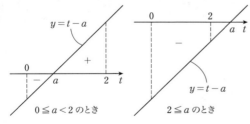

$0 \leq a < 2$ のとき　　　　　$2 \leq a$ のとき

◀ 先に可能性のあるグラフをすべて描いてしまうと分かりやすいです．

（ア）$0 \leq a < 2$ のとき
$$\int_0^2 t|t-a|\, dt$$

◀ a を求める問題ですから排反に場合分けしていますが，別に $0 \leq a \leq 2$ でもよいです．

第15章　微積分

$$= -\int_0^a t(t-a)\,dt + \int_a^2 t(t-a)\,dt$$

$$(\triangleright\triangleright\triangleright\triangleright \boxed{4})$$

$$= -\int_0^a (t^2-at)\,dt + \int_a^2 (t^2-at)\,dt$$

$$= -\int_0^a (t^2-at)\,dt - \int_2^a (t^2-at)\,dt$$

◀ 積分区間の上端を a にそろえます.

$$= -\left[\frac{1}{3}t^3 - \frac{1}{2}at^2\right]_0^a - \left[\frac{1}{3}t^3 - \frac{1}{2}at^2\right]_2^a$$

$$= -2\left(\frac{1}{3}a^3 - \frac{1}{2}a^3\right) + \frac{8}{3} - 2a$$

◀ 同じ値を代入する計算はまとめて行います.

$$= \frac{1}{3}a^3 - 2a + \frac{8}{3}$$

② に代入し

$$a = \frac{1}{3}a^3 - 2a + \frac{8}{3}$$

$$a^3 - 9a + 8 = 0$$

$$(a-1)(a^2+a-8) = 0$$

$$a = 1,\ \frac{-1\pm\sqrt{33}}{2}$$

◀ $5 < \sqrt{33} < 6$ より
$\dfrac{-1+\sqrt{33}}{2} > 2$ です.

$0 \leqq a < 2$ より, $a = 1$ である.

（イ）$2 \leqq a$ のとき

$$\int_0^2 t|t-a|\,dt = -\int_0^2 t(t-a)\,dt$$

$$= -\left[\frac{1}{3}t^3 - \frac{1}{2}at^2\right]_0^2$$

◀ $t(t-a)$ の原始関数は上ですでに求めています.

$$= -\frac{8}{3} + 2a$$

② に代入し

$$a = -\frac{8}{3} + 2a \qquad \therefore \quad a = \frac{8}{3}$$

これは, $2 \leqq a$ を満たす.

　以上より

$$f(x) = x^2 - x,\ f(x) = x^2 - \frac{8}{3}x$$

第4節　絶対値を含む関数の定積分

Point　15-4　Check!

1　$\int_0^2 |f(t)|\,dt$ は定数ですから，$a = \int_0^2 |f(t)|\,dt$ とおきます．被積分関数全体に絶対値がついていることに着目します．$0 \leq t \leq 2$ で常に $|f(t)| \geq 0$ ですから，$a \geq 0$ です．場合分けの数が減らせます．実際，a は $y = |f(t)|$ のグラフと t 軸が $0 \leq t \leq 2$ で囲む図形の面積で，0 以上です．

　　数Ⅲの知識ですが，一般に，$p \leq t \leq q\ (p < q)$ で常に $f(t) \geq g(t)$ のとき
$$\int_p^q f(t)\,dt \geq \int_p^q g(t)\,dt$$
が成り立ちます．これを使えば $a \geq 0$ は明らかです．

2　積分区間が $0 \leq t \leq 2$ ですから，$|t(t-a)|$ に含まれる t は絶対値の外に出すことができて
$$\int_0^2 |t(t-a)|\,dt = \int_0^2 t|t-a|\,dt$$
となります．絶対値の中身の次数が下がり，符号が調べやすくなります．次数が下げられるのであればそれを優先します．絶対値を外した後は，再び展開した式に戻して積分します．

3　積分区間 $0 \leq t \leq 2$ での絶対値の中身 $t-a$ の符号を調べます．t と a のように複数の文字が含まれると，どちらを主役とみなすか迷う人がいますが，**積分の中では積分変数が主役**です．横軸に積分変数 t をとってグラフを描きます．$y = t - a$ のグラフを描くと，積分区間と a の位置関係で場合分けをしなければならないことが分かります．$a \geq 0$ より a と 0 の位置関係は確定していますから，a と 2 の大小で場合分けをします．

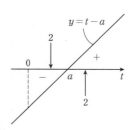

4　絶対値を外すときにマイナスが現れる場合は，積分の外に書くことです．被積分関数にマイナスをつけると
$$\int_0^a \{-t(t-a)\}\,dt + \int_a^2 t(t-a)\,dt$$
となって被積分関数がバラバラになり，計算の効率が悪いです．

第15章　微積分

第5節　有用な微積分の公式

微積分　　　　　　　　　　　　　　The differentiation,The integration

　微積分で知っておきたい公式をいくつか紹介しておきます．一部数Ⅲの内容を含みますが，難しい内容ではありません．貪欲に吸収してください．

　個人的には**文系の受験生でも数Ⅲの簡単な微分までは学習する方がよい**と考えています．例えば，数学を道具として使う経済学部に数Ⅲを学習せずに入れてしまうのは疑問に感じます．実際，大学に入ってから苦労しているという話をよく聞きます．そもそも文系の入試でも数Ⅲの知識が有効な問題は結構あります．一部の高校では文系の受験生も数Ⅲの授業を受けるそうですが，大変素晴らしいことだと思います．

　本題に入ります．まずは数Ⅲで扱う「積の微分法」です．

　公式　（積の微分法）
　　関数 $f(x)$，$g(x)$ に対し
$$\{f(x)g(x)\}' = f'(x)g(x) + f(x)g'(x)$$
　　が成り立つ．

　証明は教科書に載っていますから割愛します．単純に両方の関数を微分して
$$\{f(x)g(x)\}' = f'(x)g'(x)$$
とはならないことに注意してください．積の微分法が有効な例を挙げます．

　定理　（剰余の定理の拡張）
　　整式 $f(x)$ を $(x-a)^2$ で割った余りは
$$f'(a)(x-a) + f(a)$$
　　である．

　結果が接線の公式の形であるのが面白いです．証明に積の微分法を使います．
　$f(x)$ を $(x-a)^2$ で割った余りは1次以下の整式ですから，通常は $px+q$ とでもおきますが，それをさらに $x-a$ で割った商を p，余りを r として
$$px + q = p(x-a) + r$$

第5節　有用な微積分の公式

と書けることを利用すると速いです．商を $Q(x)$ とすると
$$f(x) = (x-a)^2 Q(x) + p(x-a) + r \cdots\cdots\cdots①$$
と書けます．両辺を x で微分します．積の微分法を用いると
$$f'(x) = 2(x-a)Q(x) + (x-a)^2 Q'(x) + p \cdots\cdots②$$
となります．なお，n を自然数として
$$\{(x-\alpha)^n\}' = n(x-\alpha)^{n-1}$$
も厳密には数Ⅲの公式ですが，数Ⅱでも必須です．①，②で $x = a$ とすると
$$p = f'(a), \ r = f(a)$$
が得られ，余りは $f'(a)(x-a) + f(a)$ です．

これを用いると次の有名な定理も簡単に示せます．

定理　（因数定理の拡張）

　　整式 $f(x)$ が $(x-a)^2$ で割り切れる条件は
$$f'(a) = f(a) = 0$$
　　である．

余りが 0 の場合に相当しますから

　　整式 $f(x)$ が $(x-a)^2$ で割り切れる

　　$\Longleftrightarrow f'(a)(x-a) + f(a)$ が恒等的に 0

　　$\Longleftrightarrow f'(a) = f(a) = 0$

です．因数定理の拡張の証明でも，剰余の定理の拡張を先に示すのがコツです．

次に積分公式です．面積計算で有用な「ベータ関数」と呼ばれる積分です．

公式　（ベータ関数）

　　m, n は 0 以上の整数，α, β は実数とする．このとき
$$\int_{\alpha}^{\beta} (x-\alpha)^m (x-\beta)^n \, dx = (-1)^n \frac{m!n!}{(m+n+1)!} (\beta-\alpha)^{m+n+1}$$
　　が成り立つ．

第15章　微積分　575

第15章 微積分

　証明は，数Ⅲの部分積分を用いて漸化式を立て，それを解けばよいですが，ここでは省略します．実戦的には下のような具体的な式を覚えて使えばよいです．

公式 （ベータ関数の具体例）

（ⅰ） $\displaystyle\int_\alpha^\beta (x-\alpha)(x-\beta)\,dx = -\frac{1}{6}(\beta-\alpha)^3$

（ⅱ） $\displaystyle\int_\alpha^\beta (x-\alpha)(x-\beta)^2\,dx = \frac{1}{12}(\beta-\alpha)^4$

（ⅲ） $\displaystyle\int_\alpha^\beta (x-\alpha)^2(x-\beta)\,dx = -\frac{1}{12}(\beta-\alpha)^4$

（ⅳ） $\displaystyle\int_\alpha^\beta (x-\alpha)^2(x-\beta)^2\,dx = \frac{1}{30}(\beta-\alpha)^5$

　符号に注意しましょう．特に（ⅱ）と（ⅲ）は紛らわしいです．グラフをイメージすることで確認できます．

　意味がとらえやすい $\alpha < \beta$ の場合で確認します．（ⅱ）は図1の網目部分の符号付き面積

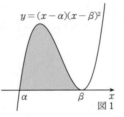
図1

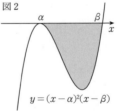
図2

です．x 軸の上側にある部分の面積ですから正です．一方，（ⅲ）は図2の網目部分の符号付き面積で，負です．

　面積計算で用いる際には絶対値をつけるのも手です．特に，3次関数のグラフと接線が囲む図形の面積は積分全体に絶対値をつけて立式することが多いです．

〈微積分のまとめ5〉

Check ▷▷▷▷ 有用な微積分の公式

- $\{f(x)g(x)\}' = f'(x)g(x) + f(x)g'(x)$ 　（積の微分法）

- $\displaystyle\int_\alpha^\beta (x-\alpha)(x-\beta)\,dx = -\frac{1}{6}(\beta-\alpha)^3$ 　（6分の1公式）

- $\displaystyle\int_\alpha^\beta (x-\alpha)(x-\beta)^2\,dx = \frac{1}{12}(\beta-\alpha)^4$ 　（12分の1公式）

- $\displaystyle\int_\alpha^\beta (x-\alpha)^2(x-\beta)^2\,dx = \frac{1}{30}(\beta-\alpha)^5$ 　（30分の1公式）

第5節　有用な微積分の公式

〈4次関数のグラフの複接線，面積〉

例題 15−5. 関数 $f(x) = x^4 - 2x^2 + x$ について，次の問いに答えよ．
（1）　曲線 $y = f(x)$ と2点で接する直線の方程式を求めよ．
（2）　曲線 $y = f(x)$ と（1）で求めた直線で囲まれた領域の面積を求めよ．
　　　　　　　　　　　　　　　　　　　　　　　　　　　　　　（名古屋市立大）

考え方　（1）では4次関数のグラフの複接線を求めます．微分を使う方法もありますが，接線の方程式と2接点の x 座標を文字を使っておいて，恒等式を立てる方法が明快です．（2）の面積はベータ関数の形です．

▶解答◀　（1）　求める直線を $y = mx + n$ とおき，接点の x 座標を $\alpha,\ \beta\ (\alpha < \beta)$ とおくと

$$f(x) - (mx + n) = (x - \alpha)^2 (x - \beta)^2 \quad \cdots\cdots ①$$

と書ける．（▷▷▷ **1**）

$$(左辺) = x^4 - 2x^2 + (1 - m)x - n$$

$$\begin{aligned}
(右辺) &= \{x^2 - (\alpha + \beta)x + \alpha\beta\}^2 \\
&= x^4 - 2(\alpha + \beta)x^3 + \{(\alpha + \beta)^2 + 2\alpha\beta\}x^2 \\
&\quad - 2\alpha\beta(\alpha + \beta)x + \alpha^2\beta^2
\end{aligned}$$

◀ 先に $(x - \alpha)(x - \beta)$ を展開します．$\alpha,\ \beta$ の対称式ですから $\alpha + \beta$，$\alpha\beta$ のみで表すとよいです．

より，係数を比べ

$$0 = -2(\alpha + \beta) \quad \cdots\cdots\cdots\cdots\cdots\cdots ②$$

$$-2 = (\alpha + \beta)^2 + 2\alpha\beta \quad \cdots\cdots\cdots\cdots ③$$

$$1 - m = -2\alpha\beta(\alpha + \beta) \quad \cdots\cdots\cdots\cdots ④$$

$$-n = \alpha^2\beta^2 \quad \cdots\cdots\cdots\cdots\cdots\cdots\cdots ⑤$$

② より

$$\alpha + \beta = 0 \quad \cdots\cdots\cdots\cdots\cdots\cdots\cdots ⑥$$

◀ まず②，③を用いて α，β を求めます．

③ に代入し

$$-2 = 2\alpha\beta \quad \therefore \quad \alpha\beta = -1 \quad \cdots\cdots\cdots ⑦$$

⑥，⑦ より，$\alpha,\ \beta$ は $t^2 - 1 = 0$ の2解で，$t = \pm 1$ と $\alpha < \beta$ より，$\alpha = -1,\ \beta = 1$ である．④，⑤ より

$$1 - m = 0,\ -n = 1 \quad \therefore \quad m = 1,\ n = -1$$

◀ 「2次方程式の解と係数の関係の逆」（☞ P.157）を使います．

第15章　微積分

以上より，求める直線の方程式は

$$y = x - 1$$

（2）　① より，$-1 \leqq x \leqq 1$ のとき $f(x) \geqq x-1$ であるから，求める面積は

◀ グラフの上下が分かれば
グラフを描く必要はありません．

$$\int_{-1}^{1} \{f(x) - (x-1)\}\, dx \quad (\triangleright\triangleright\triangleright\ \boxed{2})$$

$$= \int_{-1}^{1} (x+1)^2 (x-1)^2\, dx$$

◀ ① より，差の関数は因数
分解できます．

$$= \frac{1}{30}\{1 - (-1)\}^5 = \frac{1}{30} \cdot 2^5 = \frac{16}{15}$$

◀ 30分の1公式です．

□　Point　The differentiation, The integration
NEO ROAD TO SOLUTION　**15-5**　Check!　□

❶ グラフの接点の x 座標から因数分解した式を導いて，恒等式を立てます．

$\quad y = f(x)$ と $y = mx + n$ が $x = \alpha,\ \beta$ で接する

$\quad \Longleftrightarrow f(x) = mx + n$ が $x = \alpha,\ \beta$ を重解にもつ

$\quad \Longleftrightarrow f(x) - (mx + n) = 0$ が $x = \alpha,\ \beta$ を重解にもつ

$\quad \Longleftrightarrow f(x) - (mx + n) = (x - \alpha)^2 (x - \beta)^2$ と因数分解できる

となります．ただし**最高次の係数に注意**です．今回は左辺の最高次の項は x^4 で，その係数は 1 ですから，強いて書けば

$$f(x) - (mx + n) = \mathbf{1}(x - \alpha)^2 (x - \beta)^2$$

ということです．

❷ 公式を使わなくても簡単です．積分区間 $-1 \leqq x \leqq 1$ が y 軸対称ですから

$$\int_{-1}^{1} \{f(x) - (x-1)\}\, dx = \int_{-1}^{1} (x^4 - 2x^2 + 1)\, dx$$

$$= 2\int_{0}^{1} (x^4 - 2x^2 + 1)\, dx = 2\left[\frac{1}{5}x^5 - \frac{2}{3}x^3 + x \right]_{0}^{1}$$

$$= 2\left(\frac{1}{5} - \frac{2}{3} + 1 \right) = \frac{16}{15}$$

となります．

　また，今回の面積計算ではメリットがありませんが，因数分解した被積分関数を $x+1$ の多項式に直す方法も有名です．

$$\int_{-1}^{1} \{f(x) - (x-1)\}\, dx = \int_{-1}^{1} (x+1)^2 (x-1)^2\, dx$$

第15章　微積分（例題15-5）

第5節 有用な微積分の公式

$$= \int_{-1}^{1} (x+1)^2 \{(x+1) - 2\}^2 \, dx$$

$$= \int_{-1}^{1} (x+1)^2 \{(x+1)^2 - 4(x+1) + 4\} \, dx$$

$$= \int_{-1}^{1} \{(x+1)^4 - 4(x+1)^3 + 4(x+1)^2\} \, dx$$

$$= \left[\frac{1}{5}(x+1)^5 - (x+1)^4 + \frac{4}{3}(x+1)^3 \right]_{-1}^{1}$$

$$= \frac{1}{5} \cdot 2^5 - 2^4 + \frac{4}{3} \cdot 2^3 = \frac{2^4}{15}(6 - 15 + 10) = \frac{16}{15}$$

途中で, n を自然数として

$$\int (x-\alpha)^n \, dx = \frac{1}{n+1}(x-\alpha)^{n+1} + C \quad (C \text{ は積分定数})$$

であることを用いました. しかし, くどいくらいに $x+1$ のかたまりが出てきますから, この方法を使うくらいなら, **平行移動**の方がよいです. 曲線が x 軸と囲む図形の面積が x 軸方向に平行移動しても変わらないことを利用します.

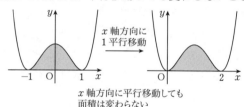

x 軸方向に平行移動しても面積は変わらない

今回は, 被積分関数の $(x+1)^2$ の部分が x^2 になるように, x 軸方向に 1 だけ平行移動します. グラフだけでなく積分区間も移動することに注意です.

$$\int_{-1}^{1} \{f(x) - (x-1)\} \, dx = \int_{-1}^{1} (x+1)^2 (x-1)^2 \, dx$$

$$= \int_{0}^{2} x^2 (x-2)^2 \, dx = \int_{0}^{2} (x^4 - 4x^3 + 4x^2) \, dx$$

$$= \left[\frac{1}{5}x^5 - x^4 + \frac{4}{3}x^3 \right]_{0}^{2} = \frac{1}{5} \cdot 2^5 - 2^4 + \frac{4}{3} \cdot 2^3 = \frac{16}{15}$$

3 ベータ関数の形の積分は, 公式を利用するのが最も簡単です. ただ, どうしても公式を使いたくなければ, 数Ⅲの部分積分か, 平行移動がよいです. 私は経験上, 被積分関数や積分区間に**文字定数が含まれる場合は「部分積分」**, **文字定数が含まれない場合は「平行移動」**と使い分けています.

第6節　面積の計算

微積分　　　　　　　　　　　　　　　　The differentiation, The integration

　私は高校生時代に積分を習った際，放物線などの曲線が囲む図形の面積が求められることにとても感動しました．それまで面積が計算できる図形は，三角形や台形，円や扇形などに限られていましたから，一気に世界が広がった感覚でした．なんて積分はすごいんだと，魔法のように思えました．

　しかし，面積を求める問題で，何でも定積分の式を立てて計算するというのは効率が悪いです．**面積が計算しやすい図形に分割する**ことです．面積が計算しやすい図形というのは，三角形，台形，扇形などの基本的な図形や，面積公式がある図形です．そこで今回は，有名な面積公式の確認をしておきます．

公式　（四次元ポケット型，放物線と2接線の囲む図形の面積）

　放物線とその2接線があり，放物線の方程式の x^2 の係数を a，接点の x 座標を α, β $(\alpha < \beta)$ とする．2接点を通る直線と放物線が囲む図形の面積を S_1，放物線と2接線が囲む図形の面積を S_2 とすると

$$S_1 = \frac{|a|}{6}(\beta-\alpha)^3, \ S_2 = \frac{|a|}{12}(\beta-\alpha)^3$$

が成り立つ．

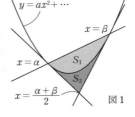
図1

　$S_1 : S_2 = 2 : 1$ です．私は S_1 の図形を **「四次元ポケット型」** と呼んでいます．

公式　（2放物線と共通接線の囲む図形の面積）

　2つの**合同な**放物線とその共通接線があり，2つの放物線の方程式の x^2 の係数を a，接点の x 座標を α, β $(\alpha < \beta)$ とする．2つの放物線と共通接線の囲む図形の面積を S_3 とすると

$$S_3 = \frac{|a|}{12}(\beta-\alpha)^3$$

が成り立つ．

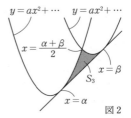
図2

第6節 面積の計算

公式 （2放物線が囲む図形の面積）
異なる2点で交わる2つの放物線があり，それらの方程式の x^2 の係数を a_1, a_2 $(a_1 \neq a_2)$ とする．2つの放物線が囲む図形の面積を S_4 とすると

$$S_4 = \frac{|a_1 - a_2|}{6}(\beta - \alpha)^3$$

が成り立つ．

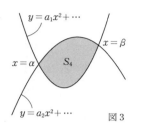
図3

図3では2つの放物線の凹凸が異なっています（下に凸と上に凸）が，2点で交わるのであれば，図4のように凹凸が同じでも構いません．

証明は，例えば S_1 については，a の符号によらず

$$S_1 = \left| \int_\alpha^\beta a(x-\alpha)(x-\beta)\, dx \right|$$

となります．積分全体に絶対値をつけると簡単です．ベータ関数の公式

$$\int_\alpha^\beta (x-\alpha)(x-\beta)\, dx = -\frac{1}{6}(\beta-\alpha)^3 \quad \cdots\cdots ①$$

を用います．S_4 についても同様です．

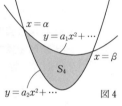
図4

S_2 についても，a の符号によらず

$$S_2 = \left| \int_\alpha^{\frac{\alpha+\beta}{2}} a(x-\alpha)^2\, dx + \int_{\frac{\alpha+\beta}{2}}^\beta a(x-\beta)^2\, dx \right|$$

となり

$$\int (x-\alpha)^n\, dx = \frac{1}{n+1}(x-\alpha)^{n+1} + C \quad （n は自然数，C は積分定数）$$

を用います．S_3 も同じ立式ですから，$S_2 = S_3$ です．

用いる積分公式によって，交点がらみの面積公式（図の薄い網目部分）は分母がともに6になり，接線がらみの面積公式（図の濃い網目部分）は分母がともに12になります．では，面積が計算しやすい図形に分割する典型的な例題です．

問題 78. 領域 $x^2 + y^2 \leqq 1$ かつ $y \geqq \dfrac{2\sqrt{3}}{9}(x+1)^2$ の面積 S を求めよ．

第15章 微積分

$x^2+y^2=1$ と $y=\dfrac{2\sqrt{3}}{9}(x+1)^2$ を連立すると

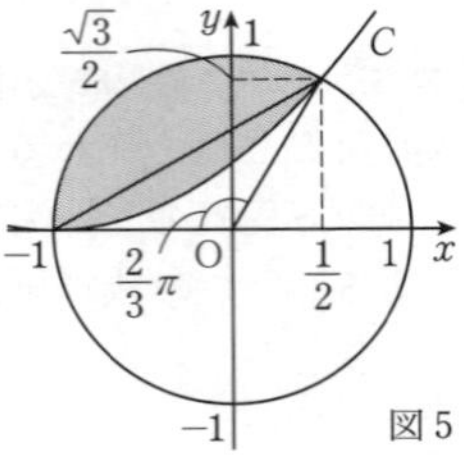

$$x^2+\dfrac{4}{27}(x+1)^4=1$$
$$27(x^2-1)+4(x+1)^4=0$$
$$(x+1)\{27(x-1)+4(x+1)^3\}=0$$
$$(x+1)(4x^3+12x^2+39x-23)=0$$
$$(x+1)(2x-1)(2x^2+7x+23)=0 \quad \therefore\quad x=-1,\dfrac{1}{2}$$

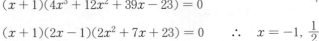

よって, $C:y=\dfrac{2\sqrt{3}}{9}(x+1)^2$ として, S は図5の網目部分の面積です. **円弧を含む図形の面積計算では必ず扇形を見つけます**. 積分だけで計算することはありえません. 図6のように, 扇形, 二等辺三角形, 四次元ポケット型を用いて表し

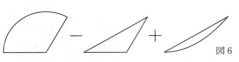

図6

$$S=\dfrac{1}{2}\cdot 1^2\cdot\dfrac{2}{3}\pi-\dfrac{1}{2}\cdot 1^2\cdot\sin\dfrac{2}{3}\pi+\dfrac{1}{6}\left|\dfrac{2\sqrt{3}}{9}\right|\left\{\dfrac{1}{2}-(-1)\right\}^3$$
$$=\dfrac{\pi}{3}-\dfrac{\sqrt{3}}{4}+\dfrac{\sqrt{3}}{27}\cdot\dfrac{27}{8}=\dfrac{\pi}{3}-\dfrac{\sqrt{3}}{8}$$

図7

です. 半径 r, 中心角 θ の扇形の面積は $\dfrac{1}{2}r^2\theta$ です.

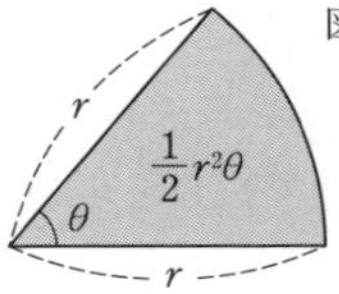

なお, 上で紹介した公式を答案で使ってよいかの判断は人によります. 正直, この程度の面積計算であれば, 普通に立式して積分公式を使って計算してもさほど変わりません. では, なぜわざわざこれらの公式を紹介したのかという話ですが, たとえ答案で使わないにしても, **「これらの形を作れば結果が簡単になる」という事実を知っておくことに意味がある**からです.

上の例題において, 四次元ポケット型の面積を T とします. 普通に立式して積分公式 ① を使って T を求めます.

$$T=\int_{-1}^{\frac{1}{2}}\left\{-\dfrac{2\sqrt{3}}{9}(x+1)\left(x-\dfrac{1}{2}\right)\right\}dx$$
$$=\dfrac{2\sqrt{3}}{9}\cdot\dfrac{1}{6}\left\{\dfrac{1}{2}-(-1)\right\}^3=\dfrac{\sqrt{3}}{27}\left(\dfrac{3}{2}\right)^3=\dfrac{\sqrt{3}}{8}$$

結局, 面積公式に対応する $\dfrac{2\sqrt{3}}{9}\cdot\dfrac{1}{6}\left\{\dfrac{1}{2}-(-1)\right\}^3$ の前に1行書くだけです.

第6節　面積の計算

2点 $(-1, 0)$, $\left(\dfrac{1}{2}, \dfrac{\sqrt{3}}{2}\right)$ を通る直線を l とすると，l の方程式を求める必要はありません．仮に $l : y = mx + n$ とすると

$$C : y = \frac{2\sqrt{3}}{9}(x+1)^2 \text{ と } l : y = mx + n \text{ が } x = -1,\ \frac{1}{2} \text{ で交わる}$$

$$\Longleftrightarrow \frac{2\sqrt{3}}{9}(x+1)^2 = mx + n \text{ が } x = -1,\ \frac{1}{2} \text{ を解にもつ}$$

$$\Longleftrightarrow mx + n - \frac{2\sqrt{3}}{9}(x+1)^2 = 0 \text{ が } x = -1,\ \frac{1}{2} \text{ を解にもつ}$$

$$\Longleftrightarrow mx + n - \frac{2\sqrt{3}}{9}(x+1)^2 = -\frac{2\sqrt{3}}{9}(x+1)\left(x - \frac{1}{2}\right) \text{ とできる}$$

となります．**グラフの交点の x 座標から因数分解した式を導く**のです．ただし，太字部分の x^2 の係数に注意してください．あとは「上から下を引いて積分」で

$$T = \int_{-1}^{\frac{1}{2}} \left\{ mx + n - \frac{2\sqrt{3}}{9}(x+1)^2 \right\} dx$$

$$= \int_{-1}^{\frac{1}{2}} \left\{ -\frac{2\sqrt{3}}{9}(x+1)\left(x - \frac{1}{2}\right) \right\} dx$$

と立式できます．実戦的には

Ⅰ　積分記号と積分区間 $\displaystyle\int_{-1}^{\frac{1}{2}}$ を書く

Ⅱ　上の x^2 の係数 0 から下の x^2 の係数 $\dfrac{2\sqrt{3}}{9}$ を引いた $-\dfrac{2\sqrt{3}}{9}$ を書く

Ⅲ　交点から分かる因数 $(x+1)\left(x - \dfrac{1}{2}\right)$ を書く

Ⅳ　最後に dx を付ける

という流れです．グラフを見ながら，もしくはイメージしながら立式します．文章で書くと長いですが，慣れれば簡単です．くどいですが，x^2 の係数の差は忘れないようにしてください．一番間違えやすいところです．

　もちろん，いつも上で述べた図形に分割できるとは限りません．普通に積分計算をすることもありますが，計算の工夫は心がけるべきです．

――――――――――――――――――――〈微積分のまとめ6〉――

Check ▷▷▷▷　面積計算は計算しやすい図形を探す

第15章 微積分

━━━━━━━━━━━━━━━━━━━━━━━━〈面積の最小〉

例題 15-6. $0 \leq k \leq 1$ を満たす実数 k に対して，xy 平面上に次の連立不等式で表される3つの領域 D，E，F を考える．
D は連立不等式 $y \geq x^2$，$y \leq kx$ で表される領域
E は連立不等式 $y \leq x^2$，$y \geq kx$ で表される領域
F は連立不等式 $y \leq -x^2 + 2x$，$y \geq kx$ で表される領域
（1） 領域 $D \cup (E \cap F)$ の面積 $m(k)$ を求めよ．
（2） （1）で求めた面積 $m(k)$ を最小にする k の値と，その最小値を求めよ． 　　　　　　　　　　　　　　　　　　　　　　　　（名古屋大）

考え方 まずは領域を正しく図示しましょう．（1）の面積 $m(k)$ は積分だけで計算するのではなく，計算しやすい図形を見つけます．いわば図形のパズルです．（2）は極値の計算を工夫します．

▶解答◀（1） $x^2 = -x^2 + 2x$ とすると
$2x^2 - 2x = 0$
$2x(x-1) = 0$ 　∴ 　$x = 0, 1$
$x^2 = kx$ とすると
$x^2 - kx = 0$
$x(x-k) = 0$
$x = 0, k$
$-x^2 + 2x = kx$ とすると
$x^2 - (2-k)x = 0$
$x\{x-(2-k)\} = 0$ 　∴ 　$x = 0, 2-k$

◀ グラフを描く前に交点を調べておきます．

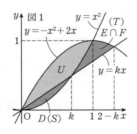
図1

◀ $0 \leq k \leq 1$ より $1 \leq 2-k \leq 2$ です．

よって，領域 D，$E \cap F$ を図示すると図の濃い網目部分になる．ただし，境界を含む．（▷▷▷**1**） D，$E \cap F$ の面積をそれぞれ S，T とおき，（▷▷▷**2**）図の薄い網目部分の面積を U とおくと

$m(k) = S + T = S + (T+U) - U$
　　　$= S + (T+U) - \{(S+U) - S\}$
　　　$= 2S + (T+U) - (S+U)$ 　（▷▷▷**3**）

◀ $T + U$ を作ります．

◀ $S + U$ を作ります．

584　第15章　微積分（例題15-6）

第6節　面積の計算

$$= 2\int_0^k \{-x(x-k)\}\, dx$$

$$+ \int_0^{2-k} (-x\{x-(2-k)\})\, dx$$

$$- \int_0^1 \{-2x(x-1)\}\, dx$$

$$= 2\cdot\frac{1}{6}(k-0)^3 + \frac{1}{6}\{(2-k)-0\}^3$$

$$- \frac{2}{6}(1-0)^3$$

$$= \frac{1}{6}\{2k^3 + (2-k)^3 - 2\}$$

$$= \frac{1}{6}(k^3 + 6k^2 - 12k + 6)$$

◀ 上から下を引いて積分です．グラフを見ながら立式します．

◀ x^2 の係数に注意です．

◀ 3項ともベータ関数の公式（☞ P.576）を用います．項別の積分計算はしません．

参考　工夫せずに計算すると次のようになり，かなり大変である．$m(k)$ は図の濃い網目部分の面積であるから

$$m(k) = \int_0^k (kx - x^2)\, dx + \int_k^1 (x^2 - kx)\, dx$$

$$+ \int_1^{2-k} \{(-x^2 + 2x) - kx\}\, dx$$

$$= -\int_0^k (x^2 - kx)\, dx - \int_1^k (x^2 - kx)\, dx$$

$$+ \int_1^{2-k} \{-x^2 + (2-k)x\}\, dx$$

$$= -\left[\frac{1}{3}x^3 - \frac{1}{2}kx^2\right]_0^k - \left[\frac{1}{3}x^3 - \frac{1}{2}kx^2\right]_1^k$$

$$+ \left[-\frac{1}{3}x^3 + \frac{1}{2}(2-k)x^2\right]_1^{2-k}$$

$$= -2\left(\frac{1}{3}k^3 - \frac{1}{2}k^3\right) + \frac{1}{3} - \frac{1}{2}k$$

$$- \frac{1}{3}(2-k)^3 + \frac{1}{2}(2-k)^3$$

$$- \left\{-\frac{1}{3} + \frac{1}{2}(2-k)\right\}$$

$$= \frac{1}{6}k^3 + k^2 - 2k + 1$$

◀ 最初の2つの定積分は被積分関数が同じです．絶対値を含む関数の定積分（☞ P.570）と同様に，積分区間の上端を k でそろえ，まとめて計算します．

第15章　微積分（例題 15－6）　585

第15章 微積分

$$= \frac{1}{6}(k^3 + 6k^2 - 12k + 6)$$

(**2**) $m(k)$ の増減を調べる．

$$m'(k) = \frac{1}{6}(3k^2 + 12k - 12)$$
$$= \frac{1}{2}(k^2 + 4k - 4)$$

$m'(k) = 0$ とすると，$k = -2 \pm 2\sqrt{2}$ である．

k	0	$\cdots$	$-2+2\sqrt{2}$	$\cdots$	1
$m'(k)$		$-$	0	$+$	
$m(k)$		↘		↗	

$m(k)$ は表のように増減し，$m(k)$ を最小にする k は

$$\boldsymbol{k = -2 + 2\sqrt{2}}$$

$m(k)$ の最小値を求める．$k = -2 + 2\sqrt{2}$ のとき

$$k^2 + 4k - 4 = 0$$

が成り立つことに注意する．$m(k)$ を k^2+4k-4 で割って変形すると (▷▷▷ **4**)

$$m(k) = \frac{1}{6}\{(k^2+4k-4)(k+2) - 16k + 14\}$$

よって，$m(k)$ の最小値は

$$m(-2+2\sqrt{2}) = \frac{1}{3}\{-8(-2+2\sqrt{2})+7\}$$
$$= \frac{23 - 16\sqrt{2}}{3}$$

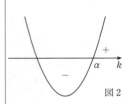
図2

◀ $\alpha = -2 + 2\sqrt{2}$ とすると $y = m'(k)$ のグラフは図2のようになります．

◀ 増減表に極値や端点での値は不要です．あくまで「増減」表です．

◀ $k = -2 + 2\sqrt{2}$ のとき $m(k) = \frac{1}{3}(-8k+7)$ です．

Point   The differentiation, The integration   **15-6**   **Check!**
NEO ROAD TO SOLUTION

1 まず，題意の領域を図示できるかが重要です．念のため，∩ は「かつ」，∪ は「または」を表します．$E \cap F$ は，E と F を別々に考えて共通部分をとるよりも，**連立不等式自体をまとめる**方が分かりやすいです．$E \cap F$ は，連立不等式

$$y \leqq x^2, \ y \leqq -x^2 + 2x, \ y \geqq kx$$

で表される領域です．

第6節　面積の計算

❷ D と $E \cap F$ の共通部分は点 (k, k^2) のみで，その面積は 0 ですから，その和集合 $D \cup (E \cap F)$ の面積 $m(k)$ は単純に D と $E \cap F$ の面積の和です．これらの面積をそれぞれ S, T とおき，$S + T$ を計算します．

❸ S は四次元ポケット型で計算しやすいですが，T が大変です．[参考] のように普通の積分計算だけでも求まりますが，どこかで計算ミスをしそうです．そこで，T を計算しやすい面積で表します．面積公式がある四次元ポケット型や2つの放物線が囲む図形を探します．図2のように，大まかな絵を描いてパズルを解きます．

図3

まず，▶解答◀ の図1の薄い網目部分を補うと四次元ポケット型になりますから，その補う部分の面積 U を別の面積で表します．D（面積は S）を補うことで2つの放物線が囲む図形になります．しかも D そのものは四次元ポケット型です．これで T は計算しやすい面積だけで表されました．

なお，▶解答◀ では S, T, U の記号を使って"模範的な"答案に仕上げましたが，実際の試験では図2のような絵を描いて説明する方が実戦的です．「答案に描いてもいいのですか？」とよく質問されますが，伝わればどのような表現でも構いません．**どのように計算するか**にこだわりましょう．

❹ $m(k)$ を最小にする k はすぐに求まりますが，問題は最小値です．k の値が複雑で，$m(k)$ の式に直接代入するのは面倒です．工夫して計算します．
$k = -2 + 2\sqrt{2}$ のとき $k^2 + 4k - 4 = 0$ ですから，$m(k)$ から $k^2 + 4k - 4$ の形を意図的に作ります．その部分が 0 になって計算が楽になるからです．右のように $m(k)$ を $k^2 + 4k - 4$ で実際に割って商と余りを求め（係数のみを書くとよいです），$m(k)$ を

$$
\begin{array}{r}
1 \quad 2 \\
1 \quad 4 \ {-4} \ ) \overline{\ 1 \quad 6 \ {-12} \quad 6\ } \\
\underline{1 \quad 4 \ {-4}} \\
2 \ {-8} \quad 6 \\
\underline{2 \quad 8 \ {-8}} \\
{-16} \quad 14
\end{array}
$$

変形します．その結果，k の値を1回代入するだけで最小値が求められます．

10年以上前の話ですが，予備校の授業で似たような問題を扱った際に，当時の教え子 M 君（岐阜高校の後輩）から「代入すると 0 になる整式で割っていますが，0 で割ってもいいのですか？」という質問を受けました．定番の質問らしいですが，当時の私にとっては想定外の質問で，いい意味で衝撃を受けました．今回は整式の割り算の結果を用いて k に関する恒等式を作っています．**あくまで整式の割り算は恒等式を作る手段にすぎません**．得られた恒等式だけを見れば，割る式が 0 になる値に対しても成り立ちますから，その値を代入しても構いません．ちなみに M 君は超難関単科医大に合格していきました ☺

出典・テーマ 一覧

真・解法への道！ 数学ⅠAⅡB　NEO ROAD TO SOLUTION　**出典・テーマ 一覧**

第1章　論理

☐	例題 1−1.	京都大	条件をみたす自然数の組の例	40
☐	例題 1−2.	名古屋大	4次関数のグラフが線対称になる条件	46
☐	例題 1−3.	お茶の水女子大・改	2曲線がちょうど2つの共有点をもつ条件	49
☐	例題 1−4.	大阪大	不等式が常に成り立つ条件	57
☐	例題 1−5.	旭川医科大	等比数列になる条件	62

第2章　整数

☐	例題 2−1.	東京医科歯科大	正の約数の和，完全数	70
☐	例題 2−2.	東京工業大	2つの等式を満たす整数	78
☐	例題 2−3.	東京大	二項係数の偶奇	81
☐	例題 2−4.	千葉大	整数に関する方程式	85
☐	例題 2−5.	京都大	フェルマーの小定理	91
☐	例題 2−6.	東京大	n乗数	94
☐	例題 2−7.	福井大・改	不定方程式	100
☐	例題 2−8.	九州大	互いに素の証明，剰余	106
☐	例題 2−9.	東京工業大	階乗とその約数	111

第3章　論証

☐	例題 3−1.	茨城大・改	整数部分・小数部分	117
☐	例題 3−2.	京都大・改	不等式の証明	123
☐	例題 3−3.	有名問題	不定方程式の整数解の存在証明	128
☐	例題 3−4.	千葉大	不等式を満たす整数の存在証明	133
☐	例題 3−5.	東京大	円周上に並んだ点に関する論証	138
☐	例題 3−6.	名古屋大	グラフ上に格子点が無限にあることの証明	141

第4章　方程式

☐	例題 4−1.	広島大・改	対数方程式の解の存在条件	148
☐	例題 4−2.	名古屋大	2つの2次方程式が整数解をもつ条件	153
☐	例題 4−3.	京都大	チェビシェフの多項式	160
☐	例題 4−4.	金沢大・改	方程式の解の個数	167
☐	例題 4−5.	大阪市立大・改	2次方程式と3次方程式の共通解	172
☐	例題 4−6.	京都大	整数係数の2次方程式と有理数・無理数	177

出典・テーマ 一覧

真・解法への道！ 数学ⅠAⅡB　NEO ROAD TO SOLUTION　**出典・テーマ 一覧**

第5章　不等式

☐	例題 5−1.	一橋大	大小比較	184
☐	例題 5−2.	東北大	並べ替えの和に関する不等式の証明	189
☐	例題 5−3.	一橋大	式の値の最小	197
☐	例題 5−4.	一橋大	四面体の体積の最大	201
☐	例題 5−5.	高知大	不等式が常に成り立つ条件	208
☐	例題 5−6.	東京大	円と直線の位置関係	213
☐	例題 5−7.	九州大	不変	218
☐	例題 5−8.	一橋大	桁数	225

第6章　関数

☐	例題 6−1.	岡山県立大	式の値のとりうる範囲	234
☐	例題 6−2.	青山学院大	三角方程式	240
☐	例題 6−3.	京都大・改	三角関数を含む不等式の証明	246
☐	例題 6−4.	福井大	絶対値を含む関数の最大	252
☐	例題 6−5.	東京大	2変数関数の最小	255

第7章　座標

☐	例題 7−1.	京都大	座標平面での角の最大	260
☐	例題 7−2.	愛知教育大	反転	267
☐	例題 7−3.	一橋大	単位円上の点と連動して動く点の軌跡	271
☐	例題 7−4.	東京大・改	直線の通過領域（パラメータについて3次）	281
☐	例題 7−5.	熊本県立大・改	点の存在範囲	284

第8章　ベクトル

☐	例題 8−1.	京都大	重心を通る直線で切り取る三角形の面積	293
☐	例題 8−2.	有名問題	カルノーの定理	296
☐	例題 8−3.	名古屋大	2直線の交点を表すベクトル	302
☐	例題 8−4.	名古屋大	円と曲線が接する条件	306
☐	例題 8−5.	東京大	放物線上に3頂点をもつ正三角形	309
☐	例題 8−6.	有名問題	円の極線	318
☐	例題 8−7.	オリジナル	直線に関する対称点	323
☐	例題 8−8.	オリジナル	折れ線の長さの最小	326

出典・テーマ 一覧

真・解法への道！ 数学 I A II B　　NEO ROAD TO SOLUTION　**出典・テーマ 一覧**

第9章　空間図形

☐	例題 9−1.	一橋大	空間での距離の最小	332
☐	例題 9−2.	東京大	等面四面体の体積	337
☐	例題 9−3.	有名問題	等面四面体の成立条件	339
☐	例題 9−4.	京都大	平面に関する対称点	356
☐	例題 9−5.	京都府立大・改	点光源による影	358
☐	例題 9−6.	名古屋大	立方体の正射影の面積	364
☐	例題 9−7.	名古屋市立大	正四面体の正射影の面積の最大・最小	366

第10章　図形総合

☐	例題 10−1.	横浜市立大	四面体の外接球の半径	377
☐	例題 10−2.	信州大	正方形を折り曲げて重なる部分の面積の最小	384
☐	例題 10−3.	大阪市立大	同一円周上にある3点	387
☐	例題 10−4.	京都大	四面体の外接球の存在証明	397
☐	例題 10−5.	名古屋大	平面上の点に関する論証	401

第11章　数列

☐	例題 11−1.	名古屋大	数列の和と一般項	407
☐	例題 11−2.	山口大	$\sqrt{n}$ の整数部分の和	413
☐	例題 11−3.	名古屋大	不等式を満たす整数の組の個数	418
☐	例題 11−4.	オリジナル	二項係数を含む数列の最大	423
☐	例題 11−5.	東京大	漸化式と整数	430

第12章　数学的帰納法

☐	例題 12−1.	京都大	漸化式と不等式の証明	440
☐	例題 12−2.	東京工業大・改	整数値多項式	447
☐	例題 12−3.	九州大	フィボナッチ数列と論証	453
☐	例題 12−4.	名古屋大	漸化式と整数，互いに素の証明	460

第13章　場合の数

☐	例題 13−1.	愛知大・改	連続しない異なる自然数の選び方	471
☐	例題 13−2.	一橋大	三角形の3辺の長さの組の個数	475
☐	例題 13−3.	東京大	ボールを箱に入れるときの分け方	484

出典・テーマ 一覧

真・解法への道！ 数学ⅠAⅡB　NEO ROAD TO SOLUTION　**出典・テーマ 一覧**

第14章　確率

	例題	14−1.	東北大	反復試行と非復元抽出	493
	例題	14−2.	名古屋大・改	条件を満たすように玉を取り出す確率	497
	例題	14−3.	東北大・改	すごろくの確率	503
	例題	14−4.	東京大	カードの色がすべて同じになる確率	507
	例題	14−5.	一橋大・改	試行が n 回目で終了する確率	513
	例題	14−6.	東京大	さいころを振って作る文字列に関する確率	520
	例題	14−7.	茨城大・改	完全順列	527
	例題	14−8.	オリジナル	n 個のさいころの目の和と積に関する確率	532
	例題	14−9.	東京工芸大	モンティ・ホール問題	539
	例題	14−10.	九州大・改	回数の期待値	547

第15章　微積分

	例題	15−1.	京都大	グラフの交点の存在範囲	555
	例題	15−2.	東北大	直交する2接線が引ける条件	558
	例題	15−3.	京都大	積分方程式	566
	例題	15−4.	東北大	絶対値を含む定積分で表された関数	571
	例題	15−5.	名古屋市立大	4次関数のグラフの複接線，面積	577
	例題	15−6.	名古屋大	面積の最小	584

►あとがき◄

以前に他社から「解法の極意」を出版した年に生まれた我が子も，すでに小学生になりました．時が経つのは早いものです．子どもは親の想像を超えて成長していくものですが，それと反比例するように「解法の極意」はどんどん色あせていきました．当時は自分の 100% を出して執筆したつもりでしたが，出版後，出講する予備校が増え，素晴らしい同僚講師に出会い，新たな経験を重ねたことで，多くの改善すべき点が目につくようになりました．幸いにも（？）書店で見かけることもほぼなくなっていました．

そこで「解法の極意」を絶版にしていただき，1 年近くかけて大幅に書き直し，ダメ元で東京出版に持ち込んでみたところ，意外にも結果は出版 OK とのことでした．高校 3 年のときに偶然，月刊「大学への数学」に出会い，6 月号と 7 月号のみ購入して挫折した，あの「東京出版」から参考書を出版できる機会をいただけるとは…．非常に光栄に思うとともに，感謝の気持ちでいっぱいでした．

編集者の方々には非常に細かくチェックしていただき，様々なご指摘，ご提案をいただきました．まさに「さすがは東京出版」でした．そのおかげでさらに改善を重ね，ようやく完成しました．書き直しを始めてからすでに 2 年が過ぎており，想像以上に時間がかかりましたが，最初に考えていた以上のものに仕上がりました．我が家にもう一人子供が生まれたような気分です．本書を手に取っていただいた方に可愛がられることを望んでやみません．

難関大学受験対策 真・解法への道！ 数学ⅠAⅡB

令和 2 年 3 月27日　第 1 刷発行
令和 2 年 7 月 1 日　第 2 刷発行

著　者　箕輪　浩嗣
発行者　黒木美左雄
発行所　株式会社 東京出版
　　　　〒150-0012 東京都渋谷区広尾3-12-7
　　　　電話：03-3407-3387　振替：00160-7-5286
　　　　https://www.tokyo-s.jp/

印刷所　株式会社 光陽メディア
製本所　株式会社 技秀堂
　　　　落丁・乱丁本がございましたら，送料弊社負担にてお取り替えいたします．

© Hiroshi Minowa 2020　Printed in Japan　　　（定価はカバーに表示してあります）
ISBN978-4-88742-248-3